로봇 팔의 설계 및 제어

DESIGN AN[illegible]F ROBOT ARMS

송재복 지음

교문사

저자 소개

송재복
현 고려대학교 기계공학부 교수

전 대한기계학회 회장
전 한국로봇학회 회장
전 지능로봇연구센터 (고려대) 소장
한국공학한림원 정회원

서울대학교 기계공학과 학사
서울대학교 기계설계학과 석사
MIT 기계공학과 박사

로봇 팔의 설계 및 제어

초판 발행 2022년 9월 1일

지은이 송재복
펴낸이 류원식
펴낸곳 교문사

편집팀장 김경수 | **책임진행** 김성남 | **디자인** 신나리 | **본문편집** 홍익m&b

주소 10881, 경기도 파주시 문발로 116
대표전화 031-955-6111 | **팩스** 031-955-0955
홈페이지 www.gyomoon.com | **이메일** genie@gyomoon.com
등록번호 1968.10.28. 제406-2006-000035호

ISBN 978-89-363-2391-2(93550)
정가 30,000원

머리말

PREFACE

1960년에 최초의 산업용 로봇 팔이 개발된 이후로 로봇은 주로 산업 현장에서 자동화의 목적으로 사용되어 왔다. 개발 초기부터 인간 팔의 형상을 참고하여 개발된 로봇 팔의 외양은 현재도 초기와 유사하지만, 로봇의 가반 하중, 속도, 반복 정밀도 등의 성능은 비약적으로 발전하여 왔다. 과거에는 로봇 하드웨어와 소프트웨어를 모두 개발할 수 있는 오랜 경험을 가진 로봇 전문 회사만이 로봇을 생산하였고, 사용자는 이들이 양산하는 로봇 라인업 중에서 자신의 용도에 맞는 로봇을 구입하여 사용하였다. 현재도 이러한 추세가 계속되고 있지만, 사용자가 요구하는 로봇과 양산 로봇의 사양이 다른 경우가 많고, 어떤 경우에는 특수 용도의 로봇이 소량 필요한 경우도 발생한다. 최근에는 로봇을 구성하는 많은 부품이나 제어기 등이 다양한 형태로 여러 회사에 의해서 제공되므로, 사용자가 필요로 하는 사양의 로봇을 직접 제작하는 것도 예전처럼 어렵지는 않게 되었다.

2010년대 초부터 시장을 형성하기 시작한 산업용 수직 다관절 로봇의 일종인 협동 로봇은, 인간과 동일 공간에서 동작할 정도로 안전하고, 작업자가 로봇의 말단부를 잡고 직접 교시를 할 수 있으며, 복잡한 프로그램 없이도 그래픽 인터페이스를 사용하여 로봇에게 작업을 지시할 수 있을 정도로 사용하기 쉬운 로봇이다. 산업용 로봇 팔의 개발 경험이 없는 많은 기업들이 협동 로봇의 개발 및 제작에 진출하고 있는 것도, 로봇에 필요한 하드웨어나 소프트웨어를 모두 직접 개발하고 내재화할 필요 없이 외부에서 쉽게 조달할 수 있는 환경 변화에 일부 기인한다.

그러나 외부에서 부품이나 소프트웨어를 조달하더라도, 로봇의 설계 및 제어 전반에 대한 깊은 이해와 지식은 반드시 필요하다. 특히 로봇 팔은 6자유도 기구로 기구학 및 동역학 해석이 매우 복잡하며, 제어 관점에서도 비선형 제어 시스템의 다중 입출력 시스템이므로 단순한 PID 제어로는 좋은 성능을 얻기가 어렵다. 로봇이 이렇게 복잡한 시스템이다 보니, 현재 출판되어 있는 로봇 교재들을 살펴보면 로봇의 간단한 기구학, 동역학, 궤적 생성, 제어 등의 주제를 폭넓게 취급하기는 하지만, 주로 단순한 2~3자유도의 로봇을 대상으로 하고 있는 형편이다. 특히 설명하거나 시각화하기 어려운 로봇 말단부의 방위는 제외하고, 주로 말단부의 위치 위주로만 설명하고 있다. 이러한 지식으로 로봇 기구학 및 제어의 전반적인 개념은 어느 정도 이해할 수 있지만, 6~7자유도 산업용 로봇이나 협동 로봇을 개발하기에는 여러 면에서 부족하다.

본 교재는 일반 로봇 교재에서 다루는 학문적인 내용을 보다 심도 있게 다루는 동시에, 이러한 내용을 적용하는 대상을 실제 6자유도 수직 다관절 로봇과 협동 로봇으로 선택하였다. 따라서 본 교재의 내용을 충분히 숙지하면 이들 로봇을 설계하고, 제어를 수행하는 데 큰 도움이 될 수 있도록 구성하였다.

산업용 로봇 팔은 용도와 형태에 따라서 직교좌표 로봇, SCARA 로봇이라 불리는 수평 다관절 로봇, 델타 로봇 및 수직 다관절 로봇, 병렬형 로봇 등으로 분류된다. 본 교재에서는 이 중에서 설계 및 제어의 난이도가 가장 높으며, 가장 비싼 가격에 팔리는 수직 다관절 로봇과 이것의 특수한 형태인 협동 로봇을 주로 다룬다. 해석이 가장 어려운 이들 로봇을 잘 이해할 수 있다면, 다른 로봇은 비교적 쉽게 이해할 수 있을 것이다.

본 교재에서는 학부생 및 대학원생뿐만 아니라, 로봇을 개발하는 일반 엔지니어도 쉽게 이해할 수 있도록 가능하면 쉬운 설명과 함께 많은 예제를 제공하고 있다. 그리고 MATLAB이나 Simulink를 이용하여 로봇을 해석할 수 있도록 이들에 대한 예제나 소스 프로그램도 일부 제공한다. 그러나 MATLAB에서 제공하는 Robotics Toolbox는 이해하기가 매우 어려우므로, 가능하면 사용을 배제하였다. 가장 중요하게는, 실제 현장에서 사용되는 6자유도 PUMA형 수직 다관절 로봇과 6자유도 협동 로봇에 대한 기구학 및 동역학 해석을 포함하였으며, 실제 산업용 로봇에 적용되는 제어 기법을 소개하고 있다.

본 교재를 저술하는 데는 본 저자가 소속된 연구실에서의 개발 경험이 큰 도움이 되었다. 국내에서 최초로 협동 로봇을 소개하였고, 협동 로봇의 심도 있는 설계 방법과 제어 시스템을 개발하여 국내의 많은 기업에 기술 이전한 경험과 내용을 이 교재에 가급적 수록하고자 하였다. 다른 로봇 교재에 공통적으로 나오는 로봇에 대한 학문적인 내용도 담겨 있지만, 실제 로봇에 사용되는 설계 및 제어 기법도 상당 부분 취급하였으므로, 실제 로봇을 개발하는 엔지니어에게 큰 도움이 되리라 기대한다.

이 교재를 개발하는 데 고려대학교 지능로봇연구실 대학원생들의 도움이 많았다. 이들이 실제 로봇을 설계하고 제작하면서 얻은 경험과 제어 프로그램을 작성하여 로봇을 운영하였던 경험이 교재 작성에 크게 반영되어 있다.

아무쪼록 이 교재가 로봇을 학습하고 전공하는 모든 이들에게 큰 도움이 되기를 바란다.

차례

425

CHAPTER 13 협동 로봇

CHAPTER 1 서 론

CHAPTER 1

서론

수백 년 전부터 태엽 등에 의한 단순한 자동 기계가 개발되었지만, 현대적 의미의 로봇은 1960년에 산업용 로봇의 형태로 처음 개발되었다. 초기부터 인간의 팔을 모방하여 구조가 결정되었으므로, 현재까지도 로봇의 외양에서 큰 변화는 없다. 그러나 로봇을 구성하는 액추에이터, 감속기 및 제어 시스템의 발전으로, 로봇이 취급할 수 있는 가반 하중과 로봇이 구현하는 반복 정밀도 등에서는 비약적으로 발전하여 왔다.

이 장에서는 우선 로봇 팔을 구성하는 기본적인 요소와 로봇의 동작을 이해하는데 필요한 기초적인 개념 및 용어에 대해서 살펴보기로 한다. 이러한 로봇은 크게 산업용 로봇과 서비스 로봇으로 분류되며, 서비스용 로봇은 다시 전문 서비스 로봇과 개인 서비스 로봇으로 분류되는데, 이러한 분류에 대해서 자세히 살펴보기로 한다. 대부분의 산업용 로봇은 인간의 팔과 유사하게 직렬 구조로 되어 있지만, 병렬 구조로 된 병렬형 로봇도 일부 사용되고 있다. 이 외에도 작업의 특성에 맞추어 다양한 구조로 설계된 로봇이 개발되고 있다.

1.1 로봇 구성 요소 및 용어

본 절에서는 로봇을 구성하는 기본적인 요소와 로봇의 동작을 이해하는 데 필요한 기본적인 개념 및 용어에 대해서 살펴보기로 한다.

1.1.1 자유도

자유도(degree of freedom, DOF)는 물체의 운동을 기술하는 데 필요한 독립적인 좌표의 수를 의미한다. 그림 1.1의 P점의 위치는 좌표 (x, y) 또는 (r, θ)로 나타낼 수 있으므로, P점의 위치 자유도는 2이다. P점을 (x, y, r)의 3개의 좌표로도 나타낼 수 있지만,

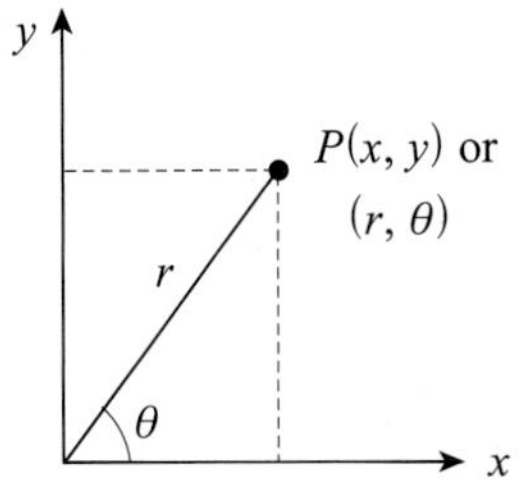

그림 1.1 **자유도의 정의**

이 경우에 r는 x와 y의 함수로 나타낼 수 있으므로 세 좌표 중 두 좌표만 독립적이다.

3차원 공간상에서 물체의 운동은 3축에 대한 병진 운동(translational motion)과 회전 운동(rotational motion)으로 구성되므로 6자유도 운동이다. 그러므로 3차원 공간상에서 로봇의 말단부(end-effector)를 임의의 위치(position)와 방위(orientation)로 움직이기 위해서는 6자유도 운동이 필요하다.

1.1.2 관절과 링크

로봇 팔은 관절과 링크로 구성된다. **그림 1.2**의 로봇은 3개의 회전 관절(revolute joint, rotational joint)과 1개의 직선 관절(prismatic joint, sliding joint, linear joint)로 구성되어 있다. **회전 관절**은 1자유도 회전 운동을, **직선 관절**은 1자유도 직선 운동을 발생시킨다. 로봇의 설계 시 회전 관절이 선호되는데, 이는 회전 관절이 직선 관절에 비해서 소형화가 가능하고, 회전 관절에 사용되는 볼 베어링에 의해서 높은 강성과 낮은 마찰을 가질 수 있기 때문이다.

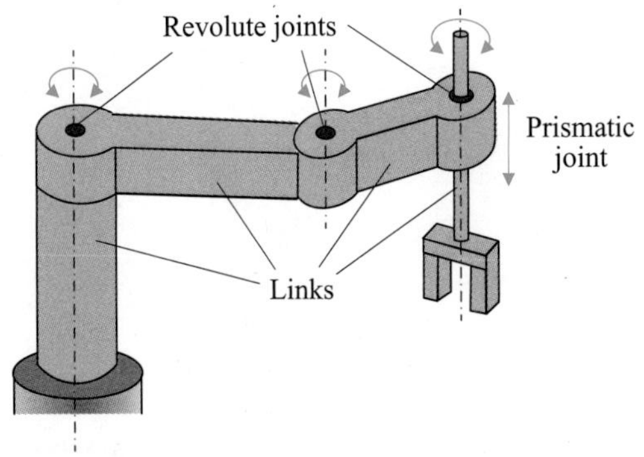

그림 1.2 **회전 관절과 직선 관절**

관절의 수와 자유도의 관계를 살펴보자. 일반적으로 관절의 수와 자유도는 일치하지 않는다. 예를 들어, 4절 링크(four-bar linkage)는 4개의 회전 관절을 갖지만, 방위 자유도는 1이다. 카메라 삼각대의 다리는 다수의 직선 관절을 가지지만, 위치 자유도는 1이다. 그러나 로봇 팔의 설계에서는 각 관절이 하나의 자유도를 갖도록 설계하므로 관절의 수와 자유도는 동일하다.

한편, **링크**는 두 관절을 연결하는 기계 구조물을 의미한다. 대부분의 산업용 로봇에서 링크의 강성은 매우 크게 설계되는데, 이는 로봇의 동작 중에 링크에서 변형이 발생하면 로봇의 위치 정도가 저하되기 때문이다. 이와 같이 링크의 강성이 크면 위치 정확도는 향상되지만, 로봇이 환경과 접촉하거나 충돌 시에 큰 접촉력이 발생하게 되는 단점이 있다. 작업을 위해서 환경과 접촉이 자주 발생하는 일부 로봇에서는 링크의 강성이 낮게 설계되는데, 이러한 로봇을 유연한 로봇(flexible robot)이라고 하며, 로봇의 위치를 제어하기 위해서 특수한 제어 알고리즘이 사용되어야 한다.

그림 1.3에서는 6자유도 수직 다관절 로봇(articulated robot)의 전형적인 형태인 PUMA(Programmable Universal Machine for Assembly) 로봇의 외형과 이를 간략히 나타낸 개략도를 보여 준다. 이 팔은 링크 L1~L3 및 관절 J1~J3로 구성되는 몸체부(body)와 링크 L4~L6 및 관절 J4~J6로 구성되는 손목부(wrist)로 구성되어 있다. 보통 바닥에 고정되는 기저 링크(base link) L0를 포함하면, 6자유도 로봇은 6개의 관절과 7개의 링크를 갖는다. 이때 손목부는 3개의 1자유도 회전 관절인 J4, J5, J6로 구성되는데, 손목부의 링크인 L4, L5, L6의 길이는 모두 0이다. 말단 링크인 L6에는 말단부(end-effector)가 부착되는데, 말단부는 작업을 위한 공구 또는 물체의 파지를

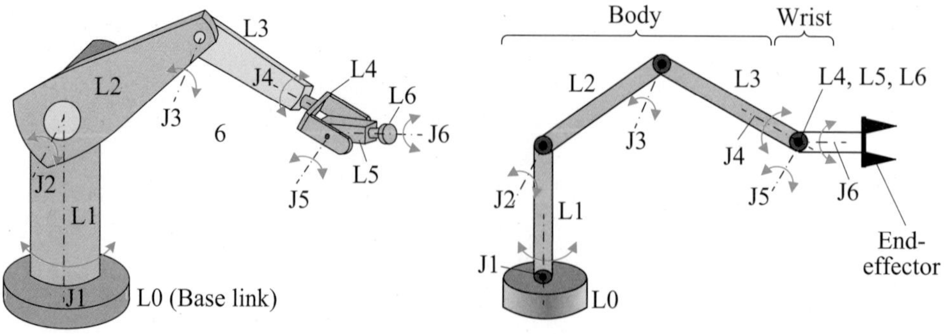

(a) Articulated robot (b) Schematic diagram

그림 1.3 **6자유도 수직 다관절 로봇**

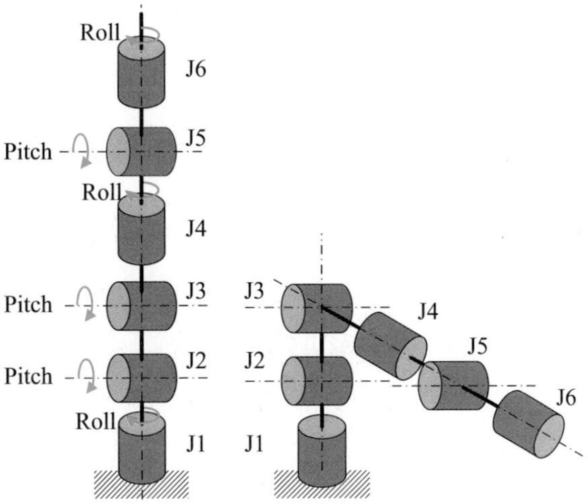

그림 1.4 **6자유도 수직 다관절 로봇의 표현(R–P–P–R–P–R)**

위한 그리퍼 등이 해당한다.

다양한 형태의 로봇을 표현할 때, **그림 1.3**(a)와 같이 로봇의 실물 그림을 나타내는 것은 쉽지 않으며, (b)와 같이 개략도로만 나타내면 로봇의 정확한 동작을 이해하기 어렵다. 그러므로 **그림 1.4**와 같이 로봇 관절의 동작을 원기둥을 이용하여 나타내면 로봇 전체의 동작을 쉽게 이해할 수 있다. 이때 원기둥은 회전 관절을 나타내며, 원기둥의 회전축이 바로 관절 축을 나타낸다. 그리고 좌측 그림에는 롤(roll)과 피치(pitch) 관절이 나오는데, 그림의 로봇 자세에서 피치 회전은 중력의 변화를 초래하지만, 롤 회전은 중력과는 무관함을 알 수 있다. 만약 로봇이 바닥에 고정되어 있다면 몸체부에서는 로봇의 어떤 자세에서도 위의 관찰이 맞지만, 손목부의 경우에는 자세에 따라서 피치 및 롤 회전 모두에 의해서 중력이 변할 수 있다. 만약 로봇이 벽에 장착되어 있다면 몸체부에서도 피치 및 롤 회전 모두에 의해서 중력이 변하게 된다. 앞으로 본문에서는 원기둥 방식으로 다양한 로봇의 구조와 동작을 표현하므로 이 방식에 익숙해지는 것이 필요하다.

그림 1.3에서 몸체부는 주로 말단부의 위치를 결정하므로 위치 결정 구조(positioning structure), 손목부는 주로 말단부의 방위를 결정하므로 방위 결정 구조(orienting structure)라고 부른다. 그러나 말단부의 위치는 몸체부의 동작에 주로 영향을 받지만, 손목부에 의해서도 일부 영향을 받는다. 마찬가지로, 말단부의 방위도 손목부에 주로 영향을 받지만, 몸체부의 영향도 일부 받게 된다. 다시 말해서, 말단부

의 위치는 몸체부, 방위는 손목부 등과 같이 두 기능을 완전히 분리할 수는 없으며, 기구적으로 결합되어(kinematically coupled) 있다.

1.1.3 손목부와 말단부

그림 1.5의 **구형 손목**(spherical wrist)은 보통 3개의 회전 관절로 구성된 3자유도 장치이다. 일반적으로 직선 관절은 손목부에 사용되지 않는다. 이 그림에서 요, 피치, 롤의 3개 회전에 의해서 말단부의 방위가 결정된다. 이때 3개의 회전축이 **손목점**(wrist point)이라 불리는 한 점에서 교차하여야 한다. 3장의 기구학에서 자세히 다루겠지만, 이와 같이 세 관절 축이 한 점에서 교차하여야 역기구학 해가 존재하게 된다. 이러한 구형 손목의 단점은 두 관절 축이 일직선이 되면 자유도를 하나 상실하게 되어 2자유도가 된다는 점이다. 예를 들어, **그림 1.5**에서 요축과 롤축이 일직선이 되면, 요 회전과 롤 회전이 동일한 효과를 나타내게 되어 1자유도 회전이 되므로, 자유도가 하나 상실되는 효과를 내게 된다. 구형 손목의 또 하나의 단점은 좁은 공간에 세 축을 형성하는 모터와 감속기 등 모든 부품이 내장되어야 하므로 설계 및 제작이 어렵다는 점이다.

손목부의 말단 링크에 부착되는 **말단부**는 조립 작업에 사용되는 그리퍼(gripper)와 용접, 도장, 연삭 등에 사용되는 도구(tool) 등을 총칭하는 용어이며, EOAT(end-of-arm-tooling)라 부르기도 한다. **그림 1.6**은 대표적인 그리퍼의 종류를 보여 준다.

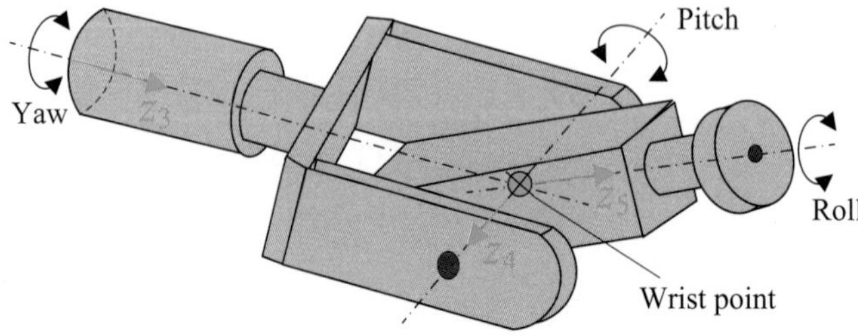

그림 1.5 **구형 손목**

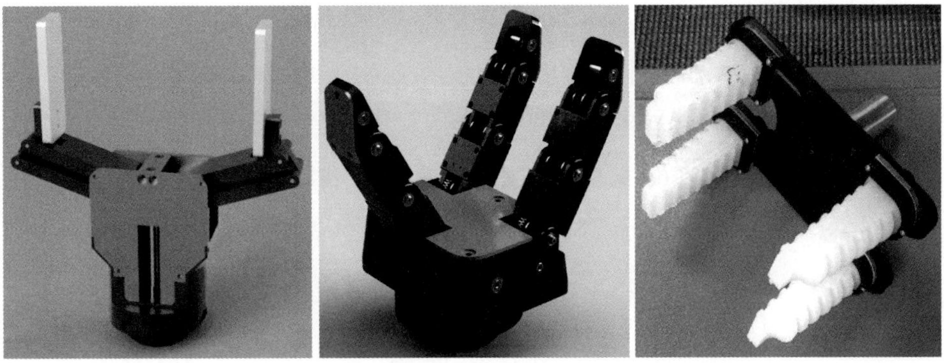

그림 1.6 그리퍼의 종류: 좌측부터 2지 그리퍼, 3지 그리퍼, 소프트 그리퍼

1.1.4 인간 팔과 로봇 팔

그림 1.3의 수직 다관절 로봇은 3자유도 몸체부 및 3자유도 손목부 등 6개의 회전 관절로 구성된다. 이는 3차원 공간상에서 말단부를 임의의 위치와 방위로 이동시키는 데 6자유도가 필요하기 때문이다.

이에 비해 그림 1.7(a)에서 보듯이, 인간 팔(human arm)은 어깨 3자유도, 팔꿈치 1자유도, 손목 3자유도 등 7개의 회전 관절로 구성된다. 그러나 엄밀하게 말하면, 손목의 롤 운동은 전박(forearm)의 운동으로 보아야 하므로, 그림 (b)와 같이 팔꿈치 2자유도, 손목 2자유도로 취급하기도 한다. 3차원 공간상에서 손바닥의 위치와 방위를 원하는 대로 보내는 데 6자유도면 충분한데, 왜 인간 팔은 7자유도로 구성되어 있을까? 인간은 손바닥을 책상에 붙인 채로, 팔꿈치를 마음대로 움직일 수 있다. 만약 인간 팔이 6자유도라면 이러한 동작은 불가능하게 된다. 즉, 팔꿈치와 어깨의 특

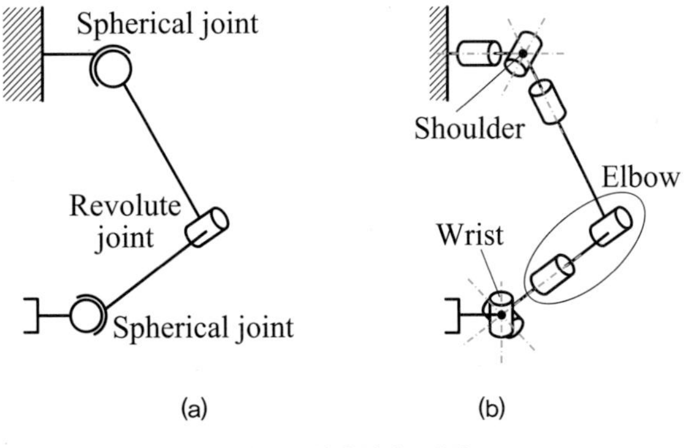

(a) (b)

그림 1.7 인간 팔의 모델링

정한 각도에서만 손바닥을 책상 면에 붙일 수 있으므로, 일단 손바닥을 책상 면에 붙이고 나면 팔꿈치와 어깨를 움직일 수 없게 된다. 이와 같이 하나의 여유 자유도(redundancy)에 의해서 인간은 매우 다양한 팔의 움직임을 만들어 낼 수 있다.

대부분의 로봇 팔은 6자유도로 제작되는데, 이는 6자유도로 대부분의 작업을 수행할 수 있으며, 자유도가 증가하면 로봇의 가격이 상승하기 때문이다. 그러나 일부 산업용 로봇은 작업의 목적상 7자유도 또는 그 이상의 자유도로 제작되기도 한다. 이와 같이, 로봇 팔은 인간 팔에 비해서 일반적으로 자유도가 작지만, 가동 범위는 훨씬 더 넓게 설계된다. 예를 들어, 인간의 팔꿈치는 한 방향으로만 접히지만, 로봇의 팔꿈치는 양방향으로 움직일 수 있다.

1.1.5 작업 공간

작업 공간(workspace)은 로봇 팔의 말단부가 도달할 수 있는 공간을 말한다. 작업 공간은 **도달 가능 작업 공간**(reachable workspace)과 **자유자재 작업 공간**(dexterous workspace)으로 분류된다. 도달 가능 작업 공간은 말단부가 적어도 하나의 방위로 도달할 수 있으며, 자유자재 작업 공간은 말단부가 모든 방위로 도달할 수 있다. 이해를 돕기 위해서, 그림 1.8의 2자유도 평면 팔(planar arm)의 예를 고려하여 보자. 이 평면 팔은 360° 회전할 수 있다고 가정한다.

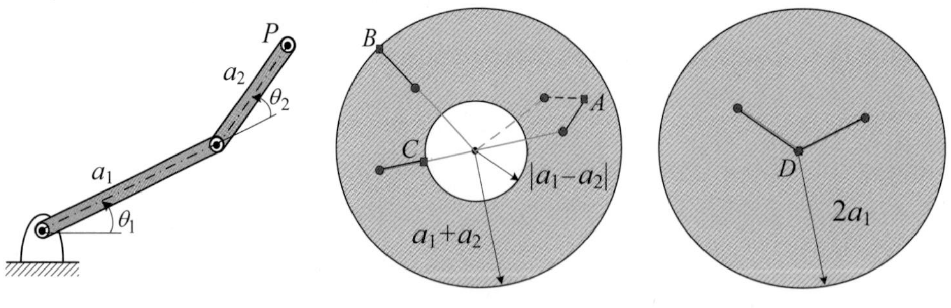

(a) 2 DOF planar arm (b) Reachable workspace (c) Dexterous workspace

그림 1.8 **2자유도 평면 팔의 작업 공간**

우선 평면 팔의 두 링크의 길이가 a_1과 a_2라 하자. 두 링크의 길이가 다르다면, 즉 $a_1 \neq a_2$라면, 도달 가능 작업 공간은 그림 (b)에서 반경 $|a_1-a_2|$와 (a_1+a_2)로 구성되

는 링 사이의 공간이며, 자유자재 작업 공간은 존재하지 않는다. 이때 도달 가능 작업 공간상의 A점에는 평면 팔의 두 자세(실선과 점선)에 의해서 말단점이 도달할 수 있다. 두 링크가 완전히 펼쳐지거나 접히는 경우에는 각각 B점 또는 C점에 도달하게 되는데, 이 경우에는 하나의 자세에 의해서 말단점이 도달할 수 있다. 만약 두 링크의 길이가 동일하다면, 즉 $a_1 = a_2$라면, 도달 가능 작업 공간은 **그림** (c)에서 반경이 $2a_1$인 디스크 내부가 된다. 자유자재 작업 공간은 원점 D가 되는데, 이 경우에 두 링크가 완전히 접힌 상태로 θ_1의 모든 각도에 의해서 도달할 수 있다.

그림 1.9는 앞서 설명한 PUMA 로봇의 작업 공간을 나타낸 것이다. **그림** (a)는 로봇을 정면에서 바라보았을 때의 작업 공간이며, (b)는 위에서 내려다보았을 때의 작업 공간이다. 일반 산업용 로봇의 경우, 카탈로그에 이와 같은 작업 공간이 표시되어 있다.

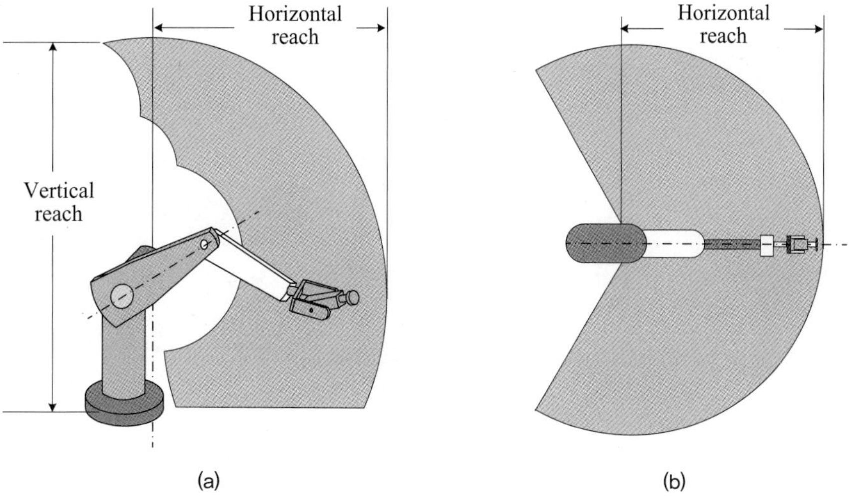

그림 1.9 **6자유도 PUMA 로봇의 작업 공간**

1.2 로봇의 분류

로봇 산업에서의 연구 개발과 국제적인 협력 등을 위해서 설립된 비영리 기관인 세계로봇연맹(International Federation of Robotics, IFR)에서는 로봇을 다음과 같이 분류한다. 로봇은 크게 산업용 로봇(industrial robot)과 서비스 로봇(service robot)으로 분류하며, 서비스 로봇은 다시 전문 서비스 로봇(professional service robot)과 개인 서비스 로봇(personal service robot)으로 나눈다.

1.2.1 산업용 로봇

ISO 8373에 의하면, 산업용 로봇(또는 제조용 로봇)은 3축 또는 그 이상의 축에 대해서 재프로그래밍을 통해서 다양한 자동화 작업이나 공정에 사용되는 머니퓰레이터(manipulator)로 정의된다. 산업용 로봇의 중요한 특징은 프로그래밍을 통해서 다양한 작업을 수행할 수 있다는 점이다. 유사한 자동화 작업에 사용되는 전용 기계는 프로그래밍 기능이 없으므로 단일의 공정에만 사용될 수 있다는 점에서 산업용 로봇과는 차별화된다.

산업 현장에서 주로 사용되는 산업용 로봇을 살펴보자. 그림 1.10은 대표적인 산업용 로봇인 수직 다관절 로봇, 수평 다관절 로봇, 직교좌표 로봇, 델타 로봇 및 협

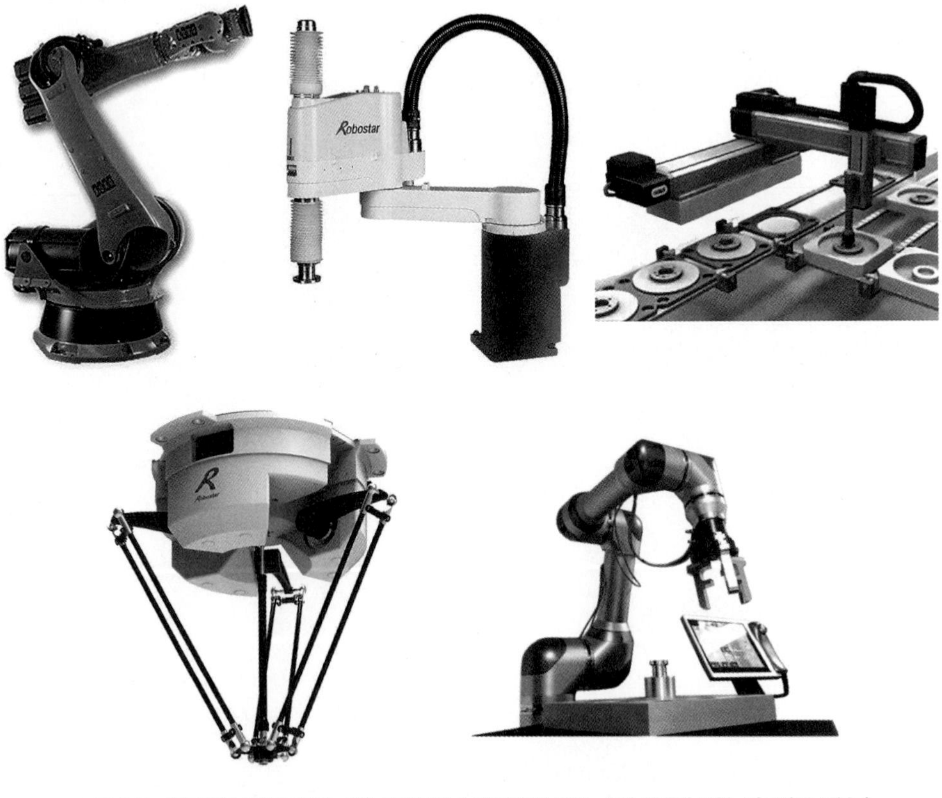

그림 1.10 **대표적인 산업용 로봇: 상단 좌측부터 수직 다관절 로봇, 수평 다관절 로봇, 직교좌표 로봇과 하단 좌측부터 델타 로봇, 협동 로봇**

동 로봇을 보여 준다. 수직 다관절 로봇 중 가장 대표적인 로봇은 1960년대에 미국의 Unimation에서 개발한 **PUMA 로봇**으로, 현재까지도 자동차 공장 등에서 용접, 도장, 핸들링 작업에 사용된다. 수평 다관절 로봇 중에서는 1979년에 일본에서 처음 개발된 **SCARA**(Selective Compliance Assembly Robot Arm) **로봇**이 대표적이며, 주로 조립 공정에 널리 사용되고 있다. **직교좌표 로봇**(Cartesian robot)은 2개 또는 3개의 직선 관절로 구성되어 물체의 핸들링 작업에 주로 사용된다. 델타 로봇(Delta robot)은 다수의 링크가 병렬로 연결된 병렬형 로봇의 일종으로, 링크가 매우 가벼워서 고속 동작이 가능하다. 마지막으로, **협동 로봇**(collaborative robot)은 수직 다관절 로봇의 일종으로, 환경과의 충돌에서도 비교적 안전하며, 프로그래밍 없이도 로봇의 작업을 쉽게 교시할 수 있는 기능 등을 가져서 최근 여러 분야에 널리 사용되기 시작하였다.

이러한 산업용 로봇 중에서 직선 관절로만 구성된 직교좌표 로봇과 회전 관절로만 구성된 수직 다관절 로봇의 특성을 비교하여 보자. 우선, 직교좌표 로봇은 x, y, z 축 방향의 직선 운동을 담당하는 3개의 직선 관절로 구성된다. 공장에서 거대한 물체의 운반에 사용되는 **그림 1.11**(a)의 크레인이 대표적인 직교좌표 로봇이다. 직교좌표 로봇에서는 이들 직선 관절의 운동 조합으로 말단부를 3차원 공간상에 원하는 위치로 보낼 수 있다. 이 로봇의 장점은 다음과 같다. 첫째, 기구적으로 단순하다. 둘째, 강성이 매우 큰 구조를 가진다. 셋째, 직선 운동의 생성이나 제어가 쉽다. 넷째, 세 직선 관절이 독립적으로 운동하며, 기구적인 특이점(singularity)이 없다. 다섯째, 로봇의 운동을 시각화하기 쉽다. 반면에 다음과 같은 단점도 가진다. 첫째, 로봇의 작업 공간이 로봇의 부피에 비해서 작으므로, 필요한 작업 공간보다 로봇이 커야 한다. 둘

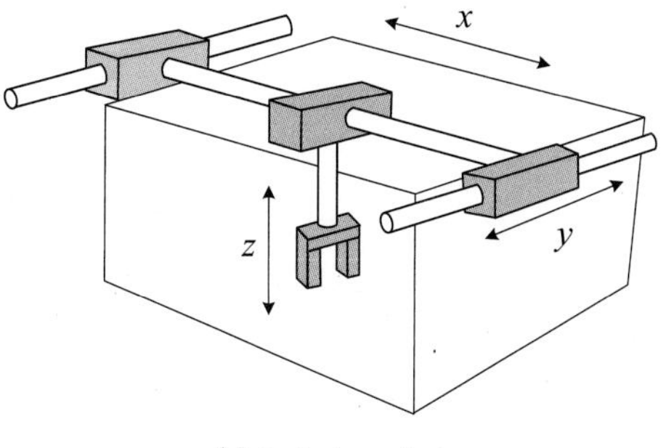

(a) Cartesian robot

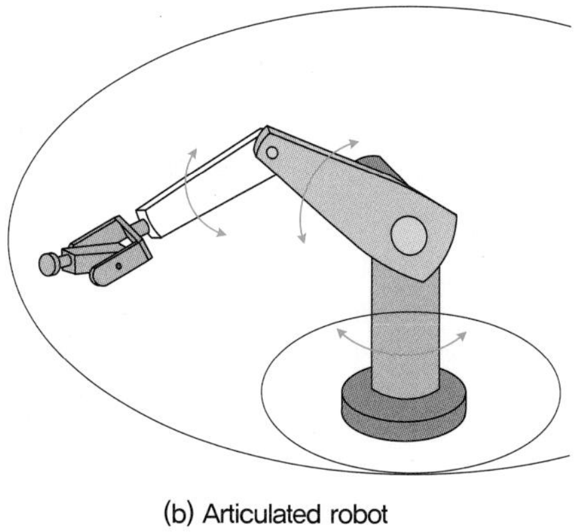
(b) Articulated robot

그림 1.11 **직교좌표 로봇과 수직 다관절 로봇**

째, 물체의 하부에는 말단부가 접근할 수 없다.

그림 1.11(b)의 수직 다관절 로봇은 6개의 회전 관절로 구성된다. 이 로봇의 장점은 다음과 같다. 첫째, 로봇의 부피에 비해서 훨씬 큰 작업 공간을 가지므로 로봇을 작게 제작할 수 있다. 둘째, 물체의 하부를 포함한 모든 방향에 로봇 말단부가 접근할 수 있다. 셋째, 인간 팔을 모방한 구조를 가지므로 유연성이 매우 크다. 반면에 다음과 같은 단점이 있다. 첫째, 기구적으로 복잡하다. 둘째, 직렬 구조이므로 팔을 펼친 상태에서 강성이 크지 않으며, 가반 하중과 자중에 의해서 링크의 변형이 발생할 수 있다. 셋째, 회전 관절로만 구성되어 직선 운동의 생성이나 제어가 어렵다. 넷째, 관절 운동 간에 결합성이 크며(coupled), 기구적인 특이점이 발생한다. 다섯째, 로봇의 운동이 회전 운동의 조합으로 구성되므로, 로봇의 운동을 시각화하기가 어렵다.

표 1.1은 대표적인 6자유도 수직 다관절 로봇인 PUMA 로봇의 카탈로그에서 발췌한 명세서이다. 로봇의 여러 사양 중에서 가반 하중(payload), 반복 정밀도(repeatability), 최대 도달 거리(reach), 최대 속도(maximum speed) 등이 중요한데, 아래에서 이들 사양에 대해 간략히 설명한다.

표 1.1 PUMA 로봇의 명세서

Item		Specifications
Type		Articulated type
Controlled axes		6 axes
Payload		6 kg
Repeatability		±0.02 mm
Reach		350 mm + 350 mm (Lower + Upper)
Maximum speed		1,380 mm/sec
Motion range	1 axis	±150°
	2 axis	±90°
	3 axis	±150°
	4 axis	±140°
	5 axis	±120°
	6 axis	±180°
Drive method		AC servo motors
Weight		45 kg

가반 하중은 로봇의 최대 도달 거리(즉, 모든 관절을 폈을 때)에 해당하는 자세에서 최대 속도 및 가속도로 운용 가능한 하중을 말한다. 따라서 로봇이 겨우 들 수 있는 최대 하중과는 다른 개념이다. 최대 도달 거리 또는 작업 반경은 그림 1.9의 작업 공간에서 로봇의 기저부에서 작업 공간의 경계까지의 거리, 즉 로봇 팔의 길이에 해당한다. 최대 속도는 일반적으로 TCP(tool center point)에서의 최대 접선 선속도(linear velocity)를 의미한다.

한편, **반복 정밀도**는 로봇이 티치 펜던트(teach pendant)에 의해서 교시받은 말단 자세(위치/방위)에 여러 번 다시 복귀하도록 명령을 받았을 때 이 교시 자세와 실제 자세 간의 오차를 의미한다. 고정밀 산업용 로봇의 경우 대략 0.02 mm 정도의 정밀도를 보여 준다. 이러한 정밀도는 로봇이 지시받은 좌표로 이동하였을 때 발생하는 오차를 의미하는 정확도(accuracy)와는 다른 개념이다. 즉, 정밀도는 로봇 제어 시스템의 성능에 의존하며, 정확도는 교정(calibration) 여부와 관련이 있는데, 일반적으로 로봇의 정확도는 정밀도에 비해서 우수하지 않다. 정확도는 교정에 의해서 향상되어 동일 종류의 로봇이라도 서로 다른 값을 가지므로, 로봇의 사양서에 정확도는 표기하지 않고 반복 정밀도만 표기한다. 정확도와 정밀도의 차이에 대해서는 로봇의 역기구학을 다룰 때 상세히 설명하기로 한다.

또 다른 형태의 산업용 로봇으로 수평 다관절 로봇 형태의 SCARA 로봇이 있다. 이 로봇은 전자 제품의 조립과 같은 평면 작업에 주로 사용된다. 그림 1.12에서 보듯이 3개의 회전 관절과 1개의 직선 관절 등 4개의 관절로 구성된다. 처음 2개의 회전 관절을 위한 모터가 기저 링크에 위치하여 벨트-풀리 기구를 통하여 동력을 전달하므로, 로봇이 매우 빠른 속도로 운동할 수 있다.

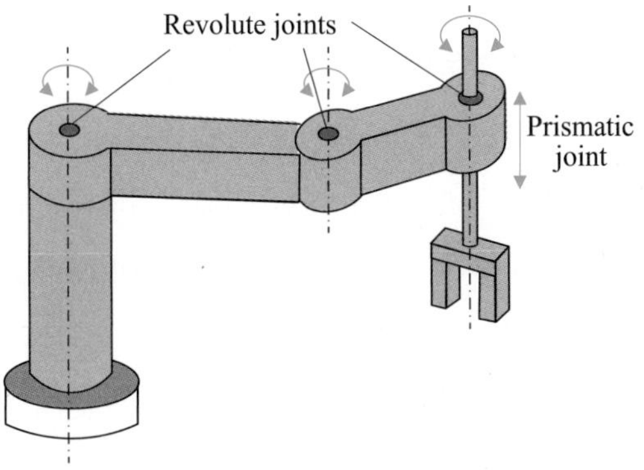

그림 1.12 SCARA 로봇

앞서 살펴본 로봇은 전부 직렬 기구(serial linkage) 구조를 갖지만, 병렬 기구 구조로 된 병렬형 로봇(parallel robot)도 산업 현장에서 사용된다. 대표적인 병렬형 로봇으로는 1965년에 개발된 스튜어트 플랫폼(Stewart platform)을 들 수 있다. 그림 1.13은 스튜어트 플랫폼의 구조를 보여 준다. 바닥에 고정되는 하판과 운동 플랫폼에 해당하는 상판 사이에 6개의 직선 관절로 구성된 다리가 설치되어 있다. 이 다리의 길이 d_1, …, d_6를 모터 제어를 통해서 조절하면, 상판의 위치와 방위를 3차원 공간상에서 원하는 대로 제어할 수 있다. 일반적으로 다리와 상판은 볼-소켓 관절로, 다리와 하판은 유니버설 관절로 연결되어 있다.

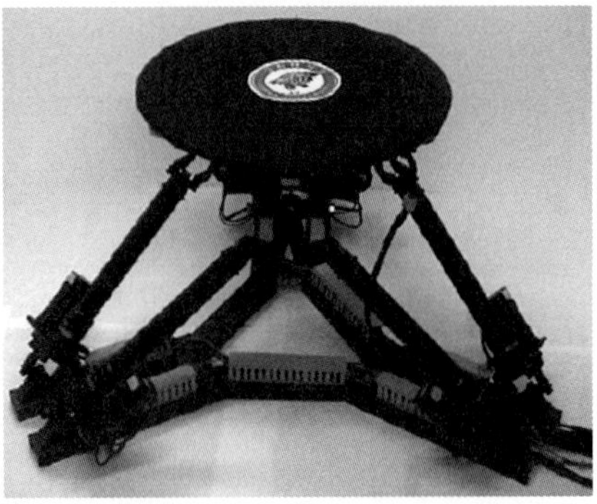

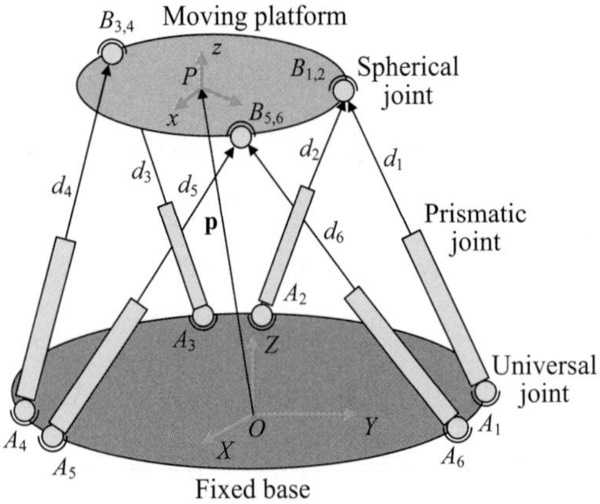

그림 1.13 **스튜어트 플랫폼**

직렬형 로봇과 비교해서 스튜어트 플랫폼의 장점은 다음과 같다. 첫째, 가반 하중이 매우 크다. PUMA 로봇의 경우 일반적으로 가반 하중은 로봇 무게의 20% 이하이다. 예를 들어, 표 1.1에서 가반 하중이 6 kg인 PUMA 로봇의 무게가 45 kg에 달한다. 그러나 스튜어트 플랫폼의 경우 상판이 담당하는 가반 하중을 6개의 다리가 분산하여 담당하므로, 무거운 가반 하중을 문제없이 취급할 수 있다. 둘째, 정확도가 매우 우수하다. 직렬형 로봇의 경우 링크가 직렬로 연결되므로 내부 엔코더의 작은 측정 오차가 누적되어 말단부의 큰 위치 오차를 초래할 수 있지만, 병렬형 로봇의 경우에는 어느 다리의 내부 엔코더에서 측정 오차가 발생하더라도 이 오차가 누적되지는 않으므로, 전체 상판의 위치 오차에 작은 영향을 줄 뿐이다. 그러므로 병렬형 로봇은 직렬형 로봇에 비해서 정확도가 매우 높다.

1.2.2 서비스 로봇

서비스 로봇은 산업 자동화 응용을 제외한 분야에서 유용한 작업을 수행하는 로봇을 말하며, 개인 서비스 로봇과 전문 서비스 로봇으로 나눌 수 있다.

개인 서비스 로봇은 로봇의 문외한도 쉽게 사용할 수 있으며, 주로 비상업적인 작업을 수행하는 로봇이다. **그림 1.14**에서 보듯이, 청소 로봇, 엔터테인먼트 로봇, 교육용 로봇, 안내 로봇 등이 여기에 속한다.

그림 1.14 **개인 서비스 로봇**

전문 서비스 로봇은 주로 훈련을 받은 작업자에 의해서 운용되며, 상업적인 작업에 주로 사용되는 로봇이다. **그림 1.15**에서 보듯이, 수술 로봇, 재활 로봇, 순찰 로봇 등이 여기에 속한다.

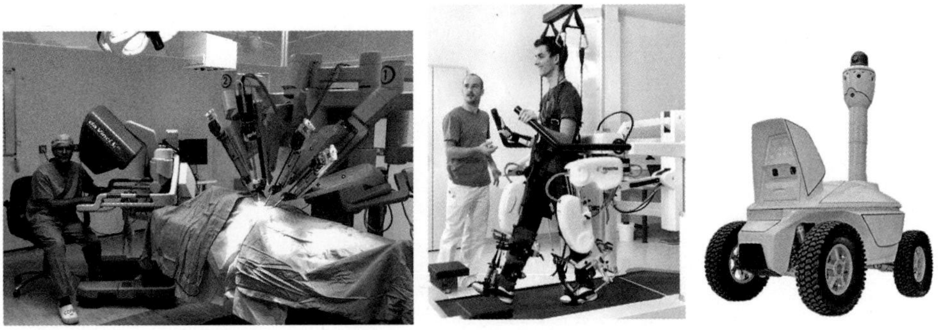

그림 1.15 **전문 서비스 로봇**

연습문제

1 다음 물체의 운동을 기술하는 데는 몇 자유도가 필요한가?

(a) 책상 위에 놓인 주사위

(b) 바닥 위에 놓인 볼링공

(c) 자유 공간상의 볼펜

2 대부분의 로봇에서 직선 관절보다는 회전 관절이 선호되는 이유는 무엇인가?

3 인간 팔과 로봇 팔의 장단점에 대해서 설명하시오.

4 작업 공간에 대한 다음 물음에 답하시오.

(a) 2자유도 평면 팔에서 두 링크의 길이가 다르다면 자유자재 작업 공간이 존재하는가?

(b) 3자유도 평면 팔의 경우에 자유자재 작업 공간이 존재하는가?

5 직교좌표 로봇과 비교하여 수직 다관절 로봇의 장단점을 논하시오.

CHAPTER 2 위치 및 방위의 표현

위치 및 방위의 표현

로봇의 기구학 문제를 다루기 위해서는 로봇에 설정되는 다양한 좌표계 간의 변환에 대한 이해가 필요하다. 또한 로봇의 작업에 필요한 그리퍼 또는 공구가 부착되는 말단부의 위치와 방위를 표현하여야 하는데, 특히 방위의 표현은 무척 어렵다. 본 장에서는 이와 같이 로봇의 기구학을 이해하는 데 필요한 기본 지식을 살펴보기로 한다.

로봇의 위치와 방위는 벡터 및 회전 행렬로 나타내는데, 동차 변환을 사용하면 하나의 행렬에 위치와 회전 정보를 모두 포함할 수 있다. 로봇은 여러 개의 링크로 구성되는데, 각 링크마다 링크 좌표계를 가지게 되므로, 이들 좌표계 간의 좌표 변환에 대한 이해가 매우 중요하다.

로봇에서 방위의 표현을 위해서는 주로 ZYX 오일러 각도 또는 ZYZ 오일러 각도를 사용한다. 주어진 오일러 각도로부터 회전 행렬을 구하거나 주어진 회전 행렬로부터 오일러 각도를 구하는 연산은 매우 빈번히 수행된다. 방위의 표현에는 이 외에도 축-각도 표현이나 유닛 쿼터니언 표현이 사용되기도 하는데, 이에 대해서 자세히 소개하도록 한다.

2.1 좌표 변환

2.1.1 위치 및 방위의 기술

로봇 팔은 다수의 링크가 연결된 구조를 가지는데, 각 링크마다 독립적인 좌표계가 설정되며, 이들 좌표계 간의 관계에 의해서 실제로 작업을 수행하는 로봇 말단부의 3차원 공간에서의 위치와 방위가 결정된다. 로봇공학에서는 **위치**(position)와 **방위**(orientation)를 합하여 **자세**(pose)라고 부른다. 이 절에서는 3차원 공간에서 물체의 위치와 방위를 어떻게 표현하는지를 살펴본다. 물체의 방위는 회전과 관련되는데, 이러한 회전을 표현하기 위해서는 회전 행렬(rotation matrix)이 사용된다. 회전 행렬은 로봇 기구학을 공부하는 데 매우 중요한 개념이므로 이에 대한 이해가 필요하다.

그림 2.1은 두 좌표계를 보여 주는데, 좌표계 {A}는 공간에 고정되어 있는 기준 좌표계(reference frame)이며, 좌표계 {B}는 강체에 고정되어 강체와 같이 이동하는 물체 좌표계(object frame)이다. 여기서 **강체**(rigid body)는 작용하는 외력과 운동에 상관없이 물체상의 임의의 두 점 사이의 거리가 일정하게 유지되는 단단한 물체를 의미하는데, 로봇의 링크는 강체로 취급된다. 그림에서 강체의 운동은 기준 좌표계 {A}에 대한 물체 좌표계 {B}의 위치와 방위 정보로 기술할 수 있다.

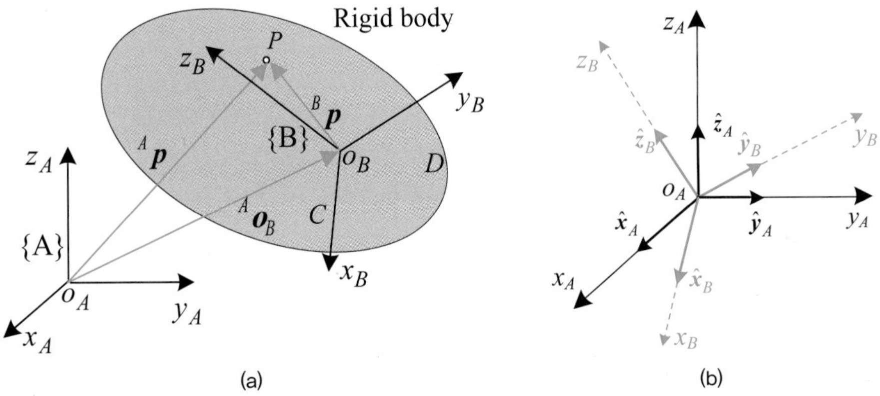

그림 2.1 **기준 좌표계와 물체 좌표계**

공간상에서 점의 위치는 **위치 벡터**로 기술한다. 예를 들어, **그림 2.1**의 강체상의 한 점인 P의 위치 벡터를 {A}를 기준으로 나타내면

$$^{A}\boldsymbol{p} = \{^{A}p_x \ ^{A}p_y \ ^{A}p_z\}^T = {}^{A}p_x\,\hat{\boldsymbol{x}}_A + {}^{A}p_y\,\hat{\boldsymbol{y}}_A + {}^{A}p_z\,\hat{\boldsymbol{z}}_A \tag{2.1}$$

인데, 여기서 $^{A}p_x$, $^{A}p_y$, $^{A}p_z$는 {A}의 각 축에 P점을 투영하여 얻은 위치 벡터의 성분이며, $\hat{\boldsymbol{x}}_A$, $\hat{\boldsymbol{y}}_A$, $\hat{\boldsymbol{z}}_A$는 {A}의 단위 벡터(unit vector)이다. 이때 좌측 상첨자는 벡터를 기술하는 데 기준이 되는 좌표계를 의미한다. 동일한 P점의 위치 벡터는 {B}에 대해서

$$^{B}\boldsymbol{p} = \{^{B}p_x \ ^{B}p_y \ ^{B}p_z\}^T = {}^{B}p_x\,\hat{\boldsymbol{x}}_B + {}^{B}p_y\,\hat{\boldsymbol{y}}_B + {}^{B}p_z\,\hat{\boldsymbol{z}}_B \tag{2.2}$$

와 같이 기술된다. 이와 같이 동일한 점의 위치 벡터라도 기준이 되는 좌표계가 다르면 서로 다른 벡터가 된다는 점에 유의한다.

공간상에서 물체의 방위는 회전 행렬로 나타낸다. 3차원 공간의 **회전 행렬**은 시각적으로 나타내기 어려우므로, 이해를 돕기 위해서 2차원 공간을 고려하여 보자. P점의 위치 벡터를 좌표계 {A}와 {B}를 기준으로 나타내면 다음과 같다.

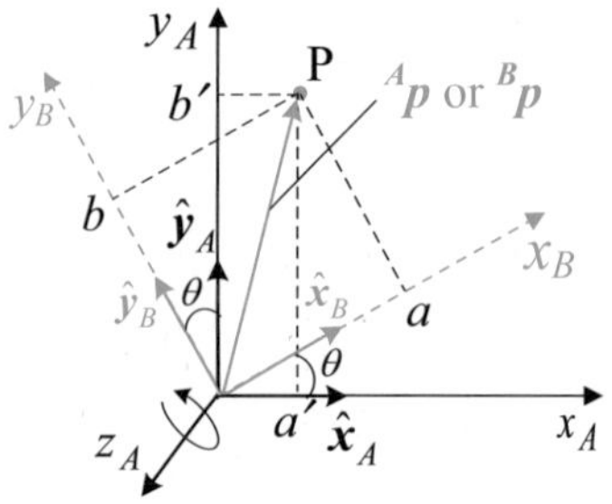

그림 2.2 **2차원 공간에서의 회전 행렬**

$$^A\boldsymbol{p} = a'\,\hat{\boldsymbol{x}}_A + b'\,\hat{\boldsymbol{y}}_A \tag{2.3a}$$

$$^B\boldsymbol{p} = a\,\hat{\boldsymbol{x}}_B + b\,\hat{\boldsymbol{y}}_B \tag{2.3b}$$

식 (2.3a)는 $^B\boldsymbol{p}$를 사용하여

$$^A\boldsymbol{p} = (^B\boldsymbol{p}\cdot\hat{\boldsymbol{x}}_A)\hat{\boldsymbol{x}}_A + (^B\boldsymbol{p}\cdot\hat{\boldsymbol{y}}_A)\hat{\boldsymbol{y}}_A = [(a\,\hat{\boldsymbol{x}}_B + b\,\hat{\boldsymbol{y}}_B)\cdot\hat{\boldsymbol{x}}_A]\hat{\boldsymbol{x}}_A + [(a\,\hat{\boldsymbol{x}}_B + b\,\hat{\boldsymbol{y}}_B)\cdot\hat{\boldsymbol{y}}_A]\hat{\boldsymbol{y}}_A \tag{2.4}$$

로 표현할 수 있는데, 위 식을 정리하면

$$^A\boldsymbol{p} = [a\,\hat{\boldsymbol{x}}_B\cdot\hat{\boldsymbol{x}}_A + b\,\hat{\boldsymbol{y}}_B\cdot\hat{\boldsymbol{x}}_A]\hat{\boldsymbol{x}}_A + [a\,\hat{\boldsymbol{x}}_B\cdot\hat{\boldsymbol{y}}_A + b\,\hat{\boldsymbol{y}}_B\cdot\hat{\boldsymbol{y}}_A]\hat{\boldsymbol{y}}_A \tag{2.5}$$

와 같으며, 이를 벡터-행렬 형식으로 표현하면 다음과 같다.

$$^A\boldsymbol{p} = \begin{bmatrix} a' \\ b' \end{bmatrix} = \begin{bmatrix} \hat{\boldsymbol{x}}_B\cdot\hat{\boldsymbol{x}}_A & \hat{\boldsymbol{y}}_B\cdot\hat{\boldsymbol{x}}_A \\ \hat{\boldsymbol{x}}_B\cdot\hat{\boldsymbol{y}}_A & \hat{\boldsymbol{y}}_B\cdot\hat{\boldsymbol{y}}_A \end{bmatrix} \begin{bmatrix} a \\ b \end{bmatrix} = \begin{bmatrix} \hat{\boldsymbol{x}}_B\cdot\hat{\boldsymbol{x}}_A & \hat{\boldsymbol{y}}_B\cdot\hat{\boldsymbol{x}}_A \\ \hat{\boldsymbol{x}}_B\cdot\hat{\boldsymbol{y}}_A & \hat{\boldsymbol{y}}_B\cdot\hat{\boldsymbol{y}}_A \end{bmatrix} {}^B\boldsymbol{p} \tag{2.6}$$

위 식을 3차원으로 확장하면

$$^A\boldsymbol{p} = \begin{bmatrix} \hat{\boldsymbol{x}}_B\cdot\hat{\boldsymbol{x}}_A & \hat{\boldsymbol{y}}_B\cdot\hat{\boldsymbol{x}}_A & \hat{\boldsymbol{z}}_B\cdot\hat{\boldsymbol{x}}_A \\ \hat{\boldsymbol{x}}_B\cdot\hat{\boldsymbol{y}}_A & \hat{\boldsymbol{y}}_B\cdot\hat{\boldsymbol{y}}_A & \hat{\boldsymbol{z}}_B\cdot\hat{\boldsymbol{y}}_A \\ \hat{\boldsymbol{x}}_B\cdot\hat{\boldsymbol{z}}_A & \hat{\boldsymbol{y}}_B\cdot\hat{\boldsymbol{z}}_A & \hat{\boldsymbol{z}}_B\cdot\hat{\boldsymbol{z}}_A \end{bmatrix} {}^B\boldsymbol{p} = {}^A\boldsymbol{R}_B\,{}^B\boldsymbol{p} \tag{2.7}$$

로 표현되는데, 이 식에서 3×3 행렬을 회전 행렬 ${}^{A}\boldsymbol{R}_{B}$라고 정의한다.

$$ {}^{A}\boldsymbol{R}_{B}=\begin{bmatrix} \hat{\boldsymbol{x}}_{B}\cdot\hat{\boldsymbol{x}}_{A} & \hat{\boldsymbol{y}}_{B}\cdot\hat{\boldsymbol{x}}_{A} & \hat{\boldsymbol{z}}_{B}\cdot\hat{\boldsymbol{x}}_{A} \\ \hat{\boldsymbol{x}}_{B}\cdot\hat{\boldsymbol{y}}_{A} & \hat{\boldsymbol{y}}_{B}\cdot\hat{\boldsymbol{y}}_{A} & \hat{\boldsymbol{z}}_{B}\cdot\hat{\boldsymbol{y}}_{A} \\ \hat{\boldsymbol{x}}_{B}\cdot\hat{\boldsymbol{z}}_{A} & \hat{\boldsymbol{y}}_{B}\cdot\hat{\boldsymbol{z}}_{A} & \hat{\boldsymbol{z}}_{B}\cdot\hat{\boldsymbol{z}}_{A} \end{bmatrix}=\left[\,{}^{A}\hat{\boldsymbol{x}}_{B}\;\middle|\;{}^{A}\hat{\boldsymbol{y}}_{B}\;\middle|\;{}^{A}\hat{\boldsymbol{z}}_{B}\,\right]=\begin{bmatrix} r_{11} & r_{12} & r_{13} \\ r_{21} & r_{22} & r_{23} \\ r_{31} & r_{32} & r_{33} \end{bmatrix} \tag{2.8} $$

위 식에서 보듯이, 회전 행렬의 각 열은 단위 벡터 $\hat{\boldsymbol{x}}_{B}$, $\hat{\boldsymbol{y}}_{B}$, $\hat{\boldsymbol{z}}_{B}$를 좌표계 {A}의 각 축에 투영함으로써 얻을 수 있는데, 이는 {B}의 각 단위 벡터를 {A}에 대하여 기술한 것에 해당하므로 ${}^{A}\hat{\boldsymbol{x}}_{B}$, ${}^{A}\hat{\boldsymbol{y}}_{B}$, ${}^{A}\hat{\boldsymbol{z}}_{B}$에 해당한다. 회전 행렬의 각 성분을 나타낼 때에는 우측과 같이 r_{11}, …, r_{33}으로 표현한다. 식 (2.7)을 살펴보면, 회전 행렬은 {B}를 기준으로 한 P점의 성분을 {A}를 기준으로 한 성분으로 변환하는 역할을 한다. 다시 말해서, 회전 행렬을 해당 벡터에 사전 곱셈하면(premultiply), {B}를 기준으로 한 벡터를 {A}를 기준으로 한 벡터로 변환할 수 있는데, 이를 **좌표 변환**(coordinate transform)이라 한다.

만약 {B}를 기준으로 한 {A}의 회전 행렬을 구한다면 위 식과 동일한 방식으로 다음과 같이 구할 수 있다.

$$ {}^{B}\boldsymbol{R}_{A}=\begin{bmatrix} \hat{\boldsymbol{x}}_{A}\cdot\hat{\boldsymbol{x}}_{B} & \hat{\boldsymbol{y}}_{A}\cdot\hat{\boldsymbol{x}}_{B} & \hat{\boldsymbol{z}}_{A}\cdot\hat{\boldsymbol{x}}_{B} \\ \hat{\boldsymbol{x}}_{A}\cdot\hat{\boldsymbol{y}}_{B} & \hat{\boldsymbol{y}}_{A}\cdot\hat{\boldsymbol{y}}_{B} & \hat{\boldsymbol{z}}_{A}\cdot\hat{\boldsymbol{y}}_{B} \\ \hat{\boldsymbol{x}}_{A}\cdot\hat{\boldsymbol{z}}_{B} & \hat{\boldsymbol{y}}_{A}\cdot\hat{\boldsymbol{z}}_{B} & \hat{\boldsymbol{z}}_{A}\cdot\hat{\boldsymbol{z}}_{B} \end{bmatrix}=\left[\,{}^{B}\hat{\boldsymbol{x}}_{A}\;\middle|\;{}^{B}\hat{\boldsymbol{y}}_{A}\;\middle|\;{}^{B}\hat{\boldsymbol{z}}_{A}\,\right] \tag{2.9} $$

예제 2.1

다음 그림은 좌표계 {A}를 기준으로 {B}가 z_A축에 대해서 θ만큼 회전한 경우를 나타낸다. 두 좌표계 간의 회전 행렬을 구하고, 이 회전 행렬을 이용하여 {B}를 기준으로 한 P점의 좌표를 {A}를 기준으로 한 좌표로 나타내시오.

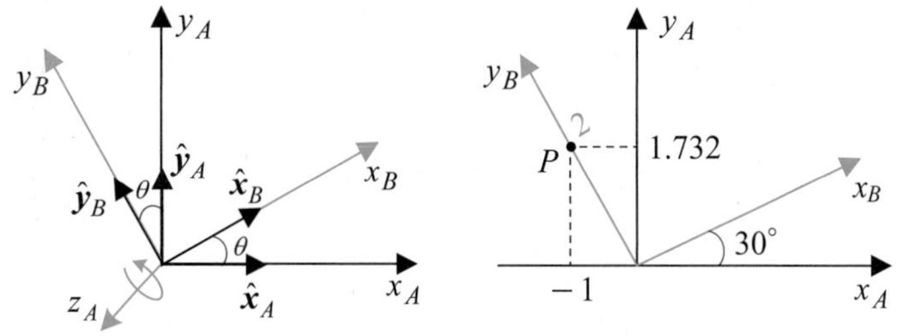

그림 2.3 예제 2.1

풀이

식 (2.8)에 의해서 {A}를 기준으로 한 {B}의 회전 행렬은

$$ {}^{A}\boldsymbol{R}_{B} = \begin{bmatrix} \hat{\boldsymbol{x}}_B \cdot \hat{\boldsymbol{x}}_A & \hat{\boldsymbol{y}}_B \cdot \hat{\boldsymbol{x}}_A & \hat{\boldsymbol{z}}_B \cdot \hat{\boldsymbol{x}}_A \\ \hat{\boldsymbol{x}}_B \cdot \hat{\boldsymbol{y}}_A & \hat{\boldsymbol{y}}_B \cdot \hat{\boldsymbol{y}}_A & \hat{\boldsymbol{z}}_B \cdot \hat{\boldsymbol{y}}_A \\ \hat{\boldsymbol{x}}_B \cdot \hat{\boldsymbol{z}}_A & \hat{\boldsymbol{y}}_B \cdot \hat{\boldsymbol{z}}_A & \hat{\boldsymbol{z}}_B \cdot \hat{\boldsymbol{z}}_A \end{bmatrix} = \begin{bmatrix} \cos\theta & -\sin\theta & 0 \\ \sin\theta & \cos\theta & 0 \\ 0 & 0 & 1 \end{bmatrix} \tag{2.10} $$

으로 표현되는데, 만약 $\theta=30°$라면

$$ {}^{A}\boldsymbol{R}_{B} = \begin{bmatrix} \cos 30^{\circ} & -\sin 30^{\circ} & 0 \\ \sin 30^{\circ} & \cos 30^{\circ} & 0 \\ 0 & 0 & 1 \end{bmatrix} = \begin{bmatrix} 0.866 & -0.500 & 0 \\ 0.500 & 0.866 & 0 \\ 0 & 0 & 1 \end{bmatrix} \tag{2.11} $$

이 된다. 위의 그림에서 {B}를 기준으로 한 P점의 좌표는 $\{0\ 2\ 0\}^T$로 쉽게 구할 수 있는데, 이때 {A}를 기준으로 한 P점의 좌표가 필요하다면 식 (2.7)에 의해서

$$ {}^{A}\boldsymbol{p} = {}^{A}\boldsymbol{R}_{B}\, {}^{B}\boldsymbol{p} = \begin{bmatrix} 0.866 & -0.500 & 0 \\ 0.500 & 0.866 & 0 \\ 0 & 0 & 1 \end{bmatrix} \begin{Bmatrix} 0 \\ 2 \\ 0 \end{Bmatrix} = \begin{Bmatrix} -1 \\ 1.732 \\ 0 \end{Bmatrix} \tag{2.12} $$

로 구할 수 있다.

위와 같이 단순한 2차원 예제에서는 굳이 회전 행렬의 개념이 없더라도 쉽게 변환을 수행할 수 있지만, 복잡한 3차원 문제에서는 직관적으로 이러한 연산을 하기는 어려우므로 회전 행렬을 사용하여 체계적으로 계산하는 것이 바람직하다.

회전 행렬은 다음과 같은 성질을 가진다.

- **성질 1:**

$$ {}^{A}\boldsymbol{R}_{B} = {}^{B}\boldsymbol{R}_{A}^{-1} \tag{2.13} $$

증명:

$$ {}^{A}\boldsymbol{p} = {}^{A}\boldsymbol{R}_{B}\, {}^{B}\boldsymbol{p} \;\;\&\;\; {}^{B}\boldsymbol{p} = {}^{B}\boldsymbol{R}_{A}\, {}^{A}\boldsymbol{p} \;\Rightarrow\; {}^{A}\boldsymbol{p} = {}^{A}\boldsymbol{R}_{B}\, {}^{B}\boldsymbol{R}_{A}\, {}^{A}\boldsymbol{p} \;\Rightarrow\; {}^{A}\boldsymbol{R}_{B}\, {}^{B}\boldsymbol{R}_{A} = \boldsymbol{I} $$

- **성질 2:**

$$ {}^{A}\boldsymbol{R}_{B} = {}^{B}\boldsymbol{R}_{A}^{T} \tag{2.14} $$

증명:

$$ {}^{A}\boldsymbol{R}_{B} = \begin{bmatrix} \hat{\boldsymbol{x}}_B \cdot \hat{\boldsymbol{x}}_A & \hat{\boldsymbol{y}}_B \cdot \hat{\boldsymbol{x}}_A & \hat{\boldsymbol{z}}_B \cdot \hat{\boldsymbol{x}}_A \\ \hat{\boldsymbol{x}}_B \cdot \hat{\boldsymbol{y}}_A & \hat{\boldsymbol{y}}_B \cdot \hat{\boldsymbol{y}}_A & \hat{\boldsymbol{z}}_B \cdot \hat{\boldsymbol{y}}_A \\ \hat{\boldsymbol{x}}_B \cdot \hat{\boldsymbol{z}}_A & \hat{\boldsymbol{y}}_B \cdot \hat{\boldsymbol{z}}_A & \hat{\boldsymbol{z}}_B \cdot \hat{\boldsymbol{z}}_A \end{bmatrix} = \begin{bmatrix} \hat{\boldsymbol{x}}_A \cdot \hat{\boldsymbol{x}}_B & \hat{\boldsymbol{y}}_A \cdot \hat{\boldsymbol{x}}_B & \hat{\boldsymbol{z}}_A \cdot \hat{\boldsymbol{x}}_B \\ \hat{\boldsymbol{x}}_A \cdot \hat{\boldsymbol{y}}_B & \hat{\boldsymbol{y}}_A \cdot \hat{\boldsymbol{y}}_B & \hat{\boldsymbol{z}}_A \cdot \hat{\boldsymbol{y}}_B \\ \hat{\boldsymbol{x}}_A \cdot \hat{\boldsymbol{z}}_B & \hat{\boldsymbol{y}}_A \cdot \hat{\boldsymbol{z}}_B & \hat{\boldsymbol{z}}_A \cdot \hat{\boldsymbol{z}}_B \end{bmatrix}^{T} = {}^{B}\boldsymbol{R}_{A}^{T} $$

위의 성질 1과 2를 종합하면, 다음과 같이 회전 행렬은 정규직교 행렬(orthonormal matrix)이 된다.

- **성질 3:** $${}^{A}\boldsymbol{R}_{B}{}^{T} = {}^{A}\boldsymbol{R}_{B}{}^{-1} \tag{2.15}$$

여기서 정규직교 행렬 $\boldsymbol{A}$는 전치행렬과 역행렬이 동일한, 즉 $\boldsymbol{A}^{T}=\boldsymbol{A}^{-1}$인 행렬을 의미한다.

그리고 회전 행렬은 3×3 행렬이므로 9개의 성분을 갖지만 이 중에서 3개의 성분만 독립적인데, 이는 회전 행렬에 다음과 같은 6개의 구속 조건이 있기 때문이다.

직교 조건: $$\hat{\boldsymbol{x}}\cdot\hat{\boldsymbol{y}}=0,\ \hat{\boldsymbol{y}}\cdot\hat{\boldsymbol{z}}=0,\ \hat{\boldsymbol{z}}\cdot\hat{\boldsymbol{x}}=0 \tag{2.16}$$

단위 길이 조건: $$|\hat{\boldsymbol{x}}|=1,\ |\hat{\boldsymbol{y}}|=1,\ |\hat{\boldsymbol{z}}|=1 \tag{2.17}$$

여기서 $\hat{\boldsymbol{x}}$, $\hat{\boldsymbol{y}}$, $\hat{\boldsymbol{z}}$는 좌표계 {A} 또는 {B}의 단위 벡터이다.

2.1.2 동차 변환

그림 2.1에서 강체상의 임의의 점 P의 위치는 좌표계 {A}에 기준하여 위치 벡터 ${}^{A}\boldsymbol{p}$ 또는 {B}에 기준하여 위치 벡터 ${}^{B}\boldsymbol{p}$로 각각 나타낼 수 있다. 이때 좌측 상첨자는 벡터를 기술하는 데 기준이 되는 좌표계를 나타낸다. 한편, {B}의 원점은 {A}에 기준하여 위치 벡터 ${}^{A}\boldsymbol{o}_{B}$로 나타낼 수 있다. 이들 위치 벡터는 다음과 같은 관계를 가진다.

$${}^{A}\boldsymbol{p} = {}^{A}\boldsymbol{o}_{B} + {}^{A}\boldsymbol{R}_{B}\,{}^{B}\boldsymbol{p} \tag{2.18}$$

이때 벡터의 연산을 위해서는 모든 벡터가 동일한 좌표계를 기준으로 기술되어야 한다. 벡터 ${}^{A}\boldsymbol{p}$와 ${}^{A}\boldsymbol{o}_{B}$는 좌표계 {A}를 기준으로 기술되었지만, ${}^{B}\boldsymbol{p}$는 {B}를 기준으로 표현되었으므로, ${}^{A}\boldsymbol{p}={}^{A}\boldsymbol{o}_{B}+{}^{B}\boldsymbol{p}$와 같은 식은 성립되지 않는다. 벡터 ${}^{B}\boldsymbol{p}$를 {A}를 기준으로 나타내기 위해서는, 회전 행렬 ${}^{A}\boldsymbol{R}_{B}$를 사전 곱셈하여 ${}^{A}\boldsymbol{R}_{B}\,{}^{B}\boldsymbol{p}$의 형태를 취하면 된다. 이와 같이 회전 행렬을 이용한 벡터의 기준 좌표계의 변환은 매우 중요한 개념이므로 잘 이해하여야 한다.

식 (2.18)의 벡터 방정식을 컴퓨터로 연산하기 편하게 행렬과 벡터의 곱으로 표현할 수 있다.

$$\left\{\begin{array}{c} {}^{A}\boldsymbol{p} \\ \hline 1 \end{array}\right\} = \left[\begin{array}{ccc|c} & {}^{A}\boldsymbol{R}_{B} & & {}^{A}\boldsymbol{o}_{B} \\ \hline 0 & 0 & 0 & 1 \end{array}\right] \left\{\begin{array}{c} {}^{B}\boldsymbol{p} \\ \hline 1 \end{array}\right\} \tag{2.19}$$

또는

$${}^{A}\boldsymbol{p} = {}^{A}\boldsymbol{T}_{B}\,{}^{B}\boldsymbol{p} \tag{2.20}$$

여기서 ${}^{A}\boldsymbol{T}_{B}$는 {A}를 기준으로 한 {B}의 병진(translation) 및 회전(rotation) 정보를 포함하고 있는 4×4 **동차 변환 행렬**(homogeneous transform matrix)이다. 이 행렬은 다음과 같이 회전 행렬과 위치 벡터로 구성된다.

$$\boldsymbol{T} = \left[\begin{array}{c|c} \text{Rotation } (3\times3) & \text{Translation } (3\times1) \\ \hline 0\ (1\times3) & 1\ (1\times1) \end{array}\right] = \left[\begin{array}{ccc|c} r_{11} & r_{12} & r_{13} & p_x \\ r_{21} & r_{22} & r_{23} & p_y \\ r_{31} & r_{32} & r_{33} & p_z \\ \hline 0 & 0 & 0 & 1 \end{array}\right] \tag{2.21}$$

위치 벡터 ${}^{A}\boldsymbol{p}$ 및 ${}^{B}\boldsymbol{p}$는 식 (2.18)에서의 3×1 벡터이지만, 식 (2.20)에서는 4×1 벡터임에 유의한다. 이때 위치 벡터의 네 번째 성분은 식 (2.20)에서 보듯이 항상 1이다.

이러한 동차 변환을 사용하여 순수한 병진이나 회전 이동을 나타낼 수 있다. x, y, z축으로 p_x, p_y, p_z만큼 병진 시의 동차 변환은 다음과 같다.

$$\text{Trans}(p_x, p_y, p_z) = \begin{bmatrix} 1 & 0 & 0 & p_x \\ 0 & 1 & 0 & p_y \\ 0 & 0 & 1 & p_z \\ 0 & 0 & 0 & 1 \end{bmatrix} \tag{2.22}$$

여기서 회전이 없을 때의 회전 행렬은 대각 성분이 모두 1인 단위 행렬(unit matrix)이라는 점에 유의한다. 그리고 x, y, z축에 대하여 각각 ϕ만큼 회전하였을 때의 동차 변환은 다음과 같다.

$$\boldsymbol{R}_x(\phi)=\begin{bmatrix}1&0&0&0\\0&\cos\phi&-\sin\phi&0\\0&\sin\phi&\cos\phi&0\\0&0&0&1\end{bmatrix},\quad \boldsymbol{R}_y(\phi)=\begin{bmatrix}\cos\phi&0&\sin\phi&0\\0&1&0&0\\-\sin\phi&0&\cos\phi&0\\0&0&0&1\end{bmatrix},\quad \boldsymbol{R}_z(\phi)=\begin{bmatrix}\cos\phi&-\sin\phi&0&0\\\sin\phi&\cos\phi&0&0\\0&0&1&0\\0&0&0&1\end{bmatrix} \tag{2.23}$$

위 식은 식 (2.8)에서 쉽게 구할 수 있는데, 회전이 수행되는 축에 해당하는 성분은 1이 된다. 또한 x축 회전과 z축 회전은 동일한 sin 및 cos 배열을 가지며, y축 회전은 이와는 전치된 배열을 가진다.

식 (2.21)에서 보듯이, 동차 변환은 두 좌표계 간의 병진 및 회전 정보를 모두 포함한다. 이러한 이동은 실제로는 동시에 수행되지만, 병진 후에 회전 또는 회전 후에 병진 등과 같이 이동이 순차적으로 수행된다고 가정하면 해석이 쉽다. 일반적으로 두 행렬의 곱은 $\boldsymbol{AB}\neq\boldsymbol{BA}$이므로, 행렬의 곱셈은 순서가 매우 중요하다. 병진 후 회전과 회전 후 병진의 두 경우를 관찰하면, 다음과 같이 병진 행렬 다음에 회전 행렬의 순서로 행렬을 배치하여야 원하는 동차 변환 행렬의 계산을 얻을 수 있음을 알 수 있다.

$${}^{A}\boldsymbol{T}_B=\left[\begin{array}{c|c}{}^{A}\boldsymbol{R}_B&{}^{A}\boldsymbol{o}_B\\\hline 0&1\end{array}\right]=\left[\begin{array}{c|c}\boldsymbol{I}_3&{}^{A}\boldsymbol{o}_B\\\hline 0&1\end{array}\right]\left[\begin{array}{c|c}{}^{A}\boldsymbol{R}_B&0\\\hline 0&1\end{array}\right]=\mathrm{Trans}(p_x,p_y,p_z)\cdot\mathrm{Rot}\,(\phi_x,\phi_y,\phi_z) \tag{2.24}$$

여기서 $\boldsymbol{I}_3$는 3×3 단위 행렬을 의미한다. 보다 구체적으로 나타내면 다음과 같다.

$${}^{A}\boldsymbol{T}_B=\begin{bmatrix}1&0&0&p_x\\0&1&0&p_y\\0&0&1&p_z\\0&0&0&1\end{bmatrix}\begin{bmatrix}r_{11}&r_{12}&r_{13}&0\\r_{21}&r_{22}&r_{23}&0\\r_{31}&r_{32}&r_{33}&0\\0&0&0&1\end{bmatrix}=\begin{bmatrix}r_{11}&r_{12}&r_{13}&p_x\\r_{21}&r_{22}&r_{23}&p_y\\r_{31}&r_{32}&r_{33}&p_z\\0&0&0&1\end{bmatrix} \tag{2.25}$$

위와 같이 병진 행렬 다음에 회전 행렬을 배치하는 순서로 표기하지만, 이는 반드시 병진 이동 후에 회전 이동을 수행하여야 한다는 의미는 아니다. 다시 말해서, 행렬이 쓰여지는 순서와 실제 이동이 일어나는 순서는 같을 수도 다를 수도 있는데, 이에 대해서는 다음 절의 상대 변환과 절대 변환에서 자세히 다룬다.

간혹 동차 변환 ${}^{A}\boldsymbol{T}_B$의 역행렬 ${}^{A}\boldsymbol{T}_B{}^{-1}$을 구해야 하는 경우가 있는데, 일반적으로 역행렬을 구하는 것은 수치 해석적으로도 어렵다. 그러나 동차 변환 행렬의 경우 실제로 역행렬 해법을 사용하지 않고도 다음과 같이 쉽게 계산할 수 있다.

$$
{}^{A}\boldsymbol{T}_B = \left[\begin{array}{ccc|c} \hat{\boldsymbol{x}} & \hat{\boldsymbol{y}} & \hat{\boldsymbol{z}} & {}^{A}\boldsymbol{o}_B \\ \hline 0 & 0 & 0 & 1 \end{array}\right] \rightarrow {}^{A}\boldsymbol{T}_B{}^{-1} = \left[\begin{array}{ccc|c} & \hat{\boldsymbol{x}}^T & & -{}^{A}\boldsymbol{o}_B \cdot \hat{\boldsymbol{x}} \\ & \hat{\boldsymbol{y}}^T & & -{}^{A}\boldsymbol{o}_B \cdot \hat{\boldsymbol{y}} \\ & \hat{\boldsymbol{z}}^T & & -{}^{A}\boldsymbol{o}_B \cdot \hat{\boldsymbol{z}} \\ \hline 0 & 0 & 0 & 1 \end{array}\right] \tag{2.26}
$$

위 식의 유도 과정은 다음과 같다. 식 (2.18)의 양변에 회전 행렬을 사전 곱셈하면

$$
{}^{A}\boldsymbol{R}_B{}^{T}\,{}^{A}\boldsymbol{p} = {}^{A}\boldsymbol{R}_B{}^{T}\,{}^{A}\boldsymbol{o}_B + {}^{A}\boldsymbol{R}_B{}^{T}\,{}^{A}\boldsymbol{R}_B\,{}^{B}\boldsymbol{p} = {}^{A}\boldsymbol{R}_B{}^{T}\,{}^{A}\boldsymbol{o}_B + {}^{B}\boldsymbol{p} \tag{2.27}
$$

이 얻어지며, 이 식을 정리하면

$$
{}^{B}\boldsymbol{p} = {}^{A}\boldsymbol{R}_B{}^{T}\,{}^{A}\boldsymbol{p} - {}^{A}\boldsymbol{R}_B{}^{T}\,{}^{A}\boldsymbol{o}_B \tag{2.28}
$$

이 되는데, 이를 행렬-벡터 형식으로 나타내면 다음과 같다.

$$
\begin{Bmatrix} {}^{B}\boldsymbol{p} \\ \hline 1 \end{Bmatrix} = \left[\begin{array}{ccc|c} & {}^{A}\boldsymbol{R}_B{}^{T} & & -{}^{A}\boldsymbol{R}_B{}^{T}\,{}^{A}\boldsymbol{o}_B \\ \hline 0 & 0 & 0 & 1 \end{array}\right] \begin{Bmatrix} {}^{A}\boldsymbol{p} \\ \hline 1 \end{Bmatrix} \quad \text{or} \quad {}^{B}\boldsymbol{p} = {}^{A}\boldsymbol{T}_B{}^{-1}\,{}^{A}\boldsymbol{p} \tag{2.29}
$$

예제 2.2

좌표계 {B}가 {A}를 기준으로 z_A축에 대해서 30° 회전하고, x_A축 방향으로 8유닛, y_A축 방향으로 4유닛만큼 병진 이동하였다. ${}^{B}\boldsymbol{p} = \{2, 5, 0\}^T$일 때 ${}^{A}\boldsymbol{p}$를 구하시오.

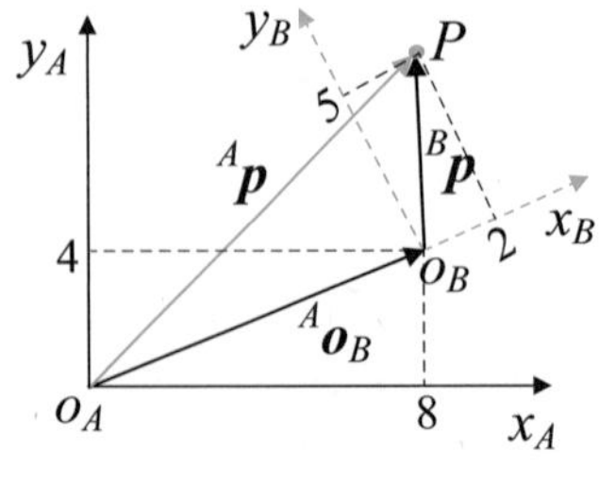

그림 2.4 **예제 2.2**

풀이

{A}를 기준으로 한 {B}의 회전과 병진을 나타내는 회전 행렬과 위치 벡터인

$$ {}^{A}\boldsymbol{R}_{B}=\begin{bmatrix}\cos30^{\circ} & -\sin30^{\circ} & 0\\ \sin30^{\circ} & \cos30^{\circ} & 0\\ 0 & 0 & 1\end{bmatrix}=\begin{bmatrix}0.866 & -0.500 & 0\\ 0.500 & 0.866 & 0\\ 0 & 0 & 1\end{bmatrix} \ \& \ {}^{A}\boldsymbol{o}_{B}=\begin{Bmatrix}8\\4\\0\end{Bmatrix} \quad (2.30) $$

으로부터 다음과 같은 동차 변환 행렬을 구할 수 있다.

$$ {}^{A}\boldsymbol{T}_{B}=\begin{bmatrix}0.866 & -0.500 & 0 & 8\\ 0.500 & 0.866 & 0 & 4\\ 0 & 0 & 1 & 0\\ 0 & 0 & 0 & 1\end{bmatrix} \quad (2.31) $$

식 (2.20)을 사용하면, 주어진 ${}^{B}\boldsymbol{p}$로부터 ${}^{A}\boldsymbol{p}$를 다음과 같이 구할 수 있다.

$$ {}^{A}\boldsymbol{p}={}^{A}\boldsymbol{T}_{B}\,{}^{B}\boldsymbol{p} \ \rightarrow \ {}^{A}\boldsymbol{p}=\begin{bmatrix}0.866 & -0.500 & 0 & 8\\ 0.500 & 0.866 & 0 & 4\\ 0 & 0 & 1 & 0\\ 0 & 0 & 0 & 1\end{bmatrix}\begin{Bmatrix}2\\5\\0\\1\end{Bmatrix}=\begin{Bmatrix}7.232\\9.330\\0\\1\end{Bmatrix} \quad (2.32) $$

한편, 동차 변환 ${}^{A}\boldsymbol{T}_{B}$에 대한 역행렬인 ${}^{A}\boldsymbol{T}_{B}^{-1}$은 식 (2.26)을 사용하여 다음과 같이 구할 수 있다.

$$ {}^{A}\boldsymbol{T}_{B}=\begin{bmatrix}0.866 & -0.500 & 0 & 8\\ 0.500 & 0.866 & 0 & 4\\ 0 & 0 & 1 & 0\\ 0 & 0 & 0 & 1\end{bmatrix} \ \rightarrow \ {}^{A}\boldsymbol{T}_{B}^{-1}=\begin{bmatrix}0.866 & 0.500 & 0 & -8.928\\ -0.500 & 0.866 & 0 & 0.536\\ 0 & 0 & 1 & 0\\ 0 & 0 & 0 & 1\end{bmatrix} \quad (2.33) $$

2.1.3 상대 변환 및 절대 변환

동차 변환에 대한 다음의 간단한 예제를 고려해 보자. 그림 2.5(a)와 같이, 2차원 평면상에서 x축으로 2, y축으로 1만큼 병진 이동하고, z축에 대해서 30° 회전 이동하는 경우를 생각해 보자.

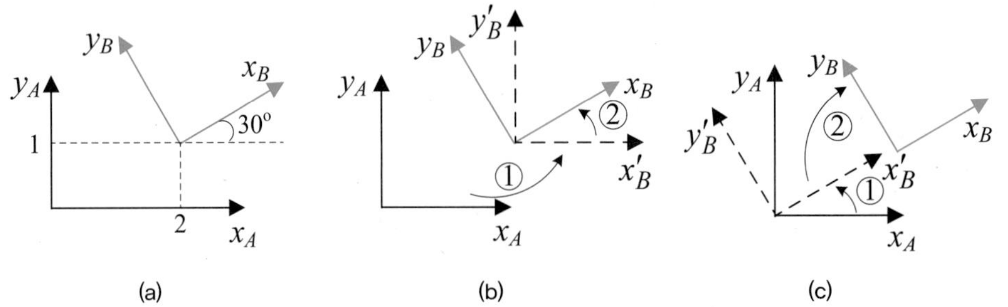

그림 2.5

식 (2.24)로부터 위의 변환은 다음과 같이 나타낼 수 있다.

$$
{}^{A}\boldsymbol{T}_B = \begin{bmatrix} \cos 30^\circ & -\sin 30^\circ & 0 & 2 \\ \sin 30^\circ & \cos 30^\circ & 0 & 1 \\ 0 & 0 & 1 & 0 \\ 0 & 0 & 0 & 1 \end{bmatrix} = \begin{bmatrix} 1 & 0 & 0 & 2 \\ 0 & 1 & 0 & 1 \\ 0 & 0 & 1 & 0 \\ 0 & 0 & 0 & 1 \end{bmatrix} \begin{bmatrix} \cos 30^\circ & -\sin 30^\circ & 0 & 0 \\ \sin 30^\circ & \cos 30^\circ & 0 & 0 \\ 0 & 0 & 1 & 0 \\ 0 & 0 & 0 & 1 \end{bmatrix} \tag{2.34}
$$

앞서 언급한 바와 같이, 위 식의 우변은 (병진을 나타내는 행렬)×(회전을 나타내는 행렬)의 곱으로 표시된다. 좌표계 {A}와 {B}는 초기에는 일치하고 있다고 가정한다. 식 (2.34)에서 병진 이동 다음에 회전 이동 순서로 행렬이 나오므로, **그림** 2.5(b)와 같이 병진을 먼저 수행하면 현재 좌표계(current frame) {B′}가 형성된다. 그다음의 회전 이동은 고정 좌표계 {A} 또는 현재 좌표계 {B′}를 기준으로 수행할 수 있지만, **그림** 2.5(a)를 얻기 위해서는 현재 좌표계 {B′}를 기준으로 회전하여야 한다. 즉, 병진 후에 생성된 현재 좌표계를 기준으로 회전을 수행하여야 한다.

이와 같이 어떤 변환의 결과로 생성되는 현재 좌표계를 기준으로 다음 변환을 수행하는 방식을 **상대 변환**(relative transform)이라고 한다. 이 경우에는 변환이 수행되는 순서대로 변환 행렬을 사후 곱셈(postmultiply), 즉 좌측에서 우측으로 순서대로 행렬 곱셈을 하여야 한다.

이번에는 고정 좌표계 {A}를 기준으로 모든 변환을 수행하는 **절대 변환**(absolute transform)을 살펴보자. 이를 위해서는 **그림** 2.5(c)와 같이 {A}에 대해서 회전을 먼저 수행하는데, 이 결과로 {B′}가 생성된다. 다음으로 병진을 수행할 때 현재 좌표계 {B′}가 아니라, 고정 좌표계 {A}에 대해서 변환을 수행하면 {B}를 얻게 되어, **그림**

2.5(a)와 동일한 결과를 얻는다. 이와 같이 고정 좌표계에 대해서 계속 변환을 수행할 때는 상대 변환과 변환의 순서(즉, 회전 다음에 병진)가 반대로 수행되어야 한다. 그러나 절대 변환에서도 결과 식은 식 (2.34)와 동일하여야 하므로, 해당하는 변환 행렬은 사전 곱셈, 즉 우측에서 좌측으로 순서대로 행렬 곱셈을 하여야 한다.

예제 2.3

다음과 같이 ${}^A\boldsymbol{T}_B$와 ${}^B\boldsymbol{T}_C$의 두 동차 변환이 주어졌을 때, 동차 변환 ${}^A\boldsymbol{T}_C = {}^A\boldsymbol{T}_B {}^B\boldsymbol{T}_C$에 해당하는 병진과 회전 이동을 상대 변환과 절대 변환의 관점에서 구하시오.

$$
{}^A\boldsymbol{T}_B = \begin{bmatrix} \cos 30^\circ & -\sin 30^\circ & 0 & 2 \\ \sin 30^\circ & \cos 30^\circ & 0 & 1 \\ 0 & 0 & 1 & 0 \\ 0 & 0 & 0 & 1 \end{bmatrix}, \quad {}^B\boldsymbol{T}_C = \begin{bmatrix} \cos(-45^\circ) & -\sin(-45^\circ) & 0 & 1 \\ \sin(-45^\circ) & \cos(-45^\circ) & 0 & 1 \\ 0 & 0 & 1 & 0 \\ 0 & 0 & 0 & 1 \end{bmatrix}
$$

풀이

동차 변환 ${}^A\boldsymbol{T}_C$는 다음과 같다.

$$
{}^A\boldsymbol{T}_C = \begin{bmatrix} 1 & 0 & 0 & 2 \\ 0 & 1 & 0 & 1 \\ 0 & 0 & 1 & 0 \\ 0 & 0 & 0 & 1 \end{bmatrix} \begin{bmatrix} \cos 30^\circ & -\sin 30^\circ & 0 & 0 \\ \sin 30^\circ & \cos 30^\circ & 0 & 0 \\ 0 & 0 & 1 & 0 \\ 0 & 0 & 0 & 1 \end{bmatrix} \cdot \begin{bmatrix} 1 & 0 & 0 & 1 \\ 0 & 1 & 0 & 1 \\ 0 & 0 & 1 & 0 \\ 0 & 0 & 0 & 1 \end{bmatrix} \begin{bmatrix} \cos(-45^\circ) & -\sin(-45^\circ) & 0 & 0 \\ \sin(-45^\circ) & \cos(-45^\circ) & 0 & 0 \\ 0 & 0 & 1 & 0 \\ 0 & 0 & 0 & 1 \end{bmatrix}
$$

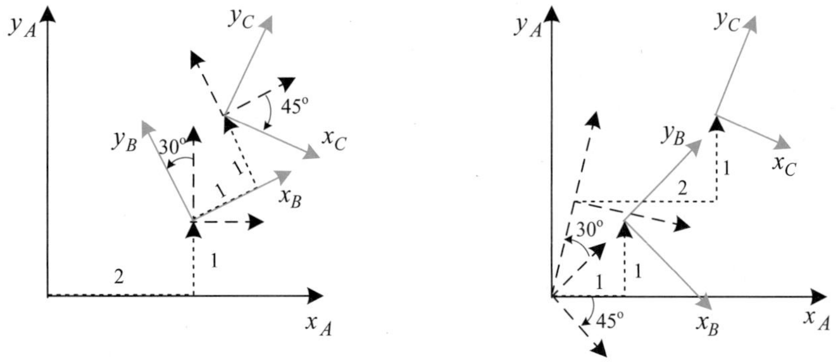

(a) Relative transform (b) Absolute transform

그림 2.6 예제 2.3: 상대 변환과 절대 변환에 기반한 동차 변환

상대 변환의 경우에는, 각 동차 변환에서 병진 후에 회전의 순서로 진행되므로, 전체적으로는 (A ➔ B 병진) ➔ (A ➔ B 회전) ➔ (B ➔ C 병진) ➔ (B ➔ C 회전)의 순서로 연산이 수행되는데, 이때 모든 연산은 각 변환에 의해서 생성되는 현재 좌표계에 대해서 수행된다. 절대 변환의 경우에는 상대 변환과는 반대로 (B ➔ C 회전) ➔ (B ➔ C 병진) ➔ (A ➔ B 회전) ➔ (A ➔ B 병진)의 순서로 연산이 수행되는데, 이때 모든 변환은 고정 좌표계 {A}에 대해서 수행된다.

2.1.4 변환 방정식

그림 2.7의 **변환 그래프**(transform graph)를 고려하여 보자.

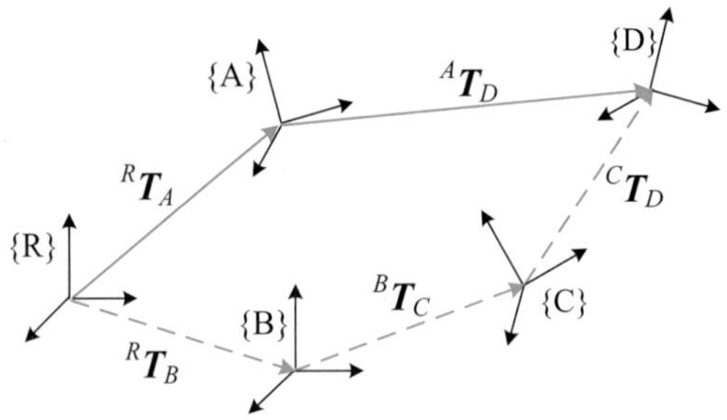

그림 2.7 **변환 그래프**

좌표계 {R}에서 시작하여 {A}를 거쳐서 {D}에 도달하는 경로는

$$^{R}\boldsymbol{T}_{D} = {}^{R}\boldsymbol{T}_{A}\ {}^{A}\boldsymbol{T}_{D} \tag{2.35}$$

로 나타낼 수 있고, {R}에서 시작하여 {B}와 {C}를 거쳐서 {D}에 도달하는 경로는

$$^{R}\boldsymbol{T}_{D} = {}^{R}\boldsymbol{T}_{B}\ {}^{B}\boldsymbol{T}_{C}\ {}^{C}\boldsymbol{T}_{D} \tag{2.36}$$

로 나타낼 수 있다. 이 두 경로는 시점과 종점이 동일하여 등가이므로, 다음과 같은 **변환 방정식**(transform equation)으로 나타낼 수 있다.

$$^{R}\boldsymbol{T}_{A}\ {}^{A}\boldsymbol{T}_{D} = {}^{R}\boldsymbol{T}_{B}\ {}^{B}\boldsymbol{T}_{C}\ {}^{C}\boldsymbol{T}_{D} \tag{2.37}$$

만약 $^{B}\boldsymbol{T}_{C}$를 제외한 모든 변환을 알고 있다면, $^{B}\boldsymbol{T}_{C}$는 다음과 같이 구할 수 있다.

$$ {}^{B}\boldsymbol{T}_{C} = {}^{R}\boldsymbol{T}_{B}^{-1}\,{}^{R}\boldsymbol{T}_{A}\,{}^{A}\boldsymbol{T}_{D}\,{}^{C}\boldsymbol{T}_{D}^{-1} \tag{2.38} $$

2.2 방위의 표현

방위의 표현에서 중요한 역할을 하는 회전 행렬은 9개 성분을 가지지만, 단 3개의 독립적 파라미터만으로 모든 성분을 다 표시할 수 있다. 이러한 3개의 독립적인 파라미터는 보통 오일러 각도(Euler angle)와 같은 3개의 각도이다. **그림 2.8**에서 A선이 B선으로 회전한다고 하자. 이 회전은 실제로는 한 번에 수행되지만, 이를 시각적으로 표현하거나 이해하기는 쉽지 않다. 그러므로 이 회전을 좌표계의 세 축에 대한 회전의 연속(예를 들어, ϕ_x, ϕ_y, ϕ_z)으로 나타내면 좀 더 쉽게 이해할 수 있다. 이와 같이 일반 회전은 세 축에 대한 기본 회전의 연속으로 나타낼 수 있는데, 이때 세 축이 서로 직각일 필요는 없지만 연속되는 두 회전의 축이 서로 평행해서는 안 된다는 조건은 만족하여야 한다.

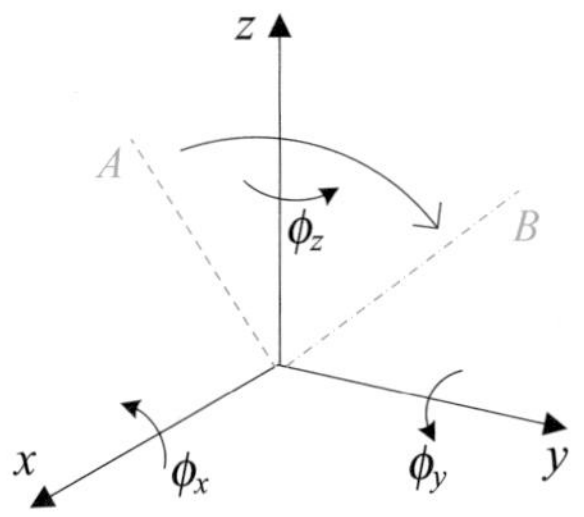

그림 2.8 **세 축에 대한 연속적인 회전**

앞서 설명한 바와 같이, 좌표 변환에는 상대 변환과 절대 변환의 2가지 방식이 있다. **오일러 각도 표현**(Euler angle representation)은 각 축에 대한 회전 시에 생성되는 현재 좌표계를 기준으로 회전을 수행하는 상대 변환에 기반하는데, XYZ, XZY, XZX, XYX, YXZ, YZX, YXY, YZY, ZXY, ZYZ, ZXZ, ZYX의 12개가 존재하지만, 로봇공학에서는 주로 ZYX 오일러 각도와 ZYZ 오일러 각도 2개만 사용한다. **고정 각도 표현**(fixed angle representation)은 각 축에 대한 회전 시에 항상 고정 좌표계를 기준으로 회전을 수행하는 절대 변환에 기반하는데, 오일러 각도 표현법과 마찬가지로 12개가 존재한다. 오일러 각도 및 고정 각도 표현은 이중적이므로(dual), 각 고정 각도 표현에는 이에 해당하는 오일러 각도 표현이 반드시 존재한다.

앞서 언급한 오일러 각도 및 고정 각도 표현은 단 3개의 파라미터로만 방위를 표현하므로 최소 표현법(minimal representation)으로 불리지만, 4개의 파라미터로 방위를 표현하는 방법도 존재하는데, 이 방법은 비최소 표현법(non-minimal representation)이라고 한다. 대표적으로 축-각도 표현(axis-angle representation)과 유닛 쿼터니언 표현(unit quaternion representation) 등이 있다.

2.2.1 atan2 함수

그림 2.9는 tangent 함수의 정의를 보여 준다. 그러나 arctan 함수는 범위가 $-\pi/2 \le \phi < \pi/2$ 로 제한되어 있으므로, $\arctan(\frac{1}{1}) = \arctan(\frac{-1}{-1}) = 45°$와 같이 (−1, −1)과 (1, 1)을 구별하지 못한다.

$$\tan\phi = y/x \quad \text{or} \quad \phi = \arctan(y/x) = \tan^{-1}(y/x) \tag{2.39}$$

실제 로봇의 움직임을 기술하기 위해서는 4개의 상한(quadrant)에 걸쳐서 각도가 필요하므로, 단순한 arctan 함수로는 로봇의 운동을 기술하는 데 한계가 있다.

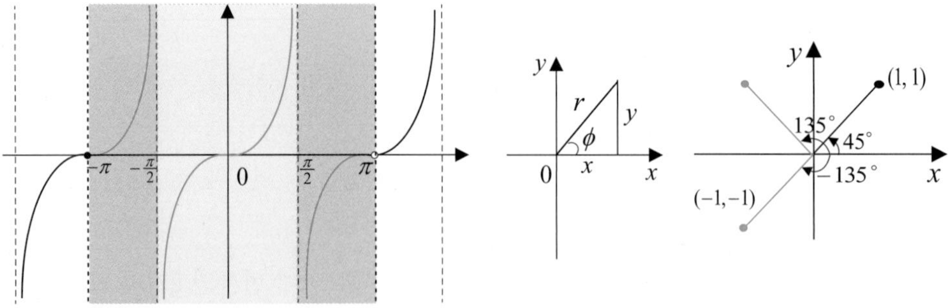

그림 2.9 tan 함수 및 arctan 함수

이러한 arctan의 범위가 $-\pi \le \phi < \pi$, 즉 xy 평면상의 모든 각도를 나타낼 수 있도록 하기 위해서 다음과 같이 정의되는 atan2 **함수**를 사용한다.

표 2.1 atan2 함수의 정의

경우	상한	$\phi = \text{atan2}(y, x)$
$x>0$	1, 4	$\phi = \arctan(y/x)$
$x=0$	1, 4	$\phi = \text{sgn}(y)\cdot(\pi/2)$
$x<0$	2, 3	$\phi = \arctan(y/x) + \text{sgn}(y)\cdot\pi$

$(\text{sgn}(y) = +1 \text{ for } y>0 \ \& -1 \text{ for } y<0)$

atan2 함수를 사용하면 atan2(1, 1)=45°, atan2(−1, −1)=−135°와 같이 (−1, −1)과 (1, 1)에 해당하는 각도가 서로 다르게 표현될 수 있다. 그러므로 로봇 기구학에 사용되는 모든 각도는 반드시 atan2 함수를 사용하여 나타내야 한다는 점에 유의하여야 한다. 이 함수는 다음과 같은 성질을 갖는다.

$$\phi = \text{atan2}(k\cdot y,\ k\cdot x) = \text{atan2}(y,\ x) \text{ for } k>0 \tag{2.40}$$

예를 들어, atan2(2, 2)=atan2(2·1, 2·1)=atan2(1, 1)=45°이다. 그러나 atan2(−2, −2)=atan2[(−2)·1, (−2)·1]=atan2(1, 1)=45°로 해석한다면, $k=-2<0$이 되어 $k>0$인 조건에 위반이므로 잘못된 결과를 얻게 된다. 이 경우에는 atan2(−2, −2)=atan2[2·(−1), 2·(−1)]=atan2(−1, −1)=−135°가 되어야 $k>0$인 조건을 만족하므로 올바른 결과가 된다. 또한 다음 식도 매우 많이 활용되는 식이다.

$$\phi = \text{atan2}(y,\ x) = \text{atan2}(\sin\phi,\ \cos\phi) \tag{2.41}$$

즉, 대상이 되는 각도 ϕ의 $\sin\phi$와 $\cos\phi$ 값을 알면 바로 ϕ를 구할 수 있다. 그림 2.9에서 $y=r\sin\phi$, $x=r\cos\phi$이므로, r가 공통 인자가 되어 식 (2.41)을 바로 얻을 수 있다.

이 외에도 atan2와 관련된 다음의 두 관계식도 가끔 사용된다.

$$\text{atan2}(-y,\ -x) = -\text{atan2}(y,\ -x) \tag{2.42}$$

예를 들어, atan2(−1, −1)=−135° & −atan2(1, −1)=−(−45°+180°)=−135°이다. 또 하나의 관계식은 다음과 같다.

$$\text{atan2}(y,\ -x)=\begin{cases}180^\circ-\text{atan2}(y,\ x) & y\geq 0\\ -180^\circ-\text{atan2}(y,\ x) & y<0\end{cases} \tag{2.43}$$

다음의 예를 통해서 위 식을 간접적으로 증명할 수 있다.

$$\text{atan2}(1,\ -1)=135^\circ\ \&\ 180^\circ-\text{atan2}(1,\ 1)=180^\circ-45^\circ=135^\circ$$
$$\text{atan2}(-1,\ -1)=-135^\circ\ \&\ -180^\circ-\text{atan2}(-1,\ 1)=-180^\circ-(-45^\circ)=-135^\circ$$

식 (2.40)과 (2.41)은 기구학 해석에 매우 자주 나오므로 잘 알고 있어야 하는 반면에, 식 (2.42)와 (2.43)의 관계식은 기구학 유도 시에 드물게 나오므로 필요시 참고하도록 한다.

2.2.2 ZYX 오일러 각도

로봇 말단부(end-effector)의 방위 표시는 주로 ZYX 오일러 각도 또는 ZYZ 오일러 각도를 사용한다. 여기서는 산업용 로봇에서 많이 사용되는 **ZYX 오일러 각도**를 기준으로 설명한다. 그림 2.10은 ZYX 오일러 각도를 나타낸다.

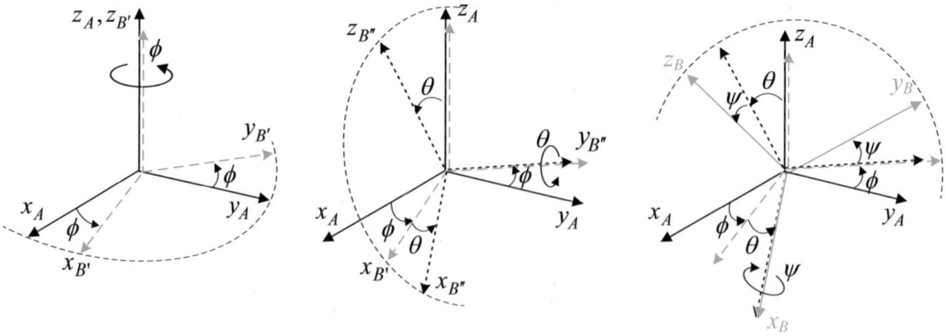

그림 2.10 **ZYX 오일러 각도**

이 그림에서 좌표계 {A}는 공간상에 고정된 기준 좌표계이며, 좌표계 {B}는 물체에 고정되어 함께 이동하는 물체 좌표계이다. 처음에 두 좌표계를 일치시킨 후에, 먼저 z_A축을 기준으로 ϕ만큼 회전하면 좌표계 {B′}가 생성되며, {B′}가 현시점에서의 현재 좌표계(current frame)가 된다. 다음에는, 현재 좌표계 $y_{B'}$축을 기준으로 θ만큼 회전하면 좌표계 {B″}가 생성된다. 마지막으로, 현재 좌표계 $x_{B''}$축을 기준으로 ψ만큼 회전하면 좌표계 {B}가 생성된다. 이와 같이 현재 좌표계를 기준으로 z, y, x의 순서로 회전하므로, ZYX 오일러 각도라고 불린다. 오일러 각도는 상대 변환에 기반하므로, 각 회전에 해당하는 회전 행렬을 수행한 순서대로 좌에서 우로 사후 곱셈을 해주면, 다음과 같이 ZYX 오일러 각도에 대한 회전 행렬을 구할 수 있다.

$$\mathrm{ZYX}(\phi,\theta,\psi)=\boldsymbol{R}_z(\phi)\cdot\boldsymbol{R}_y(\theta)\cdot\boldsymbol{R}_x(\psi)$$

$$=\begin{bmatrix} c\phi & -s\phi & 0\\ s\phi & c\phi & 0\\ 0 & 0 & 1\end{bmatrix}\begin{bmatrix} c\theta & 0 & s\theta\\ 0 & 1 & 0\\ -s\theta & 0 & c\theta\end{bmatrix}\begin{bmatrix} 1 & 0 & 0\\ 0 & c\psi & -s\psi\\ 0 & s\psi & c\end{bmatrix}$$

$$=\begin{bmatrix} c\phi c\theta & c\phi s\theta s\psi - s\phi c\psi & c\phi s\theta c\psi + s\phi s\psi\\ s\phi c\theta & s\phi s\theta s\psi + c\phi c\psi & s\phi s\theta c\psi - c\phi s\psi\\ -s\theta & c\theta s\psi & c\theta c\psi\end{bmatrix}=\begin{bmatrix} r_{11} & r_{12} & r_{13}\\ r_{21} & r_{22} & r_{23}\\ r_{31} & r_{32} & r_{33}\end{bmatrix} \quad (2.44)$$

이와 같이, 위 식을 이용하여 주어진 오일러 각도(ϕ, θ, ψ)에 대해서 해당하는 회전 행렬 $\boldsymbol{R}$를 구할 수 있다.

반대로, 식 (2.44)에서 회전 행렬의 9개 성분이 숫자로 주어지면 ZYX 오일러 각도를 구할 수 있다. 이를 위해서, 먼저 Case 1: $r_{11}^2+r_{21}^2=\cos^2\theta\neq 0$ 및 Case 2: $r_{11}^2+r_{21}^2=\cos^2\theta=0$으로 나누어 고려한다. 먼저 Case 1을 살펴보자.

Case 1: $r_{11}^2+r_{21}^2\neq 0 \rightarrow \cos\theta\neq 0 \rightarrow \theta\neq\pi/2\ \&\ \theta\neq 3\pi/2$

- Case 1-1: $-\pi/2<\theta<\pi/2$ (i.e., $\cos\theta>0$)

$$\cos\phi\cos\theta=r_{11},\ \sin\phi\cos\theta=r_{21}\rightarrow\phi=\mathrm{atan2}(r_{21},\ r_{11})$$
$$-\sin\theta=r_{31},\ \cos\theta\sin\psi=r_{32},\ \cos\theta\cos\psi=r_{33}\rightarrow\theta=\mathrm{atan2}(-r_{31},\ \sqrt{r_{32}^2+r_{33}^2})\quad(2.45)$$
$$\cos\theta\sin\psi=r_{32},\ \cos\theta\cos\psi=r_{33}\rightarrow\psi=\mathrm{atan2}(r_{32},\ r_{33})$$

- Case 1-2: $\pi/2<\theta<3\pi/2$ (i.e., $\cos\theta<0$)

$$\cos\phi\cos\theta=r_{11},\ \sin\phi\cos\theta=r_{21}\rightarrow\phi=\mathrm{atan2}(-r_{21},\ -r_{11})$$
$$-\sin\theta=r_{31},\ \cos\theta\sin\psi=r_{32},\ \cos\theta\cos\psi=r_{33}\rightarrow\theta=\mathrm{atan2}(-r_{31},\ -\sqrt{r_{32}^2+r_{33}^2})$$
$$\cos\theta\sin\psi=r_{32},\ \cos\theta\cos\psi=r_{33}\rightarrow\psi=\mathrm{atan2}(-r_{32},\ -r_{33})\quad(2.46)$$

위와 같이 주어진 회전 행렬에 대해서 항상 두 해가 존재하게 되지만, 로봇이 두 해를 동시에 구현하는 것은 불가능하므로 이 중에서 하나의 해를 선택하여야 한다. 일반적으로 $-\pi/2<\theta<\pi/2$인 해를 선택한다.

이번에는 Case 2를 살펴보자.

Case 2: $r_{11}^2+r_{21}^2=0 \rightarrow \cos\theta=0 \rightarrow \theta=\pi/2$ or $\theta=3\pi/2$

- Case 2-1: $\theta=\pi/2$

$$\begin{bmatrix} 0 & r_{12} & r_{13} \\ 0 & r_{22} & r_{23} \\ -1 & 0 & 0 \end{bmatrix}=\begin{bmatrix} 0 & c\phi\, s\psi-s\phi c\psi & c\phi\, c\psi+s\phi s\psi \\ 0 & s\phi\, s\psi+c\phi c\psi & s\phi\, c\psi-c\phi s\psi \\ -1 & 0 & 0 \end{bmatrix}$$

$$=\begin{bmatrix} 0 & -\sin(\phi-\psi) & \cos(\phi-\psi) \\ 0 & \cos(\phi-\psi) & \sin(\phi-\psi) \\ -1 & 0 & 0 \end{bmatrix}$$

$$\rightarrow \phi-\psi=\text{atan2}(-r_{12},\ r_{22})=\text{atan2}(r_{23},\ r_{13}) \tag{2.47}$$

- Case 2-2: $\theta=3\pi/2$

$$\begin{bmatrix} 0 & r_{12} & r_{13} \\ 0 & r_{22} & r_{23} \\ 1 & 0 & 0 \end{bmatrix}=\begin{bmatrix} 0 & -c\phi\, s\psi-s\phi c\psi & -c\phi\, c\psi+s\phi s\psi \\ 0 & -s\phi\, s\psi+c\phi c\psi & -s\phi\, c\psi-c\phi s\psi \\ 1 & 0 & 0 \end{bmatrix}$$

$$=\begin{bmatrix} 0 & -\sin(\phi+\psi) & -\cos(\phi+\psi) \\ 0 & \cos(\phi+\psi) & -\sin(\phi+\psi) \\ 1 & 0 & 0 \end{bmatrix}$$

$$\rightarrow \phi+\psi=\text{atan2}(-r_{12},\ r_{22})=\text{atan2}(-r_{23},\ r_{13}) \tag{2.48}$$

식 (2.47)과 (2.48)에서 보듯이, ϕ와 ψ의 차 또는 합만이 결정될 수 있으므로, 두 각도가 유일하게 결정되지 않고 무한개의 해가 존재하게 된다. 이는 $\theta=\pi/2$ 또는 $\theta=3\pi/2$일 때 ϕ 회전과 ψ 회전이 모두 기준 좌표계 z_A축에 대한 동일한 회전에 해당하여 ϕ 회전과 ψ 회전을 구분할 수 없기 때문이다.

예제 2.4

z_B축에 대해서 60° 회전, y_B축에 대해서 30° 회전, x_B축에 대해서 90° 회전을 수행하는 ZYX 오일러 각도를 고려하자. 이 오일러 각도에 해당하는 회전 행렬을 구하고, 이 회전 행렬로부터 ZYX 오일러 각도를 다시 구하시오.

풀이

식 (2.44)로부터 다음과 같이 회전 행렬을 구할 수 있다.

$$\boldsymbol{R} = \boldsymbol{R}_z(\phi = 60)\cdot \boldsymbol{R}_y(\theta = 30)\cdot \boldsymbol{R}_x(\psi = 90) = \begin{bmatrix} 0.433 & 0.250 & 0.866 \\ 0.750 & 0.433 & -0.500 \\ -0.500 & 0.866 & 0 \end{bmatrix}$$

다음과 같이 MATLAB 명령 `rotm = eul2rotm(eul, 'ZYX')`을 사용하여 회전 행렬을 구할 수도 있다.

```
>> rotm = eul2rotm([pi/3  pi/6  pi/2], 'ZYX')
rotm =
   0.4330    0.2500    0.8660
   0.7500    0.4330   -0.5000
  -0.5000    0.8660    0.0000
```

이번에는 위의 회전 행렬에 대한 ZYX 오일러 각도를 구해 보자. 주어진 회전 행렬에 대해서 식 (2.45)와 (2.46)의 두 조의 오일러 각도가 존재한다.

$$r_{11}^2 + r_{21}^2 = \cos^2\theta = 0.75 \rightarrow \cos\theta = \pm 0.866 \rightarrow \theta = 30^\circ \text{ or } 150^\circ$$

그러므로 각 θ에 대한 ZYX 오일러 각도는 다음과 같이 주어진다.

$$\theta = 30^\circ \rightarrow \phi = 60^\circ,\ \psi = 90^\circ \text{ or } \theta = 150^\circ \rightarrow \phi = -120^\circ,\ \psi = -90^\circ$$

다음과 같이 MATLAB 명령 `eul = rotm2eul(rotm, 'ZYX')`을 사용하여 ZYX 오일러 각도를 구할 수도 있다.

```
>> eulZYX = rotm2eul(rotm, 'ZYX') * 180 / pi
eulZYX =
  60.0000  30.0000  90.0000
```

여기서 각 성분은 순서대로 Z, Y, X에 해당하는 각도인 ϕ, θ, ψ를 나타내며, rad 단위 대신에 °(도) 단위로 각도를 나타내기 위해서 180/pi를 곱하였다. 주어진 회전 행렬에 대해서 두 조의 오일러 각도가 존재하지만, MATLAB에서는 이 중에서 한 조의 각도만 제공한다는 점에 유의한다.

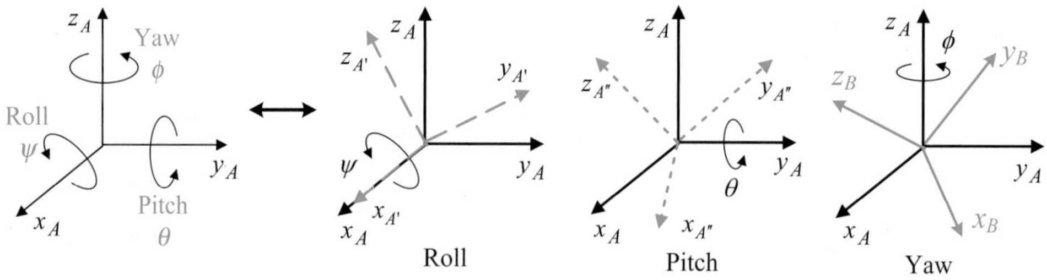

그림 2.11 RPY 각도

앞서 살펴본 ZYX 오일러 각도는 XYZ 고정 각도(fixed angle)와 이중적인 관계를 갖는다. 즉, 두 표현이 동일한 회전 행렬을 가진다. XYZ 고정 각도는 항해나 자동차 등에서 주로 사용되는 RPY(roll-pitch-yaw) 각과 동일한데, 그림 2.11에서 보듯이 고정된 기준 좌표계를 기준으로 회전을 수행하는 절대 변환에 해당한다. 즉, **RPY 각도**는 고정된 기준 좌표계를 기준으로 x_A축에 대한 회전 ψ, y_A축에 대한 회전 θ, z_A축에 대한 회전 ϕ를 순서대로 수행하여 좌표계 {B}를 얻게 된다. 이때 각 회전에 해당하는 회전 행렬을 수행한 순서대로 우에서 좌로 사전 곱셈을 해 주므로, 다음과 같이 식 (2.44)의 ZYX 오일러 각도와 완전히 동일한 식을 얻게 된다.

$$\mathrm{RPY}(\phi, \theta, \psi) = \boldsymbol{R}_z(\phi) \cdot \boldsymbol{R}_y(\theta) \cdot \boldsymbol{R}_x(\psi)$$

$$= \begin{bmatrix} c\phi & -s\phi & 0 \\ s\phi & c\phi & 0 \\ 0 & 0 & 1 \end{bmatrix} \begin{bmatrix} c\theta & 0 & s\theta \\ 0 & 1 & 0 \\ -s\theta & 0 & c\theta \end{bmatrix} \begin{bmatrix} 1 & 0 & 0 \\ 0 & c\psi & -s\psi \\ 0 & s\psi & c \end{bmatrix}$$

$$
= \begin{bmatrix} c\phi c\theta & c\phi s\theta s\psi - s\phi c\psi & c\phi s\theta c\psi + s\phi s\psi \\ s\phi c\theta & s\phi s\theta s\psi + c\phi c\psi & s\phi s\theta c\psi - c\phi s\psi \\ -s\theta & c\theta s\psi & c\theta c\psi \end{bmatrix} = \begin{bmatrix} r_{11} & r_{12} & r_{13} \\ r_{21} & r_{22} & r_{23} \\ r_{31} & r_{32} & r_{33} \end{bmatrix} \tag{2.49}
$$

즉, ZYX 오일러 각도와 RPY 각도는 서로 동일하며, 단지 고정된 기준 좌표계에 대해서 회전을 수행하는지 아니면 계속 변하는 현재 좌표계에 대해서 회전을 수행하는지의 차이만 있을 뿐이다. 그러므로 주어진 회전 행렬에 대해서 RPY 각도(ϕ, θ, ψ)를 구하면 식 (2.45)~(2.48)과 동일하게 구할 수 있다.

2.2.3 ZYZ 오일러 각도

로봇 말단부의 방위 표현에 자주 사용되는 또 하나의 오일러 각도 표현으로 **그림 2.12**의 **ZYZ 오일러 각도**가 있다.

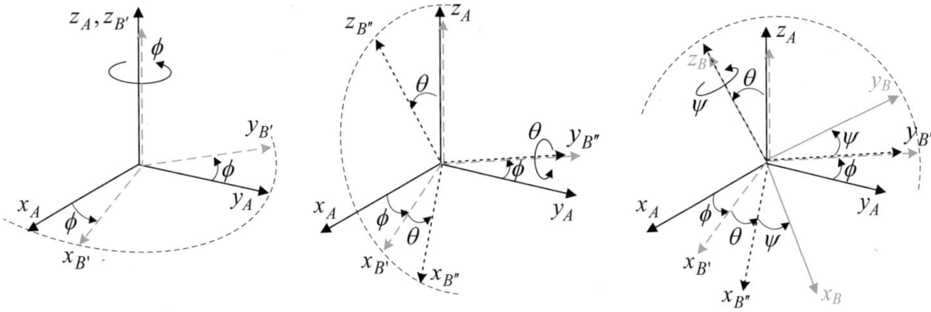

그림 2.12 **ZYZ 오일러 각도**

그림 2.12에서 좌표계 {A}는 공간상에 고정된 기준 좌표계이며, 좌표계 {B}는 물체에 고정되어 함께 이동하는 물체 좌표계이다. 처음에 두 좌표계를 일치시킨 후에, 먼저 z_A축을 기준으로 ϕ만큼 회전하면 현재 좌표계 {B′}가 생성되며, 현재 $y_{B'}$축을 기준으로 θ만큼 회전하면 좌표계 {B″}가 생성된다. 마지막으로, 현재 $x_{B''}$축을 기준으로 ψ만큼 회전하면 좌표계 {B}가 생성된다. 이와 같이 현재 좌표계를 기준으로 z, y, z의 순서로 회전하므로, ZYZ 오일러 각도라 불린다. 이때 상대 변환을 수행하므로 처음의 z축과 마지막의 z축은 서로 다른 z축이라는 점에 유의한다. ZYZ 오일러 각도에 해당하는 회전 행렬은 각 회전에 해당하는 회전 행렬을 수행한 순서대로 좌에서 우로 사후 곱셈을 하면 다음과 구할 수 있다.

$$\mathrm{ZYZ}(\phi,\ \theta,\ \psi) = \boldsymbol{R}_z(\phi)\ \boldsymbol{R}_y(\theta)\ \boldsymbol{R}_z(\psi)$$

$$= \begin{bmatrix} c\phi & -s\phi & 0 \\ s\phi & c\phi & 0 \\ 0 & 0 & 1 \end{bmatrix} \begin{bmatrix} c\theta & 0 & s\theta \\ 0 & 1 & 0 \\ -s\theta & 0 & c\theta \end{bmatrix} \begin{bmatrix} c\psi & -s\psi & 0 \\ s\psi & c\psi & 0 \\ 0 & 0 & 1 \end{bmatrix} \tag{2.50}$$

$$= \begin{bmatrix} c\phi c\theta c\psi - s\phi s\psi & -c\phi c\theta s\psi - s\phi c\psi & c\phi s\theta \\ s\phi c\theta c\psi + c\phi s\psi & -s\phi c\theta s\psi + c\phi c\psi & s\phi s\theta \\ -s\theta c\psi & s\theta s\psi & c\theta \end{bmatrix} = \begin{bmatrix} r_{11} & r_{12} & r_{13} \\ r_{21} & r_{22} & r_{23} \\ r_{31} & r_{32} & r_{33} \end{bmatrix}$$

이와 같이 위 식을 이용하여 주어진 오일러 각도(ϕ, θ, ψ)에 대해서 해당하는 회전 행렬 $\boldsymbol{R}$를 구할 수 있다.

반대로, 식 (2.50)에서 회전 행렬의 9개 성분이 숫자로 주어지면 ZYZ 오일러 각도를 구할 수 있다. 이를 위해서, 먼저 Case 1: $r_{13}^2 + r_{23}^2 = \sin^2\theta \neq 0$ 및 Case 2: $r_{13}^2 + r_{23}^2 = \sin^2\theta = 0$으로 나누어 고려한다. 먼저 Case 1을 살펴보자.

Case 1: $r_{13}^2 + r_{23}^2 \neq 0 \rightarrow \sin\theta \neq 0$ (i.e., $\theta \neq 0$ & $\theta \neq \pi$)

$$\sin\theta \neq 0 \rightarrow \cos\theta = r_{33} \neq \pm 1,\ \sin\theta = \pm\sqrt{r_{13}^2 + r_{23}^2} = \pm\sqrt{1 - r_{33}^2}$$

- Case 1-1: $0 < \theta < \pi$ (i.e., $\sin\theta > 0$)

$$\sin\theta = +\sqrt{r_{13}^2 + r_{23}^2} \rightarrow \theta = \mathrm{atan2}(+\sqrt{r_{13}^2 + r_{23}^2},\ r_{33}),$$
$$\phi = \mathrm{atan2}(r_{23},\ r_{13}),\ \psi = \mathrm{atan2}(r_{32},\ -r_{31}) \tag{2.51}$$

- Case 1-2: $-\pi < \theta < 0$ (i.e., $\sin\theta < 0$)

$$\sin\theta = -\sqrt{r_{13}^2 + r_{23}^2} \rightarrow \theta = \mathrm{atan2}(-\sqrt{r_{13}^2 + r_{23}^2},\ r_{33}),$$
$$\phi = \mathrm{atan2}(-r_{23},\ -r_{13}),\ \psi = \mathrm{atan2}(-r_{32},\ r_{31}) \tag{2.52}$$

Case 2: $r_{13}^2 + r_{23}^2 = 0 \rightarrow \sin\theta = 0$ (i.e., $\theta = 0$ or $\theta = \pi$)

- Case 2-1: $\theta = 0$

$$\begin{bmatrix} r_{11} & r_{12} & 0 \\ r_{21} & r_{22} & 0 \\ 0 & 0 & 1 \end{bmatrix} = \begin{bmatrix} c\phi\, c\psi - s\phi s\psi & -c\phi s\psi - s\phi c\psi & 0 \\ s\phi c\psi + c\phi s\psi & -s\phi\, s\psi + c\phi c\psi & 0 \\ 0 & 0 & 1 \end{bmatrix}$$

$$= \begin{bmatrix} \cos(\phi+\psi) & -\sin(\phi+\psi) & 0 \\ \sin(\phi+\psi) & \cos(\phi+\psi) & 0 \\ 0 & 0 & 1 \end{bmatrix}$$

$$\rightarrow \phi+\psi = \mathrm{atan2}(r_{21},\ r_{11}) = \mathrm{atan2}(-r_{12},\ r_{11}) \tag{2.53}$$

- Case 2-2: $\theta=\pi$

$$\begin{bmatrix} r_{11} & r_{12} & 0 \\ r_{21} & r_{22} & 0 \\ 0 & 0 & -1 \end{bmatrix} = \begin{bmatrix} -c\phi\, c\psi - s\phi\, s\psi & c\phi\, s\psi - s\phi\, c\psi & 0 \\ -s\phi\, c\psi + c\phi\, s\psi & s\phi\, s\psi + c\phi\, c\psi & 0 \\ 0 & 0 & -1 \end{bmatrix}$$

$$= \begin{bmatrix} -\cos(\phi-\psi) & -\sin(\phi-\psi) & 0 \\ -\sin(\phi-\psi) & \cos(\phi-\psi) & 0 \\ 0 & 0 & -1 \end{bmatrix}$$

$$\rightarrow \phi-\psi = \mathrm{atan2}(-r_{21},\ -r_{11}) = \mathrm{atan2}(-r_{12},\ -r_{11}) \tag{2.54}$$

식 (2.53)과 (2.54)에서 보듯이, ϕ와 ψ의 차 또는 합만 결정될 수 있으므로, 두 각도가 유일하게 결정되지 않고 무한개의 해가 존재하게 된다. 이는 $\theta=0$ 또는 $\theta=\pi$일 때 ϕ 회전과 ψ 회전이 모두 기준 좌표계 z_A축에 대한 동일한 회전에 해당하여 ϕ 회전과 ψ 회전을 구분할 수 없기 때문이다.

예제 2.5

z_B축에 대해서 60° 회전, y_B축에 대해서 30° 회전, z_B축에 대해서 90° 회전을 수행하는 ZYZ 오일러 각도를 고려하자. 이 오일러 각도에 해당하는 회전 행렬을 구하고, 이 회전 행렬로부터 ZYZ 오일러 각도를 다시 구하시오.

풀이

식 (2.50)으로부터 다음과 같이 회전 행렬을 구할 수 있다.

$$\boldsymbol{R} = \boldsymbol{R}_z(\phi=60)\cdot \boldsymbol{R}_y(\theta=30)\cdot \boldsymbol{R}_z(\psi=90) = \begin{bmatrix} -0.866 & -0.433 & 0.25 \\ 0.5 & -0.75 & 0.433 \\ 0 & 0.5 & 0.866 \end{bmatrix}$$

다음과 같이 MATLAB 명령 rotm=eul2rotm(eul, 'ZYZ')을 사용하여 회전 행렬을 구할 수도 있다.

```
>> rotm = eul2rotm([pi/3  pi/6  pi/2], 'ZYZ')
rotm =
   -0.8660   -0.4330    0.2500
    0.5000   -0.7500    0.4330
   -0.0000    0.5000    0.8660
```

이번에는 위의 회전 행렬에 대한 ZYZ 오일러 각도를 구해 보자. 주어진 회전 행렬에 대해서 식 (2.51)과 (2.52)의 두 조의 오일러 각도가 존재한다.

$$r_{13}^2 + r_{23}^2 = \sin^2\theta = 0.25 \rightarrow \sin\theta = \pm 0.5 \rightarrow \theta = 30^\circ \text{ or } -30^\circ$$

그러므로 각 θ에 대한 ZYZ 오일러 각도는 다음과 같이 주어진다.

$$\theta = 30^\circ \rightarrow \phi = 60^\circ,\ \psi = 90^\circ \text{ or } \theta = -30^\circ \rightarrow \phi = -120^\circ,\ \psi = -90^\circ$$

다음과 같이 MATLAB 명령 eul = rotm2eul(rotm, 'ZYZ')을 사용하여 ZYZ 오일러 각도를 구할 수도 있다.

```
>> eulZYZ = rotm2eul(rotm, 'ZYZ') * 180 / pi
eulZYZ =
    -120.0000  -30.0000  -90.0000
```

여기서 각 성분은 순서대로 Z, Y, Z에 해당하는 각도인 ϕ, θ, ψ를 나타내며, rad 단위 대신에 °(도) 단위로 각도를 나타내기 위해서 180/pi를 곱하였다. 주어진 회전 행렬에 대해서 두 조의 오일러 각도가 존재하지만, MATLAB에서는 이 중에서 한 조의 각도만 제공한다는 점에 유의한다.

2.2.4 축-각도 표현

그림 2.13에 나타낸 **축-각도 표현**(axis-angle representation)은 공간상의 임의의 축에 대한 회전각으로 방위를 나타내는 방법이다. 회전축과 회전각을 나타내는 데 각각 3

개와 1개의 파라미터, 총 4개의 파라미터가 필요하다.

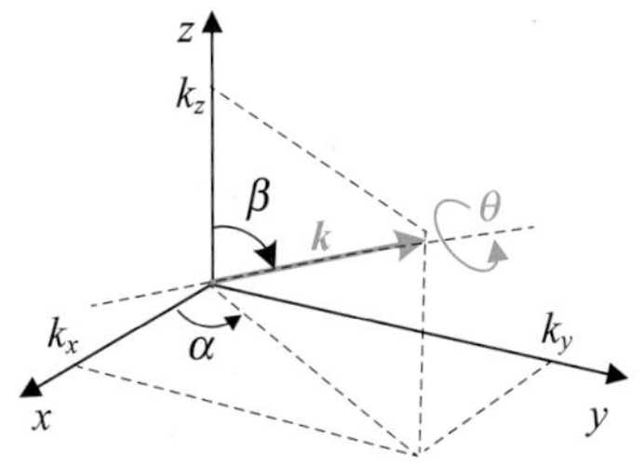

그림 2.13 **축-각도 표현**

그림 2.13에서 회전축은 고정 좌표계 O-xyz에 대한 단위 벡터 $\boldsymbol{k}$에 의해서 결정된다.

$$\boldsymbol{k} = [k_x \ k_y \ k_z]^T \tag{2.55}$$

여기서
$$k_x^2 + k_y^2 + k_z^2 = 1 \tag{2.56}$$

이와 같이 축-각도 표현은 k_x, k_y, k_z와 회전각 θ의 4개의 파라미터를 사용하지만, 식 (2.56)의 1개의 구속 조건이 있으므로 3개의 파라미터만이 독립적이다.

축-각도 표현은 회전축 $\boldsymbol{k}$에 대한 각도 θ의 회전을 나타내는 회전 행렬을 $\boldsymbol{R_k}(\theta)$라 하면, 이 행렬은 다음과 같이 구할 수 있다.

$$\boldsymbol{R_k}(\theta) = \boldsymbol{R}_z(\alpha)\boldsymbol{R}_y(\beta)\boldsymbol{R}_z(\theta)\boldsymbol{R}_y(-\beta)\boldsymbol{R}_z(-\alpha) \tag{2.57}$$

우선 $\boldsymbol{k}$축에 대해서 z축으로 $-\alpha$, y축으로 $-\beta$만큼 회전하여 z축과 일치시킨 후에, 일치된 z축에 대해서 θ만큼 회전한다. 그다음에 y축으로 β, z축으로 α만큼 회전하여 $\boldsymbol{k}$축을 원래 방향으로 복원한다. 이 연산은 고정 좌표계에 대한 절대 변환에 해당하므로, 연산 순서대로 우에서 좌로 사전 곱셈을 수행하면 식 (2.57)을 얻게 된다.

그림 2.13의 기하학적인 관계로부터

$$\sin\alpha = \frac{k_y}{\sqrt{k_x^2 + k_y^2}}, \ \cos\alpha = \frac{k_x}{\sqrt{k_x^2 + k_y^2}}, \ \sin\beta = \sqrt{k_x^2 + k_y^2}, \ \cos\beta = k_z$$
$$(\because \ k_x^2 + k_y^2 + k_z^2 = 1) \tag{2.58}$$

을 얻을 수 있다. 식 (2.58)을 (2.57)에 대입하면, 다음과 같이 회전 행렬을 4개의 파라미터 항으로 나타낼 수 있다.

$$\boldsymbol{R_k}(\theta)=\begin{bmatrix} k_x^2(1-c\theta)+c\theta & k_xk_y(1-c\theta)-k_z s\theta & k_xk_z(1-c\theta)+k_y s\theta \\ k_xk_y(1-c\theta)+k_z s\theta & k_y^2(1-c\theta)+c\theta & k_yk_z(1-c\theta)-k_x s\theta \\ k_xk_z(1-c\theta)-k_y s\theta & k_yk_z(1-c\theta)+k_x s\theta & k_z^2(1-c\theta)+c\theta \end{bmatrix} \quad (2.59)$$

이번에는 회전 행렬이 다음과 같이 주어졌을 때, 이에 해당하는 회전축과 회전각의 4개 파라미터를 구해 보자.

$$\boldsymbol{R}=\begin{bmatrix} r_{11} & r_{12} & r_{13} \\ r_{21} & r_{22} & r_{23} \\ r_{31} & r_{32} & r_{33} \end{bmatrix} \quad (2.60)$$

위 행렬에서 대각 성분을 모두 더하면 $r_{11}+r_{22}+r_{33}=1+2\cos\theta$가 되므로, 회전각 θ는

$$\theta=\cos^{-1}\left(\frac{r_{11}+r_{22}+r_{33}-1}{2}\right) \quad (2.61)$$

로 구해진다. 식 (2.59)에 동일한 항이 많으므로, 적절히 차이를 구하면 회전축 $\boldsymbol{k}$는 다음과 같이 구할 수 있다.

$$\boldsymbol{k}=\frac{1}{2\sin\theta}\begin{pmatrix} r_{32}-r_{23} \\ r_{13}-r_{31} \\ r_{21}-r_{12} \end{pmatrix} \quad \text{for } \sin\theta\neq 0 \quad (2.62)$$

축-각도 표현을 구하는 다음의 수치 예를 생각해 보자.

예제 2.6

고정 좌표계 {A}에 대해서, z_A축에 대한 90° 회전 → y_A축에 대한 30° 회전 → x_A축에 대한 60° 회전이 수행된다. 이에 해당하는 회전 행렬을 구하고, 이 회전을 축-각

도 표현으로 나타내시오.

풀이

고정 좌표계에 대한 회전이므로 다음과 같이 회전 행렬을 구할 수 있다.

$$\boldsymbol{R} = \boldsymbol{R}_x(60)\cdot\boldsymbol{R}_y(30)\cdot\boldsymbol{R}_z(90) = \begin{bmatrix} 0 & -\frac{\sqrt{3}}{2} & \frac{1}{2} \\ \frac{1}{2} & -\frac{\sqrt{3}}{4} & -\frac{3}{4} \\ \frac{\sqrt{3}}{2} & \frac{1}{4} & \frac{\sqrt{3}}{4} \end{bmatrix} = \begin{bmatrix} 0 & -0.866 & 0.5 \\ 0.5 & -0.433 & -0.75 \\ 0.866 & 0.25 & 0.433 \end{bmatrix}$$

주어진 회전 행렬 $\boldsymbol{R}$에 대해서 식 (2.61)과 (2.62)를 적용하면 회전각과 회전축은

$$\theta = \cos^{-1}\left(\frac{r_{11}+r_{22}+r_{33}-1}{2}\right) = \cos^{-1}\left(-\frac{1}{2}\right) = 120^\circ,$$

$$\boldsymbol{k} = \frac{1}{2\sin\theta}\begin{pmatrix} r_{32}-r_{23} \\ r_{13}-r_{31} \\ r_{21}-r_{12} \end{pmatrix} = \begin{pmatrix} \frac{1}{\sqrt{3}} \\ \frac{1}{2\sqrt{3}}-\frac{1}{2} \\ \frac{1}{2\sqrt{3}}+\frac{1}{2} \end{pmatrix} = \begin{pmatrix} 0.577 \\ -0.211 \\ 0.789 \end{pmatrix}$$

로 계산된다.

위의 축-각도 표현은 MATLAB을 통해서도 구할 수 있다. 우선 회전 행렬로부터 축-각도 표현을 구하기 위해서는 명령어 axang = rotm2axang(rotm)를 사용한다.

```
>> axang = rotm2axang(R)
axang =
    0.5774   -0.2113    0.7887    2.0944
```

처음 세 성분이 축을 나타내는 벡터이고, 마지막 성분은 각도(rad 단위)이다. 한편, 축-각도 표현을 회전 행렬로 나타내기 위해서는 명령어 rotm = axang2rotm(axang)을 사용한다.

```
>> rotm = axang2rotm(axang)
rotm =
    0.0000   -0.8660    0.5001
    0.5000   -0.4330   -0.7500
    0.8660    0.2501    0.4330
```

축-각도 표현은 직관적이기는 하지만, 다음과 같은 문제점을 가지고 있다. 먼저, 식 (2.62)에서 $\theta=0$ 및 $\theta=\pi$가 되면 회전축 $\boldsymbol{k}$가 정의되지 않는 특이점(singularity)이 발생한다는 점이다. 이러한 특이점을 해결하기 위한 방법이 바로 다음 절에서 다룰 유닛 쿼터니언 표현이다. 또 다른 문제점은 $\boldsymbol{R_k}(\theta)=\boldsymbol{R_{-k}}(-\theta)$가 되므로, 2개의 서로 다른 회전이 동일한 회전 행렬을 갖게 되어 구별할 수 없게 된다. 즉, 위의 예제에서 $\cos\theta=-0.5$가 되는 해는 $\theta=120°$와 $\theta=-120°$의 2개가 존재한다. 그러나 이는 q의 범위를 제한하면 되므로 큰 문제는 아니다.

2.2.5 유닛 쿼터니언 표현

유닛 쿼터니언(unit quaternion) 표현은 기본적으로 앞 절의 축-각도 표현과 동일하지만, 특이점이 발생하지 않도록 축-각도 표현 방식을 변경한 것이다.

우선 회전각 η는

$$\eta=\cos\frac{\theta}{2} \tag{2.63}$$

으로 정의하고, 회전축을 결정짓는 벡터 $\boldsymbol{\varepsilon}$은

$$\boldsymbol{\varepsilon}=[\varepsilon_x\ \varepsilon_y\ \varepsilon_z]^T=\sin\frac{\theta}{2}\cdot\boldsymbol{k}=\sin\frac{\theta}{2}\cdot[k_x\ k_y\ k_z] \tag{2.64}$$

로 정의한다. 여기서 k_x, k_y, k_z 및 θ는 축-각도 표현에서의 파라미터이다. 이와 같이 정의하면 다음과 같은 구속 조건이 만족된다.

$$\eta^2+\varepsilon_x^2+\varepsilon_y^2+\varepsilon_z^2=1 \tag{2.65}$$

그러므로 유닛 쿼터니언은 4개의 파라미터를 사용하지만 1개의 구속 조건이 있으므로, 단 3개의 파라미터만이 독립적이다.

식 (2.59)와 (2.63)~(2.65)에 의해서 회전 행렬은 다음과 같이 계산된다.

$$R_\varepsilon(\eta) = \begin{bmatrix} 2(\eta^2+\varepsilon_x^2)-1 & 2(\varepsilon_x\varepsilon_y-\eta\varepsilon_z) & 2(\varepsilon_x\varepsilon_z+\eta\varepsilon_y) \\ 2(\varepsilon_x\varepsilon_y+\eta\varepsilon_z) & 2(\eta^2+\varepsilon_y^2)-1 & 2(\varepsilon_y\varepsilon_z-\eta\varepsilon_x) \\ 2(\varepsilon_x\varepsilon_z-\eta\varepsilon_y) & 2(\varepsilon_y\varepsilon_z+\eta\varepsilon_x) & 2(\eta^2+\varepsilon_z^2)-1 \end{bmatrix} \tag{2.66}$$

이번에는 회전 행렬이 다음과 같이 주어졌을 때, 이에 해당하는 회전축과 회전각의 4개 파라미터를 구해 보자.

$$R = \begin{bmatrix} r_{11} & r_{12} & r_{13} \\ r_{21} & r_{22} & r_{23} \\ r_{31} & r_{32} & r_{33} \end{bmatrix} \tag{2.67}$$

위 행렬에서 대각 성분을 모두 더하면

$$r_{11}+r_{22}+r_{33} = 6\eta^2+2(\varepsilon_x^2+\varepsilon_y^2+\varepsilon_z^2)-3 = 4\eta^2+(\eta^2+\varepsilon_x^2+\varepsilon_y^2+\varepsilon_z^2) = 4\eta^2-1 \tag{2.68}$$

이 되므로,

$$\eta = \frac{1}{2}\sqrt{r_{11}+r_{22}+r_{33}+1} \tag{2.69}$$

이 얻어진다. 그리고 ε_x는 다음과 같이 구한다.

$$r_{11}-r_{22}-r_{33} = -2\eta^2+2(\varepsilon_x^2-\varepsilon_y^2-\varepsilon_z^2)+1 = 4\varepsilon_x^2-1 \tag{2.70}$$

이 되어,

$$\varepsilon_x = +\tfrac{1}{2}\sqrt{r_{11}-r_{22}-r_{33}+1} \text{ or } -\tfrac{1}{2}\sqrt{r_{11}-r_{22}-r_{33}+1} \tag{2.71}$$

이 얻어진다. 이때 $r_{32}-r_{23}=4\eta\,\varepsilon_x$가 되는데, $\theta \in [-\pi, \pi]$에 대해서 $\eta = \cos\frac{\theta}{2} \geq 0$이므로 ε_x의 부호는 $\mathrm{sgn}(r_{32}-r_{23})$에 의해서 결정된다. 위의 유도를 ε_y, ε_z에 대해서 확장하면

$$\boldsymbol{\varepsilon} = \frac{1}{2}\begin{pmatrix} \text{sgn}(r_{32} - r_{23})\sqrt{r_{11} - r_{22} - r_{33} + 1} \\ \text{sgn}(r_{13} - r_{31})\sqrt{r_{22} - r_{33} - r_{11} + 1} \\ \text{sgn}(r_{21} - r_{12})\sqrt{r_{33} - r_{11} - r_{22} + 1} \end{pmatrix} \tag{2.72}$$

을 얻을 수 있다.

유닛 쿼터니언 표현은 축-각도 표현에 비해서 직관적이지는 않지만, 축-각도 표현의 치명적인 단점인 특이점이 발생하지 않는다. 따라서 축-각도 표현 방식으로 방위를 표현한다면 반드시 유닛 쿼터니언 표현을 사용한다.

예제 2.7

예제 2.6에서 구한 회전 행렬에 대한 유닛 쿼터니언 표현을 구하시오.

풀이

고정 좌표계에 대한 회전이므로 다음과 같이 회전 행렬을 구할 수 있다.

$$\boldsymbol{R} = \begin{bmatrix} 0 & -0.866 & 0.500 \\ 0.500 & -0.433 & -0.750 \\ 0.866 & 0.250 & 0.433 \end{bmatrix}$$

주어진 회전 행렬 $\boldsymbol{R}$에 대해서, 식 (2.63)과 (2.64)를 적용하면 회전각과 회전축은

$$\eta = \frac{1}{2}\sqrt{r_{11} + r_{22} + r_{33} + 1} = \frac{1}{2}\sqrt{-0.433 + 0.433 + 1} = 0.5$$

$$\boldsymbol{\varepsilon} = \frac{1}{2}\begin{pmatrix} \text{sgn}(r_{32} - r_{23})\sqrt{r_{11} - r_{22} - r_{33} + 1} \\ \text{sgn}(r_{13} - r_{31})\sqrt{r_{22} - r_{33} - r_{11} + 1} \\ \text{sgn}(r_{21} - r_{12})\sqrt{r_{33} - r_{11} - r_{22} + 1} \end{pmatrix} = \frac{1}{2}\begin{pmatrix} +\sqrt{0.433 - 0.433 + 1} \\ -\sqrt{-0.433 - 0.433 + 1} \\ +\sqrt{0.433 + 0.433 + 1} \end{pmatrix} = \begin{pmatrix} 0.5 \\ -0.183 \\ 0.683 \end{pmatrix}$$

로 계산된다.

위의 유닛 쿼터니언 표현은 MATLAB을 통해서도 구할 수 있다. 우선 회전 행렬을 유닛 쿼터니언 표현으로 나타내기 위해서는 명령어 `quat = rotm2quat(rotm)`를

사용한다.

```
>> quat = rotm2quat(R)
quat =
     0.5000    0.5000   -0.1830    0.6830
```

처음 성분은 η를 나타내고, 다음 세 성분은 벡터 $\boldsymbol{\varepsilon}$을 나타낸다. 한편, 유닛 쿼터니언 표현을 회전 행렬로 나타내기 위해서는 명령어 rotm = quat2rotm(quat)을 사용한다.

```
>> rotm = quat2rotm(quat)
rotm =
     0.0000   -0.8660    0.5000
     0.5000   -0.4330   -0.7500
     0.8660    0.2500    0.4330
```

이렇게 구한 회전 행렬은 원래의 회전 행렬과 동일함을 알 수 있다.

연습문제

1 다음 그림과 같이 물체 좌표계 {B}가 고정 좌표계 {A}의 x축에 대해서 각도 $\theta = 60°$만큼 반시계방향으로 회전한다. 다음 물음에 답하시오.

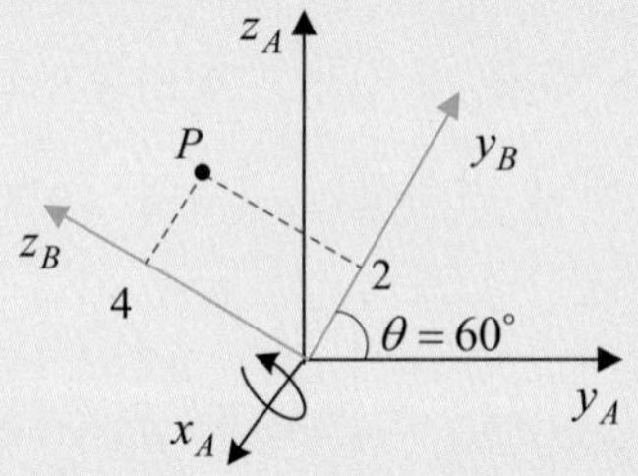

(a) {A}에 대한 {B}의 회전 행렬 ${}^A\boldsymbol{R}_B$를 구하시오.

(b) {B}에 대한 P점의 좌표는 (0, 2, 4)이다. 회전 행렬을 이용하여 {A}에 대한 P점의 좌표를 구하시오.

(c) {B}에 대한 {A}의 회전 행렬 ${}^B\boldsymbol{R}_A$를 구하시오. 그리고 (b)에서 구한 {A}에 대한 P점의 좌표와 회전 행렬 ${}^B\boldsymbol{R}_A$를 이용하여 P점의 {B}에 대한 좌표를 구하시오.

2 다음 회전 행렬을 고려하자.

$$\boldsymbol{R}_1 = \begin{bmatrix} 1 & 0 & 0 \\ 0 & 0.866 & -0.5 \\ 0 & 0.5 & 0.866 \end{bmatrix}, \quad \boldsymbol{R}_2 = \begin{bmatrix} 0.5 & 0 & -0.866 \\ 0 & 1 & 0 \\ 0.866 & 0 & 0.5 \end{bmatrix}$$

(a) 회전 행렬 $\boldsymbol{R}_1$은 어느 축에 대해서 몇 도를 회전한 결과인가?

(b) 회전 행렬 $\boldsymbol{R}_2$는 어느 축에 대해서 몇 도를 회전한 결과인가?

3 초기에 물체 좌표계 {B}가 고정 좌표계 {A}와 일치한다. 그 후에 {B}가 다음과 같은 회전 이동을 한다. 다음 물음에 답하시오.

(a) {B}를 y_B축에 대해서 30° 회전, x_B축에 대해서 45° 회전시킨다. 회전 행렬 ${}^A\boldsymbol{R}_B$를 구하시오.

(b) {B}를 x_A축에 대해서 45° 회전, y_A축에 대해서 30° 회전시킨다. 회전 행렬 ${}^A\boldsymbol{R}_B$를 구하시오.

(c) {B}를 y_A축에 대해서 30° 회전, x_A축에 대해서 45° 회전시킨다. 회전 행렬 ${}^A\boldsymbol{R}_B$를 구하시오.

(d) (a)와 (b)의 결과 비교 및 (a)와 (c)의 결과 비교에 대해서 논하시오.

4 다음 그림에서 다양한 좌표 변환이 수행된다.

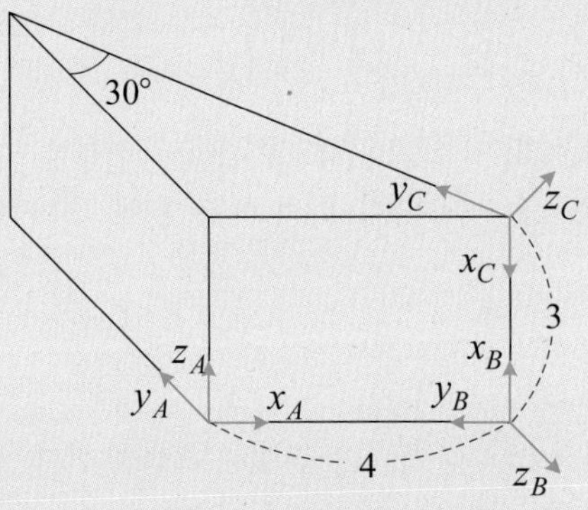

(a) ${}^A\boldsymbol{T}_B$

(b) ${}^B\boldsymbol{T}_C$

(c) ${}^A\boldsymbol{T}_C$

(d) ${}^A\boldsymbol{T}_C = {}^A\boldsymbol{T}_B\,{}^B\boldsymbol{T}_C$임을 보이시오.

5 동차 변환 $\boldsymbol{T}$는 x축에 대한 90° 회전, z축에 대한 −90° 회전, (5, 3, 7) 유닛의 병진 순으로 수행되는 연산을 나타낸다.

(a) 절대 변환 방식으로 $\boldsymbol{T}$를 구하시오.

(b) 상대 변환 방식으로 $\boldsymbol{T}$를 구하시오.

6 다음 그림에서 나사가 초기에 CD로 표시된 위치에 놓여 있다. 좌표계 {A}는 고정된 좌표계이며, {B}는 나사 머리에 원점을 갖는 물체 좌표계이다. 나사는 x_A축에 대한 90° 회전, z_A축에 대한 a 유닛 병진, y_A축에 대한 90° 회전의 순서로 이동한다.

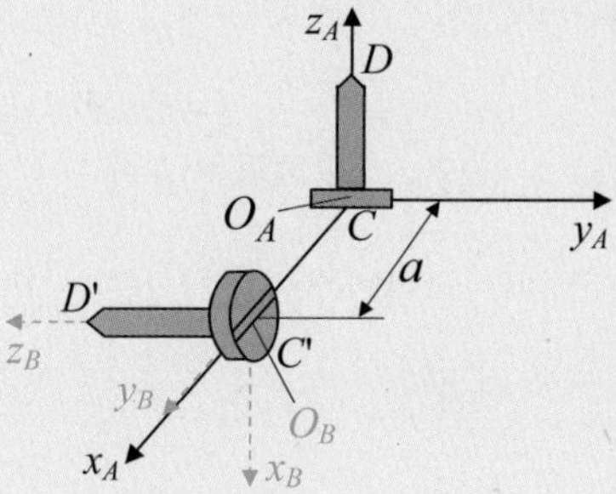

(a) 동차 변환 행렬 ${}^{A}\boldsymbol{T}_{B}$를 구하시오.

(b) ${}^{A}\boldsymbol{p} = {}^{A}\boldsymbol{T}_{B}\ {}^{B}\boldsymbol{p}$의 식을 이용하여 ${}^{A}\boldsymbol{O}_{B}$ 및 $\hat{\boldsymbol{x}}_{B}$를 구하시오.

(c) ${}^{A}\boldsymbol{p} = {}^{A}\boldsymbol{T}_{B}\ {}^{B}\boldsymbol{p}$의 식을 이용하여 위의 이동 후에 나사 팁 D'의 위치와 방위를 구하시오.

7 로봇이 드릴을 파지하고, 부품에 구멍을 뚫는 작업을 한다. 이 작업을 위해서 공간, 로봇, 부품에 아래 그림과 같이 다양한 좌표계가 설정된다.

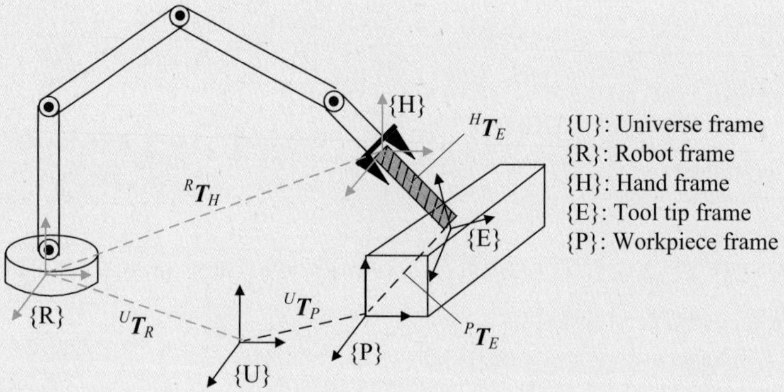

(a) 좌표계 {U}를 기준으로 하여 드릴 팁의 자세(즉, 위치/방위)를 나타내는 동차 변환 ${}^{U}\boldsymbol{T}_{E}$를 구하시오.

(b) 좌표계 {U}를 기준으로 하여 구멍의 자세를 나타내는 동차 변환 ${}^{U}\boldsymbol{T}_{E}$를 구하시오.

(c) 위의 (a)와 (b)를 종합하여, 로봇의 기저부(base)에 대하여 말단부의 자세 ${}^{R}\boldsymbol{T}_{H}$를 구하기 위한 변환 방정식을 수립하고, 이를 이용하여 ${}^{R}\boldsymbol{T}_{H}$를 구하시오.

8 다음과 같은 2지 그리퍼(two-fingered gripper)를 고려하자. 그리퍼 좌표계 {B}는 그리퍼에 부착되어 함께 이동하는데, 원점은 두 손가락의 중앙에 위치한다. 그리퍼는 상태 1에서 2로 이동하는데, 상태 1에서는 그리퍼 좌표계 {B}가 기준 좌표계 {A}와 일치한다.

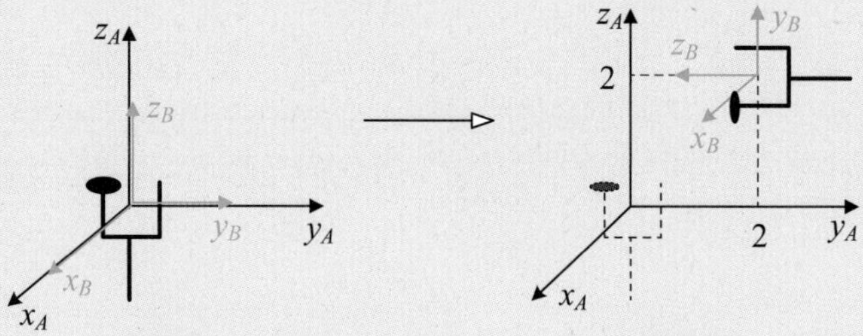

(a) 회전 행렬 ${}^A\boldsymbol{R}_B$와 동차 변환 ${}^A\boldsymbol{T}_B$를 구하시오.

(b) P점은 그리퍼 좌표계 {B}에서 (0.5 1.0 −1.5)의 좌표를 가진다. 기준 좌표계 {A}에 대한 P점의 좌표를 구하시오.

(c) ZYX 오일러 각도 (ϕ, θ, ψ)를 구하시오.

(d) ZYZ 오일러 각도 (ϕ, θ, ψ)를 구하시오.

(e) 축-각도 표현을 구하시오.

(f) 유닛 쿼터니언 표현을 구하시오.

9 문제 8을 고려하자. 여기서는 MATLAB을 사용하여 문제를 풀기로 한다.

(a) 회전 행렬을 구하시오.

(b) ZYX 오일러 각도 (ϕ, θ, ψ)를 구하시오.

(c) ZYZ 오일러 각도 (ϕ, θ, ψ)를 구하시오.

(d) 축-각도 표현을 구하시오.

(e) 유닛 쿼터니언 표현을 구하시오.

(f) 문제 8의 해석적인 결과와 문제 9의 MATLAB 연산의 결과를 비교하자. 어느 방법이 더 완전한 해를 제공하는가?

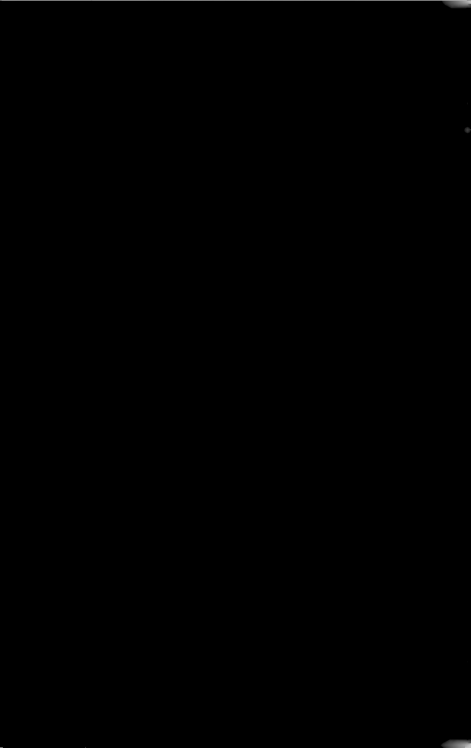

CHAPTER 3

기구학

로봇 **기구학**(kinematics)은 로봇을 구성하는 링크의 위치, 속도, 가속도와 시간 간의 관계를 해석하는 분야이다. 이때 로봇 운동의 원인이 되는 힘에 대해서는 기구학에서 다루지 않는다. 이러한 기구학을 통해서 로봇의 각 관절에서의 회전각과 말단 자세(end-effector pose) 간의 관계를 구할 수 있는데, 여기서 자세는 위치와 방위를 합친 용어이다.

본 장에서는 로봇의 정기구학 및 역기구학에 대한 내용을 주로 다룬다. 정기구학은 주어진 관절 공간에서의 변수로부터 직교 공간에서 말단부의 자세를 구하는 연산이며, 역기구학은 원하는 말단부의 자세를 얻기 위한 관절 공간의 각 변수를 구하는 연산이다. 로봇은 여러 개의 링크로 구성되는데, 각 링크마다 링크 좌표계를 설정하여야 한다. 이들 좌표계를 설정하는 방법과 로봇의 파라미터를 설정하는 Denavit-Hartenberg(DH) 표기법을 다룬다. 그리고 6자유도 산업용 로봇인 PUMA 로봇을 예시로 정기구학과 역기구학을 자세히 설명한다. 또한 가장 대표적인 6자유도 협동 로봇의 정기구학과 역기구학 문제는 부록 A에서 다루기로 한다.

3.1 DH 표기법

3.1.1 관절 공간과 직교 공간

로봇 기구학은 관절 공간과 직교 공간 간의 관계에 기초한다. 그림 3.1은 2개의 회전 관절로 구성된 2자유도 평면 팔(planar arm)을 나타낸다. 이 평면 팔은 단순하지만 로봇공학에서 나오는 모든 개념이 적용될 수 있으므로, 앞으로도 계속하여 예제로 사용될 것이다. 게다가 실제 산업용 로봇인 PUMA 로봇과 SCARA 로봇에서도 이러한 평면 팔이 로봇 구조의 일부로 사용된다.

그림 3.1에서 (a)의 관절 공간에서의 관절 변수는 (θ_1, θ_2)이며, (b)의 직교 공간에

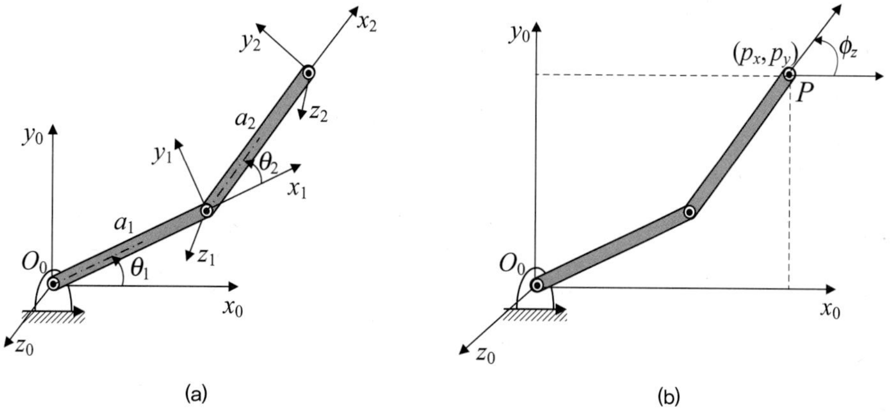

그림 3.1 **2자유도 평면 팔의 (a) 관절 공간과 (b) 직교 공간**

서의 말단 변수는 (p_x, p_y)이다. 이 두 변수 사이에는 다음 관계가 성립된다.

$$\begin{cases} p_x = a_1 \cos\theta_1 + a_2 \cos(\theta_1 + \theta_2) \\ p_y = a_1 \sin\theta_1 + a_2 \sin(\theta_1 + \theta_2) \end{cases} \tag{3.1}$$

이와 같이 관절 변수 $q_i(i=1, \ldots, n)$로 구성된 벡터를 **관절 벡터**(joint vector) $\boldsymbol{q}$라 하며, 일반적으로 다음과 같이 나타낸다.

$$\boldsymbol{q} = \begin{bmatrix} q_1 \\ \vdots \\ q_i \\ \vdots \\ q_n \end{bmatrix} \in \Re^{n\times 1} \tag{3.2}$$

이때 관절 변수는 회전 관절(revolute joint)의 경우에는 관절 각도 $q_i=\theta_i$, 직선 관절(prismatic joint)의 경우에는 관절 거리 $q_i=d_i$가 된다. **관절 공간**(joint space)은 모든 가능한 관절 벡터로 구성된 공간을 의미하는데, **그림 3.1**의 2자유도 평면 팔의 경우에는 θ_1과 θ_2를 두 축으로 하는 평면에 해당한다.

실제 로봇에서 작업을 수행하는 부분이 말단부인데, 이 말단부의 위치를 나타내는 벡터 $\boldsymbol{p}$와 방위를 나타내는 벡터 α로 구성된 **말단 벡터**(end-effector vector) $\boldsymbol{x}$는

$$\boldsymbol{x} = \begin{bmatrix} \boldsymbol{p} \\ \hline \boldsymbol{\alpha} \end{bmatrix} \in \Re^{m\times 1} \tag{3.3}$$

와 같이 정의된다. 여기서 m은 직교 공간의 차원을 나타내는데, 6자유도 산업용 로봇에서는 3자유도 위치와 3자유도 방위를 합해서 $m=6$이 된다. 그림 3.1의 2자유도 평면 팔에서는 $m=2$이다. 모든 가능한 말단 벡터로 구성된 공간이 **직교 공간**(cartesian space)이며, 로봇의 기저 좌표계(그림 3.1에서는 O_0-$x_0y_0z_0$)를 기준으로 로봇 말단부의 자세를 나타내는 공간이다.

말단 벡터 $\boldsymbol{x}$와 관절 벡터 $\boldsymbol{q}$ 간에는

$$\boldsymbol{x}=\boldsymbol{k}(\boldsymbol{q})=\begin{Bmatrix}\boldsymbol{p}(\boldsymbol{q})\\ \hdashline \boldsymbol{\alpha}(\boldsymbol{q})\end{Bmatrix} \tag{3.4}$$

의 관계가 성립된다. 위와 같이 주어진 관절 변수에 대해서 말단 자세를 구하는 문제를 **정기구학**(forward kinematics) 또는 직접 기구학(direct kinematics)이라 한다. 또한 작업에서 요구되는 말단 자세를 달성하기 위한 관절 변수를 구하는 문제를 **역기구학**(inverse kinematics)이라 한다.

3.1.2 DH 표기법

이번에는 로봇의 기구학을 위해서 각 링크에 좌표계를 설정하는 방법을 살펴보자. 일반적으로 두 좌표계 간의 관계를 기술하기 위해서는 3자유도 병진 및 3자유도 회전 정보를 나타내는 6개의 파라미터가 필요하다. 그러나 두 좌표계 간에 2개의 구속 조건을 부여하면 4개의 파라미터만으로도 두 좌표계 간의 관계를 기술할 수 있는데, 이를 Denavit-Hartenberg(DH) **표기법**이라 한다.

그림 3.2에서 링크 i는 관절 i를 기준으로 회전하게 된다. 관절 i는 링크 $i-1$과 링크 i 사이의 관절로 정의된다. 그러므로 링크 i의 양단에는 관절 i와 관절 $i+1$이 존재하는데, 이때 관절 i는 근위 관절(proximal joint), 관절 $i+1$은 원위 관절(distal joint)이라 부른다. 여기서 근위 및 원위는 각각 가까이 또는 멀리 위치한다는 의미이므로, 근위 관절 및 원위 관절은 로봇의 기저부(base)에 가까이 또는 멀리 위치하는 관절이라는 의미이다.

앞서 언급한 바와 같이, DH 표기법을 위해서는 2개의 구속 조건이 만족되어야 하는데, 이들 DH 구속 조건은 다음과 같다.

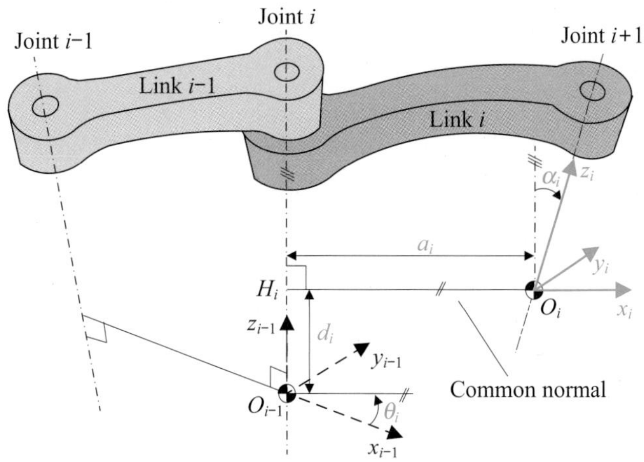

그림 3.2 **링크 좌표계의 설정**

- DH1) x_i축은 z_{i-1}축과 수직이다. (3.5a)
- DH2) x_i축은 z_{i-1}축과 교차한다. (3.5b)

그러므로 DH 표기법에 따라서 좌표계를 설정할 때는 위의 두 조건이 만족되는지를 반드시 점검하여야 한다. 예를 들어, **그림** 3.1에서 링크 좌표계 $\{1\}$의 x_1축이 기저 좌표계 $\{0\}$의 x_0축과 평행하게 설정된다면 조건 (3.5a)는 만족되지만, (3.5b)는 만족되지 않는다. 따라서 x_1축을 링크 1의 길이 방향으로 설정하여 조건 (3.5a)와 (3.5b)를 모두 만족시키도록 하여야 한다.

한편, 링크 i 양단의 두 관절 축에 모두 수직인 직선을 공통 법선(common normal)이라고 하는데, 이 공통 법선은 두 축 간의 최단 거리에 해당한다. 공통 법선은 다음 세 가지 경우가 존재한다.

- **경우 1**: 두 관절 축이 동일 평면상에 있지 않다면, 공통 법선은 유일하게 결정된다.
- **경우 2**: 두 관절 축이 서로 평행하다면, 공통 법선은 무수히 많이 존재한다.
- **경우 3**: 두 관절 축이 교차한다면, 공통 법선은 존재하지 않는다.

그리고 링크 i에 대한 **링크 좌표계** $\{i\}$를 원위 관절인 관절 $i+1$에 설정하는 표준 DH 표기법과 근위 관절인 관절 i에 설정하는 수정 DH 표기법의 2가지 방식이 있다.

직관적으로는 수정 DH 표기법을 사용할 것 같지만, 실제로는 원위 관절에 설정하는 표준 DH 표기법을 훨씬 더 많이 사용하며, 본 교재에서도 이 방식을 따르도록 한다.

링크 좌표계 $\{i\}$의 원점은 다음과 같이 결정한다.

- **경우 1**: 공통 법선과 관절 축 $i+1$의 교점에 설정한다.
- **경우 2**: 링크 좌표계 $\{i-1\}$의 원점인 O_{i-1}을 통과하는 공통 법선과 관절 축 $i+1$의 교점에 설정한다.
- **경우 3**: 두 관절 축이 교차하는 교점에 설정한다.

링크 좌표계의 z축은 항상 관절 축과 일치하도록 설정하는데, 표준 DH 표기법에서는 z_i축은 관절 축 $i+1$과 일치하게 됨에 유의하여야 한다. x_i축은 경우 1과 2에서는 공통 법선의 연장선상에 관절 축 i에서 $i+1$로 향하는 방향으로 설정하며, 경우 3에서는 두 관절 축이 형성하는 평면에 수직이 되도록 설정한다. x_i축을 이와 같이 설정하면 식 (3.5)의 2개의 구속 조건을 자연스럽게 만족시키게 된다. 마지막으로, y_i축은 링크 좌표계가 우수 직교좌표계(right-handed orthogonal frame)가 되도록 결정한다.

링크 좌표계를 설정한 후에는, 앞서 설명한 4개의 파라미터인 DH **파라미터**를 결정하여야 한다. 이들 파라미터는 링크 좌표계 $\{i-1\}$과 $\{i\}$ 간의 관계를 나타내는 파라미터이다. 우선 링크 i의 형상과 관련되는 파라미터로는, **링크 길이**(link length) a_i와 **링크 비틀림**(link twist) α_i가 있다. 또한 두 링크 사이의 관절에 관련되는 파라미터로는 **관절 오프셋**(joint offset) d_i 및 **관절 각도**(joint angle) θ_i가 있다. 이들 4개의 파라미터는 다음과 같이 정의된다.

$$a_i = {}^{x_i}\mathrm{D}_{z_{i-1}\to z_i} \quad (x_i\text{축을 기준으로 } z_{i-1}\text{축으로부터 } z_i\text{축까지의 거리}) \tag{3.6a}$$

$$\alpha_i = {}^{x_i}\mathrm{A}_{z_{i-1}\to z_i} \quad (x_i\text{축을 기준으로 } z_{i-1}\text{축으로부터 } z_i\text{축으로의 각도}) \tag{3.6b}$$

$$d_i = {}^{z_{i-1}}\mathrm{D}_{x_{i-1}\to x_i} \quad (z_{i-1}\text{축을 기준으로 } x_{i-1}\text{축으로부터 } x_i\text{축까지의 거리}) \tag{3.6c}$$

$$\theta_i = {}^{z_{i-1}}\mathrm{A}_{x_{i-1}\to x_i} \quad (z_{i-1}\text{축을 기준으로 } x_{i-1}\text{축으로부터 } x_i\text{축으로의 각도}) \tag{3.6d}$$

위의 정의에서 D와 A는 각각 거리와 각도를 나타내며, 좌측 상첨자는 기준이 되는 축을 나타낸다. 링크 길이와 링크 비틀림은 링크의 형상과 관련되므로 x축을 기준으로 하며, 관절 오프셋과 관절 각도는 링크와는 상관없는 관절 변수이므로 관절 축과 일치하는 z축을 기준으로 한다. 로봇을 구성하는 대부분의 관절이 회전 관절이므로 d_i는 상수인 관절 오프셋이라고 하지만, 만약 직선 관절의 경우라면 d_i는 변수인 관절 거리(joint distance)라고 부르는 것이 더 자연스럽다. 한편, 이들 파라미터는 양과 음의 방향을 가지므로 기준 축의 방향이 중요하다. 표 3.1은 DH 파라미터를 정리한 표인데, 여기서 보듯이 4개 DH 파라미터 중에서 1개의 파라미터만 변수가 되고, 나머지 3개 파라미터는 상수가 된다. 즉, 회전 관절에서는 관절 각도가 변수이고, 직선 관절에서는 관절 거리가 변수가 된다.

표 3.1 DH 파라미터

DH 파라미터	표기	회전 관절	직선 관절
링크 길이	a	상수	상수
링크 비틀림	α	상수	상수
관절 오프셋	d	상수	**변수**
관절 각도	θ	**변수**	상수

앞서 링크 좌표계를 설정하는 방법에 대하여 설명하였다. 그런데 이들 링크 좌표계 중에서 로봇의 기저부에 설정되는 **기저 좌표계**(base frame)와 말단부에 설정되는 **말단 좌표계**(end-effector frame)는 앞서 설명한 방식으로 결정하기 어려운 경우가 많다. 이들 좌표계의 설정에 대해서 알아보자.

기저 좌표계는 링크 좌표계 $\{0\}$에 해당한다. 우선 z_0축은 관절 축 1과 일치하도록 설정한다. 그리고 원점은 z_0축상의 임의의 점에 설정될 수 있지만, 가능하면 관절 1이 회전 관절이면 $d_1=0$, 직선 관절이면 $\theta_1=0$이 되도록 설정한다. 나머지 축은 우수 좌표계를 만족시키도록 편리하게 설정하면 된다.

말단 좌표계는 링크 좌표계 $\{n\}$에 해당한다. 일반적으로 그리퍼 또는 공구가 링크 n의 말단에 부착된다. 원점은 말단부의 임의의 점에 설정할 수 있지만, 보통 그리퍼나 공구의 중심점인 TCP(tool center point)에 설정한다. 그리고 x_n축은 식 (3.5)의 2개의 구속 조건을 만족시키도록 설정한다. 나머지 축은 우수 좌표계를 만족시키도록 편리하게 설정하면 된다.

로봇의 링크 좌표계는 유일하게 결정되지 않고, 무수히 많은 조합이 존재할 수

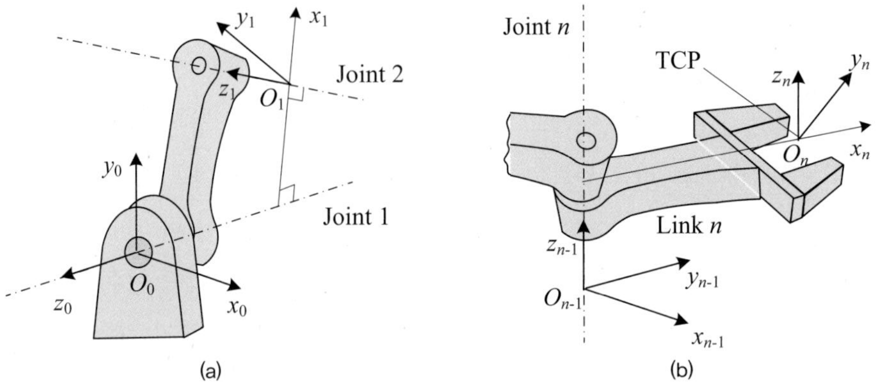

그림 3.3 **기저 좌표계와 말단 좌표계의 설정**

있다. 그러나 DH 구속 조건을 만족시키고, 위에서 언급한 몇 가지 지침에 따라 설정한다면, 서로 다른 조합에서의 차이는 DH 파라미터에 적절히 반영되므로, 어떠한 링크 좌표계의 조합을 사용하더라도 로봇의 해석은 동일한 결과를 보여 주게 된다.

그림 3.2에서 링크 좌표계 $\{i-1\}$이 다음과 같이 상대 변환의 방식으로 병진 및 회전 이동을 하면 링크 좌표계 $\{i\}$와 일치하게 된다. 그러므로 $\{i-1\}$을 기준으로 $\{i\}$의 병진과 회전을 나타내는 동차 변환 행렬은

$$
\begin{aligned}
{}^{i-1}\boldsymbol{T}_i &= \boldsymbol{R}_z(\theta_i)\,\boldsymbol{T}_z(d_i)\,\boldsymbol{T}_x(a_i)\,\boldsymbol{R}_x(\alpha_i) \\
&= \begin{bmatrix} \cos\theta_i & -\sin\theta_i & 0 & 0 \\ \sin\theta_i & \cos\theta_i & 0 & 0 \\ 0 & 0 & 1 & 0 \\ 0 & 0 & 0 & 1 \end{bmatrix}
\begin{bmatrix} 1 & 0 & 0 & a_i \\ 0 & 1 & 0 & 0 \\ 0 & 0 & 1 & d_i \\ 0 & 0 & 0 & 1 \end{bmatrix}
\begin{bmatrix} 1 & 0 & 0 & 0 \\ 0 & \cos\alpha_i & -\sin\alpha_i & 0 \\ 0 & \sin\alpha_i & \cos\alpha_i & 0 \\ 0 & 0 & 0 & 1 \end{bmatrix}
\end{aligned} \tag{3.7}
$$

와 같이 구할 수 있으며, 이를 정리하면 다음과 같다.

$$
{}^{i-1}\boldsymbol{T}_i = \begin{bmatrix} \cos\theta_i & -\sin\theta_i\cos\alpha_i & \sin\theta_i\sin\alpha_i & a_i\cos\theta_i \\ \sin\theta_i & \cos\theta_i\cos\alpha_i & -\cos\theta_i\sin\alpha_i & a_i\sin\theta_i \\ 0 & \sin\alpha_i & \cos\alpha_i & d_i \\ 0 & 0 & 0 & 1 \end{bmatrix} \tag{3.8}
$$

식 (3.8)의 동차 변환은 로봇 기구학의 기본이 되는 매우 중요한 식이다. 이 식은 4개

의 DH 파라미터를 포함하므로 복잡해 보이지만, 대부분의 경우 4개 파라미터 중에서 일부가 0이 되므로 실제로는 단순화된다.

3.2 정기구학

앞서 언급한 바와 같이 주어진 관절 변수에 대해서 말단부의 자세(즉, 위치/방위)를 구하는 문제를 **정기구학**(forward kinematics) 또는 직접 기구학(direct kinematics)이라 한다. 본 절에서는 단순한 2자유도 평면 팔에서부터 시작하여 6자유도 PUMA 로봇까지의 정기구학 문제를 살펴보도록 한다.

3.2.1 2자유도 평면 팔의 정기구학

그림 3.1은 2자유도 평면 팔에 대한 링크 좌표계의 설정 및 DH 파라미터를 도시한 그림이며, 표 3.2는 DH 파라미터를 정리한 표이다.

표 3.2 2자유도 평면 팔의 DH 파라미터

Link	a_i	α_i	d_i	θ_i
1	a_1	0	0	$\boldsymbol{\theta}_1$
2	a_2	0	0	$\boldsymbol{\theta}_2$

위 표의 DH 파라미터를 식 (3.8)에 대입하면 다음과 같다.

$$
{}^0\boldsymbol{T}_1 = \begin{bmatrix} c_1 & -s_1 & 0 & a_1c_1 \\ s_1 & c_1 & 0 & a_1s_1 \\ 0 & 0 & 1 & 0 \\ 0 & 0 & 0 & 1 \end{bmatrix}, \quad {}^1\boldsymbol{T}_2 = \begin{bmatrix} c_2 & -s_2 & 0 & a_2c_2 \\ s_2 & c_2 & 0 & a_2s_2 \\ 0 & 0 & 1 & 0 \\ 0 & 0 & 0 & 1 \end{bmatrix} \tag{3.9}
$$

여기서 $c_i = \cos\theta_i$, $s_i = \sin\theta_i$를 나타낸다. 기저 좌표계 {0}을 기준으로 링크 좌표계 {2}의 자세를 나타내는 동차 변환 ${}^0\boldsymbol{T}_2$는 다음과 같이 구할 수 있다.

$$
{}^{0}\boldsymbol{T}_1\,{}^{1}\boldsymbol{T}_2 = \begin{bmatrix} c_1c_2 - s_1s_2 & -c_1s_2 - s_1c_2 & 0 & a_1c_1 + a_2c_1c_2 - a_2s_1s_2 \\ c_1s_2 + s_1c_2 & c_1c_2 - s_1s_2 & 0 & a_1s_1 + a_2s_1c_2 + a_2c_1s_2 \\ 0 & 0 & 1 & 0 \\ 0 & 0 & 0 & 1 \end{bmatrix}
$$

$$
= \begin{bmatrix} c_{12} & -s_{12} & 0 & a_1\,c_1 + a_2c_{12} \\ s_{12} & c_{12} & 0 & a_1\,s_1 + a_2s_{12} \\ 0 & 0 & 1 & 0 \\ 0 & 0 & 0 & 1 \end{bmatrix} \tag{3.10}
$$

한편, 직교 공간에서 기저 좌표계 {0}을 기준으로 한 말단점 P의 자세는 일반적으로 다음과 같이 나타낼 수 있다.

$$
{}^{0}\boldsymbol{T}_2 = \left[\begin{array}{ccc|c} \cos\phi & -\sin\phi & 0 & p_x \\ \sin\phi & \cos\phi & 0 & p_y \\ 0 & 0 & 1 & p_z \\ \hline 0 & 0 & 0 & 1 \end{array}\right] \tag{3.11}
$$

관절 공간에서의 식 (3.10)과 직교 공간에서의 식 (3.11)은 동일하므로, 말단점 P의 위치(p_x, p_y) 및 방위 ϕ는 다음과 같이 나타낼 수 있다.

$$
\begin{cases} p_x = a_1\cos\theta_1 + a_2\cos(\theta_1 + \theta_2) \\ p_y = a_1\sin\theta_1 + a_2\sin(\theta_1 + \theta_2) \\ \phi = \theta_1 + \theta_2 \end{cases} \tag{3.12}
$$

식 (3.12)는 직관적으로 구한 식 (3.1)과 동일함을 알 수 있다. 이때 말단의 방위는 독립적으로 변할 수 없으며, 말단의 위치가 결정되면 자동적으로 결정되므로 직교 공간 변수에 포함시키지 않는다.

위의 예제를 통하여 정기구학 해를 구하는 절차를 다음과 같이 일반화할 수 있다.

1. 로봇의 각 관절 축을 확인한 후, 각 링크에 링크 좌표계를 설정한다.
2. DH 파라미터를 구한 후에 관절 변수를 정의한다.
3. 동차 변환 ${}^{i-1}\boldsymbol{T}_i(i=1, \ldots, n)$를 구한다.

4. 기구학 방정식 ${}^{0}\boldsymbol{T}_1(q_1)\cdot{}^{1}\boldsymbol{T}_2(q_2)\ \cdots\ {}^{n-1}\boldsymbol{T}_n(q_n)={}^{0}\boldsymbol{T}_n$을 구한다.
5. 직교 공간에서 말단 자세를 구한다.

이번에는 위의 절차에 따라서 SCARA 로봇의 정기구학 문제를 다루어 보자.

3.2.2 SCARA 로봇의 정기구학

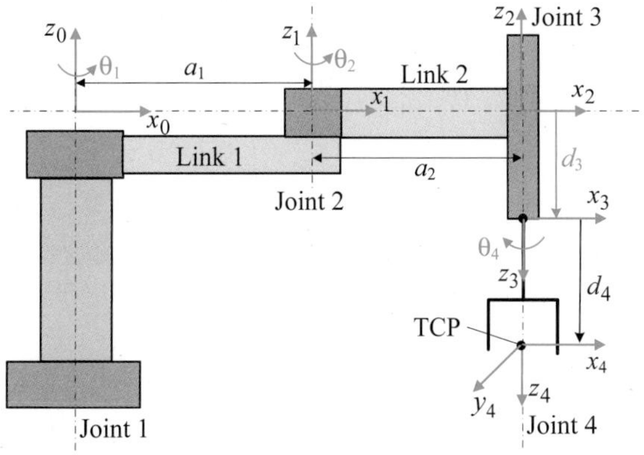

그림 3.4 SCARA 로봇

그림 3.4의 SCARA 로봇은 4자유도 로봇으로 회전-회전-직선-회전 관절로 구성되어 있다. 이 로봇을 위에서 바라보면, 링크 1과 2는 2자유도 평면 팔과 동일함을 알 수 있다. 관절 각도 θ_1과 θ_2는 공구 위치의 수평 성분을, 관절 거리 d_3는 수직 성분을 결정하며, 관절 각도 θ_4가 공구의 방위를 결정한다. 각 관절 축과 일치하도록 z축을 설정하며, 기저 좌표계의 원점은 바닥에 설정할 수도 있지만, 여기서는 그림과 같이 설정하여 관절 오프셋 $d_1=0$이 되도록 하였다. x_0축은 임의로 정할 수 있지만, 여기서는 x_1과 일치하도록 설정하였는데, 이는 $\theta_1=0°$일 때의 로봇의 위치인 **제로 위치**(zero position)에만 영향을 준다. 만약 x_0축이 종이 면에 수직으로 설정되었다면, 그림 3.4의 로봇 자세에서 $\theta_1=90°$가 된다. 위 로봇의 DH 파라미터는 표 3.3과 같으며, 관절 변수는 $(\theta_1,\ \theta_2,\ d_3,\ \theta_4)$이다.

표 3.3 SCARA 로봇의 DH 파라미터

Link	a_i	α_i	d_i	θ_i
1	a_1	0	0	$\boldsymbol{\theta_1}$
2	a_2	0	0	$\boldsymbol{\theta_2}$
3	0	180°	$\boldsymbol{d_3}$	0
4	0	0	d_4	$\boldsymbol{\theta_4}$

위 표의 DH 파라미터를 식 (3.8)에 대입하면 다음과 같다.

$$
{}^0\boldsymbol{T}_1 = \begin{bmatrix} c_1 & -s_1 & 0 & a_1c_1 \\ s_1 & c_1 & 0 & a_1s_1 \\ 0 & 0 & 1 & 0 \\ 0 & 0 & 0 & 1 \end{bmatrix}, \; {}^1\boldsymbol{T}_2 = \begin{bmatrix} c_2 & -s_2 & 0 & a_2c_2 \\ s_2 & c_2 & 0 & a_2s_2 \\ 0 & 0 & 1 & 0 \\ 0 & 0 & 0 & 1 \end{bmatrix},
$$

$$
{}^2\boldsymbol{T}_3 = \begin{bmatrix} 1 & 0 & 0 & 0 \\ 0 & -1 & 0 & 0 \\ 0 & 0 & -1 & d_3 \\ 0 & 0 & 0 & 1 \end{bmatrix}, \; {}^3\boldsymbol{T}_4 = \begin{bmatrix} c_4 & -s_4 & 0 & 0 \\ s_4 & c_4 & 0 & 0 \\ 0 & 0 & 1 & d_4 \\ 0 & 0 & 0 & 1 \end{bmatrix} \tag{3.13}
$$

관절 공간에서의 기구학 방정식은

$$
{}^0\boldsymbol{T}_1\,{}^1\boldsymbol{T}_2\,{}^2\boldsymbol{T}_3\,{}^3\boldsymbol{T}_4 = \begin{bmatrix} c_{12}c_4 + s_{12}s_4 & -c_{12}s_4 + s_{12}c_4 & 0 & a_1c_1 + a_2c_{12} \\ s_{12}c_4 - c_{12}s_4 & -s_{12}s_4 - c_{12}c_4 & 0 & a_1s_1 + a_2s_{12} \\ 0 & 0 & -1 & d_3 - d_4 \\ 0 & 0 & 0 & 1 \end{bmatrix}
$$

$$
= \begin{bmatrix} \cos(\theta_1 + \theta_2 - \theta_4) & \sin(\theta_1 + \theta_2 - \theta_4) & 0 & a_1c_1 + a_2c_{12} \\ \sin(\theta_1 + \theta_2 - \theta_4) & -\cos(\theta_1 + \theta_2 - \theta_4) & 0 & a_1s_1 + a_2s_{12} \\ 0 & 0 & -1 & d_3 - d_4 \\ 0 & 0 & 0 & 1 \end{bmatrix} \tag{3.14}
$$

이며, 직교 공간에서 말단 자세는 다음과 같이 나타낼 수 있다.

$$
{}^0\boldsymbol{T}_4 = \left[\begin{array}{ccc|c} r_{11} & r_{12} & r_{13} & p_x \\ r_{21} & r_{22} & r_{23} & p_y \\ r_{31} & r_{32} & r_{33} & p_z \\ \hline 0 & 0 & 0 & 1 \end{array}\right] \tag{3.15}
$$

여기서 (p_x, p_y, p_z)는 말단부 위치, ϕ는 말단부 방위를 각각 나타낸다. 식 (3.14)와 (3.15)는 동일하여야 하므로, 다음과 같이 정기구학 해를 구할 수 있다.

$$\text{위치 기구학: } \begin{cases} p_x = a_1 \cos\theta_1 + a_2 \cos(\theta_1 + \theta_2) \\ p_y = a_1 \sin\theta_1 + a_2 \sin(\theta_1 + \theta_2) \\ p_z = d_3 - d_4 \end{cases} \tag{3.16}$$

$$\text{방위 기구학: } \phi = \theta_1 + \theta_2 - \theta_4 \tag{3.17}$$

식 (3.16)에서 $p_z = d_3 - d_4$라는 식은 얼핏 잘못된 식으로 보일 수 있다. 수치 예로 이해를 돕기 위해서, d_3와 d_4의 크기가 각각 20 cm와 10 cm라고 가정하자. 이때 d_3는 z_2축을 기준으로 설정되므로 $d_3 = -20$이 되지만, d_4는 z_3축을 기준으로 설정되므로 $d_4 = +10$이 되어, $p_z = d_3 - d_4 = -20 - 10 = -30$이 된다. p_z는 z_0축을 기준으로 하므로, P점은 좌표계 {0}을 기준으로 30 cm 하단에 있는 점이 맞다. 또한 식 (3.14)의 3행, 3열의 성분은 +1이 맞을 것 같지만, 회전 행렬의 정의에 의해서 $\hat{z}_4 \cdot \hat{z}_0 = -1$이 된다는 점에 유의한다.

3.2.3 3자유도 공간 팔의 정기구학

그림 3.5는 롤-피치-피치 관절로 구성된 3자유도 공간 팔(spatial arm) 또는 인간형 팔(anthropomorphic arm)을 나타낸다. 이 팔을 정면에서 바라보면, 링크 2와 3은 2자유도 평면 팔과 동일함을 알 수 있다. 관절 각도 θ_1, θ_2, θ_3의 조합에 의해서 말단점 $W(p_{Wx}, p_{Wy}, p_{Wz})$를 원하는 3차원 위치로 보낼 수 있다. 이 팔은 6자유도 PUMA 로봇의 몸체부 3자유도에 해당하며, 이 경우 말단점이 바로 손목점 W에 해당하게 된다. 그러므로 그림 3.5에서 말단점 P 대신에 손목점 W로 표기하였는데, 만약 이 팔이 단독으로 사용된다면 말단점 P로 표기하는 것이 적절하다. 기저 좌표계의 원점은 그림과 같이 바닥에 설정하거나 링크 좌표계 {1}과 원점이 일치하도록 설정할(이 경우에 관절 오프셋 $d_1 = 0$) 수 있다.

위 로봇의 DH 파라미터는 표 3.4와 같으며, 관절 변수는 $(\theta_1, \theta_2, \theta_3)$이다.

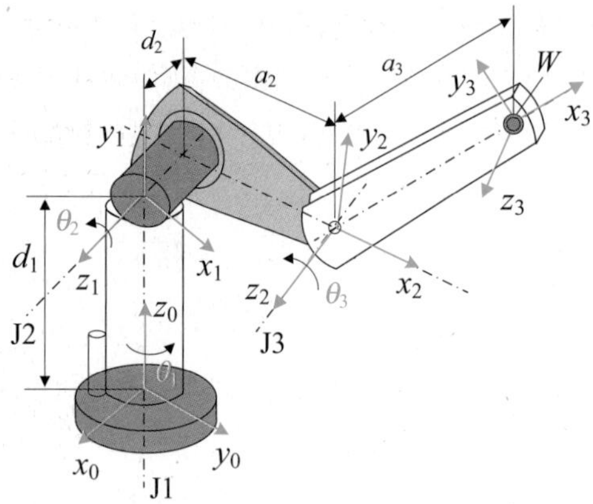

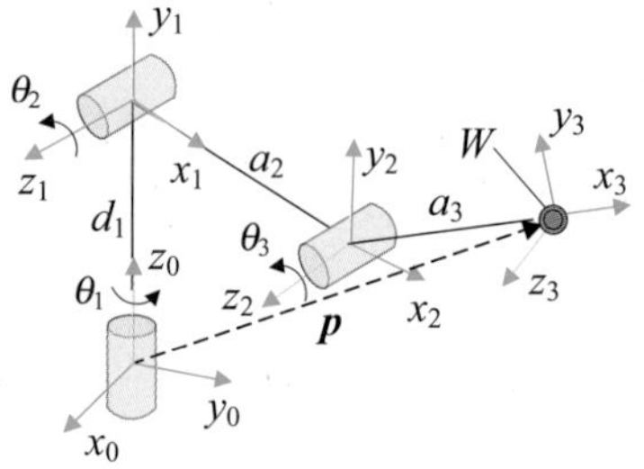

그림 3.5 **3자유도 공간 팔**

표 3.4 **3자유도 공간 팔의 DH 파라미터**

Link	a_i	α_i	d_i	θ_i
1	0	90°	d_1	$\boldsymbol{\theta_1}$
2	a_2	0	0	$\boldsymbol{\theta_2}$
3	a_3	0	0	$\boldsymbol{\theta_3}$

위 표의 DH 파라미터를 식 (3.8)에 대입하면 다음과 같다.

$$
{}^0\boldsymbol{T}_1 = \begin{bmatrix} c_1 & 0 & s_1 & 0 \\ s_1 & 0 & -c_1 & 0 \\ 0 & 1 & 0 & d_1 \\ 0 & 0 & 0 & 1 \end{bmatrix}, \quad {}^1\boldsymbol{T}_2 = \begin{bmatrix} c_2 & -s_2 & 0 & a_2c_2 \\ s_2 & c_2 & 0 & a_2s_2 \\ 0 & 0 & 1 & 0 \\ 0 & 0 & 0 & 1 \end{bmatrix},
$$

$$
{}^2\boldsymbol{T}_3 = \begin{bmatrix} c_3 & -s_3 & 0 & a_3c_3 \\ s_3 & c_3 & 0 & a_3s_3 \\ 0 & 0 & 1 & 0 \\ 0 & 0 & 0 & 1 \end{bmatrix} \tag{3.18}
$$

관절 공간에서의 기구학 방정식은

$$
{}^0\boldsymbol{T}_1\,{}^1\boldsymbol{T}_2\,{}^2\boldsymbol{T}_3 = \begin{bmatrix} c_1c_{23} & -c_1s_{23} & s_1 & c_1(a_2c_2 + a_3c_{23}) \\ s_1c_{23} & -s_1s_{23} & -c_1 & s_1(a_2c_2 + a_3c_{23}) \\ s_{23} & c_{23} & 0 & a_2s_2 + a_3s_{23} + d_1 \\ 0 & 0 & 0 & 1 \end{bmatrix} \tag{3.19}
$$

이며, 직교 공간에서 말단 자세는 다음과 같이 나타낼 수 있다.

$$
{}^{0}\boldsymbol{T}_3 = \left[\begin{array}{ccc|c} r_{11} & r_{12} & r_{13} & p_x \\ r_{21} & r_{22} & r_{23} & p_y \\ r_{31} & r_{32} & r_{33} & p_z \\ \hline 0 & 0 & 0 & 1 \end{array}\right] \tag{3.20}
$$

식 (3.19)와 (3.20)은 동일하여야 하므로, 다음과 같이 정기구학 해를 구할 수 있다.

$$
\text{위치 기구학: } \begin{cases} p_{Wx} = c_1(a_2c_2 + a_3c_{23}) \\ p_{Wy} = s_1(a_2c_2 + a_3c_{23}) \\ p_{Wz} = a_2s_2 + a_3s_{23} + d_1 \end{cases} \tag{3.21}
$$

$$
\text{방위 기구학: } \begin{cases} r_{11} = \cos\theta_1 \cos(\theta_2 + \theta_3) \\ \vdots \\ r_{33} = 0 \end{cases} \tag{3.22}
$$

위의 기구학은 MATLAB의 심볼릭(symbolic) 기능을 통해서도 다음과 같이 구할 수 있다.

```
% Matlab code for forward kinematics of 3-DOF spatial arm
% Declare symbolic variables
syms c1 s1 c2 s2 c3 s3 c12 s12 c23 s23 d1 a2 a3 q1 q2 q3
c1 = cos(q1); s1 = sin(q1); c2 = cos(q2); s2 = sin(q2);
c3 = cos(q3); s3 = sin(q3);
c12 = cos(q1+q2); s12 = sin(q1+q2); c23 = cos(q2+q3); s23 = sin(q2+q3);

% Homogeneous transforms
T01 = [c1 0 s1 0; s1 0 -c1 0; 0 1 0 d1; 0 0 0 1]
T12 = [c2 -s2 0 a2*c2; s2 c2 0 a2*s2; 0 0 1 0; 0 0 0 1]
T23 = [c3 -s3 0 a3*c3; s3 c3 0 a3*s3; 0 0 1 0; 0 0 0 1]

% Kinematic equation
T03 = simplify(T01*T12*T23)
T03 =
```

```
[cos(q2+q3)*cos(q1), -sin(q2+q3)*cos(q1), sin(q1),
 cos(q1)*(a3*cos(q2+q3)+a2*cos(q2))]
[cos(q2+q3)*sin(q1), -sin(q2+q3)*sin(q1), -cos(q1),
 sin(q1)*(a3*cos(q2+q3)+a2*cos(q2))]
[        sin(q2+q3),          cos(q2+q3),        0,
 d1+a3*sin(q2+q3)+a2*sin(q2)]
[                 0,                   0,        0,
                            1]
```

3.2.4 구형 손목의 정기구학

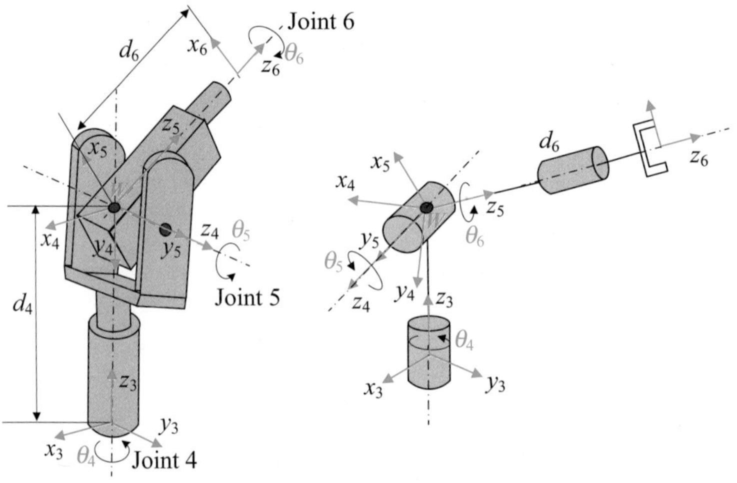

그림 3.6 **구형 손목**

그림 3.6의 좌측은 롤-피치-롤의 3개의 회전 관절로 구성된 3자유도 **구형 손목**(spherical wrist)을 나타내며, 우측은 이 손목부를 간략히 나타낸 그림이다. 이 손목부는 3개의 관절 각도 θ_4, θ_5, θ_6의 조합에 의해서 말단부를 원하는 3차원 방위로 보낼 수 있는데, 6자유도 PUMA 로봇의 손목부 3자유도에 해당한다. 구형 손목에서는 3개의 관절 축 모두가 손목점 W에서 교차하는데, 링크 좌표계 {3}의 원점은 그림과 같이 손목점에서 d_4의 관절 오프셋만큼 떨어져 설정되거나 손목점에 일치하도록 설정할(이 경우에 관절 오프셋 $d_4=0$) 수 있다. 말단 좌표계 {6}은 임의로 선정할 수 있으며, 여기서는 원점을 TCP에 설정하였다. 관절 축 4와 5가 W에서 교차하므로 x_4축은 이

들 두 관절 축에 의해서 생성되는 평면에 수직으로 설정되며, 이 경우에 DH 구속 조건은 자동으로 만족된다. 마찬가지로, 관절 축 5와 6이 W에서 교차하므로 x_5축은 이들 두 관절 축에 의해서 생성되는 평면에 수직으로 설정되어, DH 구속 조건을 만족시킨다.

이 로봇의 DH 파라미터는 표 3.5와 같으며, 관절 변수는 (θ_4, θ_5, θ_6)이다.

표 3.5 **구형 손목의 DH 파라미터**

Link	a_i	α_i	d_i	θ_i
4	0	−90°	d_4	$\boldsymbol{\theta_4}$
5	0	+90°	0	$\boldsymbol{\theta_5}$
6	0	0	d_6	$\boldsymbol{\theta_6}$

위 표의 DH 파라미터를 식 (3.8)에 대입하면 다음과 같다.

$$
{}^3\boldsymbol{T}_4 = \begin{bmatrix} c_4 & 0 & -s_4 & 0 \\ s_4 & 0 & c_4 & 0 \\ 0 & -1 & 0 & d_4 \\ 0 & 0 & 0 & 1 \end{bmatrix}, \quad {}^4\boldsymbol{T}_5 = \begin{bmatrix} c_5 & 0 & s_5 & 0 \\ s_5 & 0 & -c_5 & 0 \\ 0 & 1 & 0 & 0 \\ 0 & 0 & 0 & 1 \end{bmatrix},
$$

$$
{}^5\boldsymbol{T}_6 = \begin{bmatrix} c_6 & -s_6 & 0 & 0 \\ s_6 & c_6 & 0 & 0 \\ 0 & 0 & 1 & d_6 \\ 0 & 0 & 0 & 1 \end{bmatrix} \tag{3.23}
$$

관절 공간에서의 기구학 방정식은

$$
{}^3\boldsymbol{T}_4\,{}^4\boldsymbol{T}_5\,{}^5\boldsymbol{T}_6 = \begin{bmatrix} c_4c_5c_6 - s_4s_6 & -c_4c_5s_6 - s_4c_6 & c_4s_5 & c_4s_5d_6 \\ s_4c_5c_6 + c_4s_6 & -s_4c_5s_6 + c_4c_6 & s_4s_5 & s_4s_5d_6 \\ -s_5c_6 & s_5s_6 & c_5 & d_4 + c_5d_6 \\ 0 & 0 & 0 & 1 \end{bmatrix} \tag{3.24}
$$

이며, 직교 공간에서 말단 자세는 다음과 같이 나타낼 수 있다.

$$
{}^3\boldsymbol{T}_6 = \left[\begin{array}{ccc|c} r_{11} & r_{12} & r_{13} & p_x \\ r_{21} & r_{22} & r_{23} & p_y \\ r_{31} & r_{32} & r_{33} & p_z \\ \hline 0 & 0 & 0 & 1 \end{array}\right] \tag{3.25}
$$

식 (3.24)와 (3.25)는 동일하여야 하므로, 다음과 같이 정기구학 해를 구할 수 있다.

$$\text{위치 기구학: } \begin{cases} p_x = d_6 \cos\theta_4 \sin\theta_5 \\ p_y = d_6 \sin\theta_4 \sin\theta_5 \\ p_z = d_4 + d_6 \cos\theta_5 \end{cases} \tag{3.26}$$

$$\text{방위 기구학: } \begin{cases} r_{11} = \cos\theta_4 \cos\theta_5 \cos\theta_6 - \sin\theta_4 \sin\theta_6 \\ \vdots \\ r_{33} = \cos\theta_5 \end{cases} \tag{3.27}$$

식 (3.24)의 회전 행렬에서 θ_4, θ_5, θ_6을 ϕ, θ, ψ로 대체하면, ZYZ 오일러 각도의 회전 행렬인 식 (2.50)과 동일하다는 점에 주목하여야 한다. 그림 3.7에서 좌표계 $\{3\}$이 손목점에 있다고(즉, $d_4=0$) 가정한다. z_3축에 대해서 θ_4만큼 회전 후에 $x_{3'}y_{3'}z_{3'}$이 현재 좌표계가 된다. ZYZ 오일러 각도에서의 y축 회전에 해당하는 $y_{3'}$축에 대한 회전은 z_4축에 대한 θ_5 회전과 일치하게 된다. 이 회전 후에 $x_{3''}y_{3''}z_{3''}$이 현재 좌표계가 되며, ZYZ 오일러 각도에서의 z축 회전에 해당하는 $z_{3''}$축에 대한 회전은 z_5축에 대한 θ_6 회전과 일치하게 된다.

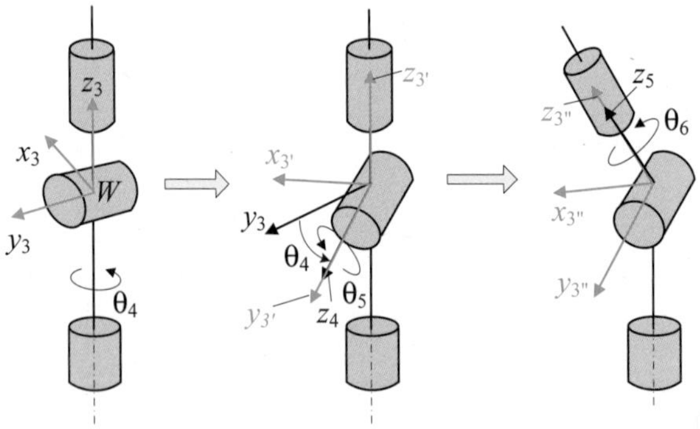

그림 3.7 **구형 손목과 ZYZ 오일러 각도 간의 관계**

3.2.5 PUMA 로봇의 정기구학

이번에는 그림 3.8의 6자유도 PUMA 로봇의 정기구학 문제를 다루어 보자. PUMA 로봇은 가장 대표적인 산업용 로봇으로, 제작사에 관계없이 거의 모든 수직 다관절형 로봇(articulated robot)이 이 구조로 제작된다. 이 로봇은 기저부로부터 롤-피치-피치-롤-피치-롤의 구조를 가지며, 앞서 설명한 3자유도 공간 팔과 3자유도 구

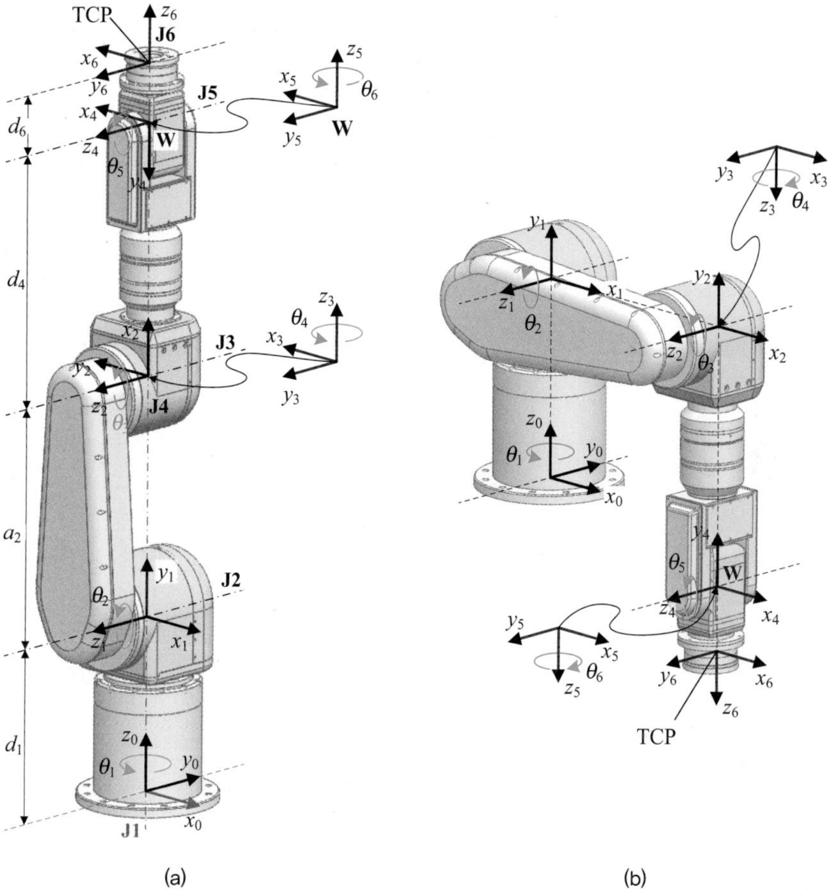

그림 3.8 PUMA 로봇: (a) 링크 좌표계의 정의, (b) 관절 각도가 모두 0°일 때의 자세

형 손목이 결합된 형태이다. 링크 좌표계의 설정에 대해서는 앞의 설명을 참고하기 바란다. 말단 좌표계의 경우, 직전 좌표계 {5}와 평행하게 설정하되 TCP에 맞게 관절 오프셋(d_6)을 적절히 설정한다. 즉, 그림 3.8에서 공구가 부착되어 있지 않으므로 로봇의 가장 말단에 {6}을 설정하였지만, 만약 공구가 부착된다면 적절한 d_6를 부여한 후에 공구의 중심점인 TCP 또는 특정한 점에 {6}의 원점을 설정하면 된다.

그림 3.8과 같이 설정된 좌표계를 기준으로 정기구학을 위한 각 로봇의 DH 파라미터를 구하여 표 3.6에 나타내었다. 표에서 보듯이, 그림 3.8(a)의 로봇 자세에서 관절 2와 3의 관절 각도는 90°이다. 이는 DH 구속 조건을 만족시키기 위해서, x_2축은 z_1축에 수직으로 만나고, x_3축은 z_2축에 수직으로 만나도록 x축을 설정하였기 때문이다. 그림 3.8(a)는 $\theta_1=0°$, $\theta_2=90°$, $\theta_3=90°$, $\theta_4=0°$, $\theta_5=0°$, $\theta_6=0°$의 자세이다. 그림

3.8(b)는 모든 관절 각도가 0°인 자세, 즉 로봇의 제로 자세를 나타내는데, 이때 각 링크 좌표계의 x축은 모두 같은 방향을 향한다.

그리고 그림 3.8(a)에서 손목부의 세 관절 축 4, 5, 6이 손목점 W에서 교차한다. 이와 같이 말단의 세 축이 한 점에서 교차하면 역기구학의 해가 존재하게 되는데, 이에 대해서는 다음 절에서 자세히 다룬다.

표 3.6 PUMA 로봇의 DH 파라미터

Link i	a_i	α_i	d_i	θ_i
1	0	90	d_1	θ_1
2	a_2	0	0	θ_2
3	0	90	0	θ_3
4	0	−90	d_4	θ_4
5	0	90	0	θ_5
6	0	0	d_6	θ_6

표 3.6의 DH 파라미터를 식 (3.8)에 대입하여 각 링크 좌표계 사이의 동차 변환 행렬을 계산하면 다음과 같다.

$$
{}^0\boldsymbol{T}_1 = \begin{bmatrix} c_1 & 0 & s_1 & 0 \\ s_1 & 0 & -c_1 & 0 \\ 0 & 1 & 0 & d_1 \\ 0 & 0 & 0 & 1 \end{bmatrix}, \quad {}^1\boldsymbol{T}_2 = \begin{bmatrix} c_2 & -s_2 & 0 & a_2c_2 \\ s_2 & c_2 & 0 & a_2s_2 \\ 0 & 0 & 1 & 0 \\ 0 & 0 & 0 & 1 \end{bmatrix},
$$

$$
{}^2\boldsymbol{T}_3 = \begin{bmatrix} c_3 & 0 & s_3 & 0 \\ s_3 & 0 & -c_3 & 0 \\ 0 & 1 & 0 & 0 \\ 0 & 0 & 0 & 1 \end{bmatrix}, \quad {}^3\boldsymbol{T}_4 = \begin{bmatrix} c_4 & 0 & -s_4 & 0 \\ s_4 & 0 & c_4 & 0 \\ 0 & -1 & 0 & d_4 \\ 0 & 0 & 0 & 1 \end{bmatrix},
$$

$$
{}^4\boldsymbol{T}_5 = \begin{bmatrix} c_5 & 0 & s_5 & 0 \\ s_5 & 0 & -c_5 & 0 \\ 0 & 1 & 0 & 0 \\ 0 & 0 & 0 & 1 \end{bmatrix}, \quad {}^5\boldsymbol{T}_6 = \begin{bmatrix} c_6 & -s_6 & 0 & 0 \\ s_6 & c_6 & 0 & 0 \\ 0 & 0 & 1 & d_6 \\ 0 & 0 & 0 & 1 \end{bmatrix} \tag{3.28}
$$

여기서 $c_i = \cos\theta_i$, $s_i = \sin\theta_i$이다.

식 (3.28)의 동차 변환을 바탕으로 각 관절의 관절 각도와 말단 자세 간의 관계를 나타내는 기구학 방정식을 계산할 수 있다. 6자유도 PUMA 로봇은 3자유도 공간 팔과 3자유도 구형 손목이 결합된 형태인데, 구형 손목을 구성하는 말단 세 축의 회전은 손목점의 위치에는 영향을 주지 않는다. 따라서 몸체부인 공간 팔은 손목점의 위치를 결정하고, 손목부는 말단부의 방위를 결정하게 된다. 이와 같이 6자유도 로봇을 몸체부와 손목부로 분리하는 것을 **기구학적 분리**(kinematic decoupling)라고 한다.

우선 몸체부에 해당하는 동차 변환 행렬을 곱하면

$$
{}^0\boldsymbol{T}_2\,{}^1\boldsymbol{T}_2\,{}^2\boldsymbol{T}_3 = \begin{bmatrix} c_1c_2c_3 - c_1s_2s_3 & s_1 & c_1c_2s_3 + c_1s_2c_3 & a_2c_1s_2 \\ s_1c_2c_3 - s_1s_2s_3 & -c_1 & s_1c_2s_3 + s_1s_2c_3 & a_2s_1c_2 \\ s_2c_3 + c_2s_3 & 0 & s_2s_3 - c_2c_3 & a_2s_2 + d_1 \\ 0 & 0 & 0 & 1 \end{bmatrix}
$$

$$
= \begin{bmatrix} c_1c_{23} & s_1 & c_1s_{23} & a_2c_1s_2 \\ s_1c_{23} & -c_1 & s_1s_{23} & a_2s_1c_2 \\ s_{23} & 0 & -c_{23} & a_2s_2 + d_1 \\ 0 & 0 & 0 & 1 \end{bmatrix} \tag{3.29}
$$

와 같으며, 손목부에 해당하는 동차 변환 행렬을 곱하면 다음과 같다.

$$
{}^3\boldsymbol{T}_4\,{}^4\boldsymbol{T}_5\,{}^5\boldsymbol{T}_6 = \begin{bmatrix} c_4c_5c_6 - s_4s_6 & -c_4c_5s_6 - s_4c_6 & c_4s_5 & c_4s_5d_6 \\ s_4c_5c_6 + c_4s_6 & -s_4c_5s_6 + c_4c_6 & s_4s_5 & s_4s_5d_6 \\ -s_5c_6 & s_5s_6 & c_5 & d_4 + c_5d_6 \\ 0 & 0 & 0 & 1 \end{bmatrix} \tag{3.30}
$$

전체 기구학 방정식은 식 (3.29)와 (3.30)을 곱하여 구할 수 있다.

$$
{}^0\boldsymbol{T}_1{}^1\boldsymbol{T}_2{}^2\boldsymbol{T}_3{}^3\boldsymbol{T}_4{}^4\boldsymbol{T}_5{}^5\boldsymbol{T}_6 =
$$

$$
\begin{bmatrix} c_1c_{23} & s_1 & c_1s_{23} & a_2c_1s_2 \\ s_1c_{23} & -c_1 & s_1s_{23} & a_2s_1c_2 \\ s_{23} & 0 & -c_{23} & a_2s_2 + d_1 \\ 0 & 0 & 0 & 1 \end{bmatrix} \begin{bmatrix} c_4c_5c_6 - s_4s_6 & -c_4c_5s_6 - s_4c_6 & c_4s_5 & c_4s_5d_6 \\ s_4c_5c_6 + c_4s_6 & -s_4c_5s_6 + c_4c_6 & s_4s_5 & s_4s_5d_6 \\ -s_5c_6 & s_5s_6 & c_5 & d_4 + c_5d_6 \\ 0 & 0 & 0 & 1 \end{bmatrix} \tag{3.31}
$$

직교 공간에서 말단 자세는 다음과 같이 나타낼 수 있다.

$$
{}^{0}\boldsymbol{T}_{6}=\left[\begin{array}{ccc|c} r_{11} & r_{12} & r_{13} & p_x \\ r_{21} & r_{22} & r_{23} & p_y \\ r_{31} & r_{32} & r_{33} & p_z \\ \hline 0 & 0 & 0 & 1 \end{array}\right]=\left[\begin{array}{ccc|c} {}^{0}\hat{\boldsymbol{x}}_6 & {}^{0}\hat{\boldsymbol{y}}_6 & {}^{0}\hat{\boldsymbol{z}}_6 & {}^{0}\boldsymbol{p}_6 \\ \hline 0 & 0 & 0 & 1 \end{array}\right] \tag{3.32}
$$

식 (3.31)과 (3.32)로부터 다음과 같이 위치 기구학

$$
{}^{0}\boldsymbol{p}_6=\begin{bmatrix} p_x \\ p_y \\ p_z \end{bmatrix}=\begin{bmatrix} a_2\, c_1 s_2 + d_4 c_1 s_{23} + d_6[c_1(c_{23}c_4 s_5 + s_{23}c_5) + s_1 s_4 s_5] \\ a_2\, s_1 c_2 + d_4 s_1 s_{23} + d_6[s_1(c_{23}c_4 s_5 + s_{23}c_5) - c_1 s_4 s_5] \\ d_1 + a_2 s_2 - d_4 c_{23} + d_6(s_{23}c_4 c_5 - c_{23}c_5) \end{bmatrix} \tag{3.33}
$$

그리고 방위 기구학을 구할 수 있다.

$$
{}^{0}\hat{\boldsymbol{x}}_6=\begin{bmatrix} r_{11} \\ r_{21} \\ r_{31} \end{bmatrix}=\begin{bmatrix} c_1[c_{23}(c_4c_5c_6 - s_4s_6) - s_{23}s_5c_6] + s_1(s_4c_5c_6 + c_4s_6) \\ s_1[c_{23}(c_4c_5c_6 - s_4s_6) - s_{23}s_5c_6] - c_1(s_4c_5c_6 + c_4s_6) \\ s_{23}(c_4c_5c_6 - s_4s_6) + c_{23}s_5c_6 \end{bmatrix} \tag{3.34a}
$$

$$
{}^{0}\hat{\boldsymbol{y}}_6=\begin{bmatrix} r_{12} \\ r_{22} \\ r_{32} \end{bmatrix}=\begin{bmatrix} c_1[(-c_{23}(c_4c_5s_6 + s_4c_6) + s_{23}s_5s_6] + s_1(-s_4c_5s_6 + c_4c_6) \\ s_1[(-c_{23}(c_4c_5s_6 + s_4c_6) + s_{23}s_5s_6] - c_1(-s_4c_5s_6 + c_4c_6) \\ -s_{23}(c_4c_5s_6 + s_4c_6) - c_{23}s_5s_6 \end{bmatrix} \tag{3.34b}
$$

$$
{}^{0}\hat{\boldsymbol{z}}_6=\begin{bmatrix} r_{13} \\ r_{23} \\ r_{33} \end{bmatrix}=\begin{bmatrix} c_1(c_{23}c_4s_5 + s_{23}c_5) + s_1s_4s_5 \\ s_1(c_{23}c_4s_5 + s_{23}c_5) - c_1s_4s_5 \\ s_{23}c_4s_5 - c_{23}c_5 \end{bmatrix} \tag{3.34c}
$$

여기서 $c_i = \cos\,\theta_i$, $s_i = \sin\,\theta_i$, $c_{ij} = \cos\,(\theta_i + \theta_j)$, $s_{ij} = \sin\,(\theta_i + \theta_j)$이다.

앞서 PUMA 로봇의 몸체부는 3자유도 공간 팔과 동일하다고 하였는데, 공간 팔의 식 (3.18)의 ${}^{2}\boldsymbol{T}_3$와 PUMA 로봇의 ${}^{2}\boldsymbol{T}_3$는 다음에서 보듯이 서로 다르다.

$$
\text{Spatial arm: } {}^{2}\boldsymbol{T}_3=\begin{bmatrix} c_3 & -s_3 & 0 & a_3c_3 \\ s_3 & c_3 & 0 & a_3s_3 \\ 0 & 0 & 1 & 0 \\ 0 & 0 & 0 & 1 \end{bmatrix},\ \text{PUMA: } {}^{2}\boldsymbol{T}_3=\begin{bmatrix} c_3 & 0 & s_3 & 0 \\ s_3 & 0 & -c_3 & 0 \\ 0 & 1 & 0 & 0 \\ 0 & 0 & 0 & 1 \end{bmatrix} \tag{3.35}
$$

이는 그림 3.9에서 보듯이 공간 팔과 PUMA 로봇에서 링크 좌표계의 설정이 서로 다르기 때문이다. 3자유도 공간 팔에서는 z_3축이 z_2축에 평행이지만, PUMA 팔에서는 z_3축이 z_2축에 수직으로 설정된다. 그러므로 PUMA 팔의 θ_3는 공간 팔의 θ_3보다 90°가 크게 된다. 그리고 공간 팔에서는 $a_3 \neq 0$이지만, PUMA 팔에서는 링크 길이 $a_3 = 0$인 대신에 $d_4 \neq 0$에 의해서 대체됨을 알 수 있다.

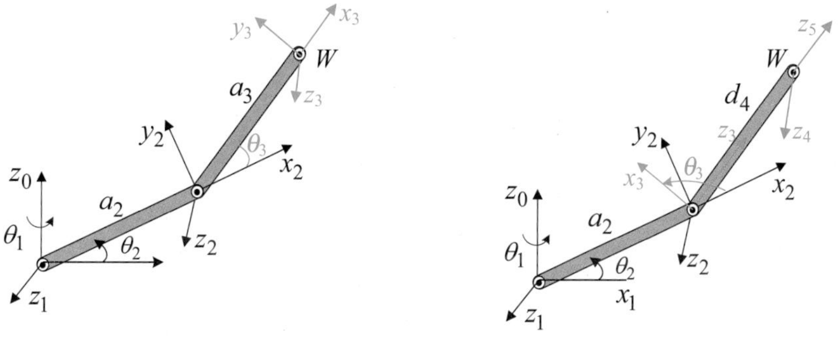

(a) Spatial arm (b) PUMA arm

그림 3.9 **3자유도 공간 팔과 PUMA 팔의 비교**

3.3 역기구학

역기구학은 원하는 말단 자세(위치/방위)에 해당하는 각 관절의 관절 변수(회전 관절에서는 관절 각도, 직선 관절에서는 관절 거리)를 구하는 과정이다. 주어진 관절 변수에 대해서 유일한 말단 자세가 결정되는 정기구학과는 달리, 역기구학에서는 해가 존재하지 않을 수도 있으며, 해가 존재하더라도 유일한 해가 아니라 무한개의 해가 존재할 수도 있다. 그리고 기구학은 삼각함수와 같은 비선형 함수로 구성되어 있으므로, 해를 구하기도 매우 어렵다.

다음과 같은 기구학 방정식을 고려하자.

$$
{}^{0}\boldsymbol{T}_n = \underbrace{\left[\begin{array}{ccc|c} r_{11} & r_{12} & r_{13} & p_x \\ r_{21} & r_{22} & r_{23} & p_y \\ r_{31} & r_{32} & r_{33} & p_z \\ \hline 0 & 0 & 0 & 1 \end{array}\right]}_{6\ \text{equations}} = \left[\begin{array}{c|c} \boldsymbol{R} & \boldsymbol{p} \\ \hline 0 & 1 \end{array}\right] = \underbrace{{}^{0}\boldsymbol{T}_1(q_1) \cdot {}^{1}\boldsymbol{T}_2(q_2) \cdots {}^{n-1}\boldsymbol{T}_n(q_n)}_{n\ \text{variables}} \tag{3.36}
$$

여기서 n은 로봇의 자유도로 관절 변수의 개수에 해당한다. 즉, 6자유도 로봇에서는 $n=6$, 7자유도 로봇에서는 $n=7$이 된다. 식 (3.36)의 좌변의 동차 변환 행렬은 12개의 직교 변수 $r_{11},\ldots, r_{33}, p_x, p_y, p_z$를 포함하지만, 회전 행렬의 성분 9개 중에서 3개 성분만 독립적이므로 총 6개의 독립적인 방정식을 제공하게 된다. 이들 직교 변수는 로봇이 수행하는 작업에 의해서 결정된다. 로봇의 역기구학 문제는 6개의 방정식으로부터 n개의 관절 변수 $q_1, \ldots, q_n$을 구하는 문제이다. 이러한 경우에 역기구학 해의 존재성(existence)과 유일성(uniqueness)을 살펴보아야 한다.

우선 원하는 말단 자세가 작업 공간 내에 있다면 적어도 하나의 역기구학 해가 존재한다. 해의 유일성을 고찰하기 위해서 다음의 3가지 경우를 고려한다.

- $n=6$: 방정식과 변수의 수가 같으므로, 유일한 역기구학 해가 존재한다. 말단부는 작업 공간에서 임의의 자세를 취할 수 있다.
- $n>6$: 방정식의 수보다 변수의 수가 크므로, 무한개의 역기구학 해가 존재할 수 있다. 이 경우 로봇은 **여자유도**를 갖는다고(kinematically redundant) 한다. 말단부는 작업 공간에서 임의의 자세를 취할 수 있다. 인간의 팔도 자유도가 7이므로 여자유도를 갖는다.
- $n<6$: 방정식의 수가 변수의 수보다 크므로, 해가 존재하지 않을 수 있다. 말단부는 작업 공간에서 어떤 자세는 취할 수 없게 된다.

경우 1에서 유일한 해(unique solution)가 반드시 단일의 해(single solution)를 의미하는 것은 아니며, 유한한 개수의 다중 해(multiple solutions)를 갖는 경우도 유일한 해에 포함된다. 만약 다중 해가 존재한다면, 이 중에서 장애물을 회피하면서 각 관절의 움직임을 최소화할 수 있는 하나의 해를 선택하는 것이 바람직하다.

3.3.1 정확도와 정밀도

로봇 작업에서 많은 경우는 역기구학 해 없이도 수행할 수 있다. 대표적인 경우가 **교시-재현**(teach-and-playback) 방식으로 작업을 수행하는 경우이다. 즉, **티치 펜던트**(teach pendant)의 조그(jog) 기능이나 작업자가 로봇의 말단부를 붙잡고 직접 움직이는 직접 교시(direct teaching) 기능을 이용하여, 로봇의 말단부를 여러 교시점으로 움직이는 경우에는 역기구학 해를 구하지 않고도 해당 교시점으로 이동하는 것이 가능

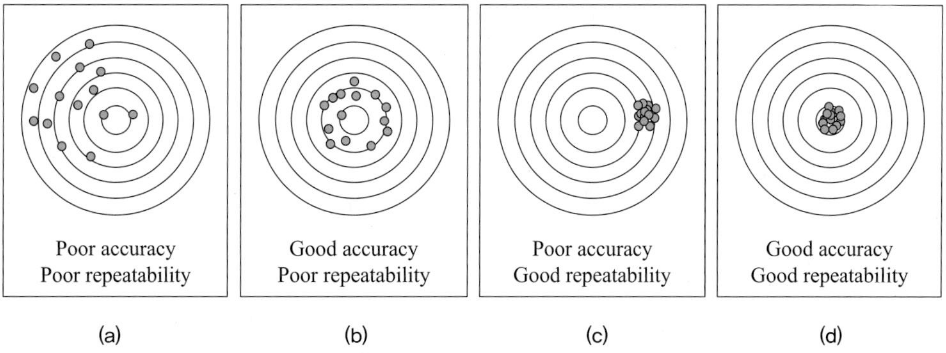

그림 3.10 **정확도와 정밀도의 개념**

하다. 그러나 직교 공간상에서 말단 자세가 주어지는 경우에는 역기구학 해를 구해야만 로봇이 원하는 자세로 이동하는 것이 가능하다.

이와 같이 로봇의 말단 자세를 취하는 방법에는 역기구학 해를 구하는 방법과 교시-재현에 기반하는 방법 등 2가지가 있다. 역기구학 해법은 로봇의 **정확도**(accuracy)가 중요하고, 교시-재현 해법에서는 **반복 정밀도**(repeatability or precision)가 중요하다. 그림 3.10에 비교하여 나타낸 정확도와 정밀도의 개념에 대해서 살펴보자. 그림에서 점들의 평균은 정확도와, 분포는 정밀도와 관련된다. 그림 (b)와 같이 점이 넓게 분포하더라도 평균이 중앙에 가까우면 정확도가 우수하게 되지만, (c)와 같이 좁게 분포하더라도 평균이 중앙에서 멀어지면 정확도는 낮아진다. 정밀도는 평균과 관계없이 분포가 좁으면 우수하고, 넓으면 좋지 않다.

정확도는 희망 말단 자세와 실제 말단 자세 간의 오차를 의미한다. 이러한 오차는 다음과 같은 몇 가지 이유로 발생한다. 첫째, 실제 로봇과 기구학 모델 간의 불일치이다. 로봇의 말단 자세는 직접 측정할 수 있는 센서가 없으므로, 팔의 기구학 모델과 측정된 관절 변수로부터 말단 자세를 추정하게 된다. 그러므로 기구학 모델이 정확하지 않으면 실제 말단 자세는 로봇이 추정한 말단 자세와 차이가 나게 되므로, 로봇 제어기가 희망 말단 자세에 도달하였다고 판단하더라도 실제 말단 자세와는 오차가 발생하게 된다. 관절 변수의 측정오차도 영향을 미치는데, 예를 들어 1 m 길이의 링크에서 0.06°(또는 1°)의 측정오차는 말단에서 1 mm(또는 17.5 mm)의 오차를 유발하게 된다. 둘째, 중력과 가반 하중에 의한 링크의 변형이다. 로봇은 링크의 변형을 측정할 수 있는 센서를 갖고 있지 않으므로, 이러한 변형은 어떠한 제어 방법에 의해서도 보상할 수 없다. 그러나 실제 산업용 로봇의 경우 링크 변형을 방지하기 위해서 매우 큰 강성을 가지도록 설계되므로, 링크 변형에 의한 오차는 크지 않다. 만약 유연한 로봇 팔을 사용하여 링크의 변형이 불가피하다면, 비전 시스템 등을 사용하여 말단 자세를 측정하여 제어에 반영하여야 한다. 셋째, 가공 공차나 감속기의 백래시 등에 의해서도 오차가 발생할 수 있다. 이러한 정확도는 로봇의 작업 공간 내에서도 자세에 따라 변하는데, 레이저 트래커(laser tracker)라는 장비를 사용한 **교정**(calibration) 작업에 의해서 향상할 수 있다.

반복 정밀도는 로봇이 전에 교시된 자세로 복귀할 때 발생하는 오차를 의미한다. 로봇이 앞서 언급한 티치 펜던트나 직접 교시에 의해서 어떤 말단 자세를 교시받게 되면, 이 자세에 해당하는 관절 변수의 값을 저장한다. 다시 이 자세를 방문하도록 명령을 받으면 저장하였던 관절 변수의 값에 도달하도록 개별 관절 모터를 제어하며, 각 관절의 위치 제어가 정확하다면 그 결과인 말단 자세도 정확하게 된다. 그러므로 반복 정밀도는 서보 제어 성능과 관련된다.

대부분의 로봇은 매우 우수한 반복 정밀도를 가지지만, 비교적 낮은 정확도를 갖는다. 정확도는 교정에 의해서 향상되어 동일 종류의 로봇이라도 서로 다른 값을 가지므로, 로봇의 사양서에는 정확도는 표기하지 않고, 반복 정밀도만을 표기한다. 반복 정밀도는, 정밀한 산업용 로봇의 경우에는 0.02 mm, 협동 로봇의 경우에는 0.1 mm 정도이다.

3.3.2 역기구학 해법

과거의 로봇 제어 방식에서는 작업을 위한 말단 자세에 해당하는 관절 변수를 구하여, 이를 관절 공간에서의 목표점으로 설정하여 위치 제어를 수행하였다. 그러나 제어기의 연산 능력의 향상으로 인하여, 자코비안에 기반한 속도 제어 방식을 채택하면 역기구학 해가 없어도 로봇의 위치 제어가 가능해졌다. 또한 모델 기반의 토크 제어 방식을 채택하면, 말단 자세를 달성하기 위한 각 관절 모터의 토크가 직접 산출되므로 굳이 역기구학 문제를 풀 필요가 없어진다. 이와 같은 제어 방식에 대해서는 본 교재 후반부의 로봇 제어에서 자세히 다루기로 한다. 결론적으로, 역기구학 해가 없더라도 수치 해석적으로 로봇의 여러 작업을 수행할 수는 있지만, 역기구학 해를 사용하면 보다 단순한 계산을 통해서도 로봇 제어가 가능해지고, 성능도 좋아진다. 따라서 로봇의 설계 시에는 가급적이면 역기구학 해가 존재할 수 있도록 설계하는 것이 바람직하다.

역기구학 해는 닫힌 해(closed-form solution)와 수치 해(numerical solution)로 나눌 수 있다. **닫힌 해**는 해석적인 해를 의미하며, **수치 해**는 자코비안 기반의 해 또는 뉴턴-랩슨(Newton-Raphson) 방법과 같이 수치적으로 구한 해를 의미한다. 닫힌 해의 연산 시간이 반복적인 연산을 요구하는 수치 해보다 짧으므로 선호된다. 또한 닫힌 해의 경우에는 다중 해 중에서 특정한 해를 선택하는 규칙을 만들 수 있지만, 수치 해 방식으로는 다중 해 중에서 하나의 해만 구할 수 있을 뿐이다.

대부분의 산업용 로봇은 닫힌 해가 존재하도록 설계된다. 모두 회전 관절로 구성된 6자유도 로봇 팔이 닫힌 해를 가질 충분조건은 다음과 같다. 첫째, 3개의 연속되는 회전 관절이 한 점(보통 손목점)에 교차할 때 닫힌 해를 갖는다. 그림 3.11의 (a)와 (b)는 관절 4, 5, 6축이 손목점에서 교차하므로 이 경우에 해당한다. 둘째, 3개의 연속되는 회전 관절이 평행할 때 닫힌 해를 갖는다. 그림 3.11의 (c)는 관절 2, 3, 4축이 평행하므로 이 경우에 해당한다. 위의 두 경우를 제외하고도 닫힌 해를 갖는 기구학 구

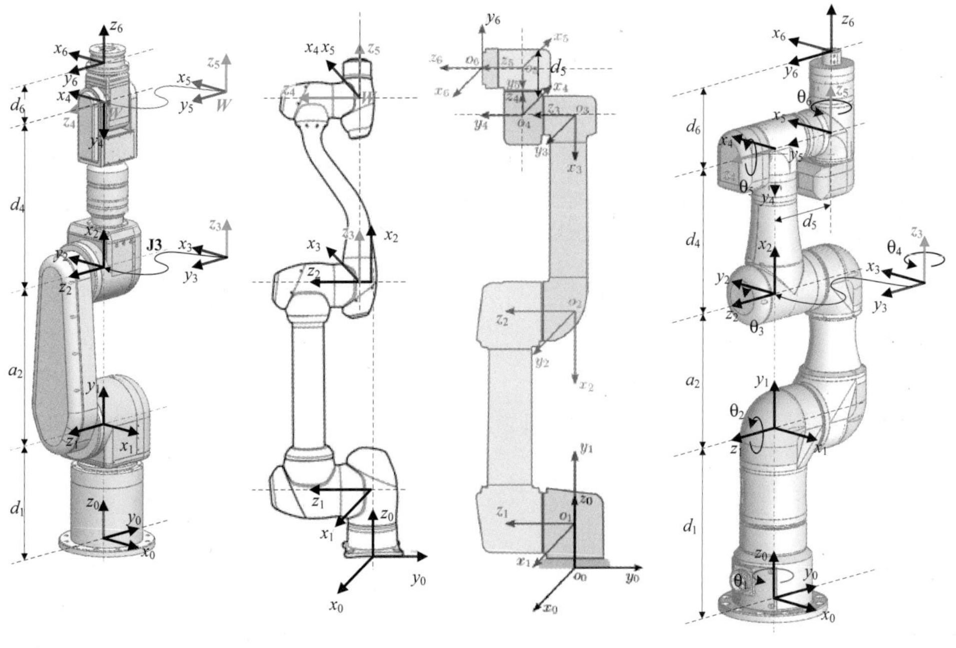

(a) (b) (c) (d)

그림 3.11 **다양한 로봇의 역기구학 해**

조가 존재한다. 그러나 그림 (d)의 경우는 위의 두 경우에 해당하지 않으며, 닫힌 해도 존재하지 않는다.

다음에는, 앞서 정기구학을 살펴보았던 다양한 로봇의 역기구학 문제를 다룬다. 우선 개념의 이해를 위해서 3.2.1절에서 예로 들었던 2자유도 평면 팔의 역기구학 문제부터 시작하여 보자.

3.3.3 2자유도 평면 팔의 역기구학

그림 3.12의 2자유도 평면 팔의 역기구학 문제를 생각해 보자.

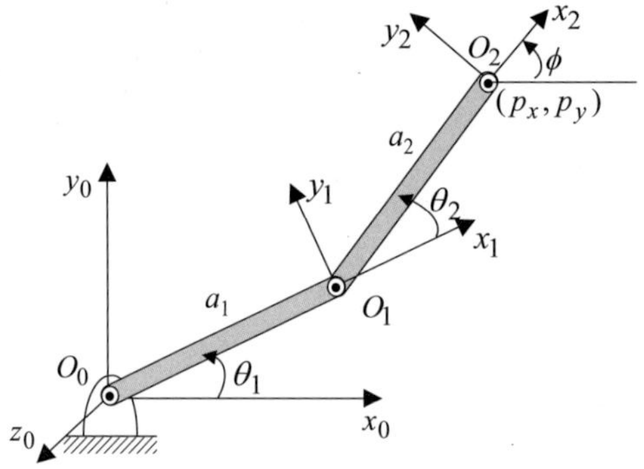

그림 3.12 **2자유도 평면 팔**

이 로봇에 대한 정기구학 해는 다음과 같다.

$$\begin{cases} p_x = a_1 \cos\theta_1 + a_2 \cos(\theta_1 + \theta_2) = a_1 c_1 + a_2 c_{12} \\ p_y = a_1 \sin\theta_1 + a_2 \sin(\theta_1 + \theta_2) = a_1 s_1 + a_2 s_{12} \end{cases} \tag{3.37}$$

우선 식 (3.37)의 양변을 제곱하여 더하면, 다음과 같이 관절 각도 θ_2를 구할 수 있다.

$$p_x^2 + p_y^2 = a_1^2 + a_2^2 + 2a_1a_2(c_1 c_{12} + s_1 s_{12}) = a_1^2 + a_2^2 + 2a_1 a_2 c_2 \tag{3.38}$$

$$c_2 = \cos\theta_2 = \frac{p_x^2 + p_y^2 - a_1^2 - a_2^2}{2a_1 a_2} \tag{3.39}$$

로봇 기구학에서 모든 각도는 반드시 atan2 함수를 사용하여야 하므로, 다음과 같이

$$s_2 = \sin\theta_2 = \pm\sqrt{1-c_2^2} \tag{3.40a}$$

또는

$$s_2^+ = +\sqrt{1-c_2^2} \ \text{ and } \ s_2^- = -\sqrt{1-c_2^2} \tag{3.40b}$$

를 구한 후에,

$$\theta_2 = \text{atan2}(\sin\theta_2, \cos\theta_2) \tag{3.41a}$$

또는

$$\theta_{2a} = \text{atan2}(s_2^+, c_2) \ \text{ and } \ \theta_{2b} = \text{atan2}(s_2^-, c_2) \tag{3.41b}$$

에 대입하면 θ_2를 구할 수 있다.

이번에는 θ_1을 구하여 보자. 이미 구한 θ_2로부터 s_2와 c_2는 상수이므로, 식 (3.37)에서 s_1과 c_1을 변수로

$$\begin{cases} p_x = a_1 c_1 + a_2 c_{12} = a_1 c_1 + a_2(c_1c_2 - s_1 s_2) = (a_1 + a_2c_2)c_1 - (a_2 s_2)s_1 \\ p_y = a_1 s_1 + a_2 s_{12} = a_1 c_1 + a_2(c_1s_2 + s_1 c_2) = (a_1 + a_2c_2)s_1 + (a_2 s_2)c_1 \end{cases} \tag{3.42}$$

와 같이 정리한 후에 해를 구하면 다음과 같다.

$$c_1 = \frac{(a_1 + a_2c_2)p_x + a_2s_2 p_y}{(a_1 + a_2c_2)^2 + (a_2s_2)^2} \ \ \& \ \ s_1 = \frac{-a_2s_2 p_x + (a_1 + a_2c_2)p_y}{(a_1 + a_2c_2)^2 + (a_2s_2)^2} \tag{3.43}$$

그러므로 θ_1은 다음과 같이 구할 수 있다.

$$\theta_1 = \text{atan2}(s_1, c_1) = \text{atan2}(-a_2s_2 p_x + (a_1 + a_2c_2)p_y, \ (a_1 + a_2c_2)p_x + a_2s_2 p_y) \tag{3.44}$$

또는

$$\theta_{1a} = \text{atan2}(-a_2s_2^+ p_x + (a_1 + a_2c_2)p_y, \ (a_1 + a_2c_2)p_x + a_2s_2^+ p_y) \tag{3.45a}$$
$$\theta_{1b} = \text{atan2}(-a_2s_2^- p_x + (a_1 + a_2c_2)p_y, \ (a_1 + a_2c_2)p_x + a_2s_2^- p_y) \tag{3.45b}$$

식 (3.40)에서 2개의 sin 함수가 존재하므로, 식 (3.41)에서 θ_2도 **그림 3.13**에서 보듯이 2개의 해가 존재하며, 이에 따라서 θ_1도 2개의 해가 존재한다. 즉, 동일한 말단 위치 (p_x, p_y)에 대해서 두 조의 해 $(\theta_{1a}, \theta_{2a})$와 $(\theta_{1b}, \theta_{2b})$가 존재하는데, 로봇 형상에 따라서 하향 팔꿈치(elbow down)와 상향 팔꿈치(elbow up)라고 불린다.

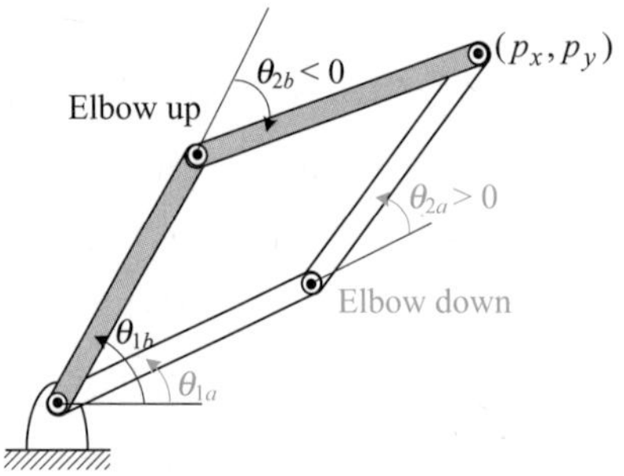

그림 3.13 **2자유도 평면 팔의 2가지 역기구학 해**

3.3.4 SCARA 로봇의 역기구학

그림 3.4의 SCARA 로봇의 역기구학 문제를 생각해 보자. 식 (3.16)과 (3.17)은 SCARA 로봇의 정기구학 해를 나타낸다. SCARA 로봇을 위에서 바라보면, 바로 2자유도 평면 팔과 동일하므로 θ_1과 θ_2는 앞 절의 식 (3.41) 및 (3.44)와 동일하다. 그러므로 식 (3.17)에서 관절 각도 θ_4는 다음과 같이 구할 수 있다.

$$\theta_4 = \theta_1 + \theta_2 - \phi \tag{3.46}$$

그리고 식 (3.16)으로부터 관절 거리 d_3는 다음과 같이 구할 수 있다.

$$d_3 = p_z + d_4 \tag{3.47}$$

이와 같이 SCARA 로봇의 역기구학 해는 매우 쉽게 구할 수 있다.

3.3.5 3자유도 공간 팔의 역기구학

그림 3.5의 3자유도 공간 팔의 역기구학 문제를 생각해 보자. 이 로봇의 정기구학 해를 나타내는 식 (3.21)을 편의상 다시 나타내었다.

$$p_{Wx} = c_1(a_2c_2 + a_3c_{23}) \tag{3.48}$$

$$p_{Wy} = s_1(a_2c_2 + a_3c_{23}) \tag{3.49}$$

$$p_{Wz} = a_2s_2 + a_3s_{23} + d_1 \tag{3.50}$$

먼저 θ_1을 구하기 위해서, 식 (3.48)과 (3.49)를 제곱하여 더하면

$$p_{Wx}^2 + p_{Wy}^2 = (a_2c_2 + a_3c_{23})^2 \text{ or } a_2c_2 + a_3c_{23} = \pm\sqrt{p_{Wx}^2 + p_{Wy}^2} \tag{3.51}$$

와 같다. 위 식을 식 (3.48)과 (3.49)에 대입하면

$$p_{Wx} = \pm c_1\sqrt{p_{Wx}^2 + p_{Wy}^2}, \quad p_{Wy} = \pm s_1\sqrt{p_{Wx}^2 + p_{Wy}^2} \tag{3.52}$$

와 같이 2개의 해를 가지게 되며, 이로부터 $\cos\theta_1$과 $\sin\theta_1$을 구할 수 있다.

$$c_1 = \frac{\pm p_{Wx}}{\sqrt{p_{Wx}^2 + p_{Wy}^2}}, \quad s_1 = \frac{\pm p_{Wy}}{\sqrt{p_{Wx}^2 + p_{Wy}^2}} \tag{3.53}$$

그러므로 θ_1은 다음과 같이 2개의 해를 가진다.

$$\theta_{1a} = \text{atan2}(p_{Wy}, p_{Wx}) \tag{3.54a}$$

$$\theta_{1b} = \text{atan2}(-p_{Wy}, -p_{Wx}) = \begin{cases} \text{atan2}(p_{Wy}, p_{Wx}) - \pi & p_{Wy} \geq 0 \\ \text{atan2}(p_{Wy}, p_{Wx}) + \pi & p_{Wy} < 0 \end{cases} \tag{3.54b}$$

공간 팔을 z_0축에서 내려다본 그림 3.14에서 보듯이, θ_{1a}가 해이면 이 각도와 180° 차이가 나는 θ_{1b}도 해가 됨을 알 수 있다. 이 경우 W와 W'이 동일한 직선상에 있는데, θ_2를 조절하여 팔을 회전시키면 W'이 W와 일치하게 된다.

이번에는 θ_3를 구해 보자. 식 (3.48), (3.49), (3.50)을 제곱하여 더하면

$$p_{Wx}^2 + p_{Wy}^2 + (p_{Wz} - d_1)^2 = a_2^2 + a_3^2 + 2a_2a_3c_3$$

이므로, $\cos\theta_3$는 다음과 같다.

$$c_3 = \cos\theta_3 = \frac{[p_{Wx}^2 + p_{Wy}^2 + (p_{Wz} - d_1)^2] - (a_2^2 + a_3^2)}{2a_2a_3} \tag{3.55}$$

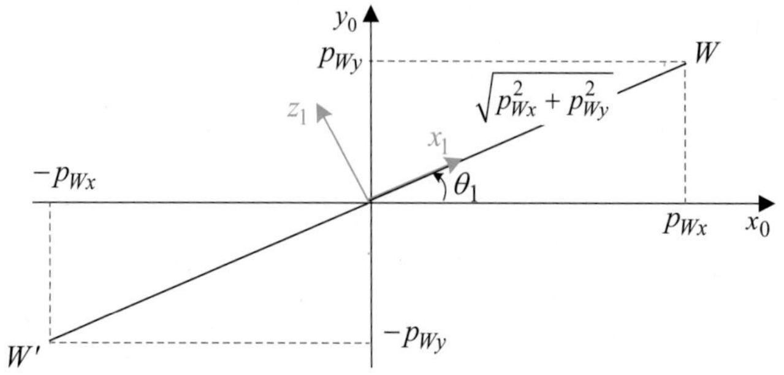

그림 3.14 **손목점의 위치**

위 식의 해는 우변이 [−1, +1]의 범위에 있을 때만 존재하는데, 이는 목표 자세가 도달 가능한 작업 공간 내에 있다면 만족된다. 식 (3.55)로부터 $\sin\theta_3$는

$$s_3 = \pm\sqrt{1-c_3^2} \tag{3.56}$$

또는

$$s_3^+ = +\sqrt{1-c_3^2}\,,\ s_3^- = -\sqrt{1-c_3^2} \tag{3.57}$$

와 같이 구할 수 있으므로, θ_3는 다음과 같다.

$$\theta_3 = \text{atan2}(s_3, c_3) \tag{3.58}$$

또는

$$\theta_{3a} = \text{atan2}(s_3^+, c_3),\ \theta_{3b} = \text{atan2}(s_3^-, c_3) \tag{3.59}$$

마지막으로, θ_2를 구해 보자. 식 (3.51)로부터

$$a_2c_2 + a_3c_{23} = a_2c_2 + a_3(c_2c_3 - s_2s_3) = (a_2 + a_3c_3)c_2 - (a_3s_3)s_2 = \pm\sqrt{p_{Wx}^2 + p_{Wy}^2} \tag{3.60}$$

을 얻을 수 있으며, 식 (3.50)으로부터

$$a_2s_2 + a_3s_{23} = a_2s_2 + a_3(s_2c_3 + c_2s_3) = (a_3s_3)c_2 + (a_2 + a_3c_3)s_2 = p_{Wz} - d_1 \tag{3.61}$$

을 얻을 수 있다. 식 (3.60)과 (3.61)로부터

$$c_2 = \frac{\pm\sqrt{p_{Wx}^2 + p_{Wy}^2}(a_2 + a_3c_3) + (p_{Wz} - d_1)a_3s_3}{(a_2 + a_3c_3)^2 + (a_3s_3)^2} \quad \&$$

$$s_2 = \frac{\mp\sqrt{p_{Wx}^2 + p_{Wy}^2}\, a_3s_3 + (p_{Wz} - d_1)(a_2 + a_3c_3)}{(a_2 + a_3c_3)^2 + (a_3s_3)^2} \tag{3.62}$$

을 얻을 수 있으므로, θ_2는 다음과 같다.

$$\theta_2 = \text{atan2}(s_2, c_2) \tag{3.63}$$

이때 θ_2는 다음과 같이 4개의 해를 가질 수 있다. 먼저 $s_3^+ = +\sqrt{1-c_3^2}$에 대해서

$$\begin{aligned}\theta_{2a} = \text{atan2}\Big(&-\sqrt{p_{Wx}^2 + p_{Wy}^2}\, a_3s_3^+ + (p_{Wz} - d_1)(a_2 + a_3c_3), \\ &+\sqrt{p_{Wx}^2 + p_{Wy}^2}(a_2 + a_3c_3) + (p_{Wz} - d_1)a_3s_3^+\Big)\end{aligned} \tag{3.64a}$$

$$\begin{aligned}\theta_{2b} = \text{atan2}\Big(&+\sqrt{p_{Wx}^2 + p_{Wy}^2}\, a_3s_3^+ + (p_{Wz} - d_1)(a_2 + a_3c_3), \\ &-\sqrt{p_{Wx}^2 + p_{Wy}^2}(a_2 + a_3c_3) + (p_{Wz} - d_1)a_3s_3^+\Big)\end{aligned} \tag{3.64b}$$

와 같이 2개의 해를 얻을 수 있고, $s_3^- = -\sqrt{1-c_3^2}$에 대해서

$$\begin{aligned}\theta_{2c} = \text{atan2}\Big(&-\sqrt{p_{Wx}^2 + p_{Wy}^2}\, a_3s_3^- + (p_{Wz} - d_1)(a_2 + a_3c_3), \\ &+\sqrt{p_{Wx}^2 + p_{Wy}^2}(a_2 + a_3c_3) + (p_{Wz} - d_1)a_3s_3^-\Big)\end{aligned} \tag{3.65a}$$

$$\begin{aligned}\theta_{2d} = \text{atan2}\Big(&+\sqrt{p_{Wx}^2 + p_{Wy}^2}\, a_3s_3^- + (p_{Wz} - 1)(a_2 + a_3c_3), \\ &-\sqrt{p_{Wx}^2 + p_{Wy}^2}(a_2 + a_3c_3) + (p_{Wz} - 1)a_3s_3^-\Big)\end{aligned} \tag{3.65b}$$

와 같이 2개의 해를 얻을 수 있다.

위의 역기구학 해를 종합하면, 주어진 손목점 W에 대해서 (θ_{1a}, θ_{2a}, θ_{3a}), (θ_{1a}, θ_{2c}, θ_{3b}), (θ_{1b}, θ_{2b}, θ_{3a}), (θ_{1b}, θ_{2d}, θ_{3b})와 같이 4개의 해가 존재한다. 그림 3.15는 이러한

4개의 해에 해당하는 로봇의 자세를 보여 주는데, 손목점 W는 모두 동일한 점에 위치한다. 이때 1번 해가 하향 팔꿈치 자세이며, 또 다른 하향 팔꿈치 자세는 4번 해가 아니라 3번 해가 된다. 이는 상향/하향 팔꿈치는 θ_3에 의해서 결정되는데, 1번 해와 3번 해가 동일한 θ_{3a}를 가지기 때문이다. 물론 4번 해를 하향 팔꿈치 자세라고 하면, 2번 해가 또 다른 하향 팔꿈치 자세가 된다.

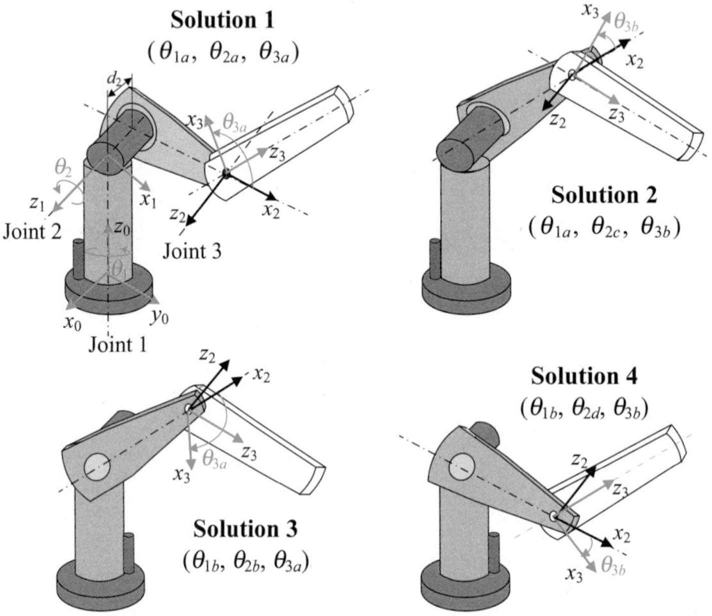

그림 3.15 **3자유도 공간 팔의 4개의 역기구학 해**

3.3.6 PUMA 로봇의 역기구학

6자유도 PUMA 로봇(R-P-P-R-P-R)의 경우에는 손목부 3개의 회전축이 한 점인 손목점에서 교차하므로, 역기구학 해를 닫힌 해의 형태로 구할 수 있다. 손목점의 위치를 결정하는 몸체부 3개 관절(관절 1, 2, 3)과 말단부의 방위를 결정하는 손목부 3개의 관절(관절 4, 5, 6)을 기구학적으로 분리하는(kinematic decoupling) 방식으로 역기구학 해를 구한다.

앞의 정기구학에서 보았듯이, 로봇 전체의 기구학 방정식은

$$
{}^0\boldsymbol{T}_6 = \left[\begin{array}{c|c} {}^0\boldsymbol{R}_6 & {}^0\boldsymbol{p}_6 \\ \hline 0 & 1 \end{array}\right] = \left[\begin{array}{ccc|c} {}^0\hat{\boldsymbol{x}}_6 & {}^0\hat{\boldsymbol{y}}_6 & {}^0\hat{\boldsymbol{z}}_6 & {}^0\boldsymbol{p}_6 \\ \hline 0 & 0 & 0 & 1 \end{array}\right] = \left[\begin{array}{ccc|c} {}^0x_{6x} & {}^0x_{6y} & {}^0x_{6z} & {}^0p_{6x} \\ {}^0y_{6x} & {}^0y_{6y} & {}^0y_{6z} & {}^0p_{6y} \\ {}^0z_{6x} & {}^0z_{6y} & {}^0z_{6z} & {}^0p_{6z} \\ \hline 0 & 0 & 0 & 1 \end{array}\right] \tag{3.66}
$$

와 같으므로, 다음과 같이 위치 및 방위에 대한 2개의 역기구학 문제를 생각할 수 있다.

$$
{}^0\boldsymbol{p}_6(q_1,\cdots,q_6) = \boldsymbol{p}_d \tag{3.67}
$$

$$
{}^0\boldsymbol{R}_6(q_1,\cdots,q_6) = \boldsymbol{R}_d \tag{3.68}
$$

여기서 $\boldsymbol{p}_d$와 $\boldsymbol{R}_d$는 말단부의 희망 위치 및 방위이다.

그림 3.16과 같이 관절 4, 5, 6의 회전축이 만나는 점 $W(p_{Wx}, p_{Wy}, p_{Wz})$를 손목점이라고 하며, 관절 4, 5, 6은 손목점에 대해서 회전을 하므로, 이들 회전은 손목점의 위치를 변화시키지는 않는다. 따라서 손목점의 위치는 몸체부의 3개의 관절 각도만의 함수가 된다. 그림 3.17에서와 같이 손목점 W는 말단점 $P(p_x, p_y, p_z)$에서 z_6축의 음의 방향으로 d_6만큼 이동시키면 구할 수 있으므로, 기저 좌표계 $\{0\}$을 기준으로 한 손목점 W의 위치 ${}^0\boldsymbol{p}_W$는 다음과 같이 구할 수 있다.

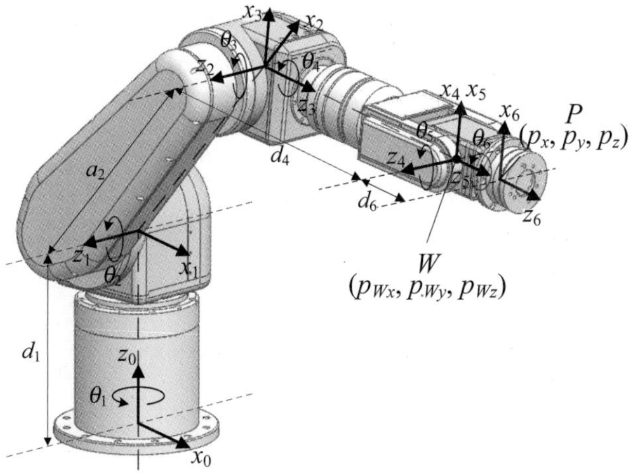

그림 3.16 PUMA 로봇

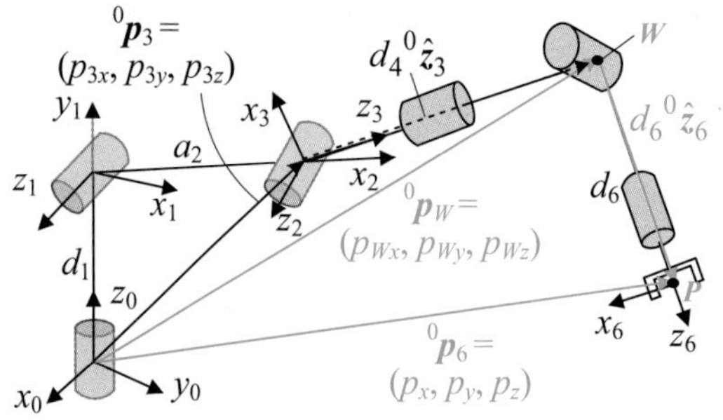

그림 3.17 **PUMA 로봇의 손목점과 말단점**

$$^0\boldsymbol{p}_W(\theta_1,\theta_2,\theta_3) = \{p_{Wx}\ \ p_{Wy}\ \ p_{Wz}\}^T = {}^0\boldsymbol{p}_6 - d_6\,{}^0\hat{\boldsymbol{z}}_6 \tag{3.69}$$

여기서 주어진 말단 자세로부터 말단부 위치 $^0\boldsymbol{p}_6$와 $^0\hat{\boldsymbol{z}}_6$를 구할 수 있으므로, 손목점의 좌표(p_{Wx}, p_{Wy}, p_{Wz})를 구할 수 있다. 정기구학에서 구한 식 (3.33)과 (3.34c)로부터 손목점의 위치를 다음과 같이 구할 수 있다.

$$p_{Wx} = c_1(a_2c_2 + d_4s_{23}) \tag{3.70}$$

$$p_{Wy} = s_1(a_2c_2 + d_4s_{23}) \tag{3.71}$$

$$p_{Wz} = a_2s_2 - d_4c_{23} + d_1 \tag{3.72}$$

PUMA 로봇의 손목점과 3자유도 공간 팔의 손목점은 동일한 점이지만, PUMA 로봇의 식 (3.70)~(3.72)는 3자유도 공간 팔의 식 (3.48)~(3.50)과는 다르다. 이는 링크 좌표계 {3}의 설정, 특히 원점의 설정이 서로 다르기 때문이다. 즉, **그림 3.9**에서 보듯이 3자유도 공간 팔의 경우 좌표계 {3}의 원점이 손목점과 일치하므로

$$^0\boldsymbol{p}_W(\theta_1,\theta_2,\theta_3) = {}^0\boldsymbol{p}_3(\theta_1,\theta_2,\theta_3) \tag{3.73}$$

의 관계가 성립되지만, PUMA 로봇의 경우 좌표계 {3}의 원점과 손목점이 d_4만큼 이격되어 있으므로

$$^0\boldsymbol{p}_W(\theta_1,\theta_2,\theta_3) = {}^0\boldsymbol{p}_3(\theta_1,\theta_2,\theta_3) + d_4\,{}^0\hat{\boldsymbol{z}}_3 = {}^0\boldsymbol{p}_6 - d_6\,{}^0\hat{\boldsymbol{z}}_6 \tag{3.74}$$

의 관계가 성립된다. 다음에 몸체부의 (θ_1, θ_2, θ_3)를 구하여야 하는데, 이는 3.3.5절의 3자유도 공간 팔의 역기구학 해법과 방법은 거의 동일하지만, θ_3의 설정이 서로 달라

서 결과 식은 다르다. 혼란을 피하기 위해서 여기서도 역기구학 해를 상세히 구하기로 한다.

먼저 θ_1을 구하기 위해서, 식 (3.70)과 (3.71)을 제곱하여 더하면 다음과 같다.

$$p_{Wx}^2 + p_{Wy}^2 = (a_2c_2 + d_4s_{23})^2 \text{ or } a_2c_2 + d_4s_{23} = \pm\sqrt{p_{Wx}^2 + p_{Wy}^2} \tag{3.75}$$

위 식을 식 (3.70)과 (3.71)에 대입하면

$$p_{Wx} = \pm c_1\sqrt{p_{Wx}^2 + p_{Wy}^2}\ ,\ p_{Wy} = \pm s_1\sqrt{p_{Wx}^2 + p_{Wy}^2} \tag{3.76}$$

와 같이 2개의 해를 가지게 되며, 이로부터 $\cos\theta_1$과 $\sin\theta_1$을 구할 수 있다.

$$c_1 = \frac{\pm p_{Wx}}{\sqrt{p_{Wx}^2 + p_{Wy}^2}},\ s_1 = \frac{\pm p_{Wy}}{\sqrt{p_{Wx}^2 + p_{Wy}^2}} \tag{3.77}$$

그러므로 θ_1은 다음과 같은 2개의 해를 가진다.

$$\theta_{1a} = \text{atan2}(p_{Wy}, p_{Wx}) \tag{3.78a}$$

$$\theta_{1b} = \text{atan2}(-p_{Wy}, -p_{Wx}) = \begin{cases} \text{atan2}(p_{Wy}, p_{Wx}) - \pi & p_{Wy} \geq 0 \\ \text{atan2}(p_{Wy}, p_{Wx}) + \pi & p_{Wy} < 0 \end{cases} \tag{3.78b}$$

공간 팔을 z_0축에서 내려다본 **그림 3.14**에서 보듯이, θ_{1a}가 해이면 이 각도와 180° 차이가 나는 θ_{1b}도 해가 됨을 알 수 있다. 이 경우 W와 W'이 동일한 직선상에 있는데, θ_2를 조절하여 팔을 회전시키면 W'이 W와 일치하게 된다.

이번에는 θ_3를 구해 보자. 식 (3.70), (3.71), (3.72)를 제곱하여 더하면

$$p_{Wx}^2 + p_{Wy}^2 + (p_{Wz} - d_1)^2 = a_2^2 + d_4^2 + 2a_2d_4s_3 \tag{3.79}$$

이므로, $\sin\theta_3$는 다음과 같다.

$$s_3 = \sin\theta_3 = \frac{[p_{Wx}^2 + p_{Wy}^2 + (p_{Wz} - d_1)^2] - (a_2^2 + d_4^2)}{2a_2d_4} \tag{3.80}$$

위 식의 해는 우변이 $[-1,\ +1]$의 범위에 있을 때만 존재하는데, 이는 목표 자세가

도달 가능 작업 공간 내에 있다면 만족된다. 식 (3.80)으로부터 $\cos\theta_3$는

$$c_3 = \pm\sqrt{1-s_3^2} \tag{3.81}$$

또는

$$c_3^+ = +\sqrt{1-s_3^2} \ \text{ or } \ c_3^- = -\sqrt{1-s_3^2} \tag{3.82}$$

와 같이 구할 수 있으므로, θ_3는 다음과 같다.

$$\theta_3 = \text{atan2}(s_3, c_3) \tag{3.83}$$

또는

$$\theta_{3a} = \text{atan2}(s_3, c_3^+),\ \theta_{3b} = \text{atan2}(s_3, c_3^-) \tag{3.84}$$

마지막으로, θ_2를 구해 보자. 식 (3.75)로부터

$$a_2c_2 + d_4s_{23} = a_2c_2 + d_4(s_2c_3 + c_2s_3) = (a_2 + d_4s_3)c_2 + (d_4c_3)s_2 = \pm\sqrt{p_{Wx}^2 + p_{Wy}^2} \tag{3.85}$$

을 얻을 수 있으며, 식 (3.72)로부터

$$a_2s_2 - d_4c_{23} = a_2s_2 - d_4(c_2c_3 - s_2s_3) = (-d_4c_3)c_2 + (a_2 + d_4s_3)s_2 = p_{Wz} - d_1 \tag{3.86}$$

을 얻을 수 있다. 식 (3.85)와 (3.86)으로부터

$$c_2 = \frac{\pm\sqrt{p_{Wx}^2 + p_{Wy}^2}\,(a_2 + d_4s_3) - (p_{Wz} - d_1)d_4c_3}{(a_2 + d_4s_3)^2 + (d_4c_3)^2} \tag{3.87a}$$

$$s_2 = \frac{\pm\sqrt{p_{Wx}^2 + p_{Wy}^2}\,d_4c_3 + (p_{Wz} - d_1)(a_2 + d_4s_3)}{(a_2 + d_4s_3)^2 + (d_4c_3)^2} \tag{3.87b}$$

을 얻을 수 있으므로, θ_2는 다음과 같다.

$$\theta_2 = \text{atan2}(s_2, c_2) \tag{3.88}$$

이때 θ_2는 다음과 같이 4개의 해를 가질 수 있다. 먼저 $c_3^+ = +\sqrt{1-s_3^2}$에 대해서

$$\theta_{2a} = \text{atan2}\Big(+\sqrt{p_{Wx}^2 + p_{Wy}^2}\, d_4 c_3^+ + (p_{Wz} - d_1)(a_2 + d_4 s_3), \\ +\sqrt{p_{Wx}^2 + p_{Wy}^2}\,(a_2 + d_4 s_3) - (p_{Wz} - d_1) d_4 c_3^+\Big) \tag{3.89a}$$

$$\theta_{2b} = \text{atan2}\Big(-\sqrt{p_{Wx}^2 + p_{Wy}^2}\, d_4 c_3^+ + (p_{Wz} - d_1)(a_2 + d_4 s_3), \\ -\sqrt{p_{Wx}^2 + p_{Wy}^2}\,(a_2 + d_4 s_3) - (p_{Wz} - d_1) d_4 c_3^+\Big) \tag{3.89b}$$

와 같이 2개의 해를 얻을 수 있고, $c_3^- = -\sqrt{1 - s_3^2}$에 대해서

$$\theta_{2c} = \text{atan2}\Big(+\sqrt{p_{Wx}^2 + p_{Wy}^2}\, d_4 c_3^- + (p_{Wz} - d_1)(a_2 + d_4 s_3), \\ +\sqrt{p_{Wx}^2 + p_{Wy}^2}\,(a_2 + d_4 s_3) - (p_{Wz} - d_1) d_4 c_3^-\Big) \tag{3.89c}$$

$$\theta_{2d} = \text{atan2}\Big(-\sqrt{p_{Wx}^2 + p_{Wy}^2}\, d_4 c_3^- + (p_{Wz} - d_1)(a_2 + d_4 s_3), \\ -\sqrt{p_{Wx}^2 + p_{Wy}^2}\,(a_2 + d_4 s_3) - (p_{Wz} - d_1) d_4 c_3^-\Big) \tag{3.89d}$$

와 같이 2개의 해를 얻을 수 있다.

위의 몸체부에 대한 역기구학 해를 종합하면, 주어진 손목점 W에 대해서 $(\theta_{1a}, \theta_{2a}, \theta_{3a})$, $(\theta_{1a}, \theta_{2c}, \theta_{3b})$, $(\theta_{1b}, \theta_{2b}, \theta_{3a})$, $(\theta_{1b}, \theta_{2d}, \theta_{3b})$와 같이 4개의 해가 존재하며, 그림 3.15는 이러한 4개의 해에 해당하는 로봇 자세를 보여 주는데, 손목점 W는 모두 동일한 점에 위치한다.

앞서 구한 θ_1, θ_2, θ_3를 이용하면 나머지 역기구학 해인 θ_4, θ_5, θ_6를 구할 수 있다. 다음의 기구학 방정식을 고려해 보자.

$$\underbrace{[{}^0\boldsymbol{T}_1(\theta_1)\cdot{}^1\boldsymbol{T}_2(\theta_2)\cdot{}^2\boldsymbol{T}_3(\theta_3)]^{-1}}_{\text{known}} \cdot \underbrace{{}^0\boldsymbol{T}_6}_{\text{desired}} = {}^3\boldsymbol{T}_4(\theta_4)\cdot{}^4\boldsymbol{T}_5(\theta_5)\cdot{}^5\boldsymbol{T}_6(\theta_6) \tag{3.90}$$

여기서 ${}^0\boldsymbol{T}_6$는 식 (3.66)에서 언급한 바와 같이, 주어진 말단 자세로부터 이미 알고 있는 동차 변환이다. 위 식의 좌변과 우변을 각각 다음과 같이 나타낼 수 있다.

LHS of (3.90):

$$\boldsymbol{T}':=[{}^0\boldsymbol{T}_1(\theta_1)\cdot{}^1\boldsymbol{T}_2(\theta_2)\cdot{}^2\boldsymbol{T}_3(\theta_3)]^{-1}\cdot{}^0\boldsymbol{T}_6=\left[\begin{array}{ccc|c} r'_{11} & r'_{12} & r'_{13} & p'_x \\ r'_{21} & r'_{22} & r'_{23} & p'_y \\ r'_{31} & r'_{32} & r'_{33} & p'_z \\ \hline 0 & 0 & 0 & 1 \end{array}\right] \tag{3.91}$$

RHS of (3.90):

$$^3\boldsymbol{T}_4\,{}^4\boldsymbol{T}_5\,{}^5\boldsymbol{T}_6=\left[\begin{array}{ccc|c} c_4c_5c_6-s_4s_6 & -c_4c_5s_6-s_4c_6 & c_4s_5 & c_4s_5d_6 \\ s_4c_5c_6+c_4s_6 & -s_4c_5s_6+c_4c_6 & s_4s_5 & s_4s_5d_6 \\ -s_5c_6 & s_5s_6 & c_5 & d_4+c_5d_6 \\ \hline 0 & 0 & 0 & 1 \end{array}\right] \tag{3.92}$$

식 (3.91)과 (3.92)를 비교함으로써, 다음과 같이 관절 4, 5, 6의 역기구학 해를 구할 수 있다.

Case 1: $\sin\theta_5 \neq 0$ ($\rightarrow \theta_5 \neq 0$ & $\theta_5 \neq 180°$)

$\sin\theta_5 \neq 0 \rightarrow \cos\theta_5 = r'_{33} \neq \pm 1,$

$\sin\theta_5 = \pm\sqrt{r'^2_{13}+r'^2_{23}} \rightarrow \theta_5 = \text{atan2}(\pm\sqrt{r'^2_{13}+r'^2_{23}}, r'_{33})$

$0<\theta_5<\pi$:

$$\theta_5=\text{atan2}(+\sqrt{r'^2_{13}+r'^2_{23}}, r'_{33}) \rightarrow \theta_4=\text{atan2}(r'_{23}, r'_{13}),\ \theta_6=\text{atan2}(r'_{32}, -r'_{31}) \tag{3.93}$$

$-\pi<\theta_5<0$:

$$\theta_5=\text{atan2}(-\sqrt{r'^2_{13}+r'^2_{23}}, r'_{33}) \rightarrow \theta_4=\text{atan2}(-r'_{23}, -r'_{13}),\ \theta_6=\text{atan2}(-r'_{32}, r'_{31})$$

Case 2: $\sin\theta_5 = 0$ and $\theta_5 = 0$

$$\begin{bmatrix} r'_{11} & r'_{12} & 0 \\ r'_{21} & r'_{22} & 0 \\ 0 & 0 & 1 \end{bmatrix} = \begin{bmatrix} c_4c_6-s_4s_6 & -c_4s_6-s_4c_6 & 0 \\ s_4c_6+c_4s_6 & -s_4s_6+c_4c_6 & 0 \\ 0 & 0 & 1 \end{bmatrix}$$

$$= \begin{bmatrix} \cos(\theta_4+\theta_6) & -\sin(\theta_4+\theta_6) & 0 \\ \sin(\theta_4+\theta_6) & \cos(\theta_4+\theta_6) & 0 \\ 0 & 0 & 1 \end{bmatrix} \tag{3.94}$$

이므로

$$\theta_4 + \theta_6 = \text{atan2}(r'_{21}, r'_{11}) = \text{atan2}(-r'_{12}, r'_{11}) \tag{3.95}$$

Case 3: $\sin\theta_5 = 0$ and $\theta_5 = 180°$

$$\begin{bmatrix} r'_{11} & r'_{12} & 0 \\ r'_{21} & r'_{22} & 0 \\ 0 & 0 & 1 \end{bmatrix} = \begin{bmatrix} -c_4c_6 - s_4s_6 & c_4s_6 - s_4c_6 & 0 \\ -s_4c_6 + c_4s_6 & s_4s_6 + c_4c_6 & 0 \\ 0 & 0 & -1 \end{bmatrix}$$

$$= \begin{bmatrix} -\cos(\theta_4 - \theta_6) & -\sin(\theta_4 - \theta_6) & 0 \\ -\sin(\theta_4 - \theta_6) & \cos(\theta_4 - \theta_6) & 0 \\ 0 & 0 & -1 \end{bmatrix}$$

이므로

$$\theta_4 - \theta_6 = \text{atan2}(-r'_{21}, -r'_{11}) = \text{atan2}(-r'_{12}, -r'_{11}) \tag{3.96}$$

Case 2와 3의 경우에는 θ_4와 θ_6가 유일하게 결정되지 않고, 무한히 많은 해가 존재하게 된다.

관절이 360° 회전이 허용된다면, 다음과 같은 관계를 갖는 2가지의 해가 존재한다. 이를 그림으로 나타내면 그림 3.18과 같다.

$$\theta'_4 = \theta_4 + 180°,\ \theta'_5 = -\theta_5\ \ \&\ \theta'_6 = \theta_6 + 180° \tag{3.97}$$

그림에서 1번 해에 해당하는 말단부의 방위 A와 식 (3.98)의 연산을 거친 2번 해에 해당하는 말단부의 방위 B는 동일함을 알 수 있다. 즉, $(\theta_4,\ \theta_5,\ \theta_6)$가 해이면, $(\theta'_4,\ \theta'_5,\ \theta'_6)$

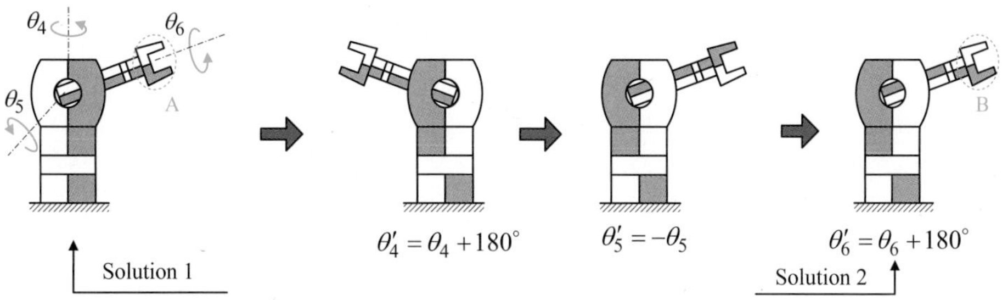

그림 3.18 구형 손목의 2개의 역기구학 해에 해당하는 관절 자세

또한 해가 된다.

이와 같이 위치를 결정하는 (θ_1, θ_2, θ_3)에서 4개의 해가 존재하고, 방위를 결정하는 (θ_4, θ_5, θ_6)에서 2개의 해가 존재하므로, PUMA 로봇은 총 8개의 역기구학 해를 가진다. 예시로 하나의 말단 자세 {0.600m, 0.000m, 0.297m, 180°, −30°, 20°}에 대한 역기구학의 8개 해를 표 3.7과 그림 3.19로 나타내었다. 이 그림에서 보듯이, 8개의 역기구학 해 모두에 대해서 말단부의 위치와 방위는 전부 동일하다.

표 3.7 **PUMA 로봇의 역기구학 8개 해**

	θ_1	θ_3	θ_2	θ_5	θ_4	θ_6
Solution 1	−1.965 (θ_{1a})	−0.594 (θ_{3a})	55.910 (θ_{2a})	29.059 (θ_{5a})	−157.354	140.71
Solution 2				−29.059 (θ_{5b})	22.646	−39.290
Solution 3		−179.406 (θ_{3b})	−41.314 (θ_{2c})	110.724 (θ_{5a})	−168.466	164.877
Solution 4				−110.724 (θ_{5b})	11.534	−15.129
Solution 5	178.035 (θ_{1b})	−0.594 (θ_{3a})	−138.686 (θ_{2b})	110.724 (θ_{5a})	11.534	164.877
Solution 6				−110.724 (θ_{5b})	−168.466	−15.123
Solution 7		−179.406 (θ_{3b})	−124.090 (θ_{2d})	29.059 (θ_{5a})	22.646	140.710
Solution 8				−29.059 (θ_{5b})	−157.354	−39.290

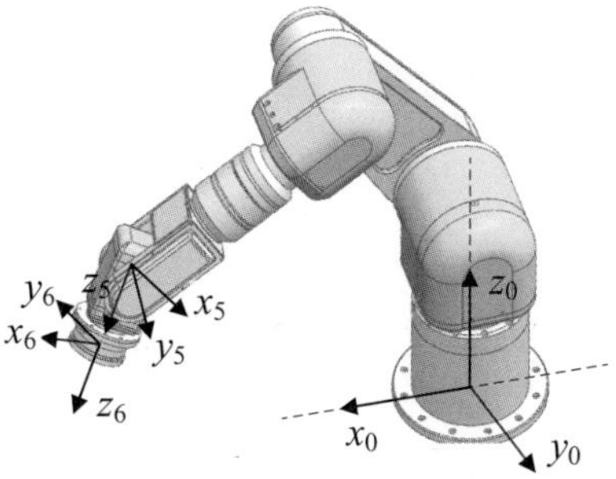

Solution 1(θ_{1a}, θ_{3a}, θ_{2a}, θ_{5a})
$\boldsymbol{q}$ = {−2.0, 55.9, −0.6, −157.4, 29.1, 140.7}

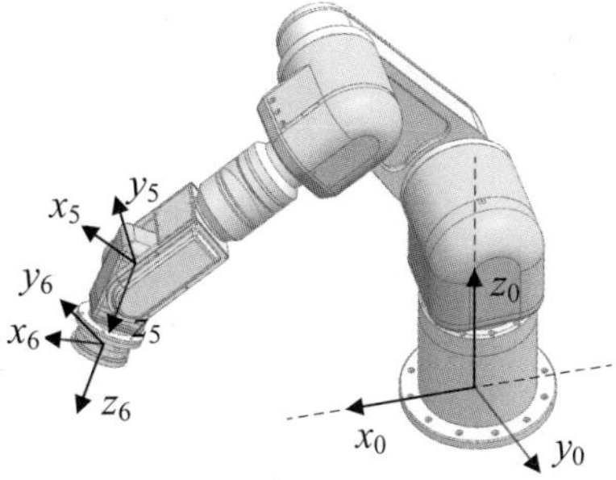

Solution 2(θ_{1a}, θ_{3a}, θ_{2a}, θ_{5b})
$\boldsymbol{q}$ = {−2.0, 55.9, −0.6, 22.6, −29.1, −39.3}

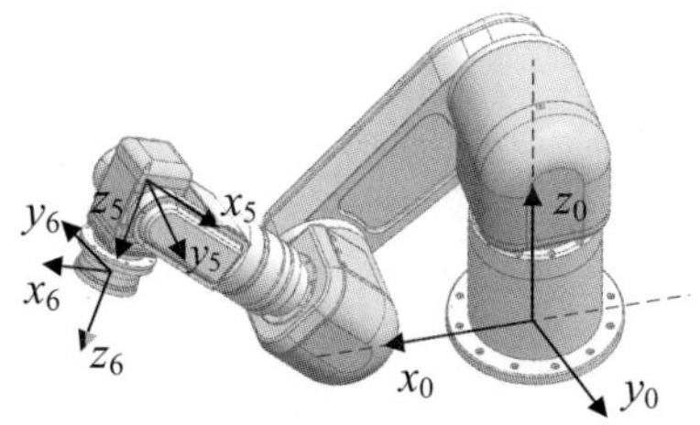

Solution 3(θ_{1a}, θ_{3b}, θ_{2c}, θ_{5a})
$\boldsymbol{q}$ = {−2.0, −41.3, −179.4, −168.5, 110.7, 164.9}

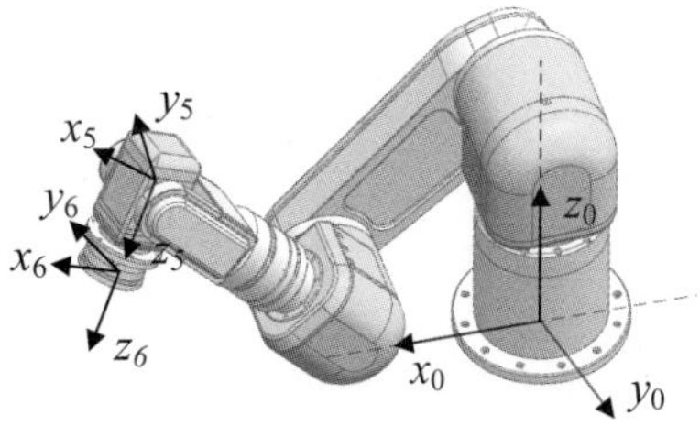

Solution 4(θ_{1a}, θ_{3b}, θ_{2c}, θ_{5b})
$\boldsymbol{q}$ = {−2.0, −41.3, −179.4, 11.5, −110.7, −15.1}

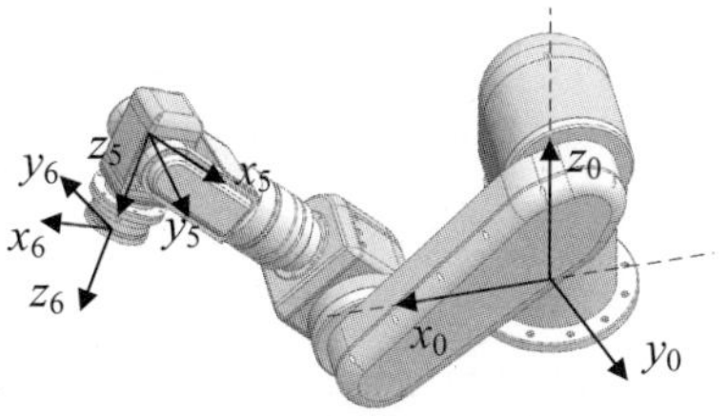

Solution 5(θ_{1b}, θ_{3a}, θ_{2b}, θ_{5a})
$\boldsymbol{q}$ = {178.0, −138.7, −0.6, 11.5, 110.7, 164.9}

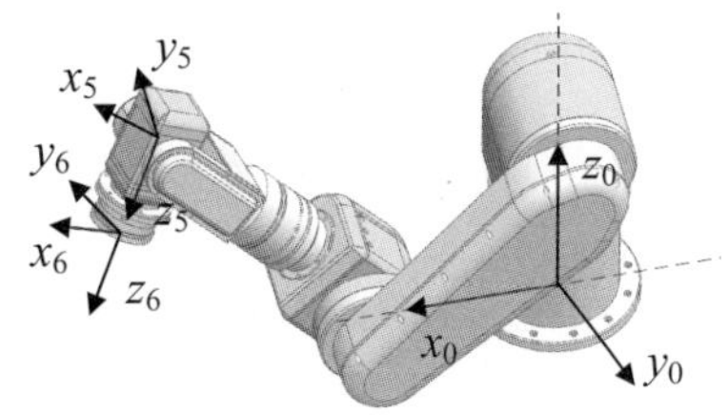

Solution 6(θ_{1b}, θ_{3a}, θ_{2b}, θ_{5b})
$\boldsymbol{q}$ = {178.0, −138.7, −0.6, −168.5, −110.7, −15.1}

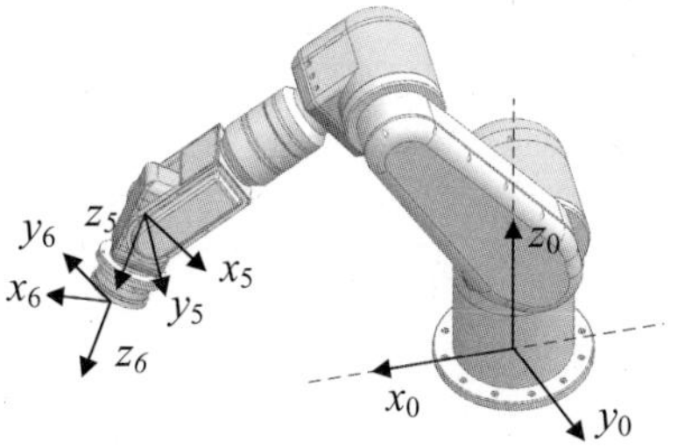

Solution 7(θ_{1b}, θ_{3b}, θ_{2d}, θ_{5a})
$\boldsymbol{q}$ = {178.0,−124.1, −179.4, 22.6, 29.1, 140.7}

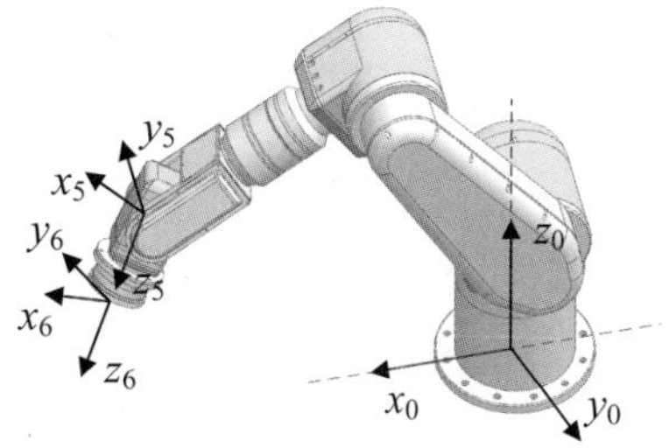

Solution 8(θ_{1b}, θ_{3b}, θ_{2d}, θ_{5b})
$\boldsymbol{q}$ = {178.0, −124.1,−179.4, −157.4, −29.1, −39.3}

그림 3.19 PUMA 로봇의 역기구학의 8개 해에 따른 자세

연습문제

1 다음과 같은 SCARA 로봇을 고려하자.

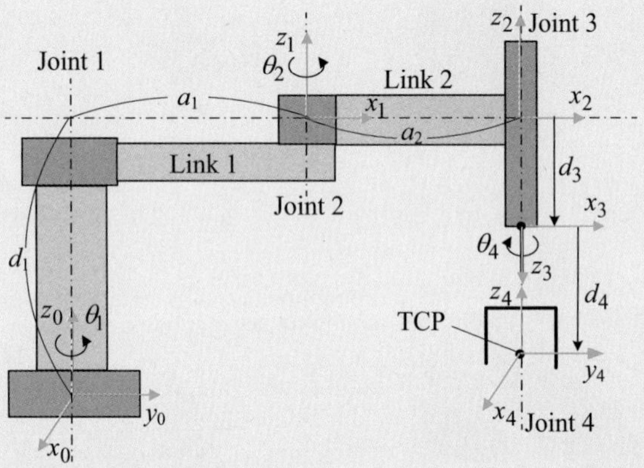

(a) 각 링크에 설정된 링크 좌표계에 기준하여 DH 파라미터의 표를 구하시오. 표 3.3과 비교하시오.

(b) 위의 로봇 자세에서 θ_1, θ_2, θ_4를 구하시오. 이 자세가 제로 위치(zero position)라고 할 수 있는가? 위의 자세를 제로 위치로 만들기 위해서는 좌표계를 어떻게 설정하여야 하는가?

(c) 기구학 방정식 ${}^0\boldsymbol{T}_1\,{}^1\boldsymbol{T}_2\,{}^2\boldsymbol{T}_3\,{}^3\boldsymbol{T}_4 = {}^0\boldsymbol{T}_4$를 구하고, 위치 기구학과 방위 기구학을 구하시오.

(d) TCP에서의 말단 위치 (p_x, p_y, p_z)와 말단 방위 ϕ에 대해서 역기구학 해를 구하시오.

2 문제 1의 SCARA 로봇에 대해서 MATLAB의 심볼릭 기능을 사용하여 기구학 방정식을 구하는 MATLAB 코드를 작성하시오.

3 그림 3.12의 2자유도 평면 팔의 역기구학 문제를 고려하자. 다음 그림을 참고하여, 이번 문제에서는 본문과는 다른 방식으로 역기구학 해를 구해 보기로 한다.

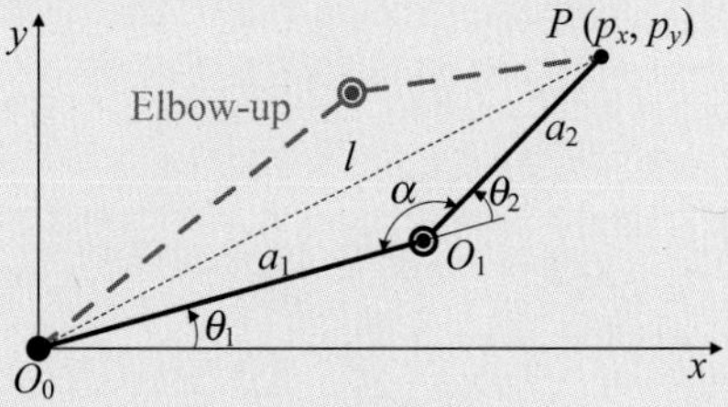

(a)

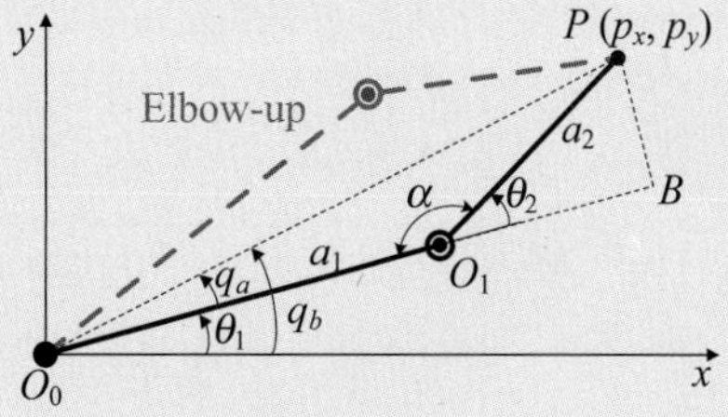

(b)

(a) 그림 (a)에서 삼각형 O_0O_1P에 대해서 제2 코사인 법칙을 적용하여 θ_2를 구하시오.

(b) 그림 (b)에서 $\theta_1 = q_b - q_a$이다. θ_a와 θ_b의 계산을 통하여 θ_1을 구하시오.

(c) $a_1 = 0.4$ m, $a_2 = 0.3$ m, $\theta_1 = 30°$, $\theta_2 = 30°$의 자세에 대해서 본문에서의 해 식 (3.44)와 파트 (b)에서 구한 해가 동일한 각도임을 검증하시오.

4 그림 3.1의 2자유도 평면 팔을 고려하자. 링크의 길이는 각각 $a_1 = 0.6$ m, $a_2 = 0.4$ m라고 한다.

(a) 직교 공간에서 말단점의 좌표가 $p_x = 0.8$ m, $p_y = 0.7$ m로 주어질 때, 이에 해당하는 관절각 θ_1과 θ_2를 구하시오.

(b) 직교 공간에서 말단점의 좌표가 $p_x = 0.7$ m, $p_y = 0.6$ m로 주어질 때, 이에 해당하는 관절각 θ_1과 θ_2를 구하시오.

5 다음 그림의 3자유도 평면 팔을 고려하자.

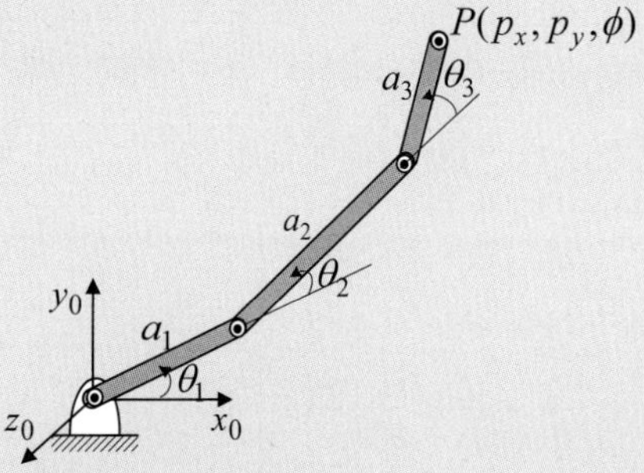

(a) 각 링크에 설정된 링크 좌표계에 기준하여 DH 파라미터의 표를 구하시오.

(b) 기구학 방정식 ${}^0\boldsymbol{T}_1\,{}^1\boldsymbol{T}_2\,{}^2\boldsymbol{T}_3 = {}^0\boldsymbol{T}_3$를 구하시오.

(c) 위치 기구학과 방위 기구학을 구하시오.

(d) 역기구학 해를 구하시오.

6 다음 그림의 3자유도 구형 팔(spherical arm)을 고려하자. 이 팔은 3자유도 공간 팔과 유사하지만, 3번째 관절이 직선 관절이라는 점이 다르다.

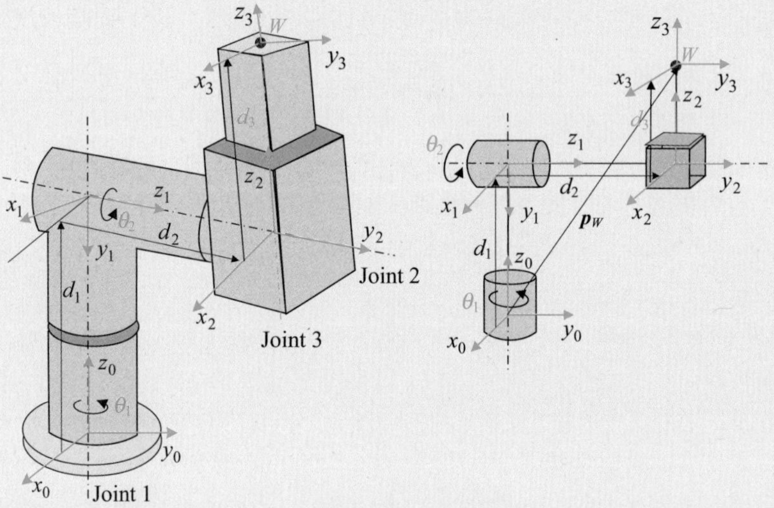

(a) 각 링크에 설정된 링크 좌표계에 기준하여 DH 파라미터의 표를 구하시오.

(b) 기구학 방정식 ${}^0\boldsymbol{T}_1\,{}^1\boldsymbol{T}_2\,{}^2\boldsymbol{T}_3 = {}^0\boldsymbol{T}_3$를 구하시오.

(c) 위치 기구학과 방위 기구학을 구하시오.

7 문제 6의 3자유도 구형 팔을 다시 고려하자. 기저 좌표계에서 손목점 W까지의 위치 벡터를 $\boldsymbol{p}_W = (p_{Wx}\ p_{Wy}\ p_{Wz})^T$라 하면, 기구학 방정식은 다음과 같이 주어진다.

$$
{}^0\boldsymbol{T}_3 = \left[\begin{array}{ccc|c} r_{11} & r_{12} & r_{13} & p_{Wx} \\ r_{21} & r_{22} & r_{23} & p_{Wy} \\ r_{31} & r_{32} & r_{33} & p_{Wz} \\ \hline 0 & 0 & 0 & 1 \end{array}\right] = {}^0\boldsymbol{T}_1(\theta_1)\cdot{}^1\boldsymbol{T}_2(\theta_2)\cdot{}^2\,\boldsymbol{T}_3(d_3) \quad \text{(P4.1)}
$$

(a) 위의 기구학 방정식은 $({}^0\boldsymbol{T}_1)^{-1}\cdot{}^0\boldsymbol{T}_3 = {}^1\boldsymbol{T}_2\,{}^2\boldsymbol{T}_3$로 변형할 수 있다. 문제 2에서 구한 동차 변환을 이용하여 다음 관계가 성립됨을 보이시오.

$$
d_3 s_2 = p_{Wx} c_1 + p_{Wy} s_1 \quad \text{(P4.2)}
$$

$$d_3 c_2 = p_{Wz} - d_1 \tag{P4.3}$$

$$d_2 = -p_{Wx} s_1 + p_{Wy} c_1 \tag{P4.4}$$

(b) $\tan\frac{\theta_1}{2} = b$라고 치환하면, 다음 관계가 성립됨을 보이시오.

$$c_1 = \cos\theta_1 = \frac{1-b^2}{1+b^2},\ s_1 = \sin\theta_1 = \frac{2b}{1+b^2} \tag{P4.5}$$

(c) 식 (P4.5)를 (P4.4)에 대입하여, θ_1이 다음과 같이 구해짐을 보이시오.

$$\theta_1 = 2\,\text{atan2}(-p_{Wx} \pm \sqrt{p_{Wx}{}^2 + p_{Wy}{}^2 - d_2^2}, p_{Wy} + d_2) \tag{P4.6}$$

또는

$$\theta_{1a} = 2\,\text{atan2}(-p_{Wx} + \sqrt{p_{Wx}{}^2 + p_{Wy}{}^2 - d_2^2}, p_{Wy} + d_2) \tag{P4.6a}$$

$$\theta_{1b} = 2\,\text{atan2}(-p_{Wx} - \sqrt{p_{Wx}{}^2 + p_{Wy}{}^2 - d_2^2}, p_{Wy} + d_2) \tag{P4.6b}$$

(d) 식 (P4.2)와 (P4.3)으로부터, θ_2가 다음과 같이 구해짐을 보이시오.

$$\theta_2 = \text{atan2}(p_{Wx} c_1 + p_{Wy} s_1, p_{Wz} - d_1) \tag{P4.7}$$

(e) 식 (P4.2)와 (P4.3)으로부터, d_3가 다음과 같이 구해짐을 보이시오.

$$d_3 = \sqrt{(p_{Wx} c_1 + p_{Wy} s_1)^2 + (p_{Wz} - d_1)^2} \tag{P4.8}$$

(f) 아래 그림에서 자세 1이 해이면 자세 3도 해가 된다. 즉, θ_{1a}와 θ_{1b}가 해이면, $\theta_{1c} = \theta_{1a} + \pi$와 $\theta_{1d} = \theta_{1b} + \pi$도 역시 해가 된다는 점을 보이시오.

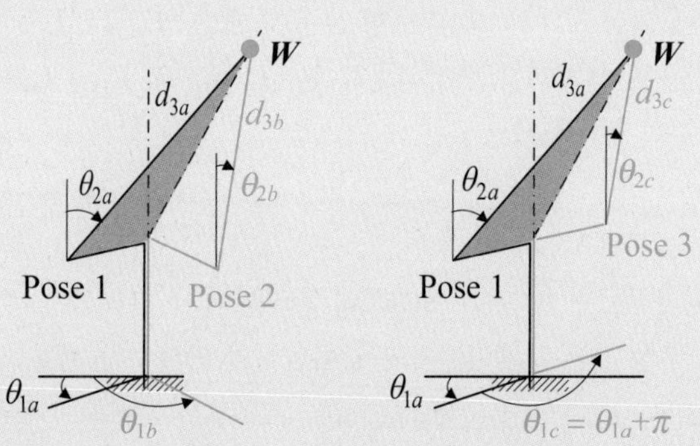

(g) 3자유도 구형 팔에는 다음과 같은 4개의 역기구학 해가 존재함을 보이시오.

$(\theta_{1a}, \theta_{2a}, d_{3a})$, $(\theta_{1b}, \theta_{2b}, d_{3b})$, $(\theta_{1c}, \theta_{2c}, d_{3c})$, $(\theta_{1d}, \theta_{2d}, d_{3d})$

8 다음과 같은 6자유도 Stanford arm을 고려하자. 이 팔은 3자유도 구형 팔과 그림 3.6의 구형 손목이 결합된 형태이다.

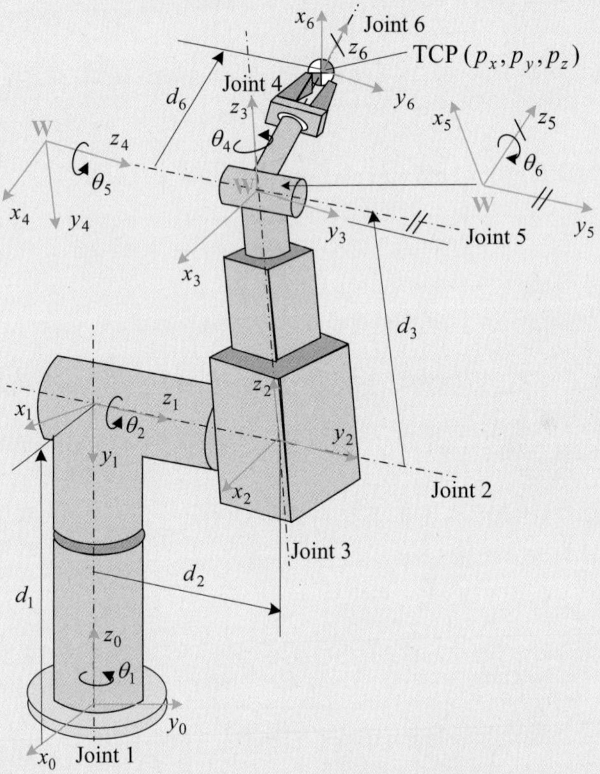

(a) 각 링크에 설정된 링크 좌표계에 기준하여 DH 파라미터의 표를 구하시오.

(b) 구형 팔에 대한 ${}^0\boldsymbol{T}_1\ {}^1\boldsymbol{T}_2\ {}^2\boldsymbol{T}_3$와 구형 손목에 대한 ${}^3\boldsymbol{T}_4\ {}^4\boldsymbol{T}_5\ {}^5\boldsymbol{T}_6$를 구하시오.

(c) (b)를 이용하여 기구학 방정식 ${}^0\boldsymbol{T}_1\ {}^1\boldsymbol{T}_2\ {}^2\boldsymbol{T}_3\ {}^3\boldsymbol{T}_4\ {}^4\boldsymbol{T}_5{}^5\boldsymbol{T}_6 = {}^0\boldsymbol{T}_6$를 구하고, 위치 기구학과 방위 기구학을 구하시오.

9 문제 8에서 다루었던 6자유도 Stanford arm을 다시 고려하자. 이 팔의 몸체부에 해당하는 3자유도 구형 팔은 문제 7에서와 같이 4개의 역기구학 해를 가진다. 각 몸체부의 자세에 대해서 3자유도 구형 손목에 해당하는 손목부는 2개의 역기구학 해를 가진다. 따라서 Stanford arm도 PUMA 로봇과 마찬가지로 8개의 역기구학 해를 가진다. 문제 8의 결과와 그림 3.18의 결과를 참고하여, Stanford arm의 8개의 역기구학 해를 구하시오.

CHAPTER 4 속도 기구학

CHAPTER 4

속도 기구학

3장에서는 로봇 팔의 관절 공간에서의 관절 변수와 직교 공간에서의 말단 자세(위치/방위) 간의 관계에 대해서 살펴보았다. 로봇은 작업을 위하여 계속해서 운동을 수행하므로 이들 관절 변수와 말단 자세는 시간에 따라서 계속 변하게 된다. 따라서 로봇 관절과 말단부의 위치뿐만 아니라 속도와 가속도 등 시간과 관계된 정보도 중요하다. 본 장에서는 관절 공간에서의 관절 속도와 직교 공간에서의 말단 속도 간의 관계에 대해서 살펴본다.

관절 속도와 말단 속도는 자코비안을 통해서 관계 지어진다. 자코비안은 로봇에서 가장 중요한 개념 중의 하나로서, 로봇의 속도 외에도 정역학, 조작성 해석 등 다양한 분야에 활용되므로 자코비안에 대한 깊은 이해가 필요하다. 이러한 자코비안은 기하학적 자코비안과 해석적 자코비안으로 분류할 수 있다. 6자유도 로봇에 대해서는 이러한 자코비안을 수작업으로 구하는 것이 매우 어려운데, 여기서는 MATLAB의 심볼릭 기능을 통해서 자코비안을 구하는 방식을 소개한다.

자코비안 행렬의 역행렬이 존재하지 않게 되면, 로봇 동작 중에 특이점이 발생하게 된다. 이러한 특이점에서는 로봇의 관절 속도가 매우 커지게 되는 등 로봇이 원활하게 동작하지 못하게 된다. 그러므로 로봇의 운영에서 이러한 특이점에 어떻게 대처하여야 하는지는 매우 중요한 문제이다.

3장의 역기구학 문제에서는 닫힌 해 형태의 역기구학 해를 구하였다. 그러나 로봇의 구조에 따라서는 역기구학 해가 닫힌 해 형태로 존재하지 않는 경우도 발생한다. 이 경우에는 수치 해의 형태로 역기구학 해를 구하여야 하는데, 이때 자코비안을 사용하게 된다. 여기서는 수치 해를 구하는 방법에 대해서 자세히 소개한다.

일반적으로 속도는 변위의 시간 변화율로 정의되는데, 순간 속도는 미소 시간 동안의 미소 변위(differential displacement 또는 infinitesimal displacement)에 해당한다. 그러므로 미소 병진과 미소 회전에 대한 개념을 우선 고찰한다.

4.1 미소 운동

이 절에서는 유한 운동(finite motion)과 **미소 운동**(differential motion)에 대하여 살펴본다. 우선 병진 운동에 대해서 알아보자. 다음과 같이 연산의 순서가 다른 두 유한 병진(finite translation)을 고려하자.

$$\begin{aligned}\text{Trans}(p_x, p_y, p_z)\cdot\text{Trans}(q_x, q_y, q_z) &= \begin{bmatrix}1 & 0 & 0 & p_x\\0 & 1 & 0 & p_y\\0 & 0 & 1 & p_z\\0 & 0 & 0 & 1\end{bmatrix}\begin{bmatrix}1 & 0 & 0 & q_x\\0 & 1 & 0 & q_y\\0 & 0 & 1 & q_z\\0 & 0 & 0 & 1\end{bmatrix}\\ &= \begin{bmatrix}1 & 0 & 0 & p_x+q_x\\0 & 1 & 0 & p_y+q_y\\0 & 0 & 1 & p_z+q_z\\0 & 0 & 0 & 1\end{bmatrix}\end{aligned} \tag{4.1}$$

$$\begin{aligned}\text{Trans}(q_x, q_y, q_z)\cdot\text{Trans}(p_x, p_y, p_z) &= \begin{bmatrix}1 & 0 & 0 & q_x\\0 & 1 & 0 & q_y\\0 & 0 & 1 & q_z\\0 & 0 & 0 & 1\end{bmatrix}\begin{bmatrix}1 & 0 & 0 & p_x\\0 & 1 & 0 & p_y\\0 & 0 & 1 & p_z\\0 & 0 & 0 & 1\end{bmatrix}\\ &= \begin{bmatrix}1 & 0 & 0 & q_x+p_x\\0 & 1 & 0 & q_y+p_y\\0 & 0 & 1 & q_z+p_z\\0 & 0 & 0 & 1\end{bmatrix}\end{aligned} \tag{4.2}$$

위의 두 식의 결과는 동일하다. 즉, 여러 유한 병진이 순차적으로 수행될 때, 병진의 결과는 순서에 의존하지 않는다. 유한 병진에서 병진의 크기가 매우 작으면, 다음과 같이 미소 병진으로 정의할 수 있다.

$$\text{Trans}(dp_x, dp_y, dp_z) = \begin{bmatrix}1 & 0 & 0 & dp_x\\0 & 1 & 0 & dp_y\\0 & 0 & 1 & dp_z\\0 & 0 & 0 & 1\end{bmatrix} \tag{4.3}$$

미소 병진의 경우에도 유한 병진과 마찬가지로 여러 병진이 순차적으로 수행될 때 병진의 순서에 무관함을 쉽게 알 수 있다.

이번에는 회전 운동에 대해서 살펴보자. 방위 표현에 사용되는 RPY 각도는 고정 좌표계에 대해서 X, Y, Z축에 대한 각 단위 회전이 연속으로 수행된 결과라고 하였다. 만약 회전의 순서가 변경된다면, 다른 결과의 회전을 얻게 된다. 그림 4.1의 상대 변환 기반의 유한 회전을 고려하여 보자. 그림의 상단에는 x축 회전 후에 y축 회전, 하단에는 y축 회전 후에 x축 회전과 같이 순서가 반대인 2가지 유한 회전을 수행한 결과를 보여 주는데, 두 결과가 완전히 다름을 알 수 있다. 결론적으로 유한 회전은 회전의 순서에 의존함을 알 수 있다.

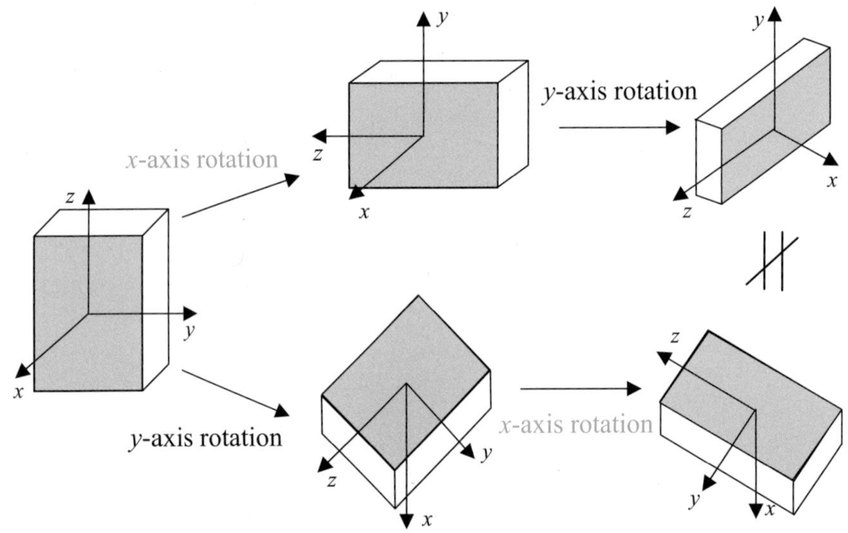

그림 4.1 **회전의 순서가 반대인 두 유한 회전**

이번에는 미소 회전을 고려하여 보자. 회전 각도가 매우 작다면, 다음과 같이 근사화할 수 있다.

$$d\phi << 1 \rightarrow \sin(d\phi) \approx d\phi \ \& \ \cos(d\phi) \approx 1 \qquad (4.4)$$

그러므로 x축에 대한 미소 회전은 다음과 같이 나타낼 수 있다.

$$R_x(d\phi_x)=\begin{bmatrix}1&0&0\\0&\cos(d\phi_x)&-\sin(d\phi_x)\\0&\sin(d\phi_x)&\cos(d\phi_x)\end{bmatrix}\approx\begin{bmatrix}1&0&0\\0&1&-d\phi_x\\0&d\phi_x&1\end{bmatrix} \quad (4.5)$$

이번에는 연속된 두 미소 회전을 살펴보자.

$$R_x(d\phi_x)\cdot R_y(d\phi_y)=$$

$$\begin{bmatrix}1&0&0\\0&1&-d\phi_x\\0&d\phi_x&1\end{bmatrix}\begin{bmatrix}1&0&d\phi_y\\0&1&0\\-d\phi_y&0&1\end{bmatrix}=\begin{bmatrix}1&0&d\phi_y\\d\phi_x d\phi_y&1&-d\phi_x\\-d\phi_y&d\phi_x&1\end{bmatrix}\approx\begin{bmatrix}1&0&d\phi_y\\0&1&-d\phi_x\\-d\phi_y&d\phi_x&1\end{bmatrix} \quad (4.6)$$

$$R_y(d\phi_y)\cdot R_x(d\phi_x)=$$

$$\begin{bmatrix}1&0&d\phi_y\\0&1&0\\-d\phi_y&0&1\end{bmatrix}\begin{bmatrix}1&0&0\\0&1&-d\phi_x\\0&d\phi_x&1\end{bmatrix}=\begin{bmatrix}1&d\phi_x d\phi_y&d\phi_y\\0&1&-d\phi_x\\-d\phi_y&d\phi_x&1\end{bmatrix}\approx\begin{bmatrix}1&0&d\phi_y\\0&1&-d\phi_x\\-d\phi_y&d\phi_x&1\end{bmatrix} \quad (4.7)$$

여기서 $d\phi_x\, d\phi_y \approx 0$이라는 근사를 적용하면, 위의 두 식의 결과가 동일함을 알 수 있다. 이는 x축과 y축 회전의 순서가 연산의 결과에 중요한 **그림 4.1**의 유한 회전과는 다른 결과임을 알 수 있다. 이와 같이 미소 회전은 회전의 순서에 의존하지 않는다. 앞서 방위의 표현에서 보았듯이, 일반 회전은 세 축에 대한 회전의 연속으로 나타낼 수 있으므로, 다음과 같은 일반 미소 회전은 세 축에 대한 미소 회전의 연속으로 나타낼 수 있다.

$$\mathrm{Rot}(d\phi_x, d\phi_y, d\phi_z)=R_x(d\phi_x)\cdot R_y(d\phi_y)\cdot R_z(d\phi_z)=$$

$$\begin{bmatrix}1&0&0\\0&1&-d\phi_x\\0&d\phi_x&1\end{bmatrix}\begin{bmatrix}1&0&d\phi_y\\0&1&0\\-d\phi_y&0&1\end{bmatrix}\begin{bmatrix}1&-d\phi_z&0\\d\phi_z&1&0\\0&0&1\end{bmatrix}\approx\begin{bmatrix}1&-d\phi_z&d\phi_y\\d\phi_z&1&-d\phi_x\\-d\phi_y&d\phi_x&1\end{bmatrix} \quad (4.8)$$

이제 2개의 일반 미소 회전이 연속으로 수행되는 경우를 고려해 보자.

$$\begin{aligned}
&\mathrm{Rot}(d\phi_x, d\phi_y, d\phi_z)\cdot \mathrm{Rot}(d\theta_x, d\theta_y, d\theta_z) \\
&= \begin{bmatrix} 1 & -d\phi_z & d\phi_y \\ d\phi_z & 1 & -d\phi_x \\ -d\phi_y & d\phi_x & 1 \end{bmatrix} \begin{bmatrix} 1 & -d\theta_z & d\theta_y \\ d\theta_z & 1 & -d\theta_x \\ -d\theta_y & d\theta_x & 1 \end{bmatrix} \\
&= \begin{bmatrix} 1 & -(d\phi_z + d\theta_z) & (d\phi_y + d\theta_y) \\ (d\phi_z + d\theta_z) & 1 & -(d\phi_x + d\theta_x) \\ -(d\phi_y + d\theta_y) & (d\phi_x + d\theta_x) & 1 \end{bmatrix}
\end{aligned} \tag{4.9}$$

일반 미소 회전의 경우에도 회전 순서에 상관없이 결과가 동일함을 다음 식에서 알 수 있다.

$$\mathrm{Rot}(d\phi_x, d\phi_y, d\phi_z)\cdot \mathrm{Rot}(d\theta_x, d\theta_y, d\theta_z) = \mathrm{Rot}(d\theta_x, d\theta_y, d\theta_z)\cdot \mathrm{Rot}(d\phi_x, d\phi_y, d\phi_z) \tag{4.10}$$

4.2 기하학적 자코비안

로봇 팔의 관절 공간에서의 관절 속도(joint velocity)와 직교 공간에서의 말단 속도(end-effector velocity) 간에 밀접한 관련이 있는데, 이러한 관계는 자코비안의 개념을 이용하여 표현할 수 있다. 다음의 2자유도 평면 팔을 고려해 보자.

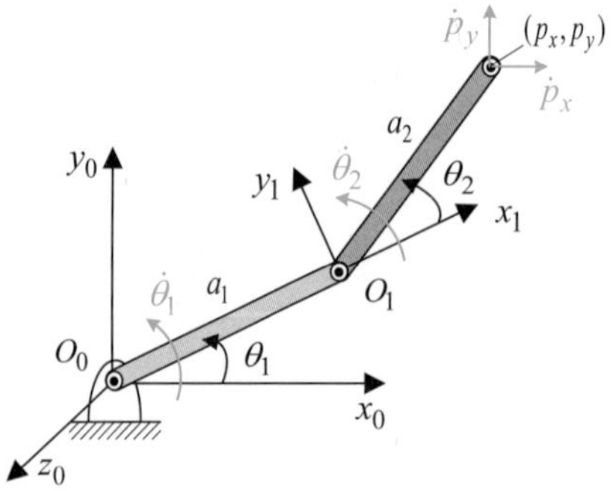

그림 4.2 **2자유도 평면 팔**

말단 위치 (p_x, p_y)는 관절 각도 (θ_1, θ_2)의 함수이므로 연쇄 법칙(chain rule)에 의해서

$$\begin{cases} p_x = p_x(\theta_1, \theta_2) \\ p_y = p_y(\theta_1, \theta_2) \end{cases} \Rightarrow \begin{cases} dp_x = (\partial p_x / \partial \theta_1) d\theta_1 + (\partial p_x / \partial \theta_2) d\theta_2 \\ dp_y = (\partial p_y / \partial \theta_1) d\theta_1 + (\partial p_y / \partial \theta_2) d\theta_2 \end{cases} \tag{4.11}$$

와 같은 관계가 성립되며, 이를 벡터-행렬 식으로 표현하면 다음과 같다.

$$\begin{Bmatrix} dp_x \\ dp_y \end{Bmatrix} = \begin{bmatrix} \partial p_x / \partial \theta_1 & \partial p_x / \partial \theta_2 \\ \partial p_y / \partial \theta_1 & \partial p_y / \partial \theta_2 \end{bmatrix} \begin{Bmatrix} d\theta_1 \\ d\theta_2 \end{Bmatrix} \text{ or } d\boldsymbol{x} = \boldsymbol{J}(\boldsymbol{\theta}) d\boldsymbol{\theta} \tag{4.12}$$

여기서 자코비안 행렬은 다음과 같이 정의할 수 있다.

$$\boldsymbol{J}(\boldsymbol{\theta}) = \frac{\partial(p_x, p_y)}{\partial(\theta_1, \theta_2)} = \begin{bmatrix} \partial p_x / \partial \theta_1 & \partial p_x / \partial \theta_2 \\ \partial p_y / \partial \theta_1 & \partial p_y / \partial \theta_2 \end{bmatrix} \tag{4.13}$$

2자유도 평면 팔의 정기구학은

$$\begin{cases} p_x = a_1 \cos\theta_1 + a_2 \cos(\theta_1 + \theta_2) \\ p_y = a_1 \sin\theta_1 + a_2 \sin(\theta_1 + \theta_2) \end{cases} \tag{4.14}$$

과 같으므로, 식 (4.14)를 (4.13)에 대입하면, 다음과 같이 자코비안을 구할 수 있다.

$$\boldsymbol{J}(\boldsymbol{\theta}) = \begin{bmatrix} -a_1 \sin\theta_1 - a_2 \sin(\theta_1 + \theta_2) & -a_2 \sin(\theta_1 + \theta_2) \\ a_1 \cos\theta_1 + a_2 \cos(\theta_1 + \theta_2) & a_2 \cos(\theta_1 + \theta_2) \end{bmatrix} = \begin{bmatrix} -a_1 s_1 - a_2 s_{12} & -a_2 s_{12} \\ a_1 c_1 + a_2 c_{12} & a_2 c_{12} \end{bmatrix} \tag{4.15}$$

식 (4.12)의 양변을 시간 dt로 나누면, 말단 속도와 관절 속도 간의 관계는

$$\frac{d\boldsymbol{x}}{dt} = \boldsymbol{J}(\boldsymbol{\theta}) \frac{d\boldsymbol{\theta}}{dt} \text{ or } \dot{\boldsymbol{x}} = \boldsymbol{J}(\boldsymbol{\theta}) \dot{\boldsymbol{\theta}} \tag{4.16}$$

으로 나타낼 수 있는데, 이를 행렬과 벡터 성분으로 표현하면 다음과 같다.

$$\begin{Bmatrix} \dot{p}_x \\ \dot{p}_y \end{Bmatrix} = \begin{Bmatrix} v_x \\ v_y \end{Bmatrix} = \begin{bmatrix} J_{11} & J_{12} \\ J_{21} & J_{22} \end{bmatrix} \begin{Bmatrix} \dot{\theta}_1 \\ \dot{\theta}_2 \end{Bmatrix} \tag{4.17}$$

이와 같이 관절 공간의 관절 속도와 직교 공간의 말단 속도 간의 관계는 자코비

안으로 표현할 수 있다. 이러한 자코비안은 기하학적 자코비안(geometric Jacobian)과 해석적 자코비안(analytic Jacobian)으로 나눌 수 있는데, 이 둘의 차이는 방위에 해당하는 각속도를 어떻게 표현하는지에 달려 있다. 위의 평면 팔의 예제에서는 방위의 표시가 없으므로 두 자코비안은 동일하게 된다.

회전 관절에 대해서 표현된 식 (4.16)을 직선 관절까지 확대하여 관절 속도를 $\dot{\boldsymbol{q}}$으로 나타내면 다음과 같다.

$$\dot{\boldsymbol{x}} = \boldsymbol{J}(\boldsymbol{q})\dot{\boldsymbol{q}} \tag{4.18}$$

여기서 $\dot{\boldsymbol{x}}$은 직교 공간에서 말단 속도 벡터($m \times 1$), $\dot{\boldsymbol{q}}$은 관절 공간에서 관절 속도 벡터($n \times 1$), $\boldsymbol{J}(\boldsymbol{q})$는 **자코비안** 행렬($m \times n$)이다. 말단 속도 벡터는 선속도(linear velocity) 벡터 $\boldsymbol{v}$와 각속도(angular velocity) 벡터 ω 성분이 모두 존재하는 경우에는 $m=6$이 되며, 다음과 같이 나타낼 수 있다.

$$\dot{\boldsymbol{x}} = \left\{\frac{\boldsymbol{v}}{\boldsymbol{\omega}}\right\} = \left\{\frac{\dot{\boldsymbol{p}}}{\boldsymbol{\omega}}\right\} = \{v_x \quad v_y \quad v_z \mid \omega_x \quad \omega_y \quad \omega_z\}^T \tag{4.19}$$

이때 말단부의 선속도와 각속도 모두 기저 좌표계 {0}을 기준으로 표현된다는 점을 유의한다. 즉, 각속도의 각 성분은 모두 고정된 기저 좌표계의 x, y, z축에 대한 각속도이다. 한편, 관절 속도 벡터 $\dot{\boldsymbol{q}}$은 로봇의 관절 수 n에 해당하는 성분을 가진다.

$$\dot{\boldsymbol{q}} = \{\dot{q}_1 \quad \dot{q}_2 \quad \cdots \quad \dot{q}_n\}^T \tag{4.20}$$

여기서 벡터의 성분은 회전 관절의 경우 각속도 $\dot{q}_i = \dot{\theta}_i$, 직선 관절의 경우는 선속도 $\dot{q}_i = \dot{d}_i$이다.

한편, 자코비안 행렬은 $m \times n$ 차원을 가지는데, m은 작업에 의해서 요구되는 자유도이며, n은 관절 수이다. 만약 $n > m$이면 **여자유도 팔**(redundant arm)이 된다. 예를 들어, 6자유도 로봇 팔은 용접 작업에 대해서는 여자유도 팔이 되는데, 이는 용접 작업이 용접 토치의 축 방향에 대해서는 대칭이므로 5자유도 작업에 해당하기 때문이다. 또한 7자유도 팔은 말단부의 어떠한 작업에 대해서도 여자유도 로봇이 되는데, m은 모든 작업에 대해서 최대 6이기 때문이다.

말단 속도가 식 (4.19)와 같이 정의된다면, $\boldsymbol{J}$는 **기하학적 자코비안**(geometric Jacobian)이라 불리는데, 이는 로봇의 기하학적인 관계로부터 자코비안을 계산할 수 있기 때문이다. 기하학적 자코비안에서는 말단부의 방위에 해당하는 각속도를 나타내기 위해서 기저 좌표계를 기준으로 한 각속도를 사용한다는 점에 유의한다. 자코비안 행렬은 다음과 같이 말단부의 선속도를 나타내는 $\boldsymbol{J}_L$과 각속도를 나타내는 $\boldsymbol{J}_A$로 나눌 수 있다.

$$\dot{\boldsymbol{x}} = \begin{Bmatrix} \boldsymbol{v} \\ \hline \boldsymbol{\omega} \end{Bmatrix} = \begin{Bmatrix} v_x \\ v_y \\ v_z \\ \hline \omega_x \\ \omega_y \\ \omega_z \end{Bmatrix} = \left[\begin{array}{c|c|c|c|c|} \boldsymbol{J}_{L1} & \cdots & \boldsymbol{J}_{Li} & \cdots & \boldsymbol{J}_{Ln} \\ \hline \boldsymbol{J}_{A1} & \cdots & \boldsymbol{J}_{Ai} & \cdots & \boldsymbol{J}_{An} \end{array}\right] \begin{Bmatrix} \dot{q}_1 \\ \vdots \\ \dot{q}_i \\ \vdots \\ \dot{q}_n \end{Bmatrix} = \boldsymbol{J}(\boldsymbol{q})\dot{\boldsymbol{q}} \tag{4.21}$$

또는

$$\boldsymbol{v} = \boldsymbol{J}_L(\boldsymbol{q})\dot{\boldsymbol{q}} = \boldsymbol{J}_{L1}\dot{q}_1 + \cdots + \boldsymbol{J}_{Li}\dot{q}_i + \cdots + \boldsymbol{J}_{Ln}\dot{q}_n \tag{4.22}$$

$$\boldsymbol{\omega} = \boldsymbol{J}_A(\boldsymbol{q})\dot{\boldsymbol{q}} = \boldsymbol{J}_{A1}\dot{q}_1 + \cdots + \boldsymbol{J}_{Ai}\dot{q}_i + \cdots + \boldsymbol{J}_{An}\dot{q}_n \tag{4.23}$$

여기서 $\boldsymbol{J}_{Li}$와 $\boldsymbol{J}_{Ai}$는 다른 모든 관절이 고정된 채로 관절 i만 크기가 1인 단위 속도로 운동할 때 발생하는 말단부의 선속도 벡터(3×1)와 각속도 벡터(3×1)를 각각 나타낸다. 그림 4.3을 고려해 보자.

그림 4.3은 다자유도 로봇의 개략도인데, 관절 i가 회전 관절인 경우와 직선 관절인 경우를 그림에 동시에 표시하였다. 물론 로봇은 설계 시에 하나의 관절은 회전 또는 직선 관절 중 한 형태만 가능하지만, 여기서는 설명의 편의상 두 형태의 관절을 동시에 나타낸 것이다. 우선 관절 i가 회전 관절인 경우를 고려하자. 다른 모든 관절은 고정되어 있지만, 링크 i의 근위 관절인 관절 i만 $\dot{q}_i = \dot{\theta}_i$의 속도로 회전한다고 가정하자. 관절 i는 링크 좌표계 $\{i-1\}$의 z_{i-1}축과 동일하므로, 이 경우의 각속도 벡터는 $\boldsymbol{\omega}_i = \dot{\theta}_i \hat{\boldsymbol{z}}_{i-1}$이 되는데, 여기서 $\hat{\boldsymbol{z}}_{i-1}$은 로봇의 기저 좌표계 $\{0\}$을 기준으로 나타낸 좌표계 $\{i-1\}$의 z_{i-1}축의 단위 벡터를 나타낸다. 식 (4.22)에서 관절 i만 단위 속도로 회전하고 다른 모든 관절이 정지되어 있는 경우의 선속도가 $\boldsymbol{J}_{Li}$이므로

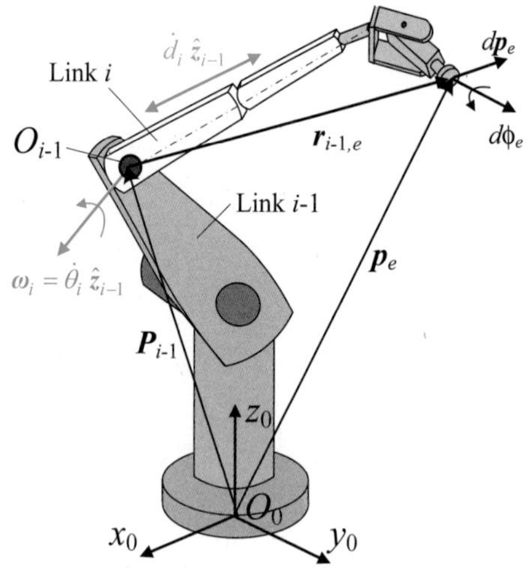

그림 4.3 **기하학적 자코비안 계산을 위한 다자유도 로봇**

$$\boldsymbol{J}_{Li}\,\dot{q}_i = \boldsymbol{\omega}_i \times \boldsymbol{r}_{i-1,e} = (\hat{\boldsymbol{z}}_{i-1} \times \boldsymbol{r}_{i-1,e})\,\dot{\theta}_i \tag{4.24}$$

이 되는데, 이때 $\dot{q}_i = \dot{\theta}_i$이므로

$$\boldsymbol{J}_{Li} = \hat{\boldsymbol{z}}_{i-1} \times \boldsymbol{r}_{i-1,e} = \hat{\boldsymbol{z}}_{i-1} \times (\boldsymbol{p}_e - \boldsymbol{p}_{i-1}) \tag{4.25}$$

이 성립된다. 여기서 $\boldsymbol{p}_e$는 그림 4.3과 같이 로봇의 기저 좌표계 $\{0\}$의 원점에서 말단 좌표계 $\{n\}$의 원점으로의 위치 벡터를, $\boldsymbol{p}_{i-1}$은 $\{0\}$의 원점에서 $\{i-1\}$의 원점으로의 위치 벡터를 각각 의미한다. 또한 식 (4.23)에서 관절 i만 단위 속도로 회전하고 다른 모든 관절이 정지되어 있는 경우의 각속도는 $\boldsymbol{J}_{Ai}$이므로

$$\boldsymbol{J}_{Ai}\,\dot{q}_i = \dot{\theta}_i\,\hat{\boldsymbol{z}}_{i-1} \tag{4.26}$$

이 되는데, 이때 $\dot{q}_i = \dot{\theta}_i$이므로

$$\boldsymbol{J}_{Ai} = \hat{\boldsymbol{z}}_{i-1} \tag{4.27}$$

이 성립된다. 식 (4.25)와 (4.27)을 정리하면, 회전 관절 i에 대한 자코비안 행렬의 성분은 다음과 같다.

$$\begin{bmatrix} \boldsymbol{J}_{Li} \\ \boldsymbol{J}_{Ai} \end{bmatrix} = \begin{bmatrix} \hat{\boldsymbol{z}}_{i-1} \times (\boldsymbol{p}_e - \boldsymbol{p}_{i-1}) \\ \hat{\boldsymbol{z}}_{i-1} \end{bmatrix} \tag{4.28}$$

이번에는 직선 관절의 경우를 살펴보자. 다른 모든 관절은 고정되어 있지만, 링크 i의 근위 관절인 관절 i만 $\dot{q}_i = \dot{d}_i$의 속도로 병진한다고 가정하자. 관절 i는 링크 좌표계 $\{i-1\}$의 z_{i-1}축과 동일하므로, 이 경우의 선속도 벡터는 $\boldsymbol{v}_i = \dot{d}_i\,\hat{\boldsymbol{z}}_{i-1}$이 된다. 식 (4.22)에서 관절 i만 단위 속도로 병진하고, 다른 모든 관절이 정지되어 있는 경우의 선속도가 $\boldsymbol{J}_{Li}$이므로

$$\boldsymbol{J}_{Li}\,\dot{q}_i = \dot{d}_i\,\hat{\boldsymbol{z}}_{i-1} \tag{4.29}$$

이 되는데, 이때 $\dot{q}_i = \dot{d}_i$이므로

$$\boldsymbol{J}_{Li} = \hat{\boldsymbol{z}}_{i-1} \tag{4.30}$$

이 성립된다. 그리고 $\dot{q}_i = \dot{d}_i$는 말단의 각속도를 생성하지 않으므로

$$\boldsymbol{J}_{Ai}\,\dot{q}_i = 0 \tag{4.31}$$

이 되며, 따라서

$$\boldsymbol{J}_{Ai} = 0 \tag{4.32}$$

이 성립된다. 식 (4.30)과 (4.32)를 정리하면, 직선 관절 i에 대한 자코비안 행렬의 성분은 다음과 같다.

$$\begin{bmatrix} \boldsymbol{J}_{Li} \\ \boldsymbol{J}_{Ai} \end{bmatrix} = \begin{bmatrix} \hat{\boldsymbol{z}}_{i-1} \\ \boldsymbol{0} \end{bmatrix} \tag{4.33}$$

식 (4.28)과 (4.23)에서 모든 벡터는 기저 좌표계 $\{0\}$을 기준으로 한 벡터라는 점에 유의한다.

이번에는 2자유도 평면 팔에 대한 기하학적 자코비안을 구해 보자.
우선 위치 벡터 $\boldsymbol{p}_i$는

$$\boldsymbol{p}_0 = \begin{bmatrix} 0 \\ 0 \\ 0 \end{bmatrix},\ \boldsymbol{p}_1 = \begin{bmatrix} a_1 c_1 \\ a_1 s_1 \\ 0 \end{bmatrix},\ \boldsymbol{p}_2 (= \boldsymbol{p}_e) = \begin{bmatrix} a_1 c_1 + a_2 c_{12} \\ a_1 s_1 + a_2 s_{12} \\ 0 \end{bmatrix} \tag{4.34}$$

이며, 단위 벡터 $\hat{\boldsymbol{z}}_i$는

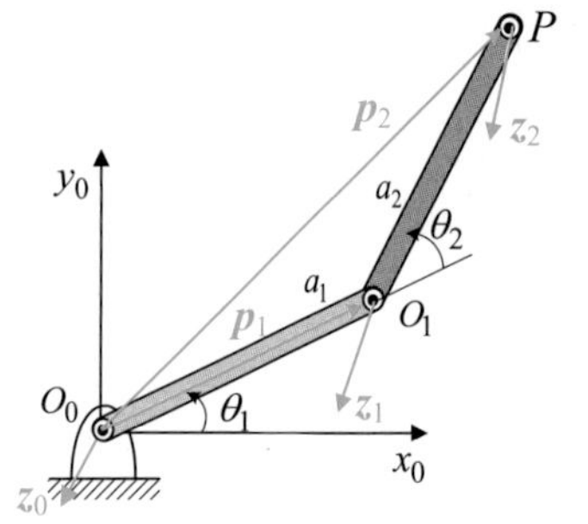

그림 4.4 **2자유도 평면 팔**

$$\hat{z}_0 = \hat{z}_1 = \begin{bmatrix} 0 \\ 0 \\ 1 \end{bmatrix} \tag{4.35}$$

이다. 식 (4.28)에 의해서

$$J(q) = \begin{bmatrix} \hat{z}_0 \times (p_2 - p_0) & \hat{z}_1 \times (p_2 - p_1) \\ \hat{z}_0 & \hat{z}_1 \end{bmatrix} = \begin{bmatrix} -a_1 s_1 - a_2 s_{12} & -a_2 s_{12} \\ a_1 c_1 + a_2 c_{12} & a_2 c_{12} \\ 0 & 0 \\ \hdashline 0 & 0 \\ 0 & 0 \\ 1 & 1 \end{bmatrix} \tag{4.36}$$

이 된다. 이때 2자유도 평면 팔의 작업 자유도는 $m=2$이므로, 식 (4.36)의 처음 2행이 구하고자 하는 자코비안 행렬이 된다. 이는 식 (4.15)에서 구하였던 자코비안과 동일하다. 이와 같이 2자유도 평면 팔과 같이 단순한 경우에는 직관적으로도 자코비안을 구할 수 있으므로, 굳이 식 (4.28)과 같은 방식으로 자코비안을 구할 필요는 없지만, 6자유도 로봇과 같이 복잡한 경우에는 위와 같이 기하학적 자코비안의 공식을 이용하여 계산하는 것이 필요하다. 뒤에서 설명하겠지만, 이 방식은 MATLAB으로 프로그래밍하여 모든 로봇 팔에 적용하는 것도 가능하다.

위의 예제에서는 위치 벡터 p_i와 단위 벡터 $\hat{z}_i$를 직관적으로 구하였다. 그러나 더 복잡한 로봇에 대해서는 직관적으로 이들 벡터를 구하기는 어려우므로, 동차 변환 행렬을 사용하는 것이 바람직하다. 다음과 같이 몇 가지 로봇 팔에 대한 기하학적 자코비안을 구해 보자.

예제 4.1

그림 4.5의 3자유도 공간 팔(spatial arm)에 대한 기하학적 자코비안을 구하시오.

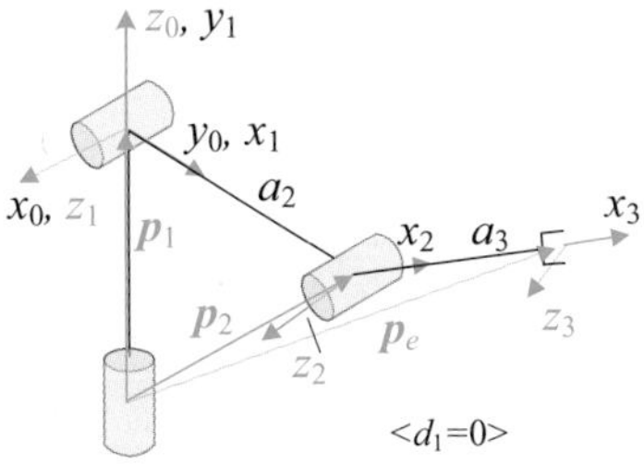

그림 4.5 **3자유도 공간 팔(롤-피치-피치)**

풀이

위치 벡터 $\boldsymbol{p}_{i-1}$과 단위 벡터 $\hat{\boldsymbol{z}}_{i-1}$은 2.1절의 내용에서 다룬 동차 변환을 이용하여 쉽게 구할 수 있다. 로봇의 기저 좌표계 $\{0\}$에서 좌표계 $\{i-1\}$로의 동차 변환 ${}^0\boldsymbol{T}_{i-1}$은 다음과 같다.

$$
{}^0\boldsymbol{T}_{i-1} = \left[\begin{array}{c|c} {}^0\boldsymbol{R}_{i-1} & {}^0\boldsymbol{p}_{i-1} \\ \hline 0 & 1 \end{array}\right] = \left[\begin{array}{ccc|c} \hat{\boldsymbol{x}}_{i-1} & \hat{\boldsymbol{y}}_{i-1} & \hat{\boldsymbol{z}}_{i-1} & \boldsymbol{p}_{i-1} \\ \hline 0 & 0 & 0 & 1 \end{array}\right] \tag{4.37}
$$

3자유도 공간 팔에 대한 동차 변환은 다음과 같다.

$$
{}^0\boldsymbol{T}_1 = \begin{bmatrix} c_1 & 0 & s_1 & 0 \\ s_1 & 0 & -c_1 & 0 \\ 0 & 1 & 0 & 0 \\ 0 & 0 & 0 & 1 \end{bmatrix}, \quad {}^1\boldsymbol{T}_2 = \begin{bmatrix} c_2 & -s_2 & 0 & a_2c_2 \\ s_2 & c_2 & 0 & a_2s_2 \\ 0 & 0 & 1 & 0 \\ 0 & 0 & 0 & 1 \end{bmatrix}, \quad {}^2\boldsymbol{T}_3 = \begin{bmatrix} c_3 & -s_3 & 0 & a_3c_3 \\ s_3 & c_3 & 0 & a_3s_3 \\ 0 & 0 & 1 & 0 \\ 0 & 0 & 0 & 1 \end{bmatrix} \tag{4.38}
$$

위 식에 대해서 다음과 같이 위치 벡터와 단위 벡터를 구할 수 있다.

$$
{}^0\boldsymbol{T}_0 = \begin{bmatrix} 1 & 0 & 0 & 0 \\ 0 & 1 & 0 & 0 \\ 0 & 0 & 1 & 0 \\ 0 & 0 & 0 & 1 \end{bmatrix} = \left[\begin{array}{ccc|c} \hat{\boldsymbol{x}}_0 & \hat{\boldsymbol{y}}_0 & \hat{\boldsymbol{z}}_0 & \boldsymbol{p}_0 \\ \hline 0 & 0 & 0 & 1 \end{array}\right] \tag{4.39}
$$

$$
{}^{0}\boldsymbol{T}_1 = \begin{bmatrix} c_1 & 0 & s_1 & 0 \\ s_1 & 0 & -c_1 & 0 \\ 0 & 1 & 0 & 0 \\ 0 & 0 & 0 & 1 \end{bmatrix} = \left[\begin{array}{ccc|c} \hat{\boldsymbol{x}}_1 & \hat{\boldsymbol{y}}_1 & \hat{\boldsymbol{z}}_1 & \boldsymbol{p}_1 \\ \hline 0 & 0 & 0 & 1 \end{array}\right] \tag{4.40}
$$

$$
{}^{0}\boldsymbol{T}_2 = {}^{0}\boldsymbol{T}_1\,{}^{1}\boldsymbol{T}_2 = \left[\begin{array}{ccc|c} c_1c_2 & -c_1s_2 & s_1 & a_2c_1c_2 \\ s_1c_2 & -s_1s_2 & -c_1 & a_2s_1c_2 \\ s_2 & c_2 & 0 & a_2s_2 \\ \hline 0 & 0 & 0 & 1 \end{array}\right] = \left[\begin{array}{ccc|c} \hat{\boldsymbol{x}}_2 & \hat{\boldsymbol{y}}_2 & \hat{\boldsymbol{z}}_2 & \boldsymbol{p}_2 \\ \hline 0 & 0 & 0 & 1 \end{array}\right] \tag{4.41}
$$

$$
{}^{0}\boldsymbol{T}_3 = {}^{0}\boldsymbol{T}_1\,{}^{1}\boldsymbol{T}_2\,{}^{2}\boldsymbol{T}_3 = \left[\begin{array}{ccc|c} c_1c_{23} & -c_1s_{23} & s_1 & c_1(a_2c_2 + a_3c_{23}) \\ s_1c_{23} & -s_1s_{23} & -c_1 & s_1(a_2c_2 + a_3c_{23}) \\ s_{23} & c_{23} & 0 & a_2s_2 + a_3s_{23} \\ \hline 0 & 0 & 0 & 1 \end{array}\right] = \left[\begin{array}{ccc|c} \hat{\boldsymbol{x}}_3 & \hat{\boldsymbol{y}}_3 & \hat{\boldsymbol{z}}_3 & \boldsymbol{p}_3 \\ \hline 0 & 0 & 0 & 1 \end{array}\right] \tag{4.42}
$$

그러므로

$$
\boldsymbol{p}_0 = \boldsymbol{p}_1 = \begin{bmatrix} 0 \\ 0 \\ 0 \end{bmatrix},\ \boldsymbol{p}_2 = \begin{bmatrix} a_2c_1c_2 \\ a_2s_1c_2 \\ a_2s_2 \end{bmatrix},\ \boldsymbol{p}_3 = \begin{bmatrix} c_1(a_2c_2 + a_3c_{23}) \\ s_1(a_2c_2 + a_3c_{23}) \\ a_2s_2 + a_3s_{23} \end{bmatrix} \tag{4.43}
$$

$$
\hat{\boldsymbol{z}}_0 = \begin{bmatrix} 0 \\ 0 \\ 1 \end{bmatrix},\ \hat{\boldsymbol{z}}_1 = \hat{\boldsymbol{z}}_2 = \begin{bmatrix} s_1 \\ -c_1 \\ 0 \end{bmatrix} \tag{4.44}
$$

식 (4.28)에 의해서 자코비안 행렬은 다음과 같이 구할 수 있다.

$$
\boldsymbol{J}(\boldsymbol{q}) = \begin{bmatrix} \hat{\boldsymbol{z}}_0 \times (\boldsymbol{p}_3 - \boldsymbol{p}_0) & \hat{\boldsymbol{z}}_1 \times (\boldsymbol{p}_3 - \boldsymbol{p}_1) & \hat{\boldsymbol{z}}_2 \times (\boldsymbol{p}_3 - \boldsymbol{p}_2) \\ \hat{\boldsymbol{z}}_0 & \hat{\boldsymbol{z}}_1 & \hat{\boldsymbol{z}}_2 \end{bmatrix} \tag{4.45}
$$

$$
= \left[\begin{array}{ccc} -s_1(a_2c_2 + a_3c_{23}) & -c_1(a_2s_2 + a_3s_{23}) & -a_3c_1s_{23} \\ c_1(a_2c_2 + a_3c_{23}) & -s_1(a_2s_2 + a_3s_{23}) & -a_3s_1s_{23} \\ 0 & a_2c_2 + a_3c_{23} & a_3c_{23} \\ \hline 0 & s_1 & s_1 \\ 0 & -c_1 & -c_1 \\ 1 & 0 & 0 \end{array}\right]
$$

3자유도 공간 팔은 3개의 병진 자유도만 가지므로 위 식에서 이에 해당하는 1, 2, 3 행을 취하면 다음과 같은 자코비안 행렬을 구할 수 있다.

$$\boldsymbol{J}(\boldsymbol{q}) = \begin{bmatrix} -s_1(a_2c_2 + a_3c_{23}) & -c_1(a_2s_2 + a_3s_{23}) & -a_3c_1s_{23} \\ c_1(a_2c_2 + a_3c_{23}) & -s_1(a_2s_2 + a_3s_{23}) & -a_3s_1s_{23} \\ 0 & a_2c_2 + a_3c_{23} & a_3c_{23} \end{bmatrix} \tag{4.46}$$

한편, 위 식은 식 (3.21)의 위치 기구학 식에 식 (4.13)의 자코비안 정의식을 적용하여도 동일하게 구할 수 있다. 이는 위치 기구학의 경우에는 직교 공간 변수를 관절 공간 변수의 항으로 나타낼 수 있으므로 자코비안의 미분이 가능하기 때문이다. 그러나 방위 기구학의 경우에는 오일러 각도를 관절 공간 변수로 명시적으로 나타낼 수 없으므로, 자코비안 정의식을 적용할 수 없으므로 기하학적인 방법을 사용하여야 한다. 다음 예제는 이러한 점을 잘 보여 준다.

또한 식 (4.46)의 자코비안 행렬은 다음과 같이 MATLAB의 심볼릭 기능을 이용하여 구할 수도 있다.

```
% Matlab code for the Jacobian matrix of 3-DOF spatial arm
% Declare symbolic variables
syms c1 s1 c2 s2 c23 s23 d1 a2 a3 Px Py Pz q1 q2 q3
c1 = cos(q1); s1 = sin(q1); c2 = cos(q2); s2 = sin(q2);
c23 = cos(q2+q3); s23 = sin(q2+q3);

% Forward kinematics
Px = c1*(a2*c2 + a3*c23);
Py = s1*(a2*c2 + a3*c23);
Pz = a2*s2 + a3*s23 + d1;

% Jacobian
J = jacobian([Px Py Pz],[q1 q2 q3])
J =
[-sin(q1)*(a3*cos(q2+q3) + a2*cos(q2)),  -cos(q1)*(a3*sin(q2+q3) +
 a2*sin(q2)), -a3*sin(q2+q3)*cos(q1)]
```

```
[ cos(q1)*(a3*cos(q2+q3) + a2*cos(q2)),  -sin(q1)*(a3*sin(q2+q3)
 + a2*sin(q2)), -a3*sin(q2+q3)*sin(q1)]
[ 0,  a3*cos(q2+q3) + a2*cos(q2),  a3*cos(q2+q3)]
```

예제 4.2

그림 4.6의 6자유도 PUMA 로봇에 대한 기하학적 자코비안을 구하시오.

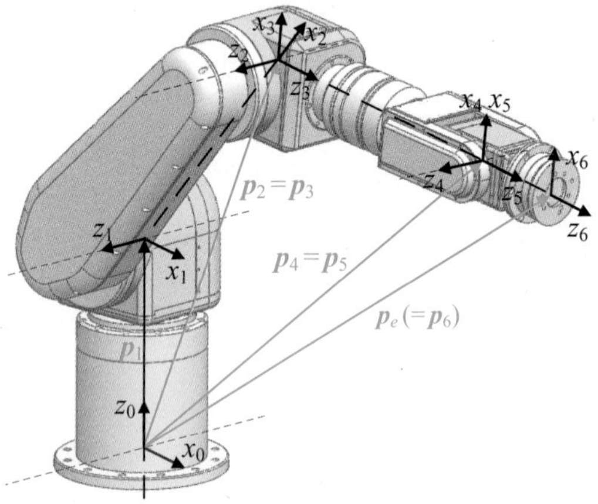

그림 4.6 **기하학적 자코비안을 구하기 위한 위치 벡터의 설정**

풀이

식 (3.33)과 (3.34)는 6자유도 PUMA 로봇에 대한 위치 및 방위 기구학을 나타낸다. 방위 기구학의 경우 오일러 각도를 관절 변수의 항으로 표현할 수 없으므로, 자코비안 정의식으로부터 자코비안을 구할 수 없다. 그러므로 기하학적 자코비안 방식으로 자코비안 행렬을 다음과 같이 구하여야 한다.

식 (4.37)에서 구한 각 좌표계의 위치 벡터와 z축 단위 벡터를 식 (4.28)로부터 구성한 다음의 수식에 대입하여 계산하면 회전 관절로만 구성된 6자유도 로봇의 기하학적 자코비안을 얻을 수 있다.

$$
J(q) = \begin{bmatrix} \hat{z}_0 \times (p_6 - p_0) & \hat{z}_1 \times (p_6 - p_1) & \hat{z}_1 \times (p_6 - p_2) \\ \hat{z}_0 & \hat{z}_1 & \hat{z}_2 \end{bmatrix.
\qquad \begin{matrix} \hat{z}_3 \times (p_6 - p_3) & \hat{z}_4 \times (p_6 - p_4) & \hat{z}_5 \times (p_6 - p_5) \\ \hat{z}_3 & \hat{z}_4 & \hat{z}_5 \end{matrix}\right] \tag{4.47}
$$

식 (3.28)의 PUMA 로봇의 동차 변환 행렬은 다음과 같다.

$$
{}^0T_1 = \begin{bmatrix} c_1 & 0 & s_1 & 0 \\ s_1 & 0 & -c_1 & 0 \\ 0 & 1 & 0 & d_1 \\ 0 & 0 & 0 & 1 \end{bmatrix}, \quad {}^1T_2 = \begin{bmatrix} c_2 & -s_2 & 0 & a_2c_2 \\ s_2 & c_2 & 0 & a_2s_2 \\ 0 & 0 & 1 & 0 \\ 0 & 0 & 0 & 1 \end{bmatrix}, \quad {}^2T_3 = \begin{bmatrix} c_3 & 0 & s_3 & 0 \\ s_3 & 0 & -c_3 & 0 \\ 0 & 1 & 0 & 0 \\ 0 & 0 & 0 & 1 \end{bmatrix}
$$

$$
{}^3T_4 = \begin{bmatrix} c_4 & 0 & -s_4 & 0 \\ s_4 & 0 & c_4 & 0 \\ 0 & -1 & 0 & d_4 \\ 0 & 0 & 0 & 1 \end{bmatrix}, \quad {}^4T_5 = \begin{bmatrix} c_5 & 0 & s_5 & 0 \\ s_5 & 0 & -c_5 & 0 \\ 0 & 1 & 0 & 0 \\ 0 & 0 & 0 & 1 \end{bmatrix}, \quad {}^5T_6 = \begin{bmatrix} c_6 & -s_6 & 0 & 0 \\ s_6 & c_6 & 0 & 0 \\ 0 & 0 & 1 & d_6 \\ 0 & 0 & 0 & 1 \end{bmatrix} \tag{4.48}
$$

식 (4.47)의 각 성분을 구하기 위해서는 ${}^0T_0$, ${}^0T_1$, …, ${}^0T_5$, ${}^0T_6$까지의 동차 변환 식이 필요하다. 그런데 동차 변환의 모든 성분이 필요한 것이 아니라 3열의 $\hat{z}_{i-1}$과 4열의 p_{i-1}만이 필요하므로, 이 점을 고려하여 다음과 같이 계산을 수행한다.

$$
{}^0T_0 = \begin{bmatrix} 1 & 0 & 0 & 0 \\ 0 & 1 & 0 & 0 \\ 0 & 0 & 1 & 0 \\ 0 & 0 & 0 & 1 \end{bmatrix}, \quad {}^0T_1 = \begin{bmatrix} c_1 & 0 & s_1 & 0 \\ s_1 & 0 & -c_1 & 0 \\ 0 & 1 & 0 & d_1 \\ 0 & 0 & 0 & 1 \end{bmatrix},
$$

$$
{}^0T_2 = \begin{bmatrix} c_1c_2 & -c_1s_2 & s_1 & a_2c_1c_2 \\ s_1c_2 & -s_1s_2 & -c_1 & a_2s_1c_2 \\ s_2 & c_2 & 0 & d_1 + a_2s_2 \\ 0 & 0 & 0 & 1 \end{bmatrix}, \quad {}^0T_3 = \begin{bmatrix} c_1c_{23} & s_1 & c_1s_{23} & a_2c_1s_2 \\ s_1c_{23} & -c_1 & s_1s_{23} & a_2s_1c_2 \\ s_{23} & 0 & -c_{23} & d_1 + a_2s_2 \\ 0 & 0 & 0 & 1 \end{bmatrix},
$$

$$
{}^{0}\boldsymbol{T}_4 = \begin{bmatrix} c_1c_{23}c_4 + s_1s_4 & -c_1s_{23} & -c_1c_{23}s_4 + s_1c_4 & a_2c_1s_2 + c_1s_{23}d_4 \\ s_1c_{23}c_4 - c_1s_4 & -s_1s_{23} & -s_1c_{23}s_4 - c_1c_4 & a_2s_1c_2 + s_1s_{23}d_4 \\ s_{23}c_4 & c_{23} & -s_{23}s_4 & d_1 + a_2s_2 - c_{23}d_4 \\ 0 & 0 & 0 & 1 \end{bmatrix}
$$

$$
{}^{0}\boldsymbol{T}_5 = {}^{0}\boldsymbol{T}_4 \cdot {}^{4}\boldsymbol{T}_5 = \begin{bmatrix} * & * & c_1(s_{23}c_5 + c_{23}c_4s_5) + s_1s_4s_5 & a_2c_1s_2 + c_1s_{23}d_4 \\ * & * & s_1(s_{23}c_5 + c_{23}c_4s_5) - c_1s_4 & a_2s_1c_2 + s_1s_{23}d_4 \\ * & * & s_{23}c_4s_5 - c_{23}c_5 & d_1 + a_2s_2 - c_{23}d_4 \\ 0 & 0 & 0 & 1 \end{bmatrix}
$$

$$
{}^{0}\boldsymbol{T}_6 = {}^{0}\boldsymbol{T}_3 \cdot {}^{3}\boldsymbol{T}_6
$$

$$
= \begin{bmatrix} c_1c_{23} & s_1 & c_1s_{23} & a_2c_1s_2 \\ s_1c_{23} & -c_1 & s_1s_{23} & a_2s_1c_2 \\ s_{23} & 0 & -c_{23} & a_2s_2 + d_1 \\ 0 & 0 & 0 & 1 \end{bmatrix} \begin{bmatrix} c_4c_5c_6 - s_4s_6 & -c_4c_5s_6 - s_4c_6 & c_4s_5 & c_4s_5d_6 \\ s_4c_5c_6 + c_4s_6 & -s_4c_5s_6 + c_4c_6 & s_4s_5 & s_4s_5d_6 \\ -s_5c_6 & s_5s_6 & c_5 & d_4 + c_5d_6 \\ 0 & 0 & 0 & 1 \end{bmatrix}
$$

$$
= \begin{bmatrix} * & * & * & a_2c_1c_2 + d_4c_1s_{23} + d_6[s_1s_4s_5 + c_1(c_{23}c_4s_5 + s_{23}c_5)] \\ * & * & * & a_2s_1c_2 + d_4s_1s_{23} + d_6[c_1s_4s_5 - s_1(c_{23}c_4s_5 + s_{23}c_5)] \\ * & * & * & d_1 + a_2s_2 - d_4c_{23} - d_6(c_5c_{23} - c_4s_5s_{23}) \\ 0 & 0 & 0 & 1 \end{bmatrix} \tag{4.49}
$$

위의 계산으로부터 다음과 같이 식 (4.47)의 성분을 구할 수 있다.

$$
\boldsymbol{p}_0 = \begin{bmatrix} 0 \\ 0 \\ 0 \end{bmatrix}, \boldsymbol{p}_1 = \begin{bmatrix} 0 \\ 0 \\ d_1 \end{bmatrix}, \boldsymbol{p}_2 = \boldsymbol{p}_3 = \begin{bmatrix} a_2c_1c_2 \\ a_2s_1c_2 \\ d_1 + a_2s_2 \end{bmatrix}, \boldsymbol{p}_4 = \boldsymbol{p}_5 = \begin{bmatrix} a_2c_1c_2 + c_1s_{23}d_4 \\ a_2s_1c_2 + s_1s_{23}d_4 \\ d_1 + a_2s_2 - c_{23}d_4 \end{bmatrix},
$$

$$
\boldsymbol{p}_6 = \begin{bmatrix} a_2c_1c_2 + d_4c_1s_{23} + d_6[s_1s_4s_5 + c_1(c_{23}c_4s_5 + s_{23}c_5)] \\ a_2s_1c_2 + d_4s_1s_{23} + d_6[c_1s_4s_5 - s_1(c_{23}c_4s_5 + s_{23}c_5)] \\ d_1 + a_2s_2 - d_4c_{23} - d_6(c_5c_{23} - c_4s_5s_{23}) \end{bmatrix} \tag{4.50}
$$

$$
\begin{aligned} &\hat{\boldsymbol{z}}_0 = \begin{bmatrix} 0 \\ 0 \\ 1 \end{bmatrix}, \hat{\boldsymbol{z}}_1 = \hat{\boldsymbol{z}}_2 = \begin{bmatrix} s_1 \\ -c_1 \\ 0 \end{bmatrix}, \hat{\boldsymbol{z}}_3 = \begin{bmatrix} c_1s_{23} \\ s_1s_{23} \\ -c_{23} \end{bmatrix}, \\ &\hat{\boldsymbol{z}}_4 = \begin{bmatrix} -c_1c_{23}s_4 + s_1c_4 \\ -s_1c_{23}s_4 - c_1c_4 \\ -s_{23}s_4 \end{bmatrix}, \hat{\boldsymbol{z}}_5 = \begin{bmatrix} c_1(s_{23}c_5 + c_{23}c_4s_5) + s_1s_4s_5 \\ s_1(s_{23}c_5 + c_{23}c_4s_5) - c_1s_4s_5 \\ s_{23}c_4s_5 - c_{23}c_5 \end{bmatrix} \end{aligned} \tag{4.51}
$$

이 수식의 계산 결과는 다음과 같다.

$$\boldsymbol{J}(\boldsymbol{q}) = \begin{bmatrix} J_{11} & J_{12} & \cdots & J_{16} \\ J_{21} & J_{22} & & \\ \vdots & & \ddots & \\ J_{61} & & & J_{66} \end{bmatrix} \tag{4.52}$$

여기서 각 성분은 다음과 같다.

$$\begin{aligned}
&J_{11} = -a_2 s_1 c_2 - d_4 s_1 s_{23} + d_6[c_1 s_4 s_5 - s_1(c_{23} c_4 s_5 + s_{23} c_5)] \\
&J_{21} = a_2 c_1 c_2 + d_4 c_1 s_{23} + d_6[s_1 s_4 s_5 + c_1(c_{23} c_4 s_5 + s_{23} c_5)],\ J_{31} = 0, J_{41} = 0, J_{51} = 0, J_{61} = 1 \\
&J_{12} = -a_2 c_1 s_2 + d_4 c_1 c_{23} + d_6 c_1(c_{23} c_5 - s_{23} c_4 s_5), J_{22} = -a_2 s_1 s_2 + d_4 s_1 c_{23} + d_6 s_1(c_{23} c_5 - s_{23} c_4 s_5), \\
&J_{32} = a_2 c_2 + d_4 s_{23} + d_6(s_{23} c_5 + c_{23} c_4 s_5),\ J_{42} = s_1, J_{52} = -c_1, J_{62} = 0 \\
&J_{13} = d_4 c_1 c_{23} + d_6 c_1(c_{23} c_5 - s_{23} c_4 s_5),\ J_{23} = d_4 s_1 c_{23} + d_6 s_1(c_{23} c_5 - s_{23} c_4 s_5), \\
&J_{33} = d_4 s_{23} + d_6(s_{23} c_5 + c_{23} c_4 s_5),\ J_{43} = s_1, J_{53} = -c_1, J_{63} = 0 \\
&J_{14} = d_6 s_5(s_1 c_4 - c_1 c_{23} s_4),\ J_{24} = -d_6 s_5(c_1 c_4 + s_1 c_{23} s_4), J_{34} = -d_6 s_{23} s_4 s_5, \\
&J_{44} = c_1 s_{23}, J_{54} = s_1 s_{23}, J_{64} = -c_{23},\ J_{44} = c_1 s_{23}, J_{54} = s_1 s_{23}, J_{64} = -c_{23} \\
&J_{15} = d_6[c_1(c_{23} c_4 c_5 - s_{23} s_5) + s_1 s_4 c_5],\ J_{25} = d_6[s_1(c_{23} c_4 c_5 - s_{23} s_5) - c_1 s_4 c_5], \\
&J_{35} = d_6(c_{23} s_5 + s_{23} c_4 c_5), J_{45} = s_1 c_4 - c_1 c_{23} s_4,\ J_{55} = -c_1 c_4 - s_1 c_{23} s_4,\ J_{65} = -s_{23} s_4 \\
&J_{16} = 0, J_{26} = 0, J_{36} = 0, J_{46} = c_1(c_{23} c_4 s_5 + s_{23} c_5) + s_1 s_4 s_5 \\
&J_{56} = s_1(c_{23} c_4 s_5 + s_{23} c_5) - c_1 s_4 s_5,\ J_{66} = s_{23} c_4 s_5 - c_{23} c_5
\end{aligned} \tag{4.53}$$

이와 같이 다자유도 로봇에 대한 기하학적 자코비안의 계산은 매우 복잡하다. 이러한 계산을 수작업으로 직접 수행할 수도 있지만, MATLAB의 심볼릭 계산 기능을 이용하여 구할 수도 있다. MATLAB을 사용하는 경우에는 직접 C코드 형태로 자코비안 행렬의 성분을 줄 수 있으므로, 이를 바로 제어 프로그램에서 사용할 수도 있다. 부록 B에서 기하학적 자코비안 행렬과 이 자코비안 행렬의 시간 도함수를 구하는 MATLAB 프로그램에 대해서 자세히 설명한다.

4.3 해석적 자코비안

식 (4.18)의 기하학적 자코비안의 정의에서는 다음과 같이 로봇의 말단 속도 벡터에서 방위에 대한 속도로 로봇의 기저 좌표계를 기준으로 한 절대 각속도 $\boldsymbol{\omega}$를 사용하였다.

$$\dot{\boldsymbol{x}} = \left\{ \frac{\boldsymbol{v}}{\boldsymbol{\omega}} \right\} = \left\{ \frac{\dot{\boldsymbol{p}}}{\boldsymbol{\omega}} \right\} = \{ v_x \quad v_y \quad v_z \mid \omega_x \quad \omega_y \quad \omega_z \}^T = \boldsymbol{J}(q)\dot{\boldsymbol{q}} \tag{4.54}$$

만약 방위에 대한 속도로 오일러 각도 $\boldsymbol{\alpha}$를 기준으로 한 오일러 각속도 $\dot{\boldsymbol{\alpha}}$을 사용하면 다음과 같다.

$$\dot{\boldsymbol{x}}_a = \left\{ \frac{\boldsymbol{v}}{\dot{\boldsymbol{\alpha}}} \right\} = \{ v_x \quad v_y \quad v_z \mid \dot{\phi} \quad \dot{\theta} \quad \dot{\psi} \}^T = \boldsymbol{J}_a(q)\dot{\boldsymbol{q}} \tag{4.55}$$

위 식에서의 자코비안 $\boldsymbol{J}_a$를 **해석적 자코비안**(analytical Jacobian)이라 한다. 오일러 각도 $\boldsymbol{\alpha}(\boldsymbol{q})$는 관절 변수 $\boldsymbol{q}$의 함수로 나타낼 수 없으므로, $\boldsymbol{J}_a$를 자코비안의 정의식 (4.13)과 같이 $\partial\boldsymbol{\alpha}/\partial\boldsymbol{q}$와 같은 미분에 의해서 구할 수는 없다.

우선 오일러 각속도와 절대 각속도를 비교해 보자. 절대 각속도 $\boldsymbol{\omega}$는 기저 좌표계를 기준하여 말단부의 각속도를 나타내므로 직관적이다. 그러나 선속도 $\boldsymbol{v}$를 적분하면 위치 벡터 $\boldsymbol{p}$를 얻을 수 있지만, 각속도 $\boldsymbol{\omega}$를 적분하더라도 방위각(예: RPY 각도)을 얻을 수는 없다.

$$\dot{\boldsymbol{x}} = \left\{ \begin{matrix} \boldsymbol{v} \\ \boldsymbol{\omega} \end{matrix} \right\} \;\rightarrow\; \boldsymbol{x} \neq \left\{ \begin{matrix} \boldsymbol{p} \\ \int \boldsymbol{\omega}\, dt \end{matrix} \right\} \tag{4.56}$$

이는 그림 4.7을 통해서 이해할 수 있다. 그림에서 상단의 경우에는 X축 회전 후에 Y축 회전을 수행한 결과이며, 하단의 경우에는 Y축 회전 후에 X축 회전을 수행한 경우이다. 두 경우 모두 X축과 Y축 회전을 포함하므로 시간 0에서 2초까지 각속도 $\boldsymbol{\omega}$를 적분하면 다음과 같이 동일한 결과를 얻는다.

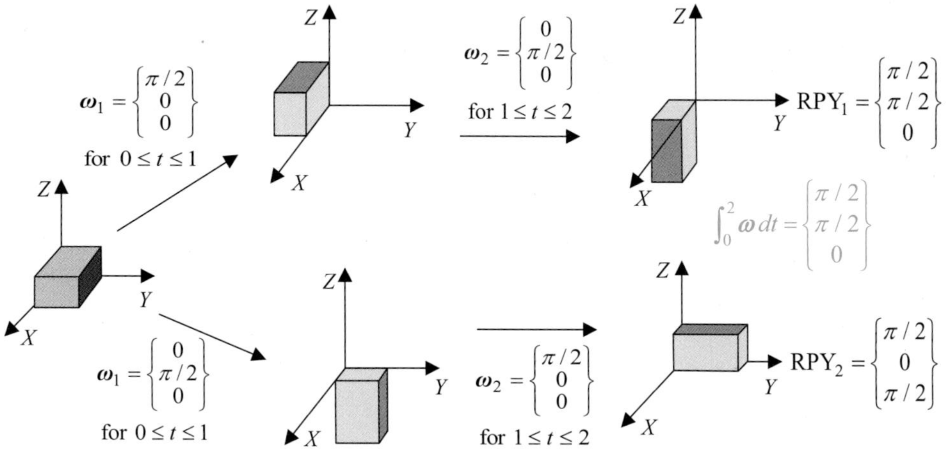

그림 4.7 **절대 각속도의 적분**

$$\int_0^2 \boldsymbol{\omega}\, dt = \int_0^2 \begin{Bmatrix} \omega_x \\ \omega_y \\ \omega_z \end{Bmatrix} dt = \begin{Bmatrix} \pi/2 \\ \pi/2 \\ 0 \end{Bmatrix} \tag{4.57}$$

그러나 상단과 하단의 운동의 결과로 얻어지는 방위를 구해 보면 RPY_1과 RPY_2는 서로 다르다. 즉, 식 (4.56)과 같이 각속도 적분을 통해서 방위를 구할 수 없다는 점을 알 수 있다.

반면에, 오일러 각속도는 **그림** 4.8에서 보듯이, 말단부 방위가 변함에 따라서 변하게 되는 축에 대한 회전 속도 성분이므로, 그다지 직관적이지 못하다. 그러나 오일러 각속도를 시간에 대해서 적분하면 오일러 각도를 얻을 수 있다.

$$\dot{\boldsymbol{x}}_a = \begin{Bmatrix} \boldsymbol{v} \\ \dot{\boldsymbol{\alpha}} \end{Bmatrix} \rightarrow \boldsymbol{x}_a = \begin{Bmatrix} \boldsymbol{p} \\ \boldsymbol{\alpha} \end{Bmatrix} \tag{4.58}$$

일반적으로 오일러 각속도 $\dot{\boldsymbol{\alpha}}$과 절대 각속도 $\boldsymbol{\omega}$는 서로 다르므로, 절대 각속도에 기반한 기하학적 자코비안과 오일러 각속도에 기반한 해석적 자코비안은 서로 다르게 된다. 우선 ZYX 오일러 각도 및 ZYZ 오일러 각도에 대해서 $\dot{\boldsymbol{\alpha}}$과 $\boldsymbol{\omega}$의 관계를 구해 보자.

① ZYX 오일러 각도

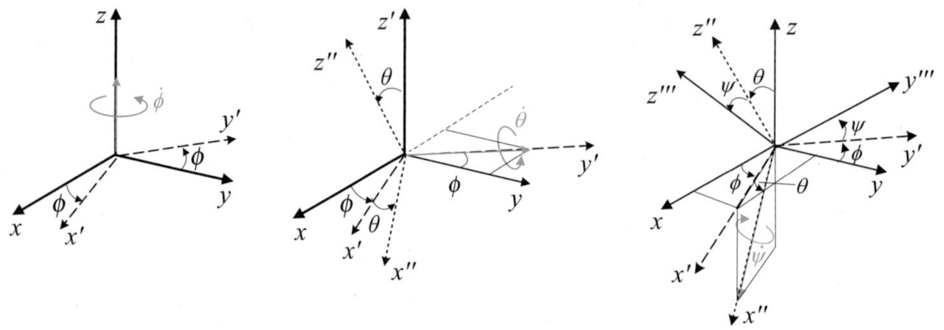

그림 4.8 ZYX 오일러 각속도의 정의

그림 4.8에서 절대 각속도 $\boldsymbol{\omega}$는 오일러 각속도에 대해서 다음과 같은 관계를 가진다.

$$\dot{\phi} \rightarrow [\omega_x \ \omega_y \ \omega_z]^T = \dot{\phi}\,[0 \ 0 \ 1]^T$$
$$\dot{\theta} \rightarrow [\omega_x \ \omega_y \ \omega_z]^T = \dot{\theta}\,[-s\phi \ \ c\phi \ \ 0]^T$$
$$\dot{\psi} \rightarrow [\omega_x \ \omega_y \ \omega_z]^T = \dot{\psi}\,[c\phi c\theta \ \ s\phi c\theta \ \ -s\theta]^T$$

위 식을 벡터-행렬로 나타내면

$$\begin{Bmatrix} \omega_x \\ \omega_y \\ \omega_z \end{Bmatrix} = \begin{bmatrix} 0 & -s\phi & c\theta c\phi \\ 0 & c\phi & c\theta s\phi \\ 1 & 0 & -s\theta \end{bmatrix} \begin{Bmatrix} \dot{\phi} \\ \dot{\theta} \\ \dot{\psi} \end{Bmatrix} \tag{4.59}$$

이므로, 절대 각속도와 오일러 각속도 간의 관계는 다음과 같다.

$$\boldsymbol{\omega} = \boldsymbol{B}(\boldsymbol{\alpha})\dot{\boldsymbol{\alpha}}, \text{ where } \boldsymbol{B}(\boldsymbol{\alpha}) = \begin{bmatrix} 0 & -\sin\phi & \cos\theta\cos\phi \\ 0 & \cos\phi & \cos\theta\sin\phi \\ 1 & 0 & -\sin\theta \end{bmatrix} \begin{Bmatrix} \dot{\phi} \\ \dot{\theta} \\ \dot{\psi} \end{Bmatrix} \tag{4.60}$$

② ZYZ 오일러 각도

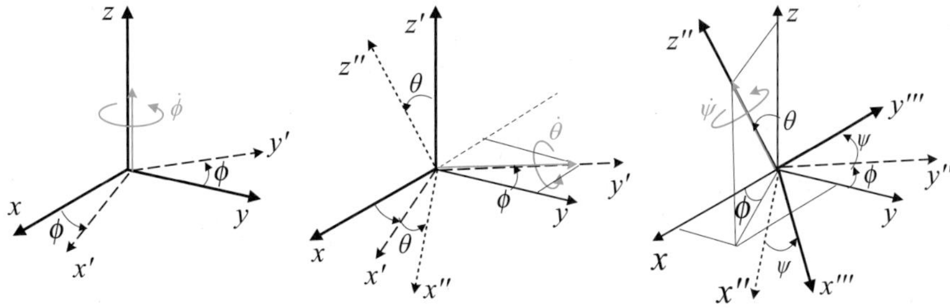

그림 4.9 ZYZ 오일러 각속도의 정의

그림 4.9에서 절대 각속도 $\boldsymbol{\omega}$는 오일러 각속도에 대해서 다음과 같은 관계를 가진다.

$$\dot{\phi} \rightarrow [\omega_x\ \omega_y\ \omega_z]^T = \dot{\phi}\ [0\ 0\ 1]^T$$
$$\dot{\theta} \rightarrow [\omega_x\ \omega_y\ \omega_z]^T = \dot{\theta}\,[-s\phi\ \ c\phi\ \ 0]^T$$
$$\dot{\psi} \rightarrow [\omega_x\ \omega_y\ \omega_z]^T = \dot{\psi}\ [c\phi s\theta\ \ s\phi s\theta\ \ c\theta]^T$$

위 식을 벡터-행렬로 나타내면

$$\begin{Bmatrix} \omega_x \\ \omega_y \\ \omega_z \end{Bmatrix} = \begin{bmatrix} 0 & -s\phi & c\phi s\theta \\ 0 & c\phi & s\phi s\theta \\ 1 & 0 & c\theta \end{bmatrix} \begin{Bmatrix} \dot{\phi} \\ \dot{\theta} \\ \dot{\psi} \end{Bmatrix} \Rightarrow \boldsymbol{\omega} = \boldsymbol{B}(\boldsymbol{\alpha})\dot{\boldsymbol{\alpha}} \tag{4.61}$$

이므로, 절대 각속도와 오일러 각속도 간의 관계는 다음과 같다.

$$\boldsymbol{\omega} = \boldsymbol{B}(\boldsymbol{\alpha})\dot{\boldsymbol{\alpha}},\ \text{where}\ \boldsymbol{B}(\boldsymbol{\alpha}) = \begin{bmatrix} 0 & -\sin\phi & \cos\phi\sin\theta \\ 0 & \cos\phi & \sin\phi\sin\theta \\ 1 & 0 & \cos\theta \end{bmatrix} \begin{Bmatrix} \dot{\phi} \\ \dot{\theta} \\ \dot{\psi} \end{Bmatrix} \tag{4.62}$$

식 (4.60) 또는 (4.62)에서 오일러 각속도가 주어지면 해당 행렬 $\boldsymbol{B}$를 통하여 절대 각속도를 계산할 수 있다. 절대 각속도가 주어지는 경우에는 행렬 $\boldsymbol{B}$의 역행렬을 통하여 다음과 같이 오일러 각속도를 구할 수 있다.

$$\dot{\boldsymbol{\alpha}} = \boldsymbol{B}^{-1}(\boldsymbol{\alpha})\boldsymbol{\omega} \tag{4.63}$$

그러나 ZYX 오일러 각도에서는 $\det|\boldsymbol{B}(\boldsymbol{\alpha})| = -\sin\theta$이므로 $\theta = 0, \pi$에서 역행렬이 존재하지 않으며, ZYZ 오일러 각도에서는 $\det|\boldsymbol{B}(\boldsymbol{\alpha})| = -\cos\theta$이므로 $\theta = \pm\pi/2$에서 역행렬이 존재하지 않게 된다. 이러한 각도를 표현 특이점(representation singularity)이라고 하는데, 그림 4.8에서는 x''축이 z축과 일직선이 되고, 그림 4.9에서는 z''축이 z축과 일직선이 되므로, ϕ와 ψ가 둘 다 동일 축에 대한 각도를 나타내게 되어 특이점이 발생하게 된다. 즉, 절대 각속도로부터 오일러 각속도를 구할 때 표현 특이점에서는 오일러 각속도를 계산할 수 없게 된다. 그러므로 식 (4.63)을 사용하여 오일러 각속도를 구하는 것은 바람직하지 않다.

한편, 행렬 $\boldsymbol{B}$를 통해 기하학적 자코비안 $\boldsymbol{J}$로부터 해석적 자코비안 $\boldsymbol{J}_a$를 다음과 같이 구할 수 있다.

$$\boldsymbol{J}(\boldsymbol{q})\dot{\boldsymbol{q}} = \begin{Bmatrix} \boldsymbol{v} \\ \boldsymbol{\omega} \end{Bmatrix} = \begin{Bmatrix} \boldsymbol{v} \\ \boldsymbol{B}(\boldsymbol{\alpha})\,\dot{\boldsymbol{\alpha}} \end{Bmatrix} = \begin{bmatrix} \boldsymbol{I} & 0 \\ 0 & \boldsymbol{B}(\boldsymbol{\alpha}) \end{bmatrix} \begin{Bmatrix} \boldsymbol{v} \\ \dot{\boldsymbol{\alpha}} \end{Bmatrix} = \begin{bmatrix} \boldsymbol{I} & 0 \\ 0 & \boldsymbol{B}(\boldsymbol{\alpha}) \end{bmatrix} \boldsymbol{J}_a(\boldsymbol{q})\dot{\boldsymbol{q}} \tag{4.64}$$

위 식을 정리하면 다음 관계를 구할 수 있다.

$$\boldsymbol{J}_a(\boldsymbol{q}) = \begin{bmatrix} \boldsymbol{I} & \boldsymbol{O} \\ \boldsymbol{O} & \boldsymbol{B}(\boldsymbol{\alpha}) \end{bmatrix}^{-1} \boldsymbol{J}(\boldsymbol{q}) = \begin{bmatrix} \boldsymbol{I} & \boldsymbol{O} \\ \boldsymbol{O} & \boldsymbol{B}^{-1}(\boldsymbol{\alpha}) \end{bmatrix} \boldsymbol{J}(\boldsymbol{q}) \tag{4.65}$$

위 식과 같이 $\boldsymbol{J}_a(\boldsymbol{q})$를 구하는 과정에서 행렬 $\boldsymbol{B}(\boldsymbol{\alpha})$의 역행렬이 필요하게 되는데, 앞서 설명한 바와 같이 표현 특이점 문제가 발생한다. 그러므로 특이점이 발생하는 오일러 각도 주변에서는 기하학적 자코비안으로부터 해석적 자코비안을 구할 수 없게 된다. 로봇의 기하학적 관계로부터 항상 계산이 가능한 기하학적 자코비안과 달리, 해석적 자코비안은 반드시 기하학적 자코비안으로부터 식 (4.65)를 통해서만 구할 수 있다. 따라서 기하학적 자코비안을 해석적 자코비안으로 변환하는 과정에서 필연적으로 발생하는 특이점 문제는 해석적 자코비안을 로봇 제어에 사용할 경우 피할 수 없게 된다.

로봇 말단부의 방위를 나타내는 데는 오일러 각도가 많이 사용되고 편리하다. 그러나 오일러 속도 기반의 해석적 자코비안은 표현 특이점 문제를 피할 수 없으므로,

속도 계산에서는 기하학적 자코비안과 절대 각속도를 사용하는 것이 바람직하다. 이러한 문제가 크게 대두되는 경우가 바로 로봇의 모델을 기반으로 제어를 수행하는 경우이다. 이에 대해서는 로봇의 위치 제어를 설명할 때 다시 자세히 언급하기로 한다.

4.4 특이점

그림 4.2의 2자유도 평면 팔을 고려하여 보자. 이 경우 말단부의 방위를 고려할 필요가 없으므로, 기하학적 자코비안과 해석적 자코비안은 동일하다. 이 경우 정기구학은

$$\begin{cases} p_x = a_1 \cos\theta_1 + a_2 \cos(\theta_1 + \theta_2) \\ p_y = a_1 \sin\theta_1 + a_2 \sin(\theta_1 + \theta_2) \end{cases} \tag{4.66}$$

와 같으며, 자코비안은 다음과 같다.

$$\boldsymbol{J}(\boldsymbol{\theta}) = \begin{bmatrix} -a_1 \sin\theta_1 - a_2 \sin(\theta_1 + \theta_2) & -a_2 \sin(\theta_1 + \theta_2) \\ a_1 \cos\theta_1 + a_2 \cos(\theta_1 + \theta_2) & a_2 \cos(\theta_1 + \theta_2) \end{bmatrix} \tag{4.67}$$

말단 속도와 관절 속도 간에 다음 관계가 성립된다.

$$\dot{\boldsymbol{x}} = \boldsymbol{J}\dot{\boldsymbol{q}} \quad \text{or} \quad \begin{Bmatrix} v_x \\ v_y \end{Bmatrix} = \begin{bmatrix} -a_1 s_1 - a_2 s_{12} & -a_2 s_{12} \\ a_1 c_1 + a_2 c_{12} & a_2 c_{12} \end{bmatrix} \begin{Bmatrix} \dot{\theta}_1 \\ \dot{\theta}_2 \end{Bmatrix} \tag{4.68}$$

관절 속도가 주어진 경우에는 식 (4.68)을 사용하여 말단 속도를 쉽게 구할 수 있다. 반대로, 말단 속도가 주어진 경우에 관절 속도는

$$\dot{\boldsymbol{q}} = \boldsymbol{J}^{-1}\dot{\boldsymbol{x}} \;\Rightarrow\; \begin{Bmatrix} \dot{\theta}_1 \\ \dot{\theta}_2 \end{Bmatrix} = \begin{bmatrix} -a_1 s_1 - a_2 s_{12} & -a_2 s_{12} \\ a_1 c_1 + a_2 c_{12} & a_2 c_{12} \end{bmatrix}^{-1} \begin{Bmatrix} v_x \\ v_y \end{Bmatrix} \tag{4.69}$$

와 같이 구할 수 있는데, 이때 자코비안의 행렬식

$$\begin{aligned} \det(\boldsymbol{J}) &= (-a_1 s_1 - a_2 s_{12})(a_2 c_{12}) - (a_1 c_1 + a_2 c_{12})(-a_2 s_{12}) \\ &= a_1 a_2 (c_1 s_{12} - s_1 c_{12}) = a_1 a_2 s_2 \end{aligned} \tag{4.70}$$

을 사용하여 역행렬을 구하면 다음과 같다.

$$\boldsymbol{J}^{-1} = \frac{1}{a_1 a_2 \sin\theta_2} \begin{bmatrix} a_2 \cos(\theta_1 + \theta_2) & a_2 \sin(\theta_1 + \theta_2) \\ -a_1 \cos\theta_1 - a_2 \cos(\theta_1 + \theta_2) & -a_1 \sin\theta_1 - a_2 \sin(\theta_1 + \theta_2) \end{bmatrix} \quad (4.71)$$

이때 $\theta_2 = 0°$ 또는 180°이면 $\sin\theta_2 = 0$이 되어 식 (4.71)의 역행렬이 존재하지 않게 된다. 그림 4.10에서 보듯이, $\theta_2 = 0°$는 팔이 완전히 펼쳐진 경우(그림의 B)이며, $\theta_2 = 180°$는 팔이 완전히 접혀진 경우(그림의 C)이다. 이러한 경우에 식 (4.69)에서 주어진 말단 속도에 대해서 관절 속도가 무한대가 되며, 물리적으로는 각 관절 모터의 회전 속도가 매우 커지게 되어 로봇의 동작이 정상을 벗어나게 된다. 이때의 로봇의 형상을 특이 형상(singular configuration) 또는 **특이점**(singular point)이라 한다. 즉, 특이점은 $\det(\boldsymbol{J}) = 0$에 해당한다.

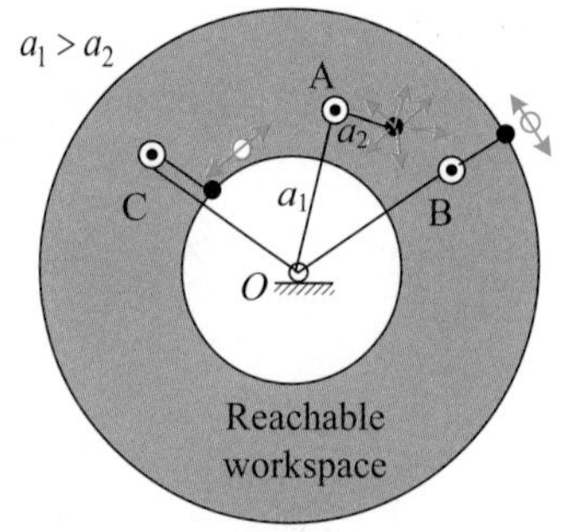

그림 4.10 **2자유도 평면 팔의 특이 형상**

만약 자코비안 행렬이 $n \times n$ 정방 행렬(square matrix) $\boldsymbol{J}$라고 하면, 자코비안의 역행렬이 존재하기 위해서는 식 (4.71)에서 보듯이 $\det(\boldsymbol{J}) \neq 0$이어야 한다. 이 조건은 $\text{rank}(\boldsymbol{J}) = n$인 조건과 등가인데, 여기서 랭크(rank)는 정방 행렬에서 선형 독립인(linearly independent) 행(또는 열)의 수를 의미한다. 그러므로 $\text{rank}(\boldsymbol{J}) = n$은 자코비안 $\boldsymbol{J}$의 모든 행이나 열이 선형 독립임을 의미한다.

그림 4.10의 경우 A와 같이 특이점이 아닌 일반 형상에서는 관절 속도의 조합을 통해서 원하는 말단 속도를 모든 방향으로 생성할 수 있다. 그러나 형상 B($\theta_2 = 0°$) 또는 C($\theta_2 = 180°$)와 같은 특이점에서는 관절 속도의 어떠한 조합으로도 특정 방향의 말단 속도는 생성해 내지 못하게 된다. 즉, 2자유도 평면 팔의 경우 특이 형상에서는

말단부가 원주에 접선 방향으로만 움직일 수 있으며, 이 외의 어떤 방향으로도 움직일 수 없다.

식 (4.69)와 (4.71)에서 보면, 특이 형상에서도 수학적으로는 관절이 무한대의 속도를 가지면 모든 방향으로 말단 속도를 구현할 수 있지만, 실제로는 관절 속도에 제한이 있다. 그러므로 로봇 팔이 특이 형상 또는 그 근처에 있으면, 로봇의 말단부는 관절의 유한한 속도에 의해서는 어떤 방향으로는 속도를 가질 수 없게 된다.

특이점은 작업 공간의 경계에서 발생하는 **경계 특이점**(boundary singularity)과 작업 공간 내부에서 발생하는 **내부 특이점**(internal singularity)으로 분류된다. 경계 특이점은 모든 로봇에 다 존재하는데, 주로 팔을 완전히 펼치거나 접는 경우에 발생한다. 그러므로 이러한 특이점은 로봇이 작업 공간 경계에서는 작업을 하지 않으면 쉽게 피할 수 있으므로 별로 문제가 되지 않는다. 그러나 내부 특이점은 로봇의 동작 중에 쉽게 발생할 수 있으므로 특별한 주의가 필요하다. 내부 특이점의 대표적인 경우가 **그림 4.11**의 **손목 특이점**이다. 그림에서 θ_5가 특정한 각도가 되면 관절 축 4와 6이 일직선이 되는데, 이때 이 두 축의 움직임은 동일한 말단부 운동을 유발하게 된다. 따라서 손목의 3자유도가 2자유도로 자유도 하나가 손실되며, 우측 그림에 나타낸 특이점에서는 말단부가 종이면상에서 상하 방향으로 움직이지 못하게 된다.

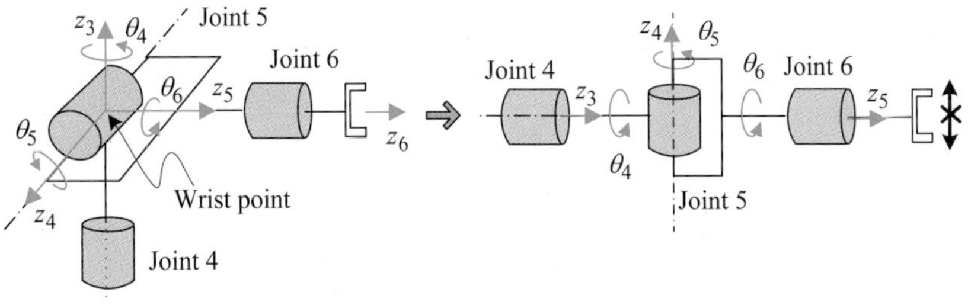

그림 4.11 **손목 특이점**

그림 4.12는 6자유도 PUMA 로봇에서 발생하는 전형적인 세 종류의 특이점을 보여 준다. **그림 (a)**의 **어깨 특이점**(shoulder singularity)은 내부 특이점으로, 손목점이 로봇의 어깨, 즉 기저 좌표계의 z축상에 위치할 때 발생한다. 이 경우 손목점은 종이면에 수직 방향으로는 움직일 수 없게 된다. **그림 (b)**의 **팔꿈치 특이점**(elbow singularity)은 경계 특이점으로, PUMA 로봇의 링크 2와 3을 펼친 경우에 해당하며, 이 경우에

손목점은 펼친 팔에 수직인 방향으로만 움직일 수 있다. **그림** (c)의 손목 특이점은 내부 특이점으로 **그림** 4.11에서 이미 설명한 바와 같다.

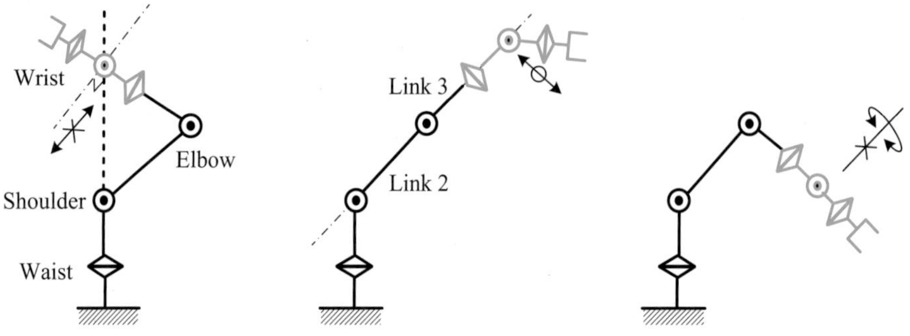

(a) Shoulder singularity (b) Elbow singularity (c) Wrist singularity

그림 4.12 **6자유도 PUMA 로봇에서의 작업 공간 내부 특이점**

앞서 설명한 바와 같이, 특이점 또는 그 근처는 적절한 작업 계획을 통하여 피하는 것이 바람직하다. 그리고 로봇 팔의 설계 시에 특이점을 고려하여야 하며, 만약 특이점을 피할 수 없다면 특이점이 작업 공간 밖에 위치하도록 설계한다. 또한 여자유도 로봇을 사용한다면, 여분의 관절을 사용하여 로봇의 궤적이 특이점 근처를 통과하지 않도록 궤적을 계획하는 것이 바람직하다.

4.5 관절 공간과 직교 공간 간의 선형 사상

다음과 같은 관절 공간과 직교 공간 간의 자코비안 관계

$$\dot{\boldsymbol{x}} = \boldsymbol{J}\dot{\boldsymbol{q}} \rightarrow \boldsymbol{J} : \dot{\boldsymbol{q}} \rightarrow \dot{\boldsymbol{x}} \tag{4.72}$$

에서, 자코비안 $\boldsymbol{J}$는 **그림** 4.13과 같이 n차원 벡터 공간 V^n(즉, 관절 공간)에서 m차원 벡터 공간 V^m(즉, 직교 공간)으로의 선형 사상(linear mapping)에 해당한다. 임의의 관절 속도 집합에 대해서 말단 속도는 항상 유일하게 결정되지만, 주어진 말단 속도에 대해서는 관절 속도의 집합이 항상 존재하거나 일정하게 결정되지는 않는다.

자코비안 $\boldsymbol{J}$의 상공간(range space or image space) $R(\boldsymbol{J})$는 관절 속도의 조합에 의해서 생성될 수 있는 모든 가능한 말단 속도의 집합을 의미한다. 이때 $\boldsymbol{J}$의 랭크가

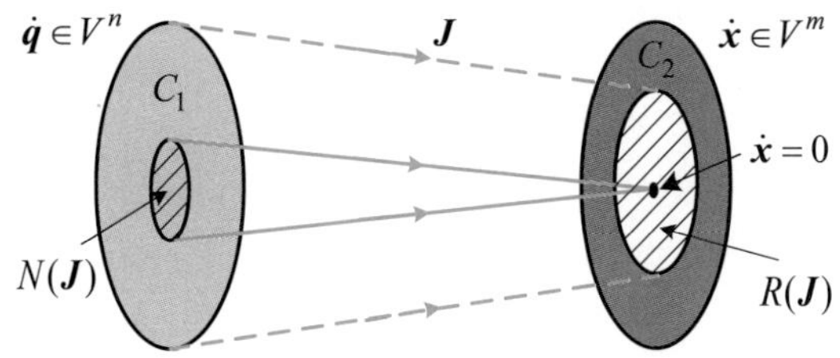

그림 4.13 관절 공간과 직교 공간 간의 자코비안 관계

rank(J)$=n$인 경우 1과 rank(J)$<n$인 경우 2로 나눌 수 있다. 경우 1(즉, full rank)에서 $R(J)$는 전체 벡터 공간 V^m을 커버하므로, dim $R(J)=m$이 된다. 경우 2(즉, degenerate)에서 $R(J)$는 전체 벡터 공간 V^m을 커버하지 못하므로, dim $R(J)<m$이 된다. 이때 말단부가 움직이지 못하는 방향이 존재하는 특이점이 발생하게 된다. 이해를 돕기 위해서 다음의 단순한 2차원의 경우를 고려하여 보자.

$$\text{경우 1: } \begin{cases} \dot{x} = 2\,\dot{q}_1 + \dot{q}_2 \\ \dot{y} = \dot{q}_1 - 2\,\dot{q}_2 \end{cases} \rightarrow \boldsymbol{J} = \begin{bmatrix} 2 & 1 \\ 1 & -2 \end{bmatrix} \rightarrow \text{rank}(\boldsymbol{J}) = 2 \rightarrow \dim R(\boldsymbol{J}) = 2 \tag{4.73}$$

$$\text{경우 2: } \begin{cases} \dot{x} = 2\dot{q}_1 + \dot{q}_2 \\ \dot{y} = 4\dot{q}_1 + 2\,\dot{q}_2 \end{cases} \rightarrow \boldsymbol{J} = \begin{bmatrix} 2 & 1 \\ 4 & 2 \end{bmatrix} \rightarrow \text{rank}(\boldsymbol{J}) = 1 \rightarrow \dim R(\boldsymbol{J}) = 1 \tag{4.74}$$

그림 4.14에서와 같이, 경우 1에서는 $\dot{q}_1$과 $\dot{q}_2$의 조합에 의해서 $\dot{x}$과 $\dot{y}$은 2차원상에서 모든 값을 가질 수 있지만, 경우 2에서는 $\dot{q}_1$과 $\dot{q}_2$의 어떠한 조합에 의해서도 $\dot{x}$과 $\dot{y}$은 $\dot{y}=2\dot{x}$의 관계만을 가질 수 있다.

자코비안 $\boldsymbol{J}$의 영공간(null space) $N(\boldsymbol{J})$는 말단 속도가 0이 되는 관절 속도의 집합을 의미한다. 즉, $\boldsymbol{x} = \boldsymbol{J}\,\boldsymbol{q} = 0$을 만족시키는 $\dot{q}$의 집합이다. 이러한 영공간은 여자유도 로봇에서만 발생한다. 여자유도인 인간의 팔에서는 손바닥을 책상 면에 고정한 채로

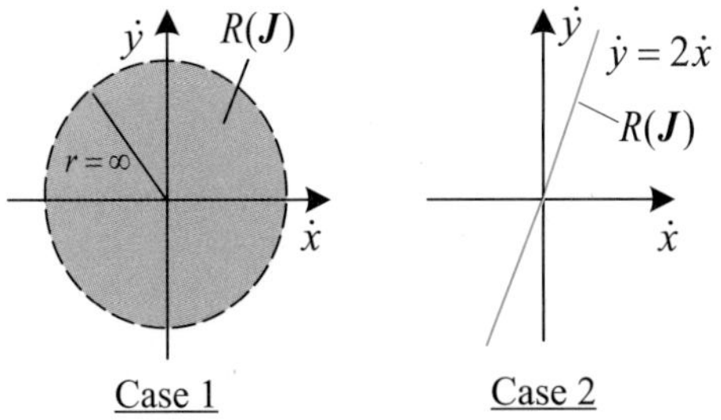

그림 4.14 2자유도 평면 팔의 상공간

팔꿈치를 움직이는 것이 가능한데, 이때 팔꿈치의 관절 속도가 0이 아님에도 손바닥의 말단 속도는 0이 된다.

상공간과 영공간 사이에는 다음과 같은 관계가 성립된다.

$$\dim R(\boldsymbol{J}) + \dim N(\boldsymbol{J}) = n \tag{4.75}$$

그러므로 7자유도 인간 팔의 경우에는 dim $N(\boldsymbol{J})=7-6=1$이 되어 하나의 여자유도가 발생하지만, 6자유도 PUMA 로봇에서는 dim $N(\boldsymbol{J})=6-6=0$이 되어 여자유도가 존재하지 않게 된다.

4.6 속도 역기구학

식 (4.18)의 자코비안 관계식을 사용하면 주어진 관절 속도의 집합에 대해서 로봇의 말단 속도를 계산할 수 있는데, 이를 속도 정기구학(forward velocity kinematics or velocity forward kinematics)이라 한다. 한편, 로봇의 작업을 위해서는 원하는 말단 속도를 생성하기 위한 관절 속도의 집합을 구하여야 하는데, 이를 **속도 역기구학**(inverse velocity kinematics or velocity inverse kinematics)이라 부른다. 이는 다음의 자코비안 관계식의 해를 구하는 것에 해당한다.

$$\dot{\boldsymbol{x}} = \boldsymbol{J}(\boldsymbol{q})\dot{\boldsymbol{q}}, \text{ where } \boldsymbol{J}(\boldsymbol{q}) \in \mathcal{R}^{m\times n},\ \dot{\boldsymbol{x}} \in \mathcal{R}^{m\times 1},\ \dot{\boldsymbol{q}} \in \mathcal{R}^{n\times 1} \tag{4.76}$$

위 식의 해를 구할 때 $m=n$인 일반적인 경우와 $m<n$인 여자유도 경우의 2가지 경우를 생각할 수 있다.

4.6.1 경우 1: 일반 로봇($m=n$)

이 경우 속도 역기구학은 자코비안의 역행렬이 존재한다는 가정하에 식 (4.76)으로부터 쉽게 구할 수 있다(Whitney, 1969).

$$\dot{\boldsymbol{q}} = \boldsymbol{J}^{-1}\dot{\boldsymbol{x}} \tag{4.77}$$

다음 예제를 통하여 2자유도 평면 팔의 속도 역기구학 문제를 다루어 보자.

예제 4.3

그림 4.15의 2자유도 평면 팔의 말단이 그림 4.16의 A에서 시작하여 B와 C를 거쳐서 D까지 일정한 속도 $V=0.5$ m/s로 움직인다. 편의상 $a_1=a_2=0.5$ m라 가정한다.

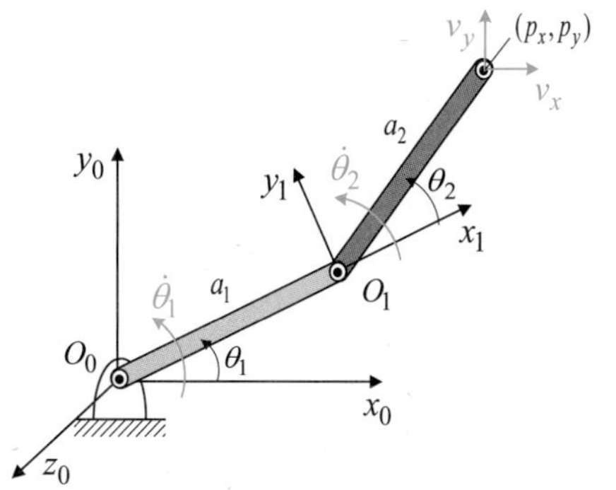

그림 4.15 **2자유도 평면 팔의 속도 기구학**

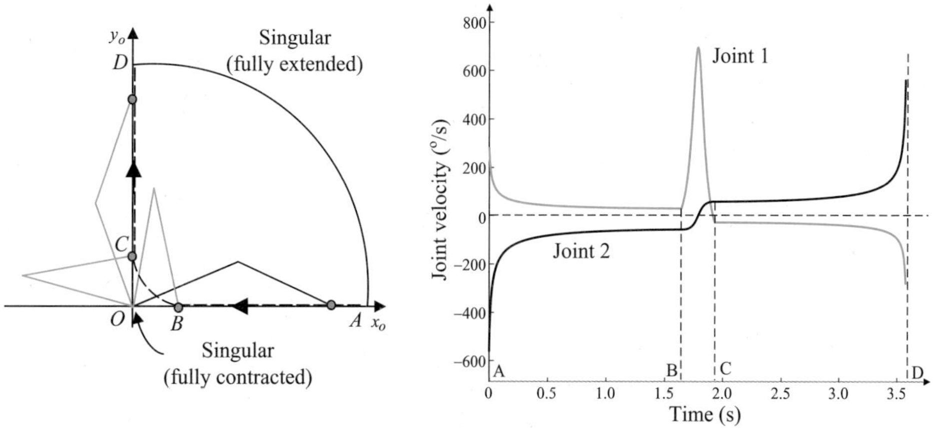

그림 4.16 **2자유도 평면 팔 말단점의 등속 운동 시의 궤적**

풀이

식 (4.66)~(4.71)을 통하여 이미 구한 역기구학 해에 $a_1=a_2=a$를 반영하면 다음과 같다.

$$\begin{Bmatrix} \dot{\theta}_1 \\ \dot{\theta}_2 \end{Bmatrix} = \frac{1}{a\sin\theta_2}\begin{bmatrix} \cos(\theta_1+\theta_2) & \sin(\theta_1+\theta_2) \\ -\cos\theta_1-\cos(\theta_1+\theta_2) & -\sin\theta_1-\sin(\theta_1+\theta_2) \end{bmatrix}\begin{Bmatrix} v_x \\ v_y \end{Bmatrix} \tag{4.78}$$

관절 속도는 원하는 말단 속도 v_x, v_y와 역기구학에서 얻어지는 관절 각도 θ_1, θ_2에 따라 정해진다. 이때 특이점은 $\sin\theta_2=0$에서 발생하므로, $\theta_2=0°$인 경우에는 A와 D 점, $\theta_2=180°$인 경우에는 구간 BC에서 특이점이 발생하게 된다.

전체 경로에서 로봇이 일정한 속도 V로 움직이므로 각 구간별 역기구학 해는 다음과 같다.

$$A \to B:$$
$$v_x = -V \;\&\; v_y = 0 \;\to\; \dot{\theta}_1 = \frac{\cos(\theta_1+\theta_2)}{a\sin\theta_2}(-V) \;\&\; \dot{\theta}_2 = -\frac{\cos\theta_1 + \cos(\theta_1+\theta_2)}{a\sin\theta_2}(-V)$$
$$C \to D:$$
$$v_x = 0 \;\&\; v_y = V \;\to\; \dot{\theta}_1 = \frac{\sin(\theta_1+\theta_2)}{a\sin\theta_2}V \;\&\; \dot{\theta}_2 = -\frac{\sin\theta_1 + \sin(\theta_1+\theta_2)}{a\sin\theta_2}V$$
$$B \to C:$$
$$\sqrt{{v_x}^2 + {v_y}^2} = V \;\&\; \theta_1 \approx 90^{\circ} \to 180^{\circ},\; \theta_2 \approx -180^{\circ}$$

그림 4.16의 우측 그림은 MATLAB을 이용하여 시간에 대해서 관절 속도를 도시한 것이다. 그림에서 보듯이, 특이점 A와 D 근처에서는 관절 속도 $\dot{\theta}_1$과 $\dot{\theta}_2$가 모두 과도하게 커지며, 특이점 BC 근처에서는 관절 속도 $\dot{\theta}_1$이 매우 커지게 된다는 점을 알 수 있다. 이와 같이 수학적으로는 자코비안의 역행렬이 존재하더라도, 특이점 근처에서는 관절 속도가 과도하게 커지게 된다는 점에 유의하여야 한다.

4.6.2 경우 2: 여자유도 로봇($m<n$)

이 경우는 자코비안 행렬은 정방 행렬이 아니므로 역행렬이 존재하지 않아서 식 (4.77)과 같이 속도 역기구학을 쉽게 구할 수는 없다. 그러므로 역행렬 대신에 다음과 같은 의사 역행렬(pseudoinverse)을 사용한다.

우선 식 (4.76)을 만족시키는 자코비안 행렬을 고려하자. 이때 $m<n$이고 $\text{rank}(\boldsymbol{J})=m$이면, 역행렬 $(\boldsymbol{J}\boldsymbol{J}^T)^{-1}$이 존재하게 된다. 그러므로 $\boldsymbol{J}\boldsymbol{J}^T \in \Re^{m\times m}$에 대해서 다음 관계가 성립된다.

$$\boldsymbol{I}_m = (\boldsymbol{J}\boldsymbol{J}^T)(\boldsymbol{J}\boldsymbol{J}^T)^{-1} = \boldsymbol{J}[\boldsymbol{J}^T(\boldsymbol{J}\boldsymbol{J}^T)^{-1}] \tag{4.79}$$

여기서 $\boldsymbol{I}_m$은 $m\times m$ 단위 행렬을 의미한다. 이때 우측 의사 역행렬(right pseudoinverse)

J^+를 다음과 같이 정의할 수 있다.

$$J^+ = J^T (JJ^T)^{-1} \in \mathcal{R}^{n \times m} \tag{4.80}$$

자코비안 행렬 J와 방금 구한 의사 역행렬 J^+ 간의 2가지 곱셈을 고려하여 보자.

$$JJ^+ = I_m \tag{4.81}$$

$$J^+J \neq I_n \tag{4.82}$$

위에서 보듯이 J^+가 우측에 위치하면 행렬의 곱이 $m \times m$ 단위 행렬이 되지만, J^+가 좌측에 위치하면 행렬의 곱이 크기가 $n \times n$인 행렬이지만 단위 행렬은 아니게 된다. 그러므로 J^+를 우측 의사 역행렬이라고 부른다.

식 (4.80)을 사용하면 식 (4.76)의 속도 역기구학 해를 다음과 같이 구할 수 있다.

$$\dot{q} = J^+ \dot{x} + (I - J^+ J) b \tag{4.83}$$

여기서 $b \in \Re^n \times^1$은 임의의 벡터이다. 이는 식 (4.83)을 (4.76)에 대입함으로써 쉽게 증명할 수 있다.

$$\dot{x} = J\dot{q} = J[J^+ \dot{x} + (I - J^+ J)b] = JJ^+ \dot{x} + (J - JJ^+ J)\, b = \dot{x} \tag{4.84}$$

즉, 두 번째 항의 $(J - JJ^+J)$는 항상 0이 되므로, 임의의 벡터가 곱해지더라도 해에 영향을 주지 않게 된다. 이러한 임의의 벡터 b에 의해서 식 (4.81)의 해는 무한개가 존재한다. 즉, 주어진 말단 속도를 만족시키는 관절 속도의 집합이 무한개 존재하는 것이다.

이러한 무한개의 해 중에서 $b = 0$인 경우의 해인

$$\dot{q} = J^+ \dot{x} \tag{4.85}$$

가 최적 해(optimal solution)가 된다. 여기서 최적 해는 식 (4.83)의 무한개의 해 중에서 관절 속도가 최소가 되는 해를 의미한다. 즉, 동일한 말단 속도를 생성하는 데 최소 크기의 관절 속도를 사용하므로 최적 해가 되는 것이다. 식 (4.85)의 최적 해는 연습문제 9번의 라그랑지 승수법(Lagrange multiplier method)을 이용해서도 구할 수 있다.

예제 4.4

그림 4.17의 3자유도 평면 팔을 고려하자. 마지막 링크의 각속도 $\dot{\alpha}$ 이 주어진 작업과 무관하다고 가정한다. 그러면 로봇은 3자유도이지만 작업은 말단점의 선속도만이 필요하게 되므로, 여자유도 로봇이 된다. 로봇이 $\theta_1=135°$, $\theta_2=-135°$, $\theta_3=45°$의 자세에서 말단점 P가 $V_x=1$ m/s, $V_y=0$ m/s의 속도로 움직이기를 원한다. 이를 만족시키는 관절 속도의 집합 중에서 크기가 가장 작은 관절 속도의 집합을 구하시오.

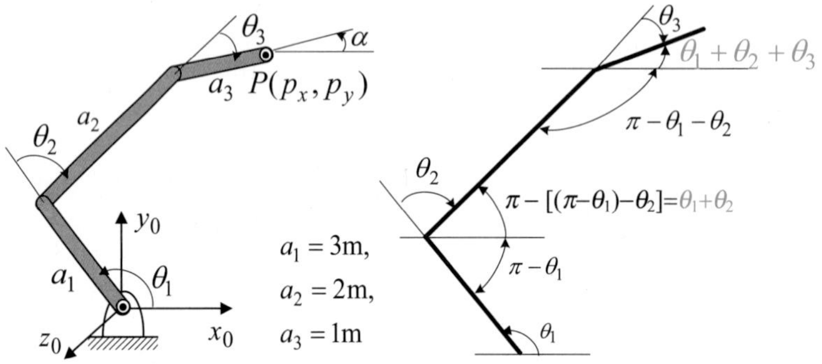

그림 4.17 **3자유도 평면 팔**

풀이

말단점 P의 좌표는 다음과 같다.

$$
\begin{aligned}
p_x &= a_1\cos\theta_1 + a_2\cos(\theta_1+\theta_2) + a_3\cos(\theta_1+\theta_2+\theta_3) = a_1c_1 + a_2c_{12} + a_3c_{123} \\
p_y &= a_1\sin\theta_1 + a_2\sin(\theta_1+\theta_2) + a_3\sin(\theta_1+\theta_2+\theta_3) = a_1s_1 + a_2s_{12} + a_3s_{123}
\end{aligned} \tag{4.86}
$$

자코비안의 정의에 따라서 다음과 같이 자코비안을 구할 수 있다.

$$
\boldsymbol{J} = \frac{\partial(p_x, p_y)}{\partial(\theta_1,\theta_2,\theta_3)} = \begin{bmatrix} -a_1s_1 - a_2s_{12} - a_3s_{123} & -a_2s_{12} - a_3s_{123} & -a_3s_{123} \\ a_1c_1 + a_2c_{12} + a_3c_{123} & a_2c_{12} + a_3c_{123} & a_3c_{123} \end{bmatrix} \tag{4.87}
$$

$\theta_1=135°$, $\theta_2=-135°$, $\theta_3=45°$, $a_1=3$ m, $a_2=2$ m, $a_3=1$ m이므로

$$\boldsymbol{J} = \begin{bmatrix} -2\sqrt{2} & -\dfrac{1}{\sqrt{2}} & -\dfrac{1}{\sqrt{2}} \\ 2-\sqrt{2} & 2+\dfrac{1}{\sqrt{2}} & \dfrac{1}{\sqrt{2}} \end{bmatrix} = \begin{bmatrix} -2.828 & -0.707 & -0.707 \\ 0.586 & 2.707 & 0.707 \end{bmatrix} \tag{4.88}$$

이 된다. 최적 해는 식 (4.85)에 해당하므로

$$\dot{\boldsymbol{q}} = \boldsymbol{J}^{+}\dot{\boldsymbol{x}} = \boldsymbol{J}^{T}(\boldsymbol{J}\boldsymbol{J}^{T})^{-1}\dot{\boldsymbol{x}} = \begin{bmatrix} -0.3639 & -0.1096 \\ 0.0921 & 0.3772 \\ -0.0509 & 0.0612 \end{bmatrix} \begin{Bmatrix} 1 \\ 0 \\ 0 \end{Bmatrix} = \begin{Bmatrix} -0.364 \\ 0.092 \\ -0.051 \end{Bmatrix} \tag{4.89}$$

이 되며,

$$\begin{Bmatrix} \dot{\theta}_1^o \\ \dot{\theta}_2^o \\ \dot{\theta}_3^o \end{Bmatrix} = \begin{Bmatrix} -0.364\ \text{rad/s} \\ 0.092\ \text{rad/s} \\ -0.051\ \text{rad/s} \end{Bmatrix} = \begin{Bmatrix} -20.86\ \text{deg/s} \\ 5.27\ \text{deg/s} \\ -2.92\ \text{deg/s} \end{Bmatrix} \tag{4.90}$$

과 같이 deg/s 단위로 표시할 수 있다.

4.7 수치 해 기반의 역기구학 해법

3장에서 역기구학 해법에 대해서 상세히 다루었다. 역기구학 해는 복잡하고 비선형적인 함수로 구성되므로, 닫힌 해 형태로 존재하더라도 해를 구하기가 매우 어렵다. 만약 역기구학 해가 존재하기는 하지만, 닫힌 해의 형태로 존재하지 않는다면 수치적인 방법으로 역기구학 해를 구하여야 한다. 특히 여자유도 로봇의 경우에는 무한 개의 해가 존재하므로, 닫힌 해의 형태로 구할 수 없고 수치 해를 구하여야 한다.

이와 같은 수치 해 기반의 역기구학 해는 닫힌 해가 존재하는 팔을 포함하여 어떤 구조의 로봇 팔에도 적용 가능하다. 그리고 하나의 해법 또는 알고리즘으로 모든 로봇에 적용이 가능하다는 장점도 있다. 그러나 PUMA 로봇과 같이 8개의 역기구학 해가 존재하는 경우에도 그중에서 하나의 해만 구할 수 있다는 제약이 있다. 그러나 다중 해가 존재하더라도 실제 구현을 위해서는 그중에서 하나의 해를 선정하여야 하므로, 이러한 제약은 오히려 실제 구현에는 도움이 될 수도 있다.

이번 절에서는 주어진 말단 자세에 해당하는 관절 변수를 구하는 역기구학 해법 1과 주어진 말단 자세 궤적에 해당하는 관절 변수 궤적을 구하는 역기구학 해법 2에 대해서 자세히 살펴보기로 한다. 두 방법 모두 여자유도 로봇에도 적용이 가능하며, 특이점도 대응할 수 있도록 의사 역행렬에 기반한 감쇠 최소 제곱(damped least-squares, DLS) 역행렬을 사용한다는 공통점이 있다. 물론 두 해법 모두 실제 로봇에서 실시간 역기구학 솔버로 사용 가능하다.

4.7.1 역기구학 해법 1: 반복적인 레벤버그-마퀴트 방식

이 방법에서는 주어진 하나의 말단 자세에 해당하는 관절 변수를 수치 반복적으로 구하는 방법이다. 우선 뉴턴-랩슨(Newton-Raphson) 방법으로 기본적인 수치 해를 구한 다음에, 레벤버그-마퀴트(Levenberg-Marquardt, LM) 방법으로 보완하여 여자유도와 특이점에 대응할 수 있도록 한다.

뉴턴-랩슨 방법은 함수의 근사해를 구하는 대표적인 수치 기법이다. **그림 4.18**과 같이 함수 $x=f(q)$가 주어졌을 때, $x=x_{sol}$에 대한 해 q_{sol}을 구해 보자. 이 함수의 도함수인 $f'(q)$는 알고 있다고 가정한다.

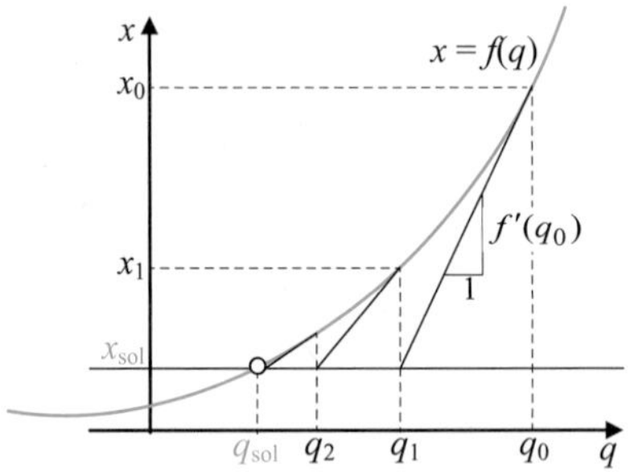

그림 4.18 **뉴턴-랩슨 방법**

먼저 초기 추정치(initial guess) q_0를 선정하면, 이 추정치보다 더 나은 근사해인 q_1은

$$q_1 = q_0 + \frac{[f(q_{sol}) - f(q_0)]}{f'(q_0)} = q_0 + \frac{[x_{sol} - x_0]}{f'(q_0)} \tag{4.91}$$

로 주어진다. 위 식은 q_0에서의 접선의 기울기가 $f'(q_0)$라는 점을 이용하면 그림으로

부터 쉽게 구할 수 있는데, 이를 일반화하면 다음과 같다.

$$q_{i+1} = q_i + \frac{[f(q_{\mathrm{sol}}) - f(q_i)]}{f'(q_i)} = q_i + \frac{[x_{\mathrm{sol}} - x_i]}{f'(q_i)} \tag{4.92}$$

연속되는 두 수치 해 간의 차이가 허용치 ε보다 작아진다는, 즉 $|q_{i+1} - q_i| < \varepsilon (<<1)$이라는 조건을 만족시킬 때까지 위 식을 반복하면 최종 해를 구할 수 있다. 뉴턴-랩슨 방법은 반복 횟수가 작더라도 해에 빠르게 수렴하는 특징을 가진다.

이제 이 방법을 역기구학 해법에 적용하여 보자. 그림 4.19는 이 역기구학 해법을 나타낸 그림이다. 역기구학은 희망 말단 자세 $\boldsymbol{x}_d$에 해당하는 관절 변수 $\boldsymbol{q}_d$를 구하는 문제이다. 이때 정기구학인 $\boldsymbol{x} = \boldsymbol{k}(\boldsymbol{q})$는 알고 있고, 식 (4.92)의 도함수의 역할을 하는 자코비안의 역행렬이 존재한다고 가정한다. 초기 추정치로 $\boldsymbol{q}_0$를 선정하였다고 하면, 이 추정치보다 더 나은 근사해는

$$\boldsymbol{q}_1 = \boldsymbol{q}_0 + \boldsymbol{J}^{-1}(\boldsymbol{q}_0)(\boldsymbol{x}_d - \boldsymbol{x}_0), \text{ where } \boldsymbol{x}_0 = \boldsymbol{k}(\boldsymbol{q}_0) \tag{4.93}$$

이 되며, 이를 일반화하면 다음과 같다.

$$\boldsymbol{q}_{i+1} = \boldsymbol{q}_i + \boldsymbol{J}^{-1}(\boldsymbol{q}_i)(\boldsymbol{x}_d - \boldsymbol{x}_i) \tag{4.94}$$

위 식을 $|\boldsymbol{q}_{i+1} - \boldsymbol{q}_i| < \varepsilon (<<1)$이 만족될 때까지 반복하면 최종 해를 구할 수 있다.

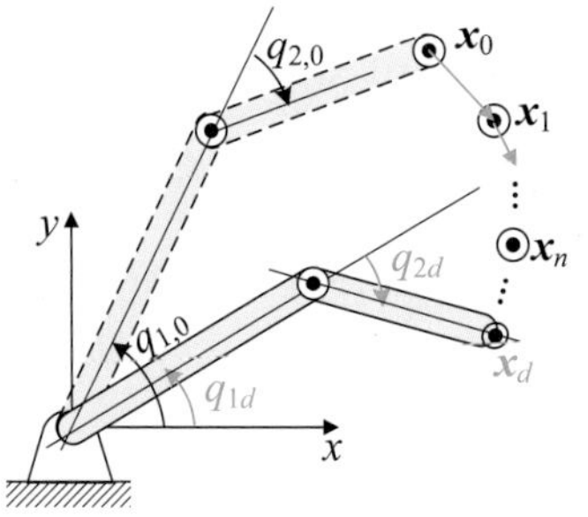

그림 4.19 **2자유도 평면 팔에 대한 역기구학 해법**

위의 방법은 자코비안의 역행렬을 필요로 하므로 여자유도 로봇 팔에는 사용할 수 없다. 또한 자코비안의 역행렬은 특이점 및 그 근처에서 매우 크게 되므로, 식 (4.94)는 발산하게 된다. 이러한 문제를 해결하기 위해서 **레벤버그-마쿼트**(LM) **방법**을

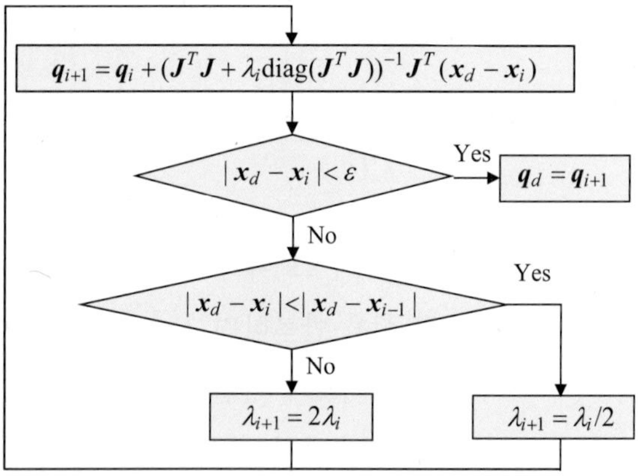

그림 4.20 **LM 방법 기반의 역기구학 해법의 흐름도**

사용한다. LM 방법은 비선형 최소 제곱 문제를 푸는 데 사용되는 대표적인 방법이다. 이를 위해서 식 (4.94)의 자코비안 역행렬 대신에 다음과 같이 수정된 의사 역행렬이 사용된다.

$$\boldsymbol{q}_{i+1} = \boldsymbol{q}_i + (\boldsymbol{J}^T \boldsymbol{J} + \lambda_i \, \text{diag}(\boldsymbol{J}^T \boldsymbol{J}))^{-1} \boldsymbol{J}^T (\boldsymbol{x}_d - \boldsymbol{x}_i) \tag{4.95}$$

여기서 λ는 감쇠 인자(damping factor)로서 매 반복마다 그 크기를 조절하는데, 수렴이 빠를 때는 감소시키고, 수렴이 느릴 때에는 증가시켜서 수렴 속도를 조절한다.

위의 방법에서 초기 추정치의 선정은 매우 중요하다. 만약 초기 추정치가 해에서 멀리 떨어져 있으면, 반복 횟수가 커지거나 해로 수렴하지 못할 가능성도 있다. 그러나 로봇 팔의 경우 시간 t_k에서의 해인 $\boldsymbol{q}(t_k)$가 다음 시간 t_{k+1}에서의 해법에서는 초기 추정치의 역할을 할 수 있으므로, 작은 반복 횟수에도 정확한 해로 수렴하게 된다. 그러나 다중 해가 존재하는 경우에는, 모든 해를 구하지는 못하고 초기 추정치 근처의 해만이 구해진다.

4.7.2 역기구학 해법 2: 비반복적인 비례 제어 방식

그림 4.21과 같이 희망 말단 자세 궤적에 해당하는 관절 변수 궤적을 구하는 경우를 고려하자. 말단 자세 궤적에서 일정 주기마다 해당하는 자세에 대해서 앞서의 역기구학 해법 1을 통하여 관절 변수를 구하는 방식을 사용할 수도 있다. 그러나 다음에 소개하는 방식을 사용하면 효율적으로 말단 자세 궤적에 대한 관절 변수 궤적을

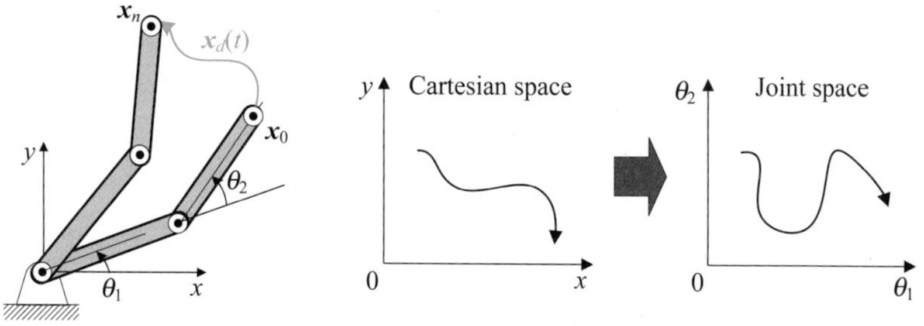

그림 4.21 **말단 자세 궤적이 주어진 경우의 역기구학 해법**

구할 수 있다.

역기구학에서는 주어진 말단 자세 궤적 $(\boldsymbol{x}_d(t), \dot{\boldsymbol{x}}_d(t))$에 해당하는 관절 변수 궤적 $(\boldsymbol{q}_d(t), \dot{\boldsymbol{q}}_d(t))$를 구하는 문제를 풀어야 한다. 직교 공간에서의 자세 오차는

$$\boldsymbol{e} = \boldsymbol{x}_d - \boldsymbol{x} \tag{4.96}$$

와 같이 정의되며, 오차의 도함수로부터

$$\dot{\boldsymbol{e}} = \dot{\boldsymbol{x}}_d - \dot{\boldsymbol{x}} = \dot{\boldsymbol{x}}_d - \boldsymbol{J}\dot{\boldsymbol{q}} \tag{4.97}$$

이 되므로,

$$\dot{\boldsymbol{q}} = \boldsymbol{J}^{-1}(\dot{\boldsymbol{x}}_d - \dot{\boldsymbol{e}}) \tag{4.98}$$

의 관계가 성립된다. 한편, **오차 동역학**(error dynamics)은 일반적으로 다음과 같다.

$$\dot{\boldsymbol{e}} + \boldsymbol{K}\boldsymbol{e} = 0 \tag{4.99}$$

이때 행렬 $\boldsymbol{K}$를 positive definitc 행렬(대부분의 경우 대각 행렬)로 적절히 선정하면, 시간이 경과함에 따라서 오차가 0으로 수렴한다. 스칼라인 경우를 고려하면, 양의 K에 대해서 해 $e(t) = \exp(-Kt)$가 0으로 수렴함을 쉽게 알 수 있다.

식 (4.99)를 (4.98)에 대입하면

$$\dot{\boldsymbol{q}} = \boldsymbol{J}^{-1}(\dot{\boldsymbol{x}}_d + \boldsymbol{K}\boldsymbol{e}) \tag{4.100}$$

을 얻는다. 한편, 그림 4.22에서 다음의 일반적인 관계를 얻을 수 있다.

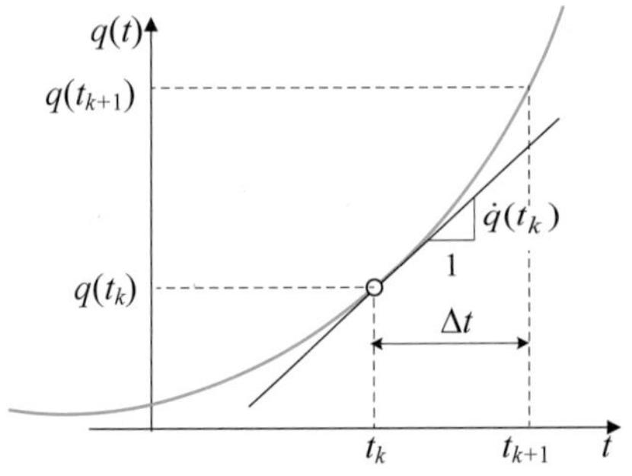

그림 4.22 **곡선의 기울기에 대한 근사적인 관계**

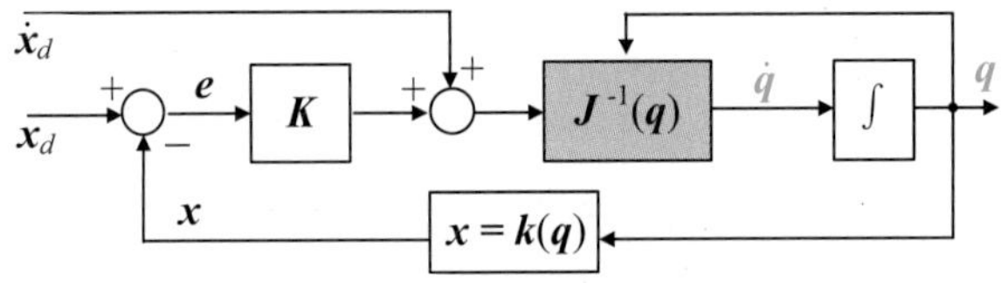

그림 4.23 **역기구학 해법 2의 블록 선도**

$$\boldsymbol{q}(t_{k+1}) = \boldsymbol{q}(t_k) + \dot{\boldsymbol{q}}(t_k)\,\Delta t \tag{4.101}$$

식 (4.100)을 (4.101)에 대입하면

$$\boldsymbol{q}(t_{k+1}) = \boldsymbol{q}(t_k) + \boldsymbol{J}^{-1}(\boldsymbol{q}(t_k))\,[\dot{\boldsymbol{x}}_d(t_k) + \boldsymbol{K}\boldsymbol{e}(t_k)]\Delta t \tag{4.102}$$

의 관계를 얻을 수 있으며, 이를 블록 선도로 나타내면 **그림 4.23**과 같다.

그림에서 보듯이 피드포워드 경로에 적분기가 있으므로 일정한 크기의 기준 입력(즉, $\boldsymbol{x}_d$=const)에 대해서 정상상태 오차가 0이 된다. 앞서의 뉴턴-랩슨 방법과 마찬가지로 자코비안의 역행렬을 사용하므로 특이점 근처에서는 큰 계산 오차가 발생하게 된다. 이를 극복하기 위해서 다음과 같은 비용 함수를 고려한다.

$$g(\dot{\boldsymbol{q}}) = \tfrac{1}{2}(\dot{\boldsymbol{x}} - \boldsymbol{J}\dot{\boldsymbol{q}})^T(\dot{\boldsymbol{x}} - \boldsymbol{J}\dot{\boldsymbol{q}}) + \tfrac{1}{2}\lambda^2\dot{\boldsymbol{q}}^T\dot{\boldsymbol{q}} \tag{4.103}$$

여기서 λ는 두 항의 비중을 결정해 주는 가중치로, λ가 커질수록 2번째 항의 비중이 더 커진다. 특이점 근처에서는 관절 속도가 매우 커지게 되므로, 첫째 항의 속도 오차와 둘째 항의 관절 속도가 매우 커지게 된다. 그러므로 비용 함수가 최소화되는 자코비안을 구하면 특이점의 영향을 최소화하게 된다. 비용 함수의 최소화를 위해서 라그랑지 승수법(Lagrangian multiplier method)을 사용하면 다음과 같은 자코비안을 얻을 수 있다.

$$\boldsymbol{J}^* = \boldsymbol{J}^T \left(\boldsymbol{J}\boldsymbol{J}^T + \lambda^2 \boldsymbol{I} \right)^{-1} \tag{4.104}$$

이와 같이 정의되는 자코비안을 감쇠 최소 제곱(damped least-squares, DLS) 역행렬이라 한다. 그러므로 식 (4.102)의 자코비안의 역행렬 대신에 식 (4.104)의 DLS 역행렬을 사용하면 특이점에 대응이 가능한 역기구학 해를 다음과 같이 구할 수 있다.

$$\boldsymbol{q}(t_{k+1}) = \boldsymbol{q}(t_k) + \boldsymbol{J}^*(\boldsymbol{q}(t_k))[\dot{\boldsymbol{x}}_d(t_k) + \boldsymbol{K}\boldsymbol{e}(t_k)]\Delta t \tag{4.105}$$

이와 같이 DLS 역행렬에 기반한 역기구학 해에서는 특이점 근처에서 관절 속도를 인위적으로 제한함으로써 안정된 궤적을 생성하게 된다. 관절 속도의 제한은 특이점 근처에서만 필요하므로, 특이점에서 멀리 벗어나 있는 경우에는 $\lambda=0$을 유지하다가 특이점 근처로 접근하면 0이 아닌 적절한 λ로 스위칭하는 방법을 생각할 수 있다. 그러나 이 경우 계속하여 특이점을 추적하여야 하는 번거로움이 발생하므로, 실제 구현에서는 작은 양수 값을 갖는 λ를 계속 유지한다. 그러면 특이점 근처에서는 관절 속도를 제한하여 안정성에 기여하지만, 특이점에서 벗어난 경우에는 불필요하게 계산 오차를 유발하게 된다. 그러나 **그림** 4.23의 블록 선도에서 보듯이, 비례 이득 행렬 $\boldsymbol{K}$를 갖는 비례 제어기가 이러한 오차를 감소시키게 되므로 비교적 정확한 관절 속도를 어느 경우에나 생성하게 된다. 이와 같이 DLS 역행렬 기반의 자코비안을 사용하는 역기구학 해법은 동일한 프로그램으로 모든 로봇에 적용할 수 있다는 장점이 있어서 실제로도 널리 사용된다.

앞서 2가지 수치 해석적인 역기구학 해법을 소개하였다. 이 두 방법 모두 실제 로봇에서 실시간 역기구학 해를 제공하여 줄 수 있다. 반복적인 방법을 사용하는 해법 1에서도 바로 직전의 해가 다음 시간의 초기 추정치로 사용되므로 대부분의 경우에 2~3번 내에 정확한 해로 수렴하게 되어 실시간 적용이 가능하다. 오히려 반복적인 방식을 취하는 해법 1이 비반복적인 방식인 해법 2보다 전반적으로 조금 더 정확한 역기구학 해를 주지만, 그 차이는 크지 않다. 가장 정확한 역기구학 해는 닫힌 해 형태의 해석적인 역기구학 해임을 명심하여, 가능하면 해석적인 역기구학 해가 존재하도록 로봇 구조를 설계하는 것이 바람직하다.

연습문제

1 x, y, z축에 대한 미소 회전을 나타내는 세 회전 행렬 $R_x(d\phi_x)$, $R_y(d\phi_y)$, $R_z(d\phi_z)$를 고려하자. 이들 회전 행렬을 곱할 때 순서에 상관없이 동일한 결과가 얻어짐을 보이시오.

2 다음 그림의 3자유도 평면 팔을 고려하자.

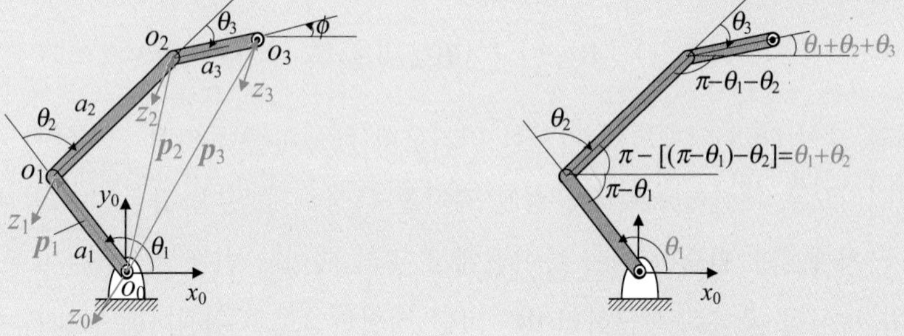

(a) (b)

(a) 그림 (a)에서 정의된 관절 각도에 대해서 그림 (b)와 같이 위치 벡터 계산에 필요한 각도를 구할 수 있다. 기저 좌표계 {0}을 기준으로 위치 벡터 $\boldsymbol{p}_0$, $\boldsymbol{p}_1$, $\boldsymbol{p}_2$, $\boldsymbol{p}_3$를 구하시오.

(b) 단위 벡터 $\hat{\boldsymbol{z}}_0$, $\hat{\boldsymbol{z}}_1$, $\hat{\boldsymbol{z}}_2$를 구하시오.

(c) 기하학적 자코비안 행렬을 구하시오.

(d) 식 (4.13)의 자코비안 행렬의 정의식으로부터 자코비안 행렬을 구하시오.

(e) (c)와 (d)의 결과는 동일한가? 동일하다면 그 이유는 무엇인가?

3 다음 그림의 3자유도 평면 팔을 고려하자. 링크 2의 중앙에 위치한 질량 중심 c_2의 선속도를 구하고자 한다.

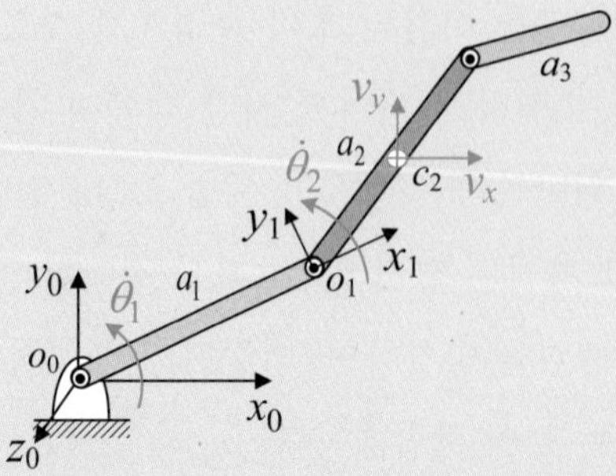

(a) c_2에 대한 기하학적 자코비안을 구하시오.

(b) 파트 (a)에서 구한 자코비안을 이용하여 c_2의 선속도를 각속도의 항으로 나타내시오.

4 다음과 같은 3자유도 구형 팔(spherical arm)을 고려하자.

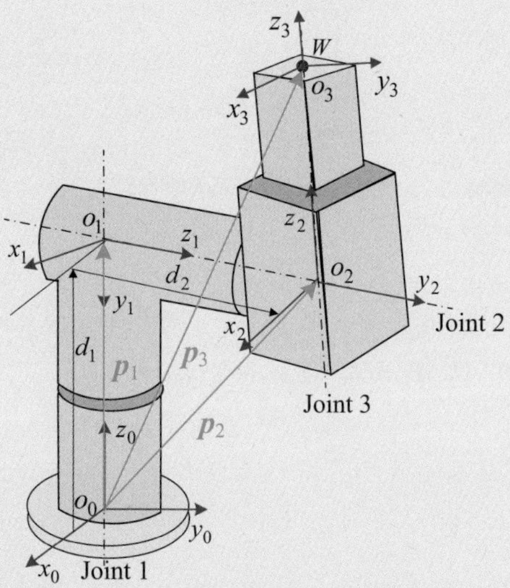

(a) 각 링크에 설정된 링크 좌표계를 기준으로 하여 DH 파라미터의 표를 구하시오.

(b) 각 링크의 동차 변환 ${}^0\boldsymbol{T}_1$, ${}^1\boldsymbol{T}_2$, ${}^2\boldsymbol{T}_3$를 구하고, 이를 이용하여 ${}^0\boldsymbol{T}_0$, ${}^0\boldsymbol{T}_1$, ${}^0\boldsymbol{T}_2$, ${}^0\boldsymbol{T}_3$를 구하시오.

(c) 다음 관계를 사용하여, 위치 벡터 $\boldsymbol{p}_0, \boldsymbol{p}_1, \boldsymbol{p}_2, \boldsymbol{p}_3$와 단위 벡터 $\hat{\boldsymbol{z}}_0, \hat{\boldsymbol{z}}_1, \hat{\boldsymbol{z}}_2$를 구하시오.

$$
{}^0\boldsymbol{T}_{i-1} = \left[\begin{array}{ccc|c} \hat{\boldsymbol{x}}_{i-1} & \hat{\boldsymbol{y}}_{i-1} & \hat{\boldsymbol{z}}_{i-1} & \boldsymbol{p}_{i-1} \\ \hline 0 & 0 & 0 & 1 \end{array}\right]
$$

(d) 식 (4.28)과 (4.33)을 사용하여, 기하학적 자코비안 행렬을 구하시오.

5 로봇의 ZYX 오일러 각속도와 절대 각속도의 관계로부터 표현 특이점이 발생하는 이유에 대해서 설명하시오.

6 6자유도 PUMA 로봇에는 다음 그림과 같이 어깨 특이점, 팔꿈치 특이점, 손목 특이점이 존재한다. 각 특이점은 손목점이 어떤 위치에 있을 때 발생하며, 특이점이 발생하면 그림

의 자세에서는 손목점이 어느 방향으로 움직일 수 없는지를 설명하시오.

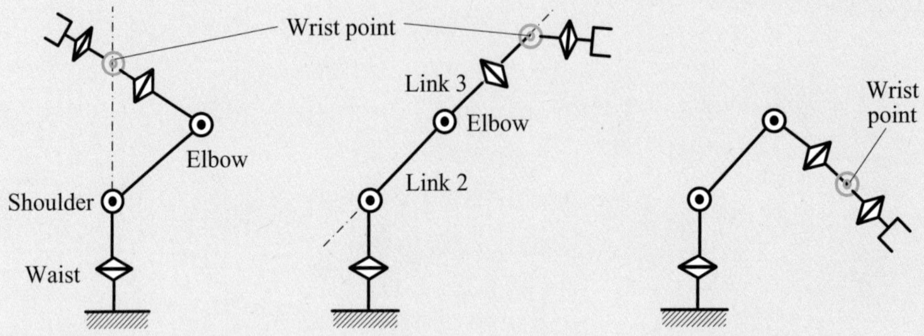

(a) Shoulder singularity (b) Elbow singularities (c) Wrist singularities

7 예제 4.3의 2자유도 평면 팔의 속도 기구학을 고려하자. 그림 4.16 우측의 관절 속도 궤적을 도시할 수 있는 MATLAB 프로그램을 작성하시오.

8 여자유도 로봇의 속도 역기구학 해는 다음과 같다.

$$\dot{\boldsymbol{q}} = \boldsymbol{J}^{+}\dot{\boldsymbol{x}} + (\boldsymbol{I} - \boldsymbol{J}^{+}\boldsymbol{J})\boldsymbol{b} \text{ where } \boldsymbol{J}^{+} = \boldsymbol{J}^{T}(\boldsymbol{J}\boldsymbol{J}^{T})^{-1} \in \mathcal{R}^{n\times m}$$

이때 관절 속도가 최소가 되는 최적 해는 벡터 $\boldsymbol{b}=0$인 경우의 해인 $\dot{\boldsymbol{q}} = \boldsymbol{J}^{+}\dot{\boldsymbol{x}}$임을 증명하시오. [힌트: 삼각 부등식(triangle inequality) $|a_1 + a_2| \le |a_1| + |a_2|$를 활용한다.]

9 여자유도 로봇의 속도 역기구학 해 중에서 관절 속도를 최소화하는 최적 해가 $\dot{\boldsymbol{q}} = \boldsymbol{J}^{+}\dot{\boldsymbol{x}}$임을 라그랑지 승수법을 사용하여 증명하시오. 여기서 $\boldsymbol{J}^{+} = \boldsymbol{J}^{T}(\boldsymbol{J}\boldsymbol{J}^{T})^{-1} \in \mathcal{R}^{n\times m}$은 의사 역행렬이다. (힌트: $\dot{\boldsymbol{x}} = \boldsymbol{J}(\boldsymbol{q})\dot{\boldsymbol{q}}$을 제약 조건으로 하면서 비용 함수 $G(\dot{\boldsymbol{q}}) = \dot{\boldsymbol{q}}^{T}\dot{\boldsymbol{q}}$을 최소화하는 해를 구하시오.)

10 링크의 길이가 각각 $a_1=0.6$ m, $a_2=0.4$ m인 2자유도 평면 팔을 고려하자. 3장의 연습문제 4번에서는 말단점의 좌표 $p_x=0.7$ m, $p_y=0.6$ m에 대해서 닫힌 해를 기반으로 관절각 θ_1과 θ_2를 구하였다. 이번 문제에서는 수치 해석적인 방법으로 역기구학 해를 구하고자 한다.

(a) 위에서 언급한 2자유도 평면 팔에 대해서 그림 4.20에 나타낸 LM 방법 기반의 역기구

학 수치 해를 구현할 수 있는 MATLAB 코드를 작성하시오. 관절각의 초기 값을 0°로 설정한 후에, 작성한 MATLAB 코드를 이용하여 관절각 θ_1과 θ_2를 구하시오.

(b) 2자유도 평면 팔은 2개의 역기구학 해를 가진다. 파트 (a)에서 초기 값을 0°로 설정하면 하향 팔꿈치 자세에 해당하는 관절각을 얻게 된다. 상향 팔꿈치 자세에 해당하는 관절각을 얻기 위해서는 초기 값을 어떻게 설정하면 되는가? 이 초기 값을 이용하여 상향 팔꿈치 자세에 해당하는 관절각을 구하시오.

(c) 닫힌 해와 수치 해의 정확성을 비교하시오. 일반적으로 어느 방식이 더 정확한가?

CHAPTER 5 정 역 학

정역학

앞 장에서는 기구학의 관점에서 직교 공간과 관절 공간 간의 관계를 살펴보았다. 본 장에서는 직교 공간에서 말단부에 작용하는 힘/모멘트와 관절 공간에서의 관절 토크 간의 관계를 살펴본다. 예를 들어, 로봇의 말단부가 5 kg의 물체를 들고 있거나 벽을 10 N의 힘으로 밀기 위해서 각 관절이 어느 정도의 토크를 발생시켜야 하는지를 구하여야 하는 경우에 직교 공간과 관절 공간 간의 힘의 관계를 알아야 한다. 이때 로봇에 인가되는 힘을 다루기는 하지만, 로봇이 운동을 하지는 않으므로 **정역학**(statics) 문제에 해당한다.

기본적으로 로봇에 작용하는 힘과 모멘트의 평형으로부터 정역학 문제의 해를 구할 수 있는데, 이는 비교적 복잡한 계산 과정을 필요로 한다. 그러나 다행스럽게 로봇의 경우에는 직교 공간과 관절 공간 사이의 힘과 모멘트의 관계는 앞 장에서 자세히 다루었던 자코비안을 이용하여 쉽게 구할 수 있다. 이 장에서는 이 2가지 방법에 대해서 살펴보기로 한다.

5.1 힘과 모멘트 평형에 기반한 정역학 해법

그림 5.1(a)는 링크 i에 작용하는 힘과 모멘트를 나타내는 자유 물체도(free-body diagram)이다. n자유도 로봇 팔에 대해서 다음과 같이 힘 평형 및 모멘트 평형이 성립된다. 먼저 **힘 평형**(force balance)은 다음과 같다.

$$\boldsymbol{f}_{i-1,\,i} - \boldsymbol{f}_{i,\,i+1} + m_i\,\boldsymbol{g} = 0 \quad (i = 1, \cdots, n) \tag{5.1}$$

여기서 $\boldsymbol{f}_{i-1,\,i}$는 링크 $i-1$이 링크 i에 작용하는 힘, $\boldsymbol{f}_{i,\,i+1}$은 링크 i가 링크 $i+1$에 작용하는 힘, 그리고 $m_i\,\boldsymbol{g}$는 링크의 질량 중심에 작용하는 중력이다. 모든 벡터는 기저 좌표계 {0}을 기준으로 한다.

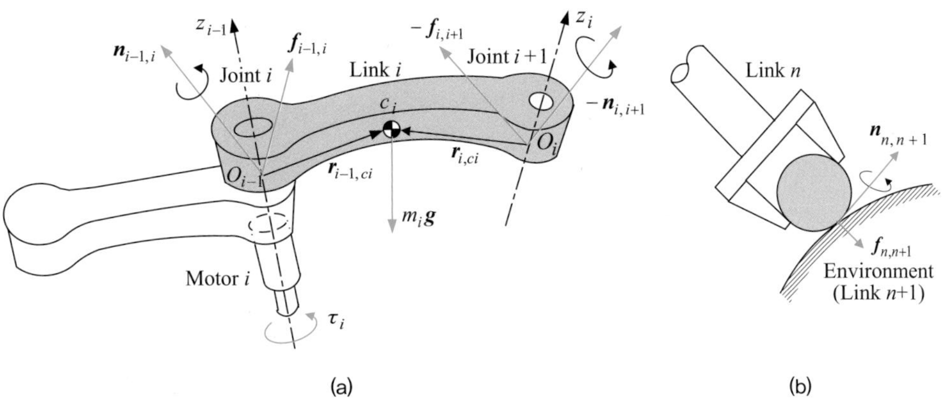

그림 5.1 **링크 i의 자유물체도 및 말단부와 환경 간의 접촉**

질량 중심 C_i에 대한 **모멘트 평형**(moment balance)은 다음과 같다.

$$\boldsymbol{n}_{i-1,\,i}-\boldsymbol{n}_{i,\,i+1}+(-\boldsymbol{r}_{i-1,c_i})\times\boldsymbol{f}_{i-1,\,i}+(-\boldsymbol{r}_{i,\,c_i})\times(-\boldsymbol{f}_{i,\,i+1})=0 \quad (i=1,\cdots,n) \tag{5.2}$$

여기서 $\boldsymbol{n}_{i-1,\,i}$는 링크 $i-1$이 링크 i에 작용하는 모멘트, $\boldsymbol{n}_{i,\,i+1}$은 링크 i가 링크 $i+1$에 작용하는 모멘트, $\boldsymbol{r}_{i,Ci}$는 좌표계 $\{i\}$의 원점에서 C_i까지의 위치 벡터이다.

이번에는 말단부와 환경 간의 접촉 상황을 살펴보자. 그림 5.1(b)에서 말단부를 링크 n, 환경을 링크 $n+1$이라고 하면, 말단 힘(end-effector force) 벡터는 다음과 같이 정의할 수 있다.

$$\boldsymbol{F}=\begin{Bmatrix}\boldsymbol{f}_{n,n+1}\\ \boldsymbol{n}_{n,n+1}\end{Bmatrix} \tag{5.3}$$

여기서 $\boldsymbol{f}_{n,\,n+1}$과 $\boldsymbol{n}_{n,\,n+1}$은 각각 말단부가 환경에 가하는 힘과 모멘트를 나타낸다. 이와 같이 말단부가 환경에 힘과 모멘트를 인가할 수 있지만, 대부분의 경우는 힘만 인가하므로 편의상 말단 힘이라고 부른다는 점에 유의한다.

식 (5.1)~(5.3)을 종합하여 직교 공간에서 말단 힘이 주어졌을 때 관절 공간에서의 관절 토크를 구할 수 있다. 그림 5.2의 2자유도 평면 팔에서 말단 힘 $\boldsymbol{F}$가 주어졌을 때, 이에 해당하는 관절 토크 τ_1과 τ_2를 구해 보자.

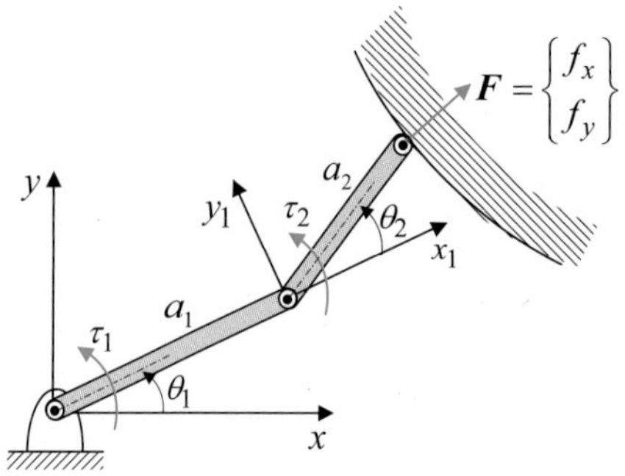

그림 5.2 **2자유도 평면 팔의 정역학 해**

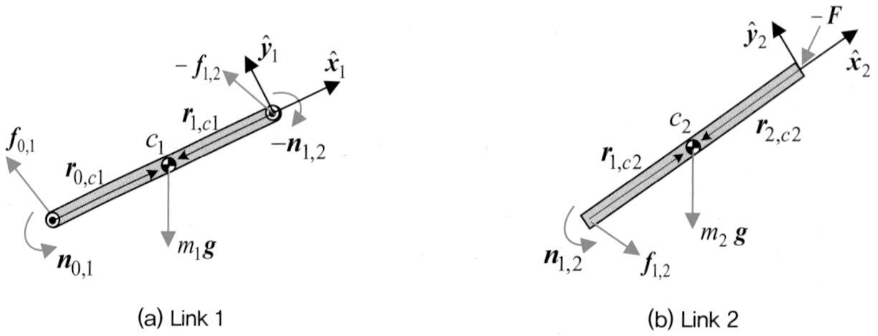

그림 5.3 **2자유도 평면 팔의 자유물체도**

그림 5.3(a)의 링크 1에 대한 자유물체도에서 힘 평형은

$$\boldsymbol{f}_{0,1} - \boldsymbol{f}_{1,2} = 0 \tag{5.4}$$

이며, C_1에 대한 모멘트 평형은

$$\boldsymbol{n}_{0,1} - \boldsymbol{n}_{1,2} + (-\boldsymbol{r}_{0,c1}) \times \boldsymbol{f}_{0,1} + (-\boldsymbol{r}_{1,c1}) \times (-\boldsymbol{f}_{1,2}) = 0$$

이므로, 이를 정리하면 다음과 같다.

$$\boldsymbol{n}_{0,1} - \boldsymbol{n}_{1,2} - \frac{a_1}{2} \hat{\boldsymbol{x}}_1 \times \boldsymbol{f}_{0,1} + \frac{a_1}{2} \hat{\boldsymbol{x}}_1 \times (-\boldsymbol{f}_{1,2}) = 0 \tag{5.5}$$

식 (5.4)를 (5.5)에 대입하면

$$\boldsymbol{n}_{0,1} - \boldsymbol{n}_{1,2} - a_1 \hat{\boldsymbol{x}}_1 \times \boldsymbol{f}_{1,2} = 0 \tag{5.6}$$

을 얻는다. 그림 5.3(b)의 링크 2에 대한 자유 물체도에서 힘 평형은

$$\boldsymbol{f}_{1,2} - \boldsymbol{F} = 0 \tag{5.7}$$

이며, C_2에 대한 모멘트 평형은

$$\boldsymbol{n}_{1,2} + (-\boldsymbol{r}_{1,c2}) \times \boldsymbol{f}_{1,2} + (-\boldsymbol{r}_{2,c1}) \times (-\boldsymbol{F}) = 0$$

이므로, 이를 정리하면 다음과 같다.

$$\boldsymbol{n}_{1,2} - \frac{a_2}{2}\hat{\boldsymbol{x}}_2 \times \boldsymbol{f}_{1,2} + \frac{a_2}{2}\hat{\boldsymbol{x}}_2 \times (-\boldsymbol{F}) = 0 \tag{5.8}$$

식 (5.7)을 (5.8)에 대입하면

$$\boldsymbol{n}_{1,2} - a_2\,\hat{\boldsymbol{x}}_2 \times \boldsymbol{F} = 0 \tag{5.9}$$

을 얻는다. 한편, 모멘트 $\boldsymbol{n}_{1,2}$는

$$\boldsymbol{n}_{1,2} = a_2\,\hat{\boldsymbol{x}}_2 \times \boldsymbol{F} = a_2 \begin{Bmatrix} \cos(\theta_1 + \theta_2)\,\hat{\boldsymbol{x}}_0 \\ \sin(\theta_1 + \theta_2)\,\hat{\boldsymbol{y}}_0 \end{Bmatrix} \times \begin{Bmatrix} f_x\,\hat{\boldsymbol{x}}_0 \\ f_y\,\hat{\boldsymbol{y}}_0 \end{Bmatrix} = (a_2\,c_{12}\,f_y - a_2\,s_{12}\,f_x)\,\hat{\boldsymbol{z}}_0 \tag{5.10}$$

로 계산되는데, 토크 τ_2는 $\boldsymbol{n}_{1,2}$의 z축 성분이므로

$$\tau_2 = (-a_2 s_{12})\,f_x + a_2\,c_{12}\,f_y \tag{5.11}$$

이 된다. 또한 모멘트 $\boldsymbol{n}_{0,1}$은

$$\begin{aligned} \boldsymbol{n}_{0,1} &= \boldsymbol{n}_{1,2} + a_1\,\hat{\boldsymbol{x}}_1 \times \boldsymbol{F} = \boldsymbol{n}_{1,2} + a_1 \begin{Bmatrix} \cos\theta_1\;\hat{\boldsymbol{x}}_0 \\ \sin\theta_1\;\hat{\boldsymbol{y}}_0 \end{Bmatrix} \times \begin{Bmatrix} f_x\,\hat{\boldsymbol{x}}_0 \\ f_y\,\hat{\boldsymbol{y}}_0 \end{Bmatrix} \\ &= [(-a_1\,s_1 - a_2 s_{12})\,f_x + (a_1\,c_1 + a_2\,c_{12})\,f_y]\,\hat{\boldsymbol{z}}_0 \end{aligned} \tag{5.12}$$

로 계산되는데, 토크 τ_1은 $\boldsymbol{n}_{0,1}$의 z축 성분이므로

$$\tau_1 = (-a_1 s_1 - a_2\,s_{12})\,f_x + (a_1 c_1 + a_2 c_{12})\,f_y \tag{5.13}$$

이 된다.

로봇 팔의 각 링크에 대한 자유 물체도에 힘과 모멘트의 평형을 구하고, 이를 정리하면 주어진 말단 힘에 대한 관절 토크를 구하는 정역학 해를 구할 수 있다. 다음 절에서는 자코비안의 관계를 이용하여 정역학 해를 쉽게 구하는 방법을 알아본다.

5.2 자코비안에 기반한 정역학 해법

이 절에서는 자코비안 관계를 이용하여 직교 공간에서 원하는 말단 힘/모멘트를 얻기 위해서 필요한 관절 공간에서의 **관절 토크**를 구해 보자. 먼저 그림 5.1에서 모터 i에 의해서 인가되는 관절 힘/토크 τ_i를 고려하자. 만약 관절 i가 회전 관절이라면 τ_i는 관절 토크가 되며,

$$\tau_i = \boldsymbol{n}_{i-1,i} \cdot \hat{\boldsymbol{z}}_{i-1} \tag{5.14}$$

의 관계가 성립된다. 즉, 모멘트 $\boldsymbol{n}_{i-1,i}$에서 관절 축 i(즉, z_{i-1}축) 성분은 모터 i에 의해서 공급되며, 나머지 성분은 내부의 구속 모멘트(workless constraint moment)로 작용한다. 만약 관절 i가 직선 관절이라면 τ_i는 관절 힘이 되며,

$$\tau_i = \boldsymbol{f}_{i-1,i} \cdot \hat{\boldsymbol{z}}_{i-1} \tag{5.15}$$

의 관계가 성립된다. 즉, 모멘트 $\boldsymbol{f}_{i-1,i}$에서 관절 축 i(즉, z_{i-1}축) 성분은 모터 i에 의해서 공급되며, 나머지 성분은 내부의 구속 힘(workless constraint force)으로 작용한다. n 자유도 로봇 팔에 대해서 관절 토크 벡터는 다음과 같이 정의된다.

$$\boldsymbol{\tau} = \{\tau_1 \quad \cdots \quad \tau_n\}^T \tag{5.16}$$

여기서 벡터의 각 성분은 회전 관절에서는 관절 토크, 직선 관절에서는 관절 힘을 나타내지만, 대부분의 경우 회전 관절이므로 이 벡터를 편의상 관절 토크 벡터라고 부른다는 점에 유의한다.

직교 공간에서의 말단 힘 $\boldsymbol{F}$와 관절 공간에서의 관절 토크 $\boldsymbol{\tau}$ 사이에 다음과 같은 자코비안 관계식이 성립된다.

$$\boldsymbol{\tau} = \boldsymbol{J}^T \boldsymbol{F} \tag{5.17}$$

여기서 $\boldsymbol{F}$는 말단부가 환경에 가하는 말단 힘으로 다음과 같다.

$$\boldsymbol{F} = \{f_x \; f_y \; f_z \;\; n_x \; n_y \; n_z\}^T \tag{5.18}$$

여기서 성분인 f와 n은 각각 힘과 모멘트를 나타내는데, 이들 성분은 모두 기저 좌표

계 {0}의 x, y, z축을 기준으로 한다.

식 (5.17)의 관계식은 다음과 같이 가상일의 원리(principle of virtual work)로부터 구할 수 있다.

$$\boldsymbol{F}^T \delta \boldsymbol{x} = \boldsymbol{\tau}^T \delta \boldsymbol{q} \tag{5.19}$$

여기서 좌변은 직교 공간에서의 가상일, 우변은 관절 공간에서의 가상일을 나타낸다. 속도에 대한 자코비안 관계식 $\dot{\boldsymbol{x}} = \boldsymbol{J}\dot{\boldsymbol{q}}$ 으로부터

$$\delta \boldsymbol{x} = \boldsymbol{J}\ \delta \boldsymbol{q} \tag{5.20}$$

을 얻을 수 있으며, 식 (5.20)을 (5.19)에 대입하면 다음과 같은 관계식을 얻는다.

$$\boldsymbol{F}^T \boldsymbol{J}\ \delta \boldsymbol{q} = \boldsymbol{\tau}^T \delta \boldsymbol{q} \ \rightarrow \ (\boldsymbol{F}^T \boldsymbol{J} - \boldsymbol{\tau}^T)\delta \boldsymbol{q} = 0 \tag{5.21}$$

위 식은 모든 $\delta\boldsymbol{q}$에 대해서 성립되어야 하므로, 괄호 안의 식은 항상 0이 되어야 하며, 이로부터 식 (5.17)을 얻게 된다.

식 (5.17)을 사용하여 **그림 5.2**에서 언급한 2자유도 평면 팔의 정역학 해를 구해보자. 말단이 환경에 $\boldsymbol{F}$의 힘을 가한다고 할 때 각 관절 토크는 다음과 같이 계산된다.

$$\boldsymbol{\tau} = \begin{Bmatrix} \tau_1 \\ \tau_2 \end{Bmatrix} = \boldsymbol{J}^T \boldsymbol{F} = \begin{bmatrix} -a_1 s_1 - a_2 s_{12} & a_1 c_1 + a_2 c_{12} \\ -a_2 s_{12} & a_2 c_{12} \end{bmatrix} \begin{Bmatrix} f_x \\ f_y \end{Bmatrix} \tag{5.22}$$

또는

$$\begin{cases} \tau_1 = (-a_1 s_1 - a_2 s_{12}) f_x + (a_1 c_1 + a_2 c_{12}) f_y \\ \tau_2 = (-a_2 s_{12}) f_x + a_2 c_{12} f_y \end{cases} \tag{5.23}$$

위 식은 앞 절에서 힘과 모멘트의 평형에 기반하여 구한 정역학 해인 식 (5.11) 및 (5.13)과 동일하다. 이와 같이 자코비안 관계식을 사용하면 매우 쉽게 정역학 해를 구할 수 있으므로, 정역학 해법에서는 예외 없이 식 (5.17)을 사용한다.

식 (5.17)도 자코비안을 사용하므로 자코비안의 역행렬과 관련되는 특이점 문제를 피할 수 없다. 이를 살펴보기 위해서 **그림 5.2**의 2자유도 평면 팔을 다시 고려하여 보자. 이 경우 특이점은 행렬식 $\det(\boldsymbol{J}) = a_1 a_2 \sin\theta_2$가 0이 되는 $\theta_2 = 0$에서 발생한다. 편

의상 $a_1 = a_2 = a$라고 가정하면, 특이점에서 식 (5.22)는 다음과 같이 단순화된다.

$$\begin{cases} \tau_1 = -2a\sin\theta_1 f_x + 2a\cos\theta_1 f_y \\ \tau_2 = -a\sin\theta_1 f_x + a\cos\theta_1 f_y \end{cases} \tag{5.24}$$

위 식의 우변을 비교해 보면, 상단 식의 우변이 하단 식의 우변의 2배임을 알 수 있다. 그러므로 임의의 τ_1과 τ_2가 주어진 경우에는 f_x와 f_y가 존재하지 않으며, 오직 $\tau_1 = 2\tau_2$일 때만 해가 존재하게 된다. 또한 $f_x = 1/s_1$이고, $f_y = 1/c_1$일 때 $\tau_1 = \tau_2 = 0$이 되는데, 이는 관절 토크가 0임에도 불구하고 0이 아닌 말단 힘이 존재한다는 점에서 비현실적이다. 이러한 상황을 일반화하면, 특이점에서는 작은 관절 토크가 매우 큰 말단 힘을 발생시킬 수 있다. 결론적으로, 정역학 문제에서도 특이점은 회피하는 것이 바람직함을 알 수 있다.

1 다음과 같이 2자유도 평면 팔이 환경과 접촉하고 있다. 링크의 길이는 $a_1 = 400$ mm, $a_2 = 300$ mm이다. 접촉력은 $f_x = 5$ N, $f_y = 3$ N으로 로봇의 말단점이 환경에 힘을 가하고 있다.

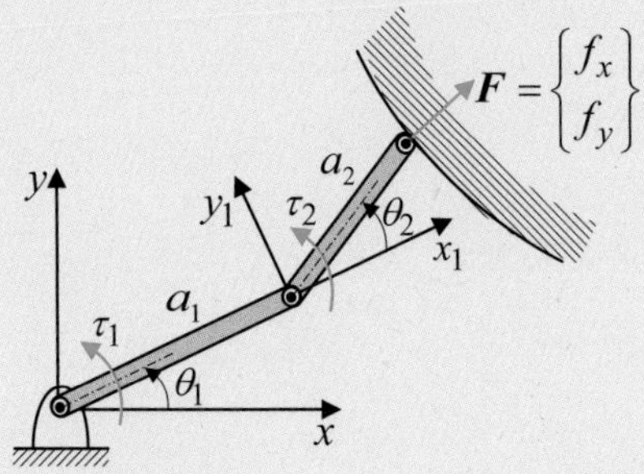

(a) 접촉력을 유지하기 위해서 각 관절에서 발생시켜야 하는 토크를 계산하기 위한 식을 기호로 나타내시오.

(b) $\theta_1 = \theta_2 = 30°$일 때 필요한 토크를 구하시오.

(c) $\theta_1 = 30°$, $\theta_2 = 0°$일 때 필요한 토크를 구하시오. 계산된 토크는 파트 (b)의 결과와 비교하였을 때 합리적인가? 그렇지 않다면 왜 이런 결과가 도출되었는가?

(d) 만약 $a_1 = a_2 = 400$ mm로 링크의 길이가 동일하다면, 파트 (c)의 결과는 어떻게 되는가?

2 다음과 같은 3자유도 평면 팔을 고려하자.

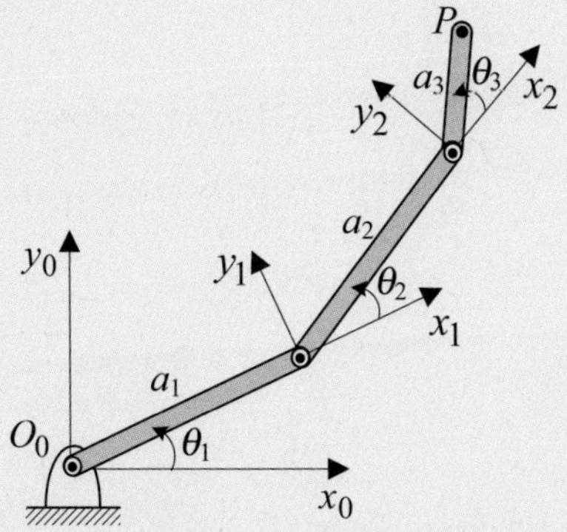

(a) 각 링크에 대한 DH 파라미터를 구하고, 표의 형태로 나타내시오.

(b) 자코비안의 정의로부터 자코비안 행렬을 구하시오.

(c) 이 팔이 관절 각도가 60°, −60°, 30°에서 1 kg의 질량을 들고 있다. 링크의 길이가 각각 200 mm, 120 mm, 50 mm라고 할 때 이 가반 하중을 유지하기 위해 필요한 관절 토크를 구하시오.

CHAPTER 6

동역학

로봇의 동역학 해석은 로봇의 정확한 제어 및 시뮬레이션 등 다양한 기능 구현을 위하여 필수적이다. 로봇 동역학은 **정동역학**(forward dynamics)과 **역동역학**(inverse dynamics)으로 분류할 수 있다. 정동역학은 주어진 관절 토크에 의해서 발생하는 로봇의 운동(즉, 위치, 속도, 가속도)을 구하는 문제로, 주로 로봇 운동을 시뮬레이션하는 데 필요하다. 반면에, 역동역학은 원하는 운동을 얻기 위해서 요구되는 관절 토크를 구하는 문제로, 주로 로봇 팔의 궤적 계획이나 제어 구현에 필요하다. 특히, 로봇의 제어에 모델 정보를 활용하기 위해서는 이러한 동역학이 반드시 필요하다.

동역학 모델의 수립에는, 뉴턴-오일러 방식(Newton-Euler formulation) 또는 라그랑지안 방식(Lagrangian formulation) 등이 사용된다. 뉴턴-오일러 방식은 링크에 작용하는 모든 힘과 모멘트의 평형 관계를 나타내는 뉴턴의 운동 제2법칙에 기반하여 동역학을 구하는 반면에, 라그랑지안 방식에서는 로봇 시스템에 저장되는 일과 에너지 관계에 기반하여 동역학을 구하게 된다. 물론 어느 방식을 사용하더라도 동일한 운동 방정식을 얻게 된다.

본 장에서는 이 2가지 방식에 기반하여 로봇 팔의 동역학 방정식을 구하는 방법에 대해서 자세히 설명한다. 뉴턴-오일러 방식에 기반한 2가지 방식과 라그랑지안 방식에 기반한 2가지 방식 등 총 4가지 방식을 제시한 후에, 이들 방식을 이용하는 예제로 2자유도 평면 팔의 동역학을 구해 본다. 예제에서 보겠지만, 가장 단순한 2자유도 로봇에 대한 동역학 방정식의 유도도 매우 복잡하며, 많은 시간을 요구한다. 그러므로 로봇의 자유도가 증가할수록 로봇의 동역학 수식을 수작업으로 계산하는 데 필요한 시간이 급격히 증가하여, 현실적으로 3자유도 이상의 로봇에 적용하기는 쉽지 않다. 과거에는 아무리 복잡하더라도 수작업으로 동역학을 구하여야 했지만, 현재는 프로그램을 사용하여 동역학을 구하는 순환적 뉴턴-오일러 방식(recursive Newton-Euler formulation)도 개발되어 있다.

따라서 3자유도 이상 로봇의 동역학 모델은 이 방식을 사용하여 구하면 편리한데, 이 방식은 MATLAB의 심볼릭(symbolic) 연산 기능에 기반한다. 본문에서는 순환적 뉴턴-오일러 방식의 동작 원리를 설명하고, 부록 C에서 이 방식에 대한 MATLAB 코드를 제공한다. 이 방식의 원리나 코드를 완전히 이해하지 못하더라도, 이 책에서 제공하는 MATLAB 코드를 사용하면 어떤 형태의 로봇에 대한 동역학도 오류 없이 구할 수 있다.

6.1 뉴턴-오일러 방식

본 절에서는 로봇의 각 링크에 작용하는 힘과 모멘트의 관계로부터 동역학 방정식을 구하는 **뉴턴-오일러 방식**에 대해서 설명한다. 우선 링크에 작용하는 모든 힘과 모멘트를 각 링크의 자유물체도에 표시한 후에, 힘과 모멘트에 관한 뉴턴의 운동 법칙을 적용하여 기본 식을 유도한다. 그리고 이들 식에서 링크 간의 결합에 필요한 내부 힘과 모멘트를 제거하는 방식으로, 관절의 토크와 위치, 속도, 가속도 간의 관계를 유도하게 된다. 이 방식의 이해는 어렵지 않고, 동역학에 대한 직관적인 내용을 제공하여 주지만, 많은 계산이 필요하므로 수작업으로 다자유도 로봇에 적용하기는 어렵다. 그러므로 실제 로봇의 동역학 유도에는 잘 사용되지 않으므로, 다음의 내용은 참고로만 취급하여도 된다.

그림 6.1은 링크 i에 작용하는 힘과 모멘트를 나타내는 자유물체도이다. 이 그림에서 $\boldsymbol{f}_{i-1,i}$와 $\boldsymbol{n}_{i-1,i}$는 링크 $i-1$이 링크 i에 작용하는 힘과 모멘트, $\boldsymbol{v}_{ci}$는 질량 중심 C_i의

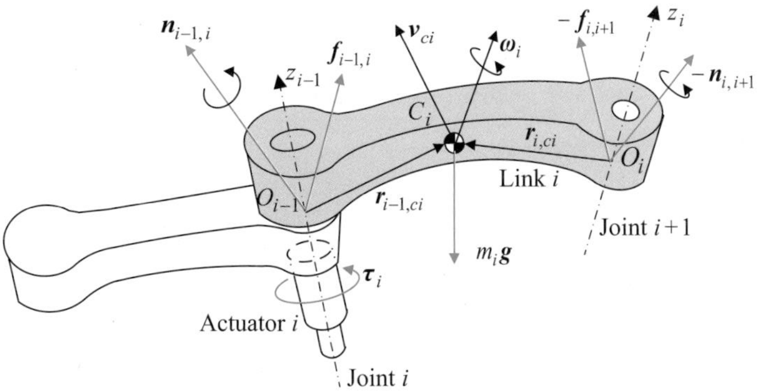

그림 6.1 **링크 i의 자유물체도**

선속도, ω_i는 링크 i의 각속도, $\boldsymbol{r}_{i-1,i}$는 원점 O_{i-1}에서 질량 중심 C_i까지의 위치 벡터, $m_i\boldsymbol{g}$는 링크의 질량 중심에 작용하는 중력이다. 정역학에서의 힘과 모멘트의 평형에 해당하는 뉴턴의 운동 방정식(Newton's equation of motion)과 오일러의 운동 방정식(Euler's equation of motion)이 각각 성립된다. 뉴턴의 운동 방정식은

$$\boldsymbol{F} = m_i \dot{\boldsymbol{v}}_{ci} = \boldsymbol{f}_{i-1,i} - \boldsymbol{f}_{i,i+1} + m_i \boldsymbol{g} \quad (i = 1, \cdots, n) \tag{6.1}$$

이며, 질량 중심 C_i에 대한 오일러의 운동 방정식은 다음과 같다.

$$\boldsymbol{N} = \boldsymbol{I}_i \dot{\boldsymbol{\omega}}_i + \boldsymbol{\omega}_i \times (\boldsymbol{I}_i \boldsymbol{\omega}_i) = \boldsymbol{n}_{i-1,i} - \boldsymbol{n}_{i,i+1} + (-\boldsymbol{r}_{i-1,ci}) \times \boldsymbol{f}_{i-1,i} + (-\boldsymbol{r}_{i,ci}) \times (-\boldsymbol{f}_{i,i+1}) \quad (i = 1, \cdots, n) \tag{6.2}$$

여기서 $\boldsymbol{I}_i$는 링크 i의 질량 중심의 **관성 텐서**(centroidal inertia tensor)이다. 이때 토크 $\boldsymbol{N}$은 각운동량 $\boldsymbol{I}\omega$의 시간 미분으로 구할 수 있는데, $\boldsymbol{\omega}_i \times (\boldsymbol{I}_i \boldsymbol{\omega}_i)$는 관성 텐서 $\boldsymbol{I}_i$가 방위에 따라서 변하게 되어 나타나는 자이로스코픽 토크(gyroscopic torque)를 나타낸다. 위의 두 식에서 모든 벡터는 기저 좌표계 $\{0\}$을 기준으로 기술된다.

그림 6.2의 2자유도 평면 팔에 대한 동역학 방정식을 구해 보자. 우선 이 팔은 xy 평면에서만 운동하므로 $\boldsymbol{v}_{ci} = \{v_{xi} \ \ v_{yi}\}^T$, 각속도 ω_i는 $\omega_i \hat{\boldsymbol{z}}_{i-1}$, 관성 텐서 $\boldsymbol{I}_i$는 관성 모멘트 I_i로 단순화할 수 있다.

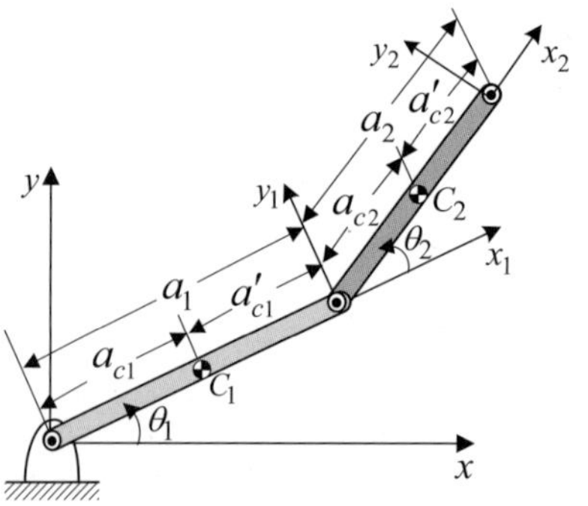

그림 6.2 **2자유도 평면 팔**

그림 6.3(a)의 링크 1에 대한 뉴턴 방정식과 오일러 방정식은

$$m_1 \dot{\boldsymbol{v}}_{c_1} = \boldsymbol{f}_{0,1} - \boldsymbol{f}_{1,2} + m_1 \boldsymbol{g} \tag{6.3a}$$

$$I_1 \dot{\boldsymbol{\omega}}_1 + \boldsymbol{\omega}_1 \times (I_1 \boldsymbol{\omega}_1) = \boldsymbol{n}_{0,1} - \boldsymbol{n}_{1,2} - \boldsymbol{r}_{0,c1} \times \boldsymbol{f}_{0,1} + \boldsymbol{r}_{1,c1} \times \boldsymbol{f}_{1,2} \tag{6.3b}$$

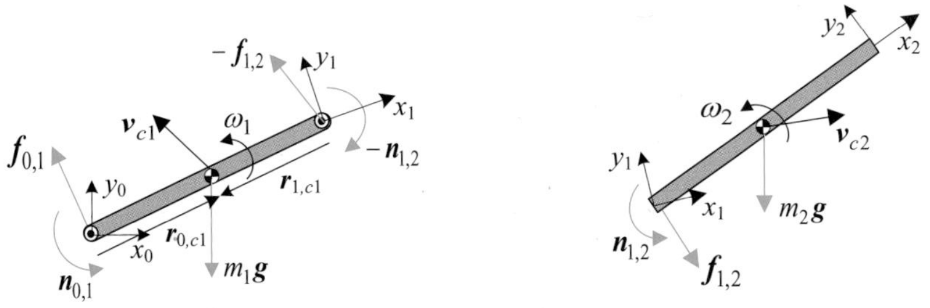

(a) Link 1 (b) Link 2

그림 6.3 **2자유도 평면 팔의 자유물체도**

으로 주어진다. 식 (6.3b)에서 동일한 벡터의 외적은 0이 되므로, $\boldsymbol{\omega}_1 \times (I_1 \boldsymbol{\omega}_1) = 0$이 된다. 그림 6.3(b)의 링크 2에 대한 뉴턴 방정식과 오일러 방정식은

$$m_2 \dot{\boldsymbol{v}}_{c2} = \boldsymbol{f}_{1,2} - \boldsymbol{f}_{2,3} + m_2 \boldsymbol{g} \tag{6.4a}$$

$$I_2 \dot{\boldsymbol{\omega}}_2 + \boldsymbol{\omega}_2 \times (I_2 \boldsymbol{\omega}_2) = \boldsymbol{n}_{1,2} - \boldsymbol{n}_{2,3} - \boldsymbol{r}_{1,c2} \times \boldsymbol{f}_{1,2} + \boldsymbol{r}_{2,c2} \times \boldsymbol{f}_{2,3} \tag{6.4b}$$

으로 주어진다. 위 식에서 말단부가 환경과 접촉하지 않으므로 $\boldsymbol{f}_{2,3} = 0$ 및 $\boldsymbol{n}_{2,3} = 0$이다. 또한 평면 팔이므로

$$\boldsymbol{n}_{0,1} = \{0\ 0\ \tau_1\}^T,\ \boldsymbol{n}_{1,2} = \{0\ 0\ \tau_2\}^T \tag{6.5}$$

으로 나타낼 수 있다. 식 (6.4a)와 (6.5)를 (6.4b)에 대입하여 $\boldsymbol{f}_{1,2}$를 제거하면

$$I_2 \dot{\boldsymbol{\omega}}_2 = \boldsymbol{n}_{1,2} - \boldsymbol{r}_{1,c2} \times (m_2 \dot{\boldsymbol{v}}_{c2} - m_2 \boldsymbol{g}) \tag{6.6}$$

을 얻는다. 식 (6.3a), (6.4a), (6.5)를 (6.3b)에 대입하여 $\boldsymbol{f}_{0,1}$을 제거하고 정리하면

$$I_1 \dot{\boldsymbol{\omega}}_1 = \boldsymbol{n}_{0,1} - \boldsymbol{n}_{1,2} - \boldsymbol{r}_{0,c1} \times m_1 \dot{\boldsymbol{v}}_{c1} - \boldsymbol{r}_{0,1} \times m_2 \dot{\boldsymbol{v}}_{c2} + r_{0,c1} \times m_1 \boldsymbol{g} + \boldsymbol{r}_{0,1} \times m_2 \boldsymbol{g} \tag{6.7}$$

을 얻는다. 이제 각속도, 위치 벡터 및 선속도를 θ_1과 θ_2의 함수로 나타낸다.

$$\omega_1 = \dot{\theta}_1,\ \omega_2 = \dot{\theta}_1 + \dot{\theta}_2 \tag{6.8}$$

$$\boldsymbol{r}_{0,c1} = \begin{Bmatrix} a_{c1} \cos\theta_1 \\ a_{c1} \sin\theta_1 \end{Bmatrix} \tag{6.9}$$

$$\boldsymbol{v}_{c1} = \begin{Bmatrix} -a_{c1} \dot{\theta}_1 s_1 \\ a_{c1} \dot{\theta}_1 c_1 \end{Bmatrix} \tag{6.10}$$

$$\dot{\boldsymbol{v}}_{c1} = \begin{Bmatrix} -a_{c1}\ddot{\theta}_1 s_1 - a_{c1}\dot{\theta}_1^2 c_1 \\ a_{c1}\ddot{\theta}_1 c_1 - a_{c1}\dot{\theta}_1^2 s_1 \end{Bmatrix} = a_{c1}\begin{Bmatrix} -s_1 \\ c_1 \end{Bmatrix}\ddot{\theta}_1 - a_{c1}\begin{Bmatrix} c_1 \\ s_1 \end{Bmatrix}\dot{\theta}_1^2 \tag{6.11}$$

$$\boldsymbol{r}_{0,c2} = \begin{Bmatrix} a_1 c_1 + a_{c2} c_{12} \\ a_1 s_1 + a_{c2} s_{12} \end{Bmatrix} \tag{6.12}$$

$$\boldsymbol{v}_{c2} = \begin{Bmatrix} -a_1\dot{\theta}_1 s_1 - a_{c2}(\dot{\theta}_1 + \dot{\theta}_2) s_{12} \\ a_1\dot{\theta}_1 c_1 + a_{c2}(\dot{\theta}_1 + \dot{\theta}_2) c_{12} \end{Bmatrix} = \begin{Bmatrix} -a_1 s_1 - a_{c2} s_{12} \\ a_1 c_1 + a_{c2} c_{12} \end{Bmatrix}\dot{\theta}_1 + \begin{Bmatrix} -a_{c2} s_{12} \\ a_{c2} c_{12} \end{Bmatrix}\dot{\theta}_2 \tag{6.13}$$

$$\begin{aligned} \dot{\boldsymbol{v}}_{c2} = &\begin{Bmatrix} -a_1 s_1 - a_{c2} s_{12} \\ a_1 c_1 + a_{c2} c_{12} \end{Bmatrix}\ddot{\theta}_1 + \begin{Bmatrix} -a_{c2} s_{12} \\ a_{c2} c_{12} \end{Bmatrix}\ddot{\theta}_2 + \begin{Bmatrix} -a_1 c_1 - a_{c2} c_{12} \\ -a_1 s_1 - a_{c2} s_{12} \end{Bmatrix}\dot{\theta}_1^2 \\ &+ 2\begin{Bmatrix} -a_{c2} c_{12} \\ -a_{c2} s_{12} \end{Bmatrix}\dot{\theta}_1\dot{\theta}_2 + \begin{Bmatrix} -a_{c2} c_{12} \\ -a_{c2} s_{12} \end{Bmatrix}\dot{\theta}_2^2 \end{aligned} \tag{6.14}$$

식 (6.8)~(6.14)를 식 (6.6)과 (6.7)에 대입하여 정리하면 다음과 같이 운동 방정식을 구할 수 있다.

$$\tau_1 = m_{11}\ddot{\theta}_1 + m_{12}\ddot{\theta}_2 - 2c\dot{\theta}_1\dot{\theta}_2 - c\dot{\theta}_2^2 + g_1 \tag{6.15}$$

$$\tau_2 = m_{21}\ddot{\theta}_1 + m_{22}\ddot{\theta}_2 + c\dot{\theta}_1^2 + g_2 \tag{6.16}$$

여기서

$$\begin{aligned} &m_{11} = m_1 a_{c1}^2 + I_1 + m_2[a_1^2 + a_{c2}^2 + 2a_1 a_{c2}\cos\theta_2] + I_2,\ m_{22} = m_2 a_{c2}^2 + I_2, \\ &m_{12} = m_{21} = m_2 a_1 a_{c2}\cos\theta_2 + m_2 a_{c2}^2 + I_2,\ c = m_2 a_1 a_{c2}\sin\theta_2, \\ &g_1 = m_1 g\, a_{c1}\cos\theta_1 + m_2 g\{a_{c2}\cos(\theta_1 + \theta_2) + a_1\cos\theta_1\}, \\ &g_2 = m_2 g\, a_{c2}\cos(\theta_1 + \theta_2) \end{aligned} \tag{6.17}$$

식 (6.15)와 (6.16)은 다음과 같이 행렬-벡터 형태로 표현할 수 있다.

$$\begin{bmatrix} m_{11} & m_{12} \\ m_{21} & m_{22} \end{bmatrix}\begin{Bmatrix} \ddot{\theta}_1 \\ \ddot{\theta}_2 \end{Bmatrix} + \begin{bmatrix} -2c\dot{\theta}_2 & -c\dot{\theta}_2 \\ c\dot{\theta}_1 & 0 \end{bmatrix}\begin{Bmatrix} \dot{\theta}_1 \\ \dot{\theta}_2 \end{Bmatrix} + \begin{Bmatrix} g_1 \\ g_2 \end{Bmatrix} = \begin{Bmatrix} \tau_1 \\ \tau_2 \end{Bmatrix} \tag{6.18}$$

또는

$$\boldsymbol{M}(\boldsymbol{q})\ddot{\boldsymbol{q}} + \boldsymbol{C}(\boldsymbol{q},\dot{\boldsymbol{q}})\dot{\boldsymbol{q}} + \boldsymbol{g}(\boldsymbol{q}) = \boldsymbol{\tau} \tag{6.19}$$

여기서 $\boldsymbol{M}$은 로봇의 관성 행렬, $\boldsymbol{C}$는 코리올리(Coriolis) 힘 및 원심력과 관련된 행렬,

$\boldsymbol{g}$는 중력 벡터, $\boldsymbol{\tau}$는 액추에이션 토크 벡터, $\boldsymbol{q}$, $\dot{\boldsymbol{q}}$, $\ddot{\boldsymbol{q}}$은 각각 관절의 각도, 각속도, 각가속도를 나타내는 벡터이다. 여기서 토크 벡터 $\boldsymbol{\tau}$는 마찰로 손실되는 토크를 제외하고 실제로 로봇의 링크에 전달되는 토크를 의미한다는 점에 유의한다.

6.2 순환 뉴턴-오일러 방식

앞 절에서의 뉴턴-오일러 방식은 매우 직관적이지만, 직접 복잡한 수식을 수작업으로 처리하여야 하므로 6자유도 로봇에 적용하기는 매우 어렵다. 이번 절에서는 순환적(또는 재귀적) 알고리즘으로 프로그램화가 가능한 **순환 뉴턴-오일러 방식**(recursive Newton-Euler formulation)에 대해서 알아보기로 하자(Luh, 1980). 이 알고리즘은 MATLAB의 심볼릭 연산을 통해서 동역학 모델을 수립할 수 있으므로, 아무리 복잡한 로봇의 동역학도 프로그램을 통하여 구할 수 있는 장점이 있다. 부록 C에서는 이에 대한 MATLAB 프로그램을 제공한다. 비록 알고리즘을 완전히 이해하지 못하더라도, 이 프로그램을 사용하면 완벽하게 동역학 모델을 구할 수 있다.

그림 6.4에 나타낸 로봇을 고려하여 보자. 여기서 $q_i, \dot{q}_i, \ddot{q}_i$는 관절 i의 각도, 각속도, 각가속도를 각각 나타내며, $\boldsymbol{\omega}_i, \dot{\boldsymbol{\omega}}_i$는 링크 i의 각속도와 각가속도, $\boldsymbol{v}_{ci}, \dot{\boldsymbol{v}}_{ci}$는 링크 i의 질량 중심 C_i의 중심 선속도 및 중심 선가속도를 각각 나타낸다. 그리고 $\boldsymbol{f}_{n,\,n+1}$, $\boldsymbol{n}_{n,\,n+1}$은 말단 링크 n이 접촉하고 있는 환경에 가하는 힘과 모멘트를 각각 나타내는

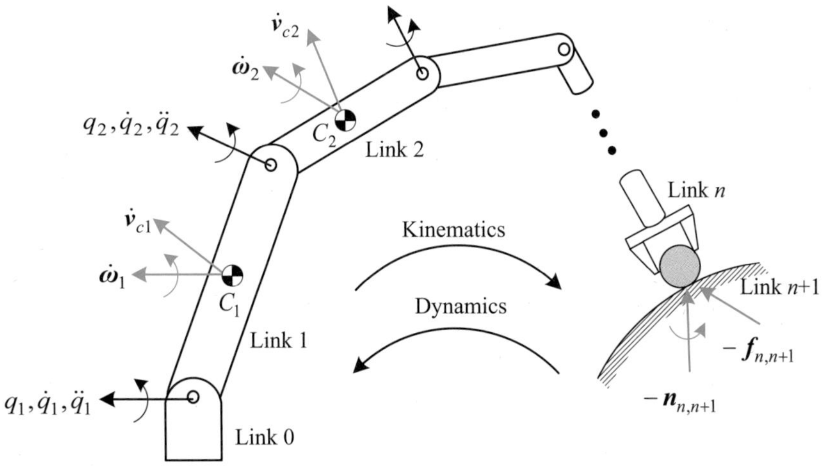

그림 6.4 n자유도 로봇의 관절 변수 및 링크의 속도, 가속도

데, 표기의 편의상 환경을 링크 $(n+1)$로 표기한 것이다.

순환적 방식은 다음과 같이 정순환(forward recursion)과 역순환(backward recursion)으로 나누어 생각할 수 있다. 정순환은 기저 링크(링크 0)에서 말단 링크(링크 n)로 기구학이 전파되는 것을 나타내며, 역순환은 말단 링크에서 기저 링크로 동역학이 전파되는 것을 나타낸다.

6.2.1 정순환(기구학)

모든 벡터는 기저 좌표계 {0}에 대해서 표현된다. 링크 i의 각속도는 다음과 같다.

$$\boldsymbol{\omega}_i = \boldsymbol{\omega}_{i-1} + \boldsymbol{\omega}_{i-1,i} \tag{6.20}$$

여기서 링크 $i-1$에 대한 링크 i의 상대 각속도는 직선 관절에서는 $\boldsymbol{\omega}_{i-1,i}=0$이 되며, 회전 관절에서는 $\boldsymbol{\omega}_{i-1,i} = \dot{\theta}_i \cdot \hat{\boldsymbol{z}}_{i-1}$이 되므로, 다음 관계식이 성립된다.

$$\text{직선 관절: } \boldsymbol{\omega}_i = \boldsymbol{\omega}_{i-1} \tag{6.21}$$

$$\text{회전 관절: } \boldsymbol{\omega}_i = \boldsymbol{\omega}_{i-1} + \dot{\theta}_i \cdot \hat{\boldsymbol{z}}_{i-1} \tag{6.22}$$

링크 i의 각가속도는 각속도를 미분하면 다음과 같다.

$$\text{직선 관절: } \dot{\boldsymbol{\omega}}_i = \dot{\boldsymbol{\omega}}_{i-1} \tag{6.23}$$

$$\text{회전 관절: } \dot{\boldsymbol{\omega}}_i = \dot{\boldsymbol{\omega}}_{i-1} + \ddot{\theta}_i \cdot \hat{\boldsymbol{z}}_{i-1} + \boldsymbol{\omega}_{i-1} \times (\dot{\theta}_i \hat{\boldsymbol{z}}_{i-1}) \tag{6.24}$$

와 같이 구할 수 있다. 링크 좌표계 $\{i\}$의 원점의 선속도는

$$\boldsymbol{v}_i = \boldsymbol{v}_{i-1} + \boldsymbol{\omega}_{i-1} \times \boldsymbol{r}_{i-1,i} + \boldsymbol{v}_{i-1,i} \tag{6.25}$$

와 같다. 링크 $i-1$에 대한 링크 i의 상대 속도는 직선 관절의 경우 $\boldsymbol{v}_{i-1,i} = \dot{d}_i \hat{\boldsymbol{z}}_{i-1}$이며, 각속도의 변화는 없으므로 $\boldsymbol{\omega}_i = \boldsymbol{\omega}_{i-1}$이 되어

$$\text{직선 관절: } \boldsymbol{v}_i = \boldsymbol{v}_{i-1} + \boldsymbol{\omega}_i \times \boldsymbol{r}_{i-1,i} + \dot{d}_i \hat{\boldsymbol{z}}_{i-1} \tag{6.26}$$

이 성립된다. 회전 관절의 경우 상대 속도는 $\boldsymbol{v}_{i-1,i} = \dot{\theta}_i \hat{\boldsymbol{z}}_{i-1} \times \boldsymbol{r}_{i-1,i}$이 되고, $\boldsymbol{\omega}_i = \boldsymbol{\omega}_{i-1} + \dot{\theta}_i \cdot \hat{\boldsymbol{z}}_{i-1}$이므로

회전 관절: $\boldsymbol{v}_i = \boldsymbol{v}_{i-1} + \boldsymbol{\omega}_i \times \boldsymbol{r}_{i-1,i}$ (6.27)

이 성립된다. 링크 좌표계 $\{i\}$의 원점의 선가속도는 선속도를 미분하여

$$\dot{\boldsymbol{v}}_i = \dot{\boldsymbol{v}}_{i-1} + \dot{\boldsymbol{\omega}}_{i-1} \times \boldsymbol{r}_{i-1,i} + \boldsymbol{\omega}_{i-1} \times (\boldsymbol{\omega}_{i-1} \times \boldsymbol{r}_{i-1,i}) + 2\boldsymbol{\omega}_{i-1} \times \boldsymbol{v}_{i-1,i} + \dot{\boldsymbol{v}}_{i-1,i} \tag{6.28}$$

와 같이 구할 수 있다. 직선 관절의 경우 상대 각속도는 $\dot{\boldsymbol{v}}_{i-1,i} = \ddot{d}_i \hat{\boldsymbol{z}}_{i-1}$이며, 각속도의 변화는 없으므로 $\boldsymbol{\omega}_i = \boldsymbol{\omega}_{i-1}$ 및 $\dot{\boldsymbol{\omega}}_i = \dot{\boldsymbol{\omega}}_{i-1}$이 되어

직선 관절: $\dot{\boldsymbol{v}}_i = \dot{\boldsymbol{v}}_{i-1} + \dot{\boldsymbol{\omega}}_i \times \boldsymbol{r}_{i-1,i} + \boldsymbol{\omega}_i \times (\boldsymbol{\omega}_i \times \boldsymbol{r}_{i-1,i}) + 2\boldsymbol{\omega}_i \times \dot{d}_i \hat{\boldsymbol{z}}_{i-1} + \ddot{d}_i \hat{\boldsymbol{z}}_{i-1}$ (6.29)

이 성립된다. 회전 관절의 경우 선속도를 미분하여

회전 관절: $\dot{\boldsymbol{v}}_i = \dot{\boldsymbol{v}}_{i-1} + \dot{\boldsymbol{\omega}}_i \times \boldsymbol{r}_{i-1,i} + \boldsymbol{\omega}_i \times (\boldsymbol{\omega}_i \times \boldsymbol{r}_{i-1,i})$ (6.30)

의 관계를 얻는다.

한편, 중심 좌표계(centroidal frame)와 링크 좌표계 간의 변환을 통해서 중심 선속도(centroidal velocity)는

$$\boldsymbol{v}_{ci} = \boldsymbol{v}_i + \boldsymbol{\omega}_i \times \boldsymbol{r}_{i,ci} \tag{6.31}$$

이며, 중심 선가속도(centroidal acceleration)는

$$\dot{\boldsymbol{v}}_{ci} = \dot{\boldsymbol{v}}_i + \dot{\boldsymbol{\omega}}_i \times \boldsymbol{r}_{i,ci} + \boldsymbol{\omega}_i \times (\boldsymbol{\omega}_i \times \boldsymbol{r}_{i,ci}) \tag{6.32}$$

로 주어진다.

6.2.2 역순환(동역학)

힘 평형은 식 (6.1)로부터

$$\boldsymbol{f}_{i-1,i} = \boldsymbol{f}_{i,i+1} - m_i \boldsymbol{g} + m_i \dot{\boldsymbol{v}}_{ci} \tag{6.33}$$

로 주어지며, 모멘트 평형은 식 (6.2)로부터

$$\boldsymbol{n}_{i-1,i} = \boldsymbol{n}_{i,i+1} + \boldsymbol{r}_{i-1,ci} \times \boldsymbol{f}_{i-1,i} - \boldsymbol{r}_{i,ci} \times \boldsymbol{f}_{i,i+1} + \boldsymbol{I}_i \dot{\boldsymbol{\omega}}_i + \boldsymbol{\omega}_i \times (\boldsymbol{I}_i \boldsymbol{\omega}_i) \tag{6.34}$$

로 주어진다. 관절 i에서의 일반화(generalized) 힘과 모멘트는 다음과 같다.

$$\text{직선 관절: } \tau_i = \boldsymbol{f}_{i-1,i} \cdot \hat{\boldsymbol{z}}_{i-1} \tag{6.35}$$

$$\text{회전 관절: } \tau_i = \boldsymbol{n}_{i-1,i} \cdot \hat{\boldsymbol{z}}_{i-1} \tag{6.36}$$

여기서 $\boldsymbol{f}_{i-1,i}$, $n_{i-1,i}$는 링크 $i-1$과 링크 i 간의 결합(coupling)에 필요한 힘과 모멘트를 각각 나타내는데, 이 중에서 z_{i-1}축 방향의 성분이 각각 링크를 구동하기 위해서 액추에이터에서 공급되는 힘 또는 모멘트에 해당하게 된다.

6.2.3 효율적인 계산

식 (6.20)~(6.36)의 모든 벡터는 기저 좌표계 {0}을 기준으로 표현되어 있으므로 로봇이 움직이면 이들 벡터도 따라서 변하게 된다. 그러므로 로봇의 운동 중에 로봇의 각 자세마다 이들 벡터를 계산하여야 하므로, 계산량이 매우 많게 된다. 이를 해결하기 위해서는, 기저 좌표계가 아닌 해당 링크의 좌표계 $\{i\}$를 기준으로 벡터를 표현한다. 예를 들어, 벡터 식 $\boldsymbol{\omega}_i = \boldsymbol{\omega}_{i-1} + \dot{\theta}_i \cdot \hat{\boldsymbol{z}}_{i-1}$을 고려하여 보자. 이 벡터 식을 기저 좌표계 {0}에 대해서 나타내면

$${}^0\boldsymbol{\omega}_i = {}^0\boldsymbol{\omega}_{i-1} + \dot{\theta}_i \cdot {}^0\hat{\boldsymbol{z}}_{i-1} \tag{6.37}$$

이 되지만, 링크 좌표계 $\{i\}$에 대해서 나타내면

$${}^i\boldsymbol{\omega}_i = {}^i\boldsymbol{\omega}_{i-1} + \dot{\theta}_i \cdot {}^i\hat{\boldsymbol{z}}_{i-1} = {}^i\boldsymbol{R}_{i-1}\,{}^{i-1}\boldsymbol{\omega}_{i-1} + \dot{\theta}_i \cdot {}^i\boldsymbol{R}_{i-1}\,{}^{i-1}\hat{\boldsymbol{z}}_{i-1} = {}^{i-1}\boldsymbol{R}_i^T\,({}^{i-1}\boldsymbol{\omega}_{i-1} + \dot{\theta}_i \cdot \hat{\boldsymbol{z}}_0) \tag{6.38}$$

이 된다. 여기서 ${}^{i-1}\hat{\boldsymbol{z}}_{i-1} = \hat{\boldsymbol{z}}_0 = \{0\ 0\ 1\}^T$이 된다. 또한 위치 벡터 ${}^0\boldsymbol{r}_{i-1,i}$는 로봇의 자세에 따라서 변하게 되지만, ${}^i\boldsymbol{r}_{i-1,i}$는 기준이 되는 링크 좌표계 $\{i\}$가 링크와 함께 움직이므로 로봇의 자세와 관계없이 일정하게 된다.

이와 같은 관계는 관성 텐서 $\boldsymbol{I}_i$에 대해서도 다음과 같이 동일하게 적용된다.

$$\boldsymbol{I}_i = \boldsymbol{R}_i\,{}^i\boldsymbol{I}_i\,\boldsymbol{R}_i^T \tag{6.39}$$

여기서 $\boldsymbol{I}_i$는 기저 좌표계 {0}을 기준으로 한 링크 i의 질량 중심에 대한 관성 텐서이므로, 링크의 운동에 따라서 계속 변하게 되지만, ${}^i\boldsymbol{I}_i$는 링크 좌표계 $\{i\}$를 기준으로 한 링크 i의 질량 중심에 대한 관성 텐서로서 로봇의 운동과 관계없이 항상 일정한

값을 가지게 된다.

6.2.1절의 정순환 및 6.2.2절의 역순환에서 얻은 식들을 링크 좌표계 $\{i\}$에 대해서 다시 나타내면 다음과 같다.

- **각속도**

직선 관절: $^{i}\boldsymbol{\omega}_i = {}^{i-1}\boldsymbol{R}_i^T\, {}^{i-1}\boldsymbol{\omega}_{i-1}$ (6.40a)

회전 관절: $^{i}\boldsymbol{\omega}_i = {}^{i-1}\boldsymbol{R}_i^T\, ({}^{i-1}\boldsymbol{\omega}_{i-1} + \dot{\theta}_i \cdot \hat{\boldsymbol{z}}_0)$ (6.40b)

- **각가속도**

직선 관절: $^{i}\dot{\boldsymbol{\omega}}_i = {}^{i-1}\boldsymbol{R}_i^T\, {}^{i-1}\dot{\boldsymbol{\omega}}_{i-1}$ (6.41a)

회전 관절: $^{i}\dot{\boldsymbol{\omega}}_i = {}^{i-1}\boldsymbol{R}_i^T\, ({}^{i-1}\dot{\boldsymbol{\omega}}_{i-1} + \ddot{\theta}_i \cdot \hat{\boldsymbol{z}}_0 + \dot{\theta}_i\, {}^{i-1}\boldsymbol{\omega}_{i-1} \times \hat{\boldsymbol{z}}_0)$ (6.41b)

- **선속도**

직선 관절: $^{i}\boldsymbol{v}_i = {}^{i-1}\boldsymbol{R}_i^T\, ({}^{i-1}\boldsymbol{v}_{i-1} + \dot{d}_i\, \hat{\boldsymbol{z}}_0) + {}^{i}\boldsymbol{\omega}_i \times {}^{i}\boldsymbol{r}_{i-1,i}$ (6.42a)

회전 관절: $^{i}\boldsymbol{v}_i = {}^{i-1}\boldsymbol{R}_i^T\, {}^{i-1}\boldsymbol{v}_{i-1} + {}^{i}\boldsymbol{\omega}_i \times {}^{i}\boldsymbol{r}_{i-1,i}$ (6.42b)

- **선가속도**

직선 관절: $$\begin{aligned} {}^{i}\dot{\boldsymbol{v}}_i &= {}^{i-1}\boldsymbol{R}_i^T ({}^{i-1}\dot{\boldsymbol{v}}_{i-1} + \ddot{d}_i\, \hat{\boldsymbol{z}}_0) + {}^{i}\dot{\boldsymbol{\omega}}_i \times {}^{i}\boldsymbol{r}_{i-1,i} + {}^{i}\boldsymbol{\omega}_i \times ({}^{i}\boldsymbol{\omega}_i \times {}^{i}\boldsymbol{r}_{i-1,i}) \\ &\quad + 2\dot{d}_i\, {}^{i}\boldsymbol{\omega}_i \times {}^{i-1}\boldsymbol{R}_i^T \hat{\boldsymbol{z}}_0 \end{aligned}$$ (6.43a)

회전 관절: $^{i}\dot{\boldsymbol{v}}_i = {}^{i-1}\boldsymbol{R}_i^T\, {}^{i-1}\dot{\boldsymbol{v}}_{i-1} + {}^{i}\dot{\boldsymbol{\omega}}_i \times {}^{i}\boldsymbol{r}_{i-1,i} + {}^{i}\boldsymbol{\omega}_i \times ({}^{i}\boldsymbol{\omega}_i \times {}^{i}\boldsymbol{r}_{i-1,i})$ (6.43b)

- **중심 선속도 및 선가속도**

중심 선속도: $^{i}\boldsymbol{v}_{ci} = {}^{i}\boldsymbol{v}_i + {}^{i}\boldsymbol{\omega}_i \times {}^{i}\boldsymbol{r}_{i,ci}$ (6.44)

중심 선가속도: $^{i}\dot{\boldsymbol{v}}_{ci} = {}^{i}\dot{\boldsymbol{v}}_i + {}^{i}\dot{\boldsymbol{\omega}}_i \times {}^{i}\boldsymbol{r}_{i,ci} + {}^{i}\boldsymbol{\omega}_i \times ({}^{i}\boldsymbol{\omega}_i \times {}^{i}\boldsymbol{r}_{i,ci})$ (6.45)

- **힘 평형**

$$^{i}\boldsymbol{f}_{i-1,i} = {}^{i}\boldsymbol{R}_{i+1}\, {}^{i+1}\boldsymbol{f}_{i,i+1} - m_i\, {}^{i}\boldsymbol{g} + m_i\, {}^{i}\dot{\boldsymbol{v}}_{ci} = {}^{i}\boldsymbol{R}_{i+1}\, {}^{i+1}\boldsymbol{f}_{i,i+1} - m_i ({}^{0}\boldsymbol{R}_i^T\, {}^{0}\boldsymbol{g}) + m_i\, {}^{i}\dot{\boldsymbol{v}}_{ci} \quad (6.46)$$

- **모멘트 평형**

$$
\begin{aligned}
{}^{i}\boldsymbol{n}_{i-1,i} &= {}^{i}\boldsymbol{R}_{i+1}\,{}^{i+1}\boldsymbol{n}_{i,i+1} + {}^{i}\boldsymbol{r}_{i-1,ci} \times {}^{i}\boldsymbol{f}_{i-1,i} - {}^{i}\boldsymbol{r}_{i,ci} \times {}^{i}\boldsymbol{R}_{i+1}\,{}^{i+1}\boldsymbol{f}_{i,i+1} \\
&\quad + {}^{i}\boldsymbol{I}_{i}\,{}^{i}\dot{\boldsymbol{\omega}}_{i} + {}^{i}\boldsymbol{\omega}_{i} \times ({}^{i}\boldsymbol{I}_{i}\,{}^{i}\boldsymbol{\omega}_{i})
\end{aligned}
\tag{6.47}
$$

- **관절 i에서의 일반화 힘**

$$\text{직선 관절: } \tau_i = {}^{i}\boldsymbol{f}_{i-1,i}^{T}\,({}^{i-1}\boldsymbol{R}_{i}^{T}\hat{\boldsymbol{z}}_0) \tag{6.48a}$$

$$\text{회전 관절: } \tau_i = {}^{i}\boldsymbol{n}_{i-1,i}^{T}\,({}^{i-1}\boldsymbol{R}_{i}^{T}\hat{\boldsymbol{z}}_0) \tag{6.48b}$$

6.2.4 순환 뉴턴-오일러 방식

정순환은 기저 링크에서 말단 링크로 기구학이 전파되는 것을 나타내며, 역순환은 말단 링크에서 기저 링크로 동역학이 전파되는 것을 나타낸다. 그림 6.5에서 보듯이, 링크 0의 각속도, 각가속도, 선속도 및 선가속도 등 링크의 속도 정보에 관절 1의 각도, 각속도, 각가속도 정보가 더해지면, 식 (6.40)~(6.43)을 통해서 링크 1의 속도 정보를 얻게 된다. 이들 값에 관절 2의 각도, 각속도, 각가속도 정보가 더해지면, 식 (6.40)~(6.43)을 통해서 링크 2의 속도 정보가 계산된다. 이러한 과정을 거쳐서 기저 링크로부터 말단 링크까지의 기구학 정보인 각속도, 각가속도, 선속도 및 선가속도를 얻게 되는데, 이러한 일련의 과정이 바로 정순환에 해당한다.

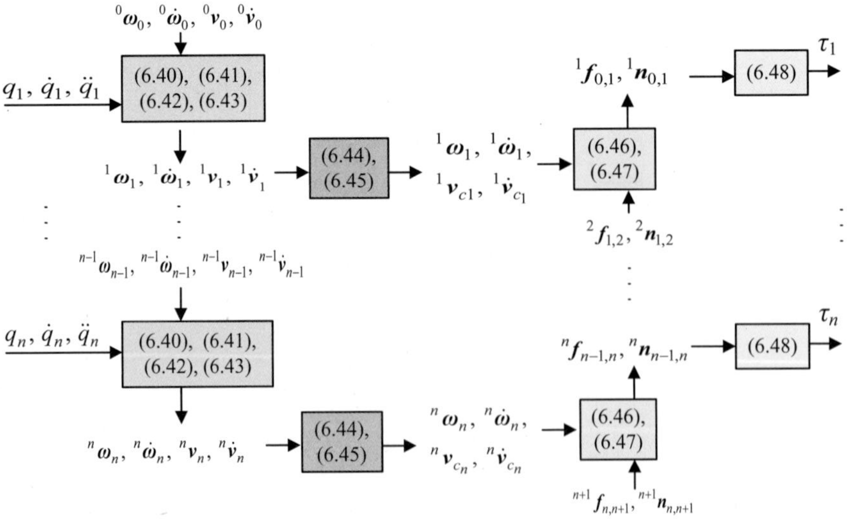

그림 6.5 **순환 뉴턴-오일러 방식의 흐름도**

한편, 말단 링크(즉, 링크 n)의 속도 정보가 말단 링크와 환경 간의 접촉 힘과 모멘트에 더해지면, 식 (6.46)과 (6.47)을 통해서 링크 $n-1$과 링크 n 간의 결합 힘과 모멘트를 얻게 되고, 이로부터 식 (6.48)을 사용하여 관절 n의 관절 토크를 계산하게 된다. 이러한 과정을 통해서 모든 관절의 관절 토크를 계산할 수 있는데, 이러한 일련의 과정이 바로 역순환에 해당한다.

이와 같이 정순환과 역순환을 통해서 동역학 방정식을 구할 수 있다. 앞서 언급한 바와 같이, 이러한 정순환과 역순환은 MATLAB 프로그램으로 어렵지 않게 구현이 가능한데, 이에 대해서는 다음 절에서 자세히 다루기로 한다.

그림 6.4의 2자유도 평면 팔에 순환 뉴턴-오일러 방식을 적용하여 보자. 우선 초기 및 종료 조건은 다음과 같다.

초기 조건: ${}^0\boldsymbol{\omega}_0 = {}^0\dot{\boldsymbol{\omega}}_0 = 0,\ {}^0\dot{\boldsymbol{v}}_0 = 0$

종료 조건: ${}^3\boldsymbol{f}_{2,3} = 0,\ {}^3\boldsymbol{n}_{2,3} = 0$

연산에 필요한 회전 행렬과 위치 벡터는 다음과 같다.

$$
{}^0\boldsymbol{R}_1 = \begin{bmatrix} c_1 & -s_1 & 0 \\ s_1 & c_1 & 0 \\ 0 & 0 & 1 \end{bmatrix},\ {}^1\boldsymbol{R}_2 = \begin{bmatrix} c_2 & -s_2 & 0 \\ s_2 & c_2 & 0 \\ 0 & 0 & 1 \end{bmatrix},\ {}^2\boldsymbol{R}_3 = \boldsymbol{I}
$$

$$
{}^1\boldsymbol{r}_{1,c1} = \begin{Bmatrix} -a'_{c1} \\ 0 \\ 0 \end{Bmatrix},\ {}^2\boldsymbol{r}_{2,c2} = \begin{Bmatrix} -a'_{c2} \\ 0 \\ 0 \end{Bmatrix},\ {}^1\boldsymbol{r}_{0,1} = \begin{Bmatrix} a_1 \\ 0 \\ 0 \end{Bmatrix},\ {}^2\boldsymbol{r}_{1,2} = \begin{Bmatrix} a_2 \\ 0 \\ 0 \end{Bmatrix}
$$

여기서 $a_{c1} + a'_{c1} = a_1$, $a_{c2} + a'_{c2} = a_2$이다. 링크 1에 대한 정순환은 다음과 같다.

$$
(6.40):\ {}^1\boldsymbol{\omega}_1 = {}^0\boldsymbol{R}_1^T\,({}^0\boldsymbol{\omega}_0 + \dot{\theta}_1 \cdot \hat{\boldsymbol{z}}_0) = \begin{bmatrix} c_1 & s_1 & 0 \\ -s_1 & c_1 & 0 \\ 0 & 0 & 1 \end{bmatrix} \begin{Bmatrix} 0 \\ 0 \\ \dot{\theta}_1 \end{Bmatrix} = \begin{Bmatrix} 0 \\ 0 \\ \dot{\theta}_1 \end{Bmatrix},\ {}^1\dot{\boldsymbol{\omega}}_1 = \begin{Bmatrix} 0 \\ 0 \\ \ddot{\theta}_1 \end{Bmatrix}
$$

$$
(6.43):\ {}^1\dot{\boldsymbol{v}}_1 = {}^0\boldsymbol{R}_1^T\,{}^0\dot{\boldsymbol{v}}_0 + {}^1\dot{\boldsymbol{\omega}}_1 \times {}^1\boldsymbol{r}_{0,1} + {}^1\boldsymbol{\omega}_1 \times ({}^1\boldsymbol{\omega}_1 \times {}^1\boldsymbol{r}_{0,1})
$$

$$
= \begin{bmatrix} c_1 & s_1 & 0 \\ -s_1 & c_1 & 0 \\ 0 & 0 & 1 \end{bmatrix} \begin{Bmatrix} 0 \\ 0 \\ 0 \end{Bmatrix} + \begin{Bmatrix} 0 \\ 0 \\ \ddot{\theta}_1 \end{Bmatrix} \times \begin{Bmatrix} a_1 \\ 0 \\ 0 \end{Bmatrix} + \begin{Bmatrix} 0 \\ 0 \\ \dot{\theta}_1 \end{Bmatrix} \times \left(\begin{Bmatrix} 0 \\ 0 \\ \dot{\theta}_1 \end{Bmatrix} \times \begin{Bmatrix} a_1 \\ 0 \\ 0 \end{Bmatrix} \right)
$$

$$=\begin{Bmatrix}0\\0\\0\end{Bmatrix}+\begin{Bmatrix}0\\a_1\ddot{\theta}_1\\0\end{Bmatrix}+\begin{Bmatrix}-a_1\dot{\theta}_1^2\\0\\0\end{Bmatrix}=\begin{Bmatrix}-a_1\dot{\theta}_1^2\\a_1\ddot{\theta}_1\\0\end{Bmatrix}$$

(6.45): $^1\dot{\boldsymbol{v}}_{c1}={}^1\dot{\boldsymbol{v}}_1+{}^1\dot{\boldsymbol{\omega}}_1\times{}^1\boldsymbol{r}_{1,c1}+{}^1\boldsymbol{\omega}_1\times({}^1\boldsymbol{\omega}_1\times{}^1\boldsymbol{r}_{1,c1})$

$$=\begin{Bmatrix}-a_1\dot{\theta}_1^2\\a_1\ddot{\theta}_1\\0\end{Bmatrix}+\begin{Bmatrix}0\\0\\\ddot{\theta}_1\end{Bmatrix}\times\begin{Bmatrix}-a'_{c1}\\0\\0\end{Bmatrix}+\begin{Bmatrix}0\\0\\\dot{\theta}_1\end{Bmatrix}\times\left(\begin{Bmatrix}0\\0\\\dot{\theta}_1\end{Bmatrix}\times\begin{Bmatrix}-a'_{c1}\\0\\0\end{Bmatrix}\right)=\begin{Bmatrix}-a_{c1}\dot{\theta}_1^2\\a_{c1}\ddot{\theta}_1\\0\end{Bmatrix}$$

링크 2에 대한 정순환은 다음과 같다.

(6.40): $^2\boldsymbol{\omega}_2={}^1\boldsymbol{R}_2{}^T({}^1\boldsymbol{\omega}_1+\dot{\theta}_2\cdot\hat{\boldsymbol{z}}_0)=\begin{bmatrix}c_2&s_2&0\\-s_2&c_2&0\\0&0&1\end{bmatrix}\left(\begin{Bmatrix}0\\0\\\dot{\theta}_1\end{Bmatrix}+\begin{Bmatrix}0\\0\\\dot{\theta}_2\end{Bmatrix}\right)=\begin{Bmatrix}0\\0\\\dot{\theta}_1+\dot{\theta}_2\end{Bmatrix}$

$$^2\dot{\boldsymbol{\omega}}_2=\begin{Bmatrix}0\\0\\\ddot{\theta}_1+\ddot{\theta}_2\end{Bmatrix}$$

(6.43): $^2\dot{\boldsymbol{v}}_2={}^1\boldsymbol{R}_2{}^T\,{}^1\dot{\boldsymbol{v}}_1+{}^2\dot{\boldsymbol{\omega}}_2\times{}^2\boldsymbol{r}_{1,2}+{}^2\boldsymbol{\omega}_2\times({}^2\boldsymbol{\omega}_2\times{}^2\boldsymbol{r}_{1,2})$

$$=\begin{bmatrix}c_2&s_2&0\\-s_2&c_2&0\\0&0&1\end{bmatrix}\begin{Bmatrix}-a_1\dot{\theta}_1^2\\a_1\ddot{\theta}_1\\0\end{Bmatrix}+\begin{Bmatrix}0\\0\\\ddot{\theta}_1+\ddot{\theta}_2\end{Bmatrix}\times\begin{Bmatrix}a_2\\0\\0\end{Bmatrix}+\begin{Bmatrix}0\\0\\\dot{\theta}_1+\dot{\theta}_2\end{Bmatrix}\times\left(\begin{Bmatrix}0\\0\\\dot{\theta}_1+\dot{\theta}_2\end{Bmatrix}\times\begin{Bmatrix}a_2\\0\\0\end{Bmatrix}\right)$$

$$=\begin{Bmatrix}-a_1c_2\dot{\theta}_1^2+a_1s_2\ddot{\theta}_1\\a_1s_2\dot{\theta}_1^2+a_1c_2\ddot{\theta}_1\\0\end{Bmatrix}+\begin{Bmatrix}0\\a_2(\ddot{\theta}_1+\ddot{\theta}_2)\\0\end{Bmatrix}+\begin{Bmatrix}-a_2(\dot{\theta}_1+\dot{\theta}_2)^2\\0\\0\end{Bmatrix}$$

$$=\begin{Bmatrix}-a_1c_2\dot{\theta}_1^2+a_1s_2\ddot{\theta}_1-a_2(\dot{\theta}_1+\dot{\theta}_2)^2\\a_1s_2\dot{\theta}_1^2+a_1c_2\ddot{\theta}_1+a_2(\ddot{\theta}_1+\ddot{\theta}_2)\\0\end{Bmatrix}$$

(6.45): $^2\dot{\boldsymbol{v}}_{c2}={}^2\dot{\boldsymbol{v}}_2+{}^2\dot{\boldsymbol{\omega}}_2\times{}^2\boldsymbol{r}_{2,c2}+{}^2\boldsymbol{\omega}_2\times({}^2\boldsymbol{\omega}_2\times{}^2\boldsymbol{r}_{2,c2})$

$$=\begin{Bmatrix}-a_1c_2\dot{\theta}_1^2+a_1s_2\ddot{\theta}_1-a_2(\dot{\theta}_1+\dot{\theta}_2)^2\\a_1s_2\dot{\theta}_1^2+a_1c_2\ddot{\theta}_1+a_2(\ddot{\theta}_1+\ddot{\theta}_2)\\0\end{Bmatrix}+\begin{Bmatrix}0\\0\\\ddot{\theta}_1+\ddot{\theta}_2\end{Bmatrix}\times\begin{Bmatrix}-a'_{c2}\\0\\0\end{Bmatrix}+\begin{Bmatrix}0\\0\\\dot{\theta}_1+\dot{\theta}_2\end{Bmatrix}$$

$$\times\left(\begin{Bmatrix}0\\0\\\dot{\theta}_1+\dot{\theta}_2\end{Bmatrix}\times\begin{Bmatrix}-a'_{c2}\\0\\0\end{Bmatrix}\right)$$

$$=\begin{Bmatrix}-a_1c_2\dot{\theta}_1^2+a_1s_2\ddot{\theta}_1-a_2(\dot{\theta}_1+\dot{\theta}_2)^2\\a_1s_2\dot{\theta}_1^2+a_1c_2\ddot{\theta}_1+a_2(\ddot{\theta}_1+\ddot{\theta}_2)\\0\end{Bmatrix}+\begin{Bmatrix}0\\-a'_{c2}(\ddot{\theta}_1+\ddot{\theta}_2)\\0\end{Bmatrix}+\begin{Bmatrix}a'_{c2}(\dot{\theta}_1+\dot{\theta}_2)^2\\0\\0\end{Bmatrix}$$

$$=\begin{Bmatrix}-a_1c_2\dot{\theta}_1^2+a_1s_2\ddot{\theta}_1-a_{c2}(\dot{\theta}_1+\dot{\theta}_2)^2\\a_1s_2\dot{\theta}_1^2+a_1c_2\ddot{\theta}_1+a_{c2}(\ddot{\theta}_1+\ddot{\theta}_2)\\0\end{Bmatrix}$$

링크 2에 대한 역순환은 다음과 같다.

(6.46): $^2\boldsymbol{f}_{1,2}={}^2\boldsymbol{R}_3\,{}^3\boldsymbol{f}_{2,3}-m_2({}^0\boldsymbol{R}_2^T\,{}^0\boldsymbol{g})+m_2\,{}^2\dot{\boldsymbol{v}}_{c2}$

$$=\begin{bmatrix}1&0&0\\0&1&0\\0&0&1\end{bmatrix}\begin{Bmatrix}0\\0\\0\end{Bmatrix}-m_2\begin{bmatrix}c_{12}&s_{12}&0\\-s_{12}&c_{12}&0\\0&0&1\end{bmatrix}\begin{Bmatrix}0\\-g\\0\end{Bmatrix}$$

$$+m_2\begin{Bmatrix}-a_1c_2\dot{\theta}_1^2+a_1s_2\ddot{\theta}_1-a_{c2}(\dot{\theta}_1+\dot{\theta}_2)^2\\a_1s_2\dot{\theta}_1^2+a_1c_2\ddot{\theta}_1+a_{c2}(\ddot{\theta}_1+\ddot{\theta}_2)\\0\end{Bmatrix}$$

$$=\begin{Bmatrix}m_2[-a_1c_2\dot{\theta}_1^2+a_1s_2\ddot{\theta}_1-a_{c2}(\dot{\theta}_1+\dot{\theta}_2)^2+gs_{12}]\\m_2[a_1s_2\dot{\theta}_1^2+a_1c_2\ddot{\theta}_1+a_{c2}(\ddot{\theta}_1+\ddot{\theta}_2)+gc_{12}]\\0\end{Bmatrix}$$

(6.47):

$$^2\boldsymbol{n}_{1,2}={}^2\boldsymbol{R}_3\,{}^3\boldsymbol{n}_{2,3}+{}^2\boldsymbol{r}_{1,c2}\times{}^2\boldsymbol{f}_{1,2}-{}^2\boldsymbol{r}_{2,c2}\times{}^2\boldsymbol{R}_3\,{}^3\boldsymbol{f}_{2,3}+{}^2\boldsymbol{I}_2\,{}^2\dot{\boldsymbol{\omega}}_2+{}^2\boldsymbol{\omega}_2\times({}^2\boldsymbol{I}_2\,{}^2\boldsymbol{\omega}_2)$$

$$=\begin{Bmatrix}a_{c2}\\0\\0\end{Bmatrix}\times\begin{Bmatrix}m_2[-a_1c_2\dot{\theta}_1^2+a_1s_2\ddot{\theta}_1-a_{c2}(\dot{\theta}_1+\dot{\theta}_2)^2+gs_{12}]\\m_2[a_1s_2\dot{\theta}_1^2+a_1c_2\ddot{\theta}_1+a_{c2}(\ddot{\theta}_1+\ddot{\theta}_2)+gc_{12}]\\0\end{Bmatrix}$$

$$+\begin{bmatrix} I_{2xx} & 0 & 0 \\ 0 & I_{2yy} & 0 \\ 0 & 0 & I_{2zz} \end{bmatrix}\begin{Bmatrix} 0 \\ 0 \\ \ddot{\theta}_1+\ddot{\theta}_2 \end{Bmatrix}+\underbrace{\begin{Bmatrix} 0 \\ 0 \\ \dot{\theta}_1+\dot{\theta}_2 \end{Bmatrix}\times\begin{bmatrix} I_{2xx} & 0 & 0 \\ 0 & I_{2yy} & 0 \\ 0 & 0 & I_{2zz} \end{bmatrix}\begin{Bmatrix} 0 \\ 0 \\ \dot{\theta}_1+\dot{\theta}_2 \end{Bmatrix}}_{=0}$$

$$=\begin{Bmatrix} * \\ * \\ I_{2zz}(\ddot{\theta}_1+\ddot{\theta}_2)+m_2a_{c2}[a_1s_2\dot{\theta}_1^2+a_1c_2\ddot{\theta}_1+a_{c2}(\ddot{\theta}_1+\ddot{\theta}_2)+gc_{12}] \end{Bmatrix}$$

(6.48): $\tau_2={}^2\boldsymbol{n}_{1,2}^T\,({}^1\boldsymbol{R}_2^{\,T}\,\hat{\boldsymbol{z}}_0)$

$$=\begin{Bmatrix} * \\ * \\ I_{2zz}(\ddot{\theta}_1+\ddot{\theta}_2)+m_2a_{c2}[a_1s_2\dot{\theta}_1^2+a_1c_2\ddot{\theta}_1+a_{c2}(\ddot{\theta}_1+\ddot{\theta}_2)+gc_{12}] \end{Bmatrix}^T\begin{bmatrix} c_2 & s_2 & 0 \\ -s_2 & c_2 & 0 \\ 0 & 0 & 1 \end{bmatrix}\begin{Bmatrix} 0 \\ 0 \\ 1 \end{Bmatrix}$$

$$=(m_2a_1a_{c2}\,c_2+m_2a_{c2}^2+I_{2zz})\ddot{\theta}_1+(m_2a_{c2}^2+I_{2zz})\ddot{\theta}_2+m_2a_1a_{c2}s_2\dot{\theta}_1^2+m_2a_{c2}g\,c_{12}$$

링크 1에 대한 역순환은 다음과 같다.

(6.46): ${}^1\boldsymbol{f}_{0,1}={}^1\boldsymbol{R}_2\,{}^2\boldsymbol{f}_{1,2}-m_1\left({}^0\boldsymbol{R}_1^T\,{}^0\boldsymbol{g}\right)+m_1\,{}^1\dot{\boldsymbol{v}}_{c1}$

$$=\begin{bmatrix} c_2 & -s_2 & 0 \\ s_2 & c_2 & 0 \\ 0 & 0 & 1 \end{bmatrix}\begin{Bmatrix} m_2[-a_1c_2\dot{\theta}_1^2+a_1s_2\ddot{\theta}_1-a_{c2}(\dot{\theta}_1+\dot{\theta}_2)^2+gs_{12}] \\ m_2[a_1s_2\dot{\theta}_1^2+a_1c_2\ddot{\theta}_1+a_{c2}(\ddot{\theta}_1+\ddot{\theta}_2)+gc_{12}] \\ 0 \end{Bmatrix}$$

$$-m_1\begin{bmatrix} c_1 & s_1 & 0 \\ -s_1 & c_1 & 0 \\ 0 & 0 & 1 \end{bmatrix}\begin{Bmatrix} 0 \\ -g \\ 0 \end{Bmatrix}+m_1\begin{Bmatrix} -a_{c1}\dot{\theta}_1^2 \\ a_{c1}\ddot{\theta}_1 \\ 0 \end{Bmatrix}$$

$$=\begin{Bmatrix} -m_2a_1\dot{\theta}_1^2-m_2a_{c2}c_2(\dot{\theta}_1+\dot{\theta}_2)^2-m_2a_{c2}s_2(\ddot{\theta}_1+\ddot{\theta}_2)+(m_1+m_2)gs_1-m_1a_{c1}\dot{\theta}_1^2 \\ m_2a_1\ddot{\theta}_1-m_2a_{c2}s_2(\dot{\theta}_1+\dot{\theta}_2)^2+m_2a_{c2}c_2(\ddot{\theta}_1+\ddot{\theta}_2)+(m_1+m_2)gc_1+m_1a_{c1}\ddot{\theta}_1 \\ 0 \end{Bmatrix}$$

(6.47): $^1\boldsymbol{n}_{0,1} = {}^1\boldsymbol{R}_2\,{}^2\boldsymbol{n}_{1,2} + {}^1\boldsymbol{r}_{0,c1} \times {}^1\boldsymbol{f}_{0,1} - {}^1\boldsymbol{r}_{1,c1} \times {}^1\boldsymbol{R}_2\,{}^2\boldsymbol{f}_{1,2} + {}^1\boldsymbol{I}_1\,{}^1\dot{\boldsymbol{\omega}}_1 + {}^1\boldsymbol{\omega}_1 \times ({}^1\boldsymbol{I}_1\,{}^1\boldsymbol{\omega}_1)$

$$= \begin{bmatrix} c_2 & -s_2 & 0 \\ s_2 & c_2 & 0 \\ 0 & 0 & 1 \end{bmatrix} \begin{Bmatrix} * \\ * \\ I_{2zz}(\ddot{\theta}_1 + \ddot{\theta}_2) + m_2 a_{c2}[a_1 s_2 \dot{\theta}_1^2 + a_1 c_2 \ddot{\theta}_1 + a_{c2}(\ddot{\theta}_1 + \ddot{\theta}_2) + g c_{12}] \end{Bmatrix}$$

$$+ \begin{Bmatrix} a_{c1} \\ 0 \\ 0 \end{Bmatrix} \times \begin{Bmatrix} -m_2 a_1 \dot{\theta}_1^2 - m_2 a_{c2} c_2 (\dot{\theta}_1 + \dot{\theta}_2)^2 - m_2 a_{c2} s_2 (\ddot{\theta}_1 + \ddot{\theta}_2) + (m_1 + m_2) g s_1 - m_1 a_{c1} \dot{\theta}_1^2 \\ m_2 a_1 \ddot{\theta}_1 - m_2 a_{c2} s_2 (\dot{\theta}_1 + \dot{\theta}_2)^2 + m_2 a_{c2} c_2 (\ddot{\theta}_1 + \ddot{\theta}_2) + (m_1 + m_2) g c_1 + m_1 a_{c1} \ddot{\theta}_1 \\ 0 \end{Bmatrix}$$

$$- \begin{Bmatrix} -a'_{c1} \\ 0 \\ 0 \end{Bmatrix} \times \begin{bmatrix} c_2 & -s_2 & 0 \\ s_2 & c_2 & 0 \\ 0 & 0 & 1 \end{bmatrix} \begin{Bmatrix} m_2[-a_1 c_2 \dot{\theta}_1^2 + a_1 s_2 \ddot{\theta}_1 - a_{c2}(\dot{\theta}_1 + \dot{\theta}_2)^2 + g s_{12}] \\ m_2[a_1 s_2 \dot{\theta}_1^2 + a_1 c_2 \ddot{\theta}_1 + a_{c2}(\ddot{\theta}_1 + \ddot{\theta}_2) + g c_{12}] \\ 0 \end{Bmatrix}$$

$$+ \begin{bmatrix} I_{1xx} & 0 & 0 \\ 0 & I_{1yy} & 0 \\ 0 & 0 & I_{1zz} \end{bmatrix} \begin{Bmatrix} 0 \\ 0 \\ \ddot{\theta}_1 \end{Bmatrix} + \underbrace{\begin{Bmatrix} 0 \\ 0 \\ \dot{\theta}_1 \end{Bmatrix} \times \begin{bmatrix} I_{2xx} & 0 & 0 \\ 0 & I_{2yy} & 0 \\ 0 & 0 & I_{2zz} \end{bmatrix} \begin{Bmatrix} 0 \\ 0 \\ \dot{\theta}_1 \end{Bmatrix}}_{=0}$$

$$= \begin{Bmatrix} * \\ * \\ (I_{1zz1} + I_{2zz} + m_1 a_{c1}^2 + m_2 a_{c2}^2 + 2 m_2 a_1 a_{c2} c_2 + m_2 a_1^2)\ddot{\theta}_1 + (I_{2zz} + m_2 a_{c2}^2 + m_2 a_1 a_{c2} c_2)\ddot{\theta}_2 \\ -2 m_2 a_1 a_{c2} s_2 \dot{\theta}_1 \dot{\theta}_2 - m_2 a_1 a_{c2} s_2 \dot{\theta}_2^2 + m_1 a_{c1} g c_1 + m_2 a_1 g c_1 + m_2 a_{c2} g c_{12} \end{Bmatrix}$$

(6.48): $\tau_1 = {}^1\boldsymbol{n}_{0,1}^T ({}^0\boldsymbol{R}_1^T \hat{\boldsymbol{z}}_0)$

$$= \begin{Bmatrix} * \\ * \\ (I_{1zz} + I_{2zz} + m_1 a_{c1}^2 + m_2 a_{c2}^2 + 2 m_2 a_1 a_{c2} c_2 + m_2 a_1^2)\ddot{\theta}_1 + (I_{2zz} + m_2 a_{c2}^2 + m_2 a_1 a_{c2} c_2)\ddot{\theta}_2 \\ -2 m_2 a_1 a_{c2} s_2 \dot{\theta}_1 \dot{\theta}_2 - m_2 a_1 a_{c2} s_2 \dot{\theta}_2^2 + m_1 a_{c1} g c_1 + m_2 a_1 g c_1 + m_2 a_{c2} g c_{12} \end{Bmatrix}^T \cdot$$

$$\begin{bmatrix} c_1 & s_1 & 0 \\ -s_1 & c_1 & 0 \\ 0 & 0 & 1 \end{bmatrix} \begin{Bmatrix} 0 \\ 0 \\ 1 \end{Bmatrix}$$

$$= (I_{1zz} + I_{2zz} + m_1 a_{c1}^2 + m_2 a_{c2}^2 + 2m_2 a_1 a_{c2} c_2 + m_2 a_1^2)\ddot{\theta}_1 + (I_{2zz} + m_2 a_{c2}^2 + m_2 a_1 a_{c2} c_2)\ddot{\theta}_2$$
$$- 2m_2 a_1 a_{c2} s_2 \dot{\theta}_1 \dot{\theta}_2 - m_2 a_1 a_{c2} s_2 \dot{\theta}_2^2 + m_1 a_{c1} g c_1 + m_2 a_1 g c_1 + m_2 a_{c2} g c_{12}$$

위의 식을 정리하면 식 (6.15)~(6.17)의 동역학 방정식을 얻을 수 있다.

6.3 라그랑지안 방식: 직접 적용

앞 절에서 소개한 뉴턴-오일러 방식은 유도 과정에서 링크 간의 결합에 필요한 구속 힘과 모멘트를 기반으로 공식이 전개되지만, 궁극적으로는 이러한 구속 힘과 모멘트는 최종 동역학 방정식에서는 제거되어야 한다. 이에 비해서, 라그랑지안 방식은 전체 시스템을 대상으로 일과 에너지의 관계를 적용하므로, 이러한 구속 힘과 모멘트는 자동으로 제거되어 어느 좌표계를 사용하더라도 닫힌 해가 직접 유도된다.

우선 라그랑지안 방식을 적용하는 데 필요한 기본 지식을 설명하기로 한다. **라그랑지안**(Lagrangian) L은 다음과 같이 정의된다.

$$L(q_i, \dot{q}_i) = T - V \tag{6.49}$$

여기서 q_i는 **일반화 좌표**(generalized coordinate), T는 운동 에너지(kinetic energy), V는 위치 에너지(potential enegry)이다. **라그랑지 방정식**은 다음과 같다.

$$\frac{d}{dt}\frac{\partial L}{\partial \dot{q}_i} - \frac{\partial L}{\partial q_i} = Q_i \quad \text{or} \quad \frac{d}{dt}\frac{\partial T}{\partial \dot{q}_i} - \frac{\partial T}{\partial q_i} + \frac{\partial V}{\partial q_i} = Q_i \quad (i = 1, \cdots, n) \tag{6.50}$$

여기서 Q_i는 일반화 좌표 q_i에 해당하는 **일반화 힘**(generalized force)을 나타내는데, 시스템에 인가되는 마찰력과 같은 비보존력(non-conservative force)에 의해서 수행되는 일이다. 한편, 중력이나 스프링 힘과 같은 보존력에 의해서 수행되는 일은 운동의 경로에는 무관하고, 운동의 시점과 종점에만 의존하므로 일반화 힘을 구할 때는 고려하지 않는다.

단순화 예로 그림 6.6의 1자유도 질량-스프링-감쇠기 시스템을 고려하여 보자. 이 경우에 일반화 좌표 q는 질량의 변위 x에 해당하며, 운동 에너지 T와 위치 에너지 V는

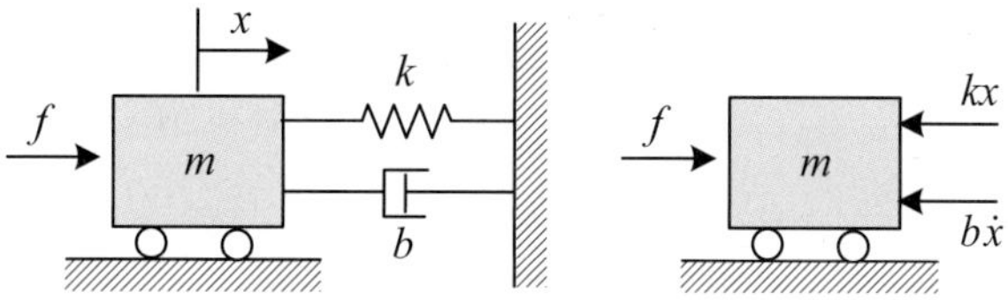

그림 6.6 **질량-스프링-감쇠기 시스템**

$$T = \tfrac{1}{2} m\dot{x}^2\,,\; V = \tfrac{1}{2} kx^2 \tag{6.51}$$

으로 주어지며, 일반화 힘은

$$Q = f - b\dot{x} \tag{6.52}$$

이다. 일반화 힘에는 비보존력인 외력과 감쇠력만 포함되고, 보존력인 스프링 힘은 제외된다는 점에 유의한다. 식 (6.51)과 (6.52)를 식 (6.50)에 대입하면, 다음과 같이 라그랑지 방정식

$$\frac{d}{dt}(m\dot{x}) + kx = f - b\dot{x} \;\rightarrow\; m\ddot{x} + b\dot{x} + kx = f \tag{6.53}$$

을 얻을 수 있는데, 이는 잘 알려진 질량-스프링-감쇠기 시스템의 운동 방정식과 동일하다.

로봇은 강체로 구성된 링크가 연결되어 있는 시스템이므로 강체에 적용되는 운동 에너지 공식을 사용한다. 링크 i의 운동 에너지는 다음과 같다.

$$T_i = \tfrac{1}{2} m_i \boldsymbol{v}_{ci}^T \boldsymbol{v}_{ci} + \tfrac{1}{2} \boldsymbol{\omega}_i^T \boldsymbol{I}_i \boldsymbol{\omega}_i = \tfrac{1}{2} m_i |\boldsymbol{v}_{ci}|^2 + \tfrac{1}{2} \boldsymbol{\omega}_i^T \boldsymbol{I}_i \boldsymbol{\omega}_i \tag{6.54}$$

여기서 $\boldsymbol{v}_{ci}$는 링크 i의 중심 선속도(centroidal linear velocity), ω_i는 링크 i의 각속도, $\boldsymbol{I}_i$는 링크 i의 질량 중심에 대한 관성 텐서(centroidal intertia tensor)이다. 위 식의 첫째 항은 링크의 병진 운동과 관련된 운동 에너지이며, 둘째 항은 질량 중심에 대한 링크의 회전 운동과 관련된 운동 에너지이다. 한편, 관성 텐서 $\boldsymbol{I}_i$는 기저 좌표계 {0}을 기준으로 나타낸 ${}^0\boldsymbol{I}_i$로, 로봇의 자세에 따라서 계속 변하게 된다. 만약 링크 좌표계 {i}를 기준으로 한 관성 텐서 ${}^i\boldsymbol{I}_i$를 사용한다면, 이는 로봇의 자세와 무관하게 일정한 값을 가지게 되어 매우 편리하다. 기저 좌표계와 링크 좌표계를 기준으로 한 각속도는 다음

과 같다.

$$\boldsymbol{\omega}_i = \boldsymbol{R}_i\, {}^i\boldsymbol{\omega}_i \tag{6.55}$$

그러므로

$$\boldsymbol{\omega}_i^T \boldsymbol{I}_i\, \boldsymbol{\omega}_i = (\boldsymbol{R}_i\, {}^i\boldsymbol{\omega}_i)^T \boldsymbol{I}_i\, (\boldsymbol{R}_i\, {}^i\boldsymbol{\omega}_i) = {}^i\boldsymbol{\omega}_i^T\, \boldsymbol{R}_i^T \boldsymbol{I}_i\, \boldsymbol{R}_i\, {}^i\boldsymbol{\omega}_i = {}^i\boldsymbol{\omega}_i^T\, {}^i\boldsymbol{I}_i\, {}^i\boldsymbol{\omega}_i \tag{6.56}$$

의 관계를 갖게 되어, 기저 좌표계와 링크 좌표계를 기준으로 한 관성 텐서는 다음과 같은 관계를 갖는다.

$${}^i\boldsymbol{I}_i = \boldsymbol{R}_i^T \boldsymbol{I}_i\, \boldsymbol{R}_i \ \text{ or } \ \boldsymbol{I}_i = \boldsymbol{R}_i\, {}^i\boldsymbol{I}_i\, \boldsymbol{R}_i^T \tag{6.57}$$

식 (6.57)을 (6.54)에 대입하면, n개의 링크로 구성되는 로봇 시스템 전체의 운동 에너지는 다음과 같다.

$$T = \sum_{i=1}^{n} T_i = \sum_{i=1}^{n} [\tfrac{1}{2} m_i \left|\boldsymbol{v}_{ci}\right|^2 + \tfrac{1}{2}\boldsymbol{\omega}_i^T \boldsymbol{R}_i\, {}^i\boldsymbol{I}_i \boldsymbol{R}_i^T\, \boldsymbol{\omega}_i] \tag{6.58}$$

한편, 관성 행렬 $\boldsymbol{M}(\boldsymbol{q})$의 항으로 운동 에너지를 표현하면 다음과 같다.

$$T = \tfrac{1}{2}\, \dot{\boldsymbol{q}}^T\, \boldsymbol{M}(\boldsymbol{q})\, \dot{\boldsymbol{q}} = \tfrac{1}{2} \sum_{i=1}^{n} \sum_{j=1}^{n} m_{ij}(\boldsymbol{q})\, \dot{q}_i\, \dot{q}_j \tag{6.59}$$

여기서 관성 행렬은 대칭 행렬이며, positive-definite 행렬이다. 식에서 보듯이 관성 행렬은 관절 벡터 $\boldsymbol{q}$의 함수로 로봇의 자세에 따라서 계속 변하게 된다. 이해를 돕기 위해서 2자유도 로봇 팔을 고려하면 다음과 같다.

$$T = \tfrac{1}{2}\begin{Bmatrix} \dot{q}_1 & \dot{q}_2 \end{Bmatrix} \begin{bmatrix} m_{11} & m_{12} \\ m_{12} & m_{22} \end{bmatrix} \begin{Bmatrix} \dot{q}_1 \\ \dot{q}_2 \end{Bmatrix} = \tfrac{1}{2}[m_{11}\, \dot{q}_1^{\,2} + 2\, m_{12}\, \dot{q}_1 \dot{q}_2 + m_{22}\, \dot{q}_2^{\,2}] \tag{6.60}$$

이번에는 로봇의 위치 에너지를 구해 보자. 링크 i의 위치 에너지 V_i는 다음과 같이 정의된다.

$$V_i = -\, m_i\, \boldsymbol{g}^T \boldsymbol{r}_{0,ci} \tag{6.61}$$

여기서 $\boldsymbol{g}$는 기저 좌표계를 기준으로 한 중력가속도 벡터이고, $\boldsymbol{r}_{0,ci}$는 기저 좌표계의 원점에서 링크 i의 질량 중심까지의 위치 벡터이다. 위치 에너지는 관절 변수 $\boldsymbol{q}$의 함수이므로, 로봇의 자세에 따라서 계속 변하게 된다. n개의 링크로 구성되는 로봇 시스템 전체의 위치 에너지는 다음과 같다.

$$V = \sum_{i=1}^{n} V_i = -\sum_{i=1}^{n} m_i \boldsymbol{g}^T \boldsymbol{r}_{0,\,ci} \tag{6.62}$$

그림 6.7의 2자유도 평면 팔에서 위치 에너지는 식 (6.61)에 의해서

$$V_1 = -m_1 \boldsymbol{g}^T \boldsymbol{r}_{0,C1} = -m_1 \{0 \quad -g \quad 0\} \begin{Bmatrix} a_{c1} \cos\theta_1 \\ a_{c1} \sin\theta_1 \\ 0 \end{Bmatrix} = m_1 g\, a_{c1} \sin\theta_1 \tag{6.63}$$

와 같이 구할 수 있는데, 여기서 중력 가속도는 $-y$축 방향으로 작용한다.

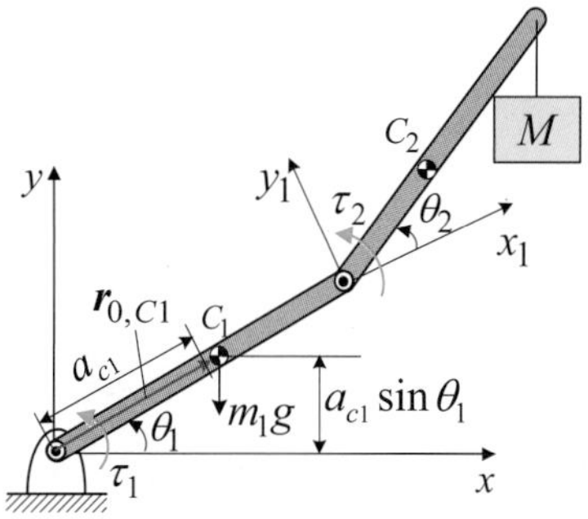

그림 6.7 질량 M을 파지한 2자유도 평면 팔

이번에는 일반화 힘에 대해서 고찰하여 보자. 앞서 언급한 바와 같이, 일반화 힘은 중력과 같은 보존력을 제외한 비보존력만을 고려하여 구한다. 다음과 같이 로봇 시스템과 관련되는 미소 가상일(infinitesimal virtual work)은 관절 공간 및 직교 공간에서의 가상일의 합으로 구할 수 있다.

$$\delta W = \boldsymbol{\tau}^T \delta\boldsymbol{q} + \boldsymbol{F}_e^T \delta\boldsymbol{x} = \boldsymbol{\tau}^T \delta\boldsymbol{q} + \boldsymbol{F}_e^T \boldsymbol{J}\,\delta\boldsymbol{q} = (\boldsymbol{\tau} + \boldsymbol{J}^T \boldsymbol{F}_e)^T\, \delta\boldsymbol{q} = \boldsymbol{Q}^T \delta\boldsymbol{q} \tag{6.64}$$

여기서 $\boldsymbol{\tau}$는 관절 토크 벡터이며, $\boldsymbol{F}_e$는 환경에 의해서 말단부에 작용하는 외력 벡터이다. 위 식으로부터 일반화 힘은 다음과 같이 구할 수 있다.

$$\boldsymbol{Q} = \boldsymbol{\tau} + \boldsymbol{J}^T \boldsymbol{F}_e, \text{ where } \boldsymbol{Q} = [Q_1, \cdots, Q_i, \cdots, Q_n]^T \tag{6.65}$$

그림 6.7의 2자유도 평면 팔의 말단에 질량 M의 물체가 달려 있는 상황을 가정하자. 이때 물체는 로봇의 관점에서는 환경에 해당하므로 물체의 무게가 바로 외력이 된다. 식 (6.65)에 필요한 정보를 대입하면 다음과 같이 일반화 힘을 구할 수 있다.

$$\begin{aligned} \boldsymbol{Q} &= \begin{Bmatrix} \tau_1 \\ \tau_2 \end{Bmatrix} + \begin{bmatrix} -a_1 \sin\theta_1 - a_2 \sin(\theta_1+\theta_2) & a_1 \cos\theta_1 + a_2 \cos(\theta_1+\theta_2) \\ -a_2 \sin(\theta_1+\theta_2) & a_2 \cos(\theta_1+\theta_2) \end{bmatrix} \begin{Bmatrix} 0 \\ -Mg \end{Bmatrix} \\ &= \begin{Bmatrix} \tau_1 - [a_1 \cos\theta_1 + a_2 \cos(\theta_1+\theta_2)] Mg \\ \tau_2 - a_2 \cos(\theta_1+\theta_2) Mg \end{Bmatrix} \end{aligned} \tag{6.66}$$

이제 그림 6.8의 2자유도 평면 팔의 동역학 방정식을 라그랑지 방정식을 적용하여 구해 보자. 우선 이 팔은 xy 평면에서만 운동하므로 $\boldsymbol{v}_{ci} = \{v_{xi} \;\; v_{yi}\}^T$, 각속도 $\omega_i = \omega_i\, \hat{\boldsymbol{z}}_{i-1}$, 관성 텐서 $\boldsymbol{I}_i$는 관성 모멘트 I_i로 단순화할 수 있다. 일반화 좌표는 다음과 같이 각 관절 각도에 해당한다.

$$q_1 = \theta_1,\; q_2 = \theta_2 \;\rightarrow\; \boldsymbol{q} = \begin{Bmatrix} q_1 \\ q_2 \end{Bmatrix} = \begin{Bmatrix} \theta_1 \\ \theta_2 \end{Bmatrix} \tag{6.67}$$

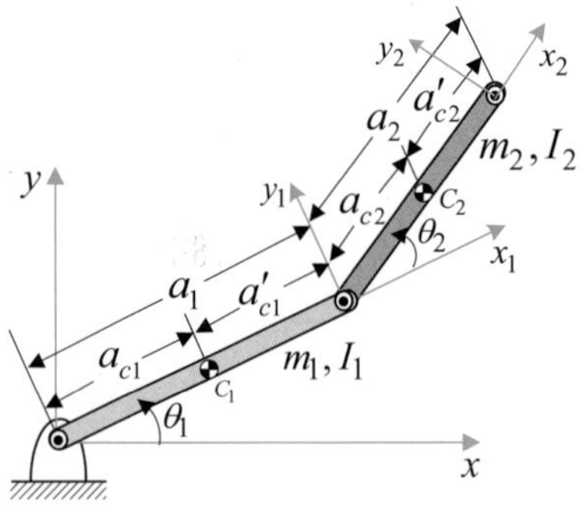

그림 6.8 **2자유도 평면 팔**

먼저 운동 에너지를 구해 보자. 링크 1의 중심 선속도는 위치 벡터

$$\boldsymbol{r}_{0,\,c1} = \begin{Bmatrix} a_{c1} \cos\theta_1 \\ a_{c1} \sin\theta_1 \end{Bmatrix} \tag{6.68}$$

를 미분하여

$$\boldsymbol{v}_{c1} = \frac{d\boldsymbol{r}_{0,c1}}{dt} = \begin{Bmatrix} -a_{c1}\dot{\theta}_1 \sin\theta_1 \\ a_{c1}\dot{\theta}_1 \cos\theta_1 \end{Bmatrix} \tag{6.69}$$

와 같이 구할 수 있으므로, 다음 식을 얻을 수 있다.

$$|\boldsymbol{v}_{c1}|^2 = a_{c1}{}^2\dot{\theta}_1{}^2 \tag{6.70}$$

링크 2의 중심 선속도는 위치 벡터

$$\boldsymbol{r}_{0,\,c2} = \begin{Bmatrix} a_1\cos\theta_1 + a_{c2}\cos(\theta_1+\theta_2) \\ a_1\sin\theta_1 + a_{c2}\sin(\theta_1+\theta_2) \end{Bmatrix} \tag{6.71}$$

를 미분하여,

$$\boldsymbol{v}_{c2} = \begin{Bmatrix} -a_1\dot{\theta}_1\sin\theta_1 - a_{c2}(\dot{\theta}_1+\dot{\theta}_2)\sin(\theta_1+\theta_2) \\ a_1\dot{\theta}_1\cos\theta_1 + a_{c2}(\dot{\theta}_1+\dot{\theta}_2)\cos(\theta_1+\theta_2) \end{Bmatrix} \tag{6.72}$$

와 같이 구할 수 있으므로, 다음 식을 얻을 수 있다.

$$|\boldsymbol{v}_{c2}|^2 = a_1{}^2\dot{\theta}_1{}^2 + a_{c2}{}^2(\dot{\theta}_1+\dot{\theta}_2)^2 + 2a_1a_{c2}\dot{\theta}_1(\dot{\theta}_1+\dot{\theta}_2)\cos\theta_2 \tag{6.73}$$

한편, 링크 1과 2의 각속도와 관절 각도 간에는 다음 관계가 성립된다.

$$\omega_1 = \dot{\theta}_1,\ \ \omega_2 = \dot{\theta}_1 + \dot{\theta}_2 \tag{6.74}$$

식 (6.70), (6.73), (6.74)를 식 (6.54)에 대입하여 정리하면

$$T_1 = \tfrac{1}{2}m_1a_{c1}{}^2\dot{\theta}_1{}^2 + \tfrac{1}{2}I_1\dot{\theta}_1{}^2 \tag{6.75}$$

$$T_2 = \tfrac{1}{2}m_2[a_1{}^2\dot{\theta}_1{}^2 + a_{c2}{}^2(\dot{\theta}_1+\dot{\theta}_2)^2 + 2a_1a_{c2}\dot{\theta}_1(\dot{\theta}_1+\dot{\theta}_2)\cos\theta_2] + \tfrac{1}{2}I_2(\dot{\theta}_1+\dot{\theta}_2)^2 \tag{6.76}$$

이 되므로, 전체 운동 에너지는

$$\begin{aligned} T = {} & \tfrac{1}{2}m_1a_{c1}{}^2\dot{\theta}_1{}^2 + \tfrac{1}{2}I_1\dot{\theta}_1{}^2 + \tfrac{1}{2}m_2[a_1{}^2\dot{\theta}_1{}^2 + a_{c2}{}^2(\dot{\theta}_1+\dot{\theta}_2)^2 + 2a_1a_{c2}\dot{\theta}_1(\dot{\theta}_1+\dot{\theta}_2)\cos\theta_2] \\ & + \tfrac{1}{2}I_2(\dot{\theta}_1+\dot{\theta}_2)^2 \end{aligned} \tag{6.77}$$

이 된다. 그러므로 식 (6.59)로부터 관성 행렬은 다음과 같다.

$$\boldsymbol{M}(\boldsymbol{q})=\begin{bmatrix} m_1 a_{c1}^2+m_2(a_1^2+a_{c2}^2+2a_1a_{c2}c_2)+I_1+I_2 & m_2(a_{c2}^2+a_1a_{c2}c_2)+I_2 \\ m_2(a_{c2}^2+a_1a_{c2}c_2)+I_2 & m_2 a_{c2}^2+I_2 \end{bmatrix} \tag{6.78}$$

위치 에너지는 링크 1과 2의 위치 에너지

$$V_1=m_1 g a_{c1}\sin\theta_1,\ \ V_2=m_2 g\{a_1\sin\theta_1+a_{c2}\sin(\theta_1+\theta_2)\} \tag{6.79}$$

를 합하면, 다음과 같이 구할 수 있다.

$$V=V_1+V_2=(m_1a_{c1}+m_2 a_1)g\sin\theta_1+m_2 g a_{c2}\sin(\theta_1+\theta_2) \tag{6.80}$$

앞서 구한 운동 에너지와 위치 에너지를 식 (6.50)에 대입하면, 링크 1에 대한 라그랑지 방정식은 다음과 같다.

$$\begin{aligned}
\frac{\partial T}{\partial\dot\theta_1}&=m_1a_{c1}^2\dot\theta_1+I_1\dot\theta_1+\tfrac{1}{2}m_2\{2a_1^2\dot\theta_1+2a_{c2}^2(\dot\theta_1+\dot\theta_2)+2a_1a_{c2}(2\dot\theta_1+\dot\theta_2)\cos\theta_2\}\\
&\quad+I_2(\dot\theta_1+\dot\theta_2)\\
\frac{d}{dt}\left(\frac{\partial T}{\partial\dot\theta_1}\right)&=m_1a_{c1}^2\ddot\theta_1+I_1\ddot\theta_1+m_2\{a_1^2\ddot\theta_1+a_{c2}^2(\ddot\theta_1+\ddot\theta_2)+a_1a_{c2}(2\ddot\theta_1+\ddot\theta_2)\cos\theta_2\\
&\quad-a_1a_{c2}(2\dot\theta_1+\dot\theta_2)\dot\theta_2\sin\theta_2\}+I_2(\ddot\theta_1+\ddot\theta_2)\\
\frac{\partial T}{\partial\theta_1}&=0\\
\frac{\partial V}{\partial\theta_1}&=(m_1a_{c1}+m_2 a_1)g\cos\theta_1+m_2 a_{c2} g\cos(\theta_1+\theta_2)
\end{aligned}$$

$$\begin{aligned}
&\{m_1a_{c1}^2+I_1+m_2(a_1^2+a_{c2}^2+2a_1a_{c2}\cos\theta_2)+I_2\}\ddot\theta_1+\{m_2a_{c2}^2+m_2a_1a_{c2}\cos\theta_2+I_2\}\ddot\theta_2\\
&-2m_2a_1a_{c2}(\sin\theta_2)\dot\theta_1\dot\theta_2-m_2a_1a_{c2}(\sin\theta_2)\dot\theta_2^2+(m_1a_{c1}+m_2a_1)g\cos\theta_1\\
&+m_2 a_{c2} g\cos(\theta_1+\theta_2)=\tau_1
\end{aligned} \tag{6.81}$$

링크 2에 대한 라그랑지 방정식은 다음과 같다.

$$\frac{\partial T}{\partial \dot{\theta}_2} = \tfrac{1}{2} m_2 \{2a_{c2}{}^2(\dot{\theta}_1 + \dot{\theta}_2) + 2a_1 a_{c2}\dot{\theta}_1 \cos\theta_2\} + I_2(\dot{\theta}_1 + \dot{\theta}_2)$$

$$\frac{d}{dt}\left(\frac{\partial T}{\partial \dot{\theta}_2}\right) = m_2 \{a_{c2}{}^2(\ddot{\theta}_1 + \ddot{\theta}_2) + a_1 a_{c2}\ddot{\theta}_1 \cos\theta_2 - a_1 a_{c2}\dot{\theta}_1\dot{\theta}_2 \sin\theta_2\} + I_2(\ddot{\theta}_1 + \ddot{\theta}_2)$$

$$\frac{\partial T}{\partial \theta_2} = -m_2 a_1 a_{c2}\dot{\theta}_1(\dot{\theta}_1 + \dot{\theta}_2)\sin\theta_2$$

$$\frac{\partial V}{\partial \theta_2} = m_2\, a_{c2}\, g\cos(\theta_1 + \theta_2)$$

$$\begin{aligned}&\{m_2 a_{c2}{}^2 + I_2 + m_2 a_1 a_{c2}\sin\theta_2 + I_2\}\ddot{\theta}_1 + \{m_2 a_{c2}{}^2 + I_2\}\ddot{\theta}_2 \\ &\quad + m_2 a_1 a_{c2}(\sin\theta_2)\dot{\theta}_1{}^2 + m_2 a_{c2} g\cos(\theta_1 + \theta_2) = \tau_2\end{aligned} \tag{6.82}$$

식 (6.81)과 (6.82)를 정리하면, 식 (6.15)~(6.17)의 동역학 방정식을 얻을 수 있다. 물론 이 동역학 방정식은 뉴턴-오일러 방식을 사용한 결과와 완전히 동일하다. 그리고 앞서 언급한 바와 같이, 링크 간의 결합에 필요한 구속 힘과 모멘트는 식에 나타나지 않고, 관절 각도, 속도, 가속도 등의 위치 변수와 관절 토크 간의 관계가 바로 유도됨을 알 수 있다.

6.4 라그랑지안 방식: 자코비안 기반

앞 절에서는 로봇의 운동 에너지와 위치 에너지를 직접 구한 다음에 라그랑지안 방식에 대입하는 방식으로 동역학 방정식을 구하였다. 이번 절에서는 속도에 관한 자코비안 관계식을 라그랑지안 공식에 대입하여 동역학 방정식을 구하는 방법에 대해서 소개한다. 이를 위해서 앞서 다루었던 로봇 팔의 자코비안을 살펴보기로 한다.

말단 속도와 관절 속도 간의 관계를 나타내는 기하학적 자코비안의 정의는 다음과 같다.

$$\dot{\boldsymbol{x}} = \boldsymbol{J}\dot{\boldsymbol{q}} \Rightarrow \begin{Bmatrix}\boldsymbol{v} \\ \boldsymbol{\omega}\end{Bmatrix} = \left[\begin{array}{c|c|c|c|c}\boldsymbol{J}_{L1} & \cdots & \boldsymbol{J}_{Li} & \cdots & \boldsymbol{J}_{Ln} \\ \hline \boldsymbol{J}_{A1} & \cdots & \boldsymbol{J}_{Ai} & \cdots & \boldsymbol{J}_{An}\end{array}\right]\dot{\boldsymbol{q}} \tag{6.83}$$

또는

$$\boldsymbol{v} = \boldsymbol{J}_L(\boldsymbol{q})\dot{\boldsymbol{q}} = \boldsymbol{J}_{L1}\dot{q}_1 + \cdots + \boldsymbol{J}_{Ln}\dot{q}_n \,,\; \boldsymbol{\omega} = \boldsymbol{J}_A(\boldsymbol{q})\dot{\boldsymbol{q}} = \boldsymbol{J}_{A1}\dot{q}_1 + \cdots + \boldsymbol{J}_{An}\dot{q}_n \tag{6.84}$$

여기서 $\dot{\boldsymbol{x}}$은 직교 공간에서 말단 속도 벡터($m\times1$), $\dot{\boldsymbol{q}}$은 관절 공간에서 관절 속도 벡터($n\times1$), $\boldsymbol{J}(\boldsymbol{q})$는 자코비안 행렬($m\times n$)이다. 식 (6.83)으로부터 링크 i의 속도와 관절 속도 간의 자코비안 관계는 다음과 같다.

$$\begin{Bmatrix} \boldsymbol{v}_{ci} \\ \boldsymbol{\omega}_i \end{Bmatrix} = \left[\begin{array}{c|c|c|c|c|c} \boldsymbol{J}_{L1} & \cdots & \boldsymbol{J}_{Li} & \boldsymbol{0} & \cdots & \boldsymbol{0} \\ \hline \boldsymbol{J}_{A1} & \cdots & \boldsymbol{J}_{Ai} & \boldsymbol{0} & \cdots & \boldsymbol{0} \end{array}\right] \dot{\boldsymbol{q}} = \begin{bmatrix} \boldsymbol{J}_L^{(i)} \\ \boldsymbol{J}_A^{(i)} \end{bmatrix} \dot{\boldsymbol{q}} \tag{6.85}$$

또는

$$\boldsymbol{v}_{ci} = \boldsymbol{J}_L^{(i)}\dot{\boldsymbol{q}} = \boldsymbol{J}_{L1}\dot{q}_1 + \cdots + \boldsymbol{J}_{Li}\dot{q}_i \,,\; \boldsymbol{\omega}_i = \boldsymbol{J}_A^{(i)}\dot{\boldsymbol{q}} = \boldsymbol{J}_{A1}\dot{q}_1 + \cdots + \boldsymbol{J}_{Ai}\dot{q}_i \tag{6.86}$$

여기서 $\boldsymbol{v}_{ci}$는 링크 i의 중심 선속도이며, $\boldsymbol{J}_L^{(i)}$, $\boldsymbol{J}_A^{(i)}$는 각각 $3\times n$ 행렬이다. 링크 i의 속도는 관절 1부터 관절 i까지의 속도에만 의존한다. 링크 i의 운동 에너지는

$$T_i = \tfrac{1}{2} m_i \boldsymbol{v}_{ci}{}^T \boldsymbol{v}_{ci} + \tfrac{1}{2}\boldsymbol{\omega}_i{}^T \boldsymbol{I}_i \boldsymbol{\omega}_i \tag{6.87}$$

이므로, 식 (6.86)을 (6.87)에 대입하면

$$T_i = \tfrac{1}{2}[m_i \dot{\boldsymbol{q}}^T \boldsymbol{J}_L^{(i)T} \boldsymbol{J}_L^{(i)}\dot{\boldsymbol{q}} + \dot{\boldsymbol{q}}^T \boldsymbol{J}_A^{(i)T} \boldsymbol{I}_i \boldsymbol{J}_A^{(i)}\dot{\boldsymbol{q}}] \tag{6.88}$$

이 된다. 총 운동 에너지는

$$T = \sum_{i=1}^{n} T_i = \tfrac{1}{2}\dot{\boldsymbol{q}}^T \sum_{i=1}^{n} [m_i \boldsymbol{J}_L^{(i)T} \boldsymbol{J}_L^{(i)} + \boldsymbol{J}_A^{(i)T} \boldsymbol{I}_i \boldsymbol{J}_A^{(i)}]\dot{\boldsymbol{q}} \tag{6.89}$$

이 된다. 총 운동 에너지는 다음과 같이 관성 행렬 $\boldsymbol{M}(\boldsymbol{q})$의 항으로 나타낼 수 있다.

$$T = \tfrac{1}{2}\dot{\boldsymbol{q}}^T \boldsymbol{M}(\boldsymbol{q})\dot{\boldsymbol{q}} = \tfrac{1}{2}\sum_{i=1}^{n}\sum_{j=1}^{n} m_{ij}(\boldsymbol{q})\,\dot{q}_i\,\dot{q}_j \tag{6.90}$$

식 (6.89)와 (6.90)을 비교하면 관성 행렬은

$$\boldsymbol{M}(\boldsymbol{q}) = \sum_{i=1}^{n}[m_i \boldsymbol{J}_L^{(i)T}\boldsymbol{J}_L^{(i)} + \boldsymbol{J}_A^{(i)T}\boldsymbol{I}_i\boldsymbol{J}_A^{(i)}] \tag{6.91}$$

와 같이 구할 수 있다.

식 (6.50)의 라그랑지 방정식은 다음과 같다.

$$\frac{d}{dt}\frac{\partial T}{\partial \dot{q}_i} - \frac{\partial T}{\partial q_i} + \frac{\partial V}{\partial q_i} = Q_i \quad (i = 1, \cdots, n) \tag{6.92}$$

위 식의 첫째 항은

$$\frac{d}{dt}\frac{\partial T}{\partial \dot{q}_i} = \frac{d}{dt}\frac{\partial}{\partial \dot{q}_i}\left(\frac{1}{2}\sum_{i=1}^{n}\sum_{j=1}^{n} m_{ij}\,\dot{q}_i\,\dot{q}_j\right) = \frac{d}{dt}\left(\sum_{j=1}^{n} m_{ij}\,\dot{q}_j\right) = \sum_{j=1}^{n} m_{ij}\,\ddot{q}_j + \sum_{j=1}^{n}\frac{dm_{ij}}{dt}\dot{q}_j \tag{6.93}$$

이 된다. 이해를 돕기 위해서 $n=2$인 경우를 보면, 위 식에서 $\dot{q}_i$에 대한 편미분은

$$\begin{aligned}\frac{\partial}{\partial \dot{q}_1}\left(\frac{1}{2}\sum_{i=1}^{2}\sum_{j=1}^{2} m_{ij}\,\dot{q}_i\,\dot{q}_j\right) &= \frac{1}{2}\frac{\partial}{\partial \dot{q}_1}\left(m_{11}\dot{q}_1{}^2 + 2m_{12}\dot{q}_1\dot{q}_2 + m_{22}\dot{q}_2{}^2\right) = m_{11}\,\dot{q}_1 + m_{12}\dot{q}_2 \\ &= \sum_{j=1}^{2} m_{1j}\,\dot{q}_j\end{aligned}$$

이 됨을 알 수 있다. 한편, dm_{ij}/dt는

$$\frac{dm_{ij}}{dt} = \frac{dm_{ij}(q_1, \cdots, q_n)}{dt} = \sum_{k=1}^{n}\frac{\partial m_{ij}}{\partial q_k}\frac{dq_k}{dt} = \sum_{k=1}^{n}\frac{\partial m_{ij}}{\partial q_k}\dot{q}_k \tag{6.94}$$

이므로, 식 (6.94)를 (6.93)에 대입하면

$$\frac{d}{dt}\frac{\partial T}{\partial \dot{q}_i} = \sum_{j=1}^{n} m_{ij}\,\ddot{q}_j + \sum_{j=1}^{n}\sum_{k=1}^{n}\frac{\partial m_{ij}}{\partial q_k}\dot{q}_k\,\dot{q}_j \tag{6.95}$$

을 얻게 된다. 식 (6.92)의 둘째 항은

$$\frac{\partial T}{\partial q_i} = \frac{\partial}{\partial q_i}\left(\frac{1}{2}\sum_{j=1}^{n}\sum_{k=1}^{n} m_{jk}\,\dot{q}_k\,\dot{q}_j\right) = \frac{1}{2}\sum_{j=1}^{n}\sum_{k=1}^{n}\frac{\partial m_{jk}}{\partial q_i}\dot{q}_k\,\dot{q}_j \tag{6.96}$$

이 된다. 식 (6.92)의 셋째 항을 다음과 같이 구한다.

$$V=\sum_{i=1}^{n}V_i=-\sum_{i=1}^{n}m_i\,\boldsymbol{g}^T\,\boldsymbol{r}_{0,\,ci} \tag{6.97}$$

이므로,

$$\frac{\partial V}{\partial q_i}=-\sum_{j=1}^{n}m_j\,\boldsymbol{g}^T\,\frac{\partial \boldsymbol{r}_{0,\,cj}}{\partial q_i} \tag{6.98}$$

이 된다. 한편,

$$\boldsymbol{v}_{cj}=\frac{d\boldsymbol{r}_{0,cj}(q_1,\cdots,q_j)}{dt}=\sum_{i=1}^{j}\frac{\partial \boldsymbol{r}_{0,\,cj}}{\partial q_i}\frac{dq_i}{dt}=\sum_{i=1}^{j}\frac{\partial \boldsymbol{r}_{0,\,cj}}{\partial q_i}\dot{q}_i \tag{6.99}$$

이 성립하고, 식 (6.86)에 의해서

$$\boldsymbol{v}_{cj}=\boldsymbol{J}_L^{(j)}\,\dot{\boldsymbol{q}}=\boldsymbol{J}_{L1}\dot{q}_1+\cdots+\boldsymbol{J}_{Lj}\dot{q}_j=\sum_{i=1}^{j}\boldsymbol{J}_{Li}^{(j)}\dot{q}_i \tag{6.100}$$

이므로, 식 (6.99)와 (6.100)을 비교하면

$$\frac{\partial \boldsymbol{r}_{0,\,cj}}{\partial q_i}=\boldsymbol{J}_{Li}^{(j)} \tag{6.101}$$

를 얻는다. 식 (6.101)을 식 (6.98)에 대입하면

$$\frac{\partial V}{\partial q_i}=-\sum_{j=1}^{n}m_j\,\boldsymbol{g}^T\boldsymbol{J}_{Li}^{(j)} \tag{6.102}$$

을 얻을 수 있다. 마지막으로, 일반화 힘은 다음과 같다.

$$\boldsymbol{Q}=\boldsymbol{\tau}+\boldsymbol{J}^T\boldsymbol{F}_e,\ \text{where}\ \boldsymbol{Q}=[Q_1,\cdots,Q_i,\cdots,Q_n]^T \tag{6.103}$$

식 (6.95), (6.96), (6.102)를 식 (6.92)에 대입하면 다음과 같다.

$$\sum_{j=1}^{n}m_{ij}\,\ddot{q}_j+\sum_{j=1}^{n}\sum_{k=1}^{n}\left(\frac{\partial m_{ij}}{\partial q_k}-\frac{1}{2}\frac{\partial m_{jk}}{\partial q_i}\right)\dot{q}_k\,\dot{q}_j+\sum_{j=1}^{n}m_j\,\boldsymbol{g}^T\boldsymbol{J}_{Li}^{(j)}=Q_i \tag{6.104}$$

한편,

$$\frac{\partial m_{ij}}{\partial q_k} - \frac{1}{2}\frac{\partial m_{jk}}{\partial q_i} = \frac{1}{2}\left(\frac{\partial m_{ij}}{\partial q_k} + \frac{\partial m_{ik}}{\partial q_j} - \frac{\partial m_{jk}}{\partial q_i}\right) \tag{6.105}$$

의 관계가 성립되는데, 이는 $n=2$에 대해서

$$\sum_{j=1}^{n}\sum_{k=1}^{n}\frac{\partial m_{ij}}{\partial q_k}\dot{q}_k\,\dot{q}_j = \frac{1}{2}\sum_{j=1}^{n}\sum_{k=1}^{n}\left(\frac{\partial m_{ij}}{\partial q_k} + \frac{\partial m_{ik}}{\partial q_j}\right)\dot{q}_k\,\dot{q}_j \tag{6.106}$$

이 성립된다는 점을 직접 계산하여 봄으로써 간접적으로 증명할 수 있다. 이때,

$$c_{ijk} = \frac{1}{2}\left(\frac{\partial m_{ij}}{\partial q_k} + \frac{\partial m_{ik}}{\partial q_j} - \frac{\partial m_{jk}}{\partial q_i}\right) \tag{6.107}$$

를 제1종 크리스토펠 기호(Christoffel symbol of the first kind)라 부른다. 식 (6.105)와 (6.107)을 식 (6.104)에 대입하면

$$\sum_{j=1}^{n} m_{ij}\,\ddot{q}_j + \sum_{j=1}^{n}\sum_{k=1}^{n} c_{ijk}\,\dot{q}_k\,\dot{q}_j + \sum_{j=1}^{n} m_j\,\boldsymbol{g}^T \boldsymbol{J}_{Li}^{(j)} = Q_i \tag{6.108}$$

을 얻게 된다. 식 (6.107)에서 색인 i가 고정된다면 j와 k를 바꾸어도 다음과 같이 크리스토펠 기호는 동등하게 된다.

$$c_{ijk} = c_{ikj} \text{ for fixed } i \tag{6.109}$$

이때 다음과 같이 $j=k$인 경우에는 $c_{ijk}\,\dot{q}_k\dot{q}_j = c_{ijj}\,\dot{q}_j^{\,2}$가 되는데, 이는 관절 j의 속도에 의해서 유도되는 원심 효과(centrifugal effect)를 나타낸다. 또한 $j \neq k$인 경우에 대해서는 $c_{ijk}\,\dot{q}_k\dot{q}_j$는 관절 j와 k의 속도에 의해서 유도되는 코리올리 효과(Coriolis effect)를 나타낸다.

식 (6.108)은 다음과 같이 나타낼 수 있다.

$$\sum_{j=1}^{n} m_{ij}(\boldsymbol{q})\,\ddot{q}_j + \sum_{j=1}^{n}\sum_{k=1}^{n} c_{ijk}(\boldsymbol{q})\,\dot{q}_k\,\dot{q}_j + g_i(\boldsymbol{q}) = Q_i \quad (i=1,\ldots,n) \tag{6.110}$$

여기서 $g_i(\boldsymbol{q}) = -\sum_{j=1}^{n} m_j \boldsymbol{g}^T \boldsymbol{J}_{Li}^{(j)}$ (6.111)

이를 행렬-벡터 형식으로 표현하면 다음과 같다.

$$\boldsymbol{M}(\boldsymbol{q})\,\ddot{\boldsymbol{q}} + \boldsymbol{C}(\boldsymbol{q},\dot{\boldsymbol{q}})\dot{\boldsymbol{q}} + \boldsymbol{g}(\boldsymbol{q}) = \boldsymbol{Q} \tag{6.112}$$

만약 말단부에 작용하는 외력이 없다면(즉, $\boldsymbol{F}_e = 0$), 다음과 같은 동역학 방정식을 얻을 수 있다.

$$\boldsymbol{M}(\boldsymbol{q})\,\ddot{\boldsymbol{q}} + \boldsymbol{C}(\boldsymbol{q},\dot{\boldsymbol{q}})\dot{\boldsymbol{q}} + \boldsymbol{g}(\boldsymbol{q}) = \boldsymbol{\tau} \tag{6.113}$$

이번에는 위의 동역학 방정식을 조금 다른 측면에서 살펴보자. 식 (6.107)로부터

$$c_{ij} = \frac{1}{2}\sum_{k=1}^{n}\left(\frac{\partial m_{ij}}{\partial q_k} + \frac{\partial m_{ik}}{\partial q_j} - \frac{\partial m_{jk}}{\partial q_i}\right)\dot{q}_k \;= \frac{1}{2}\dot{m}_{ij} + \frac{1}{2}\sum_{k=1}^{n}\left(\frac{\partial m_{ik}}{\partial q_j} - \frac{\partial m_{jk}}{\partial q_i}\right)\dot{q}_k \tag{6.114}$$

가 되는데, 이때 우변의 첫째 항은 식 (6.94)로부터 얻을 수 있다. 위 식에서

$$n_{ij} = \sum_{k=1}^{n}\left(\frac{\partial m_{jk}}{\partial q_i} - \frac{\partial m_{ik}}{\partial q_j}\right)\dot{q}_k \tag{6.115}$$

로 정의하고, 위 식을 식 (6.114)에 대입하면

$$n_{ij} = \dot{m}_{ij} - 2c_{ij} \text{ or } \boldsymbol{N} = \dot{\boldsymbol{M}} - 2\boldsymbol{C} \tag{6.116}$$

를 얻을 수 있다. 이때,

$$-n_{ji} = -\sum_{k=1}^{n}\left(\frac{\partial m_{ik}}{\partial q_j} - \frac{\partial m_{jk}}{\partial q_i}\right)\dot{q}_k = \sum_{k=1}^{n}\left(\frac{\partial m_{jk}}{\partial q_i} - \frac{\partial m_{ik}}{\partial q_j}\right)\dot{q}_k = n_{ij} \tag{6.117}$$

이므로

$$\boldsymbol{N}^T(\boldsymbol{q},\dot{\boldsymbol{q}}) = -\boldsymbol{N}(\boldsymbol{q},\dot{\boldsymbol{q}}) \tag{6.118}$$

이 되어, $\boldsymbol{N}$은 반대칭 행렬(skew-symmetric matrix)이 된다. 그러므로 식 (6.116)과 (6.118)로부터

$$\dot{\boldsymbol{M}}^T(\boldsymbol{q}) - 2\boldsymbol{C}^T(\boldsymbol{q},\dot{\boldsymbol{q}}) = -\dot{\boldsymbol{M}}(\boldsymbol{q}) + 2\boldsymbol{C}(\boldsymbol{q},\dot{\boldsymbol{q}}) \tag{6.119}$$

이 성립하게 되며, 관성 행렬은 대칭 행렬이므로 다음과 같은 관계가 성립된다.

$$\dot{\boldsymbol{M}}(\boldsymbol{q}) = \boldsymbol{C}^T(\boldsymbol{q},\dot{\boldsymbol{q}}) + \boldsymbol{C}(\boldsymbol{q},\dot{\boldsymbol{q}}) \tag{6.120}$$

이와 같이 관성 행렬과 코리올리 행렬 간의 관계는 향후에 로봇의 제어와 관련된 식을 유도할 때 중요하게 사용된다.

이제 그림 6.8의 2자유도 평면 팔의 동역학 방정식을 라그랑지 방정식을 적용하여 구해 보자. 우선 이 팔은 xy 평면에서만 운동하므로 $\boldsymbol{v}_{ci} = \{v_{xi} \;\; v_{yi}\}^T$, 각속도 $\boldsymbol{\omega}_i = \omega_i \, \hat{\boldsymbol{z}}_{i-1}$, 관성 텐서 $\boldsymbol{I}_i$는 관성 모멘트 I_i로 단순화할 수 있다. 일반화 좌표는 다음과 같이 각 관절 각도에 해당한다.

$$q_1 = \theta_1,\; q_2 = \theta_2 \;\rightarrow\; \boldsymbol{q} = \begin{Bmatrix} q_1 \\ q_2 \end{Bmatrix} = \begin{Bmatrix} \theta_1 \\ \theta_2 \end{Bmatrix} \tag{6.121}$$

먼저 자코비안을 계산하여 보자. 선속도와 관절 속도 간에는 다음과 같은 자코비안 관계가 성립한다.

$$\begin{Bmatrix} v_x \\ v_y \end{Bmatrix} = \begin{bmatrix} \dfrac{\partial x}{\partial \theta_1} & \dfrac{\partial x}{\partial \theta_2} \\ \dfrac{\partial y}{\partial \theta_1} & \dfrac{\partial y}{\partial \theta_2} \end{bmatrix} \begin{Bmatrix} \dot{q}_1 \\ \dot{q}_2 \end{Bmatrix} \tag{6.122}$$

다음과 같이 링크 1과 2의 질량 중심의 선속도와 자코비안의 관계를 구할 수 있다.

$$\boldsymbol{r}_{0,c1} = \begin{Bmatrix} a_{c1}\cos\theta_1 \\ a_{c1}\sin\theta_1 \end{Bmatrix} \;\Rightarrow\; \boldsymbol{v}_{c1} = \boldsymbol{J}_L^{(1)}\dot{\boldsymbol{q}} = \begin{bmatrix} -a_{c1}s_1 & 0 \\ a_{c1}c_1 & 0 \end{bmatrix}\dot{\boldsymbol{q}} \tag{6.123}$$

$$\boldsymbol{r}_{0,c2} = \begin{Bmatrix} a_1\cos\theta_1 + a_{c2}\cos(\theta_1+\theta_2) \\ a_1\sin\theta_1 + a_{c2}\sin(\theta_1+\theta_2) \end{Bmatrix} \;\Rightarrow\; \boldsymbol{v}_{c2} = \boldsymbol{J}_L^{(2)}\dot{\boldsymbol{q}} = \begin{bmatrix} -a_1s_1 - a_{c2}s_{12} & -a_{c2}s_{12} \\ a_1c_1 + a_{c2}c_{12} & a_{c2}c_{12} \end{bmatrix}\dot{\boldsymbol{q}} \tag{6.124}$$

이번에는 각속도와 자코비안의 관계는 다음과 같다.

$$\omega_1 = \dot{\theta}_1 = \boldsymbol{J}_A^{(1)}\, \dot{\boldsymbol{q}} = \{1\ \ 0\}\ \dot{\boldsymbol{q}} \quad \& \quad \omega_2 = \dot{\theta}_1 + \dot{\theta}_2 = \boldsymbol{J}_A^{(2)}\, \dot{\boldsymbol{q}} = \{1\ \ 1\}\ \dot{\boldsymbol{q}} \tag{6.125}$$

관성 행렬은 식 (6.91)로부터 다음과 같이 구할 수 있다.

$$m_1\, \boldsymbol{J}_L^{(1)T}\, \boldsymbol{J}_L^{(1)} = m_1 \begin{bmatrix} -a_{c1}s_1 & a_{c1}c_1 \\ 0 & 0 \end{bmatrix} \begin{bmatrix} -a_{c1}s_1 & 0 \\ a_{c1}c_1 & 0 \end{bmatrix} = m_1 \begin{bmatrix} a_{c1}{}^2 & 0 \\ 0 & 0 \end{bmatrix} \tag{6.126}$$

$$m_2\, \boldsymbol{J}_L^{(2)T}\, \boldsymbol{J}_L^{(2)} = m_2 \begin{bmatrix} -a_1 s_1 - a_{c2}s_{12} & a_1 c_1 + a_{c2}c_{12} \\ -a_{c2}s_{12} & a_{c2}c_{12} \end{bmatrix} \begin{bmatrix} -a_1 s_1 - a_{c2}s_{12} & -a_{c2}s_{12} \\ a_1 c_1 + a_{c2}c_{12} & a_{c2}c_{12} \end{bmatrix} \tag{6.127}$$

$$= m_2 \begin{bmatrix} a_1{}^2 + a_{c2}{}^2 + 2a_1 a_{c2} c_2 & a_{c2}{}^2 + a_1 a_{c2} c_2 \\ a_{c2}{}^2 + a_1 a_{c2}\, c_2 & a_{c2}{}^2 \end{bmatrix}$$

$$\boldsymbol{J}_A^{(1)T}\, \boldsymbol{I}_1\, \boldsymbol{J}_A^{(1)} = I_1 \begin{bmatrix} 1 & 0 \\ 0 & 0 \end{bmatrix},\ \ \boldsymbol{J}_A^{(2)T}\, \boldsymbol{I}_2\, \boldsymbol{J}_A^{(2)} = I_2 \begin{bmatrix} 1 & 1 \\ 1 & 1 \end{bmatrix} \tag{6.128}$$

식 (6.126)~(6.128)을 식 (6.91)에 대입하면 다음과 같다.

$$\boldsymbol{M}(\boldsymbol{q}) = \begin{bmatrix} m_{11} & m_{12} \\ m_{21} & m_{22} \end{bmatrix} =$$

$$= \begin{bmatrix} m_1\, a_{c1}{}^2 + m_2\,(a_1{}^2 + a_{c2}{}^2 + 2a_1 a_{c2} c_2) + I_1 + I_2 & m_2(a_{c2}{}^2 + a_1 a_{c2} c_2) + I_2 \\ m_2(a_{c2}{}^2 + a_1 a_{c2}\, c_2) + I_2 & m_2\, a_{c2}{}^2 + I_2 \end{bmatrix} \tag{6.129}$$

이번에는 코리올리 행렬의 성분을 구해 보자. 식 (6.105)와 (6.107)로부터

$$c_{ijk} = \frac{\partial m_{ij}}{\partial q_k} - \frac{1}{2}\frac{\partial m_{jk}}{\partial q_i} \tag{6.130}$$

이므로, 다음과 같이 성분을 구할 수 있다.

$$c_{111} = \frac{\partial m_{11}}{\partial \theta_1} - \frac{1}{2}\frac{\partial m_{11}}{\partial \theta_1} = \frac{1}{2}\frac{\partial m_{11}}{\partial \theta_1} = 0\,,\ \ c_{112} = \frac{\partial m_{11}}{\partial \theta_2} - \frac{1}{2}\frac{\partial m_{12}}{\partial \theta_1} = -2\, m_2\, a_1\, a_{c2} \sin\theta_2\,,$$

$$c_{121} = \frac{\partial m_{12}}{\partial \theta_1} - \frac{1}{2}\frac{\partial m_{21}}{\partial \theta_1} = \frac{1}{2}\frac{\partial m_{12}}{\partial \theta_1} = 0\,,\ \ c_{122} = \frac{\partial m_{12}}{\partial \theta_2} - \frac{1}{2}\frac{\partial m_{22}}{\partial \theta_1} = -m_2\, a_1\, a_{c2} \sin\theta_2\,,$$

$$c_{211} = \frac{\partial m_{21}}{\partial \theta_1} - \frac{1}{2}\frac{\partial m_{11}}{\partial \theta_2} = m_2\, a_1 a_{c2} \sin\theta_2,\ c_{212} = \frac{\partial m_{21}}{\partial \theta_2} - \frac{1}{2}\frac{\partial m_{12}}{\partial \theta_2} = -\frac{1}{2} m_2\, a_1 a_{c2} \sin\theta_2,$$

$$c_{221} = \frac{\partial m_{22}}{\partial \theta_1} - \frac{1}{2}\frac{\partial m_{21}}{\partial \theta_2} = \frac{1}{2} m_2\, a_1 a_{c2} \sin\theta_2,\ c_{222} = \frac{\partial m_{22}}{\partial \theta_2} - \frac{1}{2}\frac{\partial m_{22}}{\partial \theta_2} = 0 \qquad (6.131)$$

중력 벡터의 성분은 식 (6.111)로부터 다음과 같이 구할 수 있다.

$$g_1 = -m_1\, \boldsymbol{g}^T \boldsymbol{J}_{L1}^{(1)} - m_2\, \boldsymbol{g}^T \boldsymbol{J}_{L1}^{(2)} = -m_1\{0\ \ -g\}\begin{bmatrix} -a_{c1}\, s_1 \\ a_{c1}\, c_1 \end{bmatrix} - m_2\{0\ \ -g\}\begin{bmatrix} -a_1\, s_1 - a_{c2}\, s_{12} \\ a_1 c_1 + a_{c2} c_{12} \end{bmatrix}$$
$$= m_1 a_{c1} g \cos\theta_1 + m_2 g\{a_1 \cos\theta_1 + a_{c2} \cos(\theta_1 + \theta_2)\} \qquad (6.132)$$

$$g_2 = -m_1\, \boldsymbol{g}^T \boldsymbol{J}_{L2}^{(1)} - m_2\, \boldsymbol{g}^T \boldsymbol{J}_{L2}^{(2)} = -m_1\{0\ \ -g\}\begin{bmatrix} 0 \\ 0 \end{bmatrix} - m_2\{0\ \ -g\}\begin{bmatrix} -a_{c2} s_{12} \\ a_{c2} c_{12} \end{bmatrix} \qquad (6.133)$$
$$= m_2\, a_{c2}\, g \cos(\theta_1 + \theta_2)$$

그러므로 운동 방정식은 식 (6.110)으로부터 다음과 같이 구할 수 있다.

$$m_{11}\ddot{\theta}_1 + m_{12}\ddot{\theta}_2 + c_{111}\dot{\theta}_1^{\,2} + c_{122}\dot{\theta}_2^{\,2} + (c_{112} + c_{121})\dot{\theta}_1\dot{\theta}_2 + g_1 = \tau_1 \qquad (6.134)$$

$$m_{22}\ddot{\theta}_2 + m_{12}\ddot{\theta}_1 + c_{211}\dot{\theta}_1^{\,2} + c_{222}\dot{\theta}_2^{\,2} + (c_{212} + c_{221})\dot{\theta}_1\dot{\theta}_2 + g_2 = \tau_2 \qquad (6.135)$$

식 (6.129)와 (6.131)을 식 (6.134)와 (6.135)에 대입하면 식 (6.15)~(6.17)의 동역학 방정식을 얻을 수 있다. 물론 이 식은 앞서 다른 공식으로 구한 동역학 방정식과 동일하다.

EXERCISE

연습문제

1 다음과 같은 2자유도 질량-스프링-감쇠기 시스템을 고려하자.

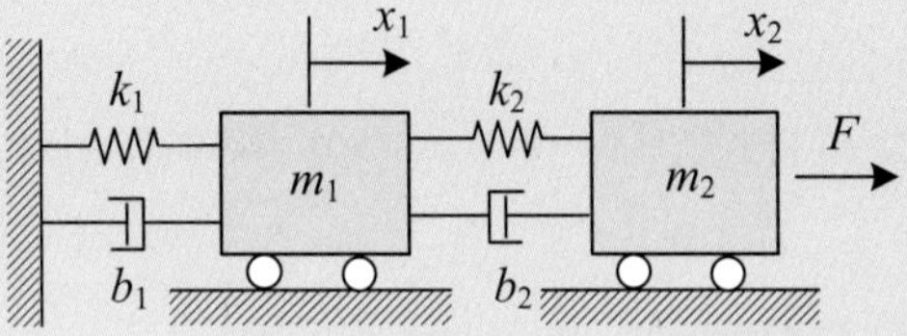

(a) 질량 m_1과 m_2에 대한 자유물체도를 각각 도시하고, 뉴턴 방정식을 적용하여 동역학 방정식을 구하시오.

(b) 운동 에너지 T와 위치 에너지 V를 구하고, 라그랑지 방정식을 적용하여 동역학 방정식을 구하시오.

2 그림 6.2의 2자유도 평면 팔의 동역학 방정식 (6.15)와 (6.16)을 고려하자.

(a) 중력 항인 g_1과 g_2는 로봇의 어떤 자세에서 최대가 되는가?

(b) 관절 2가 회전하지 못하도록 고정되어 있다면(즉, $\theta_2 = \text{constant}$), 식 (6.15)가 $\tau_1 = m_{11}\ddot{\theta}_1 + g_1$로 축소됨을 보이시오.

(c) 파트 (b)에서 관절 축 z_1에 대한 관성 모멘트 m_{11}은 다음과 같음을 보이시오. 관성 모멘트를 구할 때 평행축의 정리(parallel axis theorem)를 사용하면 편리하다.

$$m_{11} = I_1 + m_1 a_{c1}^2 + I_2 + m_2 (a_1^2 + a_{c2}^2 + 2a_1 a_{c2} \cos\theta_2)$$

3 그림 6.2의 2자유도 평면 팔을 고려하자.

(a) 부록 C의 순환 뉴턴-오일러 방식을 위한 MATLAB 코드를 참고하여 2자유도 로봇 팔에 대한 동역학 방정식을 구하는 MATLAB 코드를 작성하시오.

(b) MATLAB 코드를 수행한 결과를 바탕으로 동역학 방정식을 구하고, 동역학 방정식과 동일한지를 비교하시오.

(c) 위의 계산 결과를 C 코드로 변환하기 위한 MATLAB 코드를 작성하고, 이를 수행한 결과를 구한 후에 해석하시오.

4 다음의 2자유도 로봇 팔은 1자유도 회전 관절과 1자유도 직선 관절로 구성되어 있다. 그림에서 보듯이, 관절각 θ와 관절 거리 d가 일반화 좌표로 사용된다. 기저부에 고정된 모터 1은 관절 1에 대해서 토크 τ를 발생시키며, 링크 1의 말단에 장착된 모터 2는 힘 f를 링크 2에 발생시킨다.

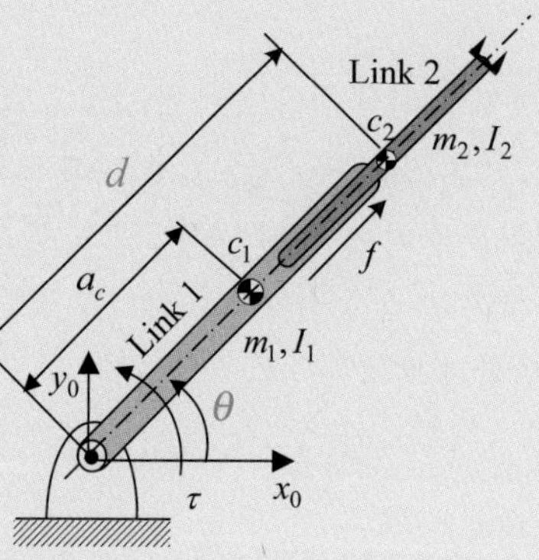

(a) 운동 에너지를 구하시오.

(b) 다음 관계식을 이용하여, 일반화 좌표 $q_1 = \theta$, $q_2 = d$에 대해서 관성 행렬 $\boldsymbol{M}(q)$를 구하시오.

$$T = \frac{1}{2}\sum_{i=1}^{n}[m_i \boldsymbol{v}_{ci}{}^T \boldsymbol{v}_{ci} + \omega_i{}^T \boldsymbol{I}_i \,\omega_i] = \frac{1}{2}\dot{\boldsymbol{q}}^T \boldsymbol{M}(\boldsymbol{q})\dot{\boldsymbol{q}}$$

(c) 위치 에너지를 구하시오.

(d) 앞서 구한 운동 에너지와 위치 에너지를 라그랑지 방정식에 대입하여 동역학 방정식이 다음과 같음을 보이시오.

$$(m_1 a_c{}^2 + m_2 d^2 + I_1 + I_2)\ddot{\theta} + 2m_2 d\dot{d}\dot{\theta} + (m_1 g\, a_c \cos\theta + m_2 g\, d\cos\theta) = \tau$$
$$m_2 \ddot{d} - m_2 d\dot{\theta}^2 + m_2 g \sin\theta = f$$

5 문제 4의 2자유도 로봇 팔에 대해서 다음 물음에 답하시오.

(a) 선속도 $\boldsymbol{v}$와 각속도 $\boldsymbol{\omega}$와 관절 속도 $\dot{\boldsymbol{q}}$ 간의 관계를 나타내는 자코비안 $\boldsymbol{J}_L^{(1)}$, $\boldsymbol{J}_L^{(2)}$, $\boldsymbol{J}_A^{(1)}$, $\boldsymbol{J}_A^{(2)}$를 구하시오.

(b) 다음 관계 식을 이용하여, 일반화 좌표 $q_1 = \theta$, $q_2 = d$에 대해서 관성 행렬 $\boldsymbol{M}(q)$를 구하시오.

$$\boldsymbol{M}(\boldsymbol{q}) := \sum_{i=1}^{n}[m_i \boldsymbol{J}_L^{(i)T} \boldsymbol{J}_L^{(i)} + \boldsymbol{J}_A^{(i)T} \boldsymbol{I}_i \boldsymbol{J}_A^{(i)}], \text{ where } \boldsymbol{M}(\boldsymbol{q}) \in R^{n\times n}$$

(c) m_{ij}, c_{ijk}, g_i를 계산한 후에 다음의 방정식에 대입하여 동역학 방정식을 구하고, 문제 2에서 구한 동역학 방정식과 동일한지 비교하시오.

$$\sum_{j=1}^{n} m_{ij}(\boldsymbol{q})\ddot{q}_j + \sum_{j=1}^{n}\sum_{k=1}^{n} c_{ijk}(\boldsymbol{q})\dot{q}_j\dot{q}_k + g_i(\boldsymbol{q}) = Q_i \quad (i = 1, \ldots, n)$$

6 문제 3의 2자유도 로봇 팔에 대해서 다음 물음에 답하시오.

(a) 부록 C의 순환 뉴턴-오일러 방식을 위한 MATLAB 코드를 참고하여 2자유도 로봇 팔에 대한 동역학 방정식을 구하는 MATLAB 코드를 작성하시오.

(b) MATLAB 코드를 수행한 결과를 바탕으로 동역학 방정식을 구하고, 문제 2에서 구한 동역학 방정식과 동일한지 비교하시오.

7 본문의 내용을 참고하여, 다음을 증명하시오.

(a) $\boldsymbol{N} = \dot{\boldsymbol{M}} - 2\boldsymbol{C}$는 반대칭(skew-symmetric) 행렬이다.

(b) $\dot{\boldsymbol{M}}(\boldsymbol{q}) = \boldsymbol{C}^T(\boldsymbol{q},\dot{\boldsymbol{q}}) + \boldsymbol{C}(\boldsymbol{q},\dot{\boldsymbol{q}})$

CHAPTER 7 궤적 계획

궤적 계획

로봇의 **경로**(path)는 로봇의 말단부(end-effector)가 움직이는 경유점의 조합을 의미하며, 시간과 관계된 변수인 속도나 가속도가 고려되지 않은 단순한 기하학적인 경유점의 자취이다. 반면에, 로봇의 **궤적**(trajectory)은 경로와 함께 로봇의 속도와 가속도와 같은 시간 관련 정보를 포함한 개념이다. 즉, 경로는 시간의 함수가 아니지만, 궤적은 시간의 함수이다. 따라서 로봇의 운영을 위해서는 로봇의 궤적을 계획하여야 한다. 일반적으로 경로와 궤적을 혼용하여 사용하지만, 본 책에서는 위와 같은 차이에 의해 두 용어를 구분하여 사용한다.

앞서 언급한 바와 같이, 로봇 팔의 기구학은 관절 공간에서의 관절의 운동과 직교 공간에서의 말단부의 자세 간의 관계를 나타낸다. 따라서 로봇의 궤적은 관절 공간 또는 직교 공간에서 생성할 수 있다. 관절 공간에서의 **궤적 계획**은 로봇의 각 관절에서 관절 각도, 각속도 및 각가속도에 대한 궤적을 생성하는 것을 의미하며, 직교 공간에서의 궤적 계획은 로봇 말단부의 자세(pose), 속도와 가속도에 대한 궤적을 생성하는 것을 의미한다. 대표적인 직교 공간 궤적으로는 직선 궤적과 원호 궤적이 있다. 관절 공간의 궤적 계획과 직교 공간의 궤적 계획은 기본적으로 동일한 궤적 생성 알고리즘을 사용하여 수행될 수 있다.

궤적 생성을 위해서는 보간(interpolation)을 사용하여야 하는데, 대표적으로는 사다리꼴 속도 프로파일 궤적을 사용하거나, 이를 보완한 S-커브 궤적을 사용한다. 로봇은 보통 6자유도 또는 7자유도로 구성되는데, 모든 축이 동시에 운동을 시작하였다가 동시에 종료되는 것이 자연스러우므로, 각 축의 궤적이 동기화되어야 한다. 이러한 동기화를 구현하기 위해서는 매우 복잡한 궤적 계획이 필요한데, 본 장에서는 이에 대해서 자세히 설명하도록 한다.

7.1 궤적 계획의 분류

로봇의 궤적은 크게 관절 공간 또는 직교 공간에서 생성될 수 있다. 로봇의 말단부가 통과하여야 하는 경유점(waypoint)이 주어지면 보간을 통해 이들 경유점 사이의 궤적을 구하여야 하는데, 이러한 보간을 어느 공간에서 하는지에 따라서 관절 공간 궤적 계획과 직교 공간 궤적 계획의 2가지 방식으로 나뉜다. 본 절을 통해 2가지 방식에 대해서 자세히 살펴보기로 한다.

관절 공간 궤적 계획은 주어진 경유점 사이의 궤적을 각 관절 각도(θ_1, θ_2, …, θ_n)의 보간을 통하여 구하는 방법이다. 이해를 돕기 위해 **그림** 7.1과 같이 2자유도 평면 팔의 예를 들어 설명한다. 우선 대부분의 로봇 작업은 말단부를 통해 수행되므로 일반적으로 경유점은 로봇의 기저 좌표계(base frame)를 기준으로 직교 공간상에서 설정된다. **그림** (a)에서는 로봇 말단부가 통과해야 할 4개의 경유점이 주어졌으며, 각 경유점을 통과하는 시간을 t_0~t_3로 표현하였다. 이때 각 시간 사이의 간격은 작업에 따라 결정된다. 주어진 경유점을 통해 관절 공간 궤적 계획을 수행하기 위해서는 먼저 **그림** (b)와 같이 t_0~t_3에서의 경유점의 위치를 역기구학을 이용하여 관절 공간 변수인 관절 각도 θ_1과 θ_2로 변환하여야 한다. 티치 펜던트(teach pendant)나 핸드 가이딩을 이용하여 로봇을 직접 교시하는 경우에는 해당 경유점에서의 관절 각도를 바로 사용한다. **그림** (c)에서는 관절 공간에서의 각 경유점 사이의 궤적을 보간을 통하여 구하는데, 이 궤적은 방정식으로 표현이 가능하다. 매 제어 주기마다 이 궤적 방정식을 계산하여 얻은 목표 관절 각도를 추종하도록 모터를 제어하면, 로봇의 말단부가 지정

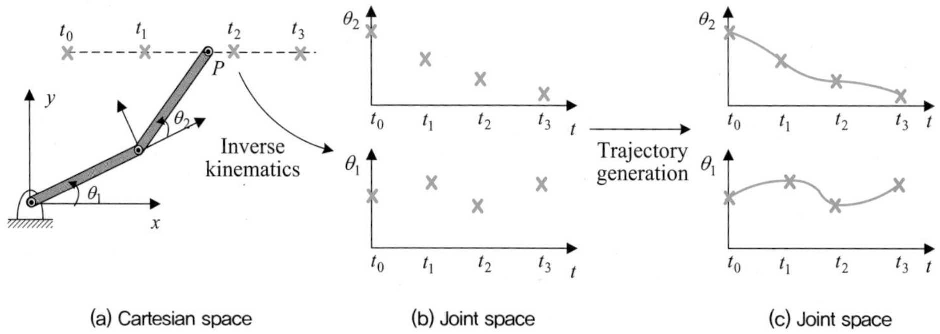

그림 7.1 **관절 공간에서의 궤적 계획**

된 경유점을 통과하는 궤적을 따라 부드럽게 이동한다.

관절 공간에서의 궤적 계획은 직교 공간에서 지정된 경유점을 정확히 통과하는 궤적을 생성하는 것이 중요할 뿐이며, 경유점 사이 경로의 모양은 고려하지 않는다. 따라서 이 방법은 로봇 말단부가 지정된 경유점을 정확히 통과하기만 하면 되는 작업에 적합하다. 관절 공간 작업의 대표적인 예인 PTP(point-to-point) 운동에서는 경로의 시점과 종점만 고려하고 두 경유점 사이의 경로는 고려하지 않는다. 이러한 운동에 기반한 로봇 작업은 스폿 용접(spot welding), 단순 조립 작업, 물체 이송 등이다.

직교 공간 궤적 계획은 주어진 경유점 사이의 궤적을 로봇 말단 자세(x, y, z, ϕ, θ, ψ)의 보간을 통해 구하는 방법이다. 이해를 돕기 위해 **그림 7.2**와 같이 2자유도 로봇의 예를 들어 설명한다. **그림** (a)와 같이 로봇 말단이 직교 공간상에서 t_0 및 t_1을 시점과 종점으로 하는 직선을 따라서 이동하여야 한다고 가정하자. 이를 위해 **그림** (b)와 같이 이 두 경로점을 통과하는 직선 궤적을 보간을 통하여 생성한다. 이 궤적은 방정식으로 표현이 가능하며, **그림** (c)와 같이 매 제어 주기마다 이 궤적 방정식을 계산하여 얻은 목표 말단 자세를 역기구학을 적용하여 관절 공간 변수인 관절 각도 θ_1과 θ_2로 변환한다. 이렇게 얻은 목표 관절 각도를 추종하도록 모터를 제어하면, 로봇의 말단이 직선 궤적을 따라 구동된다.

직교 공간에서의 궤적 계획은 위와 같이 경유점 사이의 경로를 직교 공간에서 일반적으로 직선 보간(linear interpolation)이나 원호 보간(circular interpolation) 등으로 생성하므로, 정확한 기하학적 경로를 얻을 수 있다. **그림 7.3**은 직교 공간에서 경유점 사이를 직선으로 연결하는 경로를 생성할 때, 관절 공간 및 직교 공간 궤적 계획 방

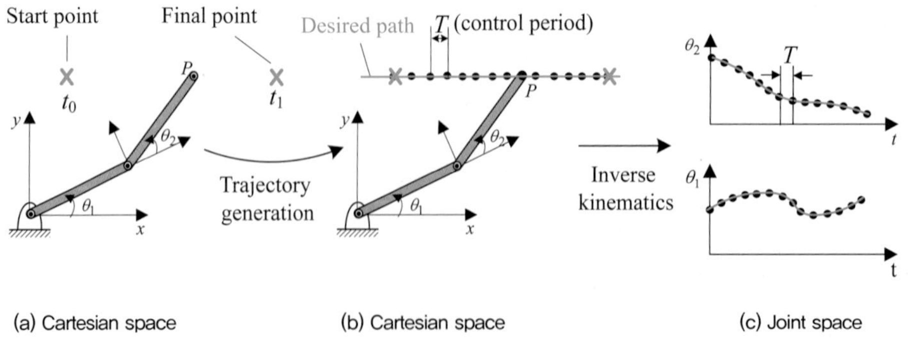

그림 7.2 **직교 공간에서의 궤적 계획 절차**

식을 적용한 결과를 비교한 그림이다. 그림에서 관절 공간 방식으로 구한 경로는 경유점은 정확히 통과하지만, 경유점 사이에는 직선이 아니라 곡선으로 나타난다. 반면에, 직교 공간 방식으로 구한 경로는 경유점뿐만 아니라 경유점 사이에서도 정확한 직선 경로로 나타난다.

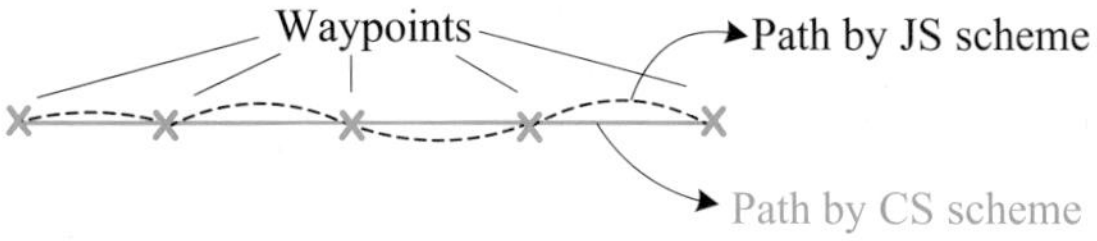

그림 7.3 **관절 공간 방식과 직교 공간 방식에 의한 실제 경로의 비교**

직교 공간에서의 궤적 계획은 위와 같은 특징에 의하여 로봇이 정확한 기하학적 경로를 따라 움직여야 하는 작업에 적합하다. 이러한 작업의 대표적인 예는 아크 용접(arc welding), 도색(painting) 등이 있다. 아크 용접의 경우에는 직선 궤적과 원호 궤적이 많이 사용된다. 직교 공간에서 직선 경로와 원호 경로를 생성하는 구체적인 방법은 7.4절에서 다루기로 한다.

앞서 언급한 2가지 궤적 계획의 특징을 비교하여 보자. 일반적으로 사용자의 명령은 직교 공간에서 경유점으로 주어지는 반면에, 로봇의 모터를 구동하기 위해서는 관절 공간에서 목표 관절 각도를 생성해야 하므로, 각 공간마다 특징이 다르게 나타난다. 두 공간의 일반적인 특징을 간략히 표 7.1에 정리하였다.

표 7.1 **관절 공간 및 직교 공간 궤적 계획의 특징**

	관절 공간 궤적 계획	직교 공간 궤적 계획
장점	• 계산량이 적음. • 특이점 문제가 발생하지 않음.	• 경유점 사이의 경로 형상을 정확히 조정할 수 있음.
단점	• 경유점 사이의 경로 형상을 정확히 조정하기 어려움.	• 계산량이 많음. • 특이점 문제가 발생할 수 있음.

표 7.1에서와 같이, 관절 공간 방식은 몇 개의 경유점에서만 역기구학 계산을 하지만, 직교 공간 방식에서는 매 제어 주기마다 역기구학 계산을 수행하여야 하므로, 직교 공간 방식의 계산량이 훨씬 더 많다. 또한 직교 공간 방식은 관절 공간 방식에 비해서 특이점과 관계된 문제가 발생할 가능성이 많다는 단점이 있다. 즉, 관절 공간

궤적은 각 관절이 독립적으로 움직일 수 있는 범위 내에서 생성 가능한 모든 궤적을 로봇이 추종할 수 있는 반면에, 직교 공간 궤적은 해당 궤적이 로봇이 도달할 수 없는 범위에 포함되어 있거나 특이점(singularity) 부근을 지나게 되면 로봇이 해당 경로를 추종하기 어렵다는 문제가 있다.

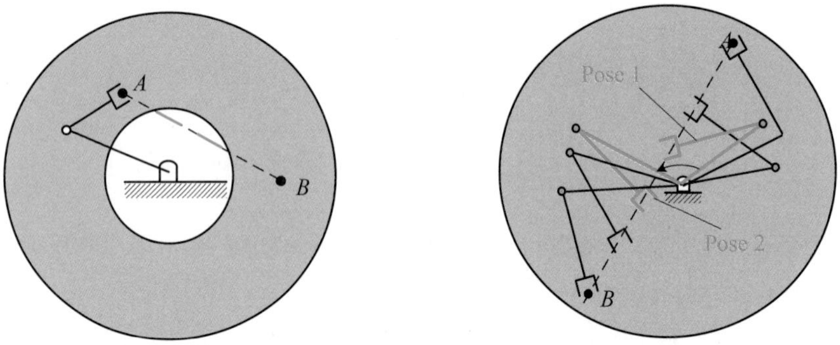

(a) (b)

그림 7.4 **직교 공간 경로와 관련된 기하학적 문제들**

그림 7.4는 직교 공간 궤적이 가질 수 있는 2가지 문제점을 나타낸 그림이다. 그림 (a)는 로봇이 직교 공간상에서 *A*점과 *B*점 사이를 직선 경로를 따라 움직여야 하는 경우이다. 여기서 회색 원은 2자유도 평면 팔의 말단이 도달 가능한 작업 공간(reachable workspace)을 나타내며, 흰색 원은 도달할 수 없는 범위를 나타낸다. 그런데 원하는 직선 경로가 로봇 말단이 도달할 수 없는 범위를 통과하므로, 이와 같은 직교 공간의 궤적은 실현 불가능하다. 반면에, *A*점과 *B*점 사이의 경로를 관절 공간 방식을 이용하여 생성하면 생성된 경로는 로봇 말단이 도달 가능한 범위 내에서 생성된다. 한편, 그림 (b)는 *A*점과 *B*점 사이의 직선 경로가 모두 로봇 말단이 도달 가능한 범위에 위치해 있으나, 해당 경로가 특이점 근처를 지나면서 발생하는 문제를 나타낸다. 로봇 말단이 직선 경로를 따라 일정한 속도로 이동하고자 할 때, 굵은 선으로 표현된 자세 1에서 자세 2로 이동하는 순간, 첫째 관절의 속도가 매우 빨라지게 된다. 이와 같은 문제는 경로가 도달 가능한 범위에 있더라도 특이점 부근을 지난다면 발생하게 된다.

위와 같이 직교 공간 방식은 관절 공간 방식에 비해서 문제가 발생할 소지가 있으므로, 일반적으로 산업 현장에서는 관절 공간 방식을 기본으로 설정하여 사용한다. 실제로 산업 현장에서는 단순 조립, 이송, 스폿 용접과 같은 작업이 많이 수행되며, 이러한 작업에는 관절 공간 방식을 사용하는 것이 적합하다. 그러나 직교 공간에서 로봇이 정확한 경로를 따라 움직여야 하는 경우, 즉 직선 경로 또는 원호 경로를 따라 아크 용접을 해야 하는 작업의 경우에는 정확한 기하학적 경로를 구현할 수 있는 직교 공간 방식을 사용하는 것이 적합하다.

한편, 직교 공간 작업에는 경유점에서 정밀한 속도 제어가 필요한 작업이나 사용자가 정의할 수 없는 복잡한 경로를 움직이는 경우와 같이 매우 제한적으로 나타나는 작업이 존재한다. 이러한 작업은 일반적인 직교 공간 궤적으로 수행할 수 없으므로, 이러한 작업에 맞는 새로운 궤적이 필요하다. 이런 제한적인 상황에서만 사용되는 궤적은 7.4절에서 따로 설명한다.

7.2 보간 궤적

보간(interpolation)은 주어진 경유점 사이의 경로를 생성하는 방법을 의미한다. 로봇의 궤적 계획 과정에서 보간 방법은 로봇의 속도, 가속도와 같은 정보를 이용하여 경유점(시점과 종점) 사이의 궤적에 대한 방정식을 구해 내는 방법을 의미하며, 보간 방법을 통해 생성한 로봇의 궤적을 **보간 궤적**(interpolated trajectory)이라 한다. 보간 궤적에 대한 자세한 설명에 앞서, 보간 궤적과 로봇의 작업 및 로봇 제어의 관계에 대한 이해를 바탕으로 보간 궤적의 필요성에 대해서 설명한다.

이러한 보간 궤적은 사용자로부터 주어진 경유점이 관절 공간 경유점인지 직교 공간 경유점인지에 따라서 관절 공간 및 직교 공간에서의 궤적 생성에 동일하게 적용될 수 있다. 직교 공간에서 경유점 사이의 기하학적 경로를 보간하는 방법에 따라서 직선 보간 궤적, 원호 보간 궤적 등이 있으며, 이러한 궤적의 생성 방법에 대해서는 7.4절에서 다루기로 한다. 또한 보간 궤적은 직교 공간 또는 관절 공간에서 경유점 사이의 위치, 속도, 가속도 궤적을 보간하는 방법에 따라 다항식 보간 궤적, 사다리꼴 속도 프로파일 궤적 등이 있으며, 이러한 궤적의 생성 방법은 이번 절에서 설명하기로 한다.

한편, 로봇의 보간 궤적은 **부드러운 궤적**이어야 하는데, 부드러운(smooth) 궤적이란 그 자체가 연속이며(continuous), 1차 미분도 연속인 궤적을 의미한다. 그림 7.5는 부드러운 궤적의 조건을 비교한 그림이다. 그림 (a)는 위치 궤적 자체에 불연속인 곳이 존재하므로 부드러운 궤적이 아니며, (b)는 위치 궤적은 연속적이지만, 시간에 대한 1차 미분인 속도가 불연속인 곳이 존재하므로 역시 부드러운 궤적이라 할 수 없다. 그러나 그림 (c)의 궤적은 위치와 속도 궤적이 모두 연속적이므로 부드러운 궤적이라 할 수 있다. 그림 (a), (b)와 같은 궤적을 로봇이 추종하는 경우에 로봇에 상당한 무리를 줄 수 있으므로 이와 같은 궤적은 사용하지 않는 것이 바람직하다. 대표적인 부드러운 궤적의 예시로는 아래에서 자세히 다룰 다항식 궤적과 사다리꼴 속도 프로파일 궤적 등이 있다.

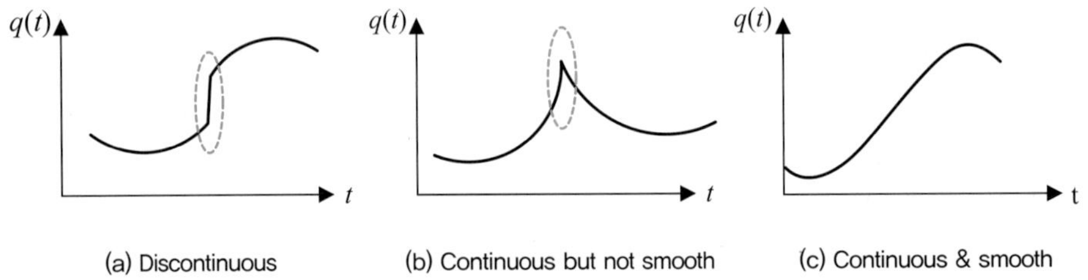

그림 7.5 **부드러운 궤적의 조건**

실제 산업 현장에서는 대부분 부드러운 궤적을 사용하지만, 가능하면 궤적의 2차 미분인 말단부의 가속도 또는 관절의 각가속도까지 연속적인 궤적을 사용하는 것이 더욱 바람직하다. 이는 가속도가 불연속인 궤적에서는 로봇 기구부에 과도한 마모나 진동을 발생시킬 수 있기 때문이다. 따라서 실제 산업 현장에서는 부드러운 궤적의 조건을 만족시키면서 궤적의 2차 미분까지 연속적인 궤적을 사용하는 경우가 많으며, 필요에 따라서는 궤적의 3차 미분인 **저크**(jerk)까지 연속인 궤적을 사용한다. 이와 같은 궤적의 대표적인 예시로는 5차 및 7차 다항식 궤적, S-커브 궤적 등이 있다. 본 절에서는 앞서 예시로 언급한 다양한 부드러운 보간 궤적에 대하여 설명하기로 한다.

7.2.1 다항식 궤적

다항식 궤적(polynomial trajectory)은 다항식 함수를 사용하여 부드러운 보간 궤적을 생성하는 방식을 의미한다. 주로 3차, 5차, 7차 다항식을 사용할 수 있는데, 부드러운 궤적을 생성할 수는 있지만, 경유점 사이에서 일정한 속도를 갖는 궤적을 생성하기는 어렵다. 그러므로 전체 궤적을 다항식 궤적으로 구성하는 경우는 많지 않으며, 궤적의 일부만을 다항식 궤적으로 구성하는 경우가 많다.

① 3차 다항식 궤적

3차 다항식 궤적[3rd-degree (or cubic) polynomial trajectory]은 두 경유점 사이의 보간 궤적을 다음과 같이 3차 다항식 함수를 이용하여 생성한다.

$$q(t) = b_0 + b_1(t-t_0) + b_2(t-t_0)^2 + b_3(t-t_0)^3 \quad (t_0 \le t \le t_1) \tag{7.1}$$

$$\dot{q}(t) = b_1 + 2b_2(t-t_0) + 3b_3(t-t_0)^2 \tag{7.2}$$

$$\ddot{q}(t) = 2b_2 + 6b_3(t-t_0) \tag{7.3}$$

여기서 식 (7.1)은 3차 다항식을 이용하여 시간에 대한 로봇의 위치 궤적을 나타내며, 식 (7.2)와 (7.3)은 각각 속도와 가속도 궤적을 나타낸다. 그림 7.6은 이들 3차 다항식 궤적을 나타낸다. 이때 보간 궤적의 생성을 관절 공간에서 수행하는 경우에는 식 (7.1)~(7.3)의 $q(t)$, $\dot{q}(t)$, $\ddot{q}(t)$는 관절의 각도, 각속도, 각가속도를 의미하며, 직교 공간에서 수행하는 경우에는 $q(t)$, $\dot{q}(t)$, $\ddot{q}(t)$는 로봇 말단부의 자세(즉, 위치/방위), 속도, 가속도를 각각 의미한다.

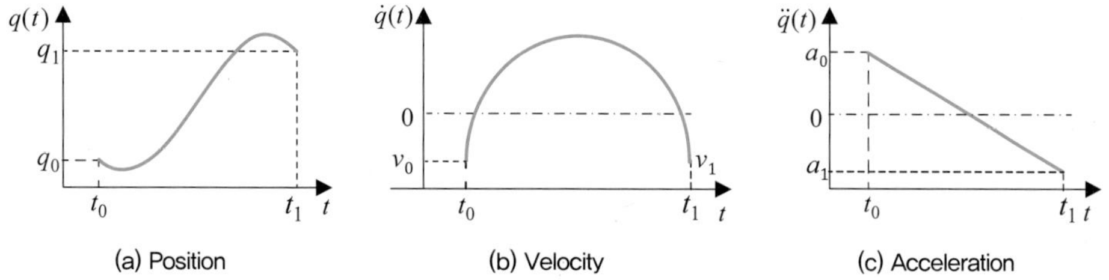

그림 7.6 **3차 다항식 궤적**

식 (7.1)을 이용하여 3차 다항식 궤적을 생성하려면 4개의 계수가 필요하므로, 시점 및 종점에서의 위치와 속도에 대한 다음 4개의 **경계 조건**(boundary condition)

$$q(t_0) = q_0,\; q(t_1) = q_1;\; \dot{q}(t_0) = v_0,\; \dot{q}(t_1) = v_1 \tag{7.4}$$

을 설정할 수 있으며, 이를 구한 4개의 계수는 다음과 같다.

$$b_0 = q_0,\ b_1 = v_0,\ b_2 = \frac{3(q_1 - q_0) - T(2v_0 + v_1)}{T^2},\ b_3 = \frac{-2(q_1 - q_0) + T(v_0 + v_1)}{T^3} \tag{7.5}$$

여기서 T는 시점에서 종점까지의 이동 시간으로 $T = t_1 - t_0$에 해당한다. 이와 같은 3차 다항식 궤적은 위치와 속도가 연속적인 함수이므로 부드러운 궤적이라 할 수 있다.

대부분의 로봇 작업에서 다수의 경유점을 통과하는 궤적을 구하여야 하는데, 각 경유점의 위치는 작업으로부터 주어지지만, 경유점에서의 속도는 주어지지 않는다. 이러한 경우에 다음과 같은 방법으로 경유점에서의 속도를 설정할 수 있다. **그림 7.7**의 예에서 q_0~q_n의 경유점의 위치와 시점과 종점의 속도인 v_0와 v_n은 주어지지만, 경유점의 속도는 사용자가 결정하여야 한다고 가정한다.

그림 7.7에서 각 경유점을 직선으로 연결하면 이 직선의 기울기가 바로 속도에 해당한다. 각 경유점에 대해서 전후 속도의 부호가 다르면 해당 경유점에서의 속도는 0으로 설정하고, 부호가 동일하다면 전후 속도의 평균을 해당 경유점에서의 속도로 결정한다. 이를 수식으로 나타내면 다음과 같다.

$$v_k = \begin{cases} 0 & \text{if } \operatorname{sgn}(d_k) \neq \operatorname{sgn}(d_{k+1}) \\ \frac{1}{2}(d_k + d_{k+1}) & \text{if } \operatorname{sgn}(d_k) = \operatorname{sgn}(d_{k+1}) \end{cases},\quad \text{where } d_k = \frac{q_k - q_{k-1}}{t_k - t_{k-1}} \tag{7.6}$$

위의 방법을 사용하여 **그림 7.8**과 같이 5개의 경유점이 주어진 3차 다항식 궤적을

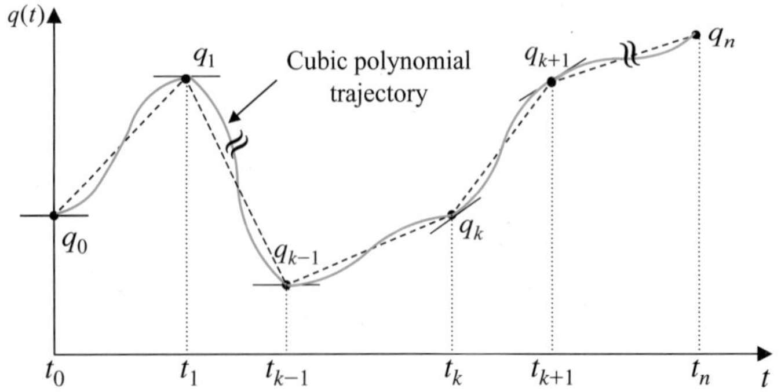

그림 7.7 **경유점에서의 속도를 구하는 직관적인 방식**

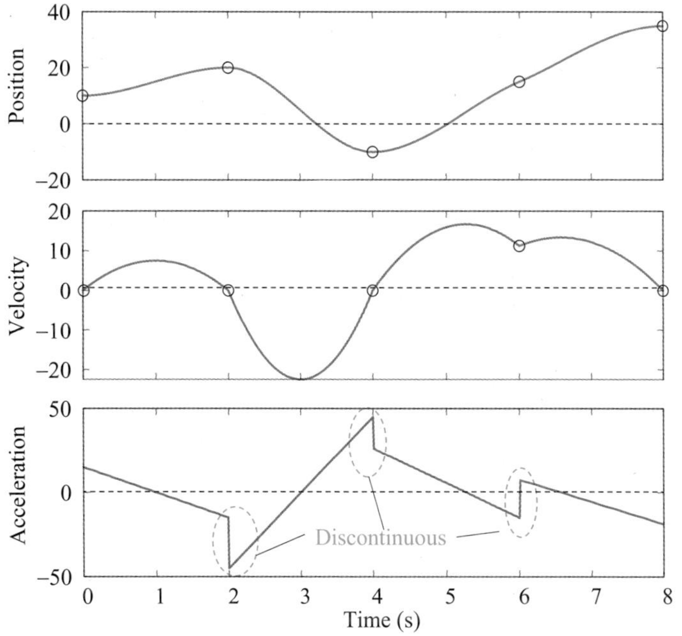

그림 7.8 **연속된 경유점을 통과하는 3차 다항식 궤적**

구해 보자. 그림에서 위치 궤적의 5개의 경유점은 주어졌지만, 속도 궤적에서 경유점의 속도는 앞서의 직관적인 방법으로 구한 것이다. 그림에서 위치 및 속도 궤적은 모두 연속이므로, 부드러운 궤적이 생성되었음을 알 수 있다. 그러나 가속도 궤적은 1차 다항식 함수의 형태로 나타나므로, 중간 경유점에서 가속도가 불연속이 되는 현상이 발생한다. 실제 산업 현장에서 사용되는 로봇은 매우 빠른 속도로 정교하게 구동되며, 이러한 상황에서 위와 같은 가속도의 불연속은 로봇의 정밀도에 지장을 줄 수 있다. 따라서 위치와 속도만이 아니라 가속도까지 연속적인 궤적을 사용하는 것이 바람직하며, 이는 5차 다항식을 이용하여 해결할 수 있다.

② 5차 다항식 궤적

5차 다항식 궤적[5th-degree (or quintic) polynomial trajectory]은 두 경유점 사이의 보간 궤적을 다음과 같이 5차 다항식 함수를 이용하여 생성한다.

$$q(t) = b_0 + b_1(t-t_0) + b_2(t-t_0)^2 + b_3(t-t_0)^3 + b_4(t-t_0)^4 + b_5(t-t_0)^5 \quad (t_0 \le t \le t_1) \tag{7.7}$$

$$\dot{q}(t) = b_1 + 2b_2(t-t_0) + 3b_3(t-t_0)^2 + 4b_4(t-t_0)^3 + 5b_5(t-t_0)^4 \tag{7.8}$$

$$\ddot{q}(t) = 2b_2 + 6b_3(t-t_0) + 12b_4(t-t_0)^2 + 20b_5(t-t_0)^3 \tag{7.9}$$

여기서 $q(t)$, $\dot{q}(t)$, $\ddot{q}(t)$는 각각 위치, 속도, 가속도 궤적이다. 식 (7.7)~(7.9)에서 6개의 계수 b_0~b_5를 결정하기 위해서 6개의 경계 조건인

$$q(t_0) = q_0,\ q(t_1) = q_1;\ \dot{q}(t_0) = v_0,\ \dot{q}(t_1) = v_1;\ \ddot{q}(t_0) = a_0,\ \ddot{q}(t_1) = a_1 \tag{7.10}$$

이 필요하며, 위의 조건을 이용하여 6개의 계수를 구하면 다음과 같다.

$$\begin{aligned} b_0 &= q_0,\ b_1 = v_0,\ b_2 = \frac{1}{2}a_0, \\ b_3 &= \frac{1}{2T^3}[20(q_1-q_0)-(8v_1+12v_0)T-(3a_0-a_1)T^2], \\ b_4 &= \frac{1}{2T^4}[-30(q_1-q_0)+(14v_1+16v_0)T+(3a_0-2a_1)T^2], \\ b_5 &= \frac{1}{2T^5}[12(q_1-q_0)-6(v_1+v_0)T+(a_1-a_0)T^2] \end{aligned} \tag{7.11}$$

여기서 T는 시점에서 종점까지의 이동 시간이다. 이와 같은 5차 다항식 궤적은 위치와 속도 외에도, 가속도까지 연속적인 부드러운 궤적이라 할 수 있다.

그림 7.9는 5개의 경유점을 지나는 궤적을 5차 다항식을 이용하여 생성한 그림이다. 그림에서 작은 원은 경계 조건으로 사용한 위치, 속도, 가속도 조건을 나타내며, 위치, 속도, 가속도 궤적이 정해진 경계 조건을 만족시키도록 생성되었다. 특히 위의 5차 다항식 궤적은 3차 다항식 궤적과 달리 가속도 궤적이 항상 연속임을 알 수 있다. 따라서 이와 같은 5차 다항식 궤적을 이용함으로써 경유점에서의 가속도 불연속 문제를 해결하여 로봇 관절의 마모와 진동이 발생하는 문제를 줄일 수 있다. 그러나 5차 다항식 궤적의 저크는 각 경유점에서 불연속적으로 나타난다. 매우 정밀한 작업과 같은 경우에서는 저크 또한 연속적으로 나타나는 것이 좋으며, 이는 7차 다항식 궤적으로 해결할 수 있다. 7차 다항식 궤적은 이 책에서는 설명하지 않지만, 앞서 언급한 다항식 궤적과 동일한 방식으로 구할 수 있다.

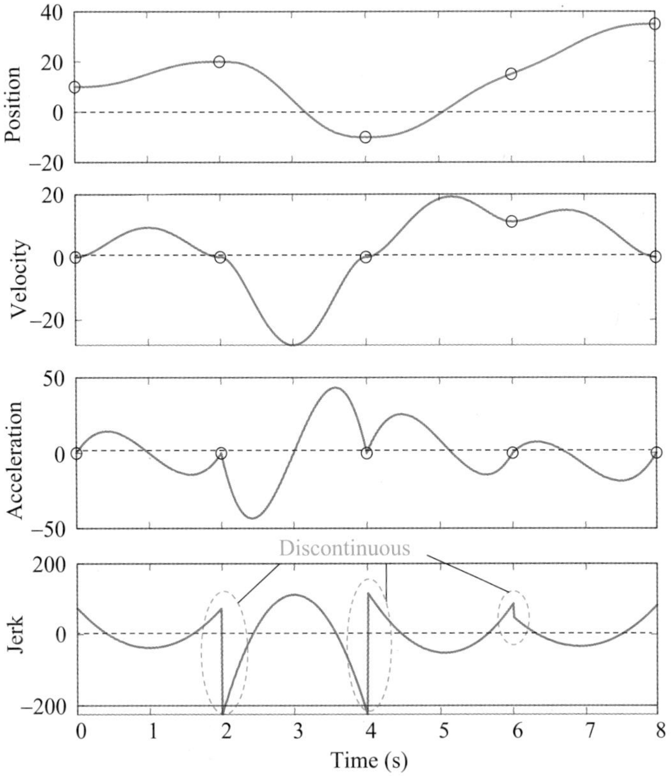

그림 7.9 연속된 경유점을 통과하는 5차 다항식 궤적

7.2.2 사다리꼴 속도 프로파일 궤적

사다리꼴 속도 프로파일 궤적(trapezoidal velocity profile trajectory)은 1차 함수(linear function)와 2차 함수(parabolic function)를 혼합하여 궤적을 구성하므로, 일명 LFPB(linear function with parabolic blends) 또는 LSPB(linear segment with parabolic blends)라 불린다. 또한 뒤에서 언급할 S-커브 궤적(S-curve trajectory)과 대비하여 T-커브 궤적(T-curve trajectory)으로 불리기도 한다.

만약 경유점 사이의 궤적을 단순히 직선 보간을 이용하여 생성하면(즉, 경유점을 단순히 직선으로만 연결하면), 각 경유점에서 위치는 연속적이지만 속도가 불연속이므로 부드러운 궤적이라 할 수 없다. 이와 같은 경우, 경유점 부근에서의 궤적 함수를 2차 함수로 표현되는 곡선으로 변경함으로써 각 경유점에서 위치와 속도가 연속적인 함수가 되도록 궤적을 생성할 수 있는데, 이 경우에 그림 7.10에서와 같이 속도 궤적이 사다리꼴 형태가 되므로 사다리꼴 속도 프로파일 궤적이라 불린다.

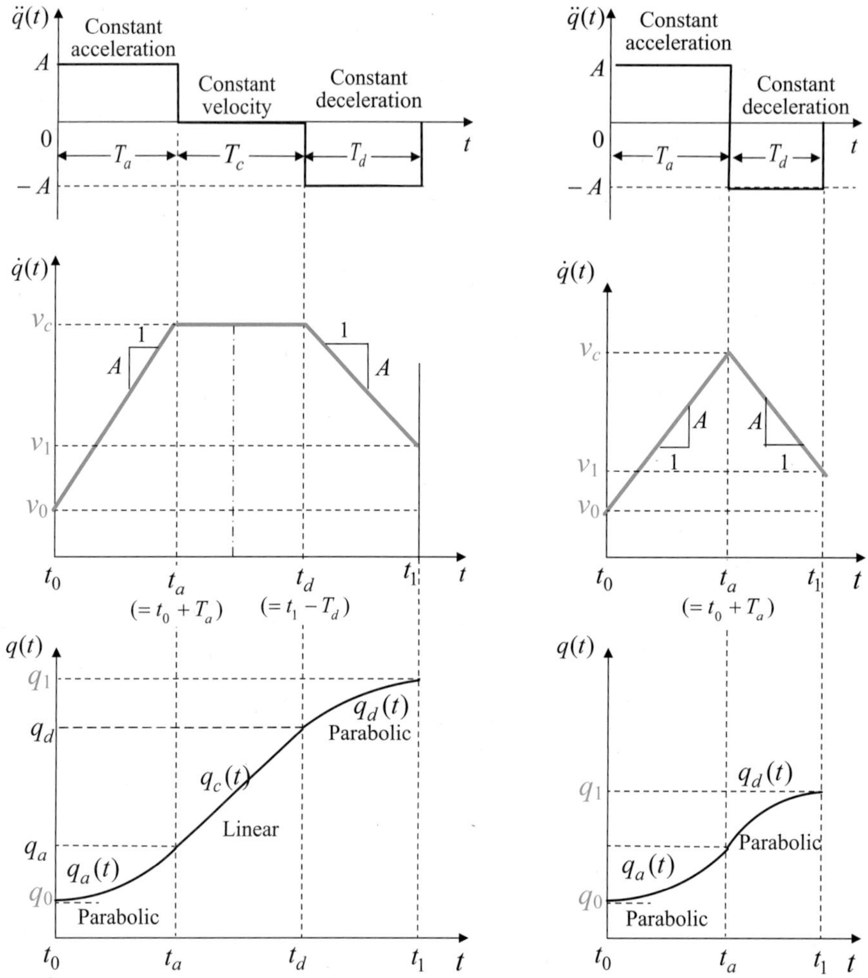

(a) Trapezoidal velocity profile

(b) Triangular velocity profile

그림 7.10 **사다리꼴 및 삼각형 속도 프로파일 궤적**

사다리꼴 속도 프로파일 궤적에서 사용자가 지정하는 조건은 다음과 같다.

- 초기/최종 위치(initial/final position): $q(t_0) = q_0, q(t_1) = q_1$
- 초기/최종 속도(initial/final velocity): $\dot{q}(t_0) = v_0, \dot{q}(t_1) = v_1$
- 제한 속도(velocity limit): $V\ (>0)$
- 제한 가속도(acceleration limit): $A\ (>0)$
- 초기 시간(initial time): $t_0 \neq 0$

위의 조건에서 가속 구간의 제한 가속도와 감속 구간의 제한 가속도는 서로 다른 값을 취할 수도 있지만, 일반적으로 모터의 가속 및 감속 능력은 동일하므로 두 가속도가 동일하다고 가정하는 것이 궤적 방정식을 유도하는 데 매우 편리하다. 또한 속도와 가속도는 방향에 따라서 양과 음의 값을 가질 수 있지만, 여기서의 제한 속도와 가속도는 크기만을 나타내므로 양수임에 유의한다.

사다리꼴 속도 프로파일 궤적에서 이동 거리 $h(=q_1-q_0)$가 작거나 주어진 제한 가속도 A가 작다면 미처 사다리꼴 속도 프로파일을 생성하지 못하고 삼각형 속도 프로파일을 생성하게 된다. 이렇게 주어진 조건에 따라서 사다리꼴 속도 프로파일을 사용하지 못하고 삼각형 속도 프로파일을 사용해야 하는 경우가 발생하는데, 두 궤적을 구분하여 사용하는 기준은 다음에 자세히 설명하기로 한다.

그림 7.10(a)는 사다리꼴 속도 프로파일 궤적을 나타낸다. 이 궤적은 2차 다항식의 가속 구간(acceleration region)과 감속 구간(deceleration region) 및 1차 다항식의 등속 구간(constant velocity region)으로 나타난다. 그림에서 가속, 등속, 감속 시간은 각각 T_a, T_c, T_d, 그리고 가속 구간의 종료 시간은 $t_a(=t_0+T_a)$, 감속 구간의 시작 시간은 t_d $(=t_1-T_d)$로 정의한다. 또한 등속 구간에서의 속도는 **순항 속도**(cruise velocity) v_c로 부른다. 앞서 설명한 사용자 지정 조건을 통해 사다리꼴 속도 프로파일 궤적의 가속, 등속 및 감속 구간에서의 위치, 속도, 가속도에 대한 식을 수립하면 다음과 같다.

① 사다리꼴 속도 프로파일 궤적

- **가속 구간**$(t_0 \le t < t_a)$

$$q_a(t) = a_0 + a_1(t-t_0) + a_2(t-t_0)^2 \tag{7.12a}$$

$$\dot{q}_a(t) = a_1 + 2a_2(t-t_0) \tag{7.12b}$$

$$\ddot{q}_a(t) = 2a_2 \tag{7.12c}$$

$$\text{BC: } q_a(t_0) = q_{0,}\ \dot{q}_a(t_0) = v_0;\ q_a(t_a) = q_a,\ \dot{q}_a(t_a) = v_c \tag{7.12d}$$

$$\text{Coefficients: } a_0 = q_0,\ a_1 = v_0,\ a_2 = \frac{v_c - v_0}{2T_a} \tag{7.12e}$$

- **등속 구간**$(t_a \le t < t_d)$

$$q_c(t) = c_0 + c_1(t-t_a) \tag{7.13a}$$

$$\dot{q}_c(t) = c_1 \tag{7.13b}$$

$$\ddot{q}_c(t) = 0 \tag{7.13c}$$

BC: $q_c(t_a) = q_a, \dot{q}_c(t_a) = v_c$ (7.13d)

Coefficients: $c_0 = q_a, c_1 = v_c$ (7.13e)

- **감속 구간**($t_d \le t < t_1$)

$$q_d(t) = d_0 + d_1(t - t_d) + d_2(t - t_d)^2 \tag{7.14a}$$

$$\dot{q}_d(t) = d_1 + 2d_2(t - t_d) \tag{7.14b}$$

$$\ddot{q}_d(t) = 2d_2 \tag{7.14c}$$

BC: $q_d(t_d) = q_d, \dot{q}_d(t_d) = v_c; q_d(t_1) = q_1, \dot{q}_d(t_1) = v_1$ (7.14d)

Coefficients: $d_0 = q_1 - \dfrac{T_d(v_1 + v_c)}{2}, d_1 = v_c, d_2 = \dfrac{v_1 - v_c}{2T_d}$ (7.14e)

그림 7.10(b)는 **삼각형 속도 프로파일** 궤적을 나타낸다. 이 궤적은 등속 구간이 없이 오직 가속과 감속 구간만 존재하므로, 가속 구간의 종료 시간과 감속 구간의 시작 시간이 동일하게 되어 $t_0 + T_a = t_1 - T_d$ 또는 $t_a = t_d$가 된다. 또한 v_c는 속도 프로파일의 피크 속도(peak velocity)를 나타낸다는 점에 유의한다. 삼각형 속도 프로파일 궤적의 가속 및 감속 구간에서의 위치, 속도, 가속도에 대한 식은 다음과 같다.

② 삼각형 속도 프로파일

- **가속 구간**($t_0 \le t < t_a$): 식 (7.12)와 동일
- **감속 구간**($t_d \le t < t_1$): 식 (7.14)와 동일

이번에는 가속 시간 및 감속 시간을 계산하여 보자. 가속 시간은 (7.12c)와 (7.12e)로부터

$$|\ddot{q}_a(t)| = |2a_2| = \frac{|v_c - v_0|}{T_a} = A \;\rightarrow\; T_a = \frac{|v_c - v_0|}{A} \tag{7.15}$$

가 되며, 감속 시간은 (7.14c)와 (7.14e)로부터

$$|\ddot{q}_d(t)| = |2d_2| = \frac{|v_1 - v_c|}{T_d} = A \rightarrow T_d = \frac{|v_c - v_1|}{A} \quad (7.16)$$

가 된다. 이때 가장 빠른 궤적을 위해서는 가속도와 감속도가 제한 가속도 A와 동일하여야 한다는 점을 반영하였다.

이제 주어진 사용자 지정 조건으로부터 생성될 궤적이 사다리꼴 속도 프로파일인지 삼각형 속도 프로파일인지를 결정하는 방법에 대해서 고려하여 보자. 앞서 언급한 바와 같이, 일반적으로는 이동 거리 $h(=q_1-q_0)$가 작거나 주어진 제한 가속도 A가 작다면 삼각형 속도 프로파일을 생성하게 된다. 그러나 초기 속도 v_0와 및 최종 속도 v_1의 부호에 따라서 다양한 상황이 존재할 수 있으므로, 실제적인 결정은 다소 복잡하다. 우선 주어진 조건이 삼각형 속도 프로파일에 해당한다고 가정한 후에 피크 속도 v_p를 구하고, 피크 속도가 제한 속도 V보다 작으면 삼각형 속도 프로파일이라는 가정을 만족하는 것이고, 만약 제한 속도보다 크다면 조건에 어긋나므로 주어진 조건은 사다리꼴 속도 프로파일에 해당한다. 즉, 피크 속도의 크기에 따라서 다음 관계가 성립된다.

$|v_p| > V$ → 사다리꼴 속도 프로파일 & $v_c = V$ 또는 $-V$로 설정 (7.17a)

$|v_p| \le V$ → 삼각형 속도 프로파일 & $v_c = v_p$로 설정 (7.17b)

그림 7.11은 이동 거리에 따른 피크 속도를 나타낸 표이다. 여기서 h는 주어진 이동 거리이며, h_c는 주어진 제한 가속도 A 또는 $-A$로 초기 속도 v_0에서 최종 속도 v_1으로 이동한다고 가정한 경우의 기준 이동 거리를 의미한다.

그림 7.11은 속도 그래프이므로 이동 거리는 이 그래프의 면적에 해당한다. 그림에서 h는 주어진 이동 거리이며, h_c는 식 (7.18)로 계산을 통하여 구할 수 있다. $h \ge h_c$인 경우를 고려해 보자. 이때 v_0와 v_1의 부호에 따라서 4가지 다른 경우가 있을 수 있으며, 이 중에서 $v_0 \ge 0$이고 $v_1 < 0$인 경우를 **그림 7.11(b)**에 나타내었으며, 이를 **그림 7.12**의 좌측에 다시 도시하였다. 그림에서 보듯이 이동 거리 h는 전체 삼각형 A의 면적에서 삼각형 B의 면적을 제외하고, 삼각형 C의 면적을 더하면 되는데, 면적 C는 음수가 되므로 다음과 같이 구할 수 있다.

		Calculation of v_p
$h = h_c$	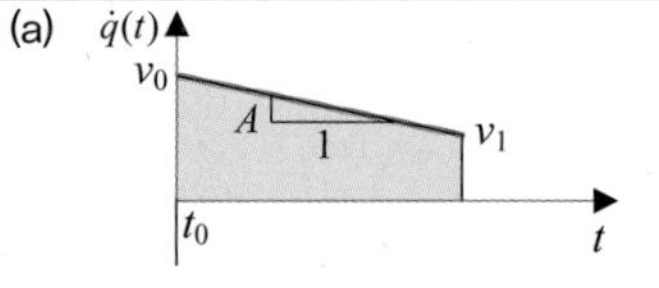	$h_c = \dfrac{\lvert v_0 - v_1 \rvert \cdot (v_0 + v_1)}{2A}$ (7.18)
$h \geq h_c$	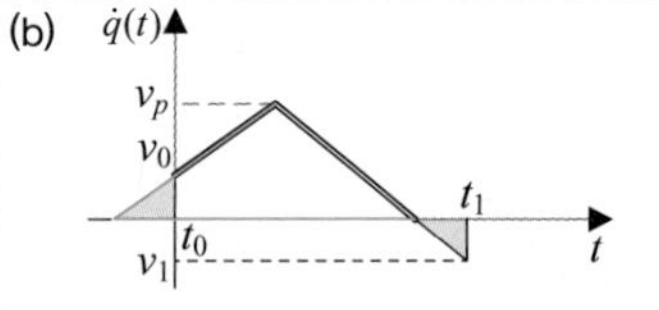	$h = \dfrac{v_p^2}{A} - \dfrac{v_0^2}{2A} - \dfrac{v_1^2}{2A} \Rightarrow$ $v_p = \sqrt{\dfrac{1}{2}(v_0^2 + v_1^2) + Ah}$ (7.19a)
$h < h_c$	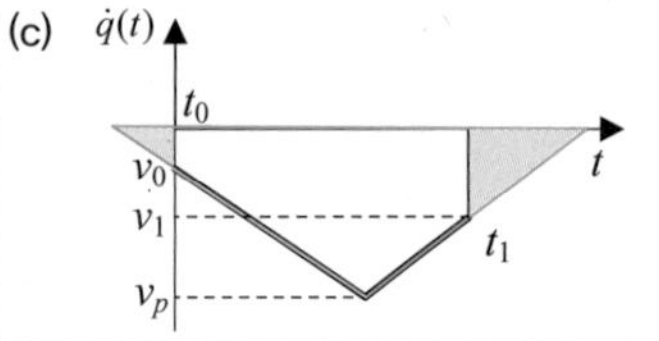	$h = \dfrac{v_0^2}{2A} + \dfrac{v_1^2}{2A} - \dfrac{v_p^2}{A} \Rightarrow$ $v_p = -\sqrt{\dfrac{1}{2}(v_0^2 + v_1^2) - Ah}$ (7.19b)

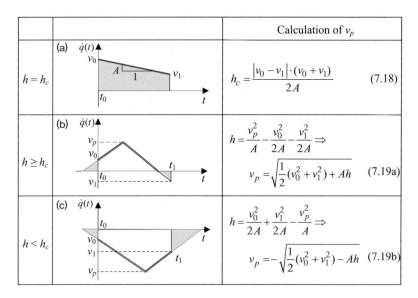

그림 7.11 **초기 및 최종 속도에 따른 이동 거리 및 피크 속도**

$$h = \text{Area A} - \text{Area B} + \text{Area C} = 2 \times \frac{1}{2} v_p \frac{v_p}{A} - \frac{1}{2} v_0 \frac{v_0}{A} - \frac{1}{2} v_1 \frac{v_1}{A} = \frac{v_p^2}{A} - \frac{v_0^2}{2A} - \frac{v_1^2}{2A} \tag{7.20}$$

v_0와 v_1이 다른 부호를 가지는 3가지 경우에 대해서 면적을 구하면 식 (7.19a)와 동일함을 알 수 있다.

이번에는 $h < h_c$인 경우를 고려해 보자. 이 경우에도 v_0와 v_1의 부호에 따라서 4가지 다른 경우가 있을 수 있으며, 이 중에서 $v_0 < 0$이고 $v_1 < 0$인 경우를 그림 7.11(c)에 나타내었으며, 이를 그림 7.12의 우측에 다시 도시하였다. 그림에서 보듯이, 이동거리 h는 전체 삼각형 A의 면적에서 삼각형 B와 C의 면적을 제외하면 되는데, 면적 A, B, C는 음수가 되므로 다음과 같이 구할 수 있다.

$$h = \text{Area A} - \text{Area B} - \text{Area C} = -2 \times \frac{1}{2} v_p \frac{v_p}{A} + \frac{1}{2} v_0 \frac{v_0}{A} + \frac{1}{2} v_1 \frac{v_1}{A} = -\frac{v_p^2}{A} + \frac{v_0^2}{2A} + \frac{v_1^2}{2A} \tag{7.21}$$

v_0와 v_1이 다른 부호를 가지는 3가지 경우에 대해서 면적을 구하면 식 (7.19b)와 동일함을 알 수 있다.

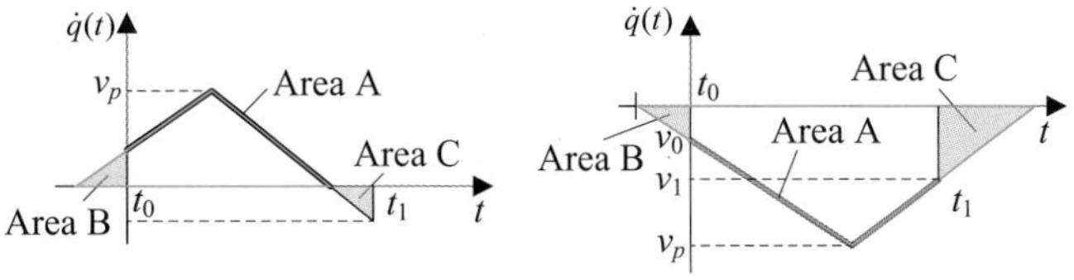

그림 7.12 **그림 7.11의 (b)(좌측)와 (c)(우측)의 면적 계산**

위의 프로파일 결정에 대한 이해를 돕기 위해서 수치 예를 들어 보자. 그림 7.11에서 제한 가속도와 초기 및 최종 속도가 다음과 같이 주어진다고 가정한다. 식 (7.18)에 의해서 기준 이동 거리 h_c는 다음과 같이 계산된다.

1) $v_0 = +4,\ v_1 = +2\ \&\ A = 2 \rightarrow h_c = +3$,

2) $v_0 = +4,\ v_1 = -2\ \&\ A = 2 \rightarrow h_c = +3$

3) $v_0 = -4,\ v_1 = +2\ \&\ A = 2 \rightarrow h_c = -3$,

4) $v_0 = -4,\ v_1 = -2\ \&\ A = 2 \rightarrow h_c = -3$

다음의 각 경우에 대해서 이동거리 h에 따른 피크 속도를 계산하면 다음과 같다.

1) $h_c(=+3)$

Fig. (b): $h = +6 \geq h_c \rightarrow v_p = 4.69$, Fig. (c): $h = +1 < h_c \rightarrow v_p = -2.83$

2) $h_c(=+3)$

Fig. (b): $h = +6 \geq h_c \rightarrow v_p = 4.69$, Fig. (c): $h = +1 < h_c \rightarrow v_p = -2.83$

3) $h_c(=-3)$

Fig. (b): $h = -1 \geq h_c \rightarrow v_p = 2.83$, Fig. (c): $h = -1 \geq h_c \rightarrow v_p = -4.69$

4) $h_c(=-3)$

Fig. (b): $h = -1 \geq h_c \rightarrow v_p = 2.83$, Fig. (c): $h = -6 < h_c \rightarrow v_p = -4.69$

사다리꼴 속도 프로파일 궤적은 속도와 가속도 제어가 쉽고, 전체적인 궤적을 직관적으로 이해하기 쉬우며, 계산이 간단하고, 궤적의 대부분이 일정한 속도 궤적을 가진다는 장점에 의해 아크 용접, 도색 작업 등에 사용될 수 있다. 그러나 그림 7.10의 가속도 그래프에서 보듯이, 각 구간에서 다른 구간으로 넘어갈 때 가속도가 불연속적으로 나타난다. 이는 앞서 설명한 바와 같이, 가속도가 불연속인 궤적에서는 저크가 무한대로 나타나며, 이는 로봇 메커니즘에 과도한 마모나 진동을 발생시킬 수 있기 때문에 로봇 궤적에는 적절하지 않다. 이 문제를 해결하기 위해서 일반적으로 S-커브 궤적이 사용된다.

7.2.3 S-커브 궤적

S-커브 궤적은 등속 구간과 가감속 구간의 연결 지점에서 가속도 궤적이 연속적이며 부드럽게 연결되도록 가감속 구간의 위치 궤적 생성에 5차 또는 7차 다항식을 이용한 궤적이다. 즉, S-커브 궤적은 사다리꼴 속도 프로파일 궤적의 가속도 궤적이 불연속인 지점이 존재한다는 단점을 보완하여 가속도 궤적, 더 나아가서 저크 궤적이 전 구간에서 연속이 되도록 한 궤적이라 할 수 있다. 위치 궤적이 알파벳 S와 모양이 유사하므로 S-커브라고 부른다. 이러한 S-커브 궤적을 사용하기 위해서 사용자가 지정하여야 하는 조건은 다음과 같다.

- 초기/최종 위치: $q(t_0) = q_{0,} \, q(t_1) = q_1$
- 초기/최종 속도: $\dot{q}(t_0) = v_{0,} \, \dot{q}(t_1) = v_1$
- 제한 속도: V (>0)
- 제한 가속도: A (>0)
- 초기 시간: $t_0 \neq 0$

5차 다항식을 갖는 S-커브 궤적에서는 가감속 구간이 5차식으로 나타나므로, 7.2.1절의 5차 다항식 궤적의 경계 조건에서 설명한 바와 같이 가감속 구간의 식을 구하기 위해서는 가감속 구간의 초기/최종 가속도가 필요하다. 가속 구간의 초기 가속도와 감속 구간의 최종 가속도는 궤적의 초기/최종 가속도이고, 가속 구간의 최종 가속도와 감속 구간의 초기 가속도는 등속 구간의 가속도(=0)와 연속적이어야 하므로, 각 구간의 초기/최종 가속도는 0으로 지정한다.

- 가속 구간의 초기/최종 가속도: $\ddot{q}(t_0) = 0, \, \ddot{q}(t_a) = 0$
- 감속 구간의 초기/최종 가속도: $\ddot{q}(t_d) = 0, \, \ddot{q}(t_1) = 0$

5차 다항식을 갖는 S-커브 궤적 또한 주어진 조건에 따라서 사다리꼴 속도 프로파일과 같은 등속 구간이 존재하는 궤적을 사용하거나 삼각형 속도 프로파일과 같은 등속 구간이 존재하지 않는 궤적을 사용하여야 한다. 두 궤적을 구분하여 사용하는 기준은 사다리꼴 속도 프로파일과 삼각형 속도 프로파일을 구분하는 기준과 동일하며, 등속도 v_c도 동일하게 설정한다.

① 사다리꼴 속도 프로파일에 대응하는 S-커브 궤적

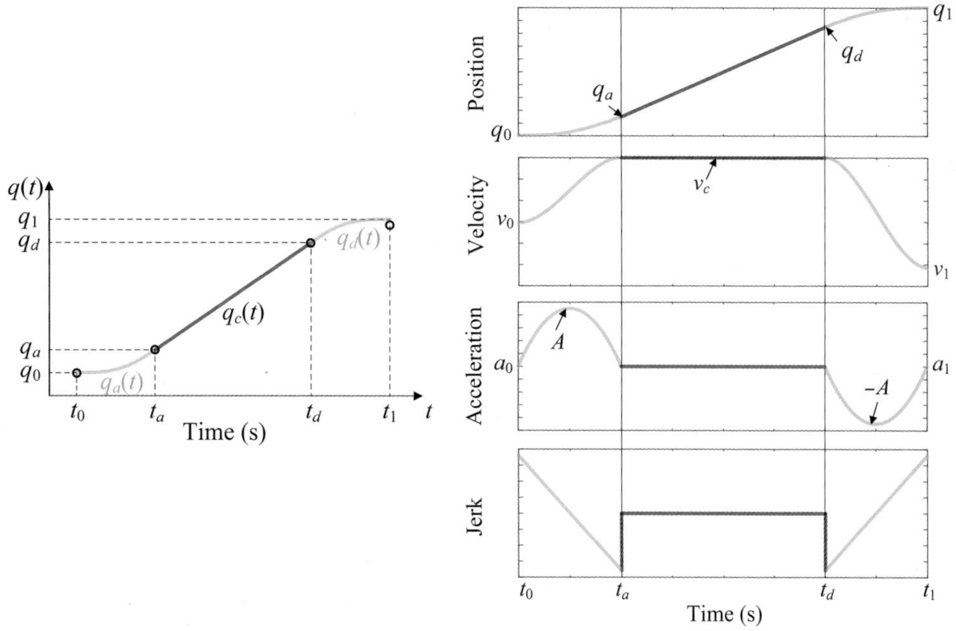

그림 7.13 **사다리꼴 속도 프로파일에 대응하는 5차 다항식을 갖는 S-커브 궤적**

그림 7.13은 시간 t_0에 위치 q_0에서 시작하여 시간 t_1에 위치 q_1에서 종료하는 S-커브 궤적을 가속 구간, 등속 구간, 감속 구간으로 나누어 표현한 그림으로, 각 구간을 설정하는 방법은 사다리꼴 속도 프로파일 궤적과 동일하다. 이 그림에서 $q_a(t)$와 $q_d(t)$는 각각 가속 및 감속 구간으로 5차 다항식으로 표현하며, $q_c(t)$는 등속 구간으로 1차 함수로 표현한다. 앞서 설명한 사용자 지정 조건과 궤적 생성을 위해 설정한 가속도 조건을 통해 S-커브 궤적의 가속, 등속 및 감속 구간에서의 위치, 속도, 가속도에 대한 식을 수립하면 다음과 같다.

• **가속 구간**($t_0 \le t < t_a$)

$$q_a(t) = a_0 + a_1(t-t_0) + a_2(t-t_0)^2 + a_3(t-t_0)^3 + a_4(t-t_0)^4 + a_5(t-t_0)^5 \tag{7.22a}$$

$$\dot{q}_a(t) = a_1 + 2a_2(t-t_0) + 3a_3(t-t_0)^2 + 4a_4(t-t_0)^3 + 5a_5(t-t_0)^4 \tag{7.22b}$$

$$\ddot{q}_a(t) = 2a_2 + 6a_3(t-t_0) + 12a_4(t-t_0)^2 + 20a_5(t-t_0)^3 \tag{7.22c}$$

$$\text{BC: } q_a(t_0) = q_0, \dot{q}_a(t_0) = v_0, \ddot{q}_a(t_0) = 0;\ q_a(t_a) = q_a, \dot{q}_a(t_a) = v_c, \ddot{q}_a(t_a) = 0 \tag{7.22d}$$

$$\text{Coefficients: } a_0 = q_0,\ a_1 = v_0,\ a_2 = 0,\ a_3 = \frac{v_c - v_0}{T_a^{\,2}},\ a_4 = \frac{v_0 - v_c}{2T_a^{\,3}},\ a_5 = 0 \tag{7.22e}$$

• **등속 구간**($t_a \le t < t_d$)

$$q_c(t) = q_a + v_c(t-t_a) \tag{7.23a}$$

$$\dot{q}_c(t) = v_c \tag{7.23b}$$

$$\ddot{q}_c(t) = 0 \tag{7.23c}$$

• **감속 구간**($t_d \le t < t_1$)

$$q_d(t) = d_0 + d_1(t-t_d) + d_2(t-t_d)^2 + d_3(t-t_d)^3 + d_4(t-t_d)^4 + d_5(t-t_d)^5 \tag{7.24a}$$

$$\dot{q}_d(t) = d_1 + 2d_2(t-t_d) + 3d_3(t-t_d)^2 + 4d_4(t-t_d)^3 + 5d_5(t-t_d)^4 \tag{7.24b}$$

$$\ddot{q}_d(t) = 2d_2 + 6d_3(t-t_d) + 12d_4(t-t_d)^2 + 20d_5(t-t_d)^3 \tag{7.24c}$$

$$\text{BC: } q_d(t_d) = q_d, \dot{q}_d(t_d) = v_c, \ddot{q}_d(t_d) = 0;\ q_d(t_1) = q_1, \dot{q}_d(t_1) = v_1, \ddot{q}_d(t_1) = 0 \tag{7.24d}$$

Coefficients:

$$d_0 = q_1 - \frac{T_d(v_c + v_1)}{2},\ d_1 = v_c,\ d_2 = 0,\ d_3 = \frac{v_1 - v_c}{T_d^{\,2}},\ d_4 = \frac{v_c - v_1}{2T_d^{\,3}},\ d_5 = 0 \tag{7.24e}$$

② 삼각형 속도 프로파일에 대응하는 S-커브 궤적

그림 7.14는 시간 t_0에 위치 q_0에서 시작하여 시간 t_1에 위치 q_1에서 종료하는 S-커브 궤적을 가속 및 감속 구간으로 나누어 표현한 그림으로, 각 구간을 설정하는 방법은 삼각형 속도 프로파일 궤적과 동일하다. 이 그림에서 $q_a(t)$와 $q_d(t)$는 각각 가속 및 감속 구간으로 5차 다항식으로 표현한다. 앞서 설명한 사용자로부터 주어진 조건과 임의로 정한 조건을 통해 S-커브 궤적의 가속 및 감속 구간에서의 위치, 속도, 가속도에 대한 식을 수립하면 다음과 같다.

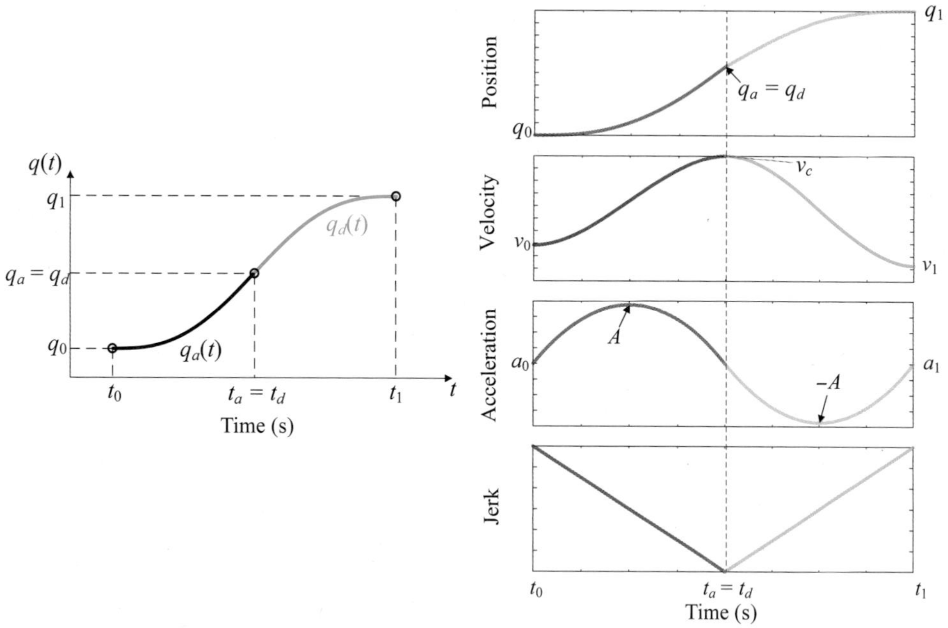

그림 7.14 **삼각형 속도 프로파일에 대응하는 5차 다항식을 갖는 S-커브 궤적**

- **가속 구간**($t_0 \le t < t_a$): 식 (7.22)와 동일
- **감속 구간**($t_d \le t < t_1$): 식 (7.24)와 동일

이와 같이 삼각형 속도 프로파일에 대응하는 S-커브 궤적은 사다리꼴 속도 프로파일에 대응하는 S-커브 궤적의 가감속 구간과 동일한 식을 가지나, 등속 구간이 없으므로 $q_a = q_d$, $t_a = t_d$가 된다. 또한 7.2.2절에서 설명한 바와 같이 사다리꼴 속도 프로파일에 대응하는 S-커브 궤적의 v_c는 사용자가 지정한 제한 속도 V이고, 삼각형 속도 프로파일에 대응하는 S-커브 궤적의 v_c는 피크 속도 v_p가 된다.

사다리꼴 속도 프로파일과 삼각형 속도 프로파일에 대응하는 S-커브 궤적에서 구한 가감속 구간의 계수를 계산하기 위해서는 사용자가 지정하지 않은 가속 시간 T_a와 감속 시간 T_d를 연산하여야 한다. 가감속 구간의 가속도는 사다리꼴 속도 프로파일 궤적과 같이 사용자가 지정한 제한 가속도를 초과하면 안 되며, 궤적이 가장 빠르게 종료되기 위해서는 가감속 구간에서 가속도가 최대한 크게 유지될 필요가 있다. 따라서 식 (7.22c), (7.22e), (7.24c), (7.24e)를 통해 위 조건을 만족시키는 가속 및 감속 시간을 계산한다. 각 구간의 초기/최종 가속도가 0이고, $a_5 = d_5 = 0$이므로, 가감속 구간의 가속도는 2차 다항식으로 나타나며, 각 구간의 절반 지점에서 최대 및 최소의 값을 가진다. 이를 식 (7.22c), (7.24c)에 대입하면 다음과 같다.

$$\left|\ddot{q}_a(t_0+\frac{T_a}{2})\right| = \left|2a_2+6a_3(\frac{T_a}{2})+12a_4(\frac{T_a}{2})^2+20a_5(\frac{T_a}{2})^3\right| = \left|3a_3T_a+3a_4{T_a}^2\right|$$

$$= \left|\frac{3(v_c-v_0)}{T_a}-\frac{3(v_c-v_0)}{2T_a}\right| = \frac{3|v_c-v_0|}{2T_a} = A \rightarrow T_a = \frac{3|v_c-v_0|}{2A} \tag{7.25a}$$

$$\left|\ddot{q}_d(t_d+\frac{T_d}{2})\right| = \left|2d_2+6d_3(\frac{T_d}{2})+12d_4(\frac{T_d}{2})^2+20d_5(\frac{T_d}{2})^3\right| = \left|3d_3T_d+3d_4{T_d}^2\right|$$

$$= \left|\frac{3(v_1-v_c)}{T_d}-\frac{3(v_1-v_c)}{2T_d}\right| = \frac{3|v_1-v_c|}{2T_d} = A \rightarrow T_d = \frac{3|v_1-v_c|}{2A} \tag{7.25b}$$

위 식을 (7.15) 및 (7.16)과 비교하면 S-커브의 가감속 시간은 동일한 조건에서 사다리꼴 속도 프로파일 궤적의 가감속 시간보다 1.5배 정도 길게 나타남을 알 수 있다. 5차 다항식을 갖는 S-커브 궤적은 가감속 시간이 사다리꼴 속도 프로파일보다 길다는 점을 제외하면 사다리꼴 속도 프로파일의 모든 단점을 보완한다. 등속 구간과 가감속 구간의 연결 지점에서 가속도 궤적이 연속적이며 부드럽게 연결되므로, 로봇 기구부에 과도한 마모나 진동을 발생시키지 않아서 로봇 궤적에 적절하다.

그림 7.15는 5차 다항식을 갖는 S-커브 궤적의 예시이다. 그림의 저크 그래프에서 보듯이 가감속 구간과 등속 구간을 연결하는 지점에서 저크의 불연속이 발생한다.

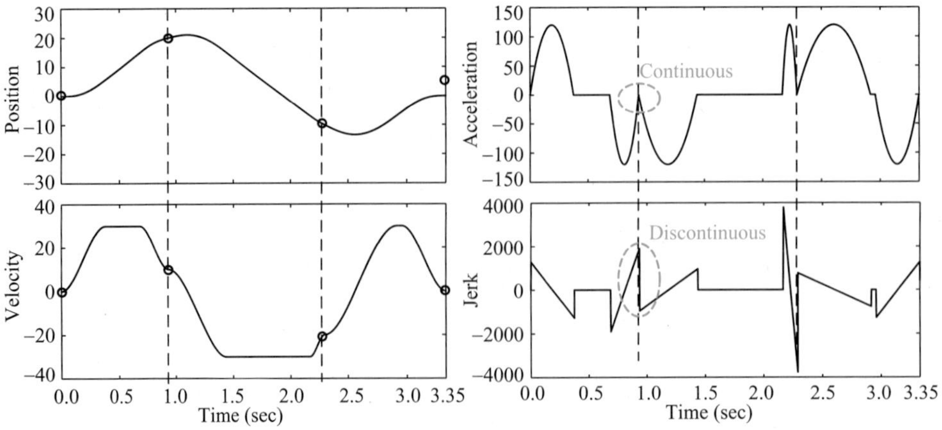

그림 7.15 **5차 다항식을 갖는 S-커브 궤적의 예**

이는 가감속 구간의 다항식 차수를 7차로 증가시킨 7차 다항식을 갖는 S-커브 궤적으로 해결할 수 있다.

7.3 다자유도 공간의 보간 궤적

로봇이 운동하는 공간인 관절 공간과 직교 공간은 복수 개의 축으로 구성된다. 여기서 '**축**(axis)'의 의미는 관절 공간과 직교 공간에서 서로 다르다. 관절 공간에서의 축은 각 관절을 의미하므로, 6자유도 로봇은 6개의 축을 가진다. 직교 공간에서의 축은 로봇 말단부의 자세를 구성하는 위치(x, y, z)와 방위(ϕ, θ, ψ)의 각 좌표를 의미한다. 즉, 직교 공간에서는 위치 3축 및 방위 3축을 합하여 6개 축을 가진다. 7.2절에서는 단일 축에 대한 보간 궤적에 대해서 자세히 살펴보았는데, 로봇의 말단부가 작업을 수행하기 위해서는 모든 축에 대해서 각각의 궤적이 생성되어야 한다. 그런데 각 축마다 사용자 지정 조건이 다 다르므로, 각 축의 이동 시간도 다르게 된다. 예를 들어, 각 축이 동일한 능력을 갖는다면 작은 회전을 하는 축이 큰 회전을 하여야 하는 축보다 운동이 신속히 종료된다. 일반적으로 로봇의 모든 축에서 궤적이 동시에 시작하고 동시에 종료되는 것이 바람직하므로, 각 축의 이동 시간을 동기화할 필요가 있다. 따라서 이번 절에서는 여러 축에 대해서 시간이 동기화된 보간 궤적을 생성하는 방법에 대해서 자세히 설명한다.

다자유도 보간 궤적에서도 S-커브 속도 프로파일 궤적을 기본으로 하므로, 사용자 지정 조건은 S-커브 궤적의 경우와 동일하다.

- 초기/최종 위치: $q(t_0) = q_0, q(t_1) = q_1$
- 초기/최종 속도: $\dot{q}(t_0) = v_0, \dot{q}(t_1) = v_1$
- 제한 속도: $V\ (>0)$
- 제한 가속도: $A\ (>0)$
- 초기 시간: $t_0 \neq 0$

각 단계는 다음과 같이 나타난다.

1단계: 계산의 편의를 위하여 S-커브 프로파일을 사다리꼴 프로파일로 치환

2단계: 각 축의 사다리꼴 속도 프로파일 또는 삼각형 속도 프로파일의 결정

3단계: 각 축의 이동 시간 T의 연산

4단계: 최대 이동 시간 축으로 시간 동기화

5단계: 최대 이동 시간 축을 기준으로 나머지 축의 순항 속도 v'_c의 연산

6단계: 각 축에 대해 S-커브 프로파일의 계수 연산

7단계: 각 축에 대한 위치, 속도, 가속도 궤적 생성

이와 같은 방법은 각 축에 대하여 독립적으로 생성한 보간 궤적들의 시간만 동기화하므로, 각 축이 서로 종속되어 있으면 사용할 수 없음에 주의한다. 이에 대해서는 직교 공간에서의 보간 궤적 계산에서 자세히 설명한다.

① 1단계: 계산의 편의를 위하여 S-커브 프로파일을 사다리꼴 프로파일로 치환

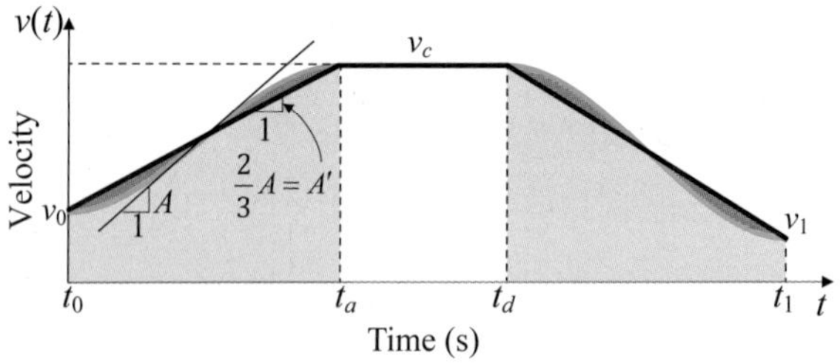

그림 7.16 **S-커브 속도 프로파일과 사다리꼴 속도 프로파일의 비교**

앞서 설명한 바와 같이 로봇 궤적에 적합한 보간 궤적은 S-커브 속도 프로파일이다. 그러나 S-커브 프로파일은 가감속 구간에서 고차 다항식을 가지므로, 각 단계의 계산이 복잡하다. 따라서 S-커브 프로파일을 비교적 계산이 쉬운 사다리꼴 프로파일로 치환하여 각 단계를 진행한 후에, 최종 단계에서 S-커브 프로파일로 환원한다. 그림 7.16에서 보듯이, 가속 및 감속 구간에서 S-커브 속도 그래프가 사다리꼴 속도 그래프에 대해서 대칭적으로 나타나므로, 두 프로파일 아래의 면적, 즉 이동 거리가 동일하게 되어 두 프로파일을 서로 치환하여도 별 문제가 없게 된다.

S-커브 프로파일을 사다리꼴 프로파일로 치환하면, 사다리꼴 프로파일의 제한 가속도 A'과 S-커브 프로파일의 제한 가속도 A는 식 (7.15)와 (7.25)의 비교를 통해서

다음과 같은 관계를 갖는다. 이는 감속 및 가속 구간에 모두 적용된다.

$$T_a = \frac{3|v_c - v_0|}{2A} \rightarrow T_a = \frac{|v_c - v_0|}{\frac{2}{3}A} = \frac{|v_c - v_0|}{A'} \rightarrow A' = \frac{2}{3}A \tag{7.26a}$$

$$T_d = \frac{3|v_1 - v_c|}{2A} \rightarrow T_d = \frac{|v_1 - v_c|}{\frac{2}{3}A} = \frac{|v_1 - v_c|}{A_l'} \rightarrow A' = \frac{2}{3}A \tag{7.26b}$$

따라서 제한 조건 q_0, q_1, v_0, v_1, V, A를 갖는 S-커브 프로파일은 제한 조건 q_0, q_1, v_0, v_1, V, A'을 갖는 사다리꼴 속도 프로파일로 치환할 수 있다.

② 2단계: 각 축의 사다리꼴 속도 프로파일 또는 삼각형 속도 프로파일의 결정

1단계에서 치환된 사다리꼴 프로파일은 조건에 따라 사다리꼴 프로파일과 삼각형 프로파일로 구분된다. 7.2절에서 설명한 바와 같이 사다리꼴 또는 삼각형 속도 프로파일을 구분하는 방법은, 사용자가 지정한 제한 속도 V와 삼각형 프로파일을 생성한다고 가정하였을 때의 피크 속도 v_p를 비교하여 결정한다. 이에 대해서는 앞서 자세히 설명하였으므로, 여기서는 생략한다.

③ 3단계: 각 축의 이동 시간 T의 연산

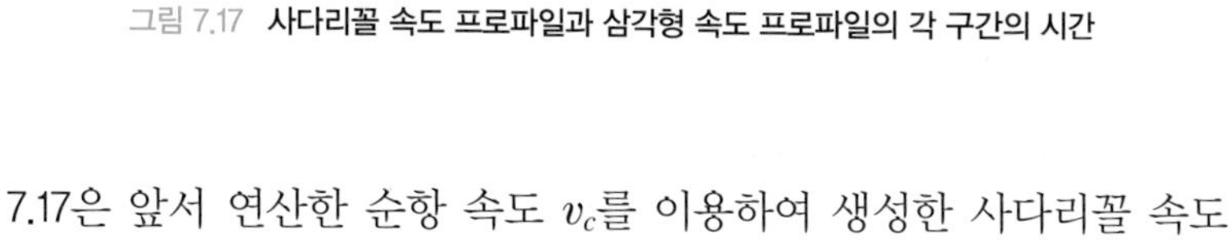

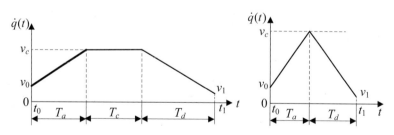

그림 7.17 **사다리꼴 속도 프로파일과 삼각형 속도 프로파일의 각 구간의 시간**

그림 7.17은 앞서 연산한 순항 속도 v_c를 이용하여 생성한 사다리꼴 속도 프로파일과 삼각형 속도 프로파일이다. 이 그림에서 가속 시간 T_a 및 감속 시간 T_d는 다음과 같다.

$$T_a = \frac{|v_c - v_0|}{A'},\ T_d = \frac{|v_1 - v_c|}{A'} \tag{7.27}$$

등속 구간의 시간은 사다리꼴 프로파일의 면적, 즉 주어진 변위 h에서 가속 및 감속 구간의 변위를 뺀 등속 구간의 변위를 속도 v_c로 나눔으로써 구할 수 있다.

$$T_c = \left(h - \frac{(v_c + v_0)}{2} \cdot \frac{|v_c - v_0|}{A'} - \frac{v_c + v_1}{2} \cdot \frac{|v_1 - v_c|}{A'} \right) / v_c \tag{7.28}$$

만약에 그림 7.17의 삼각형 프로파일인 경우 T_c를 연산하면 괄호 안의 값이 0이 되므로 $T_c = 0$이 된다. 따라서 각 구간에서의 시간을 구하면, 이를 이용하여 전체 이동 시간 T를 다음과 같이 구할 수 있다.

$$T = T_a + T_c + T_d \ \text{(사다리꼴 속도 프로파일)} \tag{7.29a}$$

$$T = T_a + T_d \ \text{(삼각형 속도 프로파일)} \tag{7.29b}$$

이와 같은 이동 시간의 연산은 각 축에 따라서 독립적으로 수행되며, 각 축의 이동 시간은 서로 다른 값을 가지게 된다.

④ 4단계: 최대 이동 시간 축으로 시간 동기화

앞서 설명한 바와 같이, 로봇의 자연스러운 모션을 위해 각 축의 시간을 비교하여 가장 큰 값을 기준으로 나머지 축의 시간을 동기화한다. 이때 시간을 동기화하는 방법은 2가지가 존재한다. 첫 번째는 가속, 등속 및 감속 시간을 모두 동기화하는 방법이고, 두 번째는 전체 이동 시간만을 동기화하는 방법이다. 두 방법의 차이를 이해하기 위하여 그림 7.18에 두 방법을 사용한 6축 로봇의 시간 동기화 예시를 나타내었다.

첫 번째 방법은 모든 구간을 동기화하므로, 그림 (a)와 같이 가속 구간 중 가장 긴 시간인 T_{1a}로 나머지 축의 가속 시간을 동기화하고, 등속 구간 중 가장 긴 시간인 T_{1c}로 나머지 축의 등속 시간을 동기화하며, 감속 구간 중 가장 긴 시간인 T_{6d}로 나머지 축의 등속 시간을 동기화한다. 이와 같은 방법으로 시간 동기화를 진행하면 $T_{1a} + T_{1c} + T_{6d} = 21$ s로 시간 동기화를 진행하지 않았을 때 가장 긴 이동 시간을 가지

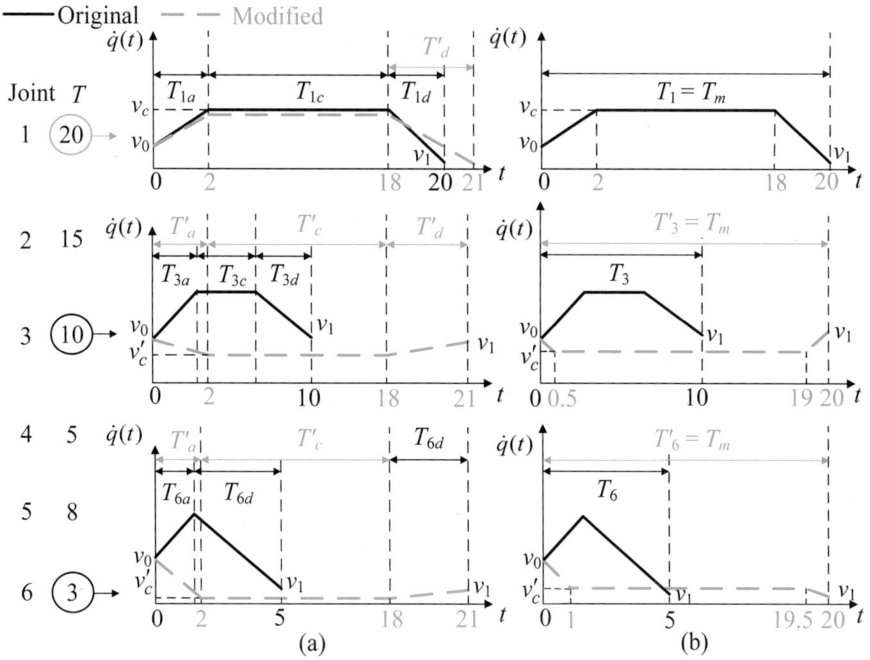

그림 7.18 최대 이동 시간 축의 결정 및 속도 프로파일의 변형: (a) 가속, 등속 및 감속 구간을 모두 동기화, (b) 이동 시간만을 동기화

는 축인 1축의 이동 시간($T_{1a}+T_{1c}+T_{1d}=20$ s)보다 길어지는 문제가 발생한다. 또한 가속 구간 및 감속 구간에서 시간 동기화를 진행하므로, 각 축에서 지정된 가속도를 유지하지 못하게 된다.

두 번째 방법은 이동 시간만을 동기화하므로, 그림 (b)와 같이 이동 시간이 가장 긴 축인 1축의 시간($T_{1a}+T_{1c}+T_{1d}=20$ s)을 최대 이동 시간 T_m으로 정의하고, T_m에 따라 나머지 축의 이동 시간을 동기화한다. 이와 같은 방법으로 시간 동기화를 진행하면, 시간 동기화를 진행한 후의 이동 시간이 시간 동기화를 진행하기 전의 이동 시간과 동일하게 나타나며, 시간 동기화를 진행하여도 각 축에서 지정된 가속도를 유지할 수 있다.

첫 번째 방법은 모든 구간을 동기화하므로 직교 공간에서의 궤적, 즉 직선 궤적이나 원호 궤적을 정확히 구현할 수 있고, 로봇의 모션이 좀 더 자연스럽게 나타나지만, 전체 이동 시간이 길어질 수 있다. 반면에, 두 번째 방법은 이동 시간만을 동기화하므로 각 축에서 지정된 가속도를 유지할 수 있고, 전체 이동 시간도 첫 번째 방법보다 줄어들 수 있지만, 직교 공간에서의 궤적 구현 시에 약간의 오차가 발생할 수 있다. 그러므로 두 번째 방법은 관절 공간에서만 사용하는 것이 바람직하다.

⑤ 5단계: 최대 이동 시간 축을 기준으로 나머지 축의 순항 속도 v'_c의 연산

5단계에서는 그림 7.18과 같이 시간이 가장 오래 걸리는 축을 기준으로 나머지 축의 새로운 순항 속도 v'_c 및 가속 시간 T'_a, 감속 시간 T'_d, 등속 시간 T'_c 등을 연산한다. 각 축의 초기 속도 v_0, 최종 속도 v_1, 가속도 A', 최대 이동 시간 T_m, 변위 h가 정해져 있으므로, 다음과 같은 관계식을 수립할 수 있다.

$$T'_a = \frac{|v'_c - v_0|}{A'},\ T'_d = \frac{|v_1 - v'_c|}{A'},\ T'_c = T_m - T'_a - T'_d \tag{7.30}$$

식 (7.30)을 사용하여 변위 h는 다음과 같이 나타낼 수 있다.

$$\begin{aligned} h &= \frac{(v_0 + v'_c)}{2} \cdot T'_a + v'_c \cdot T'_c + \frac{(v'_c + v_1)}{2} \cdot T'_d \\ &= \frac{(v_0 + v'_c)|v_0 - v'_c|}{2A'} + v'_c\left(T_m - \frac{|v_0 - v'_c|}{A'} - \frac{|v'_c - v_1|}{A'}\right) + \frac{(v'_c + v_1)|v'_c - v_1|}{2A'} \end{aligned} \tag{7.31}$$

위 식에서 v_0, v_1, A', h, T_m은 값이 주어진 변수이므로, v'_c를 이들 변수로 나타낼 수 있다. 그러나 위 식에는 절댓값으로 표시된 항이 포함되어 있으므로 v_0, v_1, v'_c의 크기에 따라 해가 달라지게 된다. 즉, 총 6가지 경우($v_0 \le v_1 \le v'_c$, $v_0 \le v'_c \le v_1$, $v'_c \le v_0 \le v_1$, $v_1 \le v_0 \le v'_c$, $v_1 \le v'_c \le v_0$, $v'_c \le v_1 \le v_0$)가 발생할 수 있는데, 이때 v_0와 v_1 중에서 더 작은 속도(lower velocity)를 v_l, 더 큰 속도(higher velocity)를 v_h로

$$v_l = \min(v_0, v_1) \tag{7.32a}$$

$$v_h = \max(v_0, v_1) \tag{7.32b}$$

와 같이 설정한다면, 경우의 수를 3가지($v_l \le v_h \le v'_c$, $v_l \le v'_c \le v_h$, $v'_c \le v_l \le v_h$)로 줄일 수 있다. 이때 v_l과 v_h는 알고 있지만 v'_c를 알지 못하므로, 변위를 통해 주어진 조건이 어느 경우에 속하는지를 조사하여야 한다. 이를 위해서 v'_c가 v_l 또는 v_h와 동일할 때의 기준 이동 거리를 각각 h_{cl} 또는 h_{ch}로 설정하는데, 여기서 첨자 c는 기준(criterion)을 나타낸다. 주어진 변위 $h(=q_1 - q_0)$를 이러한 기준 이동 거리(h_{cl}, h_{ch})와 비

교하여 주어진 조건이 어떤 경우에 속하는지를 확인한 후에 v'_c를 연산한다. 이러한 경우에 따른 v'_c를 그림 7.19에 표로 정리하였다. 그림에서 $v_0 \geq v_1$인 경우와 $v_0 < v_1$인 경우로 나누어서 표시하였다. 이 그림에서 각 수식은 다음과 같다.

$$h_{ch} = \frac{(v_h - v_l)(v_h + v_l)}{2A'} + \mathrm{v}_h \left(T_m - \frac{v_h - v_l}{A'}\right) \text{ for } v'_c = v_h \tag{7.33a}$$

$$h_{cl} = \frac{(v_h - v_l)(v_h + v_l)}{2A'} + v_l \left(T_m - \frac{v_h - v_l}{A'}\right) \text{ for } v'_c = v_l \tag{7.33b}$$

$$v'_c = \frac{A'T_m + v_l + v_h}{2} - \frac{\sqrt{(A'T_m + v_l + v_h)^2 - 2(2A'h + v_l^2 + v_h^2)}}{2} \tag{7.34}$$

	$v_0 \geq v_1$	$v_0 < v_1$	Calculation of v'_c
	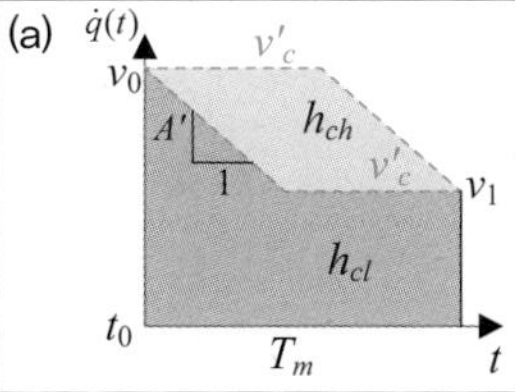	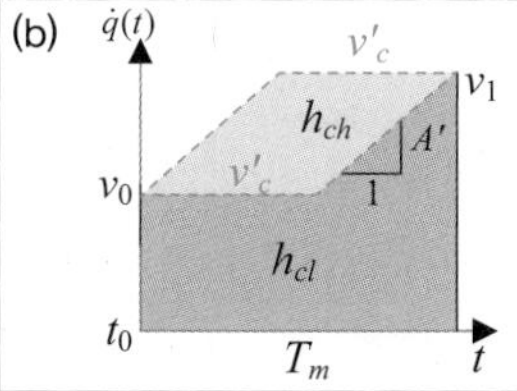	$[v'_c = v_h]$ h_{ch}: (7.33a) $[v'_c = v_l]$ h_{cl}: (7.33b)
$h_{ch} \leq h$	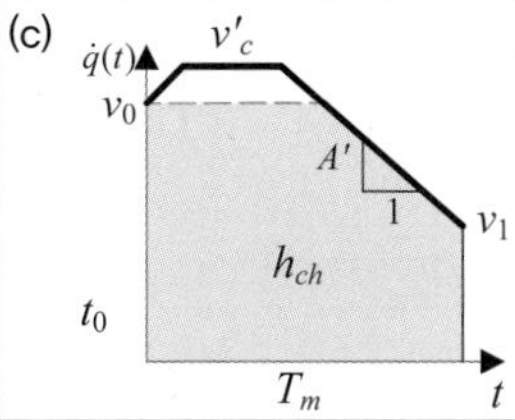	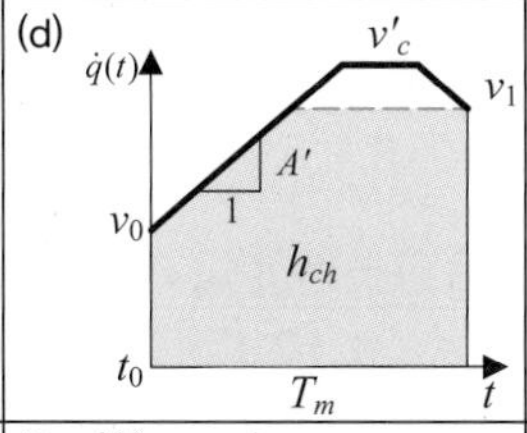	$[v_l \leq v_h \leq v'_c]$ v'_c : (7.34)
$h_{ch} \leq h < h_{ch}$	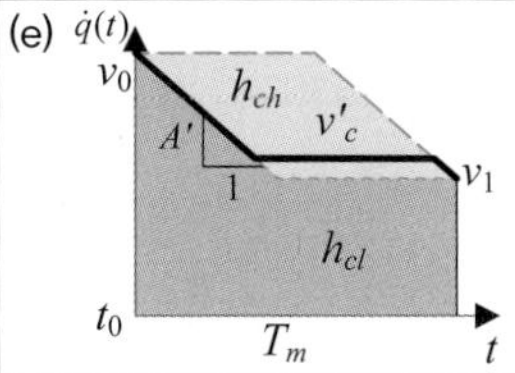	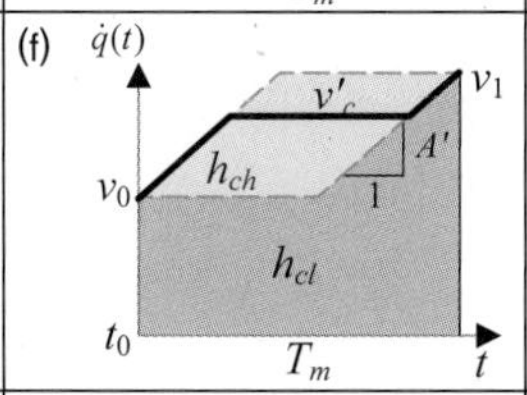	$[v_l \leq v'_c \leq v_h]$ v'_c : (7.35)
$h < h_{cl}$	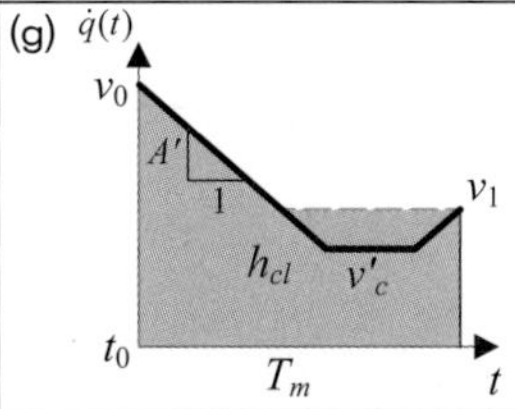	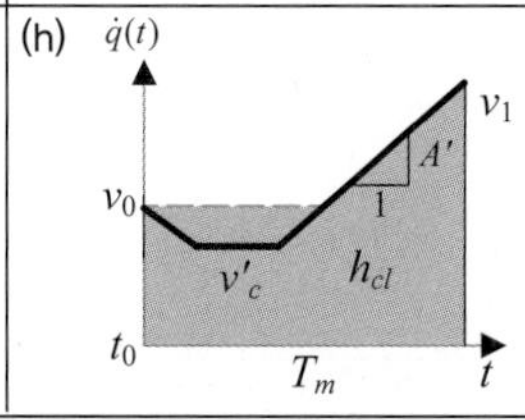	$[v'_c \leq v_l \leq v_h]$ v'_c : (7.36)

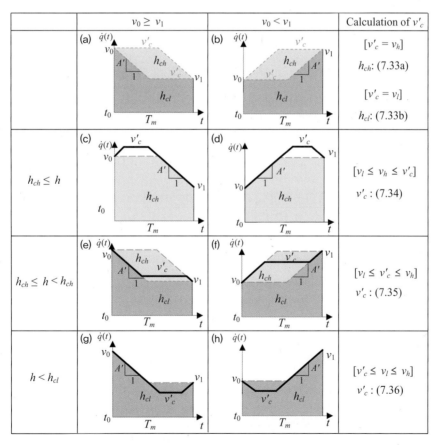

그림 7.19 정해진 이동 시간 T_m과 이동 거리 h에 대해서 발생할 수 있는 v'_c의 다양한 경우

$$v'_c = \frac{h - \dfrac{v_h^2 - v_l^2}{2A'}}{T_m - \dfrac{v_h - v_l}{A'}} \tag{7.35}$$

$$v'_c = \frac{-A'T_m + v_l + v_h}{2} + \frac{\sqrt{(A'T_m - v_l - v_h)^2 + 2(2A'h - v_l^2 - v_h^2)}}{2} \tag{7.36}$$

이제 이들 식이 어떻게 유도되었는지를 아래에서 설명한다.

우선, 기준 이동 거리인 h_{ch}와 h_{cl}를 구해 보자. $v_0 \geq v_1$로 가정한 **그림 7.19(a)**를 그림 7.20(a)에 다시 도시하였다. 그림에서 이동 변위는 점선의 아래 면적에 해당하므로, 좌측의 사각형과 우측의 사다리꼴 면적을 더하여 식 (7.33a)와 같이 구할 수 있다. 동일한 방법으로 식 (7.33b)도 구할 수 있다. $v_0 < v_1$로 가정한 **그림 7.19(b)**에 대해서 동일한 방법으로 유도하면, 앞서 구한 식 (7.33)이 얻어짐을 알 수 있다.

이번에는, **그림 7.19(c)**에 해당하는 식 (7.34)를 유도하여 보자. 이때 이동 변위 h는 식 (7.33a)에서 구한 면적 기준 이동 변위인 h_{ch}보다 더 큰 경우이다. **그림 (c)**는 $v'_c > v_0 > v_1$인 경우이므로 식 (7.31)에서 절댓값을 적절히 처리하면

$$h = \frac{(v_0 + v'_c)(v'_c - v_0)}{2A'} + v'_c\left(T_m - \frac{(v'_c - v_0)}{A'} - \frac{(v'_c - v_1)}{A'}\right) + \frac{(v'_c + v_1)(v'_c - v_1)}{2A'}$$

$$= \frac{(2v'^2_c - v_0{}^2 - v_1{}^2) + 2v'_c[T_m A' - (2v'_c - v_0 - v_1)]}{2A'}$$

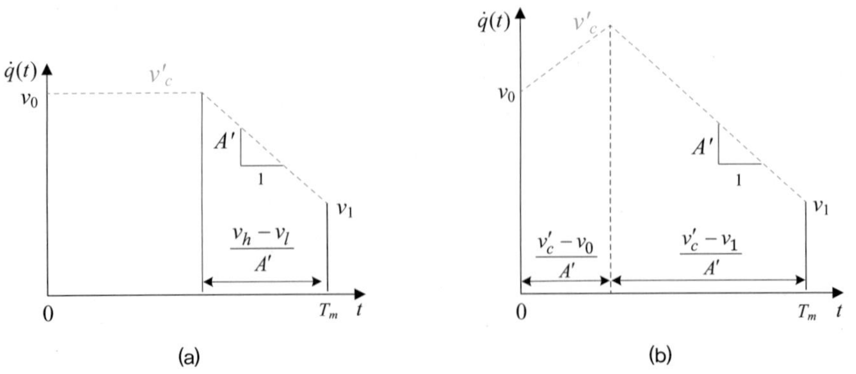

그림 7.20 **그림 7.19의 (a) 및 (b)의 경우**

을 얻을 수 있으며, 이 식을 정리하면

$$v_c'^2 - (A'T_m + v_0 + v_1)v_c' + \frac{1}{2}(2A'h + v_0{}^2 + v_1{}^2) = 0$$

이 되어, 근의 공식을 사용하여 다음의 해를 구할 수 있다.

$$v_c' = \frac{A'T_m + v_0 + v_1}{2} \pm \frac{\sqrt{(A'T_m + v_0 + v_1)^2 - 2(2A'h + v_0^2 + v_1^2)}}{2} \tag{7.37}$$

그림 7.20(b)는 **그림 7.19(c)**에서 v'_c가 피크 속도일 때를 나타낸 그림이다. v'_c가 피크 속도이면 등속 구간이 존재하지 않으므로, 다음과 같이 가속 시간과 감속 시간의 합이 최대 이동 시간 T_m이 된다.

$$T_m = \frac{v_c' - v_0}{A'} + \frac{v_c' - v_1}{A'}$$

위 식을 v'_c에 대해 정리하면 다음과 같다.

$$v_c' = \frac{A'T_m + v_0 + v_1}{2} \tag{7.38}$$

동일한 초기 및 최종 속도, 이동 거리와 가속도에 대해서 발생할 수 있는 최대 순항 속도 v'_c는 식 (7.38)과 같은 피크 속도에 해당하므로, 식 (7.37)의 순항 속도는 식 (7.38)의 피크 속도보다 클 수 없다. 그러므로 식 (7.37)의 두 해 중에서 작은 값이 새로운 순항 속도 v'_c가 되어 식 (7.34)를 구할 수 있다.

$$v_c' = \frac{A'T_m + v_0 + v_1}{2} - \frac{\sqrt{(A'T_m + v_0 + v_1)^2 - 2(2A'h + v_0^2 + v_1^2)}}{2} \tag{7.39}$$

이 식에 $v_h = v_0$ 및 $v_l = v_1$의 관계를 대입하면 식 (7.34)를 얻을 수 있다.

다음으로, **그림 7.19(f)**에 대해서 식 (7.35)를 유도하여 보자. 이때 이동 변위 h는 식 (7.33)에서 구한 면적 기준 이동 변위인 h_{ch}와 h_{cl}의 사이에 있는 경우이다. 이 경우 $v_0 \le v'_c \le v_1$이므로 식 (7.31)에서 절댓값을 적절히 처리하면

$$h = \frac{(v_0 + v_c')(v_0 - v_c')}{2A'} + v_c'\left(T_m - \frac{(v_0 - v_c')}{A'} - \frac{(v_c' - v_1)}{A'}\right) + \frac{(v_c' + v_1)(v_c' - v_1)}{2A'}$$

$$= \frac{(v_0^2 - v_1^2) + 2v_c'[T_m A' - (v_0 - v_1)]}{2A'}$$

을 얻을 수 있으며, 이 식을 정리하면 다음과 같다.

$$v_c' = \frac{2hA' - (v_0^2 - v_1^2)}{2[T_m A' - (v_0 - v_1)]} = \frac{h - \dfrac{(v_0^2 - v_1^2)}{2A'}}{T_m - \dfrac{v_0 - v_1}{A'}} \tag{7.40}$$

위 식에 $v_h = v_0$ 및 $v_l = v_1$의 관계를 대입하면 식 (7.35)를 얻을 수 있다. 나머지에 대해서도 동일한 방법으로 식을 구할 수 있다.

그림 7.19의 식을 검증하기 위해서 간단한 수치 예를 들어 보자. 먼저 그림 (a)에서 초기/최종 속도, 가속도 및 이동 시간이 주어지면, 기준이 되는 이동 변위는 다음과 같다.

그림 (a): $v_0 = +4,\ v_1 = +2\ \&\ A' = +1,\ T_m = +6 \rightarrow h_{cl} = +14,\ h_{ch} = +22$

그림 (b): $v_0 = +2,\ v_1 = +4\ \&\ A' = +1,\ T_m = +6 \rightarrow h_{cl} = +14,\ h_{ch} = +22$

두 경우 모두 $v_l = \min(v_0, v_1) = +2$, $v_h = \max(v_0, v_1) = +4$이므로, 변위에 따른 v'_c가 동일하게 나타난다. 그러면 초기 속도, 최종 속도, 이동 거리에 따라서 다음과 같이 3개의 경우가 존재하게 된다.

경우 1: $h_{ch}\ (= +22) \le h$

그림 (c) & (d): $h = +24 \rightarrow v'_c = +4.586\ (v_h = +4 \le v'_c = +4.586)$

경우 2: $h_{cl}\ (= +14) \le h < h_{ch}\ (= +22)$

그림 (e) & (f): $h = +20 < h_c \rightarrow v'_c = 3.5\ (v_l = +2 \le v'_c = +3.5 < v_h = +4)$

경우 3: $h < h_{cl}\ (= +14)$

그림 (g) & (h): $h = +11 \rightarrow v'_c = +1\ (v'_c = +1 < v_l = +2)$

⑥ 6단계: 각 축에 대해 S-커브 프로파일의 계수 연산

6단계에서는 지금까지 계산한 모든 정보를 바탕으로 각 축마다 5차 다항식을 갖는 S-커브 속도 프로파일 궤적을 계산한다.

- **가속 구간**($t_0 \le t < t_a$)

$$q_a(t) = a_0 + a_1(t-t_0) + a_2(t-t_0)^2 + a_3(t-t_0)^3 + a_4(t-t_0)^4 + a_5(t-t_0)^5 \tag{7.41a}$$

$$\dot{q}_a(t) = a_1 + 2a_2(t-t_0) + 3a_3(t-t_0)^2 + 4a_4(t-t_0)^3 + 5a_5(t-t_0)^4 \tag{7.41b}$$

$$\ddot{q}_a(t) = 2a_2 + 6a_3(t-t_0) + 12a_4(t-t_0)^2 + 20a_5(t-t_0)^3 \tag{7.41c}$$

$$\text{BC: } q_a(t_0) = q_{0,} \dot{q}_a(t_0) = v_0, \ddot{q}_a(t_0) = 0; q_a(t_a) = q_{a,} \dot{q}_a(t_a) = v'_c, \ddot{q}_a(t_a) = 0 \tag{7.41d}$$

$$\text{Coefficients: } a_0 = q_0, a_1 = v_0, a_2 = 0, a_3 = \frac{v'_c - v_0}{T'^2_a}, a_4 = \frac{v_0 - v'_c}{2T'^3_a}, a_5 = 0 \tag{7.41e}$$

- **등속 구간**($t_a \le t < t_d$)

$$q_c(t) = q_a + v'_c(t-t_a) \tag{7.42a}$$

$$\dot{q}_c(t) = v'_c \tag{7.42b}$$

$$\ddot{q}_c(t) = 0 \tag{7.42c}$$

- **감속 구간**($t_d \le t < t_1$)

$$q_d(t) = d_0 + d_1(t-t_d) + d_2(t-t_d)^2 + d_3(t-t_d)^3 + d_4(t-t_d)^4 + d_5(t-t_d)^5 \tag{7.43a}$$

$$\dot{q}_d(t) = d_1 + 2d_2(t-t_d) + 3d_3(t-t_d)^2 + 4d_4(t-t_d)^3 + 5d_5(t-t_d)^4 \tag{7.43b}$$

$$\ddot{q}_d(t) = 2d_2 + 6d_3(t-t_d) + 12d_4(t-t_d)^2 + 20d_5(t-t_d)^3 \tag{7.43c}$$

$$\text{BC: } q_d(t_d) = q_{d,} \dot{q}_d(t_d) = v'_c, \ddot{q}_d(t_d) = 0; q_d(t_1) = q_{1,} \dot{q}_d(t_1) = v_1, \ddot{q}_d(t_1) = 0 \tag{7.43d}$$

Coefficients:

$$d_0 = q_1 - \frac{T'_d(v'_c + v_1)}{2}, d_1 = v'_c, d_2 = 0, d_3 = \frac{v_1 - v'_c}{T'^2_d}, d_4 = \frac{v'_c - v_1}{2T'^3_d}, d_5 = 0 \tag{7.43e}$$

⑦ **7단계: 각 축에 대한 위치, 속도, 가속도 궤적 생성**

마지막 단계에서는 동기화된 시간과 식 (7.41)~(7.43)을 통해 구한 각 구간의 다항식 계수를 이용하여 실시간으로 로봇의 위치, 속도, 가속도 궤적을 생성한다. 6단계까지의 과정은 궤적의 시간과 속도 같은 정보를 연산하는 사전 궤적 생성의 단계(즉, 오프라인 연산)이고, 마지막 7단계는 해당 정보를 이용하여 실시간으로, 즉 매 제어 주기마다 궤적을 출력하는 단계(즉, 온라인 연산)라 할 수 있다.

위 단계를 통해서 관절 공간의 각 축마다 동일한 이동 시간을 가지는 S-커브 궤적을 생성할 수 있다. 이 S-커브 궤적은 사용자가 지정한 제한 속도 및 가속도를 넘지 않으며, 각 축이 지정된 위치 및 속도 조건을 만족시키면서 운동하게 된다.

7.4 보간 궤적 기반의 다양한 궤적 생성

로봇의 작업은 앞서 설명한 바와 같이 관절 공간과 직교 공간으로 구분되고, 각 공간의 특성에 따라 사용하는 궤적의 종류가 다르다. 산업용 로봇에서 가장 많이 사용하는 궤적은 관절 공간 궤적(MoveJ), 직교 공간의 직선 궤적(MoveL), 원호 궤적(MoveC), 합성 궤적(MoveP), 스플라인 궤적(MoveS) 등이다. 이때 합성 궤적은 대부분 원호 경로 기반의 궤적 합성 방법을 이용하여 생성한다.

관절 공간 궤적은 실제 산업 현장에서 단순 조립, 이송, 스폿 용접과 같은 작업에서 주로 사용되고, 직교 공간의 직선 궤적, 원호 궤적, 합성 궤적은 아크 용접이나 CNC 가공과 같은 작업에서 주로 사용된다. 이와 같이 산업 현장에서 대부분의 작업은 관절 공간 궤적과 직교 공간의 직선 궤적, 원호 궤적, 합성 궤적(blended trajectory)으로 수행된다. 하지만 산업 현장에서는 경유점에서 정밀한 속도 제어가 필요한 작업이나, 사용자가 정의할 수 없는 복잡한 기하학적 형상의 경로가 필요한 작업과 같이 특수한 작업들이 존재하는데, 이러한 작업의 경우 스플라인 궤적을 사용하여 작업하기도 한다.

본 절에서는 위를 근거로 산업 현장에서 사용되는 작업에 따라 궤적을 분류하여 설명한다. 7.4.1절에서는 관절 공간 궤적에 대해서 설명하고, 7.4.2~7.4.5절에서는 일반적인 직교 공간 궤적에 대해서 설명한다. 마지막으로 7.4.6절에서는 직교 공간에서 이루어지는 일반적이지 않은 작업들 중 경유점에서 정밀한 속도 제어가 필요한 작업에서 사용되는 S-커브 기반의 궤적에 대해서 설명한다.

7.4.1 관절 공간 궤적

관절 공간 궤적은 관절 공간의 경유점 $\boldsymbol{q}_0$, $\boldsymbol{q}_1$을 정확히 통과하는 궤적이다. 관절 공간 궤적은 경유점의 위치만 지정하고 경유점 간의 경로는 지정하지 않으므로, 각 축(즉, 관절) 간에는 서로 연관성이 없다. 즉, 1축의 관절각에 의하여 2축 및 3축 등 다른 축의 관절각이 영향을 받지는 않는다. 따라서 관절 공간 궤적은 7.3절에서 설명하였던 다자유도 보간 궤적을 통해 생성할 수 있다. 다음은 관절 공간 궤적을 생성하기 위하여 사용자가 지정하는 조건이다.

- 초기/최종 위치: $\boldsymbol{q}(t_0) = \boldsymbol{q}_0, \boldsymbol{q}(t_1) = \boldsymbol{q}_1$ (7.44a)
- 초기/최종 속도: $\dot{\boldsymbol{q}}(t_0) = \dot{\boldsymbol{q}}_0, \dot{\boldsymbol{q}}(t_1) = \dot{\boldsymbol{q}}_1$ (7.44b)
- 제한 속도: $\boldsymbol{V}$ (7.44c)
- 제한 가속도: $\boldsymbol{A}$ (7.44d)
- 초기 시간: $t_0 \neq 0$

위의 조건에서 각 벡터의 차원은 로봇의 자유도와 동일하다. 제한 속도(회전 관절의 경우는 각속도, 직선 관절의 경우에는 선속도)와 제한 가속도는 각 관절에 사용되는 모터의 사양에 따라 정해지거나 사용자가 지정한다. 로봇의 모션 제어기는 위의 조건에 따라서 다음과 같이 다자유도 공간의 보간 궤적 방법을 통해 궤적을 생성한다.

1단계: 계산의 편의를 위하여 S-커브 궤적을 사다리꼴 속도 프로파일 궤적으로 변경
2단계: 각 축에 대한 사다리꼴 또는 삼각형 속도 프로파일 결정
3단계: 각 축에 대한 이동 시간 T의 연산
4단계: 최대 이동 시간 축으로 시간 동기화
5단계: 최대 이동 시간 T_m을 기준으로 나머지 축의 속도 v'_c의 연산
6단계: 연산한 정보를 바탕으로 각 축의 구간별 위치, 속도, 가속도 식의 계수 계산

7단계: 동기화된 시간과 구간별 다항식 계수를 이용한 위치, 속도, 가속도 궤적의 생성

이렇게 생성된 관절 공간 궤적은 다음과 같이 나타난다.

- **가속 구간**($t_0 \le t < t_a$)

$$\boldsymbol{q}_a(t) = \{q_{1,a}(t), q_{2,a}(t), \ldots\} \tag{7.45a}$$

$$\dot{\boldsymbol{q}}_a(t) = \{\dot{q}_{1,a}(t), \dot{q}_{2,a}(t), \ldots\} \tag{7.45b}$$

$$\ddot{\boldsymbol{q}}_a(t) = \{\ddot{q}_{1,a}(t), \ddot{q}_{2,a}(t), \ldots\} \tag{7.45c}$$

- **등속 구간**($t_a \le t < t_d$)

$$\boldsymbol{q}_c(t) = \{q_{1,c}(t), q_{2,c}(t), \ldots\} \tag{7.46a}$$

$$\dot{\boldsymbol{q}}_c(t) = \{\dot{q}_{1,c}(t), \dot{q}_{2,c}(t), \ldots\} \tag{7.46b}$$

$$\ddot{\boldsymbol{q}}_c(t) = \{\ddot{q}_{1,c}(t), \ddot{q}_{2,\mathrm{c}}(t), \ldots\} \tag{7.46c}$$

- **감속 구간**($t_d \le t < t_1$)

$$\boldsymbol{q}_d(t) = \{q_{1,d}(t), q_{2,d}(t), \ldots\} \tag{7.47a}$$

$$\dot{\boldsymbol{q}}_d(t) = \{\dot{q}_{1,d}(t), \dot{q}_{2,\mathrm{d}}(t), \ldots\} \tag{7.47b}$$

$$\ddot{\boldsymbol{q}}_d(t) = \{\ddot{q}_{1,d}(t), \ddot{q}_{2,d}(t), \ldots\} \tag{7.47c}$$

$\boldsymbol{q}(t)$의 성분 $q_i(t)$는 5차 다항식을 갖는 S-커브 궤적으로 각 축마다 생성된다. 여기서 경유점 간의 이동 시간은 동기화되지만, 가속 종료 시간 t_a와 감속 시작 시간 t_d는 각 축마다 다르게 나타난다는 점에 유의한다.

다음과 같은 관절 공간에서의 궤적 생성의 예를 고려하여 보자. **그림 7.21**의 두 경유점 $\boldsymbol{P}_0$, $\boldsymbol{P}_1$은 사용자가 원하는 직교 공간의 경유점으로, 사용자는 티치 펜던트를 통해 직교 공간상의 두 경유점에 대응하는 관절 공간상 경유점 $\boldsymbol{q}_0$, $\boldsymbol{q}_1$을 구한다. 즉, 말단부가 원하는 직교 공간상의 경유점에 위치 및 방위가 일치하도록 티치 펜던트를 사용하여 각 관절 축을 조금씩 조정하면, 그때 각 축의 관절각이 바로 관절 공간상의 경유점이 된다. 일반적으로 산업용 로봇은 6자유도 로봇이므로, 관절 공간 경유점은 6자유도 벡터로 나타난다. 단순한 PTP 이동이므로, 경유점의 초기 및 최종 속도는 0으로 설정하며, 각 축의 모터 사양은 동일하다고 가정한다.

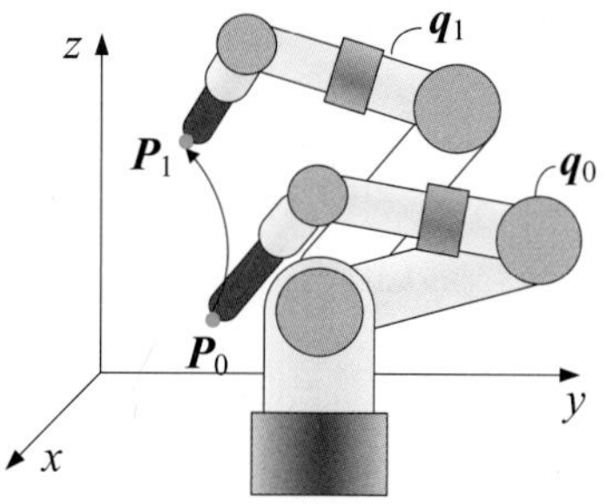

그림 7.21 관절 공간 궤적 예시

- 초기/최종 위치:

$\boldsymbol{q}(t_0) = \{0,150,-30,60,0,0\}[°]$, $\boldsymbol{q}(t_1) = \{30,120,-15,30,0,-45\}[°]$

- 초기/최종 속도: $\dot{\boldsymbol{q}}(t_0) = \{0,0,0,0,0,0\}[°/s]$, $\dot{\boldsymbol{q}}(t_1) = \{0,0,0,0,0,0\}[°/s]$
- 제한 속도: $\boldsymbol{V} = \{60, 60, 60, 60, 60, 60\}[°/s]$
- 제한 가속도: $\boldsymbol{A} = \{240, 240, 240, 240, 240, 240\}[°/s^2]$

관절 공간의 6축에 대하여 다자유도 공간의 보간 궤적을 통해 궤적을 생성한다. 이때 5차 다항식 기반의 S-커브 궤적을 사용하였다. 생성된 궤적의 위치, 속도, 가속도 및 저크를 **그림 7.22**에 그래프로 나타냈다.

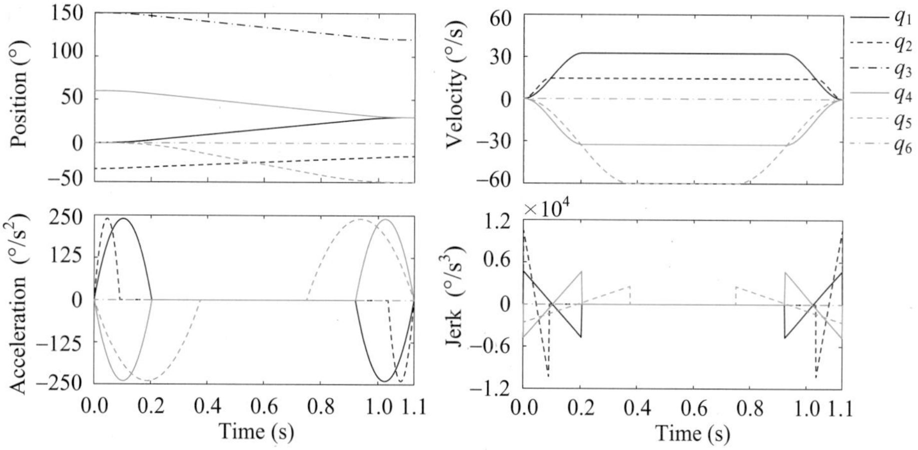

그림 7.22 관절 공간의 각 축을 독립적으로 보간하는 궤적 그래프

7.4.2 일반적인 직교 공간 궤적

직교 공간은 3차원 위치(position) x, y, z와 방위(orientation) ϕ, θ, ψ로 구성된다. 관절 공간 궤적과는 다르게, 직교 공간 위치 궤적은 경유점 사이의 경로가 주어지므로, 직교 공간의 위치는 3개의 축을 갖지만 하나의 자유도로 나타낼 수 있다. 다시 말해서, 관절 공간 궤적은 1축의 위치 궤적에 따라 2축 및 3축 등 나머지 축의 위치 궤적이 영향을 받지 않는 반면에, 직교 공간 궤적은 직선 경로 또는 원호 경로와 같이 x축의 위치 궤적이 정해지면 직선 또는 원호 경로를 유지하기 위해서 y축과 z축의 위치 궤적이 자동으로 결정된다.

다자유도 공간의 보간 궤적은 각 축이 서로 연관되지 않을 때만 사용할 수 있으므로, 연관된 3개의 축(즉, x, y, z)의 위치를 하나의 자유도를 갖는 변위(displacement)로 나타내야 한다. 이때 변위는 직선 궤적에서는 시점으로부터 진행한 직선 길이를 의미하고, 원호 궤적에서는 시점으로부터 진행한 원호의 회전각을 의미한다. 이와 같이 변위는 경로의 종류에 따라 다른 의미를 가지므로, 연관된 위치를 변위로 변환하기 위해서는 경로 정보가 필요하다. 한편, 방위는 관절 공간과 같이 두 경유점 간의 특정한 경로가 지정되지 않으므로, 각 축이 서로 연관되지 않고 독립적으로 결정될 수 있다. 결론적으로, 3차원 위치가 1차원 변위로 변환되므로, 6차원 위치/방위 궤적이 4차원 변위/방위 궤적으로 변환된다. 이때 위치에 해당하는 변위와 방위는 서로 연관되지 않으므로, 1축의 변위와 3축의 방위에 대하여 7.3절에서의 다자유도 공간의 보간 궤적을 적용할 수 있다. 이렇게 생성한 4차원 변위/방위 궤적에서 변위 궤적을 경로 정보를 통하여 3차원 위치 궤적으로 변환하면 다시 직교 공간의 6차원 위치/방위 궤적을 생성할 수 있다.

그림 7.23은 직교 공간 궤적의 변위 궤적과 위치 궤적의 관계를 나타낸다. 그림 7.23(a)의 **변위 궤적**은 S-커브 궤적으로, 3차원 공간상에서 로봇 말단부가 경로를 따라 움직일 때 발생하는 변위를 시간에 대한 함수로 나타낸 궤적이다. 즉, 직선 경로의 경우에는 관찰자가 로봇의 말단부에 탑승한 채로 시점으로부터 움직인 거리를 시간의 함수로 나타낸 것이라고 생각할 수 있다. 그림 (b)의 위치 궤적은 그림 (a)의 변위 궤적에 각 궤적의 경로 정보를 더하여 생성한 원호 궤적과 직선 궤적을 나타낸다. 3차원 직교 공간에서 원호 궤적과 직선 궤적은 완전히 다른 궤적이지만, 동일한 변위 궤적을 가질 수 있음에 유의하여야 한다.

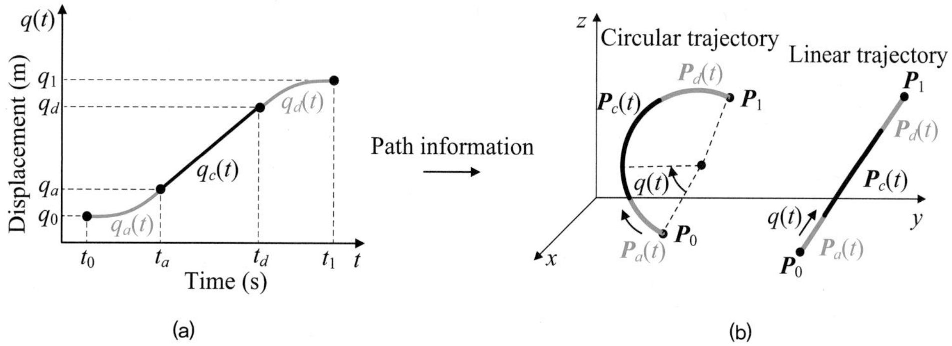

그림 7.23 **직교 공간 궤적: (a) 변위 궤적, (b) 위치 궤적**

실제 산업 현장에서 주로 사용하는 직교 공간 궤적인 직선 궤적, 원호 궤적, 합성 궤적도 위와 같은 관계를 이용하여 생성할 수 있으며, 다음 절에서는 이와 같은 궤적의 경로 정보를 반영하여 궤적을 생성하는 방법과 특징에 대하여 자세하게 다룬다.

7.4.3 직선 궤적

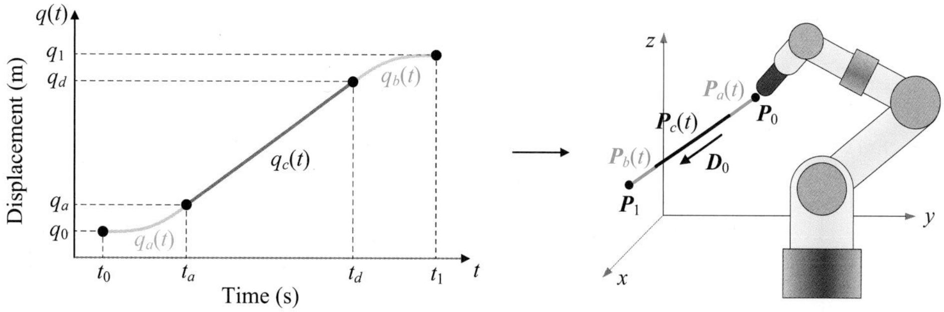

그림 7.24 **직선 궤적**

직선 궤적(linear trajectory)은 산업 현장에서 단순 물품 이송 작업부터 아크 용접 작업까지 다양한 작업에 자주 사용되는 궤적이다. 위의 그림은 직교 공간에 존재하는 임의의 두 경유점 $\boldsymbol{P}_0$, $\boldsymbol{P}_1$ 사이의 직선 궤적 $\boldsymbol{P}(t)$를 나타낸 그림이다. 두 경유점을 잇는 직선 궤적을 생성하기 위하여 사용자가 지정해야 하는 조건은 다음과 같다.

- 경로 정보: 직선 경로

- 초기/최종 경유점의 자세: $\boldsymbol{P}(t_0) = \boldsymbol{P}_0, \boldsymbol{P}(t_1) = \boldsymbol{P}_1$ (7.48)
- 제한 선속도(변위): V_{dis} (7.49a)
- 제한 선가속도(변위): A_{dis} (7.49b)
- 제한 각속도(방위): $\boldsymbol{V}_{\text{ori}}$ (7.50a)
- 제한 각가속도(방위): $\boldsymbol{A}_{\text{ori}}$ (7.50b)
- 초기 시간: $t_0 \neq 0$

위 조건은 앞선 관절 공간 궤적과 다르게 두 경유점을 잇는 경로의 형태가 주어진다. 3차원 공간에서 직선을 생성하기 위해 필요한 조건은 두 점이므로, 초기 및 최종 경유점이 주어지면 직선 경로를 생성할 수 있다.

또한 위 조건에서는 초기/최종 속도가 존재하지 않는다. 이는 연속적인 직선 궤적이나 원호 궤적을 생성할 때 초기/최종 속도(변위)가 0이 아니면 중간 경유점에서 부드러운 궤적을 생성할 수 없기 때문이다. 예를 들어, **그림 7.25(a)**와 같이 xy 평면에 선속도 0.2 m/s로 등속 운동을 하는 연속된 두 직선 궤적을 가정해 보자. 이 경우 시간에 대한 변위 궤적의 속도 그래프인 **그림 7.25(b)**에서는 그래프가 연속적으로 나타나지만, 위치 궤적에 대한 속도 그래프인 **그림 7.25(c)**에서는 그래프가 경유점 $\boldsymbol{P}_1$에서 불연속으로 나타난다. 이는 각 직선 궤적의 경로 정보의 차이로 인해 발생하므로, 경로의 기하학적 불연속이 나타나는 각 중간 경유점에서는 변위 궤적의 선속도가 0으로 지정되어야 한다. 또한 변위 궤적의 선속도가 0이면 방위 궤적의 각속도도 대부분 0이다. 이를 정리하면 다음과 같다.

$$\text{초기/최종 선속도(변위): } \dot{q}(t_0) = v_0 = 0,\ \dot{q}(t_1) = v_1 = 0 \tag{7.51}$$

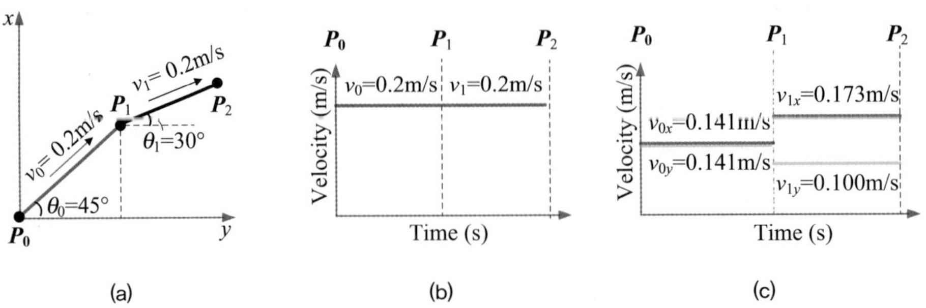

그림 7.25 **(a) 등속 운동을 하는 연속된 두 직선 궤적, (b) 변위 궤적의 속도, (c) 위치 궤적의 속도**

초기/최종 각속도(방위): $\dot{\boldsymbol{P}}_{\text{ori}}(t_0) = \dot{\boldsymbol{P}}_{0,\text{ori}} = 0,\ \dot{\boldsymbol{P}}_{\text{ori}}(t_1) = \dot{\boldsymbol{P}}_{1,\text{ori}} = 0$ (7.52)

변위/방위 궤적을 생성하기 위해서는 6개의 축으로 주어진 초기/최종 경유점의 자세 식 (7.48)을 통해서 경로 정보를 추출하고, 경유점의 3차원 위치 정보를 1차원 변위 정보로 변환하여야 한다. 이때 위치 정보만이 필요하므로, 초기/최종 자세 $\boldsymbol{P}_0$, $\boldsymbol{P}_1$을 3차원 위치 벡터 $\boldsymbol{P}_{0,\text{pos}}$, $\boldsymbol{P}_{1,\text{pos}}$와 3차원 방위 벡터 $\boldsymbol{P}_{0,\text{ori}}$, $\boldsymbol{P}_{1,\text{ori}}$로 구분하여 사용한다. 변위 궤적의 경유점을 구하기 위하여 직선 궤적의 전체 길이를 구한다.

$$L = \left|\boldsymbol{P}_{1,\text{pos}} - \boldsymbol{P}_{0,\text{pos}}\right| = \sqrt{(x_1 - x_0)^2 + (y_1 - y_0)^2 + (z_1 - z_0)^2} \tag{7.53}$$

변위 궤적 $q(t)$의 초기 경유점 $q(t_0)$를 0으로 지정하고, 식 (7.53)을 이용하여 최종 경유점 $q(t_1)$을 구한다.

$$q(t_0) = 0,\ q(t_1) = q(t_0) + \left|\boldsymbol{P}_{1,\text{pos}} - \boldsymbol{P}_{0,\text{pos}}\right| = L \tag{7.54}$$

변위 궤적은 다음과 같이 위치 궤적으로 변환할 수 있다. 우선 두 경유점 사이의 단위 방향 벡터(unit direction vector)는

$$\boldsymbol{D} = \frac{\boldsymbol{P}_{1,\text{pos}} - \boldsymbol{P}_{0,\text{pos}}}{\left|\boldsymbol{P}_{1,\text{pos}} - \boldsymbol{P}_{0,\text{pos}}\right|} \tag{7.55}$$

이며, 위치 궤적은 다음과 같이 나타낼 수 있다.

$$\boldsymbol{P}_{\text{pos}}(t) = \boldsymbol{D}\,q(t) + \boldsymbol{P}_{0,\text{pos}} \tag{7.56}$$

7.3절에서 설명한 다자유도 공간의 보간 궤적 생성 방법인 7단계를 통하여 두 경유점 사이 변위/방위 궤적을 생성한다. 이렇게 생성된 궤적은 다음과 같이 나타난다.

- **가속 구간**($t_0 \le t < t_a$)

$$\boldsymbol{P}'_a(t) = \{q_a(t), \boldsymbol{P}_{a,\text{ori}}(t)\} = \{q_a(t), \phi_a(t), \theta_a(t), \psi_a(t)\} \tag{7.57a}$$

$$\dot{\boldsymbol{P}}'_a(t) = \{\dot{q}_a(t), \dot{\boldsymbol{P}}_{a,\text{ori}}(t)\} = \{\dot{q}_a(t), \dot{\phi}_a(t), \dot{\theta}_a(t), \dot{\psi}_a(t)\} \tag{7.57b}$$

$$\ddot{\boldsymbol{P}}'_a(t) = \{\ddot{q}_a(t), \ddot{\boldsymbol{P}}_{a,\text{ori}}(t)\} = \{\ddot{q}_a(t), \ddot{\phi}_a(t), \ddot{\theta}_a(t), \ddot{\psi}_a(t)\} \tag{7.57c}$$

- 등속 구간($t_a \le t < t_d$)

$$\boldsymbol{P}_c'(t) = \{q_c(t), \boldsymbol{P}_{c,\mathrm{ori}}(t)\} = \{q_c(t), \phi_c(t), \theta_c(t), \psi_c(t)\} \tag{7.58a}$$

$$\dot{\boldsymbol{P}}_c'(t) = \{\dot{q}_c(t), \dot{\boldsymbol{P}}_{c,\mathrm{ori}}(t)\} = \{\dot{q}_c(t), \dot{\phi}_c(t), \dot{\theta}_c(t), \dot{\psi}_c(t)\} \tag{7.58b}$$

$$\ddot{\boldsymbol{P}}_c'(t) = \{\ddot{q}_c(t), \ddot{\boldsymbol{P}}_{c,\mathrm{ori}}(t)\} = \{\ddot{q}_c(t), \ddot{\phi}_c(t), \ddot{\theta}_c(t), \ddot{\psi}_c(t)\} \tag{7.58c}$$

- 감속 구간($t_d \le t < t_1$)

$$\boldsymbol{P}_d'(t) = \{q_d(t), \boldsymbol{P}_{d,\mathrm{ori}}(t)\} = \{q_d(t), \phi_d(t), \theta_d(t), \psi_d(t)\} \tag{7.59a}$$

$$\dot{\boldsymbol{P}}_d'(t) = \{\dot{q}_d(t), \dot{\boldsymbol{P}}_{d,\mathrm{ori}}(t)\} = \{\dot{q}_d(t), \dot{\phi}_d(t), \dot{\theta}_d(t), \dot{\psi}_d(t)\} \tag{7.59b}$$

$$\ddot{\boldsymbol{P}}_d'(t) = \{\ddot{q}_d(t), \ddot{\boldsymbol{P}}_{d,\mathrm{ori}}(t)\} = \{\ddot{q}_d(t), \ddot{\phi}_d(t), \ddot{\theta}_d(t), \ddot{\psi}_d(t)\} \tag{7.59c}$$

위의 변위/방위 궤적 $\boldsymbol{P}'(t)$는 4차원 벡터로 나타난다. $q(t)$는 변위 궤적이며, $\boldsymbol{P}_{\mathrm{ori}}(t) = \{\phi(t), \theta(t), \psi(t)\}$는 방위 궤적이다. 각 축의 궤적은 5차 다항식을 갖는 S-커브 궤적으로 생성된다. 이렇게 구한 1차원 변위 궤적은 앞서 구한 경로 정보 식 (7.55)와 (7.56)을 통해 직교 공간의 3차원 위치 궤적으로 나타낼 필요가 있다.

- 가속 구간($t_0 \le t < t_a$)

$$\boldsymbol{P}_{a,\mathrm{pos}}(t) = \boldsymbol{D}\, q_a(t) + \boldsymbol{P}_{0,\mathrm{pos}} \tag{7.60a}$$

$$\dot{\boldsymbol{P}}_{a,\mathrm{pos}}(t) = \boldsymbol{D}\, \dot{q}_a(t) \tag{7.60b}$$

$$\ddot{\boldsymbol{P}}_{a,\mathrm{pos}}(t) = \boldsymbol{D}\, \ddot{q}_a(t) \tag{7.60c}$$

- 등속 구간($t_a \le t < t_d$)

$$\boldsymbol{P}_{c,\mathrm{pos}}(t) = \boldsymbol{D}\, q_c(t) + \boldsymbol{P}_{0,\mathrm{pos}} \tag{7.61a}$$

$$\dot{\boldsymbol{P}}_{c,\mathrm{pos}}(t) = \boldsymbol{D}\, \dot{q}_c(t) \tag{7.61b}$$

$$\ddot{\boldsymbol{P}}_{c,\mathrm{pos}}(t) = \boldsymbol{D}\, \ddot{q}_c(t) \tag{7.61c}$$

- 감속 구간($t_d \le t < t_1$)

$$\boldsymbol{P}_{d,\mathrm{pos}}(t) = \boldsymbol{D}\, q_d(t) + \boldsymbol{P}_{0,\mathrm{pos}} \tag{7.62a}$$

$$\dot{\boldsymbol{P}}_{d,\mathrm{pos}}(t) = \boldsymbol{D}\, \dot{q}_d(t) \tag{7.62b}$$

$$\ddot{\boldsymbol{P}}_{d,\mathrm{pos}}(t) = \boldsymbol{D}\, \ddot{q}_d(t) \tag{7.62c}$$

식 (7.57)~(7.59)에서 구한 방위 궤적 $\boldsymbol{P}_{\mathrm{ori}}(t)$와 식 (7.60)~(7.62)에서 구한 위치 궤적

$\boldsymbol{P}_{pos}(t)$를 통해 직선 궤적 $\boldsymbol{P}(t)=\{\boldsymbol{P}_{pos}(t), \boldsymbol{P}_{ori}(t)\}$를 구할 수 있다.

앞서 언급한 직선 궤적의 예시를 고려해 보자. 그림 7.24의 직선 궤적을 생성하기 위한 사용자 지정 입력은 다음과 같다.

- 경로 정보: 직선 경로
- 초기/최종 위치: $\boldsymbol{P}(t_0)=\{0.1\text{m}, 0.2\text{m}, 0.0\text{m}, 180.0°, 0.0°, 0.0°\}$ $\boldsymbol{P}(t_1)=\{0.4\text{m}, 0.5\text{m}, 0.2\text{m}, 90.0°, 0.0°, 90.0°\}$
- 제한 선속도(변위): $V_{dis}=0.2\ \text{m/s}$
- 제한 선가속도(변위): $A_{dis}=0.8\ \text{m/s}^2$
- 제한 각속도(방위): $\boldsymbol{V}_{ori}=\{120°/\text{s}, 120°/\text{s}, 120°/\text{s}\}$
- 제한 각가속도(방위): $\boldsymbol{A}_{ori}=\{480°/\text{s}, 480°/\text{s}, 480°/\text{s}\}$
- 초기 시간: $t_0 \neq 0$

각 경유점에서의 선속도 및 각속도는 0이다.

- 초기/최종 선속도(변위): $\dot{q}(t_0)=0.0\ \text{m/s}, \dot{q}(t_1)=0.0\ \text{m/s}$
- 초기/최종 각속도(방위): $\dot{\boldsymbol{P}}_{ori}(t_0)=\{0°/\text{s}, 0°/\text{s}, 0°/\text{s}\}$, $\dot{\boldsymbol{P}}_{ori}(t_1)=\{0°/\text{s}, 0°/\text{s}, 0°/\text{s}\}$

식 (7.53)과 (7.54)를 통해 변위를 구하고, 식 (7.55)를 통해 단위 방향 벡터 $\boldsymbol{D}$를 구한다.

$$q(t_0)=0\,\text{m},\ q(t_1)=0+\sqrt{(0.4-0.1)^2+(0.5-0.2)^2+(0.2-0.0)^2}=0.469\,\text{m} \tag{7.63}$$

$$\boldsymbol{D}=\frac{\boldsymbol{P}_{1,pos}-\boldsymbol{P}_{0,pos}}{\left|\boldsymbol{P}_{1,pos}-\boldsymbol{P}_{0,pos}\right|}=\frac{\{0.3, 0.3, 0.2\}}{0.469}=\{0.640, 0.640, 0.426\} \tag{7.64}$$

이 조건들에 기반하여 변위/방위 4개 축에 대하여 다자유도 공간의 보간 궤적을 통해 궤적을 생성한다. 이때 사용되는 S-커브 궤적은 5차 다항식을 갖는 S-커브 궤적을 사용하였다. 생성된 궤적은 변위/방위 궤적으로 식 (7.60)~(7.62)를 이용하여 변위 궤적을 직교 공간의 위치 궤적으로 변경하여야 한다. 생성된 직선 궤적의 변위 그래프를 그림 7.26에 나타내었고, 직선 궤적의 위치/방위 그래프를 그림 7.27에 나타내었다. 그림 7.26의 변위 그래프에서 등속 구간의 속도는 사용자가 입력한 제한 선속도 0.2 m/s이다. 그림 7.27의 위치/방위 그래프에서 등속 구간의 속도는 {0.128 m/s,

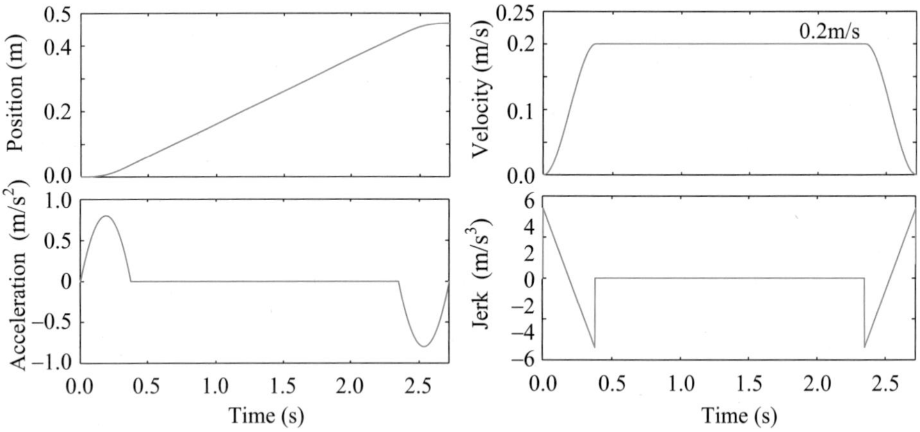

그림 7.26 직선 궤적의 변위 그래프

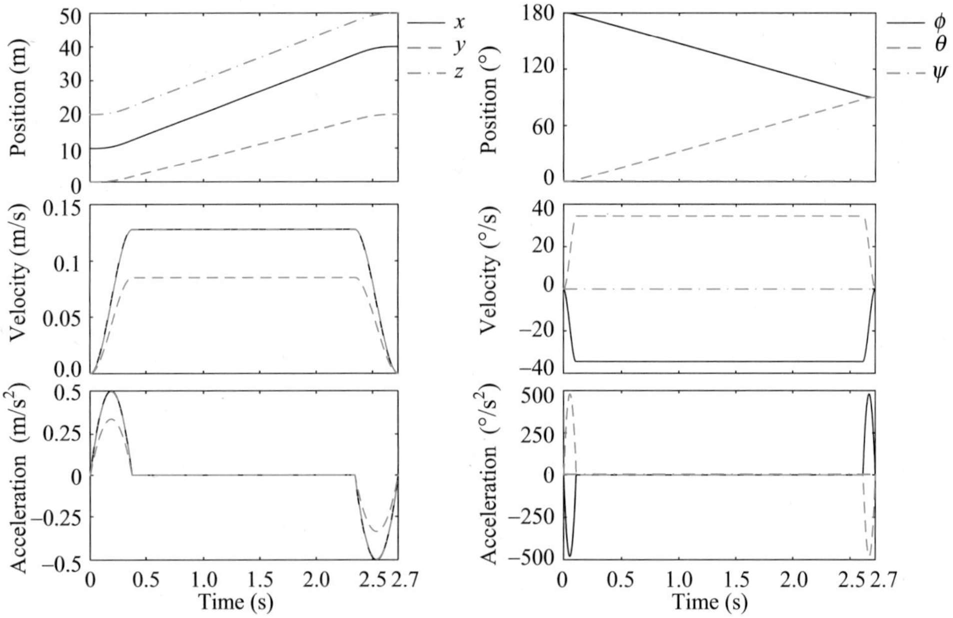

그림 7.27 직선 궤적의 위치/방위 그래프

0.128 m/s, 0.085 m/s}로 식 (7.61b)를 통해 제한 선속도 0.2 m/s에 단위 방향 벡터 ***D*** {0.640, 0.640, 0.426}을 곱한 값과 동일하다.

7.4.4 원호 궤적

원호 궤적(circular trajectory)은 앞서 설명한 직선 궤적과 더불어 산업 현장에서 자

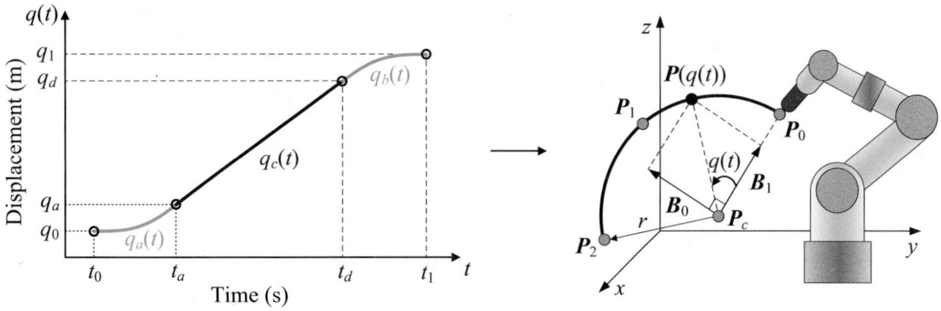

그림 7.28 **원호 궤적**

주 사용되는 궤적이다. 그림 7.28은 직교 공간에 존재하는 세 경유점 $\boldsymbol{P}_0$, $\boldsymbol{P}_1$, $\boldsymbol{P}_2$와 원호 궤적 $\boldsymbol{P}(t)$를 나타낸 그림이다. 이러한 원호 궤적을 생성하기 위하여 사용자가 지정해야 하는 조건은 다음과 같다.

- 경로 정보: 원호 경로
- 초기/최종 경유점: $\boldsymbol{P}(t_0)=\boldsymbol{P}_0,\ \boldsymbol{P}(t_2)=\boldsymbol{P}_2$ (7.65)

  $(\boldsymbol{P}_{\text{pos}}(t_0)=\boldsymbol{P}_{0,\text{pos}},\ \boldsymbol{P}_{\text{pos}}(t_2)=\boldsymbol{P}_{2,\text{pos}}\ \&\ \boldsymbol{P}_{\text{ori}}(t_0)=\boldsymbol{P}_{0,\text{ori}},\ \boldsymbol{P}_{\text{ori}}(t_2)=\boldsymbol{P}_{2,\text{ori}})$ (7.66)
- 중간 경유점: $\boldsymbol{P}_1\ (=\boldsymbol{P}_{1,\text{pos}})$
- 제한 선속도(변위): V_{lin} (7.67a)
- 제한 선가속도(변위): A_{lin} (7.67b)
- 제한 각속도(방위): $\boldsymbol{V}_{\text{ori}}$ (7.68a)
- 제한 각가속도(방위): $\boldsymbol{A}_{\text{ori}}$ (7.68b)
- 초기 시간: $t_0 \neq 0$

위 조건에 따라 초기/최종 경유점 $\boldsymbol{P}_0$, $\boldsymbol{P}_2$를 잇는 원호 경로로 주어진다. 3차원 위치에서 원호를 생성하기 위해서는 세 점이 필요하므로, 초기 및 최종 경유점만을 가지고는 경로를 생성할 수 없다. 따라서 원호 경로 위에 임의의 중간점 $\boldsymbol{P}_1$을 더 지정하여야 한다. 또한 직선 궤적에서 설명한 바와 같이 초기/최종 속도는 0으로 지정한다.

- 초기/최종 선속도(변위): $\dot{q}(t_0)=v_0=0,\ \dot{q}(t_2)=v_2=0$ (7.69)
- 초기/최종 각속도(방위): $\dot{\boldsymbol{P}}_{\text{ori}}(t_0)=\dot{\boldsymbol{P}}_{0,\text{ori}}=0,\ \dot{\boldsymbol{P}}_{\text{ori}}(t_2)=\dot{\boldsymbol{P}}_{2,\text{ori}}=0$ (7.70)

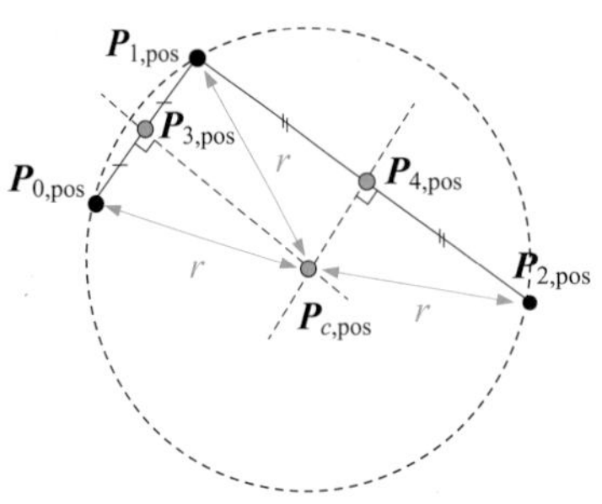

(a)

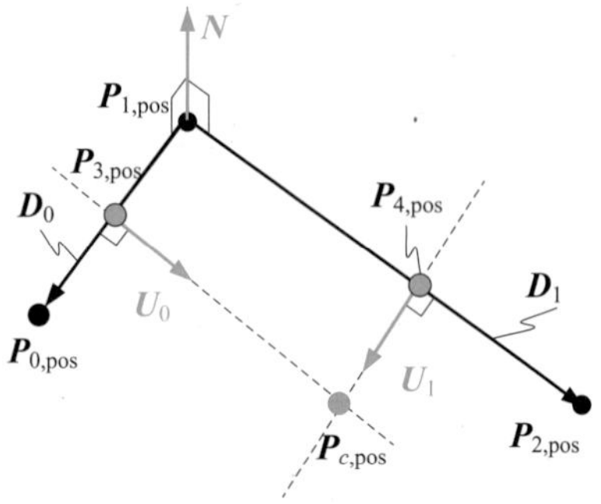

(b)

그림 7.29 **원호의 중심 계산**

직선 궤적과 같이 경로 정보는 위치 정보만을 필요로 하므로, 6차원 자세인 $\boldsymbol{P}$를 3차원 위치 벡터 $\boldsymbol{P}_{pos}$와 3차원 방위 벡터 $\boldsymbol{P}_{ori}$로 구분하여 사용한다. 직교 공간에서 원호를 그리기 위해서는 세 경유점의 위치가 필요하지만, 방위는 원호를 그리지 않고 단순한 보간 궤적을 형성하므로, 초기/최종 경유점의 방위만 필요하다. 따라서 경유점은 3개를 입력하지만 방위는 중간점을 제외한 $\boldsymbol{P}_{0,ori}$와 $\boldsymbol{P}_{2,ori}$만을 사용한다.

원호 궤적의 변위 조건 및 경로 정보 계산에 앞서, 3개의 경유점을 이용하여 원호 중심 $\boldsymbol{P}_{c,pos}$, 반경 r와 단위 벡터 $\boldsymbol{B}_0$, $\boldsymbol{B}_1$을 계산하는 과정에 대하여 설명한다.

그림 7.29는 직교 공간에 존재하는 세 경유점 위치 $\boldsymbol{P}_{0,pos}$, $\boldsymbol{P}_{1,pos}$, $\boldsymbol{P}_{2,pos}$로부터 해당 경유점을 지나가는 원호 경로의 중심 $\boldsymbol{P}_{c,pos}$를 도출하는 과정을 나타낸다. 그림 (a)에 나타낸 바와 같이 $\boldsymbol{P}_{0,pos}$, $\boldsymbol{P}_{1,pos}$, $\boldsymbol{P}_{2,pos}$가 모두 하나의 원호 경로에 존재하므로, 각 경유점과 $\boldsymbol{P}_{c,pos}$ 사이의 길이는 원호의 반경 r로 모두 일치한다. 삼각형 $\Delta\boldsymbol{P}_{0,pos}\boldsymbol{P}_{c,pos}\boldsymbol{P}_{1,pos}$와 $\Delta\boldsymbol{P}_{1,pos}\boldsymbol{P}_{c,pos}\boldsymbol{P}_{2,pos}$는 모두 이등변 삼각형이다. 따라서 직선 $\boldsymbol{P}_{0,pos}\boldsymbol{P}_{1,pos}$와 $\boldsymbol{P}_{1,pos}\boldsymbol{P}_{2,pos}$의 중점 $\boldsymbol{P}_{3,pos}$와 $\boldsymbol{P}_{4,pos}$를 지나며, 직선 $\boldsymbol{P}_{0,pos}\boldsymbol{P}_{1,pos}$와 $\boldsymbol{P}_{1,pos}\boldsymbol{P}_{2,pos}$과 수직인 두 직선은 $\boldsymbol{P}_{c,pos}$에서 교차한다. 이러한 사실을 이용하여 3개의 경유점으로부터 원호 경로의 중심 $\boldsymbol{P}_{c,pos}$를 산출한다.

그림 7.29(b)와 같이 $\boldsymbol{P}_{1,pos}$로부터 $\boldsymbol{P}_{0,pos}$, $\boldsymbol{P}_{2,pos}$로 향하는 벡터 $\boldsymbol{D}_0$, $\boldsymbol{D}_1$을

$$\boldsymbol{D}_0=\boldsymbol{P}_{0,pos}-\boldsymbol{P}_{1,pos},\ \boldsymbol{D}_1=\boldsymbol{P}_{2,pos}-\boldsymbol{P}_{1,pos} \tag{7.71}$$

와 같이 정의하면, 벡터 $\boldsymbol{D}_0$, $\boldsymbol{D}_1$과 수직인 벡터 $\boldsymbol{N}$을 다음과 같이 구할 수 있다.

$$N = D_0 \times D_1 \tag{7.72}$$

N과 D_0, D_1을 이용하여 단위 벡터 U_0, U_1을 계산하면

$$U_0 = \frac{N \times D_0}{|N \times D_0|},\ U_1 = \frac{D_1 \times N}{|D_1 \times N|} \tag{7.73}$$

와 같으며, 이를 이용하여 $P_{c,\mathrm{pos}}$를 표현하면 다음과 같다.

$$P_{3,\mathrm{pos}} + aU_0 = P_{c,\mathrm{pos}} = P_{4,\mathrm{pos}} + bU_1 \tag{7.74}$$

여기서 a, b는 임의의 스칼라 값이며, $P_{3,\mathrm{pos}}$와 $P_{4,\mathrm{pos}}$는 각각 직선 $P_{0,\mathrm{pos}}P_{1,\mathrm{pos}}$와 $P_{1,\mathrm{pos}}P_{2,\mathrm{pos}}$의 중점이므로, $P_{3,\mathrm{pos}} = (P_{0,\mathrm{pos}} + P_{1,\mathrm{pos}})/2$이고, $P_{4,\mathrm{pos}} = (P_{1,\mathrm{pos}} + P_{2,\mathrm{pos}})/2$이다. 식 (7.74)는

$$aU_0 - bU_1 = P_{4,\mathrm{pos}} - P_{3,\mathrm{pos}} \tag{7.75}$$

으로 나타낼 수 있고, 벡터의 각 요소에 대해서 보다 자세히 나타내면 다음과 같다.

$$a\begin{bmatrix} x_{u_0} \\ y_{u_0} \\ z_{u_0} \end{bmatrix} - b\begin{bmatrix} x_{u_1} \\ y_{u_1} \\ z_{u_1} \end{bmatrix} = \begin{bmatrix} x_{43} \\ y_{43} \\ z_{43} \end{bmatrix} \tag{7.76}$$

위 식으로부터 a, b를

$$b = \frac{x_{u_0} y_{43} - x_{43} y_{u_0}}{x_{u_1} y_{u_0} - x_{u_0} y_{u_1}},\ a = \frac{x_{43} - b\, x_{u_1}}{x_{u_0}} \tag{7.77}$$

와 같이 구한 후에 식 (7.75)에 대입하면 원호의 중심을 구할 수 있다.

$$P_{c,\mathrm{pos}} = P_{4,\mathrm{pos}} + \frac{x_{u_0} y_{43} - x_{43} y_{u_0}}{x_{u_1} y_{u_0} - x_{u_0} y_{u_1}} U_1 \tag{7.78}$$

이번에는 그림 7.28의 단위 벡터 B_0와 B_1을 구해 보자. 이들 벡터는 원호 궤적의 세 경유점으로 형성되는 평면에서 원호의 중심 $P_{c,\mathrm{pos}}$를 원점으로 하며, $P_{c,\mathrm{pos}}$로부터

초기 위치 $\boldsymbol{P}_{0,\text{pos}}$로 향하는 방향을 x축으로 가지는 좌표계의 x, y축 단위 방향 벡터이다. 즉, $\boldsymbol{B}_1$은 기존 좌표계를 기준으로 새로운 좌표계의 x축 방향을 나타내는 단위 벡터이고, $\boldsymbol{B}_0$는 기존 좌표계를 기준으로 새로운 좌표계의 y축 방향을 나타내는 단위 벡터이다.

$$r = \left| \boldsymbol{P}_{0,\text{pos}} - \boldsymbol{P}_{c,\text{pos}} \right| \tag{7.79}$$

$$\boldsymbol{B}_1 = \frac{\boldsymbol{P}_{0,\text{pos}} - \boldsymbol{P}_{c,\text{pos}}}{|\boldsymbol{P}_{0,\text{pos}} - \boldsymbol{P}_{c,\text{pos}}|},\ \boldsymbol{B}_0 = \frac{\boldsymbol{B}_1 \times \boldsymbol{N}}{|\boldsymbol{B}_1 \times \boldsymbol{N}|} \tag{7.80}$$

원호 궤적의 변위(displacement)는 앞서 설명한 바와 같이, 초기 경유점으로부터 진행한 원호의 각도이다. 그러나 사용자가 지정하는 위치에 관한 입력은 3차원 벡터인 $\boldsymbol{P}_{i,\text{pos}}$와 원호의 길이와 관련되는 선속도 및 선가속도로 주어진다. 따라서 원호 궤적을 생성하기 위해서는 주어진 3차원 위치를 1차원 변위로 변경하여야 하고, 원호의 접선 방향의 선속도 및 선가속도를 원호의 각도와 관련된 각속도 및 각가속도로 변경하여야 한다. 이를 위해서는 원호의 반경 r와 원호의 전체 각도 α_t에 대한 계산이 필요하다.

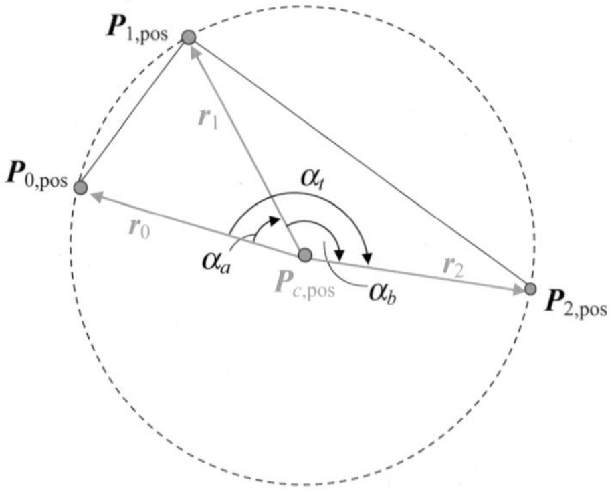

그림 7.30 **원호의 각도**

그림 7.30의 방향 벡터 $\boldsymbol{r}_i$는 다음과 같이 나타낼 수 있다.

$$\boldsymbol{r}_0 = \boldsymbol{P}_{0,\text{pos}} - \boldsymbol{P}_{c,\text{pos}},\ \boldsymbol{r}_1 = \boldsymbol{P}_{1,\text{pos}} - \boldsymbol{P}_{c,\text{pos}},\boldsymbol{r}_2 = \boldsymbol{P}_{2,\text{pos}} - \boldsymbol{P}_{c,\text{pos}} \tag{7.81}$$

인접한 두 방향 벡터의 내적은

$$\boldsymbol{r}_0{}^T\boldsymbol{r}_1 = |\boldsymbol{r}_0||\boldsymbol{r}_1|\cos\alpha_a,\ \boldsymbol{r}_1{}^T\boldsymbol{r}_2 = |\boldsymbol{r}_1||\boldsymbol{r}_2|\cos\alpha_b \tag{7.82}$$

이므로, 전체 원호각 α_t는 다음과 같다.

$$\alpha_t = \alpha_a + \alpha_b = \cos^{-1}\left(\frac{\boldsymbol{r}_0{}^T\boldsymbol{r}_1}{|\boldsymbol{r}_0||\boldsymbol{r}_1|}\right) + \cos^{-1}\left(\frac{\boldsymbol{r}_1{}^T\boldsymbol{r}_2}{|\boldsymbol{r}_1||\boldsymbol{r}_2|}\right) \tag{7.83}$$

이를 통해 주어진 조건을 다시 나타내면 다음과 같다.

- 경로 정보: $r,\ \boldsymbol{P}_{c,\mathrm{pos}},\ \boldsymbol{B}_0,\ \boldsymbol{B}_1$
- 초기/최종 변위: $q(t_0) = 0,\ q(t_2) = \alpha_t$ (7.84)
- 초기/최종 각속도(변위): $\dot{q}(t_0) = \frac{v_0}{r} = 0,\ \dot{q}(t_2) = \frac{v_2}{r} = 0$
- 제한 각속도(변위): $V_{\mathrm{dis}} = V_{\mathrm{lin}}/r$ (7.85a)
- 제한 각가속도(변위): $A_{\mathrm{dis}} = A_{\mathrm{lin}}/r$ (7.85b)
- 초기/최종 방위: $\boldsymbol{P}_{\mathrm{ori}}(t_0) = \boldsymbol{P}_{0,\mathrm{ori}},\ \boldsymbol{P}_{\mathrm{ori}}(t_2) = \boldsymbol{P}_{2,\mathrm{ori}}$ (7.86)
- 초기/최종 각속도(방위): $\dot{\boldsymbol{P}}_{\mathrm{ori}}(t_0) = \dot{\boldsymbol{P}}_{0,\mathrm{ori}} = 0,\ \dot{\boldsymbol{P}}_{\mathrm{ori}}(t_2) = \dot{\boldsymbol{P}}_{2,\mathrm{ori}} = 0$ (7.87)
- 제한 각속도(방위): $\boldsymbol{V}_{\mathrm{ori}}$
- 제한 각가속도(방위): $\boldsymbol{A}_{\mathrm{ori}}$
- 초기 시간: $t_0 \neq 0$

이러한 입력을 받으면 로봇은 7.3절의 다자유도 공간의 보간 궤적 생성 방법인 7단계를 통해서 다음과 같이 궤적을 생성한다.

- **가속 구간**($t_0 \le t < t_a$)

$$\boldsymbol{P}_a'(t) = \{q_a(t), \boldsymbol{P}_{a,\mathrm{ori}}(t)\} = \{q_a(t), \phi_a(t), \theta_a(t), \psi_a(t)\} \tag{7.88a}$$

$$\dot{\boldsymbol{P}}_a'(t) = \{\dot{q}_a(t), \dot{\boldsymbol{P}}_{a,\mathrm{ori}}(t)\} = \{\dot{q}_a(t), \dot{\phi}_a(t), \dot{\theta}_a(t), \dot{\psi}_a(t)\} \tag{7.88b}$$

$$\ddot{\boldsymbol{P}}_a'(t) = \{\ddot{q}_a(t), \ddot{\boldsymbol{P}}_{a,\mathrm{ori}}(t)\} = \{\ddot{q}_a(t), \ddot{\phi}_a(t), \ddot{\theta}_a(t), \ddot{\psi}_a(t)\} \tag{7.88c}$$

- **등속 구간**($t_a \le t < t_d$)

$$\boldsymbol{P}_c'(t) = \{q_c(t), \boldsymbol{P}_{c,\mathrm{ori}}(t)\} = \{q_c(t), \phi_c(t), \theta_c(t), \psi_c(t)\} \tag{7.89a}$$

$$\dot{P}_c'(t) = \{\dot{q}_c(t), \dot{P}_{c,\text{ori}}(t)\} = \{\dot{q}_c(t), \dot{\phi}_c(t), \dot{\theta}_c(t), \dot{\psi}_c(t)\} \tag{7.89b}$$

$$\ddot{P}_c'(t) = \{\ddot{q}_c(t), \ddot{P}_{c,\text{ori}}(t)\} = \{\ddot{q}_c(t), \ddot{\phi}_c(t), \ddot{\theta}_c(t), \ddot{\psi}_c(t)\} \tag{7.89c}$$

- **감속 구간**($t_d \le t < t_1$)

$$P_d'(t) = \{q_d(t), P_{d,\text{ori}}(t)\} = \{q_d(t), \phi_d(t), \theta_d(t), \psi_d(t)\} \tag{7.90a}$$

$$\dot{P}_d'(t) = \{\dot{q}_d(t), \dot{P}_{d,\text{ori}}(t)\} = \{\dot{q}_d(t), \dot{\phi}_d(t), \dot{\theta}_d(t), \dot{\psi}_d(t)\} \tag{7.90b}$$

$$\ddot{P}_d'(t) = \{\ddot{q}_d(t), \ddot{P}_{d,\text{ori}}(t)\} = \{\ddot{q}_d(t), \ddot{\phi}_d(t), \ddot{\theta}_d(t), \ddot{\psi}_d(t)\} \tag{7.90c}$$

이 변위/방위 궤적 $\boldsymbol{P}'(t)$는 4차원 벡터로 나타난다. $q(t)$는 변위 궤적이며, $\boldsymbol{P}_{\text{ori}}(t)=\{\phi(t),\ \theta(t),\ \psi(t)\}$는 방위 궤적이다. 각 축의 궤적은 식 (7.22)~(7.24)의 5차 다항식을 갖는 S-커브 궤적으로 생성된다. 방위 궤적은 직교 공간의 3차원 방위 궤적으로 나타나지만, 1차원 변위 궤적은 앞서 저장한 경로 정보를 통해 직교 공간의 3차원 위치로 나타낼 필요가 있다. 앞서 연산한 원호 중심 $\boldsymbol{P}_{c,\text{pos}}$, 반경 r 및 단위 벡터 $\boldsymbol{B}_0$, $\boldsymbol{B}_1$을 이용하여 원호 궤적을 지나는 로봇 말단의 위치, 속도, 가속도를 다음과 같이 나타낼 수 있다.

$$\boldsymbol{P}_{\text{pos}}(q(t)) = r\boldsymbol{B}_1\cos q(t) + r\boldsymbol{B}_0\sin q(t) + \boldsymbol{P}_{c,\text{pos}} = r\left[\boldsymbol{B}_1\cos q(t) + \boldsymbol{B}_0\sin q(t)\right] + \boldsymbol{P}_{c,\text{pos}} \tag{7.91}$$

$$\dot{\boldsymbol{P}}_{\text{pos}}(q(t)) = r\dot{q}(t)\left[-\boldsymbol{B}_1\sin q(t) + \boldsymbol{B}_0\cos q(t)\right] \tag{7.92}$$

$$\begin{aligned}\ddot{\boldsymbol{P}}_{\text{pos}}(q(t)) &= r\dot{q}(t)^2\left[-\boldsymbol{B}_1\cos q(t) - \boldsymbol{B}_0\sin q(t)\right] + r\ddot{q}(t)\left[-\boldsymbol{B}_1\sin q(t) + \boldsymbol{B}_0\cos q(t)\right] \\ &= \boldsymbol{a}_c(t) + \boldsymbol{a}_t(t)\end{aligned} \tag{7.93}$$

위 식에서 변위 $q(t)$는 $\boldsymbol{B}_1$을 기준으로 계산한 선분 $\boldsymbol{P}_c\boldsymbol{P}$의 회전 각도이며, $\dot{q}(t)$는 변위의 각속도, $\ddot{q}(t)$는 변위의 각가속도이다. 이때 속도의 방향은 방향 벡터 $\boldsymbol{B}_0$와 $\boldsymbol{B}_1$에 의해서 결정되므로 원호 경로의 접선 방향으로 나타나게 된다. 또한 가속도 궤적의 첫째 항 $\boldsymbol{a}_c(t)$는 원호의 중심 방향으로 작용하는 구심 가속도(centripetal acceleration)이며, 둘째 항 $\boldsymbol{a}_t(t)$는 원호의 접선 방향으로 작용하는 접선 가속도(tangential acceleration)를 의미한다. 이를 바탕으로 위의 세 식을 가속 구간, 등속 구간, 감속 구간으로 나타내면 다음과 같다.

- **가속 구간**($t_0 \le t < t_a$)

$$\boldsymbol{P}_{a,\text{pos}}(q_a(t)) = r[\boldsymbol{B}_1 \cos q_a(t) + \boldsymbol{B}_0 \sin q_a(t)] + \boldsymbol{P}_{c,\text{pos}} \tag{7.94a}$$

$$\dot{\boldsymbol{P}}_{a,\text{pos}}(q_a(t)) = r\dot{q}_a(t)\left[-\boldsymbol{B}_1 \sin q_a(t) + \boldsymbol{B}_0 \cos q_a(t)\right] \tag{7.94b}$$

$$\begin{aligned}\ddot{\boldsymbol{P}}_{a,\text{pos}}(q_a(t)) = {} & r\dot{q}_a(t)^2\left[-\boldsymbol{B}_1 \cos q_a(t) - \boldsymbol{B}_0 \sin q_a(t)\right] \\ & + r\ddot{q}_a(t)\left[-\boldsymbol{B}_1 \sin q_a(t) + \boldsymbol{B}_0 \cos q_a(t)\right]\end{aligned} \tag{7.94c}$$

- **등속 구간**($t_a \le t < t_d$)

$$\boldsymbol{P}_{c,\text{pos}}(q_c(t)) = r[\boldsymbol{B}_1 \cos q_c(t) + \boldsymbol{B}_0 \sin q_c(t)] + \boldsymbol{P}_{c,\text{pos}} \tag{7.95a}$$

$$\dot{\boldsymbol{P}}_{c,\text{pos}}(q_c(t)) = r\dot{q}_c(t)\left[-\boldsymbol{B}_1 \sin q_c(t) + \boldsymbol{B}_0 \cos q_c(t)\right] \tag{7.95b}$$

$$\begin{aligned}\ddot{\boldsymbol{P}}_{c,\text{pos}}(q_c(t)) = {} & r\dot{q}_c(t)^2\left[-\boldsymbol{B}_1 \cos q_c(t) - \boldsymbol{B}_0 \sin q_c(t)\right] \\ & + r\ddot{q}_c(t)\left[-\boldsymbol{B}_1 \sin q_c(t) + \boldsymbol{B}_0 \cos q_c(t)\right]\end{aligned} \tag{7.95c}$$

- **감속 구간**($t_d \le t < t_1$)

$$\boldsymbol{P}_{d,\text{pos}}(q_d(t)) = r[\boldsymbol{B}_1 \cos q_d(t) + \boldsymbol{B}_0 \sin q_d(t)] + \boldsymbol{P}_{c,\text{pos}} \tag{7.96a}$$

$$\dot{\boldsymbol{P}}_{d,\text{pos}}(q_d(t)) = r\dot{q}_d(t)\left[-\boldsymbol{B}_1 \sin q_d(t) + \boldsymbol{B}_0 \cos q_d(t)\right] \tag{7.96b}$$

$$\begin{aligned}\ddot{\boldsymbol{P}}_{d,\text{pos}}(q_d(t)) = {} & r\dot{q}_d(t)^2\left[-\boldsymbol{B}_1 \cos q_d(t) - \boldsymbol{B}_0 \sin q_d(t)\right] \\ & + r\ddot{q}_d(t)\left[-\boldsymbol{B}_1 \sin q_d(t) + \boldsymbol{B}_0 \cos q_d(t)\right]\end{aligned} \tag{7.96c}$$

위 식은 시간에 대한 1차원 함수인 변위 및 각속도, 각가속도 궤적에 원호 경로의 기하학적 정보를 합성하여 시간에 대한 3차원 함수인 위치 및 속도, 가속도 궤적을 구하는 식이다.

식 (7.88)~(7.90)에서 구한 방위 궤적 $\boldsymbol{P}_{\text{ori}}(t)$와 식 (7.94)~(7.96)에서 구한 위치 궤적 $\boldsymbol{P}_{\text{pos}}(t)$를 통해 원호 궤적 $\boldsymbol{P}(t) = \{\boldsymbol{P}_{\text{pos}}(t), \boldsymbol{P}_{\text{ori}}(t)\}$를 구할 수 있다. 위 식에 따라서 원호 궤적의 위치, 속도, 가속도 궤적을 구하는 과정을 그림으로 나타내면 다음과 같다.

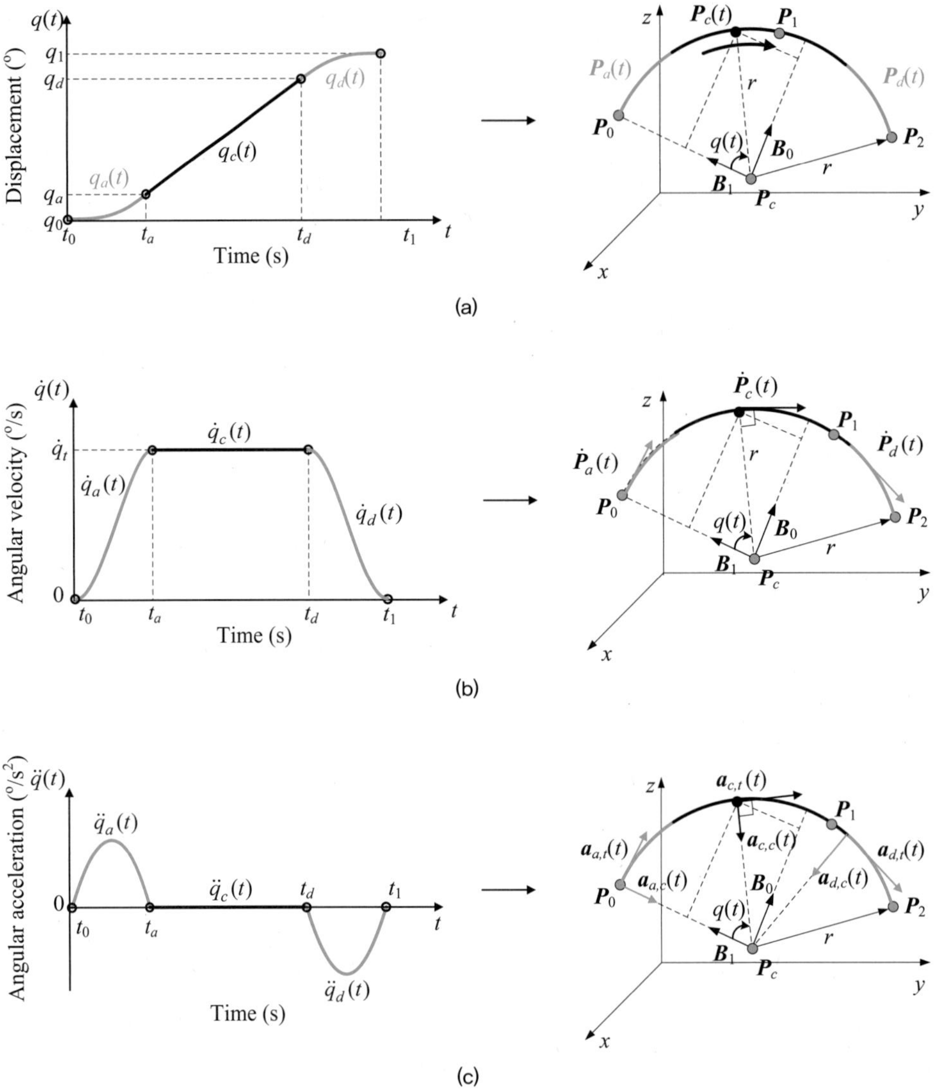

그림 7.31 **원호 궤적의 생성**

앞서 언급한 원호 궤적의 예시를 고려해 보자. 그림 7.31의 원호 궤적을 생성하기 위해서 지정한 사용자 입력은 다음과 같다.

- 경로 정보: 원호 경로
- 초기/최종 경유점: $\boldsymbol{P}_0 = \{0.2\,\text{m},\ 0.0\,\text{m},\ 0.1\,\text{m},\ 180.0°,\ 0.0°,\ 90.0°\}$
  $\boldsymbol{P}_2 = \{0.0\,\text{m},\ 0.3\,\text{m},\ 0.0\,\text{m},\ 90.0°,\ 0.0°,\ 90.0°\}$

- 중간 경유점: $\boldsymbol{P}_1 = \{0.1\text{m}, 0.2\text{m}, 0.3\text{m}, 180.0°, 0.0°, 90.0°\}$
- 제한 선속도: $V_{\text{lin}} = 0.2$ m/s
- 제한 선가속도: $A_{\text{lin}} = 0.8$ m/s^2
- 제한 각속도(방위): $\boldsymbol{V}_{\text{ori}} = \{120.0°/\text{s}, 120.0°/\text{s}, 120.0°/\text{s}\}$
- 제한 각가속도(방위): $\boldsymbol{A}_{\text{ori}} = \{480.0°/\text{s}, 480.0°/\text{s}, 480.0°/\text{s}\}$
- 초기 시간: $t_0 \neq 0$

직교 공간 궤적이므로 초기 및 최종 속도는 0으로 지정한다.

- 초기/최종 선속도(변위): $\dot{q}(t_0) = v_0 = 0,\ \dot{q}(t_1) = v_1 = 0$
- 초기/최종 각속도(방위): $\dot{\boldsymbol{P}}_{\text{ori}}(t_0) = \dot{\boldsymbol{P}}_{0,\text{ori}} = 0,\ \dot{\boldsymbol{P}}_{\text{ori}}(t_1) = \dot{\boldsymbol{P}}_{1,\text{ori}} = 0$

식 (7.71)~(7.74)를 통해 원호 중심 $\boldsymbol{P}_{c,\text{pos}}$를 구한다.

$$\begin{aligned}\boldsymbol{N} = \boldsymbol{D}_0 \times \boldsymbol{D}_1 &= \{0.2-0.1, 0.0-0.2, 0.1-0.3\} \times \{0.0-0.1, 0.3-0.2, 0.0-0.3\} \\ &= \{0.08\text{m}, 0.05\text{m}, -0.01\text{m}\}\end{aligned}$$

$$\boldsymbol{U}_0 = \frac{\boldsymbol{N} \times \boldsymbol{D}_0}{|\boldsymbol{N} \times \boldsymbol{D}_0|} = \frac{\{-0.012, 0.015, -0.021\}}{0.02846} = \{-0.422\text{m}, 0.527\text{m}, -0.738\text{m}\}$$

$$\boldsymbol{U}_1 = \frac{\boldsymbol{D}_1 \times \boldsymbol{N}}{|\boldsymbol{D}_1 \times \boldsymbol{N}|} = \frac{\{0.014, -0.025, -0.013\}}{0.03146} = \{0.445\text{m}, -0.795\text{m}, -0.413\text{m}\}$$

$$b = \frac{x_{u_0} y_{43} - x_{43} y_{u_0}}{x_{u_1} y_{u_0} - x_{u_0} y_{u_1}} = 0.105$$

$$\begin{aligned}\boldsymbol{P}_{c,\text{pos}} &= \boldsymbol{P}_{4,\text{pos}} + b\boldsymbol{U}_1 \\ &= \frac{\{0.1+0.0, 0.2+0.3, 0.3+0.0\}}{2} + 0.105\{0.445, -0.795, -0.413\} \\ &= \{0.097\text{m}, 0.167\text{m}, 0.107\text{m}\}\end{aligned} \tag{7.97}$$

원호 중심 $\boldsymbol{P}_{c,\text{pos}}$와 식 (7.79)와 (7.80)을 통해 반경 r와 단위 방향 벡터 $\boldsymbol{B}_1$, $\boldsymbol{B}_0$를 구한다.

$$r = \left|\boldsymbol{P}_{0,\text{pos}} - \boldsymbol{P}_{c,\text{pos}}\right| = 0.196\text{m} \tag{7.98}$$

$$\boldsymbol{B}_1 = \frac{\boldsymbol{P}_{0,\text{pos}} - \boldsymbol{P}_{c,\text{pos}}}{|\boldsymbol{P}_{0,\text{pos}} - \boldsymbol{P}_{c,\text{pos}}|} = \frac{\{0.103, -0.167, -0.007\}}{0.196} = \{0.527\text{m}, -0.849\text{m}, -0.034\text{m}\}$$

$$\boldsymbol{B}_0 = \frac{\boldsymbol{B}_1 \times \boldsymbol{N}}{|\boldsymbol{B}_1 \times \boldsymbol{N}|} = \frac{\{0.01, 0.003, 0.094\}}{0.0949} = \{0.107\text{m}, 0.027\text{m}, 0.994\text{m}\}$$

(7.99)

마지막으로, 식 (7.83)을 통해 변위 길이 α_t를 구한다.

$$\alpha_t = \alpha_a + \alpha_b = \cos^{-1}\left(\frac{\boldsymbol{r}_0{}^T\boldsymbol{r}_1}{|\boldsymbol{r}_0||\boldsymbol{r}_1|}\right) + \cos^{-1}\left(\frac{\boldsymbol{r}_1{}^T\boldsymbol{r}_2}{|\boldsymbol{r}_1||\boldsymbol{r}_2|}\right) = 1.74 + 2.01 = 3.75\text{rad} = 214.86°$$

(7.100)

이를 통해 주어진 조건을 다시 나타내면 다음과 같다.

- 경로 조건: $r = 0.196\text{m}$, $\boldsymbol{P}_{c,\text{pos}} = \{0.097\text{m}, 0.167\text{m}, 0.107\text{m}\}$,

  $\boldsymbol{B}_1 = \{0.527\text{m}, -0.849\text{m}, -0.034\text{m}\}$,

  $\boldsymbol{B}_0 = \{0.107\text{m}, 0.027\text{m}, 0.994\text{m}\}$
- 초기/최종 변위: $q(t_0) = 0°, q(t_1) = 214.86°$
- 초기/최종 각속도(변위): $\dot{q}(t_0) = 0°/\text{s}$, $\dot{q}(t_1) = 0°/\text{s}$
- 제한 각속도(변위): $V_{\text{dis}} = \dfrac{0.2\text{m/s}}{0.196\text{m}} = 1.02\text{rad/s} = 58.47°/\text{s}$
- 제한 각가속도(변위): $A_{\text{dis}} = \dfrac{0.8\text{m/s}}{0.196\text{m}} = 4.08\text{rad/s}^2 = 233.86°/\text{s}^2$
- 초기/최종 방위: $\boldsymbol{P}_{\text{ori}}(t_0) = \{180.0°, 0.0°, 90.0°\}, \boldsymbol{P}_{\text{ori}}(t_1) = \{90.0°, 0.0°, 90.0°\}$
- 초기/최종 각속도(방위):

  $\dot{\boldsymbol{P}}_{\text{ori}}(t_0) = \{0.0°/\text{s}, 0.0°/\text{s}, 0.0°/\text{s}\}, \dot{\boldsymbol{P}}_{\text{ori}}(t_1) = \{0.0°/\text{s}, 0.0°/\text{s}, 0.0°/\text{s}\}$
- 제한 각속도(방위): $\boldsymbol{V}_{\text{ori}} = \{120.0°/\text{s}, 120.0°/\text{s}, 120.0°/\text{s}\}$
- 제한 각가속도(방위): $\boldsymbol{A}_{\text{ori}} = \{480.0°/\text{s}, 480.0°/\text{s}, 480.0°/\text{s}\}$
- 초기 시간: $t_0 \neq 0$

다자유도 공간의 보간 궤적을 통해 변위/방위 4개 축에 대해서 궤적을 생성한다. 이때 사용되는 S-커브 궤적은 5차 다항식을 갖는 S-커브 궤적을 사용하였다. 생성된 궤적은 변위/방위 궤적으로, 식 (7.94)~(7.96)을 이용하여 변위 궤적을 직교 공간의 위치 궤적으로 변경해야 한다. 이와 같은 방식으로 생성된 원호 궤적의 변위 그래프를 **그림 7.32**에 나타내었고, 원호 궤적의 위치/방위 그래프를 **그림 7.33**에 나타내었다.

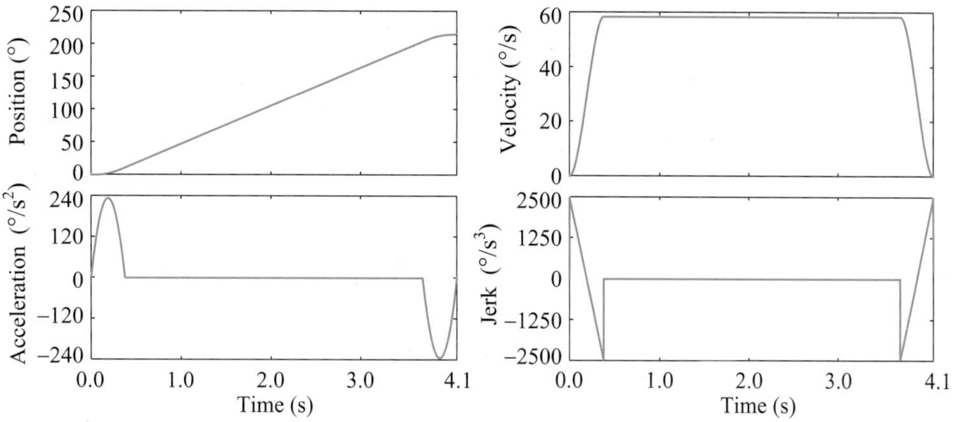

그림 7.32 **원호 궤적의 변위 그래프**

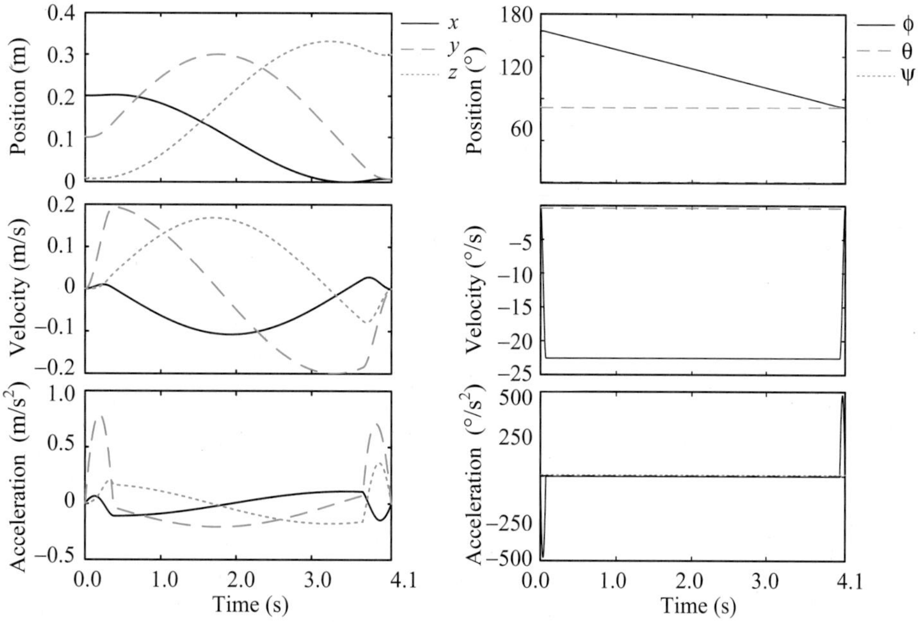

그림 7.33 **원호 궤적의 위치/방위 그래프**

연습문제

1 관절 공간 궤적 계획과 직교 공간 궤적 계획의 특징과 장단점을 비교하시오.

2 회전 관절을 갖는 1자유도 링크가 $q = -5°$에 정지해 있다. 이 링크가 부드러운 궤적을 통해서 4초 후에 $q=80°$에 정지하기를 원한다. 이러한 운동을 가능하게 하는 3차 다항식 궤적의 계수를 구하시오.

3 회전 관절의 각위치가 $q(0)=0$, $q(2)=2$, $q(4)=3$으로 주어진다. 각 경유점에서의 속도는 그림 7.7에서 설명한 직관적인 방법으로 결정된다고 가정한다.

(a) 이 운동을 위한 3차 다항식 궤적 $q(t)$를 구하시오.

(b) MATLAB을 사용하여 관절의 각위치, 각속도, 각가속도를 시간의 함수로 도시하시오.

(c) 전체 운동 중에 각가속도는 연속적인가? 그렇지 않다면, 연속적인 각가속도를 어떻게 얻을 수 있는가?

4 다음과 같이 위치와 속도가 주어진다. 각 경유점에서의 속도는 초기 및 최종 속도를 제외하고는, 그림 7.7에서 설명한 직관적인 방법으로 결정된다.

$q_0=10,\ v_0=0$ at $t_0=0$ $\quad$ $q_1=20$ at $t_1=2$ $\quad$ $q_2=-10$ at $t_2=4$

$q_3=15$ at $t_3=6$ $\quad$ $q_4=35,\ v_4=0$ at $t_4=8$

(a) 3차 다항식을 사용하여 위의 운동을 나타내고자 한다. MATLAB을 사용하여 관절의 위치, 속도, 가속도를 시간의 함수로 도시하시오.

(b) 5차 다항식을 사용하여 위의 운동을 나타내고자 한다. MATLAB을 사용하여 관절의 위치, 속도, 가속도를 시간의 함수로 도시하시오. 이때 모든 초기 및 최종 위치를 포함한 모든 경유점에서 가속도는 0이라고 가정한다.

(c) 파트 (a)와 (b)의 가속도 그래프를 비교하고, 차이점에 대해서 논하시오.

5 그림 7.10의 일반적인 사다리꼴 속도 프로파일 궤적에서는 초기 및 최종 속도는 0이 아니다. 그러나 단순한 궤적의 응용에서는 초기 및 최종 속도가 0, 즉 $v_0=v_1=0$인 경우가 많다. 편의상 초기 시간 $t_0=0$이라고 가정한다.

(a) 가속 시간 T_a를 제한 속도 V와 제한 가속도 A의 함수로 구하시오.

(b) 등속 시간 T_c를 초기 위치 q_0, 최종 위치 q_1, 가속 시간 T_a, 제한 속도 V의 함수로 구하시오.

(c) 사다리꼴 속도 프로파일 대신에 삼각형 속도 프로파일 궤적이 사용되는 경우는 최소 시간 궤적(minimum time trajectory) 또는 bang-bang trajectory라 불리는데, 이는 이 궤적이 주어진 가속도 A에 대해서 초기 및 최종 위치 간의 가장 빠른 궤적이기 때문이다. 파트 (b)의 결과를 이용하여, 삼각형 속도 프로파일 궤적이 존재할 조건을 q_0, q_1, V, A의 항으로 나타내시오.

(d) 삼각형 속도 프로파일에서의 가속 시간 T_a를 q_0, q_1, A의 항으로 나타내시오.

(e) 삼각형 속도 프로파일의 가속 및 감속 구간에서의 위치가 다음과 같음을 보이시오.

$$q(t) = q_0 + \frac{1}{2}At^2 \text{ for } 0 \le t < T_a, \quad q(t) = q_1 - \frac{1}{2}A(t_1 - t)^2 \text{ for } T_a \le t < t_1$$

6 다음의 사다리꼴 속도 프로파일에서 최종 시간 t_1과 순항 속도 V가 주어져 있다. 사다리꼴 속도 프로파일은 대칭이며, 다음 조건이 주어진다고 가정한다.

$$t_0 = 0 \ \& \ q(t_0) = q_0, \dot{q}(t_0) = 0, q(t_1) = q_1, \dot{q}(t_1) = 0$$

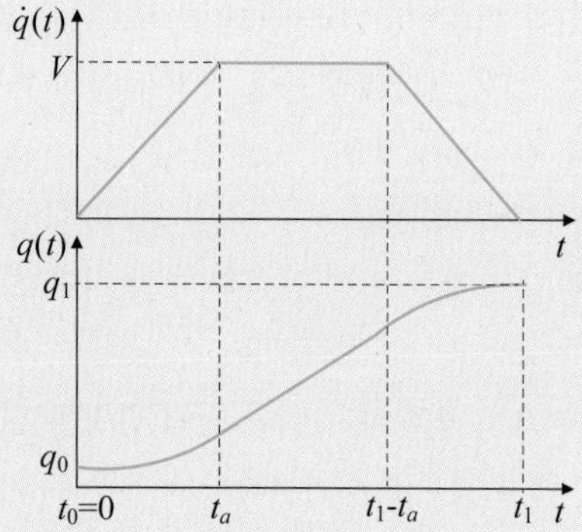

(a) $0 \le t < T_a$의 구간은 2차 다항식 $q(t) = a_0 + a_1 t + a_2 t^2$에 의해서 표현된다. 계수 a_0, a_1, a_2를 q_0, q_1, V, T_a의 항으로 나타내시오.

(b) $T_a \le t < t_1 - T_a$ 의 구간은 1차 다항식 $q(t) = b_0 + b_1 t$에 의해서 표현된다. 계수 b_0, b_1을 q_0, q_1, V, t_1의 항으로 나타내시오.

(c) T_a와 t_1 간의 관계를 구하시오.

(d) 파트 (c)의 관계를 사용하여, 위의 프로파일이 가능하도록 하는 속도 V의 범위를 q_0, q_1, t_1의 항으로 나타내시오.

7 사다리꼴 또는 삼각형 속도 프로파일 궤적에서 초기 및 최종 위치가 각각 q_0 및 q_1, 이동 시간이 $T(=t_1-t_0)$, 제한 가속도가 A로 주어진다. 가속도가 너무 작으면, 주어진 이동 시간에 최종 위치에 도달할 수 없게 된다. 주어진 이동 시간 T에 최종 위치에 도달할 수 있도록 하는 최소 가속도를 구하시오.

8 제한 속도 $V=20$ 및 제한 가속도 $A=20$인 3개의 모터를 고려하자. 각 모터의 변위는 다음과 같다. 초기 속도와 최종 속도는 모두 0이라고 가정한다.

모터 1: $q_{0,1}=0,\ q_{1,1}=50$, 모터 2: $q_{0,2}=0,\ q_{1,2}=-30$, 모터 3: $q_{0,3}=0,\ q_{1,3}=20$

(a) 최대 이동 시간 T_m을 구하시오.

(b) 세 모터의 총이동 시간이 모두 T_m과 동일하도록 각 모터의 새로운 순항 속도 v'_1, v'_2, v'_3를 구하시오. (힌트: 총이동 시간만 동일하면 되므로 세 모터의 가속도는 모두 $A=20$이라고 가정할 수 있다.)

(c) 세 모터의 총이동 시간이 T_m과 동일할 뿐만 아니라, 가속 시간 T_a도 서로 동일하도록 각 모터의 새로운 순항 속도 v'_1, v'_2, v'_3와 가속도 A'_1, A'_2, A'_3를 구하시오.

9 직교 공간에서 초기 위치가 $\boldsymbol{P}(t_0=0)=[0\ 0.5\ 0]^T$이고, 최종 위치가 $\boldsymbol{P}(t_1=2)=[1\ -0.5\ 0]^T$인 직선 궤적을 구하고자 한다. 사다리꼴 속도 프로파일로 가정한 변위 궤적의 제한 선속도가 0.9 m/s로 주어진다.

(a) 직선 궤적의 전체 길이를 구하시오.

(b) 사다리꼴 속도 프로파일을 갖는 변위 궤적의 가속 시간 T_a를 구하시오.

(c) 변위 궤적 $q(t)$를 구하시오.

(d) 변위 궤적을 위치 궤적으로 변환하기 위한 단위 방향 벡터를 구하시오.

(e) 파트 (c)와 (d)로부터 위치 궤적 $\boldsymbol{P}(t)$를 구하시오.

CHAPTER 8 액추에이터와 센서

액추에이터와 센서

초기의 산업용 로봇은 공압이나 유압 액추에이터에 의해서 주로 구동되었지만, 현재 대부분의 산업용 및 서비스용 로봇은 전기 모터에 의해서 구동된다. 본 장에서는 로봇에 주로 사용되는 전기 모터의 모델링과 제어에 필요한 기초 지식을 살펴본다. 전기 모터는 일반적으로 고속, 저토크의 특성을 갖지만, 로봇 팔은 저속, 고토크의 특성을 필요로 하므로, 이의 변환을 위해서 감속기를 사용한다. 본 장에서는 감속기와 관련된 시스템의 특성을 고찰하기 위해서 기어 트레인에 대해서 자세히 설명한 후에, 로봇에 주로 사용되는 감속기인 하모닉 드라이브의 동작 원리 및 특징에 대해서 알아본다.

로봇 팔의 작업을 위해서는 로봇의 위치 제어와 힘 제어가 필요하다. 위치 제어를 위해서는 모터 및 링크의 정확한 위치를 알아야 하는데, 이를 위해서 엔코더가 사용된다. 본 장에서는 이러한 엔코더의 동작 원리 및 이를 이용하여 위치 및 속도 정보를 구하는 방식에 대해서 설명한다. 그리고 힘 제어를 위해서는 로봇의 손목에 장착하여 말단부에 작용하는 3축의 힘과 토크를 측정하는 힘/토크 센서 또는 각 관절마다 설치하여 관절 토크를 측정하는 토크 센서가 필요하다. 본 장에서는 토크 센서의 여러 종류에 대해서 소개하고, 이 중에서 산업용 로봇에 가장 적합한 스트레인 게이지 방식의 토크 센서에 대해서 자세히 알아보기로 한다.

8.1 전기 모터

로봇의 동역학적인 거동을 살펴보기 위해서는 로봇을 구동하는 모터와 감속기의 동역학적인 거동을 함께 고려하여야 한다. 산업용 로봇에 사용되는 서보 모터는 과거에는 제어 성능이 우수한 DC 모터가 주로 사용되었지만, 현재는 동기식 AC 모터에 해당하는 영구자석형 동기모터(permanent magnet synchronous motor, PMSM) 또는

BLDC(brushless DC) 모터가 주로 사용된다. DC 모터와 BLDC **모터**는 구조에서는 많은 차이가 있지만 수학적인 모델링은 동일하므로, 여기서는 DC 모터의 모델링에 대해서 살펴본다.

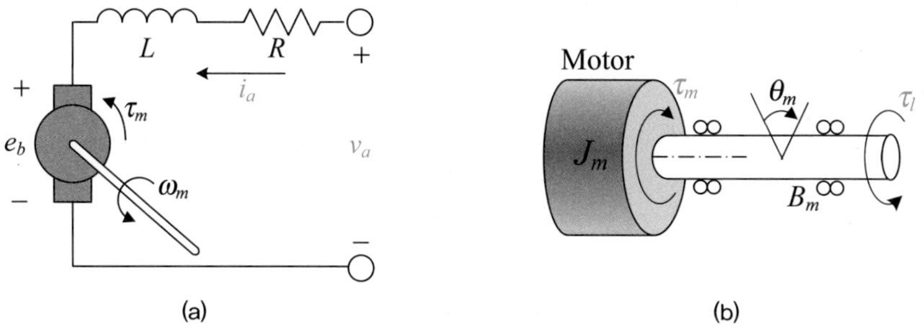

그림 8.1 DC 모터의 구성: (a) 전기적인 구성, (b) 기계적인 구성

그림 8.1은 모터의 전기적 및 기계적인 구성도를 나타낸다. **모터 토크** τ_m은 모터에 흐르는 전기자(armature)의 전류 i_a에 비례한다.

$$\tau_m(t) = K_t \; i_a(t) \tag{8.1}$$

여기서 K_t는 모터의 토크 상수(torque constant)이다. 모터의 역기전력(back emf)은 모터의 회전 속도 ω_m에 비례한다.

$$e_b(t) = K_e \, \omega_m(t) \tag{8.2}$$

여기서 K_e는 역기전력 상수이다. 모터의 전기적 방정식은

$$L\frac{di_a(t)}{dt} + R\,i_a(t) = v_a(t) - e_b(t) \tag{8.3}$$

이며, 여기서 R는 전기자 권선의 저항, L은 전기자 권선의 인덕턴스이다. 모터의 기계적 방정식은

$$J_m \frac{d\omega_m(t)}{dt} + B_m \, \omega_m(t) = \tau_m(t) - \tau_l(t) \tag{8.4}$$

이며, 여기서 J_m과 B_m은 모터의 관성 모멘트와 감쇠 계수를 각각 나타내며, τ_l은 부

하 토크(load torque)이다.

DC 모터를 구성하는 4개의 방정식의 라플라스 변환식은 다음과 같다.

$$\tau_m(s) = K_t i_a(s) \tag{8.5}$$

$$e_b(s) = K_e \omega_m(s) \tag{8.6}$$

$$(Ls+R) i_a(s) = v_a(s) - e_b(s) \tag{8.7}$$

$$(J_m s + B_m)\omega_m(s) = \tau_m(s) - \tau_l(s)/r \tag{8.8}$$

이들 방정식을 조합하면 그림 8.2(a)와 같은 블록 선도로 나타낼 수 있다.

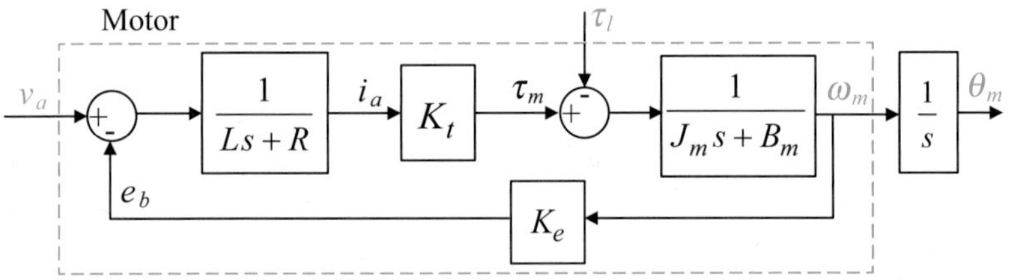

(a)

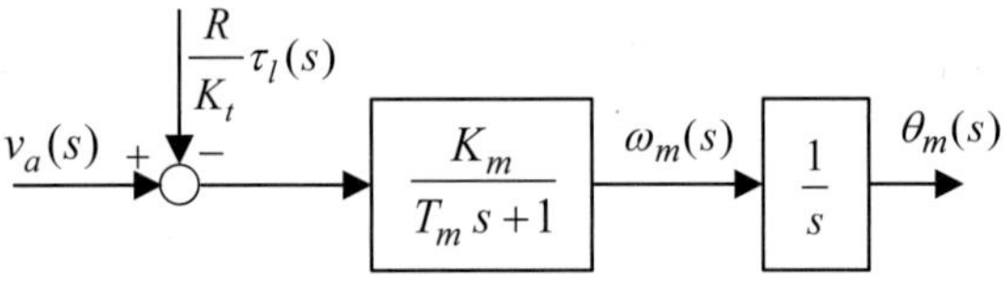

(b)

그림 8.2 DC 모터의 블록 선도

이 블록 선도에서 입력은 전기자 전압 $v_a(s)$와 부하 토크 $\tau_l(s)$이며, 출력은 모터의 위치 제어에서는 회전각 $\theta_m(s)$, 속도 제어에서는 각속도 $\omega_m(s)$가 된다. $\tau_l(s)=0$인 경우에 전기자 전압에서 각속도로의 전달 함수는 다음과 같다.

$$\frac{\omega_m(s)}{v_a(s)} = \frac{K_t}{(J_m s + B_m)(Ls+R) + K_t K_e} \approx \frac{K_t}{J_m R s + (RB_m + K_t K_e)} = \frac{K_m}{T_m s + 1} \tag{8.9}$$

$$\text{where } T_m = \frac{J_m R}{RB_m + K_t K_e} \text{ and } K_m = \frac{K_t}{RB_m + K_t K_e}$$

여기서 T_m은 모터 시상수, K_m은 모터 이득이다. 위 식에서 인덕턴스 L은 매우 작아서 무시하였음에 유의한다. $v_a(s)=0$인 경우에 부하 토크에서 각속도로의 전달 함수는

$$\frac{\omega_m(s)}{\tau_l(s)} = \frac{-(Ls+R)}{(J_m s + B_m)(Ls+R) + K_t K_e} \approx \frac{-1}{J_m s + (B_m + K_t K_e / R)} \tag{8.10}$$

와 같다. 위 식에서도 인덕턴스 L은 매우 작아서 무시하였음에 유의한다. 식 (8.9)와 (8.10)을 종합하면,

$$\omega_m(s) = \frac{1}{J_m R s + (RB_m + K_t K_e)} [K_t v_a(s) - R\tau_l(s)] = \frac{K_m}{T_m s + 1}\left[v_a(s) - \frac{R}{K_t}\tau_l(s)\right] \tag{8.11}$$

을 얻게 된다. 이와 같이 모터를 1차 시스템으로 모델링하면, **그림 8.2(b)**와 같은 블록 선도로 나타낼 수 있다. 위 식을 시간 영역에서 나타내면 다음과 같다.

$$J_m \frac{d\omega_m(t)}{dt} + \left(B_m + \frac{K_t K_e}{R}\right)\omega_m(t) = \frac{K_t}{R} v_a(t) - \tau_l(t) \tag{8.12a}$$

또는

$$J_m \frac{d^2\theta_m(t)}{dt^2} + \left(B_m + \frac{K_t K_e}{R}\right)\frac{d\theta_m(t)}{dt} = \frac{K_t}{R} v_a(t) - \tau_l(t) \tag{8.12b}$$

8.2 기어 감속기

전기 모터는 일반적으로 고속, 저토크의 특성을 갖지만, 로봇 팔은 저속, 고토크의 특성을 필요로 한다. 이와 같이 모터의 고속, 저토크를 로봇이 필요로 하는 저속, 고토크로 변환해 주는 장치가 바로 감속기(speed reducer)이다. 가장 기본적인 감속기는 잇수가 다른 2개의 평기어가 맞물려 회전하는 기어 트레인이지만, 실제로 산업용 로봇에서는 **하모닉 드라이브**(harmonic drive) 또는 RV 감속기가 사용된다. 감속기에 의해서 발생하는 여러 역학적인 원리를 이해하기 위해서는 기어 트레인 모델이 편리하므로, 본 절에서는 먼저 기어 트레인의 원리를 살펴본다. 그리고 하모닉 드라이브와

RV 감속기에 대해서 자세히 살펴보기로 한다.

8.2.1 기어 트레인

2개의 평기어가 맞물려 있는 **그림 8.3**의 **기어 트레인**을 고려해 보자. 그림에서 N_1과 N_2는 기어 1과 2의 잇수, θ_m과 θ_l은 모터 축과 부하 축의 각위치를 각각 나타내며, J와 B는 각 축의 관성 모멘트와 감쇠 계수를 나타낸다. 이때 J_m은 모터 회전자와 기어 1의 관성 모멘트를 합한 것이며, J_l은 부하(load)와 기어 2의 관성 모멘트를 합한 것이다.

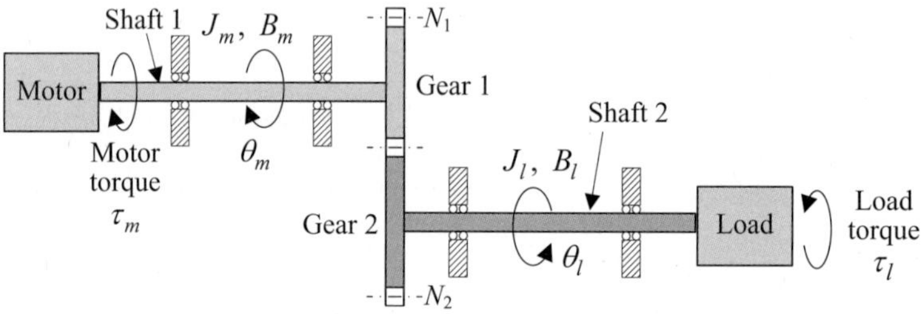

그림 8.3 2개의 평기어로 구성된 기어 트레인

일반적으로 부하는 부하 관성(load inertia)과 부하 토크(load torque)로 구성된다. 부하 관성이란 모터의 회전자와 함께 회전하는 관성을 의미하는데, 모터 축에 결합되는 풀리, 기어, 유연 커플링, 하모닉 드라이브의 웨이브 제너레이터 등의 회전 관성(또는 관성 모멘트)이 여기에 해당한다. 모터 회전자의 관성과 부하 관성을 합하여 시스템 관성이라 부르기도 한다. 한편, 부하 토크는 모터의 회전축에 인가되는 외부 토크를 의미하는데, 브레이크에 의한 제동 토크가 대표적인 예이다.

기어비(gear ratio)는 일반적으로 피동 기어(driven gear)의 잇수를 구동 기어(driving gear)의 잇수로 나눈 값으로 정의된다.

$$r = \frac{N_2}{N_1} \tag{8.13}$$

어떤 경우에는 기어비가 반대로 정의되기도 하므로, 기어비를 사용할 때는 정확한 정의를 같이 살펴보아야 한다.

그림 8.4에서 구동 기어로부터 피동 기어로 토크가 어떻게 전달되는지를 살펴보자. 그림에 두 기어의 접촉점에서는 작용과 반작용에 의해서 동일한 힘 F가 반대 방향으로 각각 작용한다. 이 힘에 의해서 각 기어에 걸리는 토크는 $\tau_1 = (d_1/2)F$ & $\tau_2 = (d_2/2)F$가 되므로

$$\frac{\tau_2}{\tau_1} = \frac{d_1}{d_2} \tag{8.14}$$

의 관계가 성립된다. 식 (8.13)과 (8.14)를 종합하면, 기어 트레인의 여러 기하학적 변수 및 토크는 다음과 같이 기어비와 연관된다.

$$r = \frac{N_2}{N_1} = \frac{\theta_m}{\theta_l} = \frac{d_2}{d_1} = \frac{\tau_2}{\tau_1} \tag{8.15}$$

이때 맞물린 두 기어의 토크가 작용과 반작용에 의해서 동일하다고 오해하면 안 된다. 작용과 반작용 법칙은 힘에 대해서만 적용된다는 점에 유의하여야 한다.

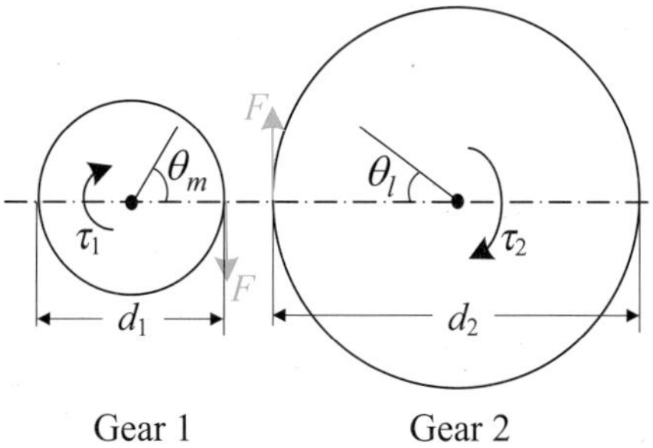

그림 8.4 **기어 트레인에서의 힘과 토크**

이제 모터 축과 부하 축에 대해서 운동 방정식을 구해야 하는데, 질량-스프링-감쇠기 시스템에 적용되는 식과 유사하게 구하면 된다. 모터 축에 대한 운동 방정식은

$$J_m \ddot{\theta}_m + B_m \dot{\theta}_m + \tau_1 = \tau_m \tag{8.16}$$

로 나타낼 수 있는데, 여기서 τ_m은 모터 토크, τ_1은 기어 1에 의해서 기어 트레인의 나머지 부분에 가해지는 토크이다. 이때 기어 트레인의 축은 강체로 가정하여 탄성 변형이 발생하지 않으므로, 위 식에서 강성 항은 생략되었다. 위 식의 물리적인 의미

를 쉽게 설명하기 위해서, 다음과 같은 수치 예를 들어 보자. 모터에서 $\tau_m = 100$이라는 토크가 발생하는데, 이 중에서 $\tau_1 = 50$이 기어 2를 통해서 부하로 전달되고, 마찰을 이겨 내는 데 $B_m \dot{\theta}_m = 30$이 사용되었다면 관성 항에 $J_m \ddot{\theta}_m = 20$이 할당된다. 그러면 각가속도가 양수가 되므로, 모터 축은 가속되어 각속도가 증가하게 된다. 반면에, 동일한 토크가 발생되었는데, 이 중에서 $\tau_1 = 80$이 기어 2를 통해서 부하로 전달되고, 마찰을 이겨 내는 데 $B_m \dot{\theta}_m = 30$이 사용되었다면 관성 항에 $J_m \ddot{\theta}_m = -10$이 할당된다. 그러면 각가속도가 음수가 되므로, 모터 축은 감속되어 각속도가 감소하게 된다.

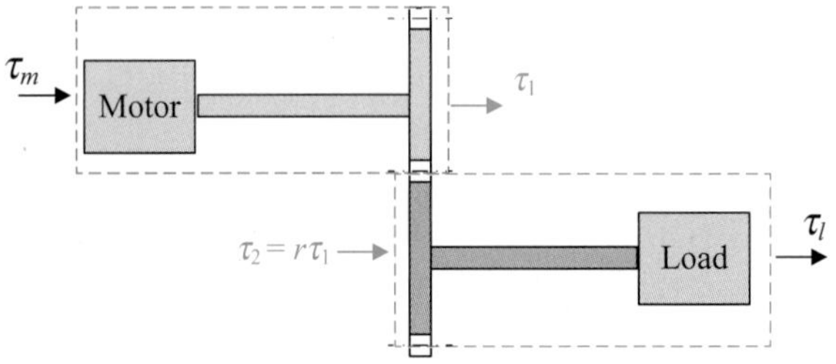

그림 8.5 **기어 트레인에서의 토크 전달**

부하 축에 대한 운동 방정식은

$$J_l \ddot{\theta}_l + B_l \dot{\theta}_l + \tau_l = \tau_2 \tag{8.17}$$

이 되는데, 여기서 τ_2는 기어 1에서 기어 2로 전달된 토크이며, τ_l은 부하 토크이다. 이때 기어 2로 전달되는 τ_2는 기어 1에서 전달하는 τ_1과 같지 않으며, 식 (8.15)에 따라서 $\tau_2 = r\tau_1$의 관계가 성립된다는 점에 유의한다.

한편, 기어 트레인을 통해서 전달되는 에너지는 보존된다고 가정할 수 있으므로, 시간당 에너지로 정의되는 동력(power)도 보존된다.

$$\tau_1 \dot{\theta}_m = \tau_2 \dot{\theta}_l \tag{8.18}$$

위 식은 식 (8.15)의 관계에도 부합된다.

이와 같이 **그림 8.3**의 기어 트레인은 식 (8.16)과 (8.17)의 두 운동 방정식에 의해서 기술될 수 있다. 이때 변수는 모터 축과 부하 축의 회전각인 θ_m과 θ_l인데, 이를 하나의 변수로 나타내면 기어 트레인의 특성을 이해하는 데 훨씬 도움이 된다. 먼저, 모

터 축을 기준으로 운동 방정식을 표현하여 보자. 식 (8.17)을 (8.16)에 대입하면

$$J_m\ddot{\theta}_m + B_m\dot{\theta}_m + \frac{1}{r}(J_l\ddot{\theta}_l + B_l\dot{\theta}_l + \tau_l) = \tau_m \tag{8.19}$$

이 되며, 식 (8.15)의 관계를 적절히 대입하면

$$\left[J_m + \left(\frac{1}{r}\right)^2 J_l\right]\ddot{\theta}_m + \left[B_m + \left(\frac{1}{r}\right)^2 B_l\right]\dot{\theta}_m + \frac{1}{r}\tau_l = \tau_m \tag{8.20}$$

로 정리할 수 있으며, 이를 다음과 같이 단순화할 수 있다.

$$J_{m,eq}\ddot{\theta}_m + B_{m,eq}\dot{\theta}_m + \frac{1}{r}\tau_l = \tau_m \tag{8.21}$$

여기서

$$J_{m,eq} = J_m + \left(\frac{1}{r}\right)^2 J_l \tag{8.22a}$$

$$B_{m,eq} = B_m + \left(\frac{1}{r}\right)^2 B_l \tag{8.22b}$$

여기서 $J_{m,eq}$와 $B_{m,eq}$는 각각 모터 축을 기준으로 한(referred to the motor shaft) 등가 관성 모멘트와 등가 감쇠 계수이다.

감속을 위한 기어 트레인에서는 기어비 $r > 1$이다. 만약 $r \gg 1$이면, 식 (8.22a)에서 J_l이 $J_{m,eq}$에 미치는 영향은 무시할 수 있다. 수치 예를 들어 보자. 두 축의 관성 모멘트가 $J_m = J_l = 100$이며, 기어비는 $r = 100$(하모닉 드라이브의 감속비)이라 가정하면, 식 (8.22a)에서 $J_{m,eq} = 100 + 100/10000 = 100.01$이 되어, J_l을 무시한 $J_{m,eq}$와 실제적으로 동일하게 된다. 즉, 부하 측의 관성 모멘트가 감속기에 의해서 1/10000로 축소되어 모터 측에 영향을 주게 된다.

또한 식 (8.21)에서 보듯이, 부하 토크가 기어비만큼 감소된 채로 방정식에 나타나게 된다. 예를 들어, 부하 토크가 $\tau_l = 50$이라 하자. 감속기가 없다면, 이 부하 토크를 이겨 내기 위해서 모터가 50의 토크를 제공하여야 한다. 그러나 기어비가 $r = 100$인 감속기가 사용된다면, 부하 토크는 1/100로 감소되어 0.5가 되므로, 모터는 0.5의

토크만 제공하여 주면 부하 토크를 이겨 낼 수 있게 된다. 종합하면, 감속기는 부하 측의 관성 모멘트 및 감쇠 계수, 그리고 부하 토크를 크게 감소시켜서 모터의 부담을 줄여 주는 역할을 하게 된다. 이와 같이 부하 측의 여러 성질(로봇의 경우에는 비선형성과 결합성)이 감속기를 거치면서 급격히 축소되는 현상은, 10장에서 취급할 독립 관절 제어의 이론적인 정당성을 부여하여 준다. 이에 대해서는 10장에서 자세히 설명하기로 한다.

이번에는 부하 축을 기준으로 운동 방정식을 구해 보자. 식 (8.16)을 (8.17)에 대입한 후에, 모터 축 운동 방정식과 마찬가지로 정리하면

$$J_l\ddot{\theta}_l + B_l\,\dot{\theta}_l + \tau_l = r\,(\tau_m - J_m\ddot{\theta}_m - B_m\,\dot{\theta}_m) \tag{8.23}$$

이 되며, 식 (8.15)의 관계를 적절히 대입하면

$$(J_l + r^2 J_m)\ddot{\theta}_l + (B_l + r^2 B_m)\dot{\theta}_l + \tau_l = r\,\tau_m \tag{8.24}$$

로 정리할 수 있으며, 이를 다음과 같이 단순화할 수 있다.

$$J_{l,eq}\,\ddot{\theta}_l + B_{l,eq}\,\dot{\theta}_l + \tau_l = r\,\tau_m \tag{8.25}$$

여기서

$$J_{l,eq} = J_l + r^2 J_m \tag{8.26a}$$

$$B_{l,eq} = B_l + r^2 B_m \tag{8.26b}$$

앞서 모터 축을 기준으로 한 운동 방정식에 대한 여러 해석의 관점에서 보자. 식 (8.15)에서 보듯이, 모터 토크 τ_m이 감속기에 의해서 r배만큼 증폭됨을 알 수 있다. 앞의 수치 예에서, 부하 토크가 $\tau_l = 50$을 이겨 내기 위해서 기어비가 $r = 100$인 감속기가 사용된다면, 모터는 0.5의 토크만 제공하여 주면 된다.

한편, 모터-감속기 시스템을 취급할 때 **역구동성**(back-drivability)이라는 용어를 자주 사용한다. 모터는 일반적으로 높은 역구동성을 가지는데, 이는 모터가 꺼져 있는 상태에서 작은 외부 토크로도 모터 축을 쉽게 회전시킬 수 있음을 의미한다. 만약 감속기가 모터에 결합되어 있다면, 감속비에 비례하는 더 큰 외부 토크를 감속기의 출력단에 인가하여야 감속기가 없는 경우와 동일한 정도로 모터 축을 회전시킬 수 있

게 되므로, 역구동성이 크게 저하된다. 이와 같이 모터에 큰 기어비를 갖는 감속기가 연결되는 로봇의 경우에는 역구동성이 매우 낮아서, 로봇 링크에 큰 힘을 가하더라도 로봇이 움직이지 않게 된다. 이는 로봇이 움직이기 위해서는, 모터의 전원 공급 여부와 상관없이 로봇 링크와 결합되어 있는 모터 축이 회전하여야 하기 때문이다.

8.2.2 정밀 감속기

로봇은 큰 감속비를 필요로 하면서도 매우 정밀하게 제어가 수행되어야 하므로, 앞 절에서 설명한 기어 트레인 대신에 정밀 감속기를 사용한다. 대표적인 정밀 감속기로는 **하모닉 드라이브**(Harmonic drive)와 RV **감속기**(RV reduction gear)를 사용하는데, 중소형 로봇에서는 하모닉 드라이브를, 중대형 로봇에는 RV 감속기를 사용한다. 이들 정밀 감속기는 구조는 많이 다르지만, 특성 면에서는 매우 유사하다. 이들 감속기를 사용하기 위해서 정확한 동작 원리를 알 필요는 없으므로, 여기서는 간략한 동작 원리와 더불어 특성 및 설계 시의 주의점 위주로 설명하기로 한다.

하모닉 드라이브는 미국의 발명가 C. W. Musser에 의해서 1960년대 초에 발명된 Strain wave gearing에서 유래하였다. 이 특허를 상용화한 상표명이 하모닉 드라이브이므로, 이 감속기는 일반적으로는 스트레인 웨이브 기어라고 불러야 한다. 그러나 이제는 특허가 공개되어 여러 회사에서 동일한 장치를 판매하고 있고, 전 세계적으로 하모닉 드라이브라고 부르고 있으므로, 이 책에서도 하모닉 드라이브로 부르기로 한다.

하모닉 드라이브는 **그림 8.6**과 같이 웨이브 제너레이터(wave generator, WG), 플렉스플라인(flexspline, FS), 서큘러 스플라인(circular spline, CS) 등 세 가지 부품으로 구

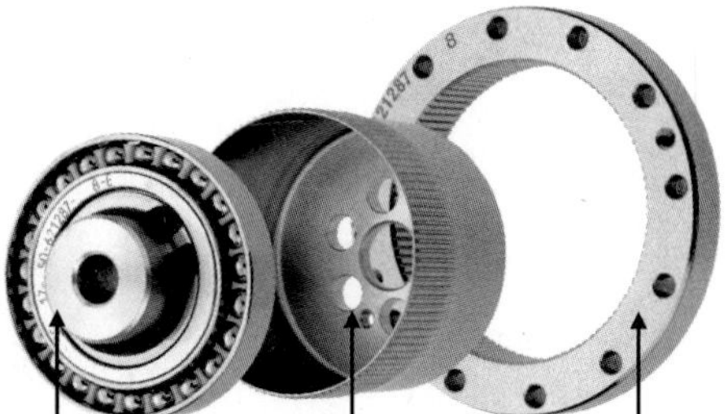

그림 8.6 **하모닉 드라이브의 구조**

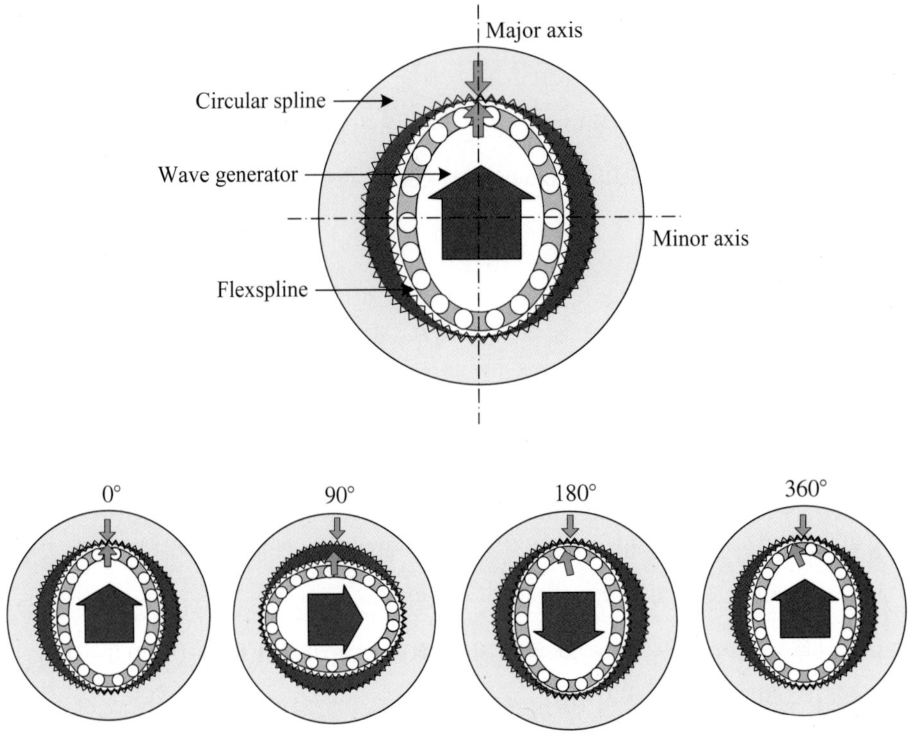

그림 8.7 **하모닉 드라이브의 동작 원리**

성되어 있다. 입력축에 연결되는 웨이브 제너레이터는 볼 베어링 조립부로, 타원형 내륜은 캠에 고정되어 있고, 유연한 외륜은 회전하면서 타원 형상으로 탄성 변형을 한다. 주로 출력축에 연결되는 플렉스플라인은 얇은 벽의 유연한 컵 형상을 가져서 웨이브 제너레이터에 의해서 타원 형상을 띠게 되며, 외부에 기어 치형을 갖는다. 주로 고정축에 연결되는 서큘러 스플라인은, 매우 단단한 링 형태이면서 내부에 기어 치형을 갖는다.

하모닉 드라이브는 다음과 같이 동작한다. **그림** 8.7과 같이 초기에 화살표가 가리키는 CS의 이와 FS의 장축상에 있는 이가 맞물려 있다고 하자. 이때 CS는 정확한 원이지만, FS는 타원 형태이므로 장축의 양쪽에서 복수 개의 이가 서로 맞물리지만, 단축 방향의 이는 서로 떨어져 있다. 모터 축에 연결된 WG의 입력축이 시계 방향으로 회전하면 CS의 이와 FS의 장축상의 이가 맞물리면서 회전하게 된다. 만약 CS와 FS의 잇수가 동일하다면, WG의 한 바퀴 회전 후에 CS와 FS의 두 화살표는 정확히 다시 일치하게 된다. 그러나 CS의 잇수가 202개, FS의 잇수가 200개라면, WG가 시계 방향으로 한 바퀴 회전 후에 FS의 화살표는 잇수 2개만큼 못 미친 위치인 $-3.6°$에 위치하게 된다. WG가 한 바퀴를 더 회전한다면 다시 잇수 2개만큼 못 미치게 되어, 총 4개의 잇수에 해당하는 7.2°만큼 반시계 방향에 위치하게 된다. 만약 WG가 시계 방향으로 100바퀴 회전한다면, 출력인 FS는 반시계 방향으로 한 바퀴, 즉 360° 회전하게 된다. 결과적으로는, 입력인 WG에 대비하여 출력인 FS는 $-1/100$의 감속비를 가지게 되는데, 이때 '−'는 회전 방향이 반대임을 나타낸다. 이러한 원리로, 하모닉 드라이브에서는 큰 감속비가 얻어지게 되는데, 한 번에 맞물리는 잇수가 복수 개이므로, 힘이 분산되어 큰 토크를 전달할 수 있다.

하모닉 드라이브의 감속비는 다음 2가지 경우에 대해서 약간 다르게 된다. 먼저 WG가 입력, FS가 출력이며, CS가 고정되어 있는 경우의 감속비 r는 다음과 같이 주어진다.

$$\frac{1}{r} = -\frac{n_{cs} - n_{fs}}{n_{fs}} \tag{8.27}$$

여기서 n_{cs}와 n_{fs}는 각각 CS와 FS의 잇수를 나타낸다. 이때 '−' 부호는 출력 회전이 입력 회전과는 반대 방향임을 나타낸다. 예를 들어, $n_{fs}=200$ 및 $n_{cs}=202$라면

$$\frac{1}{r} = -\frac{202-200}{200} = -\frac{1}{100}$$

이 되어, WG의 100회전에 대해서 FS는 반대 방향으로 1회전을 하게 된다.

다음으로, WG가 입력, CS가 출력이며, FS가 고정되어 있는 경우의 감속비는 다음과 같이 주어진다.

$$\frac{1}{r} = \frac{n_{cs} - n_{fs}}{n_{cs}} \tag{8.28}$$

이 경우에는 출력 회전이 입력 회전과 동일한 방향이다. 예를 들어, $n_{fs}=200$ 및 $n_{cs}=202$라면

$$\frac{1}{r} = \frac{202-200}{202} = \frac{1}{101}$$

이 되어, WG의 101회전에 대해서 CS는 같은 방향으로 1회전을 하게 된다. 위의 2가지 조합은 실제로 많이 사용된다.

한편, 하모닉 드라이브의 특징은 다음과 같다.

- **높은 감속비:** 일반적으로 복잡한 메커니즘 없이도 1/30~1/300의 높은 감속비가 가능하다.
- **소형, 경량형 설계:** 높은 감속비를 위해서 여러 단을 쌓아야 하는 기어 트레이에 비해서, 비교적 작은 크기로 가볍게 제작이 가능하다. 일반적으로 RV 감속기가 하모닉 드라이브에 비해서 무겁다.
- **실질적인 제로 백래시:** 백래시가 매우 작아서 정밀 기계장치에 사용하기 적합하다.
- **높은 위치 정확도 및 토크 전달:** 한순간에 맞물리는 이가 전체의 10% 정도에 해당하여, 높은 위치 정확도와 더불어 높은 토크 전달 능력을 얻을 수 있다.
- **동축상의 입력과 출력:** 입력축과 출력축이 동축상에 위치하므로, 장치의 설계가 용이하다.
- **높은 효율:** 타 감속기에 비해서 마찰에 의한 동력 손실이 적다.

8.3 엔코더

로봇 팔의 관절 공간에서 모터의 회전 각변위 및 각속도를 실시간으로 정확히 측정할 수 있어야 로봇의 제어가 가능하다. 이러한 목적으로 대부분의 로봇에서는 **엔코더**(encoder)를 사용한다. 과거에는 속도의 측정을 위해서 타코미터(tachometer)를 사용하기도 하였으나, 현재는 엔코더 또는 리졸버(resolver)를 사용한다.

엔코더는 회전 각변위 또는 각속도를 측정하는 데 사용되는 디지털 변환기이다. 과거에는 광학식 엔코더(optical encoder)가 주로 사용되었으나, 현재는 일부 자기식 엔코더(magnetic encoder)도 사용되고 있다. 엔코더는 다음과 같은 특징을 갖는다.

- 고해상도
- 디지털 신호의 우수한 잡음 면역성에 의한 높은 정확성
- 본질적인 디지털 출력으로 인해서 A/D 변환기가 필요 없음
- 위치 센서와 속도 센서로 모두 사용 가능

엔코더는 기능에 따라서 **증분형 엔코더**(incremental encoder)와 **절대형 엔코더**(absolute encoder)로 분류된다. 증분형 엔코더는 상대적인 각변위의 측정만 가능하지만, 절대형 엔코더는 전원 공급이 차단되어도 절대 각위치를 항상 알려 줄 수 있다.

8.3.1 증분형 광학식 엔코더

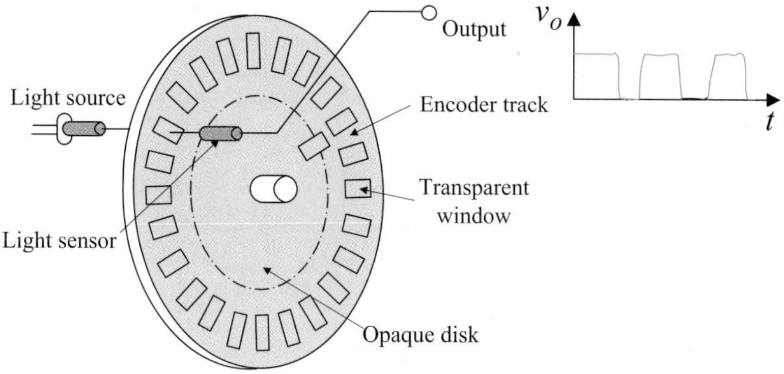

그림 8.8 **증분형 광학식 엔코더**

엔코더는 통상적으로 모터 축에 결합되어 모터와 함께 회전한다. 불투명한 엔코더 디스크에 투명한 창이 등간격으로 배치되어 있는 한두 개의 트랙이 존재한다. 디스크의 한쪽에서 LED 광원, 반대쪽의 광센서가 정렬되어 배치되어 있으므로, 디스크가 회전하다가 빛이 투명한 창을 통과하여 광센서에 도달하면 그림과 같이 전압 신호가 발생하지만, 빛이 불투명한 트랙에 위치하면 빛이 통과하지 못하여 광센서에서 전압 신호가 발생하지 않게 된다. 이와 같은 펄스 신호를 계수기(counter)를 사용하여 계수하면 각변위를 측정할 수 있다.

한편, 모터의 회전은 각변위 외에도 회전 방향을 아는 것이 매우 중요하다. 이를 위해서 **그림 8.9**와 같이 2개의 광센서 A와 B가 1/4 피치, 즉 전기각 90°만큼 떨어져 배치되어 있는데, 이러한 구성으로부터 나오는 A상과 B상의 신호를 **쿼드러처**(quadrature)라고 한다. 만약 엔코더 디스크가 시계 방향(CW)으로 회전한다면 광센서 신호가 둘 다 off에서 A상 신호가 먼저 on이 된 후에 전기각 90° 후에 B상 신호가 on이 된다. 즉, A상이 B상에 90° 앞선다(phase lead by 90°). 반대로, 디스크가 반시계 방향(CCW)으로 회전하면, A상이 B상에 90° 뒤진다(phase lag by 90°). 이와 같이 A상과

B상의 신호를 관찰하면 회전 방향을 알 수 있다. 한편, 인덱스 펄스인 Z상 신호를 계수하면 회전 수를 알 수 있다.

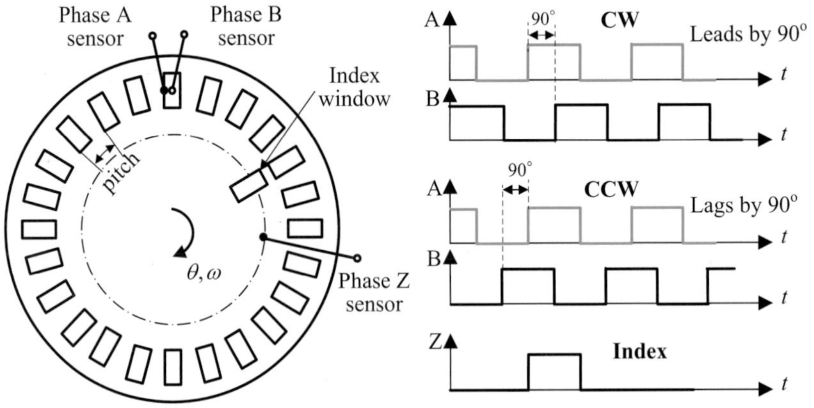

그림 8.9 **증분형 엔코더의 회전 방향 결정**

증분형 광학식 엔코더를 사용하여, 다음과 같이 각변위 θ를 측정할 수 있다.

$$\theta = \frac{2\pi n}{N}\,[\text{rad}] \ \text{or} \ \theta = \frac{n}{N} \times 360^\circ \tag{8.29}$$

여기서 N은 엔코더 1회전당 펄스의 수, n은 어느 시점의 펄스 수를 나타낸다. 예를 들어, 1000 pulse/rev의 엔코더가 어느 시점에 200 펄스가 계수되었다면, 한 펄스당 0.36°이므로 각변위는 72°이다.

이와 같이 엔코더를 사용하여 얼마나 작은 각도를 측정할 수 있는지가 매우 중요한데, 이를 엔코더 **분해능**(resolution)이라고 한다. 엔코더의 기본 분해능은 한 회전당 A상(또는 B상)의 펄스 수이다. 위의 예에서 1000 pulse/rev의 엔코더의 기본 분해능은 0.36°이다. 이 엔코더는 2체배(2×multiplication) 또는 4체배(4×multiplication) 방식을 통해서 분해능을 2배 또는 4배로 향상할 수 있다. 2체배 방식은 A상(또는 B상)의 상승 에지와 하강 에지를 모두 계수함으로써 분해능을 2배로 향상한 것으로, 위 예제에서는 0.18°의 분해능을 가능하게 한다. 4체배 방식은 A상과 B상의 상승 에지와 하강 에지를 모두 계수함으로써 분해능을 4배로 향상한 것으로, 위 예제에서는 0.09°의 분해능을 가능하게 한다.

로봇의 경우 모터만 사용하는 경우보다는 모터-감속기의 결합에 의해서 동력을 전달한다. 만약 기어비가 100인 감속기를 사용한다면, 감속기 출력단의 1회전은 모터의 100회전에 해당한다. 그러므로 감속기 출력단 대신에 모터 출력단에 엔코더를 설치한다면, 감속기 출력 각도의 입장에서는 분해능을 100배 향상할 수 있다. 물론 이 경우에는 기어에 의한 백래시 영향으로 각도의 정확성이 다소 저하될 수 있다.

이번에는 엔코더를 사용하여 회전 각속도를 측정하는 방식에 대해서 알아보자. 흔히 단위 시간당 펄스의 수를 계수하거나 엔코더 한 펄스당 시간을 측정하는 방식을 사용한다. **펄스 계수법**(pulse-counting method)은 주어진 주기 동안의 엔코더 펄스의 수를 계수하는 방법으로, 다음과 같이 각속도를 계산한다.

$$\omega = \frac{2\pi n}{NT}\ [\mathrm{rad/s}] \quad \text{or} \quad \omega = \frac{360 n}{NT}\ [^\circ/\mathrm{s}] \tag{8.30}$$

여기서 N은 한 회전당 엔코더 펄스의 수이며, n은 주어진 주기 T 동안에 계수된 엔코더 펄스의 수이다. 이 방법은 고속 회전 시에는 정확한 속도가 측정되지만, 저속 회전 시에는 주어진 주기에 포함되는 펄스의 수가 작아서 한 펄스의 포함 여부에 따라서 속도 차이가 크게 나게 되어 속도의 정확성이 저하된다. 그리고 주기가 증가하면, 측정하는 속도가 순간 속도가 아닌 평균 속도에 해당하게 된다.

펄스 타이밍법(pulse-timing method)은 엔코더의 한 펄스에 해당하는 시간을 고주파 클럭 신호를 사용하여 측정함으로써, 다음과 같이 각속도를 계산한다.

$$\omega = \frac{2\pi / N}{m / f} = \frac{2\pi f}{N m}\ [\mathrm{rad/s}] \quad \text{or} \quad \omega = \frac{360 f}{N m}\ [^\circ/\mathrm{s}] \tag{8.31}$$

여기서 f는 클럭 주파수(Hz), m은 엔코더의 한 펄스에 대한 클럭 펄스의 수이다. 그림 8.10에서 보듯이, 엔코더 한 펄스인 $2\pi/N$[rad]의 각도 동안에 계수된 클럭 펄스의 수가 m이므로, 엔코더 한 펄스의 시간은 m/f[sec]에 해당하게 된다. 이 방식은 저속 회전 시에 정확히 속도를 측정할 수 있지만, 고속 회전 시에는 한 엔코더 펄스에 해당하는 보조 클럭의 펄스 수가 적어져서 부정확하게 된다.

위에서 살펴본 바와 같이, 고속 회전에서는 펄스 계수법(M method), 저속 회전에서는 펄스 타이밍법(T method)이 유리하다. 그러나 로봇의 경우에는 저속과 고속이

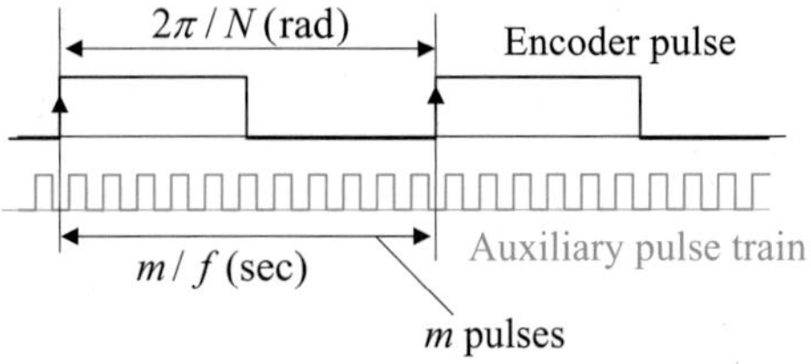

그림 8.10 **펄스 타이밍법**

번갈아 나타나므로 어느 한 가지 방법만 선택하기가 어렵다. 이러한 경우에 다음과 같이 **M/T법**을 사용한다. 여기서 M 방법은 펄스 계수법, T 방법은 펄스 타이밍법을 의미하므로, M/T법은 펄스 계수법과 펄스 타이밍법을 혼합한 방식이라 할 수 있다. 펄스 계수법에서 주어진 주기에 포함하는 엔코더 펄스를 계수할 때, 마지막 펄스의 포함 여부에 따라서 오차가 발생하는 것을 방지하기 위하여 다음과 같은 가변 주기 T_v를 사용한다.

$$T_v = T_s + \Delta T \tag{8.32}$$

여기서 T_s는 펄스 계수법에서의 고정된 주기이며, ΔT는 마지막 엔코더 펄스를 포함하는 데 필요한 부가 시간을 의미한다. 그림 8.11과 같이, T_v는 엔코더 펄스의 상승 에지로부터 T_s가 경과한 후에 나타나는 첫 번째 상승 에지까지의 시간이다. 따라서 각속도는 다음과 같이 계산된다.

$$\omega = \frac{2\pi n}{NT_v} = \frac{2\pi n}{N(T_s + \Delta T)} \text{ [rad/s] or } \omega = \frac{360n}{N(T_s + \Delta T)} \text{ [°/s]} \tag{8.33}$$

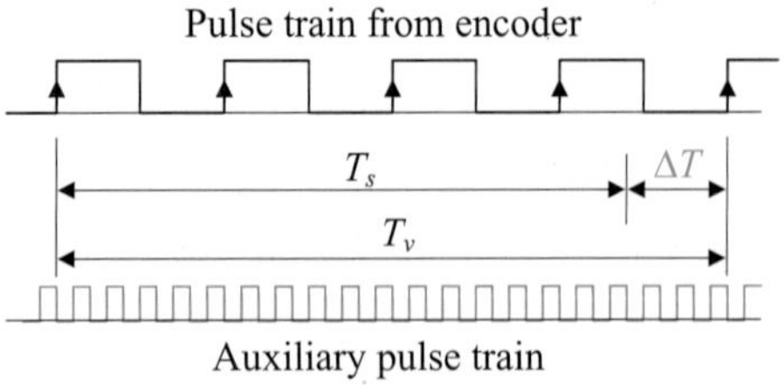

그림 8.11 **M/T법에 기반한 각속도 계산**

이와 같이 M/T법은 넓은 속도 범위에서 정확한 속도를 측정할 수 있다. 그러나 저속 영역에서는 가변 주기 T_v가 매우 길어질 수 있으므로, 순간 속도 대신에 평균 속도만 얻을 수 있다. 실제로 속도의 방향이 변환되는 제로 속도 근처에서 매우 낮은 속도가 흔히 발생한다.

8.3.2 절대형 광학식 엔코더

절대형 광학식 엔코더는 전원이 차단되는 경우에도 정확한 절대 각변위를 제공할 수 있는 엔코더이다. 이를 위해서 엔코더의 코드 디스크에 각변위마다 서로 다른 이진 코드 패턴이 새겨져 있다. 증분형 엔코더는 하나의 트랙만 있었지만, 절대형 엔코더에는 n개의 트랙이 존재하며, 이를 위해서 n개의 광센서가 방사상으로 배치되어 있다. 만약 $n=10$이면 $2^{10}=1024$개의 섹터가 가능하므로, 각도 분해능은 $360°/1024=0.352°$가 된다.

절대형 엔코더에서는 펄스 패턴에 이진 코드가 아닌 그레이 코드(gray code)를 사용한다. 그림 8.12의 코드 디스크는 4개의 트랙을 가지므로 16개의 섹터, 즉 16개의 각 변위를 가진다. 좌측의 이진 코드를 사용한다면, 데이터 해석 문제가 자주 발생하게 된다. 예를 들어, 섹터 3(0011)에서 섹터 4(0100)로의 시계 방향 회전이 발생한다면, 3비트의 전환이 동시에 발생하여야 하는데, 광센서의 배열이 완벽하지 않아서 LSB가 먼저 천이된다면 순간적으로 0011에서 0010으로 해독되어 마치 엔코더가 섹터 3에서 2로 반시계 방향으로 회전하는 것으로 오인된다. 궁극적으로는 나머지 비

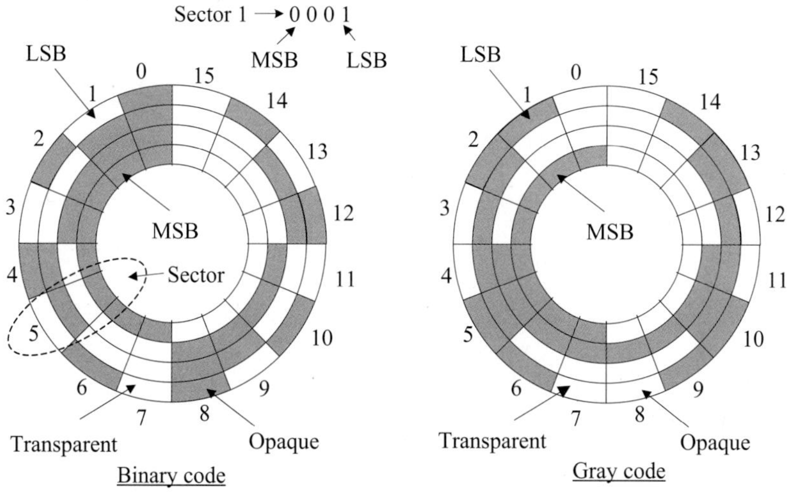

그림 8.12 **이진 코드와 그레이 코드의 비교**

트가 전환되어 섹터 4의 정보를 얻게 되지만, 섹터 3에서 4로 가는 도중에 여러 모호한 회전 정보가 개입된다. 이를 방지하기 위해서는 연속되는 섹터는 오직 1비트만 차이가 나야 하는데, 이를 만족시키는 코드가 바로 그레이 코드이다.

절대형 엔코더에 기반한 각속도 측정은 절대형 엔코더와 유사하다. 절대형 엔코더는 전원이 차단되더라도 정확한 각변위를 제공할 수 있다는 장점이 있지만, 증분형 엔코더보다 훨씬 더 비싸다.

표 8.1 **절대형 엔코더를 위한 섹터 코딩**

Sector no.	Binary	Gray	Sector no.	Binary	Gray
0	0000	0111	**8**	1000	1011
1	0001	0110	**9**	1001	1010
2	0010	0100	**10**	1010	1000
3	0011	0101	**11**	1011	1001
4	0100	0001	**12**	1100	1101
5	0101	0000	**13**	1101	1100
6	0110	0010	**14**	1110	1110
7	0111	0011	**15**	1111	1111

8.4 토크 센서

산업용 로봇은 로봇 관절의 위치를 측정하는 엔코더에 기반한 위치 제어 기능만 제공된다. 그러나 조립이나 가공 등과 같이 로봇과 환경 간의 접촉이 수반되는 경우에는 힘 제어를 수행하여야 하므로, 로봇에 인가되는 힘과 토크의 정보가 필요하다. 이를 위해서 일반적으로 로봇의 손목부에 6축 **힘/토크 센서**(force/torque sensor, FTS)를 장착하거나 로봇의 모든 관절에 단축 **관절 토크 센서**(joint torque sensor, JTS)를 장착한다. JTS를 사용하는 경우에는 말단부에서의 힘과 토크를 직접 측정할 수 없으므로, 식 (5.17)에 기반하여 관절 토크 정보로부터 말단부의 힘과 토크를 추정하여 사용하게 된다. FTS와 JTS의 장단점을 비교하여 표 8.2에 나타내었다. FTS와 JTS는 서로의 장점과 단점이 반대로 나타나므로, 센서의 선택은 로봇의 사용 목적에 따라서 달라지게 된다. 일반적으로 일부 협동 로봇에는 JTS가 내장된 형태로 출시되고 있다.

표 8.2 FTS와 JTS의 비교

	FTS	JTS
+	• 로봇 말단에서의 힘/토크의 정확한 측정이 가능함.	• 로봇 몸체의 충돌도 감지할 수 있음. • 비교적 저가임.
–	• 로봇 몸체의 충돌은 감지할 수 없음. • 비교적 고가임.	• 크로스톡 현상에 의해서 정확한 토크 측정이 어려움. • 로봇 말단에서의 정확한 힘/토크 추정이 어려움.

본 절에서는 주로 스트레인 게이지 기반의 JTS에 대해서 다루기로 한다. 이는 FTS는 상용으로 구입하여 손목부에 쉽게 장착하여 사용할 수 있으며, 센서의 사용 시에 로봇의 특성을 별로 고려하지 않아도 되는 반면에, JTS는 상용으로 제공되지 않아서 직접 설계하여 사용하는 경우가 많은데, 로봇의 특성을 잘 반영하여 설계하지 않으면 오히려 로봇 전체의 성능을 저하시킬 수도 있기 때문이다. 현재 사용되는 5가지 종류의 JTS는 다음과 같다.

- **스트레인 게이지 기반의 토크 센서:** 관절 토크에 의해서 발생하는 센싱부(sensing member)의 비틀림 변형을 직접 센싱부에 부착한 스트레인 게이지로 측정하는 방식
- **커패시턴스 센서 기반의 토크 센서:** 관절 토크에 의한 센싱부의 비틀림에 의해서 발생하는 센서의 커패시턴스의 변화를 측정하는 방식
- **이중 엔코더 기반의 토크 센서:** 제어용으로 사용하는 증분형 및 절대형 엔코더를 그대로 활용하여 하모닉 드라이브의 비틀림 변형을 측정하는 방식
- **엔코더/토션바 기반의 토크 센서:** 비틀림 변형이 잘 발생되는 토션바(torsion bar)의 비틀림을 엔코더로 측정하는 방식
- **모터 전류/마찰 모델 기반의 토크 추정기:** 모터 전류로부터 추정한 모터 토크에서 감속기의 마찰 손실을 반영하여 실제 관절 토크를 추정하는 방식

위에서 언급한 5가지 방식의 토크 센서의 특성을 표 8.3에 나타내었다. 각 센서는 정확도, 강성, 가격 측면에서 각각 장단점이 있으므로, 이러한 요소를 고려하여 선택하면 된다. 일반적인 가이드라인은 다음과 같다. 첫째, 로봇용 토크 센서는 정밀 측정용 토크 센서는 아니므로, 정확도가 어느 정도 이상이면 사용할 수 있다. 즉, 로봇에서 토크 센서의 사용 목적은 충돌 감지와 직접 교시와 같이 비교적 낮은 정확도의

표 8.3 다양한 JTS의 특성 비교

방식	정확도	강성	가격
스트레인 게이지	가장 높음	높음	약간 높음
커패시턴스	비교적 높음	비교적 낮음	보통
이중 엔코더	낮음	아주 높음	아주 낮음
엔코더+토션바	비교적 높음	낮음	보통
모터 전류+마찰 모델	낮음	아주 높음	아주 낮음

토크 측정으로도 충분한 경우도 많으며, 힘/토크 제어 시에도 작업 중에 과도한 힘의 발생을 방지하는 목적이 크므로 아주 높은 정확도의 토크 측정을 요구하지는 않는다. 둘째, 토크 센서의 사용으로 로봇 관절부의 강성, 따라서 로봇 전체의 강성이 크게 저하되지 않는 것이 바람직하다. 이에 대해서는 아래에서 자세하게 해석하도록 한다.

로봇 관절부와 관련된 강성의 특징을 이해하기 위해서 다음과 같은 모델을 고려해 보자. 그림 8.13에서와 같이 모터와 부하(로봇에서는 링크) 사이에 일반적으로 감속기 또는 토크 센서와 같은 탄성체(elastic body)가 위치한다. 경우에 따라서는 감속기와 토크 센서가 함께 포함되기도 한다. 여기서는 탄성체의 강성의 영향만 살펴보므로 탄성체를 단지 강성 K_e로만 표현한다.

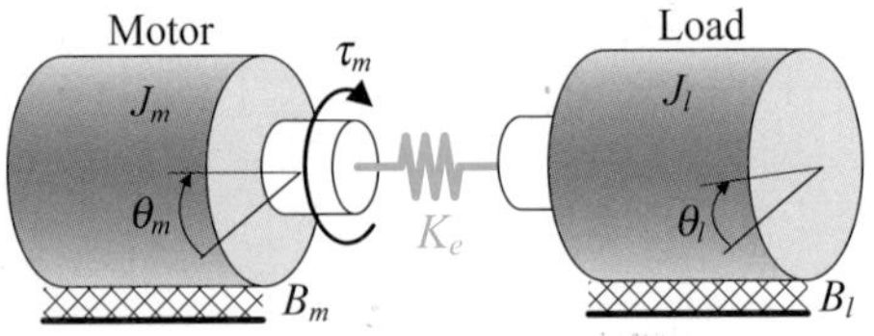

그림 8.13 모터와 부하 및 탄성체(감속기, 토크 센서)의 직렬 연결

모터의 강성을 K_m, 부하의 강성을 K_l이라고 하자. 만약 모터와 부하가 직결되어 있다면, 전체 강성은 다음과 같이 나타낼 수 있다.

$$\frac{1}{K_1} = \frac{1}{K_m} + \frac{1}{K_l} \tag{8.34}$$

위 식은 모터의 강성과 부하의 강성이 직렬 연결되어 있으므로, 스프링의 직렬 연결 방정식에 해당하게 됨에 유의한다. 만약 모터와 부하 사이에 센서가 연결되어 있다면, 전체 강성은 스프링의 직렬 연결 방정식에 의해서 다음과 같이 표현된다.

$$\frac{1}{K_2}=\frac{1}{K_m}+\frac{1}{K_l}+\frac{1}{K_e} \tag{8.35}$$

식 (8.34)와 (8.35)에서 모든 강성은 양수이므로 $1/K_1<1/K_2$가 되어 $K_2<K_1$이 됨을 알 수 있다. 다시 말하자면, 모터와 부하 사이에 감속기나 토크 센서와 같은 탄성체가 포함된 시스템의 강성은 탄성체가 없는 시스템의 강성보다 항상 작아진다. 그러므로 시스템의 강성 저하를 최소화하려면 삽입되는 탄성체의 강성이 가능한 한 커야 한다.

그림 8.12에서의 모델에 대한 동역학 방정식은 다음과 같다.

모터 측: $J_m\ddot{\theta}_m+B_m\dot{\theta}_m+K_e(\theta_m-\theta_l)=\tau_m$ (8.36)

부하 측: $J_l\ddot{\theta}_l+B_l\dot{\theta}_l+K_e(\theta_l-\theta_m)=0$ (8.37)

여기서 J_m과 J_l은 모터와 부하의 관성 모멘트, B_m과 B_l은 모터와 부하의 감쇠 계수, t_m은 모터 토크이다. 해석을 위해서

$$\theta=\theta_m-\theta_l \tag{8.38}$$

으로 놓고, 감쇠 계수 $B_m=B_l=0$으로 가정하면, 위의 두 식은 다음과 같이 하나의 동역학 방정식으로 나타낼 수 있다.

$$\ddot{\theta}+K_e\left(\frac{1}{J_m}+\frac{1}{J_l}\right)\theta=\frac{\tau_m}{J_m} \tag{8.39}$$

그러므로 시스템의 비틀림 고유 진동수(torsional natural frequency) ω_n은

$$\omega_n=K_e\left(\frac{1}{J_m}+\frac{1}{J_l}\right) \tag{8.40}$$

로 나타낼 수 있다. 제어 해석에서 잘 알려져 있듯이, 고유 진동수는 시스템의 대역

폭(bandwidth)과 밀접한 관련이 있다. 즉, 고유 진동수가 클수록 대역폭이 커져서 시스템의 응답성이 향상된다. 식 (8.40)에서 탄성체의 강성 K_e가 증가할수록 고유 진동수, 즉 대역폭이 증가한다. 결론적으로, 감속기 또는 토크 센서 자체의 강성이 클수록 로봇 관절부의 성능이 향상된다는 점을 알 수 있다.

일반 토크 센서의 경우에는, 센서의 강성이 낮으면 주어진 토크에 대해서 변형이 더 커져서 민감도가 향상되는 등 정확도가 높아진다. 그러나 산업용 로봇의 경우에는, 센서의 강성이 가능한 한 높아야 로봇 전체의 강성을 높게 유지할 수 있다. 즉, 고강성과 고정확도라는 2가지 상충되는 성능을 만족시키는 설계가 필요하므로, 일반 토크 센서에 비해서 설계가 매우 어렵다는 점에 유의하여야 한다. 표 8.3에서 이중 엔코더 방식과 모터 전류 방식의 경우 강성이 매우 높은 것은 토크 센싱을 위해서 별도의 센싱부가 필요 없이 토크를 측정하기 때문이다. 스트레인 게이지 방식은 센싱부가 변형되어야 하지만, 스트레인 게이지가 센싱부 표면에 부착되어 아주 작은 변형도 감지할 수 있으므로, 센싱부를 어느 정도 고강성으로 설계하는 것이 가능하다. 반면에, 커패시턴스 방식은 비접촉으로 센싱부의 변형을 측정하므로 센싱부의 강성을 높게 유지하기 어렵다. 특히 토션바의 비틀림 변형을 엔코더로 측정하는 방식에서는 토션바의 강성이 매우 낮으므로, 센서 전체의 강성이 낮을 수밖에 없어서 산업용 로봇에는 사용되어서는 안 된다. 이러한 점을 고려한다면, 산업용 로봇이나 협동 로봇에는 스트레인 게이지 방식의 토크 센서가 가장 적합하므로, 본 교재에서는 이 방식에 대해서 좀 더 자세히 살펴보기로 한다.

스트레인 게이지가 부착되는 센싱부는 보통 원판 형태를 가지며, 감속기의 출력부와 링크 사이에 위치한다. 센싱부에는 그림 8.14와 같이 (a) 관절 회전 방향으로 작용하는 토크 하중(torque load), (b) 관절 회전 방향 이외의 방향으로 작용하는 모멘트

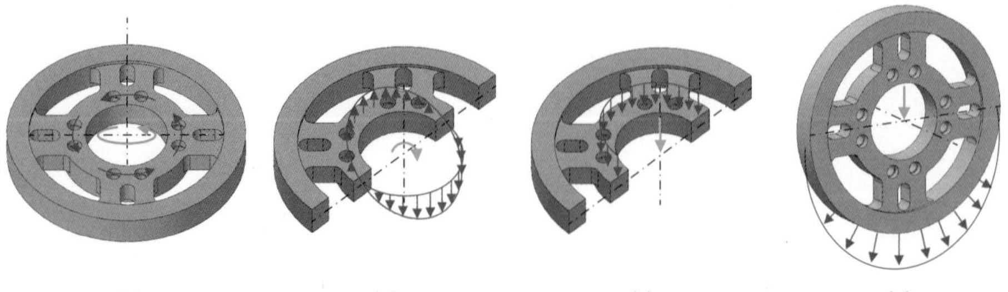

그림 8.14 관절에 인가되는 하중의 종류: (a) 토크 하중, (b) 모멘트 하중, (c) 축 하중, (d) 방사상 하중

하중(moment load), (c) 축 방향으로 작용하는 축 하중(axial load), (d) 면과 평행한 방향의 방사상 하중(radial load)이 인가될 수 있다. 로봇의 자세와 동작에 따라 이러한 네 종류의 하중 가운데 일부 또는 전부가 관절에 인가된다.

각 관절에 인가된 힘과 모멘트는 센싱부의 구조에 변형을 발생시키게 되는데, 이러한 변형은 스트레인 게이지를 통해 측정된다. 따라서 관절에 인가되는 토크를 정확히 측정하기 위해서는 그림 8.15(a)의 토크 하중에는 민감하지만, 그 밖의 다른 하중에는 둔감하도록 토크 센서의 구조를 설계하고, 토크 하중 이외의 하중이 토크 센서에 전달되지 않도록 기구적으로 차폐하여야 한다. 이와 같이 토크 이외의 하중에 의해서 센싱부가 변형되면서 토크 측정의 오차를 유발하는 것을 크로스톡(crosstalk) 오차라고 한다. 이러한 오차는 모든 종류의 센서에 나타나는 일반적인 현상이다. 로봇에 사용되는 토크 센서에서만 발생하는 토크 리플(torque ripple) 오차는 바로 하모닉 드라이브 감속기의 특성에 기인한다. 하모닉 드라이브의 동력 전달 과정에서 플렉스플라인이 탄성 변형을 하며, 이로 인해서 축 하중과 방사상 하중이 발생하여 센싱부를 변형시키게 된다.

크로스톡 오차와 토크 리플 오차를 최소화하기 위해서, 보통 크로스롤러 베어링(cross-roller bearing)을 장착한다. 이 베어링은 토크 방향 회전을 제외한 나머지 운동을 구속함으로써 센싱부에 토크 부하만 전달되도록 하지만, 위의 두 오차를 완벽하게 차단하지는 못한다. 크로스롤러 베어링의 사용에 더하여, 크로스톡 오차는 센싱부, 특히 스트레인 게이지가 부착되는 단면의 형상을 잘 조절하여 감소시키는 것이

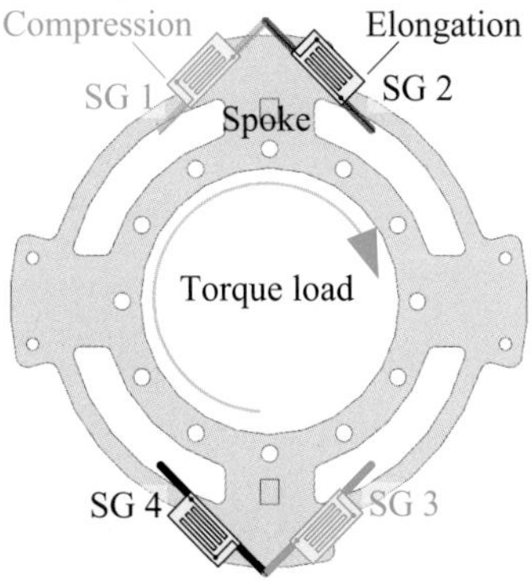

(a)

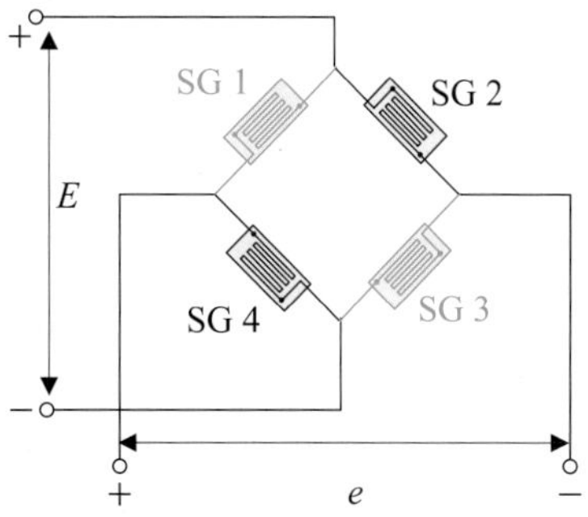

(b)

그림 8.15 스트레인 게이지를 이용한 토크 센서: (a) 스트레인 게이지의 부착, (b) 휘트스톤 풀 브리지의 구조

가능하다. 그리고 토크 리플은 하모닉 드라이브의 1회전마다 정현파와 유사한 형태로 두 번씩 나타나므로, 노치 필터(notch filter) 등을 회전 속도와 연계하여 사용함으로써 리플의 크기를 줄일 수 있다. 결론적으로, 로봇용 토크 센서는 로봇 운동 및 감속기의 영향을 많이 받으므로, 일반 토크 센서보다는 제작 및 운용이 훨씬 어렵다는 점에 유의한다.

그림 8.15와 같이 토크 센서에 토크가 인가될 때 센싱부의 스포크에는 접선 하중이 발생하며, 이는 스트레인 게이지 부착면에 전단 응력(shear stress)을 발생시킨다. 전단 응력을 측정하기 위해서, 그림에서와 같은 선형 스트레인 게이지를 대각 방향으로 배치할 수도 있지만, 2개의 수직 그리드가 하나의 스트레인 게이지에 합쳐진 이중 전단형(double shear type) 스트레인 게이지를 사용하면 편리하다. 그림 8.15(a)와 같이 대각에 위치한 스포크에 각각 스트레인 게이지를 부착하여 총 4개의 스트레인 게이지로 그림 (b)의 휘트스톤 브리지(Wheatstone bridge)를 구성한다. SG 1과 2 그리고 SG 3과 4가 연결된 접점에 전압 E를 공급하고, SG 1과 4 그리고 SG 2와 3의 접점 사이에서 스포크 변형에 따른 전압 e를 증폭기와 아날로그-디지털 변환기(analog-digital converter)를 이용하여 측정한다.

$$e = \left(\frac{R_4}{R_1 + R_4} - \frac{R_3}{R_2 + R_3} \right) E \tag{8.41}$$

여기서 $R_1 \sim R_4$는 스트레인 게이지 SG 1~SG 4의 저항이다.

그림 8.15(a)와 같은 토크 하중이 인가되는 경우, SG 2와 4는 인장에 의해 저항이 증가하여 $R = R_o + \Delta R$가 되며, SG 1과 3은 압축에 의해 저항이 감소하여 $R = R_o - \Delta R$가 되는데, 인장과 압축에 의한 저항 변화 ΔR는 다음과 같다.

$$\ddot{A}R = R_o G \varepsilon \tag{8.42}$$

여기서 R_o는 스트레인 게이지의 기본 저항(변형률이 0일 때의 저항으로 일반적으로 350 Ω), G는 제작자가 제공하는 게이지 인자(gauge factor)이며, ε은 변형률(strain)이다. 이와 같이 인장과 압축에 따른 저항의 변화를 반영하면, 식 (8.41)은 다음과 같이 정리된다.

$$e = \left(\frac{R_o + \Delta R}{R_o - \Delta R + R_o + \Delta R} - \frac{R_o - \Delta R}{R_o + \Delta R + R_o - \Delta R} \right) E$$

$$= \left(\frac{R_o + \Delta R}{2R_o} - \frac{R_o - \Delta R}{2R_o} \right) E = \frac{\Delta R}{R_o} E \tag{8.43}$$

식 (8.42)를 (8.43)에 대입하면 다음 관계를 얻을 수 있다.

$$\varepsilon = \frac{1}{G} \frac{e}{E} \tag{8.44}$$

즉, 전압 e를 측정하면 변형률 ε을 구할 수 있다. 변형률 ε과 토크 τ 간에는 복잡한 해석을 통해서 이론적인 관계를 구할 수도 있지만, 대부분의 경우에는 토크와 전압 e 사이에는 그림 8.16과 같은 대략적인 선형적인 관계가 성립한다. 이 그림에서 부하는 토크, 출력은 전압에 해당한다. 토크와 전압은 정확한 비례 관계가 아니므로 비선형성 오차가 발생하며, 하중이 증가할 때와 감소할 때 동일한 하중에서 전압에 차이가 발생하는 히스테리시스 오차도 발생한다.

그러나 잘 설계된 토크 센서에서는 이러한 비선형성 오차 및 히스테리시스 오차가 0.5% 미만이므로 다음과 같이 토크와 전압 간의 관계를 가정할 수 있다.

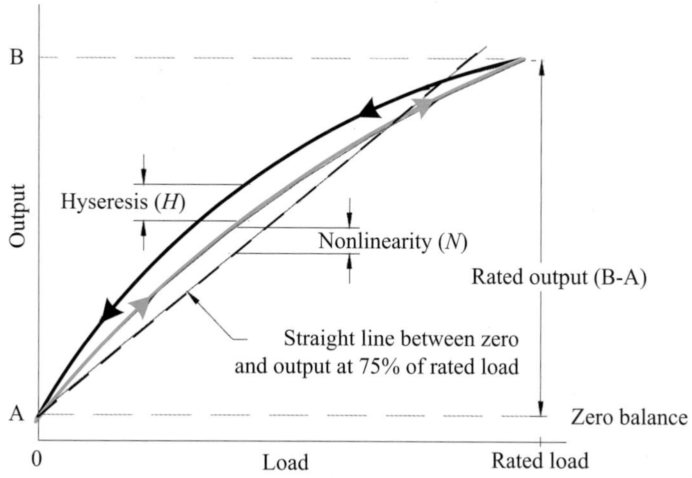

그림 8.16 **일반적인 하중 곡선**

$$\tau = K e \tag{8.45}$$

여기서 K는 실험을 통하여 구하는 교정 상수(calibration constant)이다. 로봇에 사용되는 토크 센서는 정밀 측정용이 아니며, 일반 토크 센서보다 열악한 조건에서 사용되므로, 비선형성 오차 및 히스테리시스 오차가 대략 1% 내외이면 별 문제 없이 사용 가능하다.

연습문제

1 식 (8.1)~(8.4)로 표현되는 DC 모터의 구성 방정식을 고려하자.

(a) 시간 도함수가 0이 되는 정상상태에 대해서 식 (8.1)~(8.4)를 구하시오.

(b) 정상상태에서의 토크-속도 특성이 다음과 같음을 보이시오.

$$\tau_m = -\frac{K_t K_e}{R}\omega_m + \frac{K_t}{R}v_a$$

(c) 파트 (b)에서 구한 특성을 $\tau_m - \omega_m$ 선도에 도시하시오. 선도에서 ω_m이 0인 토크는 기동 토크, τ_0, τ_m이 0인 속도는 무부하 속도 ω_0라 불린다. 전기자 전압이 커짐에 따라서 기동 토크와 무부하 속도는 어떻게 되는지 기술하시오.

(d) 모터 전기자에서 흡수되는 전기적 에너지 $P_e = e_b\ i_a$와 모터 전기자가 생성하는 기계적 에너지 $P_m = \tau_m\ \omega_m$은 동일하다는 사실을 이용하여, 토크 상수 K_t와 역기전력 상수 K_e는 동일함을 보이시오. 이때 V, A, Nm, rad/s와 같은 MKS 단위로 표현될 때에만 두 상수가 동일하게 됨에 유의한다.

2 다음과 같은 세부 사양을 갖는 200 W 서보 모터를 고려하자.

v_a(rated) = 48 V, i_a(rated) = 5.3 A, τ_m(rated) = 0.55 Nm, $R = 1\ \Omega$, $L = 0.5$ mH,
$K_t = 0.085$ Nm/A, $J_m = 3.0 \times 10^{-5}$ kg·m², $B_m = 5.5 \times 10^{-5}$ kg·m²/s,
$J_l = 8.0 \times 10^{-5}$ kg·m², $B_l = 8.5 \times 10^{-5}$ kg·m²/s

모터는 감속기 없이 부하에 바로 연결되어 있다고 가정한다. 즉, 등가 관성 모멘트는 $J = J_m + J_l$이며, 등가 감쇠 계수는 $B = B_m + B_l$이다.

(a) 모터의 기계적 시상수 $T_m = J/B$와 전기적 시상수 $T_e = L/R$을 구하시오. 기계적 시상수가 전기적 시상수보다 매우 큰 이유를 설명하시오.

(b) 주어진 사양에 대해서 식 (8.10)의 모터 시상수와 모터 이득을 구하고, 전기자 전압에서 각속도로의 전달 함수를 구하시오.

(c) 전기자 전압이 $t = 0$ s에서 0 V에서 10 V로의 스텝 형태로 증가한다고 한다. 모터의 각속도 ω_m을 시간의 함수로 나타내시오.

(d) 주어진 사양에 대해서 식 (8.11)을 참고하여, 부하 토크에서 각속도로의 전달 함수를 구하시오.

(e) 부하 토크가 0.05 Nm의 스텝 형태로 증가한다고 한다. 모터의 각속도 ω_m을 시간의 함수로 나타내시오. 부하 토크가 증가하면 각속도는 어떻게 변하는가?

3 문제 2의 서보 모터와 부하를 고려하자. 이번에는 모터와 부하 사이에 감속비 $r=20$인 감속기가 사용된다. 다음 물음에 답하시오.

(a) 모터 축을 기준으로 한 등가 관성 모멘트와 등가 감쇠 계수를 구하시오.

(b) 모터 축을 기준으로 한 운동 방정식을 모터의 각위치 θ_m의 항으로 구하시오.

4 그림과 같은 2단으로 구성된 기어 트레인을 고려하자.

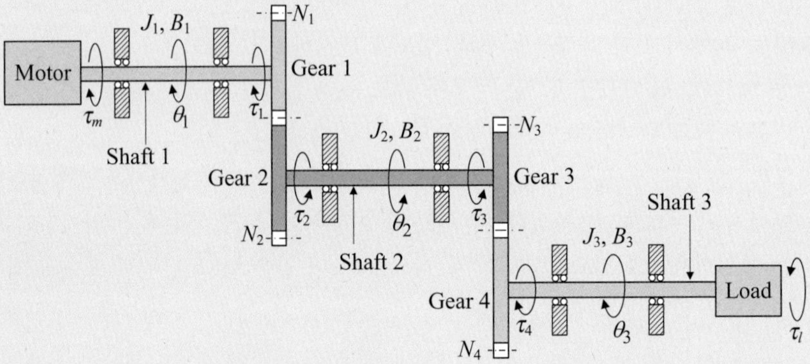

(a) 1단과 2단의 기어비를 각각 n_1, n_2라 할 때, 각 기어의 잇수 N_i, 각 기어의 토크 τ_i, 각 축의 회전 변위 θ_i 사이의 관계를 구하시오.

(b) 각 축에 대한 운동 방정식을 구하시오.

(c) 파트 (b)에서의 세 방정식을 모터 축(즉, 축 1)을 기준으로 θ_1의 변수로 나타내시오. 이때 등가 관성 모멘트 J_{1eq}와 등가 감쇠 계수 B_{1eq}를 구하시오.

(d) $n_1 \gg 1$, $n_2 \gg 1$일 때, J_2와 J_3가 J_{1eq}에 미치는 영향에 대해서 설명하시오.

(e) 파트 (b)에서의 세 방정식을 부하 축(즉, 축 3)을 기준으로 θ_3의 변수로 나타내시오.

5 그림과 같은 1단으로 구성된 기어 트레인을 고려하자. 축의 점성감쇠 및 기어의 관성 모멘트는 무시한다.

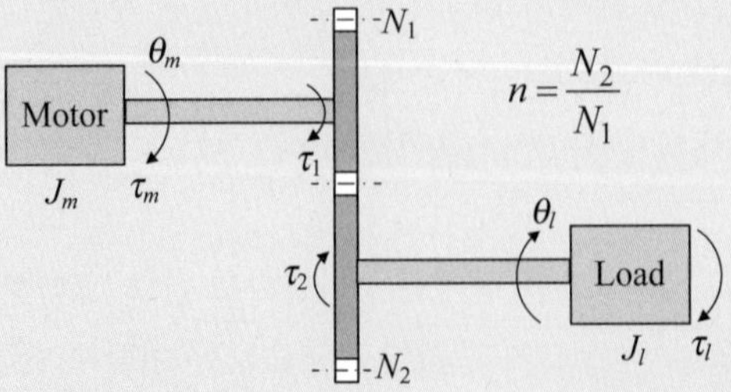

(a) 모터 축과 부하 축에 대한 운동 방정식을 구하시오.

(b) 파트 (a)에서 구한 두 방정식을 부하 축을 기준으로 한 단일의 운동 방정식으로 나타내시오. 부하 축을 기준으로 한 등가 관성 모멘트를 구하시오.

(c) 부하의 각가속도 $\ddot{\theta}_l$을 최대화하기 위한 최적의 기어비 $n = N_2/N_1$을 구하시오.

(d) $J_l = 0.1J_m$, $\tau_l = 0.4\tau_m$, $N_1 = 50$일 때, $\ddot{\theta}_l$이 최대가 되는 N_2를 구하시오.

6 본문이나 하모닉 드라이브의 매뉴얼 등을 참고하여, 하모닉 드라이브의 동작 원리를 설명하시오.

7 하모닉 드라이브의 특징 및 장단점에 대해서 설명하시오.

8 1회전당 1000펄스를 갖는 증분형 엔코더를 사용하여 모터의 회전 속도를 산출한다. 속도 산출에는 펄스 계수법(M 방법)을 이용한다. 다음 물음에 답하시오.

(a) 100 ms 동안에 50펄스가 계수되었다면 모터의 회전 속도는 얼마인가? 만약 동일 주기 동안에 51펄스가 계수되었다면 모터의 회전 속도는 얼마인가? 한 펄스 계수 차이에 대한 회전 속도의 차이는?

(b) 만약 100 ms 동안에 10펄스가 계수되었다면 모터의 회전 속도는 얼마인가? 만약 동일 주기 동안에 11펄스가 계수되었다면 모터의 회전 속도는 얼마인가? 한 펄스 계수 차이에 대한 회전 속도의 차이는?

(c) 파트 (a)와 (b)의 결과로부터, 펄스 계수법을 사용하여 정확한 속도를 산출할 수 있는 경우는 언제인가? 그 이유는?

9 1회전당 1000펄스를 갖는 증분형 엔코더를 사용하여 모터의 회전 속도를 산출한다. 속도 산출에는 펄스 타이밍법(T 방법)을 이용한다. 다음 물음에 답하시오.

(a) 1 kHz의 고주파 보조 클럭을 사용할 때 엔코더 한 펄스에 대해서 10펄스가 계수되었다면 모터의 회전 속도는 얼마인가? 만약 동일 주기 동안에 11펄스가 계수되었다면 모터의 회전 속도는 얼마인가? 한 펄스 계수 차이에 대한 회전 속도의 차이는?

(b) 1 kHz의 고주파 보조 클럭을 사용할 때 엔코더 한 펄스에 대해서 50펄스가 계수되었다면 모터의 회전 속도는 얼마인가? 만약 동일 주기 동안에 51펄스가 계수되었다면 모터의 회전 속도는 얼마인가? 한 펄스 계수 차이에 대한 회전 속도의 차이는?

(c) 파트 (a)와 (b)의 결과로부터, 펄스 타이밍법을 사용하여 정확한 속도를 산출할 수 있는 경우는 언제인가? 그 이유는?

10 1회전당 1000펄스를 갖는 증분형 엔코더를 사용하여 모터의 회전 속도를 산출한다. 속도 산출에는 M/T 방법을 이용한다. 다음 물음에 답하시오.

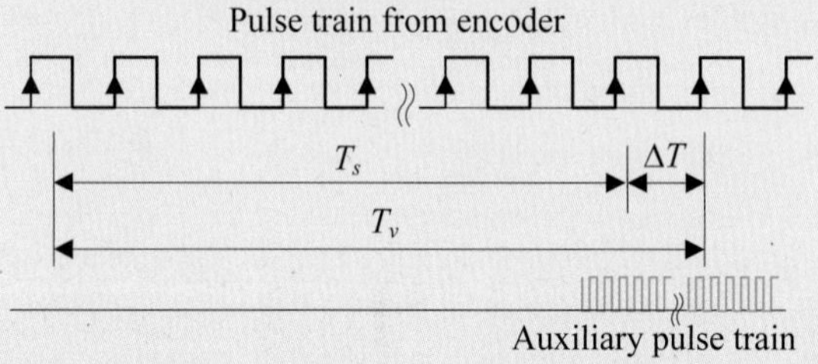

(a) 주기 $T_s = 100$ ms 동안에 50개의 엔코더 펄스가 계수되었고, 10 kHz의 고주파 보조 클럭을 사용할 때 ΔT 동안에 15개의 보조 클럭 펄스가 계수되었다. 모터의 회전 속도를 구하시오.

(b) 만약 펄스 계수법을 사용하였다면 모터의 회전 속도는 얼마인가?

(c) 이 경우 펄스 계수법에 비해서 M/T 방법은 얼마나 더 정확한가?

CHAPTER 9 로봇 팔의 설계

로봇 팔의 설계

로봇 팔의 설계를 위해서는 이 책의 전반부에서 다룬 로봇의 기구학 및 동역학에 대한 지식과 더불어 기계 시스템의 설계와 관련된 제반 지식도 필요하다. 이러한 지식은 기계공학 교육 과정에 포함된 고체 역학, 기계 요소 설계, 기계 제도 등의 과목을 통해서 학습할 수 있다. 본 장에서는 이러한 기계 설계에 대한 기본 지식이 있다고 가정한다. 로봇 팔의 설계도 다른 기계 시스템의 설계 절차와 크게 다르지는 않지만, 로봇만의 고유 특성인 가반 하중, 작업 반경, 반복 정밀도 등의 사양을 중요하게 고려하여 설계를 진행하여야 한다.

우선 로봇 팔에 대한 간략 모델을 설계한 후에 관절 부하 해석을 수행한다. 중력의 영향을 많이 받는 피치 관절과 중력의 영향이 없는 롤 관절에 대해서 일반적인 상황과 더불어 극한 상황에서의 부하 해석을 수행하고, 이를 토대로 감속기 및 모터를 선정한다. 로봇의 말단부가 어떤 자세로 있더라도 모든 방향으로 신속하게 운동할 수 있는 능력은 대부분의 작업에서 중요한데, 이러한 능력은 자코비안 기반의 조작성(manipulability)을 통해서 정량화할 수 있다. 로봇의 작업 반경, 즉 전체 길이가 정해져 있을 때, 로봇의 링크 길이의 비를 조절함으로써 이러한 조작성을 최대화할 수 있다. 본 장에서는 이에 대해서 자세히 설명한다.

9.1 로봇 팔의 설계 절차

이 책에서는 수직 다관절형 로봇 팔의 설계를 다루기로 한다. 이를 위해서 13장에서 자세히 다룰 협동 로봇의 설계를 예시로 들어서 설명하는데, 이는 협동 로봇이 수직 다관절형 로봇의 일종으로 구조가 동일하기 때문이다. 또한 수직 다관절형 로봇은 수평 다관절형 로봇(즉, SCARA 로봇)이나 직교좌표 로봇에 비해서 설계가 훨씬 복잡하므로, 수직 다관절형 로봇의 설계 방법은 다른 종류의 로봇에 쉽게 적용할 수 있다. 로봇 팔의 설계는 일반적으로 다음과 같은 절차를 거쳐서 수행한다.

1. 벤치마킹 모델 조사 및 분석을 통한 주요 작업 선정: 로봇 개발을 위해 가장 먼저 수행되어야 할 작업으로 어떠한 작업을 위한 로봇을 개발할지를 결정하는 과정이다. 보통 이 과정에서 로봇의 용도(산업용, 서비스용)와 형태(수직 및 수평 다관절 형태, 바닥 또는 벽 장착형) 등이 결정된다.

2. 주요 작업을 토대로 한 로봇의 사양 결정: 개발될 로봇의 사양을 결정하는 과정이다. 이 과정에서는 주로 앞에서 선정한 작업을 위한 로봇의 자유도, 가반 하중(payload), 반복 정밀도(repeatability), 동작 범위(motion range), 최대 속도 및 가속도 등을 결정한다. 또한 양산을 위한 산업용 로봇의 경우에는 수명 등을 중요한 사양으로 결정한다.

3. 결정된 사양을 바탕으로 한 주요 부품 선정: 앞서 결정된 사양 및 용도를 고려하여 감속기와 모터 등 로봇의 주요 부품을 선정한다. 먼저 개념 설계(concept design) 단계에서는, 로봇의 각 관절 토크 및 속도 해석을 위하여 로봇의 길이(동작 범위) 및 질량 분포(링크, 감속기 및 모터), 가반 하중이 고려된 대강의 개념 모델을 설계한다. 동역학 해석 프로그램을 통하여 각 관절에 대한 부하 해석을 수행하며, 개념 설계 및 토크 해석을 반복함으로써 얻어지는 사양을 바탕으로 모터 및 감속기를 선정한다. 이때 모터와 감속기는 마찰, 효율, 관성 모멘트에 의한 토크 등을 고려하여 적절한 안전율을 갖도록 한다.

4. 결정된 부품을 바탕으로 한 로봇 설계: 위에서 선정된 주요 부품(감속기, 모터, 베어링 등)을 사용하여 로봇의 관절 모듈 및 링크 설계를 수행한다. 또한 설계된 로봇을 바탕으로 다시 한번 관절 토크 및 속도 해석을 수행하여 요소 선정의 타당성을 검증한다(design review). 최종 선정된 주요 부품에 대해 설계에 따른 특주품에 대한 필요성 및 가능 여부를 검토한 후 발주를 진행하며, 만약 선정된 감속기나 모터의 성능이 모자라거나 지나치게 여유가 발생하는 경우에는 이전 단계로 돌아가 모터 및 하모닉 드라이브의 선정을 제고하거나 설계를 수정한다. 이후 부품 간의 공차 맞춤, 조립성, 배선, 그리고 FEM 해석을 고려한 상세 설계(detailed design)를 수행한다.

5. 제작 및 조립: 위 항에서 상세 설계된 부품의 제작 도면 및 조립 도면을 작성한 후 가공에 들어간다. 제작된 관절 모듈은 각각 시험을 통해 구동부와 센서의 성능을 검증하고, 링크와 결합하여 로봇을 완성한다. 만약 제작된 관절 모듈의 마찰 및 구동

성능이 설계상의 예상 수치와 지나치게 차이가 발생하는 경우에는 부품 간 간섭 및 공차를 점검하고 설계의 수정 및 부품의 수정 가공을 수행한다.

6. **로봇 신뢰성 시험:** 반복 정밀도 및 신뢰성을 시험하여 부품 간 조립 상태 및 동작 상태를 점검한다.

9.2 관절 부하 해석

로봇 설계에서 가장 중요한 것은 관절을 구성하는 감속기와 모터의 선정이다. 감속기와 모터의 선정을 위해서는 로봇의 각 관절에 인가되는 토크 산출이 선행되어야 한다. 그러나 로봇에는 연속적으로 일정한 부하가 걸리는 경우는 거의 없으므로 산출해야 하는 토크는 항상 변하고, 또한 기동 및 정지 시에는 정상 운전 상황보다 비교적 큰 부하가 인가된다. 또한 로봇이 충분한 워밍업이 되기 전에는 감속기에서의 마찰 증가 등으로 설계 토크가 발생하지 못하게 된다. 특히 온도가 낮은 오전에 로봇을 가동한 직후에는 이러한 현상이 두드러진다. 이러한 현상은 10분 정도의 워밍업을 통해서 극복할 수 있지만, 필요 용량보다 다소 큰 용량을 갖는 모터를 선정함으로써 쉽게 해결이 가능하다. 이러한 모든 상황을 고려하여 감속기 및 모터가 선정되어야 극한 상황에서도 안전하게 작동되는 로봇을 설계할 수 있다.

그림 9.1은 위에서 언급한 로봇 팔의 설계 절차를 나타낸 흐름도이다.

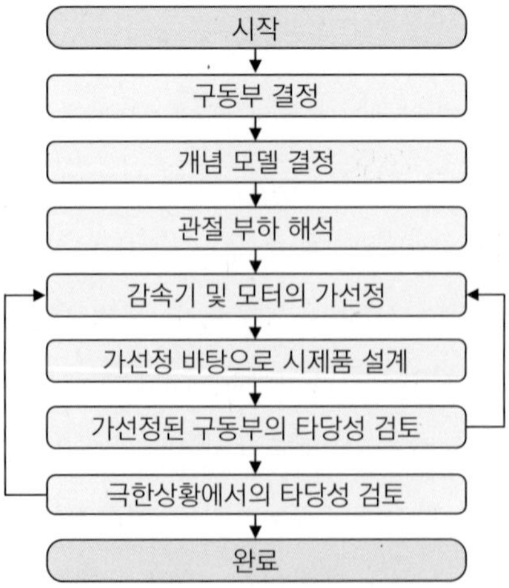

그림 9.1 **로봇 팔의 설계를 위한 절차**

9.2.1 로봇의 기초 사양 결정

이 책에서는 바닥 장착형(floor-mounted) 수직 다관절형 협동 로봇의 설계 과정을 예로 들어서 설명한다. 대상 로봇은 말단부(end-effector)가 3차원 공간상의 모든 위치(position)와 방위(orientation)에서 자유롭게 작업 수행이 가능하도록 6축으로 구성하고, 각 관절은 그림 9.2와 같이 롤-피치-피치-피치-롤-피치로 배치한다. 일반적으로 로봇 기저부(base)로부터 롤-피치-피치의 3자유도로 말단부의 위치를 결정하며, 손목부의 3자유도로 말단부의 방위를 결정하므로 손목부의 경우 관절 구성이 다양할 수 있으나, 본 설계에서는 역기구학 해가 존재할 수 있도록 손목부 관절을 피치-롤-피치로 구성하였다. 즉, 그림 3.11(c)에서와 같이 관절 2, 3, 4축이 평행하므로 역기구학 해가 존재하게 된다. 이에 관한 자세한 내용은 3.3.2절을 참고하기 바란다.

로봇의 각 관절에 인가되는 부하를 계산하기 위하여 로봇의 기본적인 사양을 결정한다. 로봇의 가반 하중 및 속도는 로봇의 활용에서 가장 중요한 요소이다. 본 설계 예제에서는 가반 하중 3 kg, 작업 반경(reach) 650 mm, TCP 속도 1 m/s의 사양을 갖는 로봇을 예로 들어서 설계 과정을 설명하기로 한다. 여기서 가반 하중은 로봇의 최대 도달 거리(즉, 모든 관절을 폈을 때)에 해당하는 자세에서 최대 속도 및 가속도로 운용 가능한 하중을 말한다. 따라서 로봇이 겨우 들 수 있는 최대 하중과는 다른 개념임에 유의한다. 또한 최대 TCP 속도는 로봇의 동작 시에 말단부에서 발생하는 최대 접선 속도를 일컫는다.

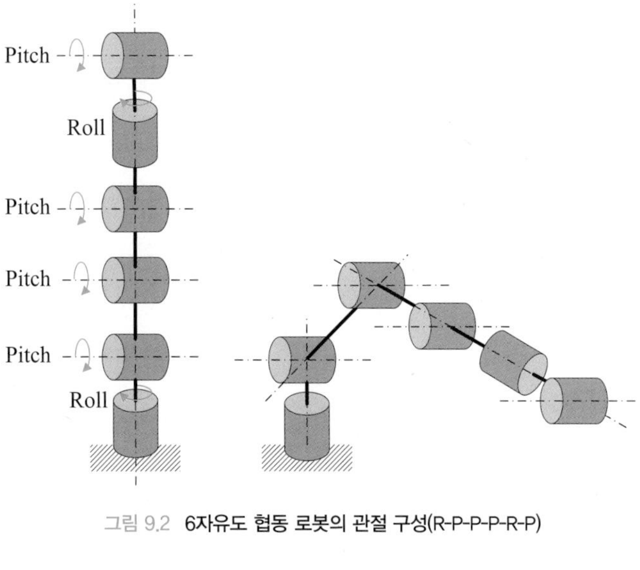

그림 9.2 6자유도 협동 로봇의 관절 구성(R-P-P-P-R-P)

9.2.2 토크 해석을 위한 간략 모델 설계

로봇에 적용될 모터 및 감속기를 선정하기 위해서는 동작 및 정지 시에 필요한 각 관절의 속도와 토크를 알아야 한다. 이를 위해서는 설계되는 로봇의 대략적인 형태의 결정이 선행되어야 하는데, 이 단계에서 로봇의 개념 모델을 설계하고 관절 모듈과 링크를 배치한다. 관절 모듈은 감속기와 모터를 포함하며, 모터의 종류에 따라 감속기와 모터를 직결 또는 오프셋 배치하여 구성된다. 직결(direct connection)이란 모터와 감속기를 직접 결합하는 방법으로 주로 중공형 모터(hollow motor)를 사용할 때 적용한다. 일반적으로 중공형 모터의 경우에는 중실형 모터에 비해 상대적으로 저속/고토크의 특성을 가지므로 감속기 이외의 추가 감속이 불필요하며, 감속기와 모터의 중공을 활용한 배선이 용이하다. 반면에, 오프셋 연결은 모터와 감속기를 오프셋시킨 후 타이밍 풀리와 벨트 등으로 연결하는 방법이다. 주로 중실형 모터를 사용할 때 적용하며, 관절 모듈의 중공 활용 및 추가 감속을 위해 사용하기도 한다.

또한 본 로봇 설계에서는 중공형 감속기와 모터를 사용하였으므로, 배선이 관절 모듈의 중공과 링크 내부를 통과하고 각 모터 드라이버가 링크에 배치되는 모듈형 로봇을 설계한다. 구동을 위한 모터, 감속기, 엔코더 등 관절의 구성 요소가 관절 모듈에 통합되며, 링크에 관절 구성 요소의 배치가 최소화되는 로봇 형태이다. 크기와 용량이 다른 두 종류 혹은 세 종류의 관절 모듈과 링크의 조합으로 수직 다관절형 및 수평 다관절형 등 다양한 형상의 로봇 구성이 가능하고, 6축 또는 7축으로의 로봇 자유도 변경이 용이하다. 또한 로봇 고장 시 문제가 발생한 관절 모듈을 교환함으로써 신속한 수리 및 정상화가 가능하다.

로봇의 토크를 해석하는 방법은 수식을 통한 수기식 방법, 엑셀 시트를 사용한 방법 등이 있으나, 근래에는 주로 동역학 해석 프로그램을 사용한 간단한 방법이 사용된다. 그러나 동역학 해석 프로그램으로 직접 로봇을 설계하기는 용이하지 않으므로 CAD 프로그램 등을 사용하여 형상을 설계한 후, IGS 또는 STEP 파일 등으로 저장하여 동역학 해석 프로그램에서 Import하여 사용하는 것이 일반적이다.

간략 모델은 로봇의 각 관절에 인가되는 토크 및 속도 해석을 위한 것이므로, 각 부위의 질량 및 관절 간의 거리가 대략적으로 부여된다. 만약 로봇 설계의 경험이 없다면 많은 시행착오를 겪게 되므로, 기존에 설계된 다양한 로봇을 참고하여 질량을 분포시킨다. 보통의 로봇은 말단부로 갈수록 토크가 작게 인가되므로 모터 및 감속기의 형번이 작아지고, 따라서 질량과 부피도 작게 설계된다. 간략 모델의 설계 시에 통용되는 감속기 및 모터의 크기와 질량을 고려하여 대략적인 프레임을 설계하고, 목표하는 재질로 물성치를 부과한다. 본 설계 예제의 대상 로봇은 두랄루민으로 구성되므로, 이에 대한 물성치를 부과하여 각 부위의 대략적인 질량, 무게중심, 관절 간의 거리 등을 산출한다. 이때 각 링크는 속이 빈 셸(shell) 형태로 설계하며, 적당한 두께를 반영한다. 만약 목표하는 로봇의 총중량이 있다면, 이에 맞게 각 링크의 크기 및 두께를 조정한다.

그림 9.3은 예제로 설계할 협동 로봇의 간략 모델이다. 간략 모델은 앞에서 언급한 목표 사양(가반 하중 3 kg, 작업 반경 650 mm, 무게 20 kg)을 만족시킬 수 있도록 구성되었다. 관절 사이의 거리는 작업 반경 650 mm를 적당히 분할한 것으로, 추후에 세부 설계, 목표 속도, 직교 공간 해석 등을 통해서 변경될 수 있다. 그림 9.3의 좌측은 선정한 모터와 감속기의 사양을 나타낸 그림이다. 물론 다음에 상세히 설명할 관절 부하 해석에 기반한 모터 및 감속기의 선정을 완료하여야 결정되는 사양이지만, 독자의 이해를 돕기 위해서 미리 완성된 설계를 보여 준다. 본 설계 예제에서는 세 종류의 관절 모듈 중에서 중간에 해당하는 관절 모듈 B에 대한 수치 계산을 예로 들어 설명하고자 한다.

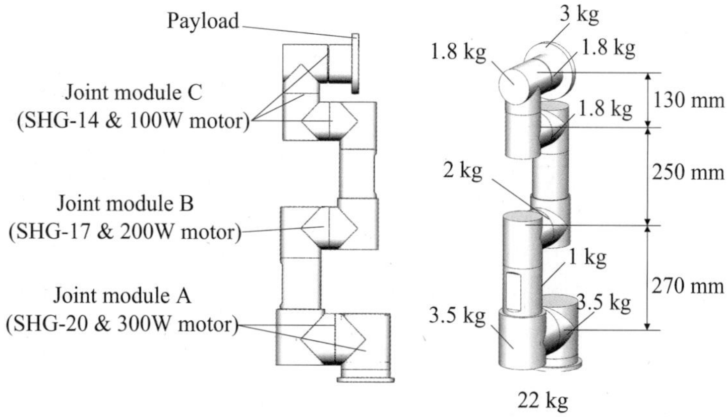

그림 9.3 관절 구동부의 초기 선정을 위한 간략 모델

9.2.3 관절 부하 해석

로봇 설계에 사용되는 감속기 및 모터 등을 선정하기 위해서는 각 관절에 인가되

는 부하, 즉 토크 부하(torque load) 및 모멘트 부하(moment load)를 산출하여야 한다. 그림 9.4에서 보듯이, 토크 부하(또는 부하 토크)는 관절의 회전 방향으로 인가되는 비틀림 모멘트를 의미하는데, 중력의 영향을 크게 받는 피치 관절에서 주로 크게 인가되며, 감속기의 용량과 관계된다. 모멘트 부하(또는 부하 모멘트)는 모터 회전 방향 이외의 방향으로 인가되는 모멘트를 의미하는데, 중력과 무관한 롤 관절에서 주로 크게 인가되며, 관절 모듈 내에 삽입된 크로스롤러 베어링(cross-roller bearing, CRB)의 지지력과 관계된다.

본 설계에서는 시뮬레이션 프로그램을 사용하여 로봇의 각 관절에 인가되는 토크를 해석하였다. 앞서 언급하였듯이, CAD 프로그램에서 구성된 간략 모델을 IGS 또는 STEP 등의 파일로 저장한 후, 동역학 해석 프로그램에서 Import하여 사용한다. 또한 그림 9.4와 같이 설계 프로그램을 활용하여 그림 9.3의 간략 설계 모델에 물성치를 부과함으로써 각 부위의 질량을 알아내고, 이를 시뮬레이션에 반영한다. 모터와 감속기를 포함한 각 부위의 질량은 그림 9.3과 같다. 시뮬레이션 수행 시에 각 부품의 무게중심의 위치는 토크 부하에 영향을 미치지만, 중력(무게)에 대한 영향에 비해서는 크지 않으므로 감속기 및 모터의 가선정 시에는 CAD에서 계산되는 대략적 위치를 사용한다. 추후에 상세 설계가 진행된 후에 정확한 무게와 무게중심을 대입하여 다시 한번 시뮬레이션을 수행한다.

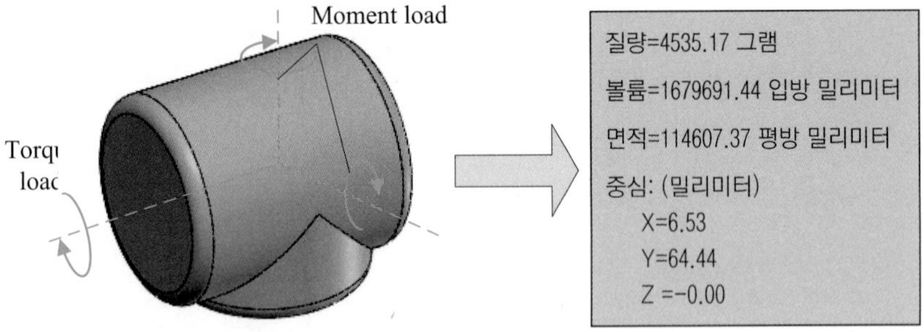

그림 9.4 3D CAD 프로그램에서의 부품 특성

목표 사양을 만족시키기 위해서는, 개발된 로봇이 최대 가반 하중을 인가한 상태에서 최대 가속도 및 속도로 동작할 수 있어야 한다. 그러므로 각 관절에 최대 하중이 인가되는 상황을 고려하여 토크 해석을 실시한다. 이때 로봇을 동역학 해석 프로그램에서 동작시키기 위한 속도 프로파일이 필요하다. 이를 위해 그림 9.3에서 분할한 관절 사이의 길이를 바탕으로 목표 사양인 최대 TCP 속도 1 m/s를 만족시키는 범위에서 각 관절의 속도를 선정한다. 그림 9.5에서 보듯이, 관절 i와 관절 j 사이의 거리를 l_{ij}, 링크 i(즉, 관절 i)의 각속도를 w_i(°/s)라고 할 때, 간략 모델의 TCP 속도는 모든 관절이 한 번 회전할 때 말단부에서의 순간 선속도 V_{TCP}이므로 다음과 같이 구할 수 있다.

$$V_{\mathrm{TCP}} = l_{26} \times \frac{2\pi}{360}\omega_2 + l_{36}\frac{2\pi}{360}\omega_3 + l_{46}\frac{2\pi}{360}\omega_4 \tag{9.1}$$

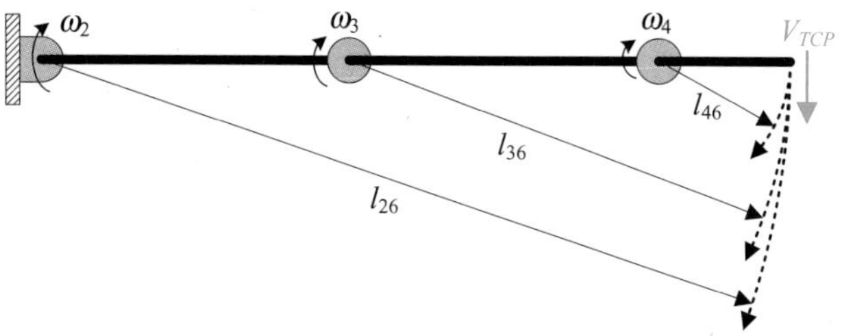

그림 9.5 **로봇의 TCP 속도 계산**

로봇의 롤 관절 1이 동시에 회전하면 V_{TCP}는 더욱 증가하지만, 본 설계에서는 피치 축의 조합만으로 TCP 속도를 계산한다. 따라서 목표 사양인 TCP 속도 1 m/s를 만족시키기 위해서 관절 2, 3, 4의 각속도를 설정할 수 있다. 표 9.1은 로봇 각 관절의 목표 속도 및 가속도를 보여 준다. 여기서 관절 1과 2, 관절 4, 5, 6은 각각 동일한 속도로 설정하였다. 정지 상태에서 최대 속도에 도달하는 데 소요되는 시간을 가속 시간으로 정의하였으므로, 관절 1과 2에서는 가속 시간이 0.2 s이고, 이를 위해서는 가속도가 450°/s^{2}이 되어야 한다.

표 9.1 **토크 해석을 위한 로봇 관절의 속도와 가속도**

관절	1	2	3	4	5	6
최대 속도	90°/s		120°/s	180°/s		
가속 시간	0.2 s		0.2 s	0.2 s		
가속도	450°/s^2		600°/s^2	900°/s^2		

로봇은 자세에 따라 각 관절에 인가되는 토크 및 모멘트 부하의 변화가 심하다. 그러므로 각 관절에 인가되는 최대 부하를 산출하기 위해서는 다양한 자세에서의 해석이 필요하다. 특히 피치 관절은 토크 부하에 대한 해석을, 롤 관절은 모멘트 부하에 대한 해석을 집중적으로 수행한다. 다음은 각 관절의 최대 토크 및 모멘트 부하 산출을 위한 로봇의 동작과 이에 따른 관절 해석의 결과이다.

① 피치 관절 해석

로봇의 피치 관절인 관절 2, 3, 4는 동작 시에 중력의 영향을 주로 받는다. 그러므로 **그림 9.6**과 같은 동작을 통해서 각 관절이 0° ➔ 90°(또는 그 이상) ➔ 0° 회전하였을 경우 발생하는 토크와 모멘트 부하를 측정한다. 말단이 롤 관절로 구성되는 경우, 로봇의 실제 작업 시에 발생할 수 있는 파지된 물체의 무게중심을 고려하기 위하여 가반 하중이 로봇 말단의 TCP에서 적정 길이만큼 오프셋되었다고 가정하고, 시뮬레이션을 진행한다.

그림 9.7(a)의 해석 결과에 대해서 자세히 설명한다. 로봇이 동작하는 동안에 관절에는 중력에 의한 중력 토크(gravitational torque)와 감가속을 위한 관성 토크(inertial torque)가 인가된다. 이 외에 로봇의 동역학에 의한 코리올리 토크(Coliolis torque)도 인가되지만, 고속 동작을 하지 않는 한 크기가 작으므로 이 해석에서는 무시하기로 한다. 영역 a에서는 로봇이 0°에 정지해 있다가 회전을 시작하면 **표 9.1**에서와 같이

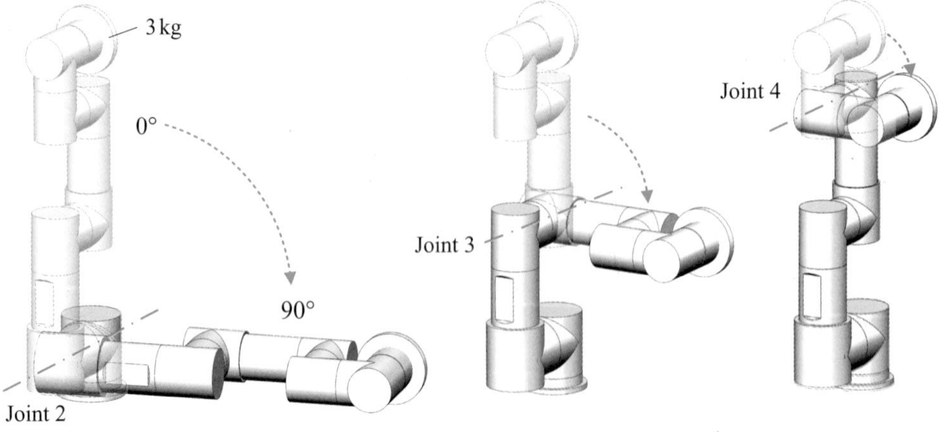

그림 9.6 **피치 관절의 토크 해석을 위한 로봇의 동작: (a) 관절 2, (b) 관절 3, (c) 관절 4**

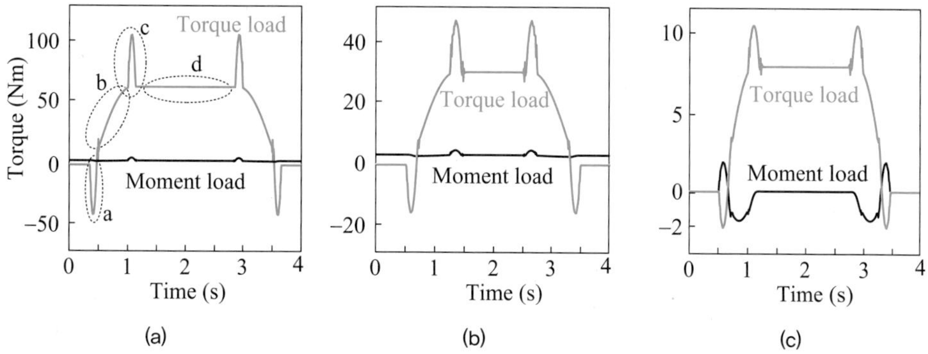

그림 9.7 **관절 해석의 결과: (a) 관절 2, (b) 관절 3, (c) 관절 4**

0.2 s 동안에 450°/s^{2}의 큰 각가속도가 발생하며, 이에 비례하는 관성 토크가 발생하게 된다. 이때 관절의 입장에서는 모터에서 발생하는 양의 토크와 반대 방향으로 반작용 토크가 인가되므로 관성 토크의 부호가 음이 된다. 영역 b에서는 로봇이 0°에서 90°로 이동하면서 중력에 의해서 관절에 인가되는 중력 토크가 점차 증가하다가 90°에서 최대 토크가 인가된다. 이때 등속으로 움직이므로 관성 토크는 0이며, 중력 토크만이 작용하게 된다. 영역 c는 로봇이 90°에서 정지하기 위해서 큰 음의 각가속도가 필요하게 되는데, 이에 비례하는 관성 토크가 관절에 인가된다. 이때 모터에서 발생하는 음의 토크와 반대 방향으로 양의 반작용 토크가 인가된다. 영역 d는 로봇이 90°에서 정지한 상태로 위치해 있는 상황으로 관절에는 중력 토크만이 인가된다.

한편, 보통 로봇의 경우 좌우 오프셋이 작게 설계되므로 피치 관절에 인가되는 모멘트 부하가 크지 않다. 실제 하모닉 드라이브의 선정 시에 각 하모닉 드라이브의 크로스롤러 베어링이 지지할 수 있는 모멘트 부하와 비교해 보면 여유가 많다는 것을 알 수 있다.

② 롤 관절 해석

로봇의 롤 관절인 관절 1과 5의 경우 자세에 따라서는 중력에 의한 토크가 거의 인가되지 않는다. 그러므로 각 관절의 최대 필요 토크를 고려하기 위해서는 그림 9.8과 같은 자세에서 토크를 해석할 필요가 있다. 각 관절은 피치 관절의 경우와 같이 0° ➔ 90° ➔ 0° 회전하였을 경우 발생하는 토크 및 모멘트 부하를 측정한다.

보통 롤 관절의 경우 토크 부하보다는 모멘트 부하의 영향이 지배적이다. 그림

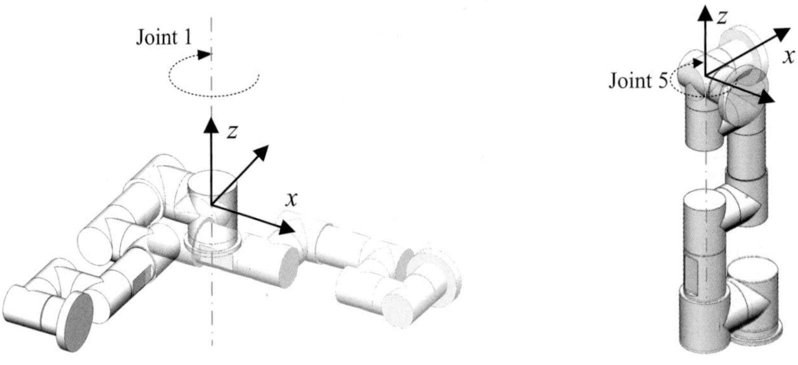

(a) (b)

그림 9.8 롤 관절의 토크 해석을 위한 로봇의 동작: (a) 관절 1, (b) 관절 5

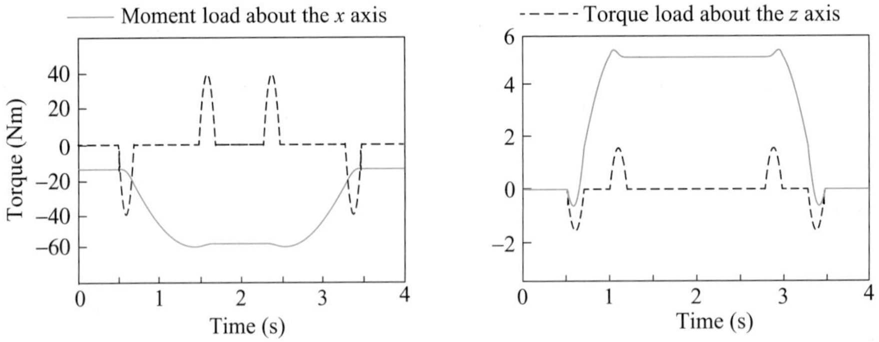

(a) (b)

그림 9.9 관절 해석의 결과: (a) 관절 1, (b) 관절 5

9.8(a)에서 보듯이, 관절 1에서는 중력에 의한 영향이 없이 감가속에 필요한 관성 토크만 인가되므로, 그 값이 작고 전체 동작 중 감가속 시에만 부하가 인가된다. 그러나 로봇의 자세에 따라 중력에 의한 모멘트 부하가 항상 작용하며, 특히 피치 관절의 회전으로 인한 토크 부하가 롤 관절에 모멘트 부하로 작용하게 된다. 따라서 뒤에 언급되는 극한 상황에서의 해석을 고려하여 감속기와 지지 베어링을 선택한다.

③ 극한 상황에서의 관절 해석

앞에서의 관절 해석은 해석 대상이 되는 하나의 관절만 회전시킨 후 해당 관절에 인가되는 토크 및 모멘트 부하를 산출하였다. 그러나 다축으로 구성된 로봇은 작업 중 여러 축을 동시에 동작시키는 경우가 많으므로, 이를 고려하여 관절 부하를 해석하여야 한다. 특히 다축의 동시 동작은 단일 관절의 동작 시보다 일반적으로 큰 부하를 인가할 수 있으므로, **그림 9.10**과 같이 관절 1과 모든 피치 관절이 동시에 회전하는 동작을 고려하여 각 관절에 인가되는 최대 토크 및 모멘트 부하를 산출한다. **그림 (a)**는 극한 상황 해석 동작의 초기 자세이며, **그림 (b)**는 최종 자세이다. 이때 관절 1, 2, 3은 각각 90°, 관절 4, 5는 각각 180°만큼 회전한다. 각 관절의 회전 방향을 **그림 (a)**에 표시하였으며, 각 관절 속도 및 가속도는 **표 9.1**과 같다. 각 관절의 속도 프로파일을 **그림 9.10**에 나타내었다.

그림 9.11의 결과에서 보듯이, **그림 9.10**과 같은 극한 동작에서는 앞에서 피치 및 롤 관절을 독립적으로 해석했을 때보다 각 관절에 더 큰 토크 및 모멘트 부하가 인가됨을 알 수 있다. 따라서 감속기 및 모터 선정 시에 극한 상황에서의 해석 결과를 적용함으로써 각 모델의 제시된 사양 중 허용 피크 토크/최대 토크와 비교한다. 극한 상황에서의 해석은 각 관절에 인가될 수 있는 최대 토크 및 모멘트 부하를 산출

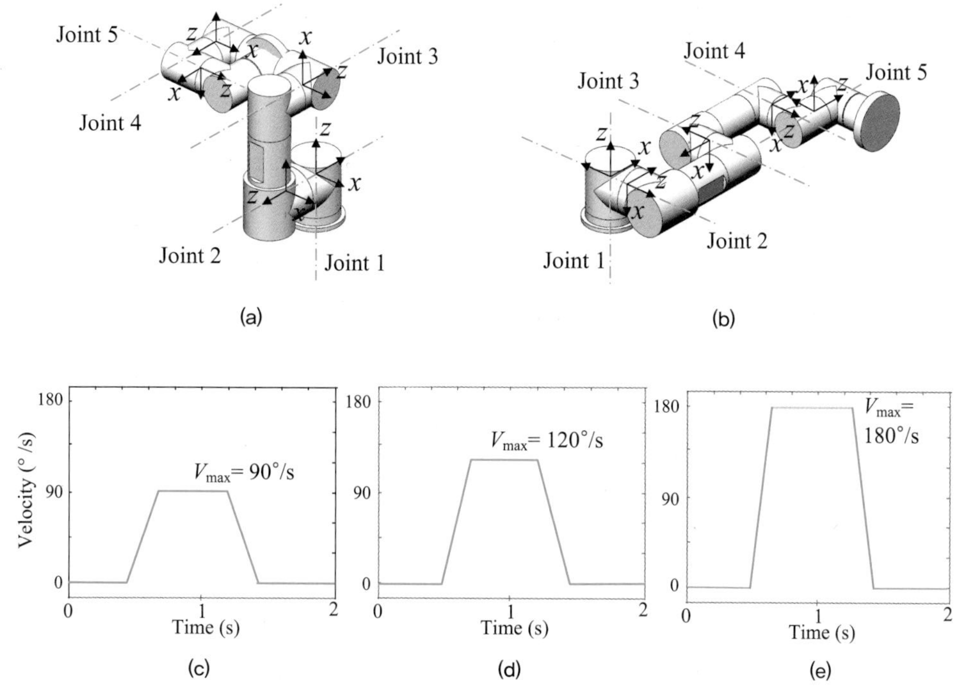

그림 9.10 극한 상황에서의 각 피치 관절의 토크 해석을 위한 동작: (a) 초기 자세, (b) 최종 자세, (c) 관절 1, 2의 속도 프로파일, (d) 관절 3의 속도 프로파일, (e) 관절 4, 5의 속도 프로파일

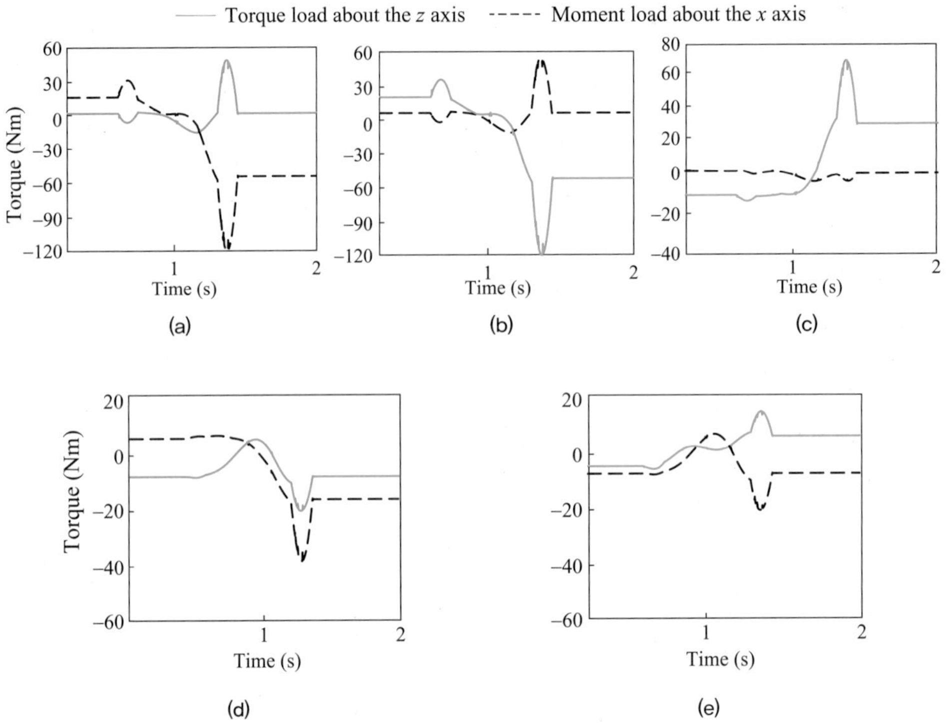

그림 9.11 극한 상황에서의 관절 해석의 결과: (a) 관절 1, (b) 관절 2, (c) 관절 3, (d) 관절 4, (e) 관절 5

하는 것이 목적이므로, 해석 동작의 설정 시 관절의 회전 방향에 유의하여야 한다. 예를 들어, 그림 9.10(a)에서 관절 5가 표시된 것과 반대 방향으로 회전할 경우, 그림 9.10(b)와 같이 정지할 때 관절 5가 중력 반대 방향으로 관성 토크를 발생시킨다. 그러면 피치 관절 2, 3, 4에 인가되는 중력 방향의 토크 하중이 크게 감소하여 독립적인 해석 결과보다도 작은 하중이 산출된다. 극한 상황에서의 해석은 주로 피치 관절에서 큰 토크 부하가, 롤 관절에서 큰 모멘트 부하가 인가되도록 고안되었다. 이는 그림 9.11(a)와 (b)를 비교하면 쉽게 알 수 있는데, 관절 1에 인가되는 토크 부하가 관절 2에 인가되는 모멘트 부하와 동일하며, 반대로 관절 2의 토크 부하가 관절 1에는 모멘트 부하로 인가되는 것을 볼 수 있다. 물론 상황에 따라 그림 9.10(d)와 같이 독립적인 해석 시보다 큰 모멘트 부하가 피치 관절에 인가될 수도 있고, 큰 토크 부하가 롤 관절에 인가될 수도 있지만, 허용치 기준에 많은 여유가 있으므로 자세한 해석은 생략한다.

9.3 감속기 및 모터의 선정

앞 절의 관절 부하 해석의 결과를 바탕으로 로봇에 사용되는 감속기 및 모터를 선정하여야 한다. 모터는 제어기로부터 신호를 받아 필요한 동력을 생성하고, 감속기는 전기 모터의 고속/저토크 특성을 저속/고토크 특성으로 변환하여 로봇의 링크에 전달한다. 감속기 및 모터의 선정 과정은 다음과 같다.

앞 장에서 계산한 수식의 결과를 본 절에 적용하여 감속기 및 모터를 선정하였다. 본 예제에서는 다양한 로봇용 정밀 감속기인 하모닉 드라이브를 기준으로 설명한다. 하모닉 드라이브의 경우 0.017° 정도의 백래시를 가지며, 비교적 소형이므로 작은 가반 하중의 중소형 로봇에 널리 사용된다. 중대형 로봇에서는 주로 RV 감속기가 사용된다. 정밀 감속기에 대한 자세한 내용은 8장을 참고하기 바란다.

9.3.1 감속기의 선정

이 절에서 제시하는 하모닉 드라이브 선정 방법은 대부분의 하모닉 드라이브 제작사들이 권장하는 방법에 기반하고 있다. 그림 9.12는 감속기 선정을 위한 절차를 나타낸 흐름도이다.

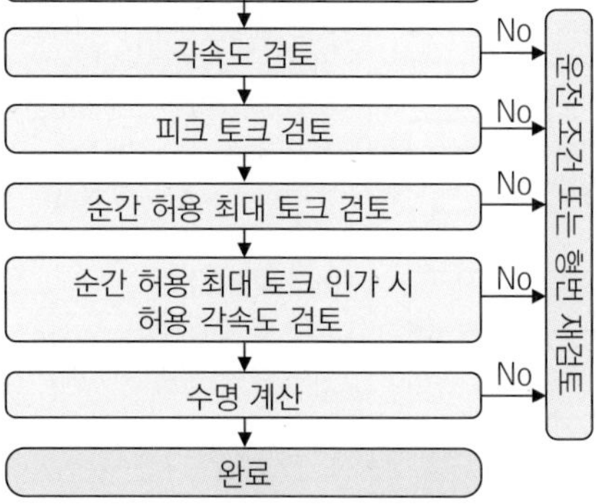

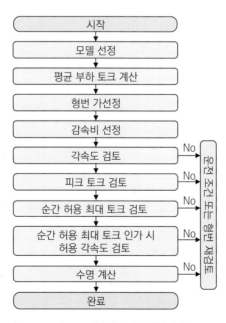

그림 9.12 감속기 선정을 위한 절차

① **감속기 모델 선정**

산업용 로봇에 사용되는 정밀 감속기에는 하모닉 드라이브와 RV 감속기가 있다. 대부분 중소형 로봇이나 협동 로봇에는 하모닉 드라이브가, 중대형 로봇에는 RV 감속기가 사용된다. 본 설계 예제에서는 가반 하중 3 kg급의 소형 로봇이므로 하모닉 드라이브를 선정한다. 하모닉 드라이브의 종류에는 크게 유닛 방식, 간이 유닛 방식, 컴포넌트 방식 등이 있는데, 협동 로봇의 경우 관절의 크기 및 무게를 고려하여 대부분 간이 유닛 방식을 사용한다. 컴포넌트 방식의 경우에는 부품 조립을 사용자가 직접 하므로 설계의 자유도가 크지만, 부품의 동심을 정확히 맞추는 설계가 쉽지 않아서 성능을 보장하기 어려우므로 가능하면 채택하지 않는다.

② **평균 부하 토크의 측정**

일반적으로 로봇 시스템에서는 연속된 일정 부하 상태는 거의 없다. 입력 각속도와 부하 토크가 변하기도 하고, 기동 및 정지 시에는 비교적 큰 부하가 인가된다. 또한 예측하지 못한 충격으로 인한 큰 토크도 인가될 수 있으므로 이러한 패턴을 확인할 필요가 있다. 그림 9.13의 그래프는 그림 9.6(b)의 관절 부하 해석 그래프이다. 그림에서 시간 t_1, t_2, t_3, t_4는 각각 기동, 정상, 정지, 휴지 시의 운전 상태를 나타내며, τ는 부하 토크(Nm), n은 출력 각속도(rpm)를 나타낸다. 앞서 동역학 해석에서 사용한 각

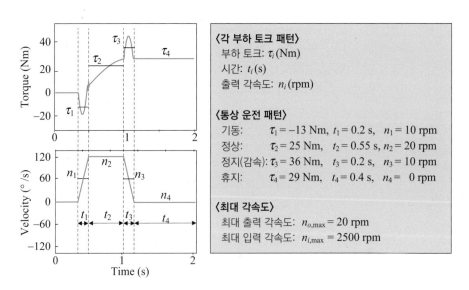

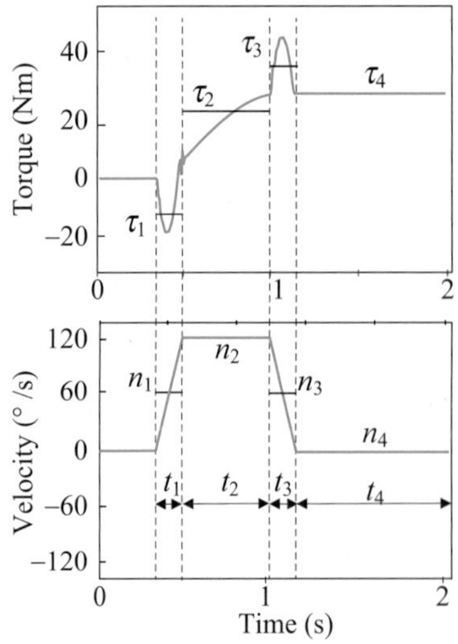

〈각 부하 토크 패턴〉
부하 토크: τ_i(Nm)
시간: t_i(s)
출력 각속도: n_i(rpm)

〈통상 운전 패턴〉

기동:	$\tau_1 = -13$ Nm,	$t_1 = 0.2$ s,	$n_1 = 10$ rpm
정상:	$\tau_2 = 25$ Nm,	$t_2 = 0.55$ s,	$n_2 = 20$ rpm
정지(감속):	$\tau_3 = 36$ Nm,	$t_3 = 0.2$ s,	$n_3 = 10$ rpm
휴지:	$\tau_4 = 29$ Nm,	$t_4 = 0.4$ s,	$n_4 = 0$ rpm

〈최대 각속도〉
최대 출력 각속도: $n_{o,\max} = 20$ rpm
최대 입력 각속도: $n_{i,\max} = 2500$ rpm

그림 9.13 **감속기를 위한 로봇 관절의 동작과 토크의 패턴**

속도 ω는 rad/s의 단위이므로, 이와 구별하기 위해서 rpm(r/min) 단위의 각속도를 n으로 표기한다. 또한 여기서의 부하 토크는 앞서 언급한 토크 부하 또는 토크 하중과 동일한 의미로 사용된다. 이러한 표기는 가능하면 카탈로그와 동일한 표현을 사용하여 혼란을 피하기 위함이다.

그림 9.13에서 보듯이, 기동, 정상 운전, 정지 구간에서의 부하 토크와 각속도는 값이 계속 변하게 된다. 따라서 실제 계산에서는 이들 구간에서의 평균을 구하여 구간별 부하 토크와 각속도로 사용한다. 이때 모든 구간을 포함하는 평균 부하 토크는 다음과 같이 계산할 수 있다.

$$\tau_{\text{avg}} = \sqrt[3]{\frac{n_1 t_1 |\tau_1|^3 + \cdots + n_i t_i |\tau_i|^3 + \ldots}{n_1 t_1 + \cdots + n_i t_i + \ldots}} \quad (9.2)$$

위 식에 그림 9.13의 수치를 대입하면 평균 부하 토크 τ_{avg}는 다음과 같다.

$$\tau_{\text{avg}} = \sqrt[3]{\frac{10 \times 0.2 \times |-13|^3 + 20 \times 0.55 \times |25|^3 + 10 \times 0.2 \times |36|^3}{10 \times 0.2 + 20 \times 0.55 + 10 \times 0.2}} = 26.2(\text{Nm}) \quad (9.3)$$

③ 형번 가선정

계산한 평균 부하 토크를 고려하여 감속기의 모델별 사양을 참고하며 형번을 선택한다. 이때 형번에 따라 허용 토크 및 감속기의 크기가 다르므로 기구 설계와 연계하여 선정한다. 표 9.2에는 협동 로봇에 주로 사용되는 SHG형 간이 유닛형 하모닉 드라이브의 종류와 설계 사양을 나타내었다.

표 9.2 **하모닉 드라이브의 사양 예시**

형번	감속비	입력 2000 rpm 시의 정격 토크 (Nm)	기동/정지 시의 허용 피크 토크 (Nm)	평균 부하 토크 허용 최대치 (Nm)	순간 허용 피크 토크 (Nm)	허용 최대 입력 각속도 (rpm)	허용 평균 입력 각속도 (rpm)
14	50	7	23	9	46	8,500	3,500
	80	10	30	14	61		
	100	10	36	14	70		
17	50	21	44	34	91	7,300	3,500
	80	29	56	35	113		
	100	31	70	51	143		
	120	31	70	51	112		
20	50	33	73	44	127	6,500	3,500
	80	44	96	61	165		
	100	52	107	64	191		
	120	52	113	64	191		

위에서 산출한 평균 부하 토크 τ_{avg}를 평균 부하 토크의 허용 최대치와 비교하여 하모닉 드라이브의 형번을 가선정한다. 이때 약 10% 정도의 여유를 두고 선정하는 것을 권장한다. 본 예제의 경우 평균 부하 토크가 26.2 Nm이므로, 표 9.2에서 17 형번의 하모닉 드라이브를 가선정한다. 이후 검토 과정을 거친 후 하모닉 드라이브의 최종 형번 선정을 진행한다.

④ 감속비 선정

표 9.2에서 보듯이, 동일한 형번이라도 감속비에 따라서 허용 토크가 다르므로, 하모닉 드라이브의 형번 선정 시에 각 관절의 감속비 및 각속도의 검토도 동시에 진행한다. 하모닉 드라이브 카탈로그에 따르면 평균 출력 각속도 $n_{o,\text{avg}}$는 다음과 같이 계산한다.

$$n_{o,\,\text{avg}} = \frac{n_1 t_1 + \cdots + n_i t_i + \cdots}{t_1 + \cdots + t_i + \cdots} \tag{9.4}$$

위 식에 그림 9.13의 수치를 대입하면 다음과 같이 계산된다.

$$n_{o,\text{avg}} = \frac{10\times0.2+20\times0.55+10\times0.2}{0.2+0.55+0.2} = 15.8\,\text{rpm} \tag{9.5}$$

본 예제는 관절 3을 기반으로 하모닉 드라이브 선정을 진행하므로, TCP 속도 1 m/s를 만족시키기 위한 감속기의 최대 출력 각속도는 120°/s = 20 rpm이다. 협동 로봇에 사용되는 서보 모터의 경우 평균적으로 회전자의 정격 각속도가 2500 rpm을 초과하므로, 본 예제에서는 최대 입력 각속도 $n_{i,\text{max}}$를 2500 rpm으로 가정한 후 진행한다. 모터에 대한 자세한 내용은 다음 절에서 다루기로 한다. 특수한 모터를 사용할 예정인 경우 해당 과정에서 모터 가선정을 함께 고려하는 것이 바람직하다. 감속비 (R)는 다음과 같이 구한다.

$$\frac{n_{i,\text{max}}}{n_{o,\text{max}}} = \frac{2500\text{rpm}}{20\text{rpm}} = 125 \geq R \tag{9.6}$$

감속비(R)는 표 9.2에서 평균 부하 토크의 최대 허용치를 고려하여 선정한다. 감속비가 높을수록 동일 형번의 감속기의 허용 토크가 높아지므로, 로봇 구동 시에 토크의 여유를 주기 위해 모터의 각속도가 허용하는 한에서 가능하면 높은 감속비를 사용하는 것이 바람직하다. 따라서 본 예제에서는 감속비를 $R = 120$으로 선정한다.

산출된 평균 출력 각속도 $n_{o,\text{avg}}$와 감속비를 이용하여 평균 입력 각속도 $n_{i,\text{avg}}$를 구하면 다음과 같다.

$$n_{i,\text{avg}} = R \cdot n_{o,\text{avg}} = 120\times15.8\,\text{rpm} = 1896\,\text{rpm} \tag{9.7}$$

또한 최대 출력 각속도 $n_{o,\text{max}}$와 감속비를 이용하여 최대 입력 각속도 $n_{i,\text{max}}$를 구하면 다음과 같다.

$$n_{i,\text{max}} = R \cdot n_{o,\text{max}} = 120\times20\,\text{rpm} = 2400\,\text{rpm} \tag{9.8}$$

이렇게 계산된 평균 및 최대 입력 각속도가 표 9.2의 허용 평균 및 최대 입력 각속도의 범위 내에 있는지 확인한다.

$$n_{i,\text{avg}} \leq \text{허용 평균 입력 각속도} = 3500\text{ rpm} \tag{9.9}$$

$$n_{i,\text{max}} \leq \text{허용 최대 입력 각속도} = 7300\text{ rpm} \tag{9.10}$$

⑤ 피크 토크 및 허용 최대 모멘트 검토

대부분의 로봇은 다수의 관절로 구성되어 있으므로, 한 관절의 움직임이 다른 관절에 영향을 미칠 수 있다. 따라서 본 설계에서는 앞 절에서 수행된 극한 상황에서의 해석 결과를 하모닉 드라이브 사양 중 '기동/정지 시의 허용 피크 토크'와 비교함으로써, 하모닉 드라이브 선정의 타당성을 검토한다.

그림 9.10(c)에서 알 수 있듯이, 극한 상황에서 관절 3에 인가되는 최대 토크는 64 Nm이다. 이는 표 9.2에서 감속비 120을 갖는 17 형번의 기동/정지 시의 허용 피크 토크인 70 Nm 이내에 있으므로, 17 형번 선정에 문제가 없음을 알 수 있다.

다음으로, 허용 최대 모멘트 부하를 검토한다. 모멘트 부하는 모터 회전 방향 이외의 방향으로 인가되는 모멘트를 의미한다. 간이 유닛 또는 유닛 방식의 하모닉 드라이브에서는 내장된 크로스롤러 베어링(cross-roller bearing, CRB)이 모멘트 부하를 지지하는 역할을 하는데, 대부분의 경우 용량이 매우 큰 CRB가 내장되어 있으므로 별 문제 없이 사용할 수 있다. 그러나 컴포넌트 방식의 하모닉 드라이브를 사용하는 경우에는 설계자가 CRB를 직접 선정하게 되므로, 해당 단계에서 일반 상황과 극한 상황을 통해 산출된 최대 모멘트 부하 중에서 높은 부하를 토대로 CRB를 선정하여야 한다.

⑥ 순간 허용 최대 토크 검토 및 순간 허용 최대 토크 인가 시 허용 각속도 산출

통상 부하 토크나 기동/정지 시 부하 토크 이외에 외부로부터 예상치 못한 충격 토크가 가해지는 경우가 있다. 이를 예상하여 하모닉 드라이브 사양 중의 '순간 허용 최대 토크'와 비교한다. 로봇의 정상적인 운전 조건에서는 충격 토크가 발생하지 않는다. 만약 로봇에 예기치 못한 큰 충돌이 발생하거나 로봇이 외부에 큰 충격을 가하는 해머링 작업을 수행하는 경우에는 충격 토크에 대한 고려가 필요하다. 그러나 이와 같은 충격 토크의 크기나 형태는 예상이 힘들기 때문에 본 예제에서는 생략하지만, 충격 토크는 웨이브 제너레이터의 수명과 관련되므로 양산용 로봇을 설계하거나 로봇의 수명이 중요한 경우에는 검토하는 것이 바람직하다.

⑦ 수명 산출

각 관절에 인가되는 토크를 바탕으로 하모닉 드라이브의 수명을 산출한다. 하모닉 드라이브의 수명은 주로 웨이브 제너레이터의 베어링 수명과 직결되므로, 다음 식을 통하여 수명을 계산한다.

$$L_h = L_{10} \cdot \left(\frac{\tau_r}{\tau_{\text{avg}}}\right)^3 \cdot \left(\frac{n_r}{n_{i,\text{avg}}}\right) = 10000 \times \left(\frac{25\,\text{Nm}}{26.2\,\text{Nm}}\right)^3 \times \left(\frac{2400\,\text{rpm}}{1896\,\text{rpm}}\right) = 10997\,\text{hours} \tag{9.11}$$

여기서 L_h는 하모닉 드라이브의 수명 시간, L_{10}은 10%의 파손 확률이 있는 웨이브 제너레이터의 수명 시간, τ_r는 정격 토크, n_r가 정격 각속도이다. 그림 9.13에서 로봇이 정상 운전하는 구간의 부하 토크(τ_2)와 입력 각속도(Rn_2)를 각각 정격 토크 τ_r와 정격 각속도 n_r로 선정한다. 이렇게 산출된 수명 시간이 웨이브 제너레이터의 수명 시간 이상인지를 확인한다. 이 예제에서는 산출된 하모닉 드라이브의 수명이 웨이브 제너레이터 수명 시간인 10,000시간 이상이므로 적절한 수명이 보장되었음을 확인할 수 있다.

⑧ 감속기 형번 최종 결정

검토 과정을 거친 후 최종적으로 설계에 반영하기 위한 하모닉 드라이브를 선정한다. 해당 예제의 경우 B형번의 감속비 120인 하모닉 드라이브를 최종적으로 선정하게 되었다. 단, 선정된 하모닉 드라이브를 사용하여 로봇 관절 구동부를 실제 설계하고, 설계된 모델의 정보를 기반으로 다시 한번 시뮬레이션을 수행한다. 이때 좀 더 정확한 무게 및 무게중심, 회전 관절 사이의 거리 등을 적용하여 각 관절의 부하를 해석하고, 이를 선정한 하모닉 드라이브와 비교하여 선정의 타당성을 다시 검토하는 것이 바람직하다.

9.3.2 모터의 선정

본 절에서는 앞에서 수행한 시뮬레이션의 결과와 선정된 감속기를 바탕으로 로봇의 설계에 사용되는 서보 모터를 선정한다. 모듈형 협동 로봇에서는 중공형 서보 모터를 사용한다. 이러한 서보 모터는 BLDC 모터 또는 AC 서보 모터로 불린다. 중공형 모터는 일반적인 중실형 모터에 비해 저속/고토크의 특성을 갖는다. 따라서 타이밍 벨트 및 풀리와 같은 추가적인 감속기의 구성 없이 하모닉 드라이브 입력에 모터를 직결하여 목표한 토크의 출력이 가능하다. 표 9.3은 협동 로봇 설계에 사용하는 중공형 서보 모터의 종류와 설계 사양에 대한 예시이다. 그림 9.14는 모터의 선정을 위한 절차를 나타낸 흐름도이다.

표 9.3 **중공형 BLDC 모터 사양의 예시**

	100 W	200 W	300 W
정격 출력(Watt)	100	200	300
정격 토크(Nm)	0.30	0.55	0.98
최대 토크(Nm)	0.66	1.90	3.79
관성 모멘트 ($\times 10^{-4}$ kg·m^2)	0.149	0.785	1.160
정격 각속도(rpm)	3500	3500	3500

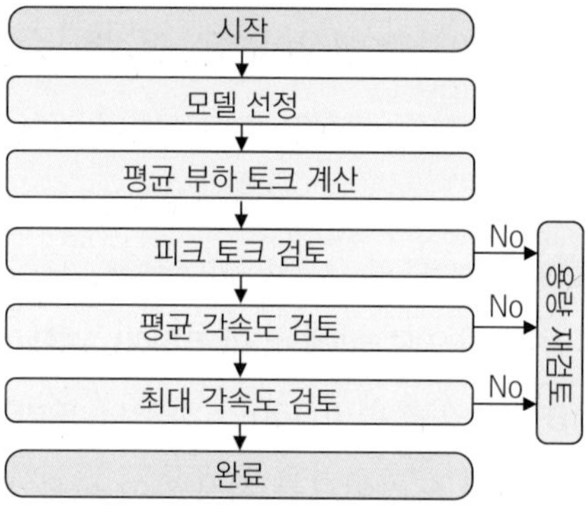

그림 9.14 **모터 선정을 위한 절차**

① 평균 부하 토크 및 피크 토크 계산

모터의 용량을 선정하기 위하여 앞의 하모닉 드라이브 선정에 사용된 평균 부하 토크 및 극한 상황에서의 해석 결과를 적용한다. 이때 선정된 하모닉 드라이브의 감속비 R와 모터 축의 관성 토크(즉, 가감속에 필요한 토크) τ_{inertia}를 고려하여야 하는데, 이는 일반적인 중실형 모터에 비해 대구경 중공형 모터의 입력축은 직경과 무게가 더 크며, 입력축을 구성하는 엔코더, 브레이크 등의 부품이 더해져 모터 구동 시 관성 모멘트의 영향을 무시할 수 없기 때문이다. 모터 입력축의 관성 모멘트가 클수록 감가속 시 모터에서 부담하는 토크 역시 증가하게 되어 모터에서 발생하는 순 토크의 감소를 초래하게 된다. 그러므로 관절 구동을 위해 필요한 토크와 입력축의 관성 토크를 더하여 중공형 모터의 용량을 선정하여야 한다. 모터 선정 단계에서는 아직 구동부 설계가 완료된 상태가 아니므로, 우선적으로 모터의 회전자와 하모닉 드라이브의 웨이브 제너레이터를 기반으로 관성 모멘트를 고려한다.

모터 축에서의 관성 토크 τ_{inertia}는 다음과 같다.

$$\begin{aligned}\tau_{\text{inertia}} &= (I_m + I_{\text{HD}}) \times (R \cdot a_{\max} \cdot \tfrac{\pi}{180}) \\ &= (0.785 + 0.193) \times 10^{-4} \times (120 \times 600 \times \tfrac{\pi}{180}) = 0.12\,\text{Nm}\end{aligned} \tag{9.12}$$

여기서 I_m과 I_{HD}는 각각 모터 회전자와 하모닉 드라이브 웨이브 제너레이터의 관성 모멘트, R는 감속비, $a_{\max}$는 °/s^2 단위의 관절의 최대 각가속도이다. 이때 관절의 각가속도에 감속비를 곱하여 모터 축의 각가속도로 변환하며, °/s^2 단위의 각가속도를 rad/s^2 단위로 변환하기 위해서 $\pi/180$를 곱해 주게 된다. 식 (9.12)의 계산에서 9.3.1절에서 제시한 하모닉 드라이브 17 형번의 웨이브 제너레이터의 관성 모멘트인 $I_{\text{HD}} = 0.193 \times 10^{-4}$ kg·m^2, 감속비 $R = 120$, 최대 가속도 $a_{\max} = 600$°/s^2(표 9.1 참고)을 사용한다. 또한 표 9.3의 200 W 모터를 가선정하여 회전자의 관성 모멘트 $I_m = 0.785 \times 10^{-4}$ kg·m^{2}를 사용한다.

이때 산출된 관성 토크는 0.12 Nm로, 200 W 모터의 정격 토크 0.55 Nm보다 작으므로 모터의 무부하 구동에는 문제가 없다. 한편, 모터에 부하가 연결된 경우에 인가되는 모터의 평균 부하 토크는 다음과 같이 계산할 수 있다.

$$\tau_{m,\text{avg}} = \left(\frac{\tau_{\text{avg}}}{R \cdot C_{\text{HD}}} + \tau_{\text{inertia}}\right) / \, C_m = \left(\frac{26.2}{120 \times 0.7} + 0.12\right) / \, 0.9 = 0.48\,\text{Nm} \tag{9.13}$$

여기서 τ_{avg}는 하모닉 드라이브의 평균 부하 토크이며, C_{HD}와 C_m은 하모닉 드라이브와 모터의 효율이다. 하모닉 드라이브의 경우 온도와 입력 속도에 따라 효율이 변하는데, 위 식에서는 70%의 효율을 적용하였다. 또한 모터의 경우에는 90%의 효율을 적용하였다. 그러므로 $\tau_{\text{avg}}/RC_{\text{HD}}$는 하모닉 드라이브의 평균 부하 토크에 해당하는 모터 토크인데, $\tau_{\text{avg}} = 26.2$ Nm는 식 (9.3)에서 이미 산출하였다.

마찬가지로, 극한 상황에서의 모터 토크 $\tau_{m,\text{worst}}$는 다음과 같이 계산할 수 있다.

$$\tau_{m,\text{worst}} = \left(\frac{\tau_{\text{worst}}}{R \cdot C_{\text{HD}}} + \tau_{\text{inertia}}\right) / \, C_m = \left(\frac{64}{120 \times 0.7} + 0.12\right) / \, 0.9 = 0.98\,\text{Nm} \tag{9.14}$$

여기서 τ_{worst}는 그림 9.10(c)의 극한 상황에서의 시뮬레이션에서 구하였던 최대 토크 64 Nm이다. 계산된 극한 상황에서의 모터 토크 $\tau_{m,\text{worst}}=0.98$ Nm는 표 9.3의 200 W 모터의 최대 토크인 1.90 Nm보다 낮으므로 선정된 모터의 토크는 허용치 이내임을 알 수 있다.

② 평균 및 최대 각속도의 검토

모터의 평균 및 최대 각속도에 대한 검토는 식 (9.7) 및 (9.8)에서 구한 하모닉 드라이브의 평균 입력 각속도 $n_{i,\text{avg}}$와 최대 입력 각속도 $n_{i,\max}$와 동일하다. 이때 모터의 평균 각속도는 표 9.3의 정격 각속도와 비교한다. 본 예제의 경우 모터의 평균 각속도가 1896 rpm이므로, 200 W 모터의 정격 속도인 3500 rpm의 허용 범위 내에 있음을 알 수 있다. 그림 9.15는 모터 제조사에서 제공하는 토크-속도 선도로서, 모터의 각속도에 따른 연속 토크와 순간 토크의 허용 범위를 그래프로 표현한 것이다. 모터의 최대 각속도(즉, $n_{i,\max}=2400$ rpm)에서 연속 토크는 연속 운전 구간(continuous run range)의 범위 내에 있어야 하며, 최대 토크는 피크 운전 구간(peak run range)을 넘지 않아야 한다. 모터의 연속 토크 $\tau_{m,\text{rated}}$는 그림 9.13의 τ_2를 통해 산출되며, 다음과 같이 계산된다.

$$\tau_{m,\text{rated}}=\left(\frac{\tau_2}{R\cdot C_{\text{HD}}}+\tau_{\text{inertia}}\right)/\,C_m=\left(\frac{25}{120\times0.7}+0.12\right)/\,0.9=0.46\,\text{Nm} \qquad (9.15)$$

모터 제조사에 따라 편차가 있지만, 모터의 피크 운전 구간은 일반적으로 약 3초 이내로만 사용되어야 하며, 그 이상으로 사용 시에는 모터의 과부하로 인한 손상이 올 수 있으므로 선정 시에 주의하여야 한다. 본 예제에서는 극한 상황에서의 모터 토크 $\tau_{m,\text{worst}}$를 모터의 순간 최대 토크로 선정하였으며, 피크 운전 속도 $n_{m,\text{worst}}$는 그림 9.13의 감가속 시의 출력 각속도 n_3에 감속비 120을 곱하여 1200 rpm으로 선정하였다. 또한 감가속 시간은 0.2초로 설정되어 제조사에서 권장하는 3초 이하의 운전 조건을 만족시켰다. 따라서 그림 9.15와 같이 모터의 최대 각속도와 감가속 시의 각속도에 대한 최대 토크가 허용치 이내임을 알 수 있다.

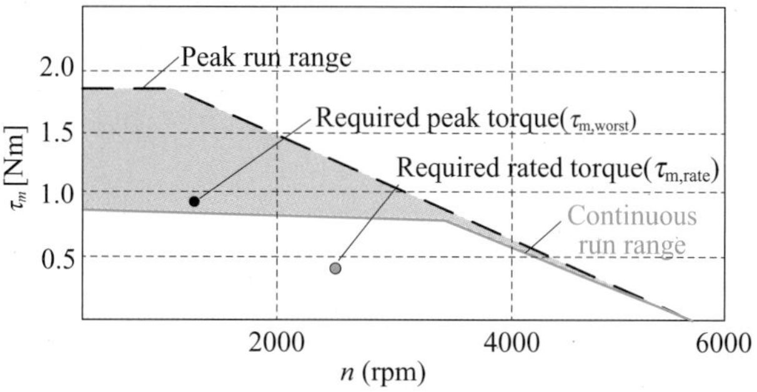

그림 9.15 200 W 모터의 τ-n 선도의 예시

③ 모터의 최종 선택

앞에서 계산한 결과를 바탕으로 한 모터를 검토 후 적합한 모터를 최종적으로 선정한다. 본 예제의 경우 200 W 모터를 바탕으로 선정을 진행하였으며, 검토를 거쳐 최종적으로 선정하였다. 검토 과정에서 문제가 발생할 경우 용량 재검토 및 재선정 과정이 진행되어야 한다. 하모닉 드라이브와 모터 선정이 완료된 후 로봇 설계가 완료되면 설계된 로봇을 이용하여 시뮬레이션을 다시 진행하여 최종 검증을 진행하는 것을 권장한다.

9.4 링크 길이의 결정

로봇 팔은 주어진 작업 환경에서의 동작이 원활해야 하며, 이는 로봇 링크의 길이에 어느 정도 의존한다. 링크 길이의 선정 시에 다음에 설명할 조작성 해석을 사용하면 도움을 받을 수 있다.

로봇 팔의 **조작성**(manipulability)은 팔의 조작 성능을 평가하는 지표로서, 로봇 팔을 설계하거나 주어진 작업을 수행하는 데 적절한 로봇의 형상을 결정하는 데 유용하다(Yoshikawa, 1985). 자코비안 행렬이 $\boldsymbol{J} \in \Re^{m \times n}$이라면 조작성 $w(\boldsymbol{q})$는 다음과 같이 정의된다.

$$w(\boldsymbol{q}) = \sqrt{\det(\boldsymbol{J}(\boldsymbol{q}) \cdot \boldsymbol{J}^T(\boldsymbol{q}))} \tag{9.16}$$

만약 자코비안 행렬이 정방 행렬이라면, 조작성은 다음과 같이 단순화된다.

$$w(\boldsymbol{q}) = \left| \det\left(\boldsymbol{J}(\boldsymbol{q})\right) \right| \tag{9.17}$$

특이 형상에 대해서는 행렬식 det($\boldsymbol{J}$)=0이 되어 조작성이 0이지만, 그 외의 경우에 조작성은 항상 양의 값을 가지게 된다.

그림 9.16의 2자유도 평면 팔을 고려하자. 관절 속도가 $\dot{\theta}_1 = \dot{\theta}_2 = 30°/\text{s}$일 때 그림의 3개의 형상에서의 말단 속도 및 조작성은 그림에서와 같이 계산된다. 조작성이 가장 큰 자세 1의 경우에는 x축 및 y축 속도가 유사하지만, 조작성이 작아질수록 두 축의 속도 차이가 크다는 것을 알 수 있다. 특히 조작성이 0이 되는 자세 3에서는 $v_x=0$이 되는데, 이는 특이 형상에 해당한다. 대부분의 경우에 조작성이 커서 말단부가 모든 방향으로 잘 움직이는 것이 바람직하다.

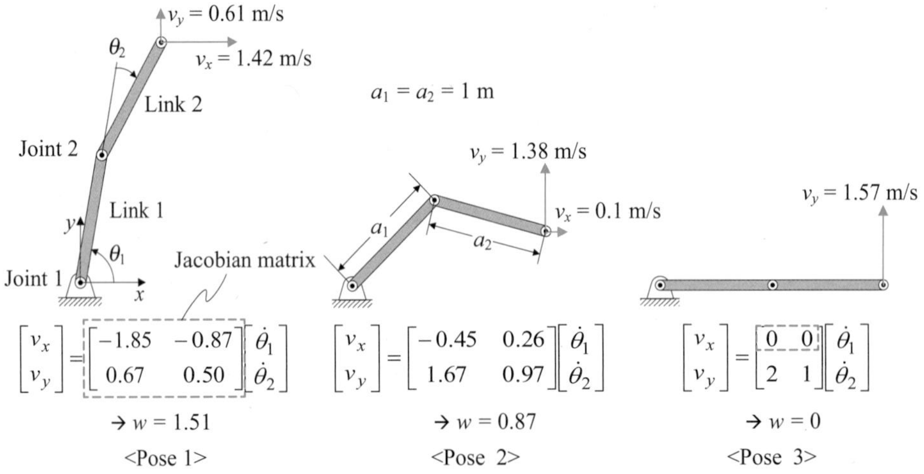

그림 9.16 **로봇의 자세 변화에 따른 조작성의 비교**

이번에는 실제 로봇 팔의 설계에 조작성을 활용하는 경우를 생각해 보자. 조작성은 전역적인 지표(global index)가 아니라 국부적인 지표(local index)이다. 즉, 조작성이 전역적인 지표라면 로봇의 말단부가 도달할 수 있는 모든 작업 공간에서 조작성을 크게 하는 것이 가능하지만, 국부적인 지표이므로 특정한 작업 공간에 대해서 조작성이 커지면 다른 작업 공간에 대해서는 작아지게 된다.

그러므로 조작성 해석을 위해서는, 우선 주로 작업이 수행되는 작업 공간을 선정하는 것이 필요하다. 그림 9.17에 예시로 주어진 6자유도 협동 로봇의 목표 사양(20 kg

이내, 작업 반경 650 mm)을 고려하여, 로봇이 그림과 같이 0.3 m×0.3 m 크기의 YZ 평면과 0.4 m×0.3 m 크기의 XZ 평면 위에서 주로 작업을 수행한다고 가정해 보자. 로봇의 작업 반경이 650 mm이므로, 관절 4와 6 사이에 130 mm의 오프셋을 고려하면 $a_1+a_2=520$ mm가 된다. 로봇의 피치 관절인 2, 3, 4축이 60°/s의 각속도로 구동한다고 가정하였다.

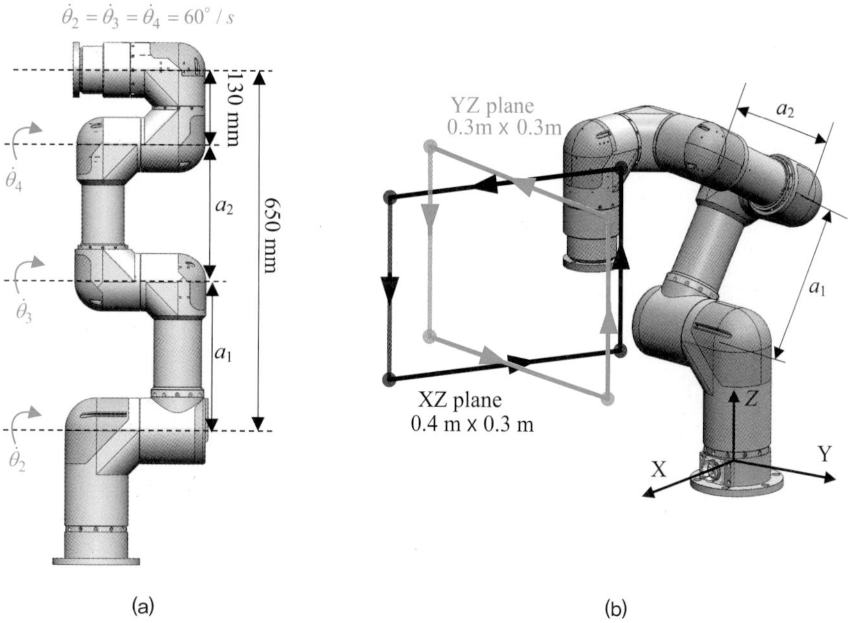

그림 9.17 XZ 및 YZ 평면에서의 조작성 해석

표 9.4와 9.5는 $a_1=290$, $a_2=230$과 $a_1=260$, $a_2=260$ 사이의 범위를 세분화하여 조작성 해석을 진행한 결과이다. XZ 평면상에서는 $a_1=270$, $a_2=250$과 $a_1=290$, $a_2=230$에서 조작성이 높았고, YZ 평면상에서는 $a_1=270$, $a_2=250$과 $a_1=265$, $a_2=255$에서 조작성이 높았다. 이와 같은 해석을 통하여 XZ 평면과 YZ 평면에서 모두 높은 조작성 값을 보인 $a_1=270$, $a_2=250$을 링크의 길이로 선정하였다. 그림 9.18은 최종 선정된 링크 길이 $a_1=270$, $a_2=250$에서의 조작성 그래프이다. 이와 같이 조작성 해석을 통하여 정해진 작업 반경 내에서 최적의 조작성을 가지는 로봇의 설계가 가능하다.

표 9.4 XZ 평면에서의 상세한 조작성 해석(작업 반경 a_1+a_2 = 520 mm)

(a_1, a_2)	(290, 230)	(285, 235)	(280, 240)	(275, 245)	(270, 250)	(265, 255)	(260, 260)
Max.	0.0449	0.0439	0.0430	0.0414	0.0448	0.0354	0.0370
Average	0.0251	0.0241	0.0233	0.0218	0.0252	0.0194	0.0196
Min.	0.0033	0.0027	0.0021	0.0003	0.0019	0.0023	0.0011

표 9.5 YZ 평면에서의 상세한 조작성 해석(작업 반경 a_1+a_2 = 520 mm)

(a_1, a_2)	(290, 230)	(285, 235)	(280, 240)	(275, 245)	(270, 250)	(265, 255)	(260, 260)
Max.	0.0299	0.0362	0.0309	0.0326	0.0415	0.0425	0.0328
Average	0.0253	0.0262	0.0265	0.0280	0.0341	0.0344	0.0278
Min.	0.003	0.0129	0.0026	0.0024	0.0087	0.0043	0.0082

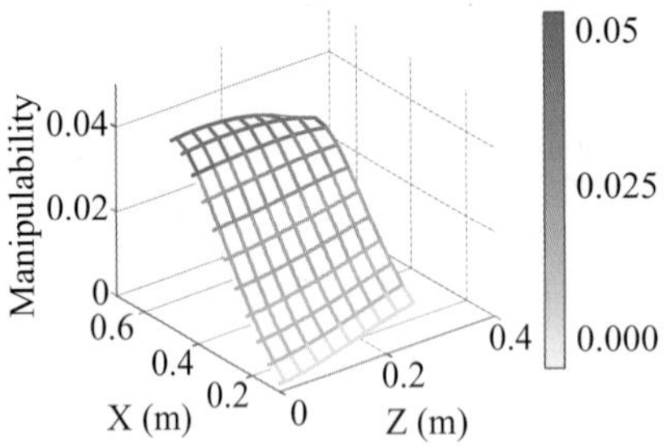

(a)

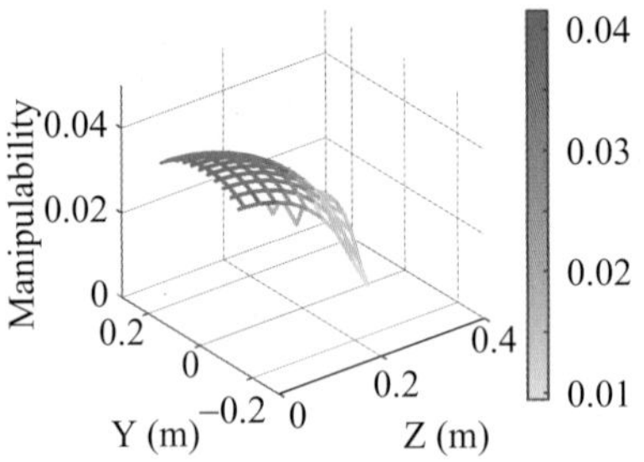

(b)

그림 9.18 조작성 그래프: (a) XZ 평면, (b) YZ 평면(a_1 = 270, a_2 = 250)

연습문제

1 다음과 같은 3자유도 공간 팔을 고려한다. DH 파라미터는 $d_1 = 300$ mm, $a_2 = a_3 = 400$ mm이며, 관절 1과 2의 최대 속도는 90°/s이고, 관절 3의 최대 속도는 120°/s라 한다. 이 로봇의 말단점인 TCP(tool center point)의 최대 선속도를 구하시오. [힌트: 롤 관절(즉, 관절 1)과 피치 관절(즉, 관절 2와 3)의 운동을 모두 고려한다.]

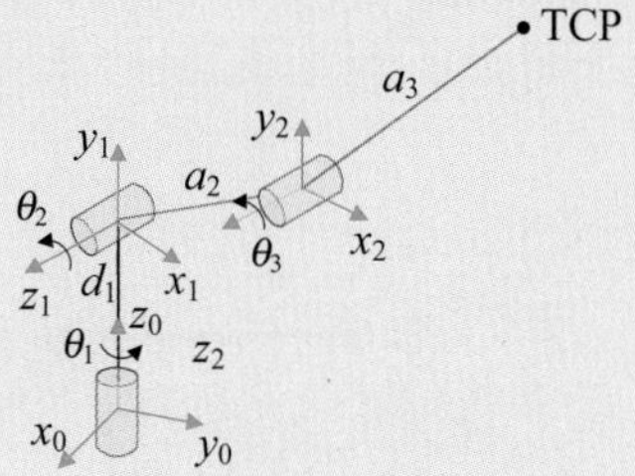

2 다음과 같은 2자유도 평면 팔을 고려하자.

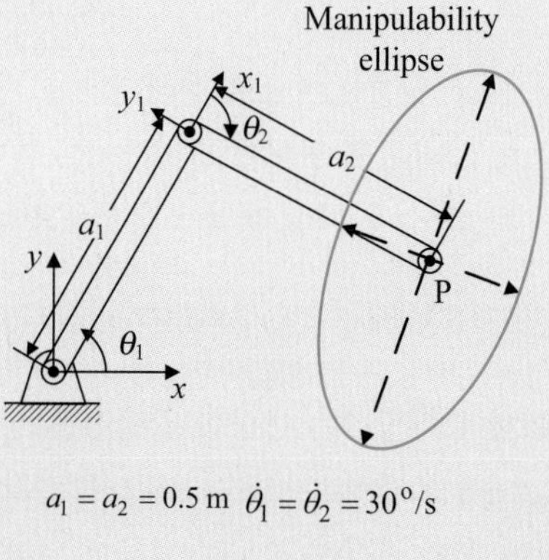

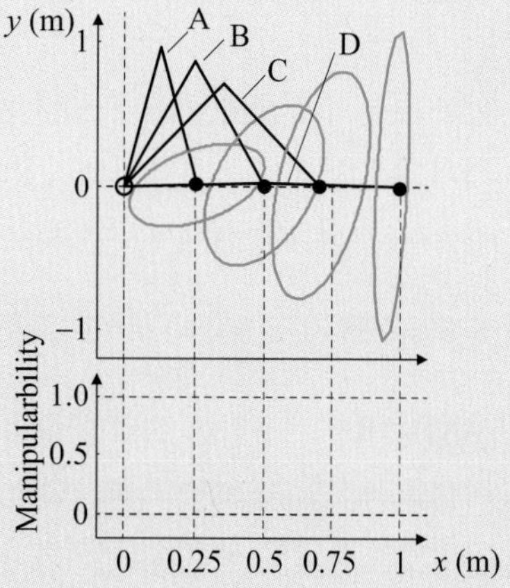

(a) 조작성을 $w(\boldsymbol{q})$를 주어진 DH 파라미터로 나타내시오. 어떤 관절 각도에서 조작성이 최대가 되는가?

(b) 만약 주어진 최대 도달 거리가 일정하다면(즉, $a_1 + a_2 = \text{constant}$), 최대 조작성이 관절 각도에 상관없이 $a_1 = a_2$일 때 발생함을 보이시오.

(c) 우측 그림의 자세 A, B, C, D에서 말단점 P는 $x = 0.25$, 0.5, 0.75, 1.0 m에 위치한다. 각 자세에 대한 자코비안 행렬을 구한 다음, 이를 이용하여 말단점 P의 x축 및 y축 선속도 v_x와 v_y를 구하고, 조작성을 계산하시오. 이때 각 관절의 각속도는 그림에서와 같이 30°/s라 가정한다.

(d) 최대 조작성은 언제 발생하며, 이때 조작성은 얼마인가?

(e) 파트 (c)와 (d)에서의 조작성을 종합하여, 각 자세에서의 조작성을 우측 그림의 하단에 표시하고, 이 점들을 연결하는 대략적인 조작성 선도를 도시하시오.

(f) 그림에 각 자세에서의 조작성 타원이 도시되어 있다. 조작성 타원의 형태와 조작성 크기 간의 관계에 대해서 논하시오.

3 다음의 3자유도 공간 팔(spatial arm)을 고려하자. 그림과 같이 이 로봇은 주로 0.6 m×0.6 m 크기를 갖는 *yz* 평면상에서 작업을 수행한다고 한다.

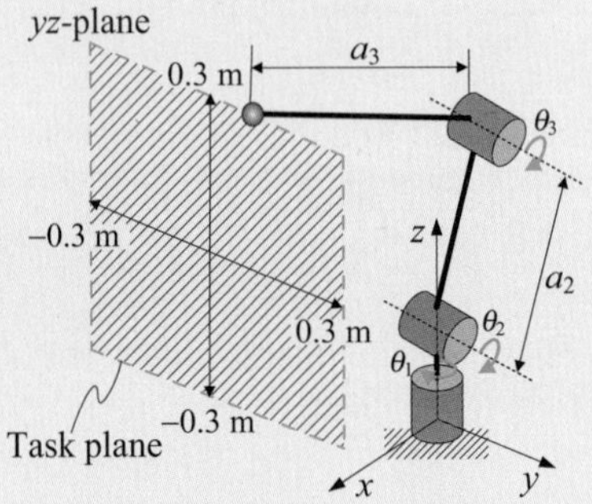

만약 로봇의 설계에서 최대 도달 거리(reach)가 $a_2+a_3=0.75$ m로 주어진다고 가정하자. 위의 작업 평면에서 최대의 조작성을 가질 수 있도록 링크 길이를 결정하여야 한다. 이를 위해서 두 링크의 길이가 다음과 같이 3개의 다른 조합을 가질 때의 조작성을 구해 보자.

1) $a_2=0.35$ m, $a_3=0.40$ m 2) $a_2=0.40$ m, $a_3=0.35$ m 3) $a_2=0.45$ m, $a_3=0.30$ m

MATLAB을 사용하여 이러한 주어진 작업 평면에 해당하는 다양한 말단점에 대해서 조작성을 도시할 수 있는 프로그램을 작성하고, 이들 조작성의 평균을 구하시오. 각자 프로그램에서 확인할 수 있도록 위의 3가지 조합에 대한 조작성 선도와 평균을 다음 그림에 도시하였다.

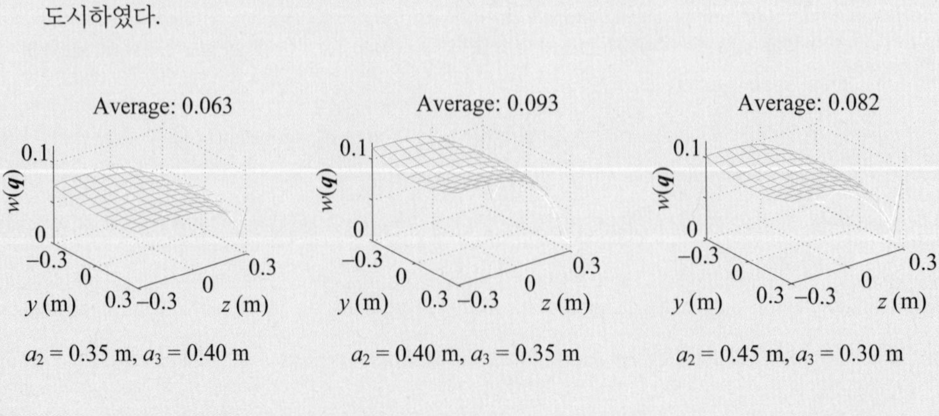

$a_2=0.35$ m, $a_3=0.40$ m $a_2=0.40$ m, $a_3=0.35$ m $a_2=0.45$ m, $a_3=0.30$ m

CHAPTER 10 위치 제어

위치 제어

산업용 로봇은 보통 로봇 팔, 로봇 제어기 및 티치 펜던트 등으로 구성된다. 로봇 제어기는 로봇 말단부의 궤적을 제어하는 상위 제어기에 해당하는 모션 제어기와 개별 관절에서 모터를 제어하는 하위 제어기에 해당하는 모터 드라이버로 구성된다. 로봇과 환경 간의 접촉이 없는 경우에는 위치 제어(또는 모션 제어)가 수행되고, 환경과 접촉이 있는 경우에는 힘 제어가 수행된다.

위치 제어는 관절 공간 또는 직교 공간에서 수행될 수 있다. 관절 공간 제어 방식에서는 말단부의 직교 공간 궤적을 역기구학을 통해서 관절 공간 궤적으로 변환한 후에, 관절 공간에서 PID 제어를 수행하는 방식이다. 반면에, 직교 공간 제어 방식에서는 직교 공간에서 PID 제어를 수행하는데, 로봇 말단부의 자세를 직접 측정할 수 없으므로 관절 변수로부터 정기구학을 통해서 말단부 자세를 추정하게 된다.

로봇의 위치 제어에는 로봇의 모델을 고려하지 않고 각 관절을 독립적으로 제어하는 독립 관절 제어 방식과 로봇의 모델 정보에 기반하여 비선형 항들을 제거한 후에 선형화된 시스템을 대상으로 제어를 수행하는 계산 토크 제어 방식이 있다. 최근에는 제어기의 계산 능력이 매우 우수하여 독립 관절 제어에서도 로봇의 모델 정보를 활용하기도 한다. 계산 토크 제어는 직교 공간에서 수행될 수도 있는데, 이 경우에 말단부의 방위에 대해서 제어를 수행하는 것이 매우 어려워서, 대부분의 로봇 교재에서는 이에 대한 내용을 다루지 않고 있다. 본 장에서는 이러한 말단부 방위에 대한 제어에 대해서 자세히 설명하기로 한다.

10.1 로봇의 제어

산업용 로봇은 일반적으로 인간의 팔에 해당하는 로봇 팔, 로봇 제어기, 티치 펜던트 등으로 구성되어 있다. 이 중에서 **티치 펜던트**(teach pendant)는 로봇을 원격으로 제어하는 데 사용되는 소형 장치로서, 로봇의 각 축을 독립적으로 이동시켜서 원하는 로봇 자세를 가지도록 한다. 본 장에서는 로봇 제어기에 대해서 살펴보기로 한다.

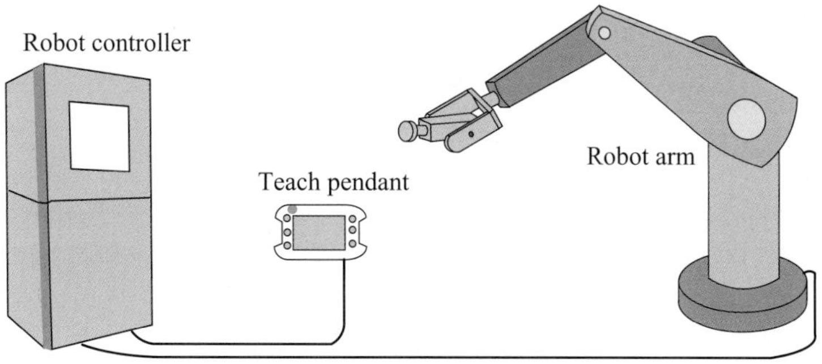

그림 10.1 **산업용 로봇의 예**

로봇 제어기는 크게 상위 제어기인 **모션 제어기**(motion controller)와 하위 제어기인 **모터 드라이버**(motor driver)로 구성된다. **그림 10.1**은 로봇 제어기와 로봇 팔로 구성된 로봇 제어 시스템을 보여 준다. 모션 제어기는 원하는 작업을 위해서 정해지는 로봇 말단부(end-effector)의 직교 공간 궤적을 관절 공간 궤적으로 변환하는 궤적 생성기를 포함하고 있다. 상용 모션 제어기는 앞서 7장에서 논의하였던 직교 공간에서의 직선 및 원호 궤적과 S-커브 궤적 등 다양한 모션 함수를 제공한다. 제어 방식에 따라서 모션 제어기는 단순히 모터 드라이버를 위한 위치 명령만을 계산하거나 로봇 모델로부터 토크 명령을 계산하기도 한다. 모터 드라이버는 서보 증폭기(servo amplifier)와 모터 제어기로 구성되어 모터의 위치, 속도 및 토크를 제어하는 역할을 수행하는데, 각 모터마다 독립된 모터 드라이버가 설치된다. 모션 제어기와 모터 드라이버 사이에는 실시간 제어를 위해서 RS485, CAN, EtherCAT 등의 고속 통신이 설치되어 있다.

로봇 팔의 제어는 크게 위치 제어와 힘 제어로 분류할 수 있다. **위치 제어**(position control, motion control)는 로봇과 환경 간의 접촉이 없는 자유 공간에서 로봇 말단부가 원하는 자세(즉, 위치 및 방위) 궤적을 따라서 운동하도록 하는 제어이다. 반면에, **힘 제어**(force control, interaction control)는 로봇과 환경 간에 접촉이 있는 상태에서 로봇과 환경 간의 상호작용(즉, 힘 및 토크)을 조절하는 제어이다. 대부분의 산업용 로봇은 기본적으로 위치 제어만을 구현할 수 있도록 구성되어 있으며, 힘 제어 용도로 사용

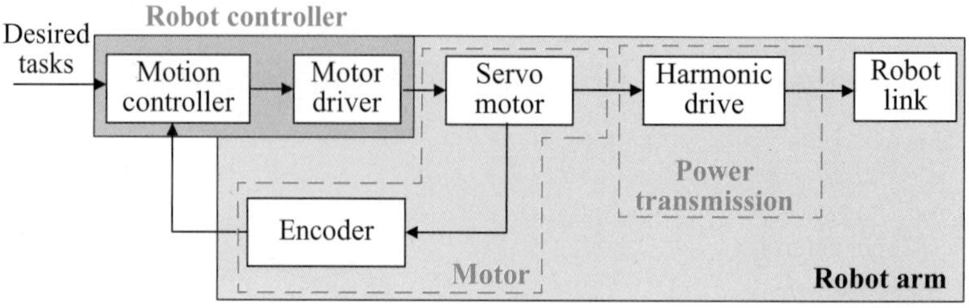

그림 10.2 **로봇의 구성**

하기 위해서는 로봇의 말단부에 6축 힘/토크 센서를 장착하거나 위치 제어를 통해서 힘을 조절하는 임피던스 제어 기법을 사용하여야 한다.

로봇의 기계적인 구조는 로봇 제어 방식의 선택에 영향을 미친다. 대부분의 산업용 로봇의 각 관절은 서보 모터와 하모닉 드라이브와 같은 고감속비를 갖는 감속기가 결합된 구조를 가진다. 로봇의 각 관절 사이에는 상당한 비선형 커플링이 발생하지만, 이러한 고감속비에 의해서 비선형성이 크게 감소하여 각 관절의 커플링 효과가 감소되어 선형 제어 방식이 효과적으로 적용될 수는 있다. 그러나 감속기에 의한 백래시, 마찰 및 강성 저하와 같은 문제가 발생하게 되므로, 이러한 기어와 관련된 문제를 제어를 통해서 해결하여야 한다. 반면에, 고토크 모터를 사용하는 직접 구동 로봇(direct-drive robot)에서는 감속기를 사용하지 않아서 감속기와 관련된 문제는 발생하지 않지만, 각 관절 간에 상당한 비선형 커플링 효과가 나타나므로, 이러한 비선형성 문제를 해결할 수 있는 비선형 제어 방식을 사용하여야 한다.

10.2 로봇의 동역학 모델링

로봇 팔의 기본적인 운동 방정식은 앞서 식 (6.19)에서 유도한 것처럼 다음과 같이 주어진다.

$$\boldsymbol{M}(\boldsymbol{q})\ddot{\boldsymbol{q}} + \boldsymbol{C}(\boldsymbol{q},\dot{\boldsymbol{q}})\dot{\boldsymbol{q}} + \boldsymbol{g}(\boldsymbol{q}) + \boldsymbol{\tau}_f = \boldsymbol{\tau} \qquad (10.1)$$

여기서 $\boldsymbol{M}$은 로봇의 관성 행렬, $\boldsymbol{C}$는 코리올리력(Coriolis force) 및 원심력과 관련된 행렬, $\boldsymbol{g}$는 중력 벡터, $\boldsymbol{\tau}$는 관절 토크 벡터, $\boldsymbol{\tau}_f$는 주로 감속기에서 발생하는 마찰 토크 벡터, $\boldsymbol{q}$, $\dot{\boldsymbol{q}}$, $\ddot{\boldsymbol{q}}$은 각각 관절 각도, 각속도, 각가속도를 나타내는 벡터이다. 여기서 관절

토크 벡터 $\boldsymbol{\tau}$는 마찰로 손실되는 토크를 제외하고 실제로 로봇의 링크에 전달되는 토크를 의미한다는 점에 유의한다.

보다 정확한 동역학 모델링은 모터와 감속기 회전부의 관성 모멘트 및 마찰 등을 고려하여야 얻을 수 있다. 그림 10.3은 일반적인 로봇의 관절 구조 및 구성 요소 사이의 동력 전달 관계를 간략히 나타낸 것이다. 이 그림에서 i_a는 모터 드라이버에서 모터로 입력된 전류, K_t는 모터의 토크 상수, J_m은 모터 회전자의 관성 모멘트, r는 감속기의 감속비, τ_f는 감속기 및 로봇 관절 내부의 기계 요소들에 의하여 손실된 마찰 토크이다. 이때 J_m의 계산에서 모터의 회전자 외에도 감속기의 입력단 회전자(하모닉 드라이브의 경우 웨이브 제너레이터)를 포함시키면 더욱 정확하다는 점에 유의한다.

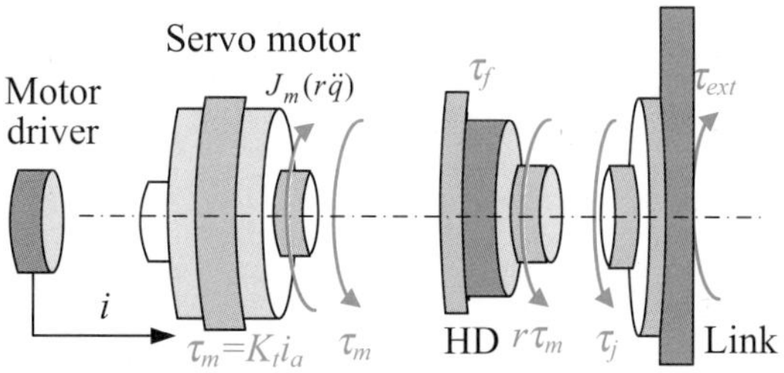

그림 10.3 **로봇 관절에서의 동력 전달**

한편, DC 모터와 BLDC 모터의 출력 토크는 모터에 입력되는 전류 i_a에 비례하므로, 모터 발생 토크는 $\tau_m = K_t\, i_a$의 식을 이용하여 구할 수 있다. 모터 회전자의 관성 모멘트를 고려하면 모터의 순수 출력 토크 τ'_m은 다음과 같이 구할 수 있다.

$$\tau'_m = \tau_m - J_m(r\ddot{q}) = K_t\, i_a - r\, J_m \ddot{q} \tag{10.2}$$

이때 $\ddot{q}$은 관절의 각가속도로 이는 감속기 출력단의 각가속도에 해당하므로, 모터 회전축의 각가속도는 관절의 각가속도에 감속기의 감속비 $r(>1)$가 곱해져야 한다. 모터의 순수 출력 토크 τ'_m은 감속비 r인 감속기에서 r배 증폭되어 감속기에서 출력되므로 감속기 출력 토크는 $r\tau'_m$이 된다. 실제 링크로 전달되는 관절 토크 τ_j는 감속기 출력 토크에서 감속기에서의 마찰 토크 τ_f를 제외하여야 한다.

$$\tau_j = r\tau'_m - \tau_f = r(K_t i_a - rJ_m\ddot{q}) - \tau_f = rK_t\, i_a - r^2 J_m \ddot{q} - \tau_f = \tau - r^2 J_m \ddot{q} - \tau_f \tag{10.3}$$

여기서 $\tau = rK_t i_a$는 모터 토크에 감속비를 곱한 액추에이션 토크(actuation torque)이다.

식 (10.2)는 각 관절에서 단일 모터/감속기에 대한 방정식으로, n자유도 로봇으로 확장하여야 한다. 모터와 감속기 회전부의 관성 모멘트 행렬은

$$\boldsymbol{J}_m = \begin{bmatrix} r_1^2 J_1 & 0 & \cdots & 0 \\ 0 & r_2^2 J_2 & & \vdots \\ \vdots & & \ddots & 0 \\ 0 & \cdots & 0 & r_n^2 J_n \end{bmatrix} \tag{10.4}$$

와 같으며, r_i와 J_i는 관절 i에서의 감속비와 관성 모멘트를 각각 나타낸다. 또한 액추에이션 토크 벡터 $\boldsymbol{\tau}$는

$$\boldsymbol{\tau} = \begin{Bmatrix} r_1 K_{t,1} i_1 \\ r_2 K_{t,2} i_2 \\ \cdots \\ r_n K_{t,n} i_n \end{Bmatrix} \tag{10.5}$$

가 된다. 식 (10.1)의 기본적인 동역학 모델링에 식 (10.3)~(10.5)를 고려하면 다음과 같이 보다 정확한 운동 방정식을 얻을 수 있다.

$$[\boldsymbol{M}(\boldsymbol{q}) + \boldsymbol{J}_m]\ddot{\boldsymbol{q}} + \boldsymbol{C}(\boldsymbol{q},\dot{\boldsymbol{q}})\dot{\boldsymbol{q}} + \boldsymbol{g}(\boldsymbol{q}) + \boldsymbol{\tau}_f = \boldsymbol{\tau} \tag{10.6}$$

여기서 $\boldsymbol{\tau}$는 단순히 모터 출력 토크와 감속비의 곱을 나타내는 액추에이션 토크이다. 이 액추에이션 토크에서 마찰 토크 $\boldsymbol{\tau}_f$와 관성 토크 $\boldsymbol{J}_m\ddot{\boldsymbol{q}}$을 제외하여 실제로 링크로 전달되는 관절 토크가 식 (10.1)에서의 $\boldsymbol{\tau}$에 해당한다. 그러므로 동역학 방정식에서의 토크는 정확한 의미를 파악하는 것이 중요하다.

식 (10.6)을 편의상 다음과 같이 나타낸다.

$$\boldsymbol{M}_e(\boldsymbol{q})\ddot{\boldsymbol{q}} + \boldsymbol{C}(\boldsymbol{q},\dot{\boldsymbol{q}})\dot{\boldsymbol{q}} + \boldsymbol{g}(\boldsymbol{q}) + \boldsymbol{\tau}_f = \boldsymbol{\tau} \tag{10.7}$$

$$\text{where } \boldsymbol{M}_e(\boldsymbol{q}) = \boldsymbol{M}(\boldsymbol{q}) + \boldsymbol{J}_m \tag{10.8}$$

여기서 $\boldsymbol{M}_e(\boldsymbol{q})$는 **유효 관성 행렬**(effective inertia matrix)이다. 만약 모터와 감속기의 관성 모멘트를 고려하지 않는다면, 유효 관성 행렬은 단순한 관성 행렬과 동일하게 된다. 그림 6.1의 2자유도 평면 팔에 대한 예제에 대해서 식 (10.6)의 동역학 방정식을 적용하면 다음과 같다.

$$\begin{bmatrix} m_{11}+r_1^2 J_1 & m_{12} \\ m_{12} & m_{22}+r_2^2 J_2 \end{bmatrix} \begin{Bmatrix} \ddot{\theta}_1 \\ \ddot{\theta}_2 \end{Bmatrix} + \begin{bmatrix} -2c\dot{\theta}_2 & -c\dot{\theta}_2 \\ c\dot{\theta}_1 & 0 \end{bmatrix} \begin{Bmatrix} \dot{\theta}_1 \\ \dot{\theta}_2 \end{Bmatrix} + \begin{Bmatrix} g_1 \\ g_2 \end{Bmatrix} + \begin{Bmatrix} \tau_{f1} \\ \tau_{f2} \end{Bmatrix} = \begin{Bmatrix} \tau_1 \\ \tau_2 \end{Bmatrix} \tag{10.9}$$

10.3 위치 제어의 개요

앞 절에서 언급한 동역학 방정식 (10.7)을 고려하여 보자. 만약 로봇에 대해서 개루프 제어(open-loop control)를 수행한다고 하면, 다음과 같이 액추에이션 토크를 발생시키면 된다.

$$\boldsymbol{\tau} = \boldsymbol{M}_e(\boldsymbol{q}_d)\,\ddot{\boldsymbol{q}}_d + \boldsymbol{C}(\boldsymbol{q}_d, \dot{\boldsymbol{q}}_d)\dot{\boldsymbol{q}}_d + \boldsymbol{g}(\boldsymbol{q}_d) + \boldsymbol{\tau}_f \tag{10.10}$$

여기서 $\boldsymbol{q}_d, \dot{\boldsymbol{q}}_d, \ddot{\boldsymbol{q}}_d$는 각각 관절의 희망 위치, 속도, 가속도를 나타낸다. 즉, 로봇 모델이 정확하다면 이와 같이 원하는 운동을 로봇 모델에 대입하여 필요한 관절 토크를 구할 수 있다. 이 경우 실제 로봇 운동에 대한 피드백이 없으며, 토크는 단지 희망 궤적만의 함수로 주어진다. 그러나 로봇 모델의 불완전성과 운동 과정에서 불가피한 외란의 존재 등으로 개루프 제어는 실제로는 좋은 제어 성능을 보여 주지 못한다. 이를 극복하기 위하여 폐루프(closed-loop) 제어 또는 피드백 제어가 수행된다. 폐루프 제어에서는 엔코더를 사용하여 관절의 위치 및 속도 등을 측정하여 피드백하게 되므로, 다음과 같은 서보 오차(servo error) 또는 추적 오차(tracking error)를 구할 수 있다.

$$\Delta\boldsymbol{q}(t) = \boldsymbol{q}_d(t) - \boldsymbol{q}(t),\ \ \Delta\dot{\boldsymbol{q}}(t) = \dot{\boldsymbol{q}}_d(t) - \dot{\boldsymbol{q}}(t) \tag{10.11}$$

폐루프 제어에서는 위의 추적 오차를 최소화하는 액추에이션 토크 $\boldsymbol{\tau}$를 계산하고, 이를 토크 명령으로 하는 제어를 수행한다.

이러한 폐루프 제어는 관절 공간 제어(joint space control)와 직교 공간 제어(cartesian space control)로도 분류할 수 있다. **관절 공간 제어**는 그림 10.4에서 보듯이 2개의 공정으로 나뉜다. 우선 오프라인 공정에서 직교 공간에서 주어진 희망 말단부의 자세(위치/방위) 궤적 $\boldsymbol{x}_d$로부터 역기구학을 통해서 희망 관절각 궤적 $\boldsymbol{q}_d$를 구해 낸다. 또는 티치 펜던트나 핸드 가이딩에 의한 직접 교시에서는 $\boldsymbol{q}_d$가 직접 생성되기도 한다. 그리고 온라인 공정에서는 관절의 위치 궤적 $\boldsymbol{q}$가 희망 위치 궤적 $\boldsymbol{q}_d$를 추종하도록 피드백 제어를 수행하며, 이를 통해서 말단부의 실제 자세 궤적 $\boldsymbol{x}$가 희망 자세 궤적 $\boldsymbol{x}_d$를 추종하게 된다. 이러한 관절 공간 제어는 자유 공간에서의 모션 제어에 적합하지만, 말단부의 궤적을 직접적으로 제어하는 것이 아니라 로봇 팔의 기구적 구조를 통해서 개루프 방식으로 제어된다. 그러므로 구조물의 가공 공차, 부정확한 캘리브레이션, 기어 백래시, 감속기 탄성 등 구조적 불확실성 또는 조작 대상 물체에 대한 말단부 자세의 부정확한 정보 등으로 인해서 직교 공간 궤적의 부정확성이 초래될 수 있다.

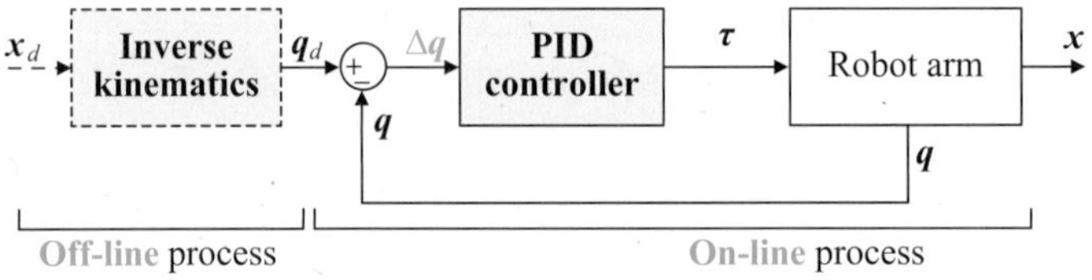

그림 10.4 **관절 공간 제어**

직교 공간 제어는 그림 10.5에서 보듯이 말단부의 실제 자세 궤적 $\boldsymbol{x}$가 피드백되어 말단부의 희망 자세 궤적 $\boldsymbol{x}_d$와 비교된다. 이 경우에도 말단부의 자세를 직접 측정하는 것은 매우 어려우므로 엔코더로 측정한 각 관절 위치로부터 정기구학을 통하여 말단부의 자세를 추정하게 된다. 이 경우 말단부의 자세 오차 $\Delta\boldsymbol{x}$를 최소화하기 위하여 PID 제어기의 출력을 각 관절의 토크나 위치 명령으로 로봇에 입력하게 된다.

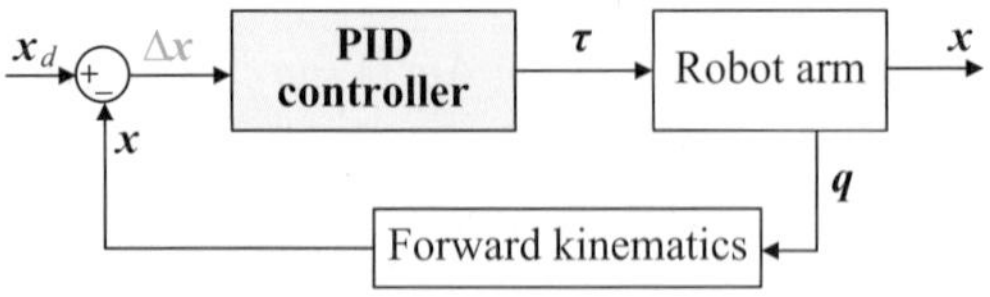

그림 10.5 **직교 공간 제어**

위치 제어의 또 다른 분류로 분산 제어(decentralized control)와 집중 제어(centralized control)가 있다. **분산 제어** 방식은 각 로봇 관절을 다른 관절과는 독립적으로 제어하는 방식으로, 로봇의 동역학 모델을 필요로 하지 않으며, 다음 절에서 다룰 독립 관절 제어가 대표적인 분산 제어 방식의 예이다. 반면에, **집중 제어** 방식은 각 관절 간의 강한 비선형성과 결합성을 고려하여 로봇의 동역학 모델을 기반으로 모든 관절을 동시에 제어하는 방식으로, 다음 절에서 취급할 계산 토크 제어가 대표적이다. 분산 제어와 집중 제어의 특징에 대해서는 독립 관절 제어와 계산 토크 제어를 다룰 때 자세히 설명하기로 한다.

본 교재에서는 관절 공간 제어 기법으로 독립 관절 제어 및 계산 토크 제어 기법을 다루고, 직교 공간 제어 기법으로 계산 토크 제어 기법에 대해서 집중적으로 설명하기로 한다.

10.4 관절 공간 제어

로봇의 작업은 말단부에 의해서 수행되므로, 수행할 작업은 직교 공간에서 말단부의 자세(위치/방위) 궤적으로 주어지며, 이 궤적은 역기구학에 의해서 관절 공간에서의 궤적으로 변환된다. **그림 10.4**에서 보듯이 이러한 관절 공간 궤적이 희망 궤적으로 주어지면, 크게 다음의 3가지 방식에 의해서 위치 제어가 구현될 수 있다.

- 독립 관절 제어(independent joint control, IJC)
- 모델 기반의 독립 관절 제어(model-based IJC, MIJC)
- 계산 토크 제어(computed torque control, CTC)

IJC는 로봇의 모델 정보를 사용하지 않고, 모든 관절이 다른 관절의 영향을 받지 않고 독립적으로 운동한다는 가정하에 모든 관절 위치를 독립적으로 제어하는 방식이다. 예전에는 제어기의 계산 능력이 부족해서 복잡한 로봇의 모델을 실시간으로 계산하는 것이 어려웠기 때문에 이러한 방식이 사용되었다. 최근의 로봇 제어기는 로봇 모델의 실시간 계산이 가능하므로, 이러한 모델 정보를 피드포워드(feedforward) 방식으로 독립 관절 제어 시스템에 제공하여 제어 성능을 향상한 방법이 바로 MIJC이다. 반면에, CTC는 로봇의 모든 관절은 다른 관절로부터의 영향을 많이 받으며, 매우 비선형이라는 점을 감안하여, 로봇의 모델에 기초하여 위치 제어를 수행한다. IJC와 MIJC는 둘 다 IJC를 기반으로 수행된다는 점에서 공통점이 있고, MIJC와 CTC는 둘 다 로봇의 모델을 활용한다는 점에서 공통점이 있다.

본 절에서는 이들 3가지 제어 방식에 대해서 자세히 살펴보고, 이들의 제어 성능을 비교하기로 한다. 결론적으로, 제어기의 계산 능력이 충분하면 로봇의 모델 정보를 활용하는 것이 제어 성능 면에서 우수하므로, MIJC나 CTC를 채택하는 것이 바람직하다.

10.4.1 독립 관절 제어

일반적으로 n자유도 로봇은 모든 관절이 커플링되어(coupled) 있으므로, n개의 입력과 n개의 출력을 갖는 비선형 다중 입출력 시스템(nonlinear multivariable system)이다. 이러한 시스템은 해석하기가 매우 어려우며, 따라서 제어기의 구성도 매우 어렵다. 분산 제어(decentralized control) 방식은 이러한 n자유도 로봇을 n개의 독립된 시스템으로 분해하여, 각 관절을 단일 입출력 시스템(single-input single-output system)으로 취급한다. 그러나 실제로는 모든 관절이 서로 커플링되어 있으므로, 한 관절만을 독립적으로 제어하기는 어렵다. 이와 같이 다른 관절로부터 오는 커플링 영향은 제어 대상이 되는 특정 관절의 제어 시스템에서는 외란(disturbance)으로 작용하게 된다. 이 경우에 이러한 외란이 너무 크다면 제어 시에 외란을 배제하는 것이 어려워진다. 그러나 로봇 구동 시스템은 모터의 출력 토크를 증폭하기 위해서 큰 감속비의 감속기를 사용하는데, 이러한 큰 감속비는 다른 관절로부터 대상 관절에 미치는 커플링의 영향을 상당히 감소시켜 주는 역할을 하게 되어, 제어 시스템에서 외란의 영향을 최소화하는 것이 가능해진다.

분산 제어의 가장 단순한 형태는 **그림** 10.6의 **독립 관절 제어**(independent joint control, IJC) 시스템이다. **그림** (a)와 같이 위치에 대한 PD 제어는 **그림** (b)와 같이 위치 및 속도 각각에 대한 P 제어를 합한 것과 동일하다는 점에 유의한다.

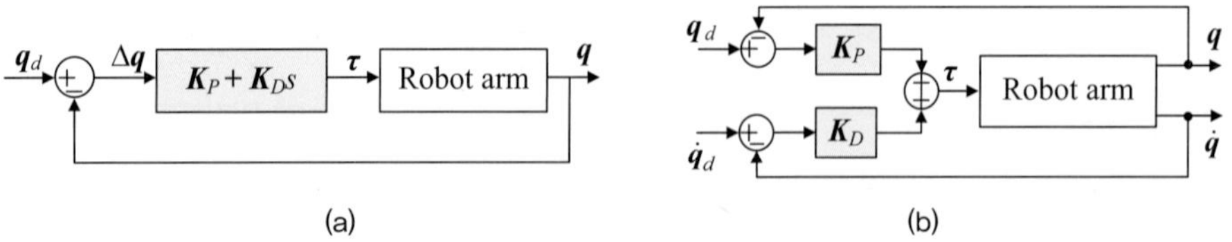

그림 10.6 **독립 관절 제어(IJC) 시스템의 블록 선도**

PD 제어 법칙은 다음과 같다.

$$\boldsymbol{\tau} = \boldsymbol{K}_P(\boldsymbol{q}_d - \boldsymbol{q}) + \boldsymbol{K}_D(\dot{\boldsymbol{q}}_d - \dot{\boldsymbol{q}}) \tag{10.12}$$

여기서 K_P와 K_D는 각각 비례 이득 행렬과 미분 이득 행렬로 대각 행렬이다. 위 식의 PD 제어 법칙을 로봇의 동역학 방정식 (10.1)에 대입하면 다음과 같은 페루프 방정식을 얻을 수 있다.

$$\boldsymbol{M}(\boldsymbol{q})\ddot{\boldsymbol{q}} + \boldsymbol{C}(\boldsymbol{q},\dot{\boldsymbol{q}})\dot{\boldsymbol{q}} + \boldsymbol{g}(\boldsymbol{q}) + \boldsymbol{\tau}_f = \boldsymbol{K}_P(\boldsymbol{q}_d - \boldsymbol{q}) + \boldsymbol{K}_D(\dot{\boldsymbol{q}}_d - \dot{\boldsymbol{q}}) \tag{10.13}$$

독립 관절 제어에서 각 관절의 위치 제어는 결국 각 관절 모터의 위치 제어와 동일하다. 이때 로봇 팔의 동역학은 모터 위치 제어 시스템의 외란으로 작용하게 된다. 이에 대한 정확한 이해를 위해서 다음의 유도 과정을 살펴보자.

로봇 팔의 동역학 방정식 (10.1)은 다음과 같이 스칼라 식으로 나타낼 수 있다.

$$\sum_{j=1}^{n} m_{ij}(\boldsymbol{q})\,\ddot{q}_j + \sum_{j=1}^{n}\sum_{k=1}^{n} c_{ijk}(\boldsymbol{q})\,\dot{q}_k\,\dot{q}_j + g_i(\boldsymbol{q}) + \tau_{fi} = \tau_i \qquad (i = 1, \dots, n) \tag{10.14}$$

여기서 τ_i는 로봇의 관절 i에 작용하는 액추에이션 토크이다. 식 (10.13)의 관성 항은 다음과 같이 전개할 수 있다.

$$\sum_{j=1}^{n} m_{ij}(\boldsymbol{q})\,\ddot{q}_j = m_{i1}\,\ddot{q}_1 + \cdots + m_{ii}\,\ddot{q}_i + \cdots + m_{in}\,\ddot{q}_n = m_{ii}(\boldsymbol{q})\ddot{q}_i + \sum_{i \neq j\ \&\ j=1}^{n} m_{ij}(\boldsymbol{q})\,\ddot{q}_j \tag{10.15}$$

식 (10.15)를 (10.14)에 대입하면 다음과 같다.

$$m_{ii}(\boldsymbol{q})\ddot{q}_i + \left[\sum_{i \neq j\ \&\ j=1}^{n} m_{ij}(\boldsymbol{q})\,\ddot{q}_j + \sum_{j=1}^{n}\sum_{k=1}^{n} c_{ijk}(\boldsymbol{q})\,\dot{q}_k\,\dot{q}_j + g_i(\boldsymbol{q}) + \tau_{fi}\right] = m_{ii}(\boldsymbol{q})\ddot{q}_i + d_i' = \tau_i \tag{10.16}$$

여기서 $d_i' = \sum_{i \neq j\ \&\ j=1}^{n} m_{ij}(\boldsymbol{q})\,\ddot{q}_j + \sum_{j=1}^{n}\sum_{k=1}^{n} c_{ijk}(\boldsymbol{q})\,\dot{q}_k\,\dot{q}_j + g_i(\boldsymbol{q}) + \tau_{fi}$

한편, DC 모터의 운동 방정식을 나타내는 식 (8.12)를 고려하여 보자.

$$J_m \frac{d^2\theta_m(t)}{dt^2} + \left(B_m + \frac{K_t K_e}{R}\right)\frac{d\theta_m(t)}{dt} = \frac{K_t}{R} v_a(t) - \frac{\tau_l(t)}{r} \tag{10.17}$$

이때 감속비 r의 감속기가 사용되므로 부하 토크 항이 τ_l/r로 변경되었음에 유의한다. 모터/감속기와 링크는 직결되어 있으므로, 식 (10.14)에서의 입력 토크 τ_i와 (10.17)의 부하 토크 τ_l은 동일한 토크이다. n자유도 로봇의 관절 i에 설치된 구동 시스템은 식 (10.17)로부터

$$J_i\ddot{\theta}_i(t)+(B_i+K_tK_e/R_i)\dot{\theta}_i(t)=(K_t/R_i)v_i(t)-\tau_i(t)/r_i\ (i=1,\cdots,n) \tag{10.18}$$

로 나타낼 수 있다. 식 (10.17)과 (10.18)을 비교하면 식 (10.18)의 각 변수의 의미는 쉽게 알 수 있다. 이제 식 (10.15)를 (10.18)에 대입하여 보자.

$$J_i\ddot{\theta}_i(t)+(B_i+K_tK_e/R_i)\dot{\theta}_i(t)=\frac{K_t}{R_i}v_i(t)-\frac{1}{r_i}\left[m_{ii}(\boldsymbol{q})\ddot{q}_i+d_i'\right] \tag{10.19}$$

한편, 모터의 회전각 θ_i와 로봇 링크의 관절각 q_i 사이에는 감속비에 의해서

$$\theta_i=r_i\,q_i \tag{10.20}$$

가 성립되는데, 식 (10.20)을 (10.19)에 대입하면

$$\left(J_i+\frac{1}{r_i^2}m_{ii}(\boldsymbol{q})\right)\ddot{\theta}_i(t)+\left(B_i+\frac{K_tK_e}{R}\right)\dot{\theta}_i(t)=\frac{K_t}{R_i}v_i(t)-\frac{d_i'}{r_i} \tag{10.21}$$

와 같다. 식 (10.16)에서 보듯이 d'_i는 로봇 동역학의 비선형 항을 나타낸다. 이러한 비선형 항이 식 (10.21)의 모터 동역학 식에서는 감속비 r에 의해서 그 크기가 상당히 줄어든 상태로 외란으로 작용하게 된다. 식 (10.21)은 다음과 같이 간략히 나타낼 수 있다. 표기의 편의상 관절 번호 i는 생략한다.

$$J\,\ddot{\theta}(t)+B\,\dot{\theta}(t)=u(t)-d(t) \tag{10.22}$$

여기서 J는 유효 관성(effective inertia), B는 유효 감쇠(effective damping), u는 제어 입력, d는 외란을 나타낸다. 이 외란은 모든 비선형성과 다른 링크로부터의 커플링 효과를 포함하고 있다. 위 식을 라플라스 변환으로 표현하면 다음과 같다.

$$\theta(s)=\frac{1}{s(Js+B)}[u(s)-d(s)] \tag{10.23}$$

모터의 위치 제어를 위해서 다음과 같은 PD 제어를 고려하여 보자.

$$u(s) = (K_P + K_D s)[\theta_d(s) - \theta(s)] \tag{10.24}$$

여기서 K_P는 비례 이득, K_D는 미분 이득이다. PD 제어 시스템을 블록 선도로 나타내면 그림 10.7과 같다.

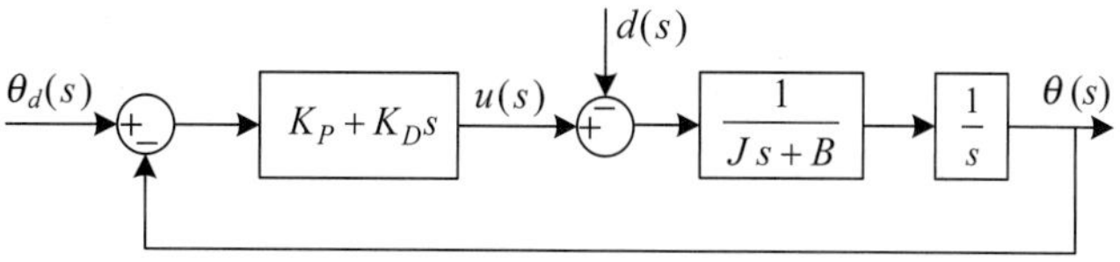

그림 10.7 PD 제어 기반의 모터의 위치 제어

이때 위치에 대한 미분 제어는 속도에 대한 비례 제어와 동일하므로, 모터에 대한 PD 제어는 바로 위치 제어와 속도 제어를 동시에 수행하는 것과 같다. 이 시스템에 대한 폐루프 전달 함수는 다음과 같다.

$$\begin{aligned}\theta(s) &= \frac{K_P + K_D s}{Js^2 + (B + K_D)s + K_P}\theta_d(s) - \frac{1}{Js^2 + (B + K_D)s + K_P}d(s) \\ &= \frac{K_P + K_D s}{\Delta(s)}\theta_d(s) - \frac{1}{\Delta(s)}d(s)\end{aligned} \tag{10.25}$$

여기서

$$\Delta(s) = Js^2 + (B + K_D)s + K_P \tag{10.26}$$

위 식은 폐루프 특싱 방정식(characteristic equation)이다. 이때 제한된 외란에 대해서는 K_P와 K_D의 모든 값에 대해 그림 10.8의 위치 제어 시스템이 항상 안정되어 있음에 유의한다. 식 (10.26)의 특성 방정식은 다음과 같이 변형될 수 있다.

$$s^2 + \frac{B + K_D}{J}s + \frac{K_P}{J} = 0 \tag{10.27}$$

이 식을 2차 시스템의 기본 식인

$$s^2 + 2\zeta\omega s + \omega^2 = 0 \tag{10.28}$$

과 비교하면, 다음과 같이 제어 이득을 구할 수 있다.

$$K_P = \omega^2 J,\ K_D = 2\zeta\omega J - B \tag{10.29}$$

간단한 제어 시스템의 예를 들어 보자. 예제의 편의상 $J=B=0.4$ 및 $d=0$ & 20인 경우를 고려하여 보자. 편의상 $\zeta=1$로 가정하면, 고유 주파수 ω만이 설계 인자가 된다. 몇 개의 ω 값에 대하여 제어 이득을 구하면 다음과 같다.

$$\omega=5 \rightarrow K_P=10,\ K_D=3.6;\ \omega=10 \rightarrow K_P=40,\ K_D=7.6;$$
$$\omega=15 \rightarrow K_P=90,\ K_D=11.6 \tag{10.30}$$

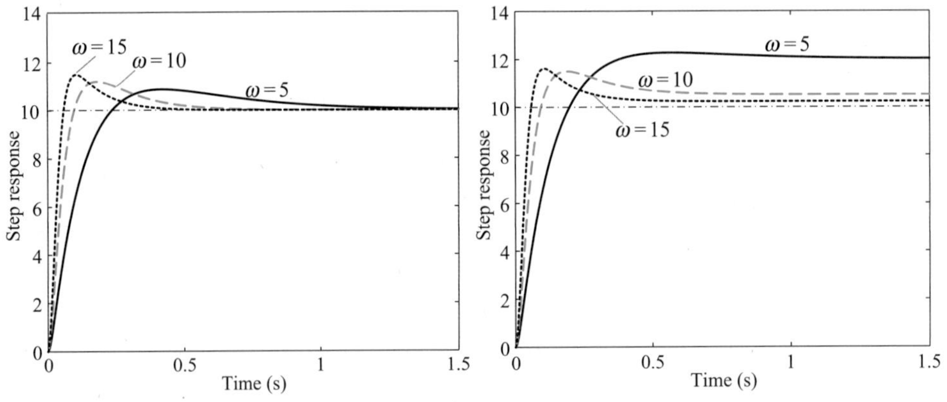

(a) $d=0$ (b) $d=20$

그림 10.8 **외란의 유무에 따른 PD 제어의 성능**

그림 10.8에서 보듯이, 주파수가 증가하면 상승 시간(rise time)이 감소함을 볼 수 있다. 또한 외란이 존재하는 경우에는 주파수를 증가시켜도 정상상태 오차(steady-state error)가 존재한다. 주파수의 증가를 통해서 K_P를 증가시키면 정상상태 오차는 어느 정도 감소하지만, 시스템의 과도 응답(transient response)의 진동이 심해져서 상대적인 안정성이 저하된다. 그러므로 정상상태 오차의 감소는 비례 이득의 증가보다는 적분 제어를 통해서 해결하는 것이 바람직하다.

다음과 같은 PID 제어를 고려하여 보자.

$$u(s) = (K_P + K_D s + \frac{K_I}{s})e(s) = (K_P + K_D s + \frac{K_I}{s})[\theta_d(s) - \theta(s)] \tag{10.31}$$

여기서 K_P는 비례이득, K_D는 미분이득, K_I는 적분 이득이다. PID 제어 시스템을 블록 선도에 나타내면 그림 10.9와 같다.

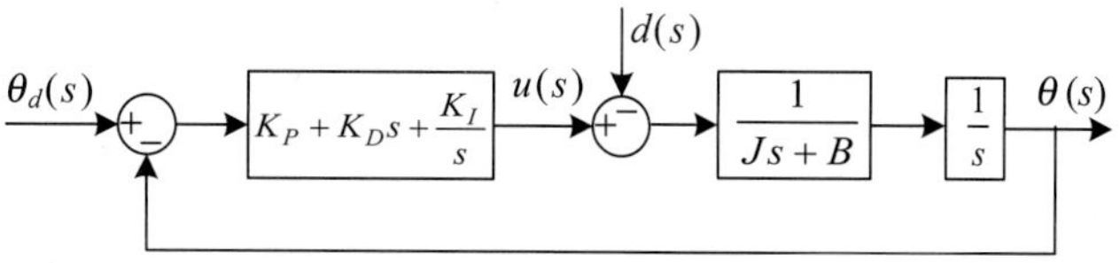

그림 10.9 **PID 제어 기반의 모터의 위치 제어**

앞의 예제와 같이 $J=B=0.4$ 및 $d=20$인 경우를 고려하여 보자. $\zeta=1$로 가정하였으므로, 고유 주파수 ω만이 설계 인자가 된다. $\omega=10$에 대하여 제어 이득을 구하면 다음과 같다.

$$\omega=10 \rightarrow K_P=40,\quad K_D=7.6,\quad K_I=50 \tag{10.32}$$

그림 10.10에서 보듯이, 적분 제어의 도입을 통해서 정상상태 오차를 0으로 만들 수 있다.

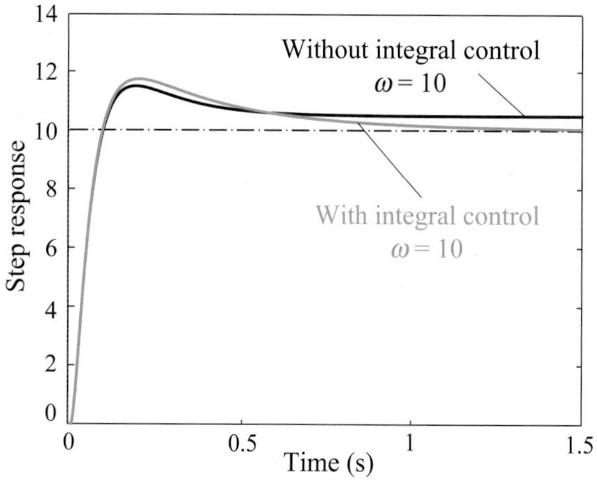

그림 10.10 **PID 제어의 성능**

이러한 독립 관절 제어는 몇 가지 특징을 가진다.

- 로봇 모델(질량, 무게중심, 관성 모멘트, 링크 길이 등)을 필요로 하지 않는다.

- 관절 간의 모든 동역학적인 영향(즉, 커플링)은 외란으로 취급된다.
- 제어기의 구성이 매우 단순하고, 계산량이 적다.

그러나 이러한 독립 관절 제어는 기본적으로 PID 선형 제어기를 사용하므로 커플링 영향 및 비선형성이 작은 속도 구간이나 궤적에서만 우수한 성능을 발휘한다는 단점이 있다. 이 외에도 설계자가 이미 파악하고 있는 모델의 여러 정보를 활용하지 않는다는 점도 단점이라 할 수 있다. 이러한 단점은 다음에 언급하는 피드포워드 항을 추가함으로써 보완이 가능하다.

대부분의 상용 모터 드라이버에는 위치 제어를 위해 직렬(cascade) 제어기가 구성된다. **직렬 제어기**는 먼저 나오는 제어기의 출력이 뒤에 따라오는 제어기의 기준 입력이 되는 구조로 구성되는 제어기를 말하며, 이러한 구조의 제어기는 일반적인 PID 구조의 제어기에 비해 외란에 더 강인하다. 위치 제어를 위한 직렬 제어기는 **그림 10.11**과 같이 먼저 입력된 희망 위치 θ_d와 측정된 실제 위치 θ 사이의 오차를 줄이기 위해 위치 제어기가 동작하며, 위치 제어기의 출력이 목표 속도 ω_t가 되어 측정된 실제 속도 ω와의 오차를 줄이기 위해 속도 제어기가 동작한다. 마지막으로, 속도 제어기의 출력이 목표 전류 i_t가 되어 측정된 실제 전류와의 오차를 줄이기 위해 전류 제어기가 동작하여 모터에 적절한 전력을 공급함으로써 모터를 제어하게 된다. 일반적으로 위치 제어기에는 비례(P) 제어, 속도 제어기에는 비례-적분(PI) 제어, 전류 제어기에는 비례-적분(PI) 제어를 사용하며, 위치 제어기에서 전류 제어기로 갈수록 제어기의 대역폭이 커져야 제대로 된 성능을 확보할 수 있다. 일반적으로 단계마다 대역폭이 3~5배 커지게 되며, 제어 주기 또한 전류 제어기로 갈수록 빨라진다.

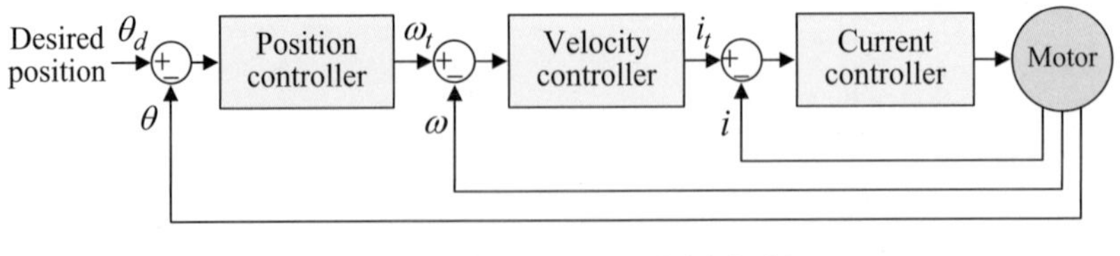

그림 10.11 **위치 제어를 위한 직렬 제어기의 기본 구조**

이러한 기본 구조에 **그림 10.12**와 같이 희망 속도, 희망 가속도 및 희망 토크 등을 추가하여 각 제어기가 추종해야 하는 기준치를 피드포워드 방식으로 보상함으로써 제어 성능을 개선할 수 있다. 즉, 오차를 줄이기 위해 궤적 생성기나 제어기에 의해서 산출되는 희망 속도나 희망 토크 등을 미리 입력함으로써 사전에 오차가 커지는 것을 방지한다. 이를 **피드포워드 보상을 갖는 독립 관절 제어**(IJC with feedforward compensation)라 한다.

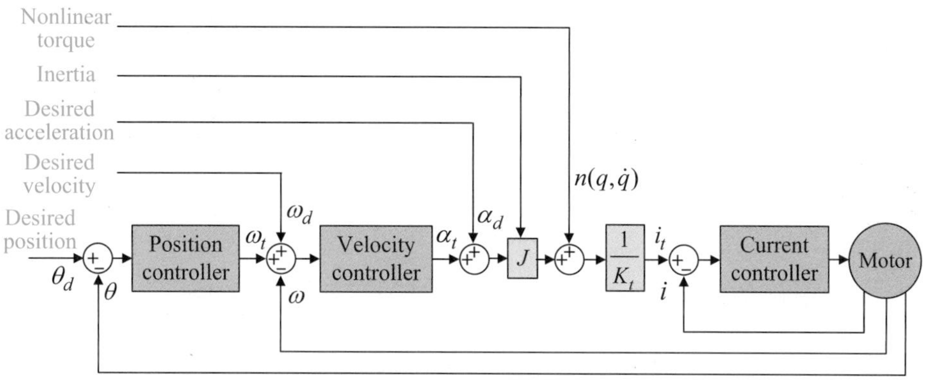

그림 10.12 피드포워드 보상을 갖는 위치 제어기의 구조

그림 10.12에서 희망 토크에는 다음과 같이 중력 토크와 코리올리 힘 및 원심력에 의한 토크, 마찰 토크 등이 포함될 수 있다.

$$\boldsymbol{\tau}_d = \boldsymbol{g}(\boldsymbol{q}) + \boldsymbol{C}(\boldsymbol{q}, \dot{\boldsymbol{q}})\dot{\boldsymbol{q}} + \boldsymbol{\tau}_f \tag{10.33}$$

관절 i에 대한 희망 토크는 위 식의 $\boldsymbol{\tau}_d$에서 i번째 항에 해당한다. 로봇 자세에 의해 변하는 관성 모멘트 J까지 매 주기마다 입력하면 로봇 자세와 무관하게 균일한 제어 성능을 기대할 수 있다. 관절 i의 경우, J는 다음과 같이 로봇의 식 (10.8)의 관성 행렬 $\boldsymbol{M}_e(\boldsymbol{q})$에서 (i, i) 성분인 $m_{ii} + r_i^2 J_i$를 나타낸다. 한편, 그림에서 K_t는 모터의 토크 상수를 의미한다.

10.4.2 관절 공간에서의 계산 토크 제어

앞서 설명한 독립 관절 제어는 로봇의 모델 정보를 사용하지 않고 각 관절을 독립적으로 제어함으로써 제어 시스템이 단순하고 계산량도 적은 장점이 있는 반면에, 비선형성과 커플링 영향이 크게 나타나는 영역에서는 성능이 저하된다는 단점이 있다. 또한 동일 관절이라도 로봇의 자세에 따라서 제어 성능이 차이가 나므로 독립 관절 제어에서는 로봇의 영역별로 최적 이득을 사용하는 것이 필요하다. 예를 들어, 기구학 설명에서 여러 차례 나온 2자유도 평면 팔이 바닥에 설치되어 동작된다면 관절각에 상관없이 관절이 받는 부하는 유사하다. 그러나 만약 이 로봇 팔이 바닥과 수직인 벽에 설치되어 있다면, 로봇의 자세에 따라서 중력의 영향이 달라지므로 관절이 받는 부하의 크기도 매우 변하게 된다. 즉, $\theta_1 = \theta_2 = 0°$일 때는 중력에 의한 영향을 최대로 받지만, $\theta_1 = 90°$ & $\theta_2 = 0°$일 때는 중력에 의한 영향이 최소가 된다. 따라서 이 두 경우에 서로 다른 제어기 이득을 사용하여야 최고의 성능을 얻게 된다.

독립 관절 제어의 이러한 문제는 로봇의 동역학 정보를 사용하지 않기 때문이다. 이를 보완하기 위해서는 집중 제어(centralized control) 또는 모델 기반 제어(model-based control)가 필요하다. 즉, 집중 제어 방식은 각 관절 간의 강한 비선형성과 결합성을 고려하여, 로봇의 동역학 모델을 기반으로 모든 관절을 동시에 제어하게 된다.

예를 들어, 그림 10.13과 같이 중력 토크 $\boldsymbol{\tau}_g$를 실시간으로 계산하여 PD 제어의 결과로 얻어지는 제어 토크 $\boldsymbol{\tau}_c$에 더하여 준다면, 모터는 $\boldsymbol{\tau} = \boldsymbol{\tau}_g + \boldsymbol{\tau}_c$에 해당하는 토크를 발생시켜서 중력 토크를 상쇄할 수 있게 되며, 따라서 로봇 팔의 자세에 따른 중력의 변화는 제어 성능에 나쁜 영향을 주지 않게 된다. 이러한 중력 보상을 갖는 PD 제어 기법은 아래에서 설명한 계산 토크 제어의 특수한 형태이므로, 더 자세한 설명은 생략하기로 한다.

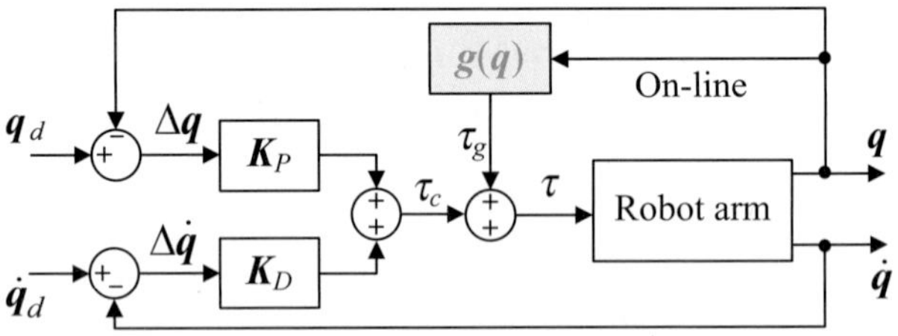

그림 10.13 **중력 보상을 갖는 PD 제어**

계산 토크 제어(computed torque control, CTC)는 로봇의 동역학 모델을 사용하여 로봇의 비선형 요소들을 제거하는 위치 제어 알고리즘이다. 동역학 모델을 기반으로 각 관절 토크를 계산하여 사용하므로 **역동역학 제어**(inverse dynamics control, IDC)라고도 불리며, 피드백 받은 정보를 바탕으로 비선형 요소들을 제거하므로 피드백 선형화(feedback linearization)의 한 종류이다. n자유도 로봇 팔의 동역학 모델은 다음과 같다.

$$\boldsymbol{M}_e(\boldsymbol{q})\,\ddot{\boldsymbol{q}} + \boldsymbol{C}(\boldsymbol{q},\dot{\boldsymbol{q}})\dot{\boldsymbol{q}} + \boldsymbol{g}(\boldsymbol{q}) + \boldsymbol{\tau}_f = \boldsymbol{\tau} \quad \text{or} \quad \boldsymbol{M}_e(\boldsymbol{q})\,\ddot{\boldsymbol{q}} + \boldsymbol{n}(\boldsymbol{q},\dot{\boldsymbol{q}}) = \boldsymbol{\tau} \tag{10.34}$$

위 식에서 비선형 토크 항인 $\boldsymbol{n}(\boldsymbol{q},\dot{\boldsymbol{q}})$을 제거하기 위해서 다음과 같은 CTC 법칙을 고려한다.

$$\boldsymbol{\tau} = \boldsymbol{M}_e(\boldsymbol{q})\,\boldsymbol{a}_q + \boldsymbol{n}(\boldsymbol{q},\dot{\boldsymbol{q}}) \tag{10.35}$$

식 (10.35)를 (10.34)에 대입하면, 로봇의 거동은 다음과 같이 새로운 제어 입력 $\boldsymbol{a}_q$에 대한 이중 적분 시스템(double integrator system)으로 변환할 수 있다.

$$\ddot{\boldsymbol{q}} = \boldsymbol{a}_q \tag{10.36}$$

또는

$$\begin{Bmatrix} \ddot{q}_1 \\ \vdots \\ \ddot{q}_n \end{Bmatrix} = \begin{Bmatrix} a_{q_1} \\ \vdots \\ a_{q_n} \end{Bmatrix}$$

위의 미분 방정식은 선형이며 비결합되어(decoupled) 있음에 유의한다. 즉, a_{qi}는 오직 관절 변수 q_i에만 영향을 주며, 다른 관절과는 무관하게 된다. 위와 같이 비선형 시스템을 선형 시스템으로 변환하는 것이 바로 피드백 선형화이다.

이제 제어 문제는 $\boldsymbol{a}_q$를 어떻게 선정하는가로 귀결된다. 여러 선정이 가능하겠지만, 다음과 같이 PID 제어를 수행하여 보자.

$$\begin{aligned} \boldsymbol{a}_q &= \ddot{\boldsymbol{q}}_d + \boldsymbol{K}_D\Delta\dot{\boldsymbol{q}} + \boldsymbol{K}_P\Delta\boldsymbol{q} + \boldsymbol{K}_I\int\Delta\boldsymbol{q}\,dt \\ &= \ddot{\boldsymbol{q}}_d + \boldsymbol{K}_D(\dot{\boldsymbol{q}}_d - \dot{\boldsymbol{q}}) + \boldsymbol{K}_P(\boldsymbol{q}_d - \boldsymbol{q}) + \boldsymbol{K}_I\int(\boldsymbol{q}_d - \boldsymbol{q})dt \end{aligned} \tag{10.37}$$

여기서 $\boldsymbol{K}_D$는 미분 이득 행렬, $\boldsymbol{K}_P$는 비례 이득 행렬, $\boldsymbol{K}_I$는 적분 이득 행렬, $\boldsymbol{q}_d$는 희망 위치 궤적, $\Delta\boldsymbol{q} = \boldsymbol{q}_d - \boldsymbol{q}$는 희망 위치 궤적과 실제 위치 궤적 간의 추적 오차(tracking error)를 나타낸다. 식 (10.37)을 (10.36)에 대입하여 추적 오차의 거동을 살펴보면, 다음과 같은 2차 선형 시스템인 **오차 동역학**(error dynamics)을 구할 수 있다.

$$\Delta\ddot{\boldsymbol{q}} + \boldsymbol{K}_D\Delta\dot{\boldsymbol{q}} + \boldsymbol{K}_P\Delta\boldsymbol{q} + \boldsymbol{K}_I\int\Delta\boldsymbol{q}dt = 0 \tag{10.38}$$

식 (10.38)의 해가

$$\lim_{t \to \infty} \Delta \boldsymbol{q} = 0 \tag{10.39}$$

을 만족시키도록, 즉 오차 동역학이 부족 감쇠 시스템(underdamped system)이나 임계 감쇠 시스템(critically damped system)이 되도록 $\boldsymbol{K}_P$, $\boldsymbol{K}_I$, $\boldsymbol{K}_D$의 값을 설정하면 된다. 만약 식 (10.38)의 2차 시스템이 임계 감쇠 시스템이라면, $\zeta = 1$이므로

$$\boldsymbol{K}_P = \begin{bmatrix} \omega_1^2 & 0 & \cdots & 0 \\ 0 & \omega_2^2 & \cdots & 0 \\ \vdots & \vdots & \ddots & \vdots \\ 0 & 0 & \cdots & \omega_n^2 \end{bmatrix}, \boldsymbol{K}_D = \begin{bmatrix} 2\omega_1 & 0 & \cdots & 0 \\ 0 & 2\omega_2 & \cdots & 0 \\ \vdots & \vdots & \ddots & \vdots \\ 0 & 0 & \cdots & 2\omega_n \end{bmatrix} \tag{10.40}$$

의 관계가 만족된다. 식 (10.37)을 (10.35)에 대입하면 다음과 같은 최종 토크 명령을 구할 수 있다.

$$\boldsymbol{\tau} = \boldsymbol{M}_e(\boldsymbol{q})[\ddot{\boldsymbol{q}}_d + \boldsymbol{K}_D \Delta \dot{\boldsymbol{q}} + \boldsymbol{K}_P \Delta \boldsymbol{q} + \boldsymbol{K}_I \int \Delta \boldsymbol{q} dt] + \boldsymbol{n}(\boldsymbol{q}, \dot{\boldsymbol{q}}) \tag{10.41}$$

위의 수식을 블록 선도로 나타내면 **그림 10.14**와 같다. 그림에서 내부 루프에서는 선형화를 위하여 동적 모델을 사용하여 원하지 않는 비선형 동역학을 제거하는 반면에, 외부 루프에서는 전체 시스템을 안정화하기 위하여 추적 오차를 최소화한다.

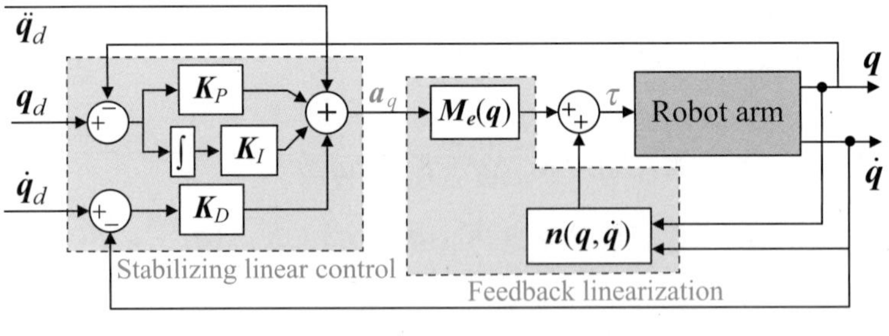

그림 10.14 **관절 공간(JS)에서의 계산 토크 제어(CTC/JS)**

한편, 식 (10.34)에서 $\boldsymbol{M}_e(\boldsymbol{q})$, $\boldsymbol{C}(\boldsymbol{q},\dot{\boldsymbol{q}})\dot{\boldsymbol{q}}$, $\boldsymbol{g}(\boldsymbol{q})$ 등을 계산할 때 다음 2가지 경우를 고려할 수 있다. 첫째, 로봇이 수행하는 작업으로부터 희망 궤적 정보인 $\boldsymbol{q}_d$, $\dot{\boldsymbol{q}}_d$, $\ddot{\boldsymbol{q}}_d$를 미리 아는 경우에는 이 값을 이용하여 관성 행렬 및 비선형 항을 계산한다. 이는 실제 측정치는 잡음이 많이 포함되어 있으므로, 제어가 정확하다는 가정하에 실제 측정치 대신에 희망 궤적 정보를 사용하는 것이 더 바람직하기 때문이다. 둘째, 직접

교시 등과 같이 희망 궤적 정보를 미리 알 수 없는 경우에는 엔코더로 측정한 실제 관절각이나 각속도인 $\boldsymbol{q}$와 $\dot{\boldsymbol{q}}$ 등을 사용하여야 한다.

CTC/JS의 특징은 다음과 같다.

- 모델 기반의 제어 기법으로 로봇의 동역학 모델을 정확히 알아야 한다.
- 동역학 모델을 실시간으로 계산하여야 한다.
- 모델의 불확실성, 모델링 오차 등에 의한 오차는 PID 제어에 의해서 보상된다.
- 관절의 마찰 특성을 정확히 모델링하기가 어렵다.
- 모델 정보를 사용하여 비선형 항들을 제거하므로, 선형 시스템의 제어 문제로 전환되어 단일의 PID 이득만 사용하더라도 로봇의 거의 모든 자세에 대응할 수 있다.

10.4.3 독립 관절 제어와 계산 토크 제어의 성능 비교

로봇 제어 시스템은 상위 제어기에 해당하는 모션 제어기(motion controller)와 하위 제어기에 해당하는 모터 드라이버(motor driver)로 구성된다. 모션 제어기와 모터 드라이버 사이에는 EtherCAT, RS485 또는 CAN 등 다양한 통신 방식이 사용된다. 그림 10.15(a)의 독립 관절 제어(IJC) 방식에서는, 모션 제어기의 궤적 생성기(trajectory generator)에서 생성한 각 관절의 위치 및 속도 명령(θ_d와 ω_d)을 모터 드라이버에 전달하면, 모터 드라이버 자체에서 위치 제어 또는 속도 제어를 수행한다. 이때 모델 기반 IJC라면 동역학 계산을 통하여 관성(J) 및 비선형 토크(n)의 정보도 모터 드라이버로 전달하게 된다. 이러한 위치 제어 및 속도 제어 시스템은 내부 루프로 전류 제어 루프를 포함한다.

한편, 그림 10.15(b)의 계산 토크 제어(CTC) 방식에서는, 궤적 생성기에서 생성한 각 관절의 위치 및 속도 궤적을 얻기 위해서 각 모터가 발생시켜야 되는 토크 명령(τ)을 계산하여, 이를 모터 드라이버에 전달하면 모터 드라이버는 이 토크를 발생시키기 위한 전류 제어만 수행하게 된다. 이때 위치 제어 및 속도 제어 루프는 모션 제어기에서 구현된다는 점에 유의하여야 한다.

종합하면, IJC에서는 위치, 속도 및 토크 제어가 모두 모터 드라이버에서 구현되는 반면에, CTC에서는 위치 및 속도 제어는 모션 제어기에서, 그리고 토크 제어는 모터 드라이버에서 구현된다는 차이가 있다. 또한 **그림 10.15**에서 (a)의 θ, ω, α는 모터 자체의 각위치, 각속도, 각가속도를 나타내며, (b)의 $\boldsymbol{q}, \dot{\boldsymbol{q}}, \ddot{\boldsymbol{q}}$은 관절의 각도, 각속도 및 각가속도를 나타낸다. 따라서 $\theta = rq$(여기서 r는 감속비)의 관계를 가진다.

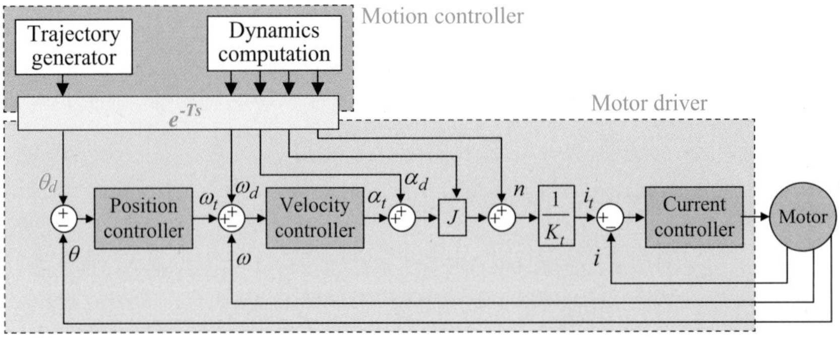

(a)

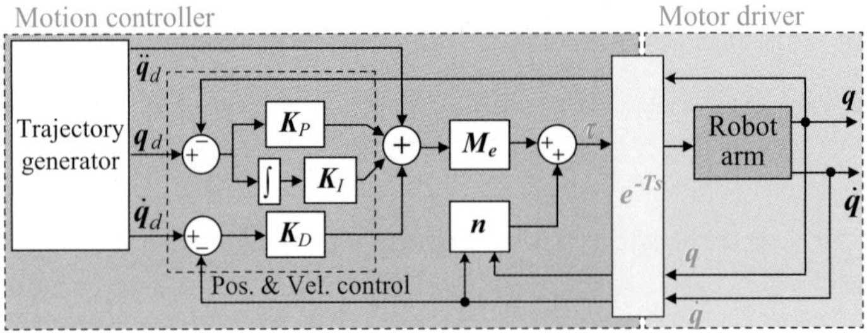

(b)

그림 10.15 (a) IJC와 (b) CTC의 비교

이와 같이 IJC와 CTC 모두 모션 제어기와 각 관절의 모터 드라이버 사이에 통신을 통하여 정보를 전달하므로, 시간 지연에 의해서 전체 제어 시스템의 대역폭이 제한될 수 있다. 이러한 시간 지연은 제어 시스템에서는 e^{-Ts}로 표현되는데, 제어 시스템의 불안정성을 높여서 제어 성능을 저하시키게 되므로, 가능한 피하거나 시간 지연 정도를 최소화하는 것이 바람직하다. **그림** (a)의 IJC에서는 모션 제어기에서 모터 드라이버로 희망 궤적을 전달하는 과정에서 제어 주기 T의 시간 지연이 발생한다. 여기서 제어 주기 T는 일반적으로 0.5~1 ms로 설정된다. 반면에, (b)에서는 모터 드라이버에서 측정한 위치 및 속도 신호를 모션 제어기로 전달하는 과정에서 지연 T가 발생하고, 이 정보를 사용하여 CTC 법칙을 계산하여 토크 명령을 구하는 데 지연 T

가 발생하며, 토크 명령을 모터 드라이버로 전달하는 과정에서 또 시간 지연 T가 발생하게 된다. 따라서 실제 전류 제어에서 토크 명령과 실제 토크는 동일 시점이 아니라 $3T$의 시간 차이가 나게 된다. 이는 IJC에서의 T의 시간 지연에 비하면 3배 정도의 시간 지연이다. 이러한 면에서는, IJC가 CTC에 비해서 더 우수한 제어 성능을 발휘할 수 있다. 이러한 시간 지연은 통신 속도에 의해서 발생하는 것이 아니라 알고리즘 자체의 구조에 의한 것이므로, 통신 속도를 높이더라도 해결되지 않는다는 점에 유의한다.

따라서 대부분의 산업용 로봇은 높은 위치 제어 대역폭을 위해 모션 제어기에서 각 관절의 모터 드라이버에 위치 명령을 전송하고, 이에 따라 모터 드라이버가 관절을 구동하는 IJC 구조로 제어된다. 더욱 우수한 제어 성능을 위해서는 각 관절의 모터 드라이버에서 위치 제어를 구현하고, 모션 제어기는 제어에 필요한 궤적(위치, 속도, 가속도)과 기준 토크를 계산하여 각 모터 드라이버로 전송하는 피드포워드 보상을 갖는 독립 관절 제어 방식을 적용하는 것이 바람직하다. 실질적으로는 IJC와 CTC는 거의 유사하지만, 시간 지연 측면, 즉 대역폭의 관점에서는 IJC가 조금 더 우수한 제어 성능을 발휘할 수 있다. 그러나 궤적이 급격하게 변하지 않는 일반적인 로봇 운동에서는 이러한 대역폭의 차이가 별 영향을 주지 않으므로, IJC와 CTC 중 어느 제어 방식을 채택하여도 우수한 제어 성능을 얻을 수 있다.

10.5 직교 공간 제어

앞서 **그림 10.5**에서 설명한 바와 같이, 직교 공간 위치 제어에서는 자세 오차를 최소화하기 위한 PID 제어기가 직교 공간에서 자세(위치/방위) 궤적인 $\boldsymbol{x}(t)$에 적용된다. 이러한 제어 방식에서는 로봇 말단부의 궤적을 직접적으로 제어하는 것이므로, 직교 공간에서 말단부의 정교한 움직임이 요구되는 직선 궤적이나 원호 궤적의 생성에 적합하다. 이 절에서는 직교 공간에서의 위치 제어 기법에 대해서 자세히 설명하기로 한다.

그림 10.16의 직교 공간 위치 제어에서는, 상위 제어기인 모션 제어기에서 직교 공간에서의 희망 자세 궤적과 각 관절의 측정값으로부터 정기구학을 통해서 계산한 직교 공간에서의 실제 자세 궤적을 바탕으로 계산한 오차를 보정하기 위한 관절 공

간 명령을 생성하여 하위 제어기인 각 모터 드라이버로 전송한다. 그림 10.16(a)와 같이 관절 속도 명령을 전송하는 방법(10.5.1절 참고)이 기본이 되며, 이를 응용하면 그림 10.16(b)와 같이 관절 토크 명령을 전송하는 방법(10.5.2절)도 구현 가능하다. 이러한 방법은 역기구학을 필요로 하지 않으므로, 해석적인 역기구학 해가 존재하지 않는 로봇의 직교 공간 제어에도 활용할 수 있다.

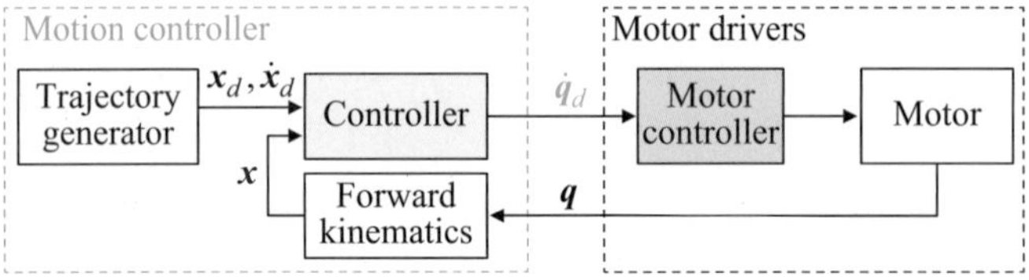

(a)

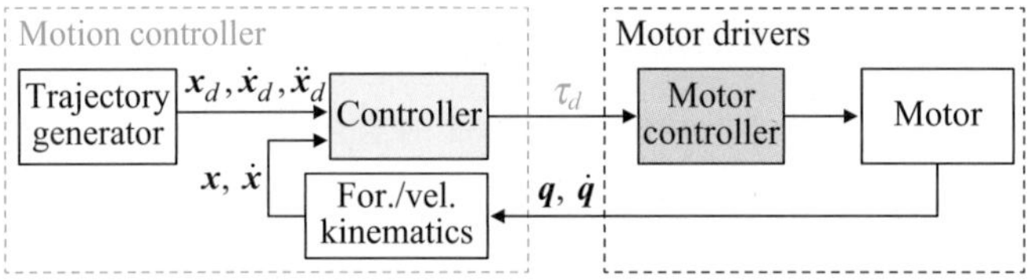

(b)

그림 10.16 **직교 공간 위치 제어 방식: (a) 관절 속도 기반 위치 제어, (b) 계산 토크 제어**

10.5.1 속도 제어 기반의 직교 공간 위치 제어

로봇이 수행하는 작업은 일반적으로 직교 공간상에서 직교 공간에서의 자세 궤적인 $\boldsymbol{x}_d(t)$ 및 $\dot{\boldsymbol{x}}_d(t)$로 주어지게 된다. 10.4절의 관절 공간에서의 위치 제어 기법인 독립 관절 제어에서는 이러한 직교 공간 자세 궤적에 해당하는 관절 공간 위치 궤적인 $\boldsymbol{q}_d(t)$ 및 $\dot{\boldsymbol{q}}_d(t)$를 역기구학과 역속도 기구학으로부터 구한 다음에, 관절 공간상에서 관절 위치와 속도의 오차를 최소화하기 위한 PID 제어를 수행하였다. 그러나 이 절에서의 속도 제어 기반의 **직교 공간 위치 제어**에서는 속도 역기구학은 사용하지만, 직교 공간상에서 말단 변수 $\boldsymbol{x}_d(t)$의 오차를 최소화하는 제어를 수행하게 된다. 즉, PID 제어가 관절 공간이 아니라 직교 공간에서 수행되므로, 직교 공간 위치 제어 기법으로 분류된다.

직교 공간 제어는 로봇 말단부가 직교 공간상에서 주어진 자세 궤적을 추종하기 위해 필요한 각 관절의 제어 입력을 구하는 과정이므로, 직교 공간과 관절 공간 사이의 변환 과정이 필수적이다. 말단부의 속도와 각 관절의 속도 사이의 관계, 즉 속도 기구학은 자코비안 행렬 $\boldsymbol{J}$를 사용하여

$$\dot{\boldsymbol{x}} = \boldsymbol{J}(\boldsymbol{q})\dot{\boldsymbol{q}} \tag{10.42}$$

로 나타낼 수 있다. 여자유도 로봇($\boldsymbol{J} \in R^{m \times n}$)이 아닌 일반 로봇($\boldsymbol{J} \in R^{n \times n}$)을 가정하면, 자코비안 행렬이 정방 행렬이므로, 위 식으로부터 직교 공간상의 속도를 관절 공간상의 속도로 변환할 수 있다.

$$\dot{\boldsymbol{q}} = \boldsymbol{J}^{-1}(\boldsymbol{q})\dot{\boldsymbol{x}} \tag{10.43}$$

한편, 직교 공간 위치 오차는

$$\Delta\boldsymbol{x} = \boldsymbol{x}_d - \boldsymbol{x} \tag{10.44}$$

로 정의할 수 있으며, 여기서 $\boldsymbol{x}_d$는 말단부의 희망 자세 벡터이고, $\boldsymbol{x}$는 말단부의 실제 자세 벡터이다. 식 (10.44)를 미분하면

$$\Delta\dot{\boldsymbol{x}} = \dot{\boldsymbol{x}}_d - \dot{\boldsymbol{x}} \tag{10.45}$$

와 같으며, 식 (10.44)를 (10.43)에 대입하면

$$\dot{\boldsymbol{q}} = \boldsymbol{J}^{-1}(\dot{\boldsymbol{x}}_d - \Delta\dot{\boldsymbol{x}}) \tag{10.46}$$

와 같다. 다음과 같은 오차 동역학(error dynamics)을 고려하자.

$$\Delta\dot{\boldsymbol{x}} + \boldsymbol{K}\Delta\boldsymbol{x} = 0 \tag{10.47}$$

위의 오차 동역학에서 positive definite인 대각 행렬 $\boldsymbol{K}$를 적절히 선정하면, 시간이 경과함에 따라 오차 $\Delta\boldsymbol{x}$가 0으로 수렴하게 된다. 식 (10.47)을 (10.46)에 대입하여 정리하면

$$\dot{\boldsymbol{q}}_d = \boldsymbol{J}^{-1}(\boldsymbol{q})\left(\dot{\boldsymbol{x}}_d + \boldsymbol{K}\Delta\boldsymbol{x}\right) = \boldsymbol{J}^{-1}(\boldsymbol{q})\left(\dot{\boldsymbol{x}}_d + \boldsymbol{K}(\boldsymbol{x}_d - \boldsymbol{x})\right) \tag{10.48}$$

가 되는데, 여기서 $\dot{\boldsymbol{q}}_d$는 속도 제어기로 입력되는 희망 관절 속도 벡터, $\boldsymbol{x}_d$, $\dot{\boldsymbol{x}}_d$는 각각 직교 공간상에서 말단부의 희망 자세 및 속도 궤적, $\boldsymbol{K}$는 제어 이득 행렬을 나타

낸다. 식 (10.48)을 블록 선도로 나타내면 다음과 같은데, 위치 오차 $\Delta \boldsymbol{x}$를 최소화하기 위해서 비례 이득 $\boldsymbol{K}$에 기반한 P 제어가 수행됨을 알 수 있다.

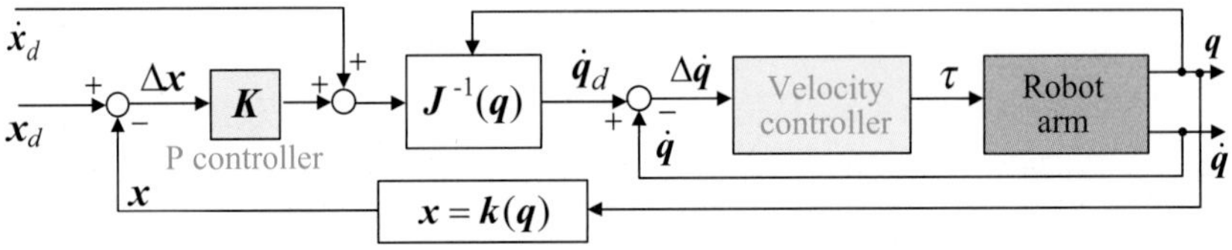

그림 10.17 **속도 제어 기반의 직교 공간 제어**

실제 구현에서는 식 (10.48)에서 구한 희망 관절 속도가 각 모터 드라이브의 속도 제어기의 기준 입력으로 주어지게 된다. 이때 위치 오차에 대한 보상 없이 단지 $\dot{\boldsymbol{q}}_d = \boldsymbol{J}^{-1} \dot{\boldsymbol{x}}_d$만으로 원하는 관절 속도를 구한다면, 시간이 경과함에 따라 위치 오차가 계속 증가하게 된다. 이때 위치 오차는 관절 공간이 아니라 직교 공간상에서 말단 변수의 항으로 주어진다는 점에 유의하여야 한다. 그리고 **그림 10.17**은 4.7.2절의 **그림 4.23**에서의 역기구학 해법의 블록 선도와 거의 동일하다는 점에 주목한다.

그런데 식 (10.48)과 같이 자코비안의 역행렬을 사용할 때에는 특이점 문제에 특별히 주의하여야 한다. 즉, 특이점 또는 그 근처에서 $\boldsymbol{J}^{-1}$이 매우 커지게 되어 큰 계산 오차가 발생하게 된다. 이를 해결하는 한 가지 방법은, 감쇠 최소 제곱(damped least-squares, DLS) 역행렬을 사용하는 것이다. 다음과 같은 비용 함수(cost function)를 고려하여 보자.

$$g(\dot{\boldsymbol{q}}) = \frac{1}{2}(\dot{\boldsymbol{x}} - \boldsymbol{J}\dot{\boldsymbol{q}})^T(\dot{\boldsymbol{x}} - \boldsymbol{J}\dot{\boldsymbol{q}}) + \frac{1}{2}\lambda^2 \dot{\boldsymbol{q}}^T \dot{\boldsymbol{q}} \tag{10.49}$$

여기서 첫째 항은 속도 오차를 나타내며, 둘째 항은 관절 속도의 크기를 나타낸다. 일반적으로 특이점 근처에서는 관절 속도가 매우 커지게 되므로 안정적인 로봇 동작을 위해서는 관절 속도를 제한할 필요가 있으며, 이를 위해서 둘째 항을 사용하는 것이다. 이때 감쇠 인자(damping factor) λ를 통해서 두 항 사이의 가중치를 조절한다. 식 (10.49)의 비용 함수를 최소화하는 최적해를 구하면, 다음과 같은 DLS 역행렬 $\boldsymbol{J}^*$를 얻게 된다.

$$\boldsymbol{J}^* = \boldsymbol{J}^T(\boldsymbol{J}\boldsymbol{J}^T + \lambda^2 \boldsymbol{I})^{-1} \tag{10.50}$$

위 식의 유도에 대해서는 4.7.2절의 라그랑지 승수법을 참고하도록 한다. 식 (10.50)의 DLS 역행렬을 식 (10.48)에 대입하면 다음과 같다.

$$\dot{\boldsymbol{q}}_d = \boldsymbol{J}^*(\boldsymbol{q})^{-1}\left(\dot{\boldsymbol{x}}_d + \boldsymbol{K}\Delta\boldsymbol{x}\right) = \boldsymbol{J}^*(\boldsymbol{q})^{-1}\left(\dot{\boldsymbol{x}}_d + \boldsymbol{K}(\boldsymbol{x}_d - \boldsymbol{x})\right) \tag{10.51}$$

이와 같이 DLS 역행렬을 사용하면 특이점 근처에서 관절 속도를 제한함으로써 안정적인 경로를 생성할 수 있지만, 부정확한 $\boldsymbol{J}^{-1}$의 사용으로 원하는 관절 속도의 계산에 오차를 수반하게 되는 단점이 존재하게 된다. 그러므로 오직 특이점 근처에서만 DLS 역행렬을 사용하고, 나머지 영역에서는 사용하지 않는 방법이 가장 이상적이지만, 특이점이 언제 발생하는지를 항상 감시하고 있어야 하므로 실제 구현하기는 쉽지 않다. 그래서 현실적으로는 특이점 여부에 상관없이 작은 값의 k를 항상 사용한다. 이 방식은 부정확한 $\boldsymbol{J}^{-1}$의 사용으로 특이점이 아닌 곳에서도 오차를 초래하기는 하지만, 그림 10.17과 같이 말단 변수에 대한 비례 제어를 통해서 이러한 문제를 해결할 수 있게 되어 별 문제 없이 직교 공간에서의 위치 제어를 수행할 수 있게 된다.

이 절에서 취급한 속도 제어 기반의 위치 제어는 계산량이 많지 않으므로 저가의 CPU에서도 쉽게 구현할 수 있다. 즉, 대부분의 모터 제어기는 속도 제어 기능을 포함하고 있으므로, 식 (10.51)에서 구한 희망 관절 속도를 속도 제어기의 입력으로 주면 된다. 그러나 이 방식은 여전히 로봇의 모델 정보를 활용하지 않으므로 한계가 존재하며, 로봇 팔의 여러 기능을 구현하는 데는 어려움이 있다. 그러므로 로봇의 모델에 기반하는 다음 절의 직교 공간 계산 토크 제어를 사용하는 것이 바람직하다.

10.5.2 직교 공간에서의 계산 토크 제어

직교 공간에서의 계산 토크 제어(CTC/CS)는 10.4.3절에서 다루었던 관절 공간에서의 계산 토크 제어(CTC/JS)와 기본적으로 동일하지만, PID 제어가 관절 공간이 아닌 직교 공간에서 수행된다는 점이 다르다.

관절 공간에서의 n자유도 로봇 팔의 동역학 방정식은 다음과 같다.

$$\boldsymbol{M}_e(\boldsymbol{q})\,\ddot{\boldsymbol{q}} + \boldsymbol{C}(\boldsymbol{q},\dot{\boldsymbol{q}})\dot{\boldsymbol{q}} + \boldsymbol{g}(\boldsymbol{q}) + \boldsymbol{\tau}_f = \boldsymbol{\tau} \quad \text{or} \quad \boldsymbol{M}_e(\boldsymbol{q})\,\ddot{\boldsymbol{q}} + \boldsymbol{n}(\boldsymbol{q},\dot{\boldsymbol{q}}) = \boldsymbol{\tau} \tag{10.52}$$

로봇의 비선형 항을 제거하고 원하는 동역학으로 대체하기 위한 CTC 법칙은 다음과 같다.

$$\boldsymbol{\tau} = \boldsymbol{M}_e(\boldsymbol{q})\,\boldsymbol{a}_q + \boldsymbol{n}(\boldsymbol{q},\dot{\boldsymbol{q}}) \tag{10.53}$$

식 (10.53)을 (10.52)에 대입하면, 다음과 같이 선형화되고, 비결합된 로봇의 거동을 얻게 된다.

$$\ddot{\boldsymbol{q}} = \boldsymbol{a}_q \tag{10.54}$$

여기까지는 10.4.3절의 관절 공간에서의 CTC와 동일하다. 이제 직교 공간에서의 거동을 고려하기 위해서 우선 로봇의 말단 속도와 관절 속도 사이의 다음 관계를 고려한다.

$$\dot{\boldsymbol{x}} = \boldsymbol{J}(\boldsymbol{q})\dot{\boldsymbol{q}} \tag{10.55}$$

여기서 $\boldsymbol{J}(\boldsymbol{q})$는 자코비안(Jacobian) 행렬이며, $\dot{\boldsymbol{x}}$은 직교 공간에서의 말단 속도, $\dot{\boldsymbol{q}}$은 관절 공간에서의 관절 속도를 나타낸다. 식 (10.55)의 양변을 미분하면

$$\ddot{\boldsymbol{x}} = \boldsymbol{J}(\boldsymbol{q})\ddot{\boldsymbol{q}} + \dot{\boldsymbol{J}}(\boldsymbol{q})\dot{\boldsymbol{q}} \tag{10.56}$$

와 같다. 위 식으로부터 관절 공간상의 관절 가속도

$$\ddot{\boldsymbol{q}} = \boldsymbol{J}^{-1}(\boldsymbol{q})(\ddot{\boldsymbol{x}} - \dot{\boldsymbol{J}}(\boldsymbol{q},\dot{\boldsymbol{q}})\dot{\boldsymbol{q}}) \tag{10.57}$$

을 얻을 수 있다. 관절 공간에서 식 (10.54)와 마찬가지로, 직교 공간에서는

$$\ddot{\boldsymbol{x}} = \boldsymbol{a}_x \tag{10.58}$$

을 가정할 수 있다. 식 (10.54)와 (10.58)을 (10.57)에 대입하면

$$\boldsymbol{a}_q = \boldsymbol{J}^{-1}(\boldsymbol{a}_x - \dot{\boldsymbol{J}}\dot{\boldsymbol{q}}) \tag{10.59}$$

의 관계를 얻는다. PID 제어에 기반하여 다음과 같이 $\boldsymbol{a}_x$를 선정하여 보자.

$$\begin{aligned} \boldsymbol{a}_x &= \ddot{\boldsymbol{x}}_d + \boldsymbol{K}_D(\dot{\boldsymbol{x}}_d - \dot{\boldsymbol{x}}) + \boldsymbol{K}_P(\boldsymbol{x}_d - \boldsymbol{x}) + \boldsymbol{K}_I\int(\boldsymbol{x}_d - \boldsymbol{x})dt \\ &= \ddot{\boldsymbol{x}}_d + \boldsymbol{K}_D\Delta\dot{\boldsymbol{x}} + \boldsymbol{K}_P\Delta\boldsymbol{x} + \boldsymbol{K}_I\int\Delta\boldsymbol{x}dt \end{aligned} \tag{10.60}$$

여기서 $\boldsymbol{K}_D$는 미분 이득 행렬, $\boldsymbol{K}_P$는 비례 이득 행렬, $\boldsymbol{K}_I$는 적분 이득 행렬, $\boldsymbol{x}_d$는 희망

자세 궤적, $\Delta\boldsymbol{x} = \boldsymbol{x}_d - \boldsymbol{x}$는 희망 자세 궤적과 실제 자세 궤적 간의 추적 오차를 나타낸다. 식 (10.60)을 (10.58)에 대입하여 추적 오차의 거동을 살펴보면, 2차 선형 시스템의 오차 동역학인

$$\Delta\ddot{\boldsymbol{x}}(t) + \boldsymbol{K}_D\Delta\dot{\boldsymbol{x}}(t) + \boldsymbol{K}_P\Delta\boldsymbol{x}(t) + \boldsymbol{K}_I\int\Delta\boldsymbol{x}(t)dt = 0 \tag{10.61}$$

을 구할 수 있다. 위 식의 해가

$$\lim_{t\to\infty}\Delta\boldsymbol{x} = 0 \tag{10.62}$$

을 만족시키도록, 즉 오차 동역학이 부족 감쇠 시스템(underdamped system)이나 임계 감쇠 시스템(critically damped system)이 되도록 $\boldsymbol{K}_P$, $\boldsymbol{K}_I$, $\boldsymbol{K}_D$의 값을 설정하면 된다. 식 (10.60)을 (10.59)에 대입하면

$$\boldsymbol{a}_q = \boldsymbol{J}(\boldsymbol{q})^{-1}\{\ddot{\boldsymbol{x}}_d + \boldsymbol{K}_D\Delta\dot{\boldsymbol{x}} + \boldsymbol{K}_P\Delta\boldsymbol{x} + \boldsymbol{K}_I\int\Delta\boldsymbol{x}dt - \dot{\boldsymbol{J}}(\boldsymbol{q},\dot{\boldsymbol{q}})\dot{\boldsymbol{q}}\} \tag{10.63}$$

을 얻게 된다. 이 식을 CTC/JS 법칙인 식 (10.53)에 대입하면, 다음과 같은 최종 토크 명령을 구할 수 있다.

$$\boldsymbol{\tau} = \boldsymbol{M}_e(\boldsymbol{q})[\boldsymbol{J}(\boldsymbol{q})^{-1}\{\ddot{\boldsymbol{x}}_d + \boldsymbol{K}_D\Delta\dot{\boldsymbol{x}} + \boldsymbol{K}_P\Delta\boldsymbol{x} + \boldsymbol{K}_I\int\Delta\boldsymbol{x}dt - \dot{\boldsymbol{J}}(\boldsymbol{q},\dot{\boldsymbol{q}})\dot{\boldsymbol{q}}\}] + \boldsymbol{n}(\boldsymbol{q},\dot{\boldsymbol{q}}) \tag{10.64}$$

위 식을 블록 선도로 나타내면 그림 10.18과 같다.

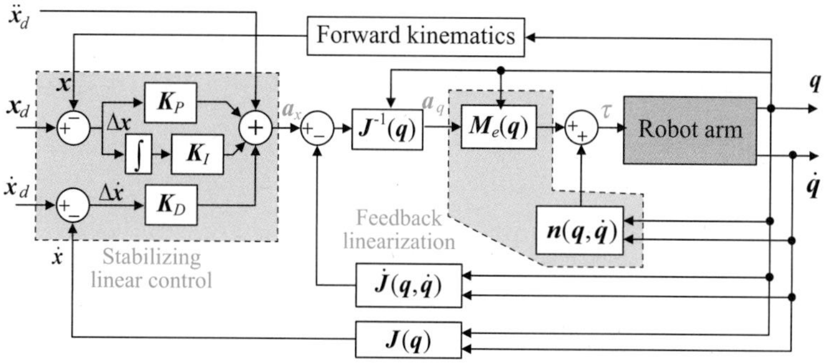

그림 10.18 **직교 공간에서의 계산 토크 제어(CTC/CS)**

위의 CTC/CS는 자코비안 행렬을 사용하여 직교 공간에서의 궤적 오차를 기반으로 제어를 수행한다. 따라서 특이점 근처에서 $\boldsymbol{J}^{-1}$이 발산하면 제어기가 불안정해지

는 문제점이 있다. 그러나 관절 공간에서의 궤적으로 변환하지 않고, 직교 공간에서 생성한 궤적을 바로 사용하여 안정적으로 제어가 가능하다는 점은 큰 장점이다.

이상의 방법을 사용하면 CTC/CS를 구현할 수 있다. 그러나 각 관절에서의 각위치, 각속도 등을 다루는 CTC/JS와는 달리, CTC/CS에서는 말단부의 자세, 즉 위치와 방위를 동시에 고려하여야 한다. 그런데 말단 방위, 즉 오일러 각도의 취급은 매우 혼란스럽다. 이에 대해서는 조심스러운 고찰이 필요하다. 다음 절에서 이에 대해서 자세히 다루기로 한다.

10.5.3 계산 토크 제어의 구현

그림 10.18의 직교 공간에서의 계산 토크 제어(CTC/CS)는 개념적으로는 관절 공간에서의 계산 토크 제어(CTC/JS)와 유사하다. 그러나 실제 구현에서는 관절 공간 제어에 비해서 매우 복잡하고, 고려할 사항이 많다. 특히 직교 공간 변수인 말단 자세 $\boldsymbol{x}$는 위치와 방위 성분을 포함한다. 이 중에서 방위의 표현은 오일러 각도를 사용하여야 하는데, 이와 관련하여 많은 부분을 고려하여야만 한다. 따라서 이 절에서는 먼저 오일러 각도의 계산에 대해서 설명하고, 이와 관련한 여러 문제를 해결하기 위한 방안에 대해서 상세히 설명한다.

① 오일러 각도의 계산

로봇의 방위 표현을 위해서는 일반적으로 오일러 각도를 이용한다. 앞서 2.2절에서 ZYX 및 ZYZ 오일러 각도에 대해서 자세히 살펴보았다. 그림 10.18에서 보듯이, CTC/CS의 구현을 위해서는 말단부 희망 자세 궤적인

$$\boldsymbol{x}_d = \begin{Bmatrix} \boldsymbol{p}_d \\ \boldsymbol{\alpha}_d \end{Bmatrix} \tag{10.65}$$

이 필요하다. 여기서 말단부의 희망 위치 궤적인 $\boldsymbol{p}_d$는 주어진 작업의 해석으로부터 기저 좌표계를 기준으로 쉽게 구해진다. 그러나 말단부의 희망 방위 궤적인 $\boldsymbol{\alpha}_d$는 정의하기도 어렵고, 작업 해석으로부터 쉽게 구하기도 어렵다. 이에 대한 이해를 돕기 위해서 다음과 같은 예를 들어 보자. 여기서는 다음과 같은 ZYX 오일러 각도를 사용한다고 가정한다.

$$\text{ZYX}(\phi, \theta, \psi) = \boldsymbol{R}_z(\phi) \cdot \boldsymbol{R}_y(\theta) \cdot \boldsymbol{R}_x(\psi) \tag{10.66}$$

먼저 티치 펜던트나 직접 교시(direct teaching) 등을 이용하여, 주어진 작업을 수행하는 데 필요한 말단부의 초기 자세 $\boldsymbol{x}_0$와 최종 자세 $\boldsymbol{x}_1$을 지정한다. 이들 자세에 해당하는 관절각 $q_1, \ldots, q_n$을 사용하여, 정기구학으로부터 기저 좌표계에 대한 말단 좌표계의 운동을 나타내는 변환 행렬 ${}^0\boldsymbol{T}_6$와 이의 일부인 회전 행렬 ${}^0\boldsymbol{R}_6$를 구할 수 있다. 2.2.2절에서의 ZYX 오일러 각도의 공식으로부터 회전 행렬에 해당하는 오일러 각도를 구할 수 있다. 이렇게 구한 ZYX 오일러 각도가 다음과 같다고 가정하자.

$$\text{ZYX}(\phi_0, \theta_0, \psi_0) = \boldsymbol{R}_z(20^\circ) \cdot \boldsymbol{R}_y(60^\circ) \cdot \boldsymbol{R}_x(30^\circ) \tag{10.67a}$$

$$\text{ZYX}(\phi_1, \theta_1, \psi_1) = \boldsymbol{R}_z(40^\circ) \cdot \boldsymbol{R}_y(40^\circ) \cdot \boldsymbol{R}_x(50^\circ) \tag{10.67b}$$

이와 같이 초기 및 최종 오일러 각도가 주어지면, 7장에서 학습한 S-커브 또는 사다리꼴 속도 프로파일 궤적을 사용하여 오일러 각도의 함수를 그림 10.19의 그래프와 같이 구할 수 있다. 이와 같이 희망 오일러 각도 $\boldsymbol{\alpha}_d$가 구해지면, 이에 해당하는 희망 오일러 각속도 및 각가속도인 $\dot{\boldsymbol{\alpha}}_d$와 $\ddot{\boldsymbol{\alpha}}_d$도 7장의 방법을 이용하여 쉽게 구할 수 있다.

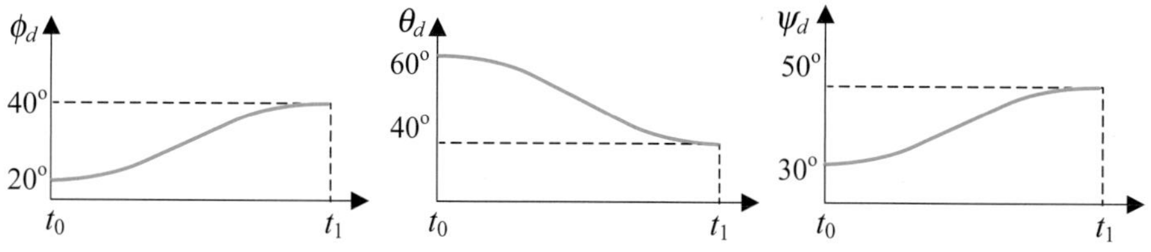

그림 10.19 **ZYX 오일러 각도의 예시**

그림 10.19에서 $t_0 = 0$ ms이고, $t_1 = 10$ ms라 하자. 만약 그림의 그래프로부터 $t = 1$ ms에서 $\phi_d = 21°$, $\theta_d = 59°$, $\psi_d = 31°$라고 하자. 이 오일러 각도에 해당하는 회전 행렬 ${}^0\boldsymbol{R}_6$를 구할 수 있고, 같은 시간에서의 희망 위치 정보를 합하면, 변환 행렬 ${}^0\boldsymbol{T}_6$를 계산할 수 있다. 이 변환 행렬로부터 역기구학을 통하여 희망 관절각을 구한 후에, 이를 모터 드라이버에 전달하여 위치 제어를 수행하게 된다.

② **해석적 자코비안에 기반한 CTS/CS의 구현**

해석적 자코비안은 다음과 같이 정의된다.

$$\dot{\boldsymbol{x}}_a = \begin{Bmatrix} \dot{\boldsymbol{p}} \\ \dot{\boldsymbol{\alpha}} \end{Bmatrix} = \boldsymbol{J}_a(\boldsymbol{q})\dot{\boldsymbol{q}} \tag{10.68}$$

여기서 $\boldsymbol{J}_a(\boldsymbol{q})$는 해석적 자코비안이며, $\dot{\boldsymbol{x}}_a$는 방위 성분에 오일러 각속도를 사용하는 말단 속도 벡터이다. 식 (10.68)을 적분 또는 미분하면

$$\boldsymbol{x}_a = \begin{Bmatrix} \boldsymbol{p} \\ \int \dot{\boldsymbol{\alpha}}\, dt = \boldsymbol{\alpha} \end{Bmatrix} \leftarrow \dot{\boldsymbol{x}}_a = \begin{Bmatrix} \dot{\boldsymbol{p}} \\ \dot{\boldsymbol{\alpha}} \end{Bmatrix} \rightarrow \ddot{\boldsymbol{x}}_a = \begin{Bmatrix} \ddot{\boldsymbol{p}} \\ \ddot{\boldsymbol{\alpha}} \end{Bmatrix} \tag{10.69}$$

을 얻게 된다. 4.3절에 자세히 설명한 바와 같이, 오일러 각속도 $\dot{\boldsymbol{\alpha}}$을 적분하면 오일러 각도 $\boldsymbol{\alpha}$를 얻게 된다.

그림 10.20은 그림 10.18의 CTC/CS의 블록 선도와 동일하지만, 자코비안에 해석적 자코비안을 사용하였다. 여기서 말단부의 위치 벡터인 $\boldsymbol{p}$와 희망 위치 벡터인 $\boldsymbol{p}_d$는 기저 좌표계를 기준으로 쉽게 구할 수 있다. 말단부의 희망 방위 벡터인 $\boldsymbol{\alpha}_d, \dot{\boldsymbol{\alpha}}_d, \ddot{\boldsymbol{\alpha}}_d$는 앞서의 오일러 각도에 대한 설명을 이용하여 구할 수 있다. 이제 CTC의 구현에서 다음의 2가지 문제점이 존재한다.

1. 실제 오일러 각속도 $\dot{\boldsymbol{\alpha}}$의 계산
2. 오일러 각속도 오차인 $\Delta\boldsymbol{\alpha}$의 계산

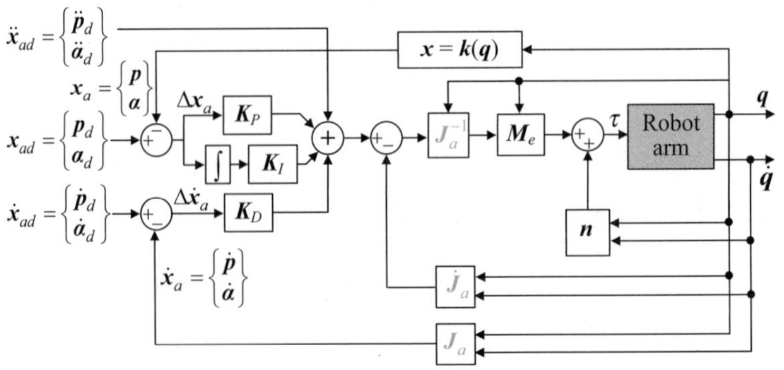

그림 10.20 **해석적 자코비안에 기반한 CTC/CS의 구현**

먼저, 첫 번째 문제인 $\dot{\boldsymbol{\alpha}}$의 계산을 살펴보자. 4.3절의 해석적 자코비안에 대한 설명에서, 특정한 오일러 각도에서는 해석적 자코비안이 존재하지 않게 되는 표현 특이점이 발생한다고 하였다. 그러므로 오일러 각속도 $\dot{\boldsymbol{\alpha}}$은 식 (10.68)을 이용하여 계산하여야 하는데, 표현 특이점에서는 $\boldsymbol{J}_a$가 존재하지 않으므로 오일러 각속도의 계산이 불가능해진다.

두 번째 문제인 $\Delta\boldsymbol{\alpha}$의 계산을 살펴보자. 그림 10.20에서 $\Delta\boldsymbol{x}_a$를 계산하기 위해서는 $\Delta\boldsymbol{\alpha}$를 구해야 하는데, $\Delta\boldsymbol{\alpha}=\boldsymbol{\alpha}_d-\boldsymbol{\alpha}$가 자연스러운 선택이다. 과연 이러한 정의가 어떤 의미를 가지는지 살펴보자. 그림 10.21은 희망 및 실제 오일러 각도를 축-각도 표현 방식으로 나타낸 것이다. 희망 오일러 각도 $\boldsymbol{\alpha}_d$는 $\boldsymbol{k}_d$축에 대한 θ_d 회전에 해당하고, 실제 오일러 각도 $\boldsymbol{\alpha}$는 $\boldsymbol{k}$축에 대한 θ 회전에 해당한다. 이와 같이 두 오일러 각도가 주어졌을 때, 기준이 되는 회전축이 서로 다르므로 $\Delta\boldsymbol{\alpha}=\boldsymbol{\alpha}_d-\boldsymbol{\alpha}$의 계산은 의미가 없어지게 된다.

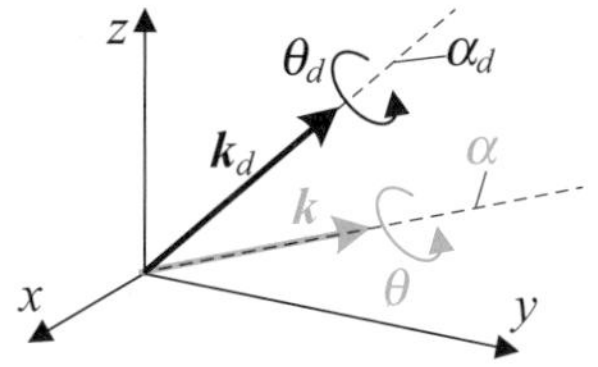

그림 10.21 **오일러 각도의 축-각도 표현**

위의 2가지 문제점 때문에, 해석적 자코비안을 사용한 오일러 각도 기반의 CTC/CS 구현은 개념적으로는 가능하지만 실제 구현은 어렵다. 이에 대한 해결책을 고찰하여 보자. 첫 번째 문제는 해석적 자코비안의 사용으로 인해서 초래되므로, 표현 특이점 문제 없이 항상 존재하는 기하학적 자코비안을 사용하면 해결될 수 있다. 두 번째 문제는 오일러 각도가 상대 변환에 기반하므로, 표현 시에 기준이 되는 기준 축이 계속 달라지는 현상에 기인한다. 그러므로 고정되어 있는 기저 좌표계를 기준으로 한 절대 각도를 오일러 각도 대신에 사용하면 해결할 수 있다. 이에 대해서 다음 절에 계속 설명하기로 한다.

③ 기하학적 자코비안에 기반한 CTS/CS의 구현

기하학적 자코비안은 다음과 같이 정의된다.

$$\dot{\boldsymbol{x}} = \begin{Bmatrix} \dot{\boldsymbol{p}} \\ \boldsymbol{\omega} \end{Bmatrix} = \boldsymbol{J}(\boldsymbol{q})\dot{\boldsymbol{q}} \tag{10.70}$$

여기서 $\boldsymbol{J}(\boldsymbol{q})$는 기하학적 자코비안이며, $\dot{\boldsymbol{x}}$은 방위에 절대 각속도 $\boldsymbol{\omega}$를 사용하는 말단 속도 벡터이다. 식 (10.70)을 적분 또는 미분하면

$$\boldsymbol{x} = \begin{Bmatrix} \boldsymbol{p} \\ \int \boldsymbol{\omega}\, dt = ?? \end{Bmatrix} \leftarrow \dot{\boldsymbol{x}} = \begin{Bmatrix} \dot{\boldsymbol{p}} \\ \boldsymbol{\omega} \end{Bmatrix} \rightarrow \ddot{\boldsymbol{x}} = \begin{Bmatrix} \ddot{\boldsymbol{p}} \\ \dot{\boldsymbol{\omega}} \end{Bmatrix} \tag{10.71}$$

을 얻게 된다. 4.3절에서 자세히 설명한 바와 같이, 절대 각속도 $\boldsymbol{\omega}$를 적분하더라도 기저 좌표계를 기준으로 한 절대 각도(absolute angle)를 얻지 못한다.

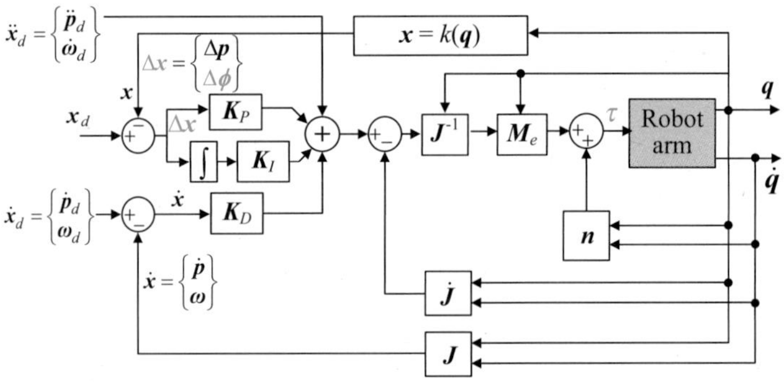

그림 10.22 **기하학적 자코비안에 기반한 CTC/CS의 구현**

그림 10.22는 그림 10.18의 CTC/CS의 블록 선도와 동일하지만, 자코비안에 기하학적 자코비안을 사용하였다. 이러한 구현에서 PID 제어를 적용하기 위해서는 오차인 $\Delta\boldsymbol{x}$와 $\Delta\dot{\boldsymbol{x}}$을 계산하여야 한다. 우선 $\Delta\dot{\boldsymbol{x}}$의 계산부터 살펴보자.

$$\Delta\dot{\boldsymbol{x}} = \dot{\boldsymbol{x}}_d - \dot{\boldsymbol{x}}\text{, where } \dot{\boldsymbol{x}}_d = \begin{Bmatrix} \dot{\boldsymbol{p}}_d \\ \boldsymbol{\omega}_d \end{Bmatrix} \;\&\; \dot{\boldsymbol{x}} = \begin{Bmatrix} \dot{\boldsymbol{p}} \\ \boldsymbol{\omega} \end{Bmatrix} = \boldsymbol{J}(\boldsymbol{q})\dot{\boldsymbol{q}} \tag{10.72}$$

위 식에서 위치 성분에 해당하는 부분은 처리할 수 있다. 말단부의 방위 성분에 관련되는 절대 각속도 벡터의 실젯값 $\boldsymbol{\omega}$와 희망값 $\boldsymbol{\omega}_d$를 구해 보자. 4.3절에서 식 (4.62)는 다음과 같다.

$$\boldsymbol{\omega} = \boldsymbol{B}(\boldsymbol{\alpha})\dot{\boldsymbol{\alpha}}, \text{ where } \boldsymbol{B}(\boldsymbol{\alpha}) = \begin{bmatrix} 0 & -\sin\phi & \cos\theta\cos\phi \\ 0 & \cos\phi & \cos\theta\sin\phi \\ 1 & 0 & -\sin\theta \end{bmatrix} \begin{Bmatrix} \dot{\phi} \\ \dot{\theta} \\ \dot{\psi} \end{Bmatrix} \tag{10.73}$$

절대 각속도의 계산에는 $\boldsymbol{B}^{-1}$이 사용되지 않으므로, 오일러 각속도 $\dot{\boldsymbol{\alpha}}$으로부터 절대 각속도 $\boldsymbol{\omega}$를 항상 구할 수 있다. 또한 위 식으로부터

$$\boldsymbol{\omega}_d = \boldsymbol{B}(\boldsymbol{\alpha})\dot{\boldsymbol{\alpha}}_d \tag{10.74}$$

를 얻을 수 있다. 이때 희망 오일러 각속도 $\dot{\boldsymbol{\alpha}}_d$는 궤적 생성기에서 주어지는데, 이를 구하는 방법에 대해서는 앞서 오일러 각도의 계산에서 이미 설명하였다. 식 (10.73)과 (10.74)를 사용하면, 식 (10.72)의 $\Delta\dot{\boldsymbol{x}}$을 계산할 수 있다.

이번에는 그림 10.22에서 입력으로 사용되는 $\ddot{\boldsymbol{x}}_d$를 구해 보자. 식 (10.73)을 미분하면

$$\dot{\boldsymbol{\omega}}_d = \boldsymbol{B}(\boldsymbol{\alpha})\ddot{\boldsymbol{\alpha}}_d + \dot{\boldsymbol{B}}(\boldsymbol{\alpha},\dot{\boldsymbol{\alpha}})\dot{\boldsymbol{\alpha}}_d \tag{10.75}$$

을 얻게 되는데, 여기서 $\dot{\boldsymbol{\alpha}}_d, \ddot{\boldsymbol{\alpha}}_d$는 궤적 생성기에서 주어지며, $\dot{\boldsymbol{B}}$은 식 (10.73)을 미분하면 다음과 같이 구해진다.

$$\dot{\boldsymbol{B}}(\boldsymbol{\alpha},\dot{\boldsymbol{\alpha}}) = \begin{bmatrix} 0 & -\dot{\phi}\cos\phi & -\dot{\theta}\sin\theta\cos\phi - \dot{\phi}\cos\theta\sin\phi \\ 0 & -\dot{\phi}\sin\phi & -\dot{\theta}\sin\theta\sin\phi + \dot{\phi}\cos\theta\cos\phi \\ 0 & 0 & -\dot{\theta}\cos\theta \end{bmatrix} \tag{10.76}$$

이와 같이 $\ddot{\boldsymbol{x}}_d$의 방위 성분을 식 (10.75)로부터 구할 수 있다.

마지막으로, 말단부의 자세 오차인 $\Delta\boldsymbol{x} = \boldsymbol{x}_d - \boldsymbol{x}$의 계산을 살펴보자. $\Delta\boldsymbol{x}$는 다음과 같이 나타낼 수 있다.

$$\Delta\boldsymbol{x} = \boldsymbol{x}_d - \boldsymbol{x} = \begin{Bmatrix} \boldsymbol{p}_d - \boldsymbol{p} \\ \Delta\phi \end{Bmatrix} = \begin{Bmatrix} \Delta\boldsymbol{p} \\ \Delta\phi \end{Bmatrix} \tag{10.77}$$

여기서 $\boldsymbol{\phi} = \{\phi_x \ \phi_y \ \phi_z\}^T$는 고정된 기저 좌표계의 x, y, z축에 대해서 말단부의 방위를 나타내는 절대 각도이다. 앞서 언급한 바와 같이, 이러한 절대 각도는 절대 각속도의

적분으로는 구할 수 없다. 방위 오차인 $\Delta\boldsymbol{\phi}=\boldsymbol{\phi}_d-\boldsymbol{\phi}$는 개념적으로는 옳지만, 이러한 식은 절대 각도가 벡터에 의해서 표현될 수 없어서 덧셈과 뺄셈이 정의되지 않으므로 수학적으로는 성립되지 않는다. 그러므로 $\Delta\boldsymbol{\phi}$를 희망값과 실젯값의 차이의 계산을 통해서가 아니라 직접 구하여야 한다. 즉, 희망 방위 벡터 $\boldsymbol{\phi}_d$와 실제 방위 벡터 $\boldsymbol{\phi}$에 해당하는 회전 행렬의 연산을 통해서 기저 좌표계를 기준으로 한 방위 오차를 나타낸다. 개념적으로는 $\Delta\boldsymbol{\phi}=\boldsymbol{\phi}_d-\boldsymbol{\phi}$를 $\boldsymbol{\phi}+\Delta\boldsymbol{\phi}=\boldsymbol{\phi}_d$로 나타낼 수 있다. 즉, 실제 방위에 오차에 해당하는 보정값을 더해 주면 희망 방위가 된다고 해석할 수 있다. 이 식에 해당하는 회전 행렬은 다음과 같이 표현할 수 있다.

$$\boldsymbol{R}(\Delta\boldsymbol{\phi})\cdot\boldsymbol{R}(\boldsymbol{\phi})=\boldsymbol{R}(\boldsymbol{\phi}_d) \tag{10.78}$$

이때 고정된 기저 좌표계에 대한 절대 각도를 다루므로, 절대 변환에 해당하게 되어 연산의 순서대로 회전 행렬이 사전 곱셈(premultiplied)이 된다는 점에 유의한다. 즉, $\boldsymbol{R}(\Delta\boldsymbol{\phi})$는 방위 오차를 나타내는 회전 행렬로, $\boldsymbol{R}(\boldsymbol{\phi})$를 $\boldsymbol{R}(\boldsymbol{\phi}_d)$에 정렬하는 데 필요한 회전 행렬이다. 식 (10.78)을 정리하면

$$\boldsymbol{R}(\Delta\boldsymbol{\phi})=\boldsymbol{R}(\boldsymbol{\phi}_d)\boldsymbol{R}(\boldsymbol{\phi})^{-1}=\boldsymbol{R}(\boldsymbol{\phi}_d)\boldsymbol{R}(\boldsymbol{\phi})^T \tag{10.79}$$

와 같이 정리할 수 있다. 위 식의 회전 행렬이

$$\boldsymbol{R}(\boldsymbol{\phi}_d)=\begin{bmatrix} r_{d11} & r_{d12} & r_{d13} \\ r_{d21} & r_{d22} & r_{d23} \\ r_{d31} & r_{d32} & r_{d33} \end{bmatrix},\ \boldsymbol{R}(\boldsymbol{\phi})=\begin{bmatrix} r_{11} & r_{12} & r_{13} \\ r_{21} & r_{22} & r_{23} \\ r_{31} & r_{32} & r_{33} \end{bmatrix} \tag{10.80}$$

와 같이 표현된다고 하면, $\boldsymbol{R}(\Delta\boldsymbol{\phi})$는

$$\boldsymbol{R}(\Delta\boldsymbol{\phi})=\boldsymbol{R}(\boldsymbol{\phi}_d)\boldsymbol{R}(\boldsymbol{\phi})^T=\begin{bmatrix} r_{d11} & r_{d12} & r_{d13} \\ r_{d21} & r_{d22} & r_{d23} \\ r_{d31} & r_{d32} & r_{d33} \end{bmatrix}\begin{bmatrix} r_{11} & r_{12} & r_{13} \\ r_{21} & r_{22} & r_{23} \\ r_{31} & r_{32} & r_{33} \end{bmatrix}^T=\begin{bmatrix} r'_{11} & r'_{12} & r'_{13} \\ r'_{21} & r'_{22} & r'_{23} \\ r'_{31} & r'_{32} & r'_{33} \end{bmatrix} \tag{10.81}$$

가 된다. 방위 오차를 절대 각도의 항으로 나타내면,

$$\Delta\boldsymbol{\phi} = \begin{Bmatrix} \Delta\phi_x \\ \Delta\phi_y \\ \Delta\phi_z \end{Bmatrix} \tag{10.82}$$

이 된다. 식 (2.45) 또는 (2.46)의 ZYX 오일러 각도에 대한 공식으로부터, 위 식의 각 성분은 식 (10.81)로부터 다음과 같이 구할 수 있다.

$$\begin{cases} \Delta\phi_x = \Delta\psi = \text{atan2}(r'_{32}, r'_{33}) \\ \Delta\phi_y = \Delta\theta = \text{atan2}(-r'_{31}, \sqrt{r'^2_{32} + r'^2_{33}}) \\ \Delta\phi_z = \Delta\phi = \text{atan2}(r'_{21}, r'_{11}) \end{cases} \tag{10.83}$$

이때 $\Delta\phi_x$, $\Delta\phi_y$, $\Delta\phi_z$는 기저 좌표계의 x, y, z축에 대한 미소 회전이다. 한편, 식 (4.8)로부터

$$\text{Rot}(\Delta\phi_x, \Delta\phi_y, \Delta\phi_z) \approx \begin{bmatrix} 1 & -\Delta\phi_z & \Delta\phi_y \\ \Delta\phi_z & 1 & -\Delta\phi_x \\ -\Delta\phi_y & \Delta\phi_x & 1 \end{bmatrix} = \boldsymbol{R}(\Delta\boldsymbol{\phi}) \tag{10.84}$$

를 얻을 수 있는데, 위 식은 미소 회전 $\Delta\phi_x$, $\Delta\phi_y$, $\Delta\phi_z$의 순서에 상관없이 성립된다. 실제로 미소 회전에 대해서 식 (10.81)을 수치로 계산하면 식 (10.84)의 형태를 얻게 된다. 식 (10.84)를 미분하면

$$\frac{d}{dt}\boldsymbol{R}(\Delta\boldsymbol{\phi}) \approx \begin{bmatrix} 0 & -\Delta\dot{\phi}_z & \Delta\dot{\phi}_y \\ \Delta\dot{\phi}_z & 0 & -\Delta\dot{\phi}_x \\ -\Delta\dot{\phi}_y & \Delta\dot{\phi}_x & 0 \end{bmatrix} = \begin{bmatrix} 0 & -\Delta\omega_z & \Delta\omega_y \\ \Delta\omega_z & 0 & -\Delta\omega_x \\ -\Delta\omega_y & \Delta\omega_x & 0 \end{bmatrix} \tag{10.85}$$

이 되므로, 다음과 같이 절대 각속도와 절대 각도 간의 관계를 구할 수 있다.

$$\boldsymbol{\omega} = \dot{\boldsymbol{\phi}} \text{ or } \begin{Bmatrix} \omega_x \\ \omega_y \\ \omega_z \end{Bmatrix} = \begin{Bmatrix} \dot{\phi}_x \\ \dot{\phi}_y \\ \dot{\phi}_z \end{Bmatrix} \tag{10.86}$$

이와 같이 식 (10.77)의 말단부의 자세 오차인 $\Delta\boldsymbol{x}$의 방위 성분을 구할 수 있다.

한편, 그림 10.22에는 자코비안의 시간 도함수가 포함되어 있다. n자유도 로봇 팔의 기하학적 자코비안은

$$\boldsymbol{J}(\boldsymbol{q}) = \begin{bmatrix} J_{11} & J_{12} & \cdots & J_{1n} \\ J_{21} & J_{22} & \cdots & \\ \vdots & \vdots & \ddots & \\ J_{61} & & & J_{6n} \end{bmatrix} \tag{10.87}$$

으로 나타낼 수 있으므로, 자코비안의 시간 도함수는

$$\dot{\boldsymbol{J}} = \frac{d}{dt}\begin{bmatrix} J_{11} & J_{12} & \cdots & J_{1n} \\ J_{21} & J_{22} & \cdots & \\ \vdots & \vdots & \ddots & \\ J_{61} & & & J_{6n} \end{bmatrix} = \begin{bmatrix} \dot{J}_{11} & \dot{J}_{12} & \cdots & \dot{J}_{1n} \\ \dot{J}_{21} & \dot{J}_{22} & \cdots & \\ \vdots & \vdots & \ddots & \\ \dot{J}_{61} & & & \dot{J}_{6n} \end{bmatrix} \tag{10.88}$$

이 된다. 이 행렬의 각 성분은 다음과 같다.

$$\dot{J}_{ij} = \frac{\partial J_{ij}}{\partial q_1}\frac{dq_1}{dt} + \frac{\partial J_{ij}}{\partial q_2}\frac{dq_2}{dt} + \ldots + \frac{\partial J_{ij}}{\partial q_n}\frac{dq_n}{dt} = \frac{\partial J_{ij}}{\partial q_1}\dot{q}_1 + \frac{\partial J_{ij}}{\partial q_2}\dot{q}_2 + \ldots + \frac{\partial J_{ij}}{\partial q_n}\dot{q}_n, \quad \begin{cases} 1 \le i \le 6 \\ 1 \le j \le n \end{cases} \tag{10.89}$$

이는 매우 복잡한 계산인데, 이 계산에 대해서는 부록 B에서 다루기로 한다.

연습문제

1 관절 공간 제어 방식과 직교 공간 제어 방식에 대해서 다음 물음에 답하시오.

(a) 관절 공간 제어 방식의 절차와 특징

(b) 직교 공간 제어 방식의 절차와 특징

(c) 각 방식의 장단점 비교

2 집중 제어(centralized control) 방식과 분산 제어(decentralized control) 방식에 대해서 다음 물음에 답하시오.

(a) 분산 제어 방식의 정의 및 특징

(b) 집중 제어 방식의 정의 및 특징

(c) 집중 제어 방식은 어떤 경우에 적합한가?

3 그림 10.7의 PD 제어 기반 모터의 위치 제어 시스템을 고려하자. 본문과 마찬가지로, $J=B=0.4$, $\zeta=1$ 및 $d=0$ & 20을 가정한다.

(a) 그림 10.7의 결과를 얻을 수 있는 Simulink 블록 선도를 완성하고, 제어 이득 K_P와 K_D를 변경해 가면서 동일한 그래프를 얻을 수 있는지를 살펴보시오.

(b) 임계 감쇠인 $\zeta=1$로 가정하였는데, 그림 10.8의 스텝 응답에서 오버슛이 발생하는 이유는 무엇인가?

(c) 외란이 존재하는 경우에는 정상상태 오차가 발생한다. 그림 10.8에서 보듯이 K_P의 증가를 통해서 정상상태 오차를 상당히 줄일 수 있다. 이러한 방식의 문제점은 무엇인가? (힌트: Simulink 블록 선도의 제어 신호를 볼 수 있는 Scope를 설치하여 시스템의 출력 외에도 제어 신호를 관찰한다.)

(d) 그림 10.10에서 보듯이 적분 제어의 추가로 K_P와 K_D의 변동 없이 정상상태 오차를 0으로 보낼 수 있음을 보이시오.

4 문제 3을 참고하자. 파트 (c)에서 보듯이 K_P가 증가함에 따라서 제어 신호의 크기가 증가하므로 모터의 포화(saturation)가 발생한다. 이번 문제는 이러한 포화 현상과 이에 대처하는 방법에 대한 것이다.

(a) 포화 현상을 나타내기 위해서 문제 3의 Simulink 블록 선도에서 PID 제어기 우측에 Saturation 블록을 삽입한 블록 선도를 구하시오.

(b) 제어 이득 $K_P=40$, $K_D=7.6$, $K_I=50$에 대해서, Saturation 블록의 Upper limit 및 Lower limit를 ±10000, ±4000, ±1000으로 변화시키면서 스텝 응답을 도시하시오. 동일한 제어 이득에 대해서 포화 현상이 심해질수록 스텝 응답은 어떻게 변화하는가?

(c) 포화 현상이 발생하는 이유는 무엇인가?

(d) 포화 현상을 방지하는 단순한 방법으로, 스텝 함수로 주어지는 기준 입력이 저역 통과 필터(LPF)를 통해서 시스템에 제공되도록 한다. 50 Hz 차단 주파수를 갖는 LPF가 있는 경우의 스텝 응답과 제어 입력을 그래프를 통해서 비교하시오.

5 다자유도 로봇에 대한 계산 토크 제어 기법을 이해하기 위해서, 다음과 같은 1자유도 질량-감쇠기-스프링 시스템에 계산 토크 제어 방식을 적용해 보자.

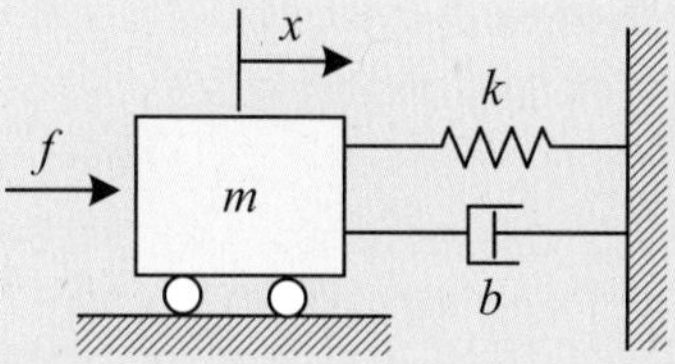

이 시스템의 운동 방정식은 다음과 같다.

$$m\ddot{x} + b\dot{x} + kx + d' = f$$

여기서 x는 질량의 변위, d'은 외란, f는 질량에 가해지는 힘으로 제어 입력에 해당한다. 원하는 변위를 x_d, 실제 변위를 x라 하면, 오차 e는 다음과 같이 정의된다.

$$e = x_d - x,\ \dot{e} = \dot{x}_d - \dot{x},\ \ddot{e} = \ddot{x}_d - \ddot{x}$$

이 시스템을 제어하기 위한 PD 제어 시스템의 블록 선도는 다음과 같다.

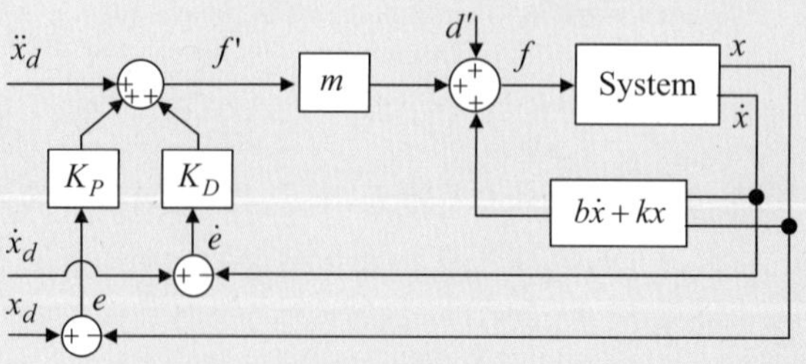

(a) 주어진 시스템의 파라미터를 상쇄하기 위하여 제어 입력을 다음과 같이 설정한다.

$$f = m f' + b\dot{x} + kx$$

PD 제어에 기반한 다음과 같은 제어 법칙을 고려하자.

$$f' = \ddot{x}_d + K_D \dot{e} + K_P e$$

이러한 제어 입력을 운동 방정식에 대입하면, 오차 동역학이 다음과 같음을 보이시오.

$$\ddot{e} + K_D \dot{e} + K_P e = d$$

여기서 $d = d'/m$ 이다.

(b) 파트 (a)에서 구한 오차 동역학에서 외란 $d=0$으로 가정하자. 이 오차 동역학의 해인 오차 $e(t)$가 시간이 경과함에 따라서 임계 감쇠의 특성을 가지면서 0으로 수렴하기 위한(즉, $\lim_{t\to\infty} e(t) = 0$) 조건을 K_D와 K_P의 항으로 나타내시오.

(c) 파트 (a)에서 구한 오차 동역학에서 외란 $d=\text{const}$라 가정하면, 정상상태 오차는 $e=d/K_P$로 주어진다. 오차를 줄이기 위해서 K_P는 어떻게 설정하여야 하는가? 이 경우 시스템의 거동은 어떤 영향을 받는가?

(d) 파트 (a)에서 다음과 같이 PID 제어에 기반한 새로운 제어 법칙을 고려하자.

$$f' = \ddot{x}_d + K_D \dot{e} + K_P e + K_I \int e\,dt$$

이러한 제어 입력을 운동 방정식에 대입하면, 오차 동역학이 다음과 같음을 보이시오.

$$\dddot{e} + K_D \ddot{e} + K_P \dot{e} + K_I e = \dot{d}$$

(e) 파트 (d)에서 외란 $d=\text{const}$라 가정하면, 정상상태 오차는 얼마인가?

(f) 정상상태 오차를 줄이기 위한 파트 (c)와 (e)의 방법 중 어느 방법이 더 바람직한가?

6 1자유도 회전 관절과 1자유도 직선 관절로 구성된 다음과 같은 2자유도 평면 팔을 고려하자.

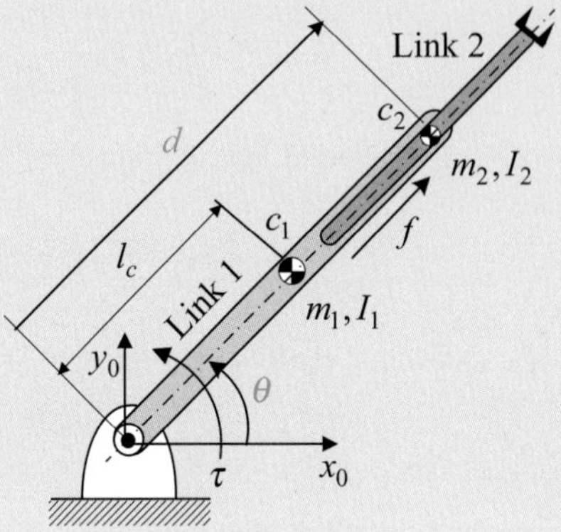

이 평면 팔의 운동 방정식은 다음과 같다.

$$(m_1 l_c^2 + m_2 d^2 + I_1 + I_2)\ddot{\theta} + 2m_2 d\,\dot{d}\,\dot{\theta} + (m_1 g\, l_c \cos\theta + m_2 g\, d \cos\theta) = \tau$$
$$m_2 \ddot{d} - m_2 d\dot{\theta}^2 + m_2 g \sin\theta = f$$

추적 오차를 최소화하기 위해서 PD 제어를 적용한다고 할 때, 관절 공간에서의 계산 토크 제어를 구현하기 위한 토크 $\boldsymbol{\tau}$와 힘 f를 구하시오.

7 다음은 집중 제어의 한 방식인 중력 보상을 갖는 PD 제어 시스템에 대한 블록 선도이다.

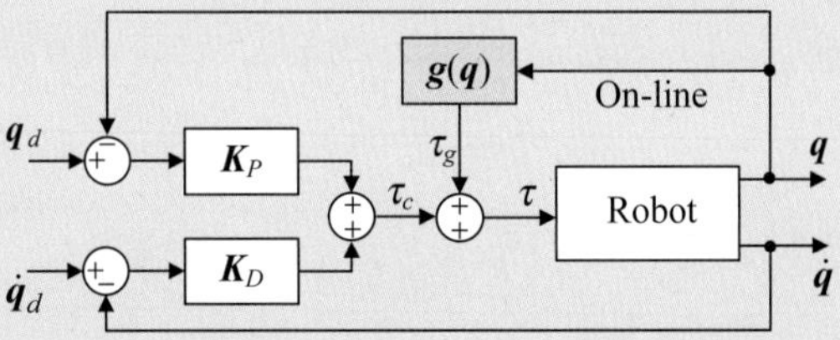

(a) τ를 위한 제어 법칙을 유도하시오.

(b) 개루프 시스템(즉, 로봇)과 제어 법칙이 결합한 폐루프 제어 시스템을 유도하시오. 다시 말해, 제어기와 결합된 로봇의 운동 방정식을 구하시오.

(c) 큰 값의 비례 이득 $\boldsymbol{K}_P$를 선정하면 어떤 영향이 있는지를 논하시오.

8 부록 D의 그림 D.6의 사다리꼴 속도 프로파일을 갖는 IJC 블록 선도를 고려하자. 이때 사다리꼴 프로파일은 부록에서 언급한 바와 같이 초기 위치(0°, 0°, 0°)에서 최종 위치(90°, 60°, 45°)까지 1초 동안 이동하며, 초기 속도와 최종 속도는 모두 0이라고 가정한다. 다음 물음에 답하시오.

(a) $K_P=400$, $K_I=100$, $K_D=100$으로 설정한다. 로봇 모델을 사용하지 않는 독립 관절 제어를 고려하기 위해서 Gravity compensation 및 Coriolis compensation에 대해서 모두 Gain = 0으로 설정한다. Simulink에서 Stop time = 1.5 sec로 설정하고, 시뮬레이션을 수행하여 각위치, 각속도 및 관절 토크 선도를 도시하시오. 제어 성능에 대해서 논하시오.

(b) $K_P=400$, $K_I=100$, $K_D=100$으로 설정한다. 이번에는 중력이 제어 성능에 미치는 영향을 살펴보기 위해서 로봇 모델 중에서 중력에 대한 정보는 알고 있다고 가정한다. 이를 위해서 Gravity compensation에 대해서는 Gain = 1로 하며, Coriolis compensation에 대해서는 여전히 Gain = 0으로 설정한다. Simulink에서 Stop time = 1.5 sec로 설정하고, 시뮬레이션을 수행하여 각위치, 각속도 및 관절 토크 선도를 도시하시오. 제어 성능에 대해서 논하시오.

(c) $K_P=900$, $K_I=200$, $K_D=300$으로 설정한다. 로봇 모델 기반의 독립 관절 제어를 고려하기 위해서 Gravity compensation 및 Coriolis compensation에 대해서 모두 Gain = 0으로 설정한다. Simulink에서 Stop time = 1.5 sec로 설정하고, 시뮬레이션을 수행하여 각위치 및 각속도 선도를 도시하시오. 제어 성능에 대해서 논하시오.

(d) $K_P=900$, $K_I=200$, $K_D=300$으로 설정한다. 로봇 모델 기반의 독립 관절 제어를 고려하기 위해서 Gravity compensation 및 Coriolis compensation에 대해서 모두 Gain = 1로 설정한다. Simulink에서 Stop time = 1.5 sec로 설정하고, 시뮬레이션을 수행하여 각위치 선도를 도시하시오. 제어 성능에 대해서 논하시오.

9 부록 D의 그림 D.8의 사다리꼴 속도 프로파일을 갖는 CTC 블록 선도를 고려하자. 이때 사다리꼴 프로파일은 부록에서 언급한 바와 같이 초기 위치(0°, 0°, 0°)에서 최종 위치(90°, 60°, 45°)까지 1초 동안 이동하며, 초기 속도와 최종 속도는 모두 0이라고 가정한다. 다음 물음에 답하시오.

(a) $K_P=100$, $K_I=50$, $K_D=50$으로 설정한다. 비선형 항들을 상쇄하기 위해서 Gravity compensation 및 Coriolis compensation에 대해서 모두 Gain = 1로 설정한다. Simulink에서 Stop time을 1.5 sec로 설정하고, 시뮬레이션을 수행하여 각위치와 각속도 선도를 도시하고, 제어 성능에 대해 논하시오.

(b) 파트 (a)와 동일하게 PID 이득을 설정한다. 이번에는 로봇 모델이 부정확하여 비선형 항들을 정확히 상쇄하지 못하는 상황을 가정해 보자. 즉, Gravity compensation 및 Coriolis compensation에 대해서 모두 Gain = 0.5로 설정한다. Simulink에서 Stop time을 1.5 sec로 설정하고, 시뮬레이션을 수행하여 각위치와 각속도 선도를 도시하고, 제어 성능에 대해 논하시오.

(c) 파트 (a)와 동일하게 PID 이득을 설정한다. 이번에는 코리올리 항은 정확히 상쇄하

지만, 중력 항은 파트 (b)에서와 같이 부정확하게 상쇄되는 상황을 가정해 보자. 즉, Gravity compensation에 대해서는 Gain=0.5, Coriolis compensation에 대해서는 모두 Gain=1로 설정한다. Simulink에서 Stop time을 1.5 sec로 설정하고, 시뮬레이션을 수행하여 각위치와 각속도 선도를 도시하고, 제어 성능에 대해 논하시오.

(d) 파트 (a)와 동일하게 PID 이득을 설정한다. 이번에는 중력 항은 정확히 상쇄하지만, 코리올리 항은 파트 (b)에서와 같이 부정확하게 상쇄되는 상황을 가정해 보자. 즉, Gravity compensation에 대해서는 Gain=1, Coriolis compensation에 대해서는 모두 Gain=0.5로 설정한다. Simulink에서 Stop time을 1.5 sec로 설정하고, 시뮬레이션을 수행하여 각위치와 각속도 선도를 도시하고, 제어 성능에 대해 논하시오.

(e) 파트 (b), (c), (d)의 시뮬레이션 결과로부터 로봇 모델링에 대해서 어떤 결론을 내릴 수 있는가?

10 ZYX 오일러 각도를 고려하자. 희망 오일러 각도 $\phi_d=(45\ 60\ 90)^T$이고, 실제 오일러 각도가 $\phi=(45.1\ 59.9\ 90.2)^T$라고 한다. MATLAB을 사용하여 계산하면 편리하다.

(a) 희망 ZYX 오일러 각도 ϕ_d에 해당하는 회전 행렬 $\boldsymbol{R}_d$를 구하시오.

(b) 실제 ZYX 오일러 각도 ϕ에 해당하는 회전 행렬 $\boldsymbol{R}$를 구하시오.

(c) 식 (10.79)를 이용하여 $\boldsymbol{R}(\Delta\phi)$를 구하시오.

(d) 식 (10.83) 또는 (10.84)를 이용하여 $\Delta\boldsymbol{\phi}$를 구하시오.

(e) 만약 방위 오차를 $\Delta\boldsymbol{\phi}=\boldsymbol{\phi}_d-\boldsymbol{\phi}$로 정의한다면 방위 오차는 얼마인가?

(f) 파트 (d)와 (e)의 결과는 동일한가? 다르다면 그 이유는? 어느 결과가 더 정확한가?

CHAPTER 11 힘 제어

힘 제어

앞 장에서는 로봇 팔이 환경과의 접촉이 없는 상태에서 로봇 말단부의 자세, 즉 위치와 방위를 제어하는 위치 제어에 대해서 자세히 다루었다. 이 장에서는 로봇 팔이 환경과의 접촉이 있는 상태에서 로봇 말단부와 환경 사이의 접촉 힘과 모멘트를 제어하는 힘 제어에 대해서 학습하기로 한다.

접촉 작업에서는 접촉하는 물체의 강성이 중요한 역할을 한다. 강성이 매우 큰 두 물체가 접촉을 하게 되면, 일반적으로 접촉 불안정성이 발생하게 되므로, 반드시 한 물체는 낮은 강성을 가지는 것이 바람직하다. 이러한 강성은 수동 강성과 능동 강성으로 나눌 수 있다. 수동 강성은 로봇의 관절 강성이나 링크 강성을 작게 하여 접촉 작업에 적합하게 한 것으로 RCC(remote center of compliance) 또는 로봇 표면을 감싸는 고무 덮개 등이 여기에 속한다. 능동 강성은 로봇의 제어를 통해서 실시간으로 가변하는 강성을 부여하는 방식을 의미한다. 능동 강성은 센싱과 제어를 통해서 수행되므로 수동 강성보다는 대역폭이 작아지는 단점이 존재한다.

로봇 말단부와 환경이 접촉하는 경우에 위치 제어가 수행되는 방향과 힘 제어가 수행되는 방향으로 나눌 수 있다. 예를 들어, 칠판에 분필로 글씨를 쓴다면 칠판 면에서는 위치 제어, 칠판에 수직인 방향으로는 힘 제어가 수행된다. 동일한 방향에 위치 제어와 힘 제어가 동시에 수행되는 것은 불가능하다. 각 축에 대해서 위치 제어와 힘 제어 중 어느 제어가 필요한지를 결정하기 위해서 자연 구속 조건과 인공 구속 조건이라는 개념을 도입하는데, 이에 대해서 자세히 설명한다.

로봇은 개념적으로 토크 명령을 직접 입력할 수 있는 토크 제어 로봇과 위치 명령만 입력할 수 있는 위치 제어 로봇으로 분류할 수 있다. 대부분의 상용 로봇은 안전상의 이유로 사용자가 위치 명령만을 제공할 수 있는 위치 제어 로봇 방식을 채택하고 있다. 본 장에서는 이 두 로봇의 차이에 대해서 알아본다.

힘 제어에는 힘의 피드백을 통해서 직접적으로 힘을 제어하는 직접 힘 제어 방식도 있지만, 위치 기반으로 힘을 간접적으로 제어하는 간접 힘 제어 방식도 있다. 이에 대해서는 다음 장의 임피던스 제어에서 자세히 다룬다. 대부분의 로봇 제어 상황에서 몇몇 축 방향으로는 위치 제어, 나머지 축 방향으로는 힘 제어를 수행하게 되는데, 이와 같이 힘 제어와 위치 제어를 축마다 선택적으로 사용하는 제어 방식을 복합 위치/힘 제어라고 한다. 이러한 복합 제어에 대해서 자세히 알아본다.

11.1 힘 제어 개요

로봇의 작업은 크게 비접촉 작업과 접촉 작업으로 분류할 수 있다. 비접촉 작업은 용접, 도장, 집기/놓기 등과 같이 로봇과 환경 간에 물리적인 접촉이 없으므로, 주로 위치 제어를 통해서 로봇을 제어한다. 반면에, 접촉 작업은 조립, 그라인딩, 디버링 등과 같이 로봇과 환경 간에 물리적인 접촉이 존재하므로, 접촉에 의해서 구속되는 방향으로는 위치 제어가 불가능하고, 힘 제어를 수행하게 된다.

접촉 작업의 경우에는 로봇의 말단과 환경 사이에 접촉력(실제로는 힘/모멘트)이 형성된다. **강성**이 매우 큰 두 물체가 접촉을 하게 되면, 일반적으로 접촉 불안정성이 발생하게 되므로, 반드시 한 물체는 낮은 강성을 가지는 것이 바람직하다. 로봇 작업의 대상이 되는 환경은 일반적으로 강성이 매우 크다. 로봇의 경우에도 위치 정확도를 위해서 매우 큰 강성을 가지도록 설계되어 있다. 환경의 강성을 낮출 수는 없으므로, 일반적으로 로봇의 말단부가 낮은 강성을 가지도록 하여야 한다. 이와 같이 로봇이 환경과 접촉하는 경우에는, 안정적인 접촉을 위해서 로봇의 강성이 낮은 것이 바람직하다. 강성의 역을 **순응성**(compliance)이라 한다. 즉, 낮은 강성이 높은 순응성에 해당한다. 로봇이 환경과 접촉 시에는 순응 운동(compliant motion)을 하는 것이 바람직한데, 이는 마치 로봇의 말단부에 스프링이 달려 있는 것 같은 운동을 의미한다.

순응 운동이 필요한 이유의 예를 들어 보자. 전형적인 수직 다관절 로봇의 강성은 대략 500 N/mm이다. 만약 접촉 작업 중에 0.5 mm의 위치 오차가 발생한다면, 이는 약 250 N의 큰 힘을 유발하게 된다. 만약 로봇 말단에 강성이 100 N/mm인 실제 스프링을 장착한다면, 동일한 위치 오차에 대해서 약 50 N의 힘만 발생하게 된다.

강성은 수동 강성(passive stiffness)과 능동 강성(active stiffness)으로 나눌 수 있다. **수동 강성**(또는 수동 순응성)은 **그림 11.1**과 같이 로봇의 관절이나 링크가 구조적으로 낮은 강성(또는 높은 순응성)을 가지는 경우이다. 이러한 경우 환경과의 접촉 시에 충격을 완화하는 등 환경과의 본질적으로 안전한(intrinsically safe) 상호작용이 가능하다. 수동 강성의 예로는, 로봇의 말단부에 씌우는 부드러운 고무 덮개 또는 RCC(remote center of compliance) 등이 있다. RCC에 대해서는 다음 절에서 보다 상세히 다루기로 한다.

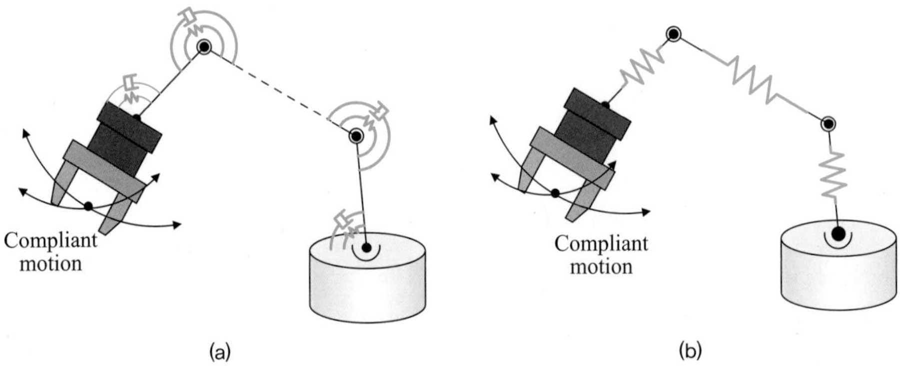

그림 11.1 **수동 강성: (a) 유연성을 갖는 관절, (b) 유연성을 갖는 링크**

수동 강성 방식의 특징은 다음과 같다.

- 제어 기반이 아니므로 단순하고, 힘 센서가 필요 없어서 비용이 낮다.
- 능동 강성 방식에 비해서 매우 빠른 응답성을 가진다(매우 높은 대역폭).
- 강성이 고정되어 조절이 어렵다.
- 프로그래밍된 궤적으로부터의 작은 위치 및 방위 오차만을 처리할 수 있다.

이번에는 **능동 강성** 방식에 대해서 살펴보자. **그림 11.2**와 같이 로봇 말단부와 손목 사이에 힘 센서가 장착되어 있다고 하자. 만약 말단부에 외력이 작용하지 않는다면, 위치 제어에 의해서 말단부의 실제 위치는 희망 위치와 일치하게 된다. 이번에는 외력이 가상의 스프링과 감쇠기를 통해서 말단부에 인가되는 상황을 가정해 보자. 예를 들어, 100 N의 외력이 가해지는데, 이 외력을 힘 센서를 통하여 측정한 후에, 외력이 작용하는 방향으로 로봇의 말단부가 10 mm 움직이도록 로봇 말단부의 위치를 제어한다고 하자. 그러면 100 N의 힘에 10 mm의 변형이 발생하므로, 가상 스프링의 강성은 10 N/mm에 해당한다. 가상 스프링은 물리적 스프링이 아니므로 부피를 갖지 않아서, 말단부에 직접 힘을 인가하더라도 물리적 스프링을 통해서 힘을 인가하는 효과가 난다는 점에 유의한다. 이와 같이 능동적인 제어(실제로는 모터 제어)를 통해서 실시간으로 가상 스프링과 가상 감쇠기의 강성과 감쇠 계수를 변경할 수 있다.

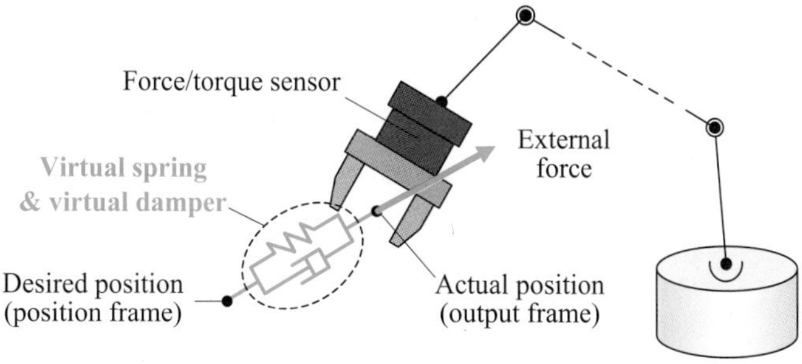

그림 11.2 **힘 센서와 제어에 기반한 능동 강성의 구현**

능동 강성 방식의 특징은 다음과 같다.

- 다양한 작업에 맞게 강성과 감쇠가 실시간으로 조절될 수 있다.
- 수동 강성 방식에 비해서 느린 응답성을 가진다(비교적 낮은 대역폭).
- 모터 제어의 구현으로 복잡하며, 힘 센서의 사용으로 높은 비용이 수반된다.

이와 같이 수동 강성과 능동 강성은 서로 장점과 단점이 반대로 나타나게 되므로, 두 방법을 혼합하여 사용하는 것이 바람직하다. 예를 들어, 충돌로 인한 고주파수의 접촉은 수동 강성으로 대처하면서, 능동 강성을 통해서 작업에 적합한 강성을 구현하는 것이다.

11.2 수동 방식에 의한 힘 제어

11.2.1 RCC

RCC(remote center compliance)는 로봇을 이용한 조립 작업 시에 펙(peg)과 홀(hole) 사이의 재밍(jamming)이나 웨징(wedging)을 방지하기 위해서 사용되는 기계적인 장치이다(Watson, 1976). 그림 11.3은 조립 시 RCC의 역할을 보여 준다. 만약 펙이 홀과 잘 정렬된 채로 삽입이 진행된다면 펙이 홀 안으로 미끄러져 들어가게 된다. 그러나 펙이 그림 (a)와 같이 중심에서 조금 벗어난 채로 삽입이 시도되면 펙이 챔퍼 면에 닿게 되어 펙에는 횡력(lateral force)이 작용하게 된다. 이때 RCC가 장착되어 있지 않고, 펙을 잡고 있는 그리퍼의 강성이 매우 크지 않다면, 펙은 그리퍼 축을 중심으로 회전하게 되어 더욱 비정렬 상태가 되면서 재밍이 발생할 가능성이 커지게 된다. 이번에는 RCC가 장착되어 있는 경우를 고려해 보자. 이 경우에는 **그림** (b)와 같이 횡력이 펙의 말단에 설정된 순응 중심에 작용하게 되어 펙과 그리퍼가 펙의 축에 수직인 면으로 움직이는 동시에, **그림** (c)와 같이 순응 중심을 중심으로 회전하게 된다. 따라서 순응 중심이 홀로 이동하게 되어 비정렬이 해소되면서 삽입이 성공하게 된다.

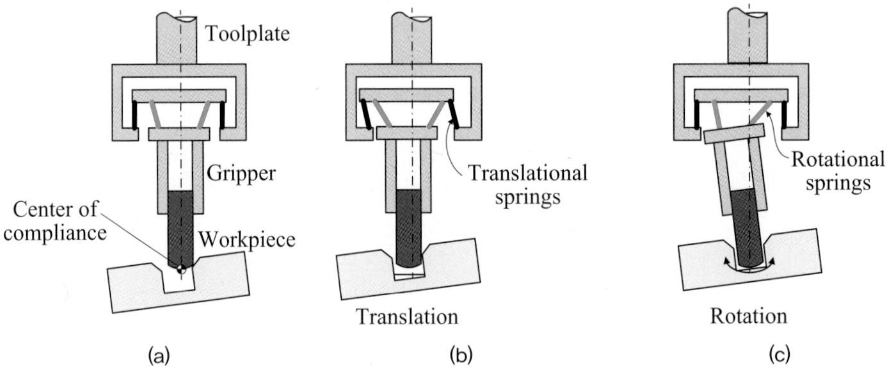

그림 11.3 **RCC를 사용한 로봇 조립**

11.2.2 SEA

전통적인 로봇 팔에서는 위치 정밀도를 위해서 관절에서의 높은 강성이 요구되므로, 모터 출력축이 바로 출력부가 된다. 그러나 **SEA**(series elastic actuator) 설계에서는 모터 출력이 수동 요소인 스프링을 통해서 출력부에 전달됨으로써 의도적으로 강성을 낮추게 된다. **그림** 11.4는 SEA의 개념적인 모델과 제어 시스템의 블록 선도를 보여 준다. 그림에서 모터의 각위치 θ_m과 출력축의 각위치 θ_o 사이에 차이 θ_δ가 발생하게 된다.

이때 실제 스프링의 강성이 k_j라면, SEA 출력축의 출력 토크는

$$\tau_o = k_j(\theta_m - \theta_o) \tag{11.1}$$

이 된다. **그림** 11.4의 제어 시스템에서는 토크 제어를 위해서 비례 제어가 사용되고 있다. 제어기의 입력은 토크 오차 $\Delta\tau$이고, 출력은 모터의 희망 각위치 θ_{md}이므로, 제

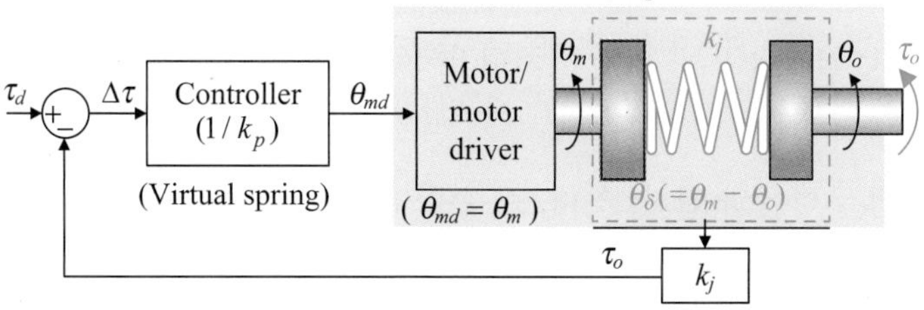

그림 11.4 **SEA의 개념 모델**

어기 이득은 강성의 역수에 해당하게 되어 가상 스프링 상수의 역수인 $1/k_p$가 된다. 만약 위치 제어가 잘 수행된다면, 희망 각위치와 실제 각위치는 거의 동일하게 되어 $\theta_{md} \approx \theta_m$이 된다. 그러면 식 (11.1)은

$$\tau_o = k_j(\theta_m - \theta_o) \approx k_j\left(\frac{\tau_d - \tau_o}{k_p} - \theta_o\right) \tag{11.2}$$

이 되며, 이를 정리하면

$$\tau_o = \frac{k_j}{k_p + k_j}\tau_d - \frac{k_p k_j}{k_p + k_j}\theta_o \tag{11.3}$$

이 된다. 위 식에서 희망 토크인 $\tau_d = 0$일 때, 출력 강성 k_o은

$$k_o = -\frac{\tau_o}{\theta_o} = \frac{k_p k_j}{k_p + k_j} = \left(\frac{1}{k_j} + \frac{1}{k_p}\right)^{-1} \tag{11.4}$$

이 된다. 위 식은 스프링의 직렬 연결을 나타내는 식이므로, SEA 제어 시스템에서의 출력 강성은 P 제어에 의한 가상 스프링과 실제 스프링의 직렬 연결에 해당한다. 이때 τ_o의 양의 방향은 θ_o의 양의 방향과 반대가 된다는 점에 유의한다. 식 (11.4)에서 실제 스프링이나 가상 스프링의 강성이 증가하면 출력 강성도 증가하게 된다. 실제 스프링의 강성은 고정되어 있으므로, 가상 스프링 강성인 k_p를 소프트웨어적으로 조절하면, 출력 강성을 실시간으로 조정하는 것이 가능하다.

SEA의 장단점에 대하여 살펴보기로 하자. 우선 장점은 다음과 같다. 첫째, 스프링이 충격을 흡수하므로, 환경과의 안정적인 접촉이 가능하다. 둘째, 모터의 각위치

θ_m을 조절함으로써 출력 토크를 제어할 수 있다. 셋째, SEA의 출력 토크의 측정이 가능하다. 식 (11.1)에서 θ_m과 θ_o를 엔코더 등으로 측정하면, 실시간으로 토크 측정이 가능하다.

SEA의 단점은 다음과 같다. 첫째, 스프링의 사용으로 관절 강성이 저하되어 로봇 팔 전체의 강성 또한 저하되며, 고속 동작 시에 스프링에 의한 진동이 발생하는 등 정밀 작업에는 적합하지 않다. 둘째, 고속 동작 시에 출력 강성은 실제 스프링의 강성 k_j로 수렴되는 등 제어기 이득의 조정으로 낮은 강성을 얻는 것이 어려워지는데, 이는 그림 11.4의 제어 시스템이 대역폭에 한계가 있기 때문이다. 그러므로 가상 스프링의 강성에 의한 출력 강성의 조정은 저주파 영역으로 한정된다. 만약 고주파 영역에서도 낮은 강성을 얻고 싶다면 VSA(variable stiffness actuator)를 사용하여야 한다.

진동 발생이나 대역폭의 한계 등의 SEA의 일부 단점에도 불구하고, 실제 상용 로봇에서도 SEA가 일부 적용되는 등 널리 활용되고 있다.

11.2.3 VSA

앞 절의 SEA에서는 제어 이득에 해당하는 가상 스프링의 강성을 조정함으로써 출력 강성의 제어가 가능하였지만, 원리상 저주파 영역으로 제한되었다. 고주파 영역에서도 강성의 제어가 가능한 장치가 바로 가변 강성 액추에이터인 VSA(variable stiffness actuator)이다. VSA는 SEA에 가변 강성 장치를 추가한 개념으로, 2개의 모터를 사용하여 강성뿐 아니라 동시에 위치도 제어하게 된다. 그림 11.5는 VSA의 개념도를 나타낸다.

그림에서 위치 프레임, 강성 프레임, 출력 프레임과 가변 강성 등으로 구성된 가변 강성 장치(VSM)를 보여 준다. 위치 프레임에서는 $\theta_p = f_p(\theta_{m1}, \theta_{m2})$와 같이 두 모터의 각위치 θ_{m1}과 θ_{m2}로부터 각위치 θ_p가 결정되는 반면에, 강성 프레임에서는 $\alpha = f_s(\theta_{m1}, \theta_{m2})$와 같이 두 모터의 각위치로부터 강성 α가 결정된다. 출력 프레임에서 출력 각위치 θ_o는

$$\theta_o = \theta_p - \theta_\delta = \theta_p - \frac{\tau_o}{k_j} \tag{11.5}$$

로 주어지는데, 이때 관절 강성 k_j는 여러 변수에 의해서 결정되는 가변 강성이다. 여

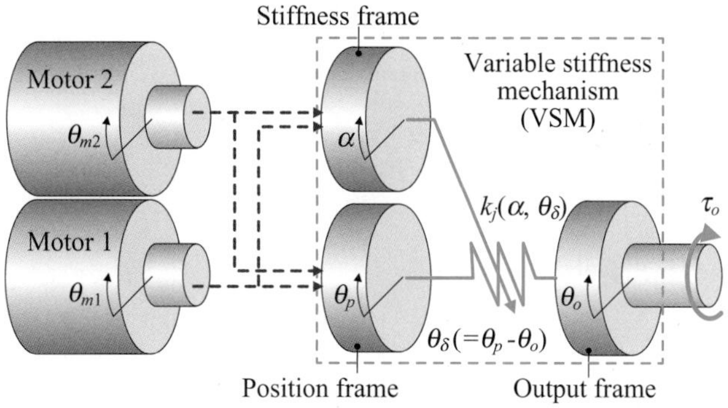

그림 11.5 VSA의 개념도

러 방식으로 가변 강성을 얻을 수 있으나, 여기서는 가변 모멘트 암 기구(adjustable moment arm mechanism)라 불리는 HVSA(hybrid VSA)의 원리에 대해서만 간략히 설명하기로 한다(Kim, 2011). 그림 11.6과 같이 2개의 스프링 블록이 좌우로 이동 가능한데, 각 스프링 블록은 강성이 k인 선형 스프링으로 구성되며, 스프링 블록의 위치가 회전 중심에 대한 가변 모멘트 암이 된다. 외부 토크(external torque)가 인가되지 않는다면, 그림 (a)와 같이 링크가 두 스프링 블록과 접촉하게 된다. 그러나 그림 (b)와 같이 외부 토크 τ가 시계 방향으로 인가되면, 링크는 우측 스프링 블록하고만 접촉하면서 스프링을 압축하게 된다.

이때 스프링 블록이 수동 변형(passive deflection) δ만큼 압축된다면, 스프링 힘 F는

$$F = k d \tag{11.6}$$

이 되며, 수동 변형량은 다음과 같이 근사화될 수 있다.

$$d = r \tan\theta \approx r\theta \tag{11.7}$$

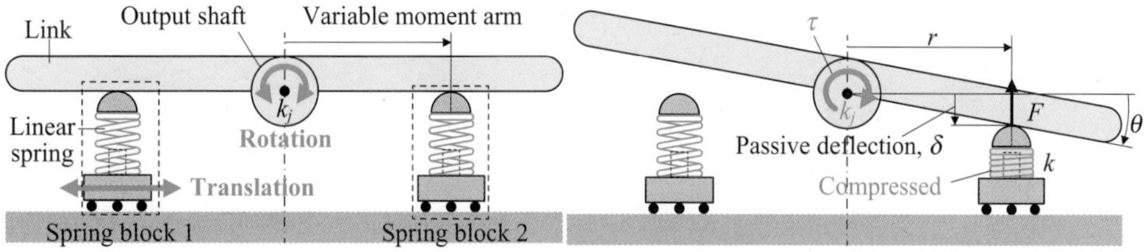

(a) (b)

그림 11.6 HVSA의 구조: (a) 외부 토크 미인가, (b) 외부 토크 인가

여기서 r는 모멘트 암의 길이, θ는 수동 변형각(passive deflection angle)이다. 이 각도가 작으므로 $\tan\theta \approx \theta$로 근사화될 수 있다. 외부 토크 τ는

$$\tau = Fr = kr^2\theta \tag{11.8}$$

로 나타낼 수 있으므로, 관절 강성 k_j는

$$k_j = \frac{\tau}{\theta} = kr^2 \tag{11.9}$$

으로 표현된다. 즉, 관절 강성의 크기는, 회전 중심으로부터 스프링 블록까지의 거리인 모멘트 암의 길이의 제곱에 비례하여 증가함으로써 가변 강성이 구현되는 것이다. 그림 11.7에서 보듯이, (a)와 같이 스프링 블록이 중심으로 이동하면 강성이 작아지고, (b)와 같이 멀어지면 강성이 증가하게 된다. 이와 같이 두 스프링 블록은 항상 대칭적으로 움직이므로, 하나의 모터에 의해서 위치의 조절이 가능하다. 그러므로 또 다른 모터의 동작으로 전체 베이스 프레임을 회전시킬 수 있으며, 이를 통하여 전체 시스템의 각위치의 제어가 가능하다. 그리고 그림 (d)와 같이 두 모터가 함께 동작하면, 위치와 강성을 동시에 제어하는 것이 가능하다.

VSA의 장점은 다음과 같다. 첫째, 스프링이 충격을 흡수하므로, 환경과의 안정

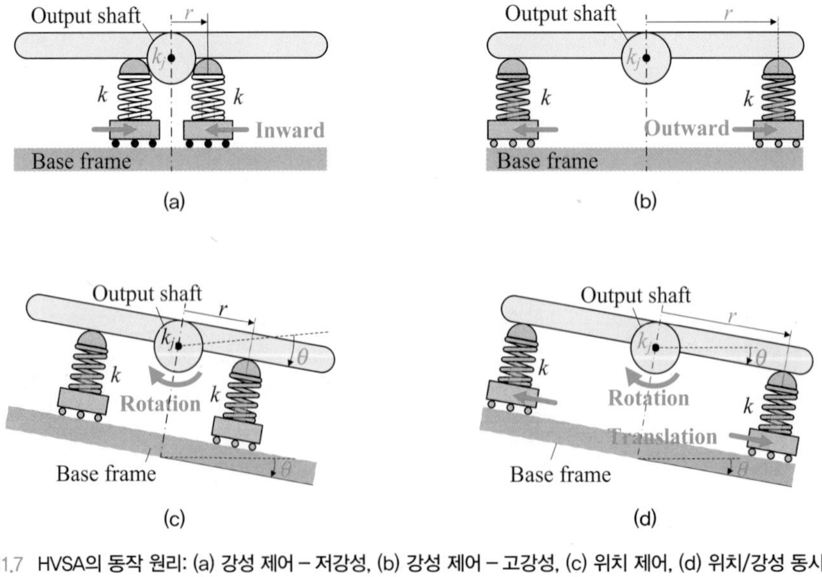

그림 11.7 HVSA의 동작 원리: (a) 강성 제어 – 저강성, (b) 강성 제어 – 고강성, (c) 위치 제어, (d) 위치/강성 동시 제어

적인 접촉이 가능하다. 둘째, VSA의 위치와 강성의 실시간 동시 제어가 가능하다. 셋째, $\tau_o = k_j(\theta_p - \theta_o)$에서 k_j에 대한 식을 알고, 각위치 θ_p와 θ_o를 엔코더로 측정하면, 출력 토크에 대한 추정이 가능하다.

VSA의 단점은 다음과 같다. 첫째, 스프링의 사용으로 관절 강성이 저하되며, 고속 동작 시에 스프링에 의한 진동이 발생하는 등 정밀 작업에는 적합하지 못하다. 둘째, 2개의 모터를 사용하므로 부피가 커지고, 비용이 상승하게 된다.

11.3 강성 행렬

11.3.1 강성 행렬

앞서 로봇의 기구학 및 동역학은, 로봇의 말단부가 동작하는 직교 공간과 로봇의 관절이 동작하는 관절 공간 사이의 변환에 의해서 수립되었다. 로봇의 강성 또는 순응성도 직교 공간과 관절 공간 간에는 밀접한 관계가 성립된다. 이 절에서는 이러한 관계에 대해서 살펴보기로 한다.

우선, 직교 공간에서 말단부에 인가되는 접촉력과 변형 간에는 다음 관계가 성립된다.

$$\boldsymbol{F} = \boldsymbol{K}_x \cdot \Delta\boldsymbol{x} \tag{11.10}$$

여기서

$$\boldsymbol{F} = \{f_x \ f_y \ f_z \ n_x \ n_y \ n_z\}^T \tag{11.11}$$

$$\Delta\boldsymbol{x} = \{\Delta p_x \ \Delta p_y \ \Delta p_z \ \Delta\phi_x \ \Delta\phi_y \ \Delta\phi_z\}^T \tag{11.12}$$

여기서 $\boldsymbol{F}$는 말단 힘/토크 벡터로, f_x, f_y, f_z는 x, y, z축 방향의 접촉력, n_x, n_y, n_z는 x, y, z축에 대한 접촉 모멘트를 각각 나타내는데, 일반적으로 힘과 토크를 합하여 접촉력 벡터라 부른다. 그리고 $\Delta\boldsymbol{x}$는 말단 변위 벡터로, Δp_x, Δp_y, Δp_z는 x, y, z축 방향의 선변위, $\Delta\phi_x$, $\Delta\phi_y$, $\Delta\phi_z$는 x, y, z축에 대한 각변위를 각각 나타낸다. 또한 $\boldsymbol{K}_x$는 **직교 강성 행렬**(cartesian stiffness matrix)로, 3개의 병진 강성과 3개의 회전 강성으로 구성된 6×6 정방 행렬이며, 일반적으로는 대각 행렬의 형태를 가진다. 그리고 관절 공간에서 관절 토크 벡터 $\boldsymbol{\tau}$와 관절 변위 벡터 $\Delta\boldsymbol{q}$ 간에는 다음 관계가 성립된다.

$$\boldsymbol{\tau} = \boldsymbol{K}_q \cdot \Delta \boldsymbol{q} \tag{11.13}$$

여기서 $\boldsymbol{K}_q$는 **관절 강성 행렬**(joint stiffness matrix)로 n자유도 로봇에 대해서 $n \times n$ 정방 행렬이 되는데, 일반적으로 대각 행렬은 아니다.

이 두 강성 행렬 간의 관계를 구해 보자. 관절 공간과 직교 공간을 연결하는 자코비안 행렬에 대해서 다음의 2개의 기본적인 관계가 성립된다.

$$\Delta \boldsymbol{x} = \boldsymbol{J} \cdot \Delta \boldsymbol{q} \tag{11.14}$$

$$\boldsymbol{\tau} = \boldsymbol{J}^T \boldsymbol{F} \tag{11.15}$$

식 (11.15)에 (11.10)과 (11.14)를 대입하면

$$\boldsymbol{\tau} = \boldsymbol{J}^T \boldsymbol{K}_x \Delta \boldsymbol{x} = \boldsymbol{J}^T \boldsymbol{K}_x \boldsymbol{J} \Delta \boldsymbol{q} \tag{11.16}$$

을 얻게 된다. 식 (11.16)을 (11.13)과 비교하면

$$\boldsymbol{K}_q(\boldsymbol{q}) = \boldsymbol{J}^T(\boldsymbol{q}) \boldsymbol{K}_x \boldsymbol{J}(\boldsymbol{q}) \tag{11.17}$$

을 얻을 수 있다. 일반적으로 말단부가 동작하는 직교 공간에서 작업에 필요한 직교 강성이 계산되면, 이를 구현하기 위해서는 관절 공간에서 관절 변수 $\Delta \boldsymbol{q}$의 함수로 관절 토크가 생성되어야 한다. 다음의 2자유도 평면 팔의 예제를 고려하여 보자.

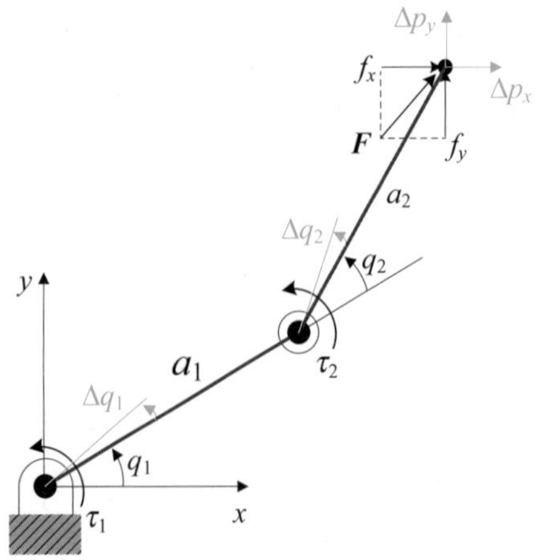

그림 11.8 **2자유도 평면 팔에서의 강성 행렬**

식 (11.10)으로부터

$$\begin{Bmatrix} f_x \\ f_y \end{Bmatrix} = \begin{bmatrix} k_{xx} & 0 \\ 0 & k_{yy} \end{bmatrix} \begin{Bmatrix} \Delta p_x \\ \Delta p_y \end{Bmatrix} \tag{11.18}$$

을 얻고, 식 (11.13)으로부터

$$\begin{Bmatrix} \tau_1 \\ \tau_2 \end{Bmatrix} = \begin{bmatrix} k_{11} & k_{12} \\ k_{21} & k_{22} \end{bmatrix} \begin{Bmatrix} \Delta q_1 \\ \Delta q_2 \end{Bmatrix} \tag{11.19}$$

을 얻을 수 있다. 식 (11.14)로부터

$$\begin{Bmatrix} \Delta p_x \\ \Delta p_y \end{Bmatrix} = \boldsymbol{J}(q_1, q_2) \begin{Bmatrix} \Delta q_1 \\ \Delta q_2 \end{Bmatrix}, \text{ where } \boldsymbol{J}(q_1, q_2) = \begin{bmatrix} -a_1 s_1 - a_2 s_{12} & -a_2 s_{12} \\ a_1 c_1 + a_2 c_{12} & a_2 c_{12} \end{bmatrix} \tag{11.20}$$

의 관계를 얻는다. 식 (11.17)로부터

$$\begin{bmatrix} k_{11} & k_{12} \\ k_{21} & k_{22} \end{bmatrix} = \begin{bmatrix} -a_1 s_1 - a_2 s_{12} & -a_2 s_{12} \\ a_1 c_1 + a_2 c_{12} & a_2 c_{12} \end{bmatrix}^T \begin{bmatrix} k_{xx} & 0 \\ 0 & k_{yy} \end{bmatrix} \begin{bmatrix} -a_1 s_1 - a_2 s_{12} & -a_2 s_{12} \\ a_1 c_1 + a_2 c_{12} & a_2 c_{12} \end{bmatrix} \tag{11.21}$$

을 얻는다.

말단에 인가되는 힘 $\boldsymbol{F}$의 분력 f_x와 f_y를 구한 후에, 식 (11.18)을 사용하여 주어진 희망 직교 강성 k_{xx}와 k_{yy}를 이용하여 Δp_x와 Δp_y를 계산한다. 식 (11.20)을 이용하여 Δp_x와 Δp_y에 해당하는 Δq_1과 Δq_2를 계산한다. 식 (11.21)을 이용하여, 주어진 직교 강성에 대한 관절 강성 행렬 $\boldsymbol{K}_q$를 계산한다. 마지막으로, 식 (11.19)를 이용하여 Δq_1과 Δq_2에 해당하는 관절 토크 τ_1과 τ_2를 계산한다. 이렇게 구한 관절 토크를 발생시키면 말단부에 희망하는 직교 강성을 구현하게 된다.

위에서 살펴본 직교 강성은 **강성 타원체**(stiffness ellipsoid)를 사용하여 시각화할 수 있다(Gavin, 2012). **그림 11.9**는 2차원 강성 타원을 나타낸다. 그림에서 고윳값(eigenvalue) λ는 강성의 크기를, 고유 벡터(eigenvector) $\boldsymbol{u}$는 장축과 단축의 방향을 나타낸다. 이때 장축($\boldsymbol{u}_1$)은 최대 강성(λ_1)의 방향, 단축($\boldsymbol{u}_2$)은 최소 강성(λ_2)에 해당한다. 고윳값과 고유 벡터는 다음과 같은 고윳값 문제(eigenvalue problem)로 구해진다.

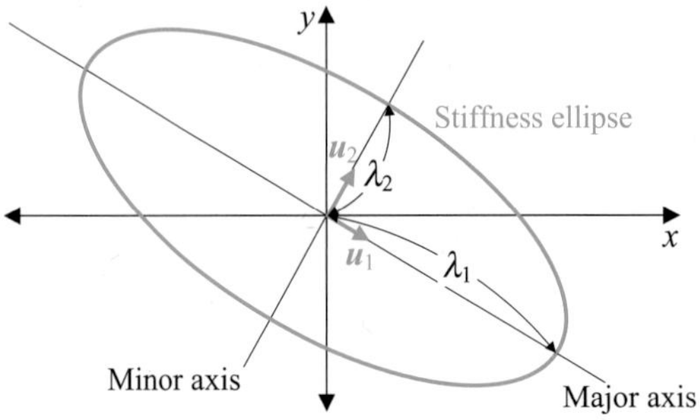

그림 11.9 **강성 타원**

$$\boldsymbol{K}_x \boldsymbol{u} = \lambda \boldsymbol{u} \;\Rightarrow\; \left[\boldsymbol{K}_x - \lambda \boldsymbol{I}\right] \boldsymbol{u} = \begin{bmatrix} k_{xx}-\lambda & k_{xy} \\ k_{yx} & k_{yy}-\lambda \end{bmatrix} \begin{bmatrix} u_1 \\ u_2 \end{bmatrix} = 0 \qquad (11.22)$$

예제 11.1

2자유도 평면 팔의 길이가 $a_1 = a_2 = 0.15$ m이고, 관절각은 $q_1 = q_2 = 30°$이다. 경우 (a) 및 (b)와 같이 주어지는 희망 직교 강성을 얻기 위한 관절 강성을 계산하시오.

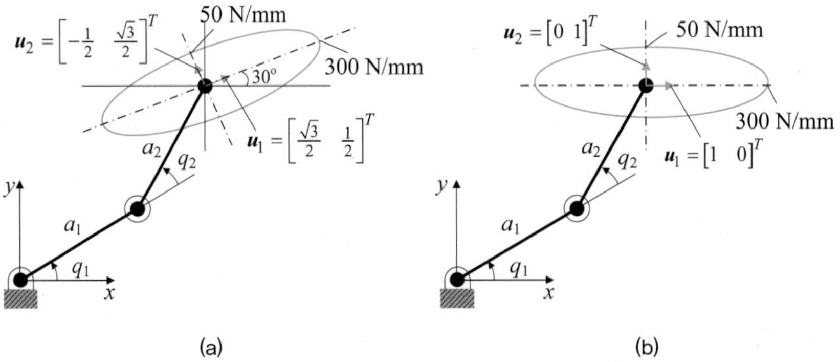

그림 11.10 **2자유도 평면 팔에서의 강성 타원**

우선 주어진 관절각에 대한 자코비안 행렬은 다음과 같이 계산할 수 있다.

$$\boldsymbol{J}(q_1, q_2) = \begin{bmatrix} -a_1 s_1 - a_2 s_{12} & -a_2 s_{12} \\ a_1 c_1 + a_2 c_{12} & a_2 c_{12} \end{bmatrix} = \begin{bmatrix} -0.20 & -0.13 \\ 0.20 & 0.08 \end{bmatrix}$$

- 경우 (a)

$\lambda_1 = 300$ N/mm, $\lambda_2 = 50$ N/mm이므로, 다음과 같이 고윳값 문제를 수립할 수 있다.

$$\lambda_1 = 300 \ \& \ \boldsymbol{u}_1 = \begin{bmatrix} \frac{\sqrt{3}}{2} & \frac{1}{2} \end{bmatrix}^T \rightarrow \begin{bmatrix} k_{xx} - 300 & k_{xy} \\ k_{yx} & k_{yy} - 300 \end{bmatrix} \begin{bmatrix} \sqrt{3} \\ 1 \end{bmatrix} = 0$$

$$\rightarrow \sqrt{3}(k_{xx} - 300) + k_{xy} = 0, \ \sqrt{3}\, k_{yx} + (k_{yy} - 300) = 0$$

$$\lambda_2 = 50 \ \& \ \boldsymbol{u}_2 = \begin{bmatrix} -\frac{1}{2} & \frac{\sqrt{3}}{2} \end{bmatrix}^T \rightarrow \begin{bmatrix} k_{xx} - 50 & k_{xy} \\ k_{yx} & k_{yy} - 50 \end{bmatrix} \begin{bmatrix} -1 \\ \sqrt{3} \end{bmatrix} = 0$$

$$\rightarrow -(k_{xx} - 50) + \sqrt{3}\, k_{xy} = 0, \ -k_{yx} + \sqrt{3}(k_{yy} - 50) = 0$$

위의 연립 방정식으로부터 직교 강성 행렬은

$$\boldsymbol{K}_x = \begin{bmatrix} k_{xx} & k_{xy} \\ k_{yx} & k_{yy} \end{bmatrix} = \begin{bmatrix} 237.5 & 108.25 \\ 108.25 & 112.5 \end{bmatrix}$$

으로 계산되며, 이에 해당하는 관절 강성 행렬은

$$\boldsymbol{K}_q = \boldsymbol{J}^T \boldsymbol{K}_x \boldsymbol{J} = \begin{bmatrix} 5.34 & 3.43 \\ 3.43 & 2.48 \end{bmatrix}$$

으로 구해진다.

- 경우 (b)

$\lambda_1 = 300$ N/mm, $\lambda_2 = 50$ N/mm이므로, 다음과 같이 고윳값 문제를 수립할 수 있다.

$$\lambda_1 = 300 \ \& \ \boldsymbol{u}_1 = \begin{bmatrix} 1 & 0 \end{bmatrix}^T \rightarrow \begin{bmatrix} k_{xx} - 300 & k_{xy} \\ k_{yx} & k_{yy} - 300 \end{bmatrix} \begin{bmatrix} 1 \\ 0 \end{bmatrix} = 0$$

$$\rightarrow k_{xx} = 300, \ k_{yx} = 0$$

$$\lambda_2 = 50 \ \& \ \boldsymbol{u}_2 = \begin{bmatrix} 0 & 1 \end{bmatrix}^T \rightarrow \begin{bmatrix} k_{xx} - 50 & k_{xy} \\ k_{yx} & k_{yy} - 50 \end{bmatrix} \begin{bmatrix} 0 \\ 1 \end{bmatrix} = 0$$

$$\rightarrow k_{xy} = 0, \ k_{yy} = 50$$

위의 연립 방정식으로부터 직교 강성 행렬은

$$\boldsymbol{K}_x = \begin{bmatrix} k_{xx} & k_{xy} \\ k_{yx} & k_{yy} \end{bmatrix} = \begin{bmatrix} 300 & 0 \\ 0 & 50 \end{bmatrix}$$

으로 계산되며, 이에 해당하는 관절 강성 행렬은

$$\boldsymbol{K}_q = \boldsymbol{J}^T \boldsymbol{K}_x \boldsymbol{J} = \begin{bmatrix} 14.0 & 8.6 \\ 8.6 & 5.39 \end{bmatrix}$$

으로 구해진다.

위의 두 경우에서 보듯이, 직교 강성이 기준 좌표계의 x축과 y축에 대해서 주어지면 직교 강성 행렬의 $k_{xy}=0$이 되지만, 그렇지 않은 경우에는 일반적으로 $k_{xy} \neq 0$이 된다.

11.3.2 서보 이득 조정에 기반한 강성의 구현

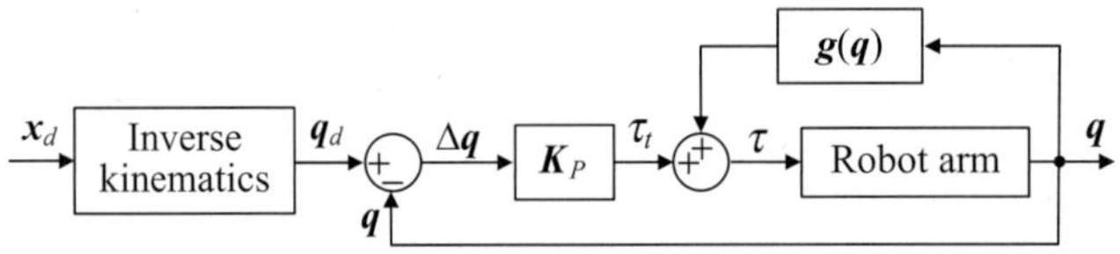

그림 11.11 서보 이득 조정을 통한 강성 행렬의 구현(Vukobratovic, 2009)

그림 11.11은 비례 제어기의 이득을 조절하여, 말단부에서의 직교 강성을 쉽게 조정할 수 있는 제어 시스템을 보여 준다. 우선, 역기구학을 통해서 희망 말단 궤적 $\boldsymbol{x}_d$에 해당하는 관절 공간에서의 희망 관절 궤적 $\boldsymbol{q}_d$를 구한 후에, 이 값과 실제 관절 궤적 $\boldsymbol{q}$와의 차이로부터 오차 $\Delta\boldsymbol{q}$를 구한다. 이 오차에 비례 이득 행렬 $\boldsymbol{K}_P$를 곱하면 목표 토크 $\boldsymbol{\tau}_t$를 얻게 되는데, 이는 식 (11.13)과 같은 구조를 가지므로 비례 이득 행렬 $\boldsymbol{K}_P$가 관절 강성 행렬 $\boldsymbol{K}_q$에 해당하게 된다. 이때 식 (11.17)과 같이 비례 이득 행렬을 직교 강성 행렬 $\boldsymbol{K}_x$로부터

$$\boldsymbol{K}_P = \boldsymbol{J}^T(\boldsymbol{q})\, \boldsymbol{K}_x \boldsymbol{J}(\boldsymbol{q}) \tag{11.23}$$

와 같이 구한다. 한편, 이렇게 구한 목표 토크 $\boldsymbol{\tau}_t$에, 로봇의 자세에 따른 중력 토크 $\boldsymbol{g}(\boldsymbol{q})$를 더하면, 다음과 같이 로봇에 인가하는 관절 토크 $\boldsymbol{\tau}$를 얻게 된다.

$$\boldsymbol{\tau} = \boldsymbol{K}_P(\boldsymbol{q}_d - \boldsymbol{q}) + \boldsymbol{g}(\boldsymbol{q}) \tag{11.24}$$

이와 같이 서보 이득의 조정을 통해서, 로봇은 말단부에 강성의 프로그래밍이 가능한 3축 선형 스프링과 3축 회전 스프링이 장착되어 있는 것처럼 동작하게 된다.

11.4 힘 제어의 개념

앞서 언급하였듯이, 로봇은 위치 제어 또는 힘 제어를 수행할 수 있는데, 산업용 로봇은 대부분 위치 제어 작업에만 특화되어 있다. 이는 위치 제어 작업이 힘 제어 작업보다 더 보편적인 이유도 있겠지만, 힘 제어를 위해서는 별도의 센서와 더불어 훨씬 정교한 알고리즘이 필요하며, 이러한 센서와 알고리즘을 갖추었더라도 힘 제어 시스템의 성능은 그다지 우수하지 못하기 때문이다.

우선 왜 **힘 제어**가 필요한지 살펴보자. 첫 번째 예로, 스펀지로 창문을 닦는 작업을 고려하여 보자. 스펀지는 매우 유연하므로, 창문에 가해지는 힘은 창문에 기준하여 말단부의 위치를 제어함으로써 조절될 수 있다. 그러므로 위치 제어를 통하여 접촉 작업을 수행할 수 있다. 두 번째 예로, 유리창에 붙은 스티커를 단단한 도구(scraper)로 긁어서 제거하는 작업을 고려하여 보자. 위치 제어에서의 작은 오차에 의해서도 도구가 유리를 깨거나 도구가 유리 표면에 접촉하지 못하게 된다. 이러한 경우에 적절한 작업을 위해서는, 유리 표면에 기준하여 도구의 위치를 명시하기보다는 유리 표면에 수직 방향으로 유지하여야 할 힘을 명시하는 것이 합리적이다. 즉, 위치 제어보다는 힘 제어를 통하여 작업을 수행하는 것이 훨씬 더 바람직하다. 세 번째 예로, 조립 작업을 고려하여 보자. 만약 위치 제어에 기반하여 펙인홀(peg-in-hole) 조립 작업을 수행한다면, 펙과 홀의 매우 정확한 정렬을 위해서 위치 제어 성능이 매우 우수한 고가의 로봇이 필요하게 된다. 이러한 경우에도, 약간의 위치 오차가 발생하면 펙의 축과 홀의 축이 완전히 일치하는 정확한 위치로부터 펙이 약간 벗어나게 되며, 이 상태로 삽입이 시도되면 큰 접촉력이 발생하게 된다. 이러한 큰 접촉력에 의해서 재밍(jamming)이나 웨징(wedging)과 같은 조립 실패가 발생할 가능성이 높아진다.

위의 두 번째와 세 번째 예와 같이, 로봇 말단부가 환경과 접촉하게 되는 경우 위치 제어보다는 힘 제어가 요구된다. 환경에는 불확실성과 변동성이 존재하고, 로봇과 제어 시스템이 완벽하지 않으므로, 위치 오차가 항상 발생하기 때문이다. 단단한 두 물체가 접촉하고 있는 상황에서는, 작은 위치 오차라도 큰 접촉력을 발생시켜서 물체의 파손을 초래할 수 있다. 그러므로 두 물체가 서로 접촉하고 있을 때는, 적어도 한 물체는 반드시 순응적(compliant)이어야 한다. 많은 경우에 환경의 강성은 매우 크며, 또한 임의로 조절할 수 없으므로, 이와 접촉하는 로봇이 순응성을 가져야 하며, 이를 위해서 힘 제어 또는 다음 장에서 학습할 임피던스 제어를 수행하여야 한다.

다음 절에서 힘 제어와 위치 제어의 차이를 살펴보자.

11.4.1 힘 제어 대 위치 제어

공간상의 물체는 3개의 병진 자유도와 3개의 회전 자유도를 가진다. 각 자유도는 자유 상태(free state)에 있거나 구속 상태(constrained state)에 있게 된다. 예를 들어, 평면상에 있는 구는 평면에 수직인 방향으로는 구속되지만, 나머지 방향으로는 자유로우므로 5자유도를 갖는다. 평면상의 주사위는 3자유도를 갖는다. 구속되지 않은 자유 상태를 갖는 자유도는 오직 위치 제어만이 가능한 반면에, 구속된 자유도는 힘 제어만이 가능하다. 다음의 몇 개의 예를 통해서 이러한 개념을 설명하기로 한다.

우선 **그림 11.12(a)**와 같이 말단부가 변형이 발생하지 않는 단단한 벽과 접촉하는 경우를 생각하여 보자. z축 방향으로는 로봇의 운동이 단단한 벽에 의해서 막히게 되므로, 위치 제어는 불가능하여 힘 제어만 가능하다. 반면에, x축 및 y축 방향으로는 말단부가 벽면상에서 움직일 때 벽이 제공하는 반력이 없어서 힘 제어는 불가능하지만, 벽면에서 자유로이 움직일 수 있으므로 위치 제어는 가능하다. 이때 말단부와 벽

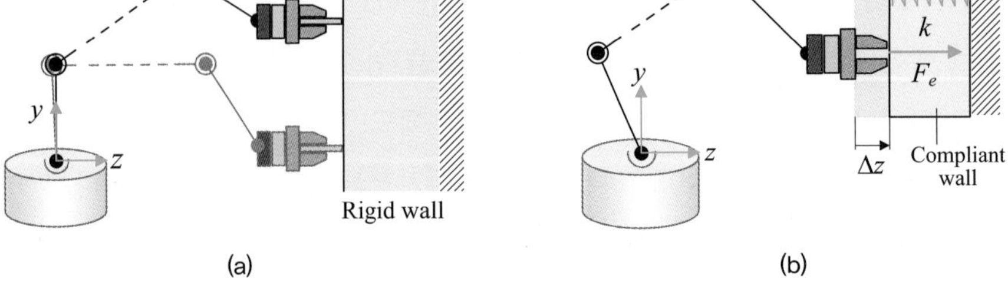

그림 11.12 **단단한 벽에서의 벽 추종**

사이에 마찰은 없다고 가정한다. 실제로는 마찰이 존재하지만, 로봇과 벽 사이의 z축 방향의 접촉력에 비해서는 매우 작으므로 무시하게 된다.

이번에는 **그림** (b)와 같이 z축 방향 접촉력에 의해서 변형이 가능한 순응적인 벽과 접촉하는 경우를 생각하여 보자. 말단부가 z축 방향으로 접촉력을 가하면 벽이 변형된다. 이 경우에 벽의 변형 범위 내에서 위치 제어가 가능하다. 또한 벽의 탄성 범위 내에서 힘 제어도 가능하다. 그러나 위치 제어에 의해서 벽이 특정한 값으로 변형되면, 접촉력은 벽의 강성에 의해서 자동으로 결정된다. 또한 힘 제어에 의해서 특정한 값의 접촉력이 가해지면, 벽의 변형, 즉 말단부의 위치는 자동으로 결정된다.

위의 관찰로부터 위치 제어와 힘 제어를 동시에 수행하는 것은 불가능하다는 점을 알 수 있다. 이 점을 보다 명확히 하기 위해서, 강성이 10 N/mm인 벽을 로봇 말단부가 누르는 경우를 고려하여 보자. 100 N의 접촉력을 유지하면서 벽을 5 mm 변형시키는 것이 가능할까? 5 mm의 변형은 50 N의 접촉력을 발생시키며, 100 N의 접촉력은 10 mm의 변형을 발생시키게 된다. 그러므로 원하는 접촉력(힘 제어)과 원하는 변형(위치 제어)을 동시에 얻는 것은 불가능하게 된다.

11.4.2 구속 조건

앞 절에서 살펴본 바와 같이, 대부분의 로봇 작업은 위치 제어와 힘 제어의 조합에 의해서 수행된다. 물론 위치 제어와 힘 제어가 동일한 축에 대해서 동시에 수행되지는 못하므로, 각 축에 대해서는 위치 제어 또는 힘 제어 중 하나가 수행되어야 한다. 이와 같이 위치 제어와 힘 제어가 각각 수행되는 축을 구하기 위해서, 구속 좌표계(constraint frame) 또는 순응 좌표계(compliance frame)를 정의한다. **구속 좌표계**란, 작업을 위치 제어가 수행되는 축과 힘 제어가 수행되는 축으로 분해할 수 있는 좌표계를 의미한다. 이러한 구속 좌표계는 고정된 물체에 설정되어 시불변(time-invariant) 좌표계가 될 수도 있고, 로봇 또는 로봇 말단부가 파지한 물체에 설정되어 시간에 따라서 좌표계가 이동하는 시변(time-varying) 좌표계가 될 수도 있다.

각 축에 대해서 위치 제어 또는 힘 제어 중 어느 제어가 필요한지를 결정하기 위해서, **구속 조건**(constraint)이라는 개념을 사용한다(Mason, 1981). 이러한 구속 조건은 속도(또는 위치) 또는 힘에 대해서 기술하는데, 환경에 의해서 자연스럽게 결정되는 **자연 구속 조건**(natural constraint)과 수행되는 작업에 의해서 인위적으로 결정되는 **인**

공 구속 조건(artificial constraint)이 있다. 이 2가지 구속 조건은 상호 배타적이라서, 어떤 축에서 인공 구속 조건이 속도에 대해서 표시되면, 동일한 축에 대해서 자연 구속 조건은 힘에 대해서 표시된다. 그러므로 동일한 축에 대해서 힘과 속도가 동시에 자연 구속 또는 인공 구속이 될 수는 없다.

구속 조건을 구하는 절차는 다음과 같다. 첫째, 구속 좌표계를 정의하는데, 대부분의 경우 직교 공간에서 직교 좌표계와 일치한다. 둘째, 로봇은 강체로 구성되며, 마찰은 무시한다고 가정한다. 셋째, 작업 특성으로부터 인공 구속 조건을 구한다. 넷째, 상호 배타성을 적용하여 자연 구속 조건을 구한다.

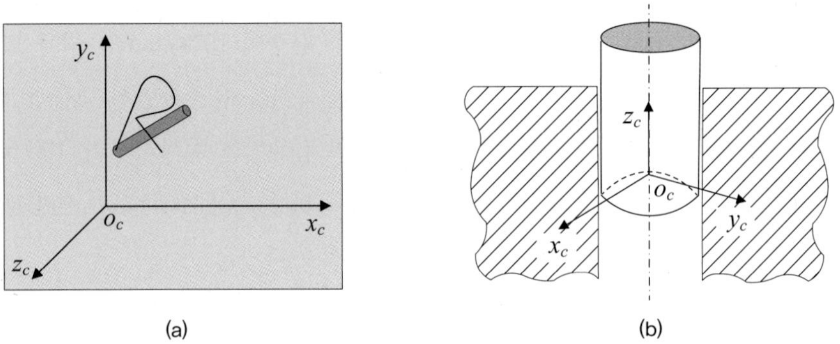

그림 11.13 **구속 조건의 설정: (a) 칠판에 글씨 쓰기, (b) 펙인홀 조립 작업**

먼저, 그림 11.13(a)의 칠판에 글씨 쓰기 작업에 대한 구속 조건을 구해 보자. 그림과 같이 칠판 면에 고정된 구속 좌표계를 설정한다. 병진 운동과 관련된 인공 구속 조건은 x_c축과 y_c축 방향으로는 원하는 글자를 쓰기 위해서 분필이 희망 속도로 움직여야 하므로

$$v_x = v_{xd},\ v_y = v_{yd} \tag{11.25a}$$

이며, z_c축 방향으로는 분필과 칠판 사이에 적절한 접촉이 유지되어야 하므로

$$f_z = f_{zd} \tag{11.25b}$$

가 된다. 회전 운동과 관련된 인공 구속 조건은 분필의 원하는 방위를 기술하면 되므로

$$\omega_x = \omega_{xd}, \quad \omega_y = \omega_{yd}, \quad \omega_z = \omega_{zd} \tag{11.25c}$$

이 된다. 그다음, 자연 구속 조건은 인공 구속 조건과는 배타적으로 결정되어야 하므로, 인공 구속 조건에서의 속도와 힘이 자연 구속 조건에서는 힘과 속도에 대한 조건으로 각각 대응된다. 즉, 식 (11.25a)에 대해서는 칠판 면에서의 마찰은 무시한다는 가정을 적용하면

$$f_x = 0, \; f_y = 0 \tag{11.26a}$$

가 되며, 식 (11.25b)에 대해서는 칠판 안으로 이동할 수 없으므로

$$v_z = 0 \tag{11.26b}$$

가 얻어지고, 식 (11.25c)에 대해서는 반작용 토크가 작용하지 못하므로

$$\tau_x = 0, \quad \tau_y = 0, \quad \tau_z = 0 \tag{11.26c}$$

가 얻어진다.

위에서 구한 인공 및 자연 구속 조건은 표 11.1로 정리할 수 있는데, 이때 인공 구속 조건에 해당하면 1로 표시한다.

표 11.1 **칠판에 글씨 쓰는 작업의 구속 조건** (Artificial constraint=1)

Velocity control		Force control	
v_x	1	f_x	0
v_y	1	f_y	0
v_z	0	f_z	1
ω_x	1	τ_x	0
ω_y	1	τ_y	0
ω_z	1	τ_z	0

또한 이들 구속 조건을 **구속 행렬**(constraint matrix)로 표현하기도 한다. 이러한 방식은 뒤에 복합 힘/위치 제어 법칙을 기술할 때 편리하게 사용된다. 즉, 속도 구속 행렬 $\boldsymbol{S}_v$는

$$\boldsymbol{v} = \boldsymbol{S}_v \boldsymbol{v}_d = \boldsymbol{S}_v \begin{bmatrix} v_{xd} \\ v_{yd} \\ v_{zd} \\ \omega_{xd} \\ \omega_{yd} \\ \omega_{zd} \end{bmatrix}, \text{ where } \boldsymbol{S}_v = \begin{bmatrix} 1 & & & & & \\ & 1 & & & & \\ & & 0 & & & \\ & & & 1 & & \\ & & & & 1 & \\ & & & & & 1 \end{bmatrix} = \mathrm{diag}(1,1,0,1,1,1) \quad (11.27)$$

로 정의되며, 힘 구속 행렬 $\boldsymbol{S}_f$는

$$\boldsymbol{f} = \boldsymbol{S}_f \boldsymbol{f}_d = \boldsymbol{S}_f \begin{bmatrix} f_{xd} \\ f_{yd} \\ f_{zd} \\ \tau_{xd} \\ \tau_{yd} \\ \tau_{zd} \end{bmatrix}, \text{ where } \boldsymbol{S}_f = \begin{bmatrix} 0 & & & & & \\ & 0 & & & & \\ & & 1 & & & \\ & & & 0 & & \\ & & & & 0 & \\ & & & & & 0 \end{bmatrix} = \mathrm{diag}(0,0,1,0,0,0) \quad (11.28)$$

로 정의된다. 즉, 속도 및 힘 구속 행렬은 **표 11.1**과 마찬가지로 인공 구속 조건에 해당하는 항을 1로 가지는 대각 행렬이다. 또한 이들 두 구속 행렬을 곱하면

$$\boldsymbol{S}_f^T \boldsymbol{S}_v = 0 \quad (11.29)$$

이 되어, 두 행렬은 서로 직교한다(orthogonal).

이번에는 **그림 11.13(b)**의 펙인홀 조립 작업을 고려하여 보자. 구속 좌표계는 로봇의 그리퍼가 파지한 펙의 끝에 설정하므로, 작업이 수행되면서 좌표계가 계속 이동하게 된다. 먼저, 인공 구속 조건은 과도한 접촉 힘과 토크에 의한 재밍과 웨징을 방지하기 위해서 x_c축과 y_c축 병진과 회전 방향으로는 힘과 토크가 작용하지 않아야 하므로

$$f_x = 0,\ f_y = 0,\ \tau_x = 0,\ \tau_y = 0 \quad (11.30a)$$

이며, z_c축 병진과 회전은 성공적인 조립을 위해서 적절한 속도가 부여되어야 하므로

$$v_z = v_{zd},\ \omega_z = \omega_{zd} \quad (11.30b)$$

이 된다. 그다음, 자연 구속 조건은 인공 구속 조건과는 배타적으로 결정되어야 하므로, 다음과 같이 결정된다.

$$v_x = 0,\ v_y = 0,\ \omega_x = 0,\ \omega_y = 0 \tag{11.31a}$$

$$f_z = 0,\ \tau_z = 0 \tag{11.31b}$$

11.4.3 토크 제어 로봇과 위치 제어 로봇

힘 제어를 위해서는 로봇 말단부(end-effector)와 환경 사이의 접촉력(contact force)을 알아야 한다.

$$\boldsymbol{F}_e = \{f_x\ f_y\ f_z\ n_x\ n_y\ n_z\}^T \tag{11.32}$$

여기서 $\boldsymbol{F}_e$는 로봇 말단부가 환경에 가하는 접촉력 벡터로 3개의 힘 성분과 3개의 모멘트 성분으로 구성되어 있다. 이 접촉력을 구하는 방식은 다음 3가지이다.

1. 힘/토크 센서(force/torque sensor, FTS)를 통한 직접 측정
2. 관절 토크 센서(joint torque sensor, JTS)를 통한 추정
3. 환경 강성 및 로봇 말단부 위치로부터의 추정

FTS를 로봇 말단부에 장착하면 접촉력을 가장 정확히 측정할 수 있지만, FTS는 고가이며, 일반 로봇 팔에는 장착되어 있지 않다. 만약 로봇의 각 관절마다 JTS가 설치되어 있다면 각 관절에 작용하는 외부 토크(external torque) $\boldsymbol{\tau}_{ext}$를 추정하고, 이로부터 로봇 말단에 작용하는 힘과 모멘트를 다음과 같은 자코비안 관계를 이용하여 구할 수 있다.

$$\boldsymbol{\tau}_{ext} = \boldsymbol{J}^T \boldsymbol{F}_e \ \rightarrow\ \boldsymbol{F}_e = (\boldsymbol{J}^T)^{-1} \boldsymbol{\tau}_{ext} \tag{11.33}$$

이때 외부 토크는 외부 토크 관측기를 통해 추정할 수 있으며, 로봇의 모델 오차에 따라 말단부에 작용하는 힘과 모멘트 추정치의 정확도가 결정된다. 외부 토크 관측기에 대한 설명은 13장에서 자세히 서술하였으므로 여기서는 생략한다. 만약 어떠한 센서도 설치되어 있지 않다면 3번과 같이 환경 강성과 로봇 말단부의 위치로부터 접촉력을 구하게 된다. 그림 11.14와 같이 환경의 강성을 k_e, 기준 위치에서 환경까지

의 거리를 x_e, 로봇 말단부의 위치를 x라 하면, 환경의 변형량으로부터 다음과 같이 접촉력을 구할 수 있다.

$$F_e = k_e(x - x_e) \tag{11.34}$$

이를 다자유도로 확장하면 다음과 같다.

$$\boldsymbol{F}_e = \boldsymbol{K}_e(\boldsymbol{x} - \boldsymbol{x}_e) \tag{11.35}$$

여기서 $\boldsymbol{K}_e$는 환경의 강성을 나타내는 $n \times n$ 대각 행렬로, positive semi-definite 행렬이며, $\boldsymbol{x}_e$는 직교 공간에서 환경의 위치를 나타내는 $n \times 1$ 벡터이다.

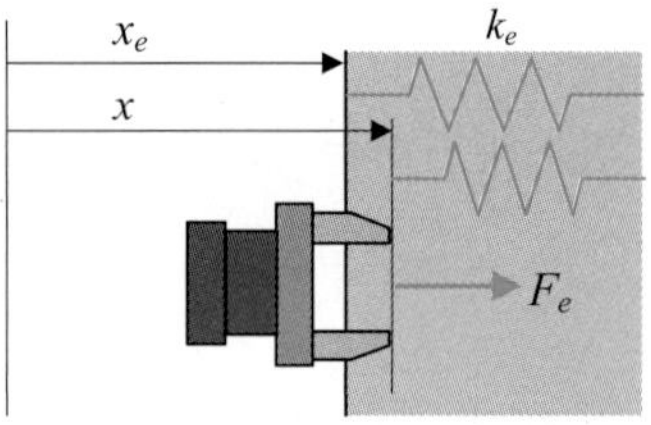

그림 11.14 **말단부와 환경 간의 상호작용**

로봇의 힘 제어를 구현하는 방법은 로봇 제어기에서 토크 제어를 구현할 수 있는 경우와 위치 제어만 구현할 수 있는 경우로 나눌 수 있다. 자신이 설계한 로봇의 경우 토크 제어가 가능하지만, 일반적인 상용 로봇의 경우에는 사용자가 로봇 제어기에 토크 명령을 줄 수는 없고, 단지 목표 위치에 대한 정보만을 줄 수 있다.

먼저 토크 제어가 가능한 **토크 제어 로봇**(torque-controlled robot)을 고려하여 보자. 환경과 접촉하고 있는 로봇의 동역학 방정식은 다음과 같다.

$$\boldsymbol{M}_e(\boldsymbol{q})\ddot{\boldsymbol{q}} + \boldsymbol{n}(\boldsymbol{q},\dot{\boldsymbol{q}}) + \boldsymbol{J}(\boldsymbol{q})^T \boldsymbol{F}_e = \boldsymbol{\tau} \tag{11.36}$$

계산 토크 제어에서와 같이 로봇의 비선형 항과 접촉력에 의한 영향을 제거하고, 희망 동역학을 구현하기 위해 다음과 같이 제어 토크를 구성한다.

$$\boldsymbol{\tau} = \boldsymbol{\tau}_t + \boldsymbol{n}(\boldsymbol{q},\dot{\boldsymbol{q}}) + \boldsymbol{J}(\boldsymbol{q})^T \boldsymbol{F}_e \tag{11.37}$$

여기서 $\boldsymbol{\tau}_t$는 희망 동역학을 구현하기 위한 **목표 토크**(target torque)이다. 식 (11.37)을

(11.36)에 대입하면 다음과 같이 희망 동역학을 얻을 수 있다.

$$\boldsymbol{M}_e(\boldsymbol{q})\,\ddot{\boldsymbol{q}} = \boldsymbol{\tau}_t \tag{11.38}$$

즉, 매 순간 각 관절 모터에서 목표 토크에 해당하는 토크를 발생시키면, 식 (11.38)을 통하여 관절의 각가속도 $\ddot{\boldsymbol{q}}$을 제어하게 되어, 궁극적으로는 관절의 속도와 위치를 제어할 수 있게 된다. 이때 목표 토크를 어떻게 설정하느냐에 따라서 다양한 힘 제어 기법으로 나눌 수 있다. **그림** 11.15(a)는 위의 방식을 블록 선도로 나타낸 것이다. 그림에서 접촉력은 식 (11.35)에 의해서 구해지지만, FTS나 JTS가 있다면 바로 접촉력을 측정하거나 추정할 수도 있으며, 이러한 방식이 식 (11.35)에 의한 추정보다는 정확한 접촉력을 제공하여 준다. 이때 각 관절의 모터 제어기가 주어진 목표 토크를 충실히 구현할 수 있다고 가정하였다. **그림** (b)는 토크 제어 로봇의 간략화된 블록 선도이다.

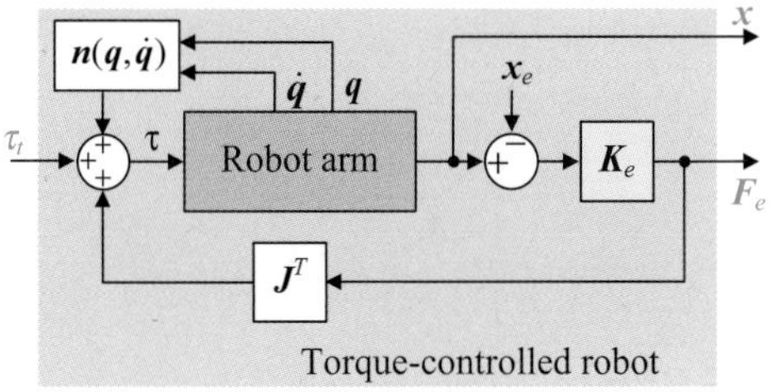

(a)

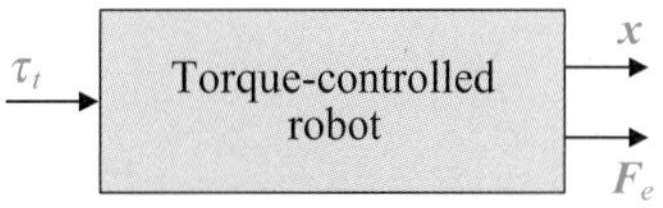

(b)

그림 11.15 **토크 제어 로봇의 블록 선도**

다음에는 **그림** 11.16에 나타낸 **위치 제어 로봇**(position-controlled robot)을 고려하여 보자. 상용 로봇 팔은 사용자가 원하는 동역학을 구현하기 위해 필요한 목표 토크를 산출하더라도 로봇 제어기에 이를 전달할 수 없도록 되어 있다. 이는 안전을 위한 조치이지만, 토크 제어를 활용할 수 없다는 점이 상용 로봇 사용 시의 큰 단점이라 할 수 있다. 이 경우에 사용자는 단지 **목표 위치**(target position or target trajectory) $\boldsymbol{x}_t$만을 로봇 제어기에 전달할 수 있다. 이러한 위치 제어 로봇은 2가지로 구현될 수 있다. **그림** (a)와 같이, 목표 위치와 실제 위치 간의 위치 오차 $\Delta\boldsymbol{x}$는 직교 공간 변수이므로, 자코비안 관계를 사용하여 이를 관절 공간에서의 위치 오차 $\Delta\boldsymbol{q}$로 변환한다. 그리고 비례 제어기를 사용하여 이 오차를 최소화하는 목표 토크 $\boldsymbol{\tau}_t$를 구하게 된다. 이때의 비례 이득 $\boldsymbol{K}_q$는 관절 공간에서 토크와 변형 간의 비례 상수이므로, 바로 관절 강성 행렬(joint stiffness matrix)에 해당한다. **그림** (b)에서는 목표 위치와 실제 위치 간의 위치 오차 $\Delta\boldsymbol{x}$에 비례 제어기를 사용하여 오차를 최소화하는 힘을 구한 후에, 이를 자코비안 관계를 이용하여 목표 토크로 변환한다. 이때의 비례 이득 $\boldsymbol{K}_x$는 직교 공간에서 토크와 변형 간의 비례 상수이므로, 바로 직교 강성 행렬(cartesian stiffness matrix)에 해당한다. **그림** (c)는 **그림** (a)와 (b)를 간략히 나타낸 위치 제어 로봇 블록 선도이다.

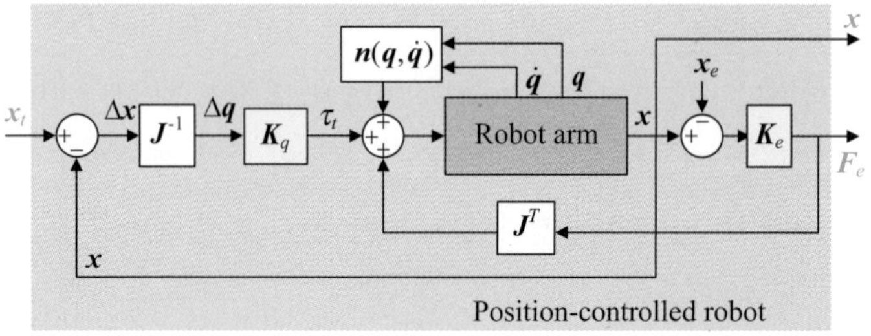

(a)

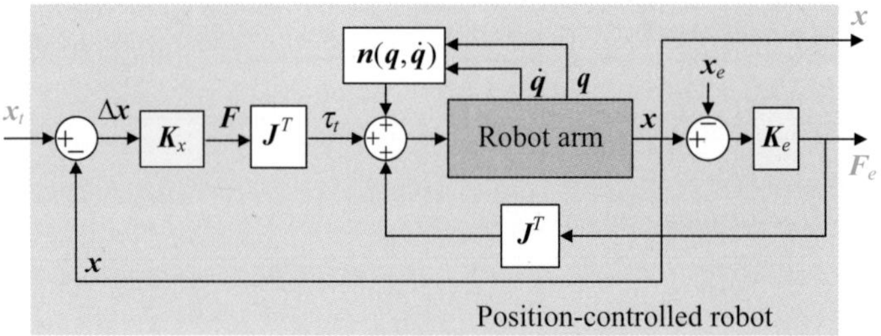

(b)

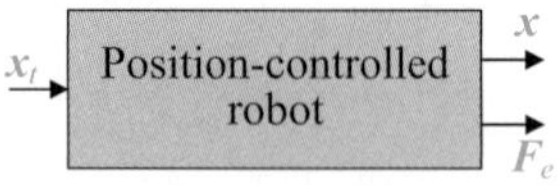

(c)

그림 11.16 **위치 제어 로봇의 블록 선도**

11.5 직접 힘 제어

힘 제어는 여러 방식으로 구현할 수 있다. 위치 제어를 통하여 간접적으로 힘을 제어하는 방법도 있으나, 정확하게 힘을 제어하기 위해서는 직접적으로 힘을 제어하는 방식이 바람직하다. 이때 측정 또는 추정으로 구한 실제 접촉력이 제어 시스템에 피드백되므로, 이러한 방식을 **직접 힘 제어**(direct force control) 또는 **힘 기반 힘 제어**(force-based force control)라 부른다.

다음과 같이 로봇이 환경과 접촉하고 있는 경우의 운동 방정식을 고려해 보자.

$$\boldsymbol{M}_e(\boldsymbol{q})\,\ddot{\boldsymbol{q}}+\boldsymbol{n}(\boldsymbol{q},\dot{\boldsymbol{q}})+\boldsymbol{J}^T(\boldsymbol{q})\boldsymbol{F}_e=\boldsymbol{\tau} \tag{11.39}$$

로봇의 비선형 항과 접촉력에 의한 영향을 제거하고, 희망 동역학을 구현하기 위해 다음과 같이 제어 토크를 구성한다.

$$\boldsymbol{\tau}=\boldsymbol{\tau}_t+\boldsymbol{n}(\boldsymbol{q},\dot{\boldsymbol{q}})+\boldsymbol{J}^T\boldsymbol{F}_e-\boldsymbol{J}^T\boldsymbol{K}_v\dot{\boldsymbol{x}} \tag{11.40}$$

여기서 $\boldsymbol{\tau}_t$는 희망 동역학을 구현하기 위한 목표 토크이다. 식 (11.40)을 (11.39)에 대입하면, 다음과 같이 **희망 동역학**을 얻을 수 있다.

$$\boldsymbol{M}_e(\boldsymbol{q})\,\ddot{\boldsymbol{q}}+\boldsymbol{J}^T\boldsymbol{K}_v\dot{\boldsymbol{x}}=\boldsymbol{\tau}_t \tag{11.41}$$

여기서 $\boldsymbol{J}^T\boldsymbol{K}_v\dot{\boldsymbol{x}}$은 시스템의 안정화를 위해 추가한 감쇠 항으로 생략 가능하다.

한편, 희망 접촉력 $\boldsymbol{F}_d$와 실제 접촉력 $\boldsymbol{F}_e$ 사이의 힘 오차인 $\Delta\boldsymbol{F}$를 최소화하기 위하여, PI 제어기를 사용하여 목표 토크를 구한다.

$$\boldsymbol{\tau}_t(t)=\boldsymbol{J}^T[\boldsymbol{K}_P\Delta\boldsymbol{F}(t)+\boldsymbol{K}_I\int\Delta\boldsymbol{F}(t)\,dt]\ \text{or}\ \boldsymbol{\tau}_t(s)=\boldsymbol{J}^T\left(\boldsymbol{K}_P+\frac{\boldsymbol{K}_I}{s}\right)\Delta\boldsymbol{F}(s) \tag{11.42}$$

여기서 $\boldsymbol{K}_P$는 비례 이득, $\boldsymbol{K}_I$는 적분 이득이다. 힘 제어 시에는 센서의 잡음 성분이 증폭되어 나타나므로 일반적으로 미분 제어는 사용하지 않으며, 정상상태에서의 힘 추종 오차를 없애기 위해 적분 제어를 사용한다는 점에 유의한다. 이때 $\boldsymbol{K}_P$는 강성의 역수인 컴플라이언스, $\boldsymbol{K}_I$는 감쇠 계수의 역수에 해당한다.

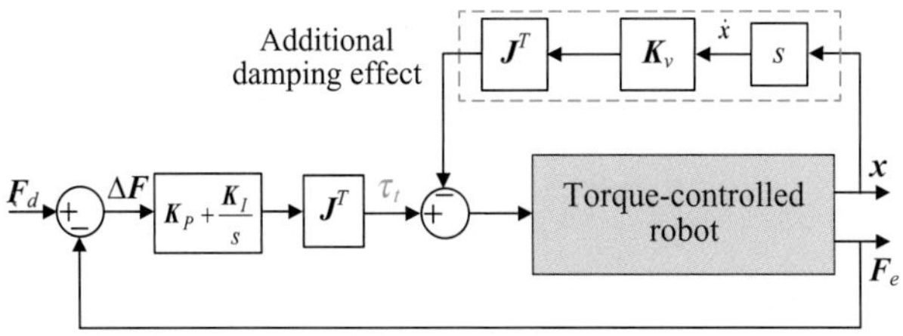

그림 11.17 **직접 힘 제어**

11.6 복합 위치/힘 제어

힘 제어를 필요로 하는 작업 중에서 모든 방향으로 힘 제어를 필요로 하는 작업은 거의 없다. 즉, 일반적으로 몇몇 축 방향으로는 위치 제어를 수행하고, 나머지 축 방향으로는 힘 제어를 수행하게 된다. 따라서 힘 제어와 위치 제어를 축마다 선택적으로 사용하여야 하는데, 이를 **복합 위치/힘 제어**(hybrid position/force control)라고 한다. 구현하는 위치 제어 및 힘 제어 방식에 따라서 여러 조합이 있을 수 있다.

그림 11.18과 같이 로봇 말단부가 단단한 벽과 접촉하면서 작업을 수행하는 경우를 고려하여 보자.

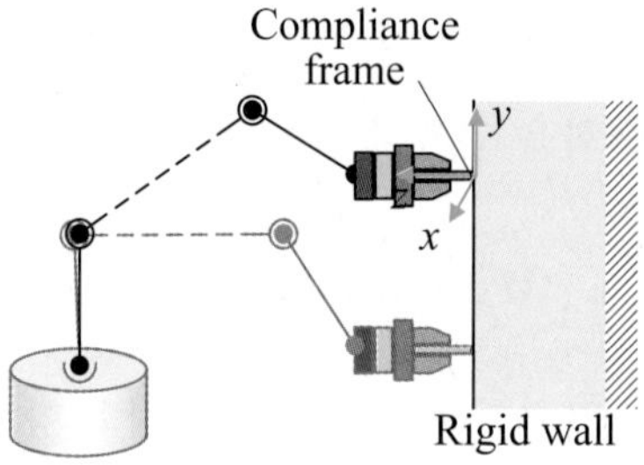

그림 11.18 **말단부와 벽 간의 접촉 잡업**

그림 11.18의 작업에 대해서 11.4.2절의 구속 행렬을 구하면 다음과 같다.

$$\boldsymbol{S}_v = \text{diag}(1, 1, 0, 1, 1, 1) \ \& \ \boldsymbol{S}_f = \text{diag}(0, 0, 1, 0, 0, 0) \tag{11.43}$$

이때 **선택 행렬**(selection matrix) $\boldsymbol{S}$는 다음과 같이 정의된다.

$$\boldsymbol{S} = \boldsymbol{S}_v, \ \boldsymbol{S}_f = \boldsymbol{I} - \boldsymbol{S}_v \tag{11.44}$$

그림 11.19는 복합 위치/힘 제어를 구현하는 3가지 방식을 보여 주는데, 이 3가지 방식은 모두 등가이다. 예를 들어, 위치 제어를 예로 든다면, **그림** (a)에서는 희망 위치와 실제 위치 측정 시부터 위치 제어의 대상이 되는 성분만을 취하는 반면에, (b)에서는 위치 오차에 대해서 제어 대상이 되는 성분을 취한다. 그리고 (c)에서는 제어 법칙을 적용한 후에 제어 신호에 대해서 대상이 되는 성분을 취한다.

복합 위치/힘 제어는 사용되는 위치 제어와 힘 제어의 조합에 의해서 여러 방식

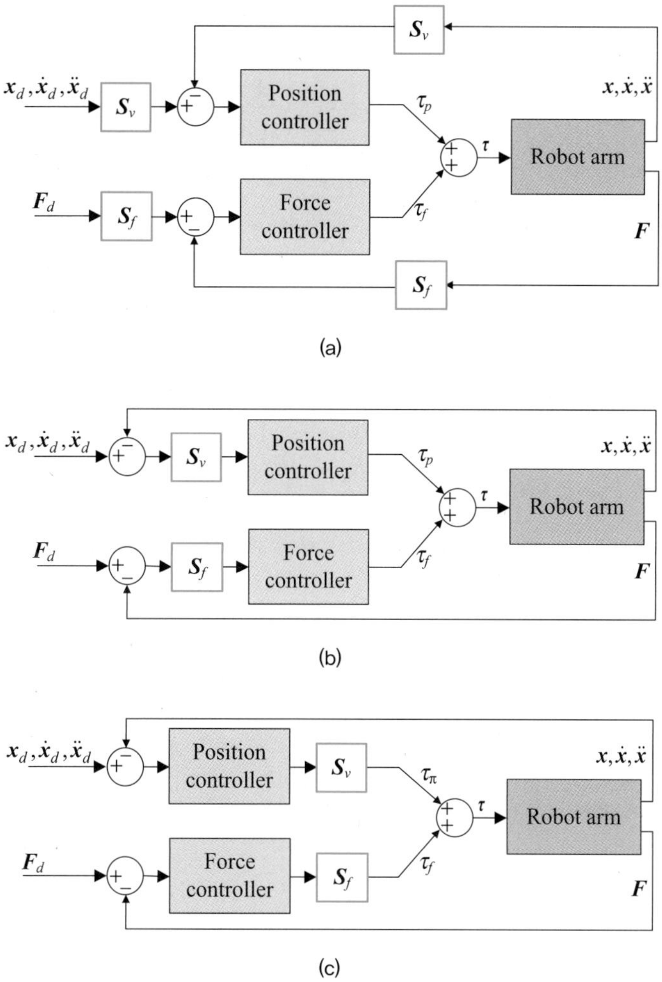

그림 11.19 **복합 위치/힘 제어의 3가지 구현 방식**

으로 구현이 가능하다. 여기서는 그중에서 힘 제어를 위해서 앞서 언급한 직접 힘 제어 방식을 사용한 복합 위치/힘 제어 시스템을 살펴보기로 하자. 그림 11.20에 나타낸 이 알고리즘은 Raibert와 Craig가 1981년에 제안한 것이다.

그림에서 보듯이, 위치 제어와 힘 제어 시스템은 독립적인 피드백을 가진다. 위치 제어를 위해서는 역자코비안 제어(inverse Jacobian control) 방식을 사용하고, 힘 제어를 위해서는 직접 힘 제어 방식을 사용한다. 그림에서 선택 행렬 $\boldsymbol{S}$는 식 (11.44)의 정의를 따른다. 그리고 위치 제어에 대해서는 신속한 응답을 위해서 PD 제어를 선택하는 반면에, 힘 제어에 대해서는 잡음 증폭 등을 고려하여 미분 제어를 배제하고 PI

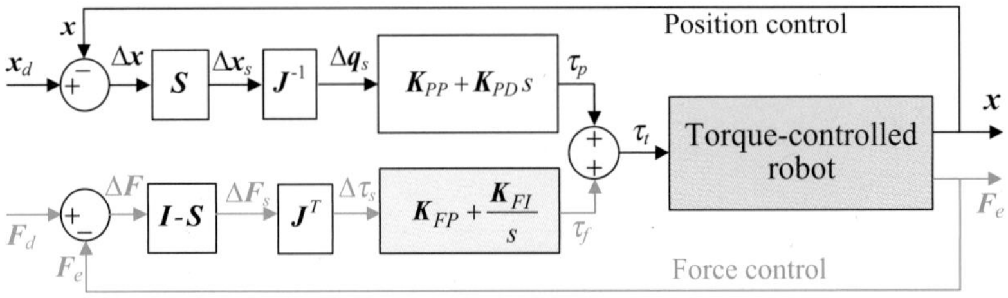

그림 11.20 **복합 위치/힘 제어**

제어를 수행한다.

위치 제어에 사용되는 PD 제어기는

$$G_p = K_{PP} + K_{PD}s \tag{11.45}$$

로 표현되는데, 여기서 첫째 하첨자 P는 위치를 의미하고, 둘째 하첨자는 PD 제어를 의미한다. 위치 제어를 위한 제어 토크 τ_p는

$$\boldsymbol{\tau}_p = \boldsymbol{K}_{PP}\boldsymbol{J}^{-1}\boldsymbol{S}(\boldsymbol{x}_d - \boldsymbol{x}) + \boldsymbol{K}_{PD}\boldsymbol{J}^{-1}\boldsymbol{S}(\dot{\boldsymbol{x}}_d - \dot{\boldsymbol{x}}) \tag{11.46}$$

으로 주어진다.

힘 제어에 사용되는 PI 제어기는

$$\boldsymbol{G}_f = \boldsymbol{K}_{FP} + \boldsymbol{K}_{FI}\frac{1}{s} \tag{11.47}$$

로 표현되며, 힘 제어를 위한 제어 토크 $\boldsymbol{\tau}_f$는

$$\boldsymbol{\tau}_f = \boldsymbol{J}^T\{\boldsymbol{K}_{FP}(\boldsymbol{I}-\boldsymbol{S})(\boldsymbol{F}_d - \boldsymbol{F}_e) + \boldsymbol{K}_{FI}(\boldsymbol{I}-\boldsymbol{S})\int(\boldsymbol{F}_d - \boldsymbol{F}_e)dt\} \tag{11.48}$$

로 주어진다. 그러므로 로봇에 입력되는 제어 토크는 다음과 같다.

$$\boldsymbol{\tau}_t = \boldsymbol{\tau}_p + \boldsymbol{\tau}_f \tag{11.49}$$

위의 복합 위치/힘 제어 시스템은 토크 제어 로봇 모델을 사용하므로, 위치 제어만 가능한 일반 상용 로봇에는 적용하기 어렵다.

1 수동 강성과 능동 강성 방식의 장단점을 논하시오.

2 일부 로봇 시스템에서는 수동 강성과 능동 강성 방식을 결합하여 사용한다. 이러한 시스템이 순수한 수동 강성이나 능동 강성 시스템에 비해서 우수한 점은 무엇인가?

3 그림 11.2의 능동 감쇠 시스템을 참고하자. 로봇 말단부가 10 N·s/mm의 능동 감쇠를 갖도록 로봇을 제어하고자 한다. 만약 100 N의 외력이 작용한다면 로봇의 말단부는 어느 방향으로 어느 속도로 움직여야 하는가?

4 직렬 탄성 액추에이터(SEA)는 실제 상용 로봇에도 사용되고 있다. SEA를 사용하는 로봇 시스템의 장단점은 무엇인가?

5 다음은 SEA에 기반한 관절 모듈의 토크 제어 시스템의 블록 선도이다. 그림에서 모터는 속도 제어 모드로 동작하는데, 관절 토크 오차를 최소화하는 전압 명령 V에 비례하는 속도 ω_m으로 모터가 회전한다.

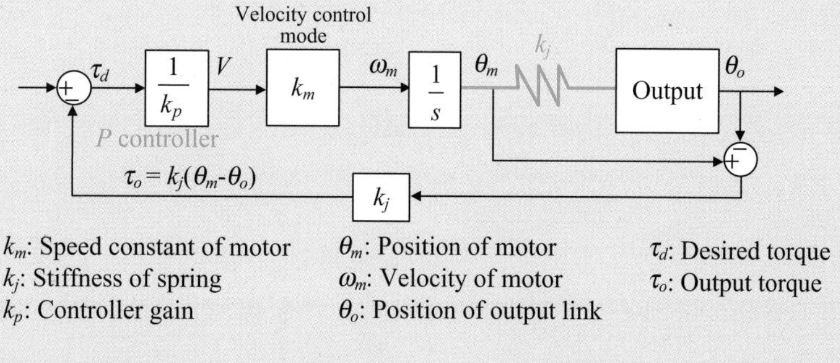

(a) 폐루프 모델의 출력 토크 τ_o가 다음과 같이 주어짐을 보이시오.

$$\tau_o = \frac{-k_j k_p s \theta_o(s) + k_m k_j \tau_d(s)}{k_p s + k_m k_j}$$

(b) $\tau_d = 0$으로 가정하고, 출력 강성 $k_o(s)$가 다음과 같음을 보이시오.

$$k_o(s) = -\frac{\tau_o}{\theta_o} = \frac{k_j k_p s}{k_p s + k_m k_j}$$

(c) 저주파 영역에서의 강성은 $\lim_{s \to 0} k_o(s)$로 나타낼 수 있다. 저주파 영역에서의 강성을 구하고, 제어기 이득 k_p에 의해서 강성이 어떻게 변하는지를 설명하시오.

(d) 고주파 영역에서의 강성은 $\lim_{s \to \infty} k_o(s)$로 나타낼 수 있다. 고주파 영역에서의 강성을 구하고, 제어기 이득 k_p에 의해서 강성이 어떻게 변하는지를 설명하시오.

(e) 파트 (c)와 (d)의 결과로부터, SEA의 한계에 대해서 논하시오. 이러한 한계를 극복하기 위한 방안은 무엇인가?

6 가변 강성 액추에이터(VSA)의 장단점은 무엇인가?

7 다음과 같은 3자유도 공간 팔을 고려한다. DH 파라미터는 $d_1 = 300$ mm, $a_2 = a_3 = 400$ mm 이며, 관절각은 $\theta_1 = 90°$, $\theta_2 = \theta_3 = 30°$이다.

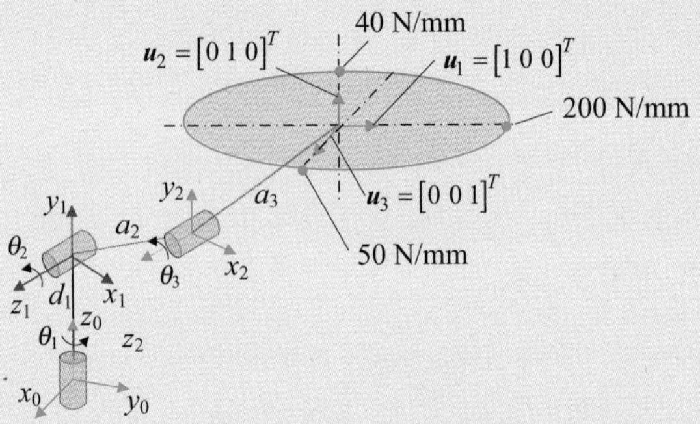

(a) 3자유도 공간 팔의 자코비안 행렬을 구하시오.

(b) 그림과 같은 직교 강성을 얻기 위한 관절 강성 행렬을 구하시오.

8 다음 그림과 같이 로봇 말단부가 z축 방향으로 벽과 접촉하는 경우를 고려한다. 다음 물음에 답하시오.

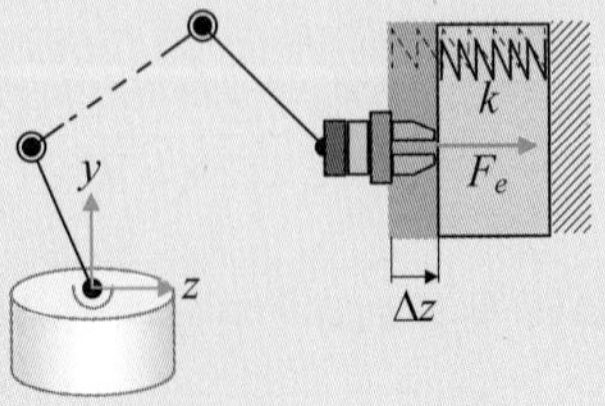

(a) 벽의 강성이 매우 큰 경우 z축 방향으로는 어떤 제어가 가능한가?
(b) 벽의 강성이 그다지 크지 않은 순응적인 벽인 경우에는 어떤 제어가 가능한가?
(c) 동일한 방향으로는 위치 제어와 힘 제어를 동시에 수행하는 것이 불가능하다는 관찰과 관련하여 파트 (b)의 결과를 논하시오.

9 다음 그림과 같이 로봇이 파지한 물체를 평판 위에서 접촉을 유지하면서 미끄럼 운동을 수행한다. 구속 좌표계는 그림과 같이 설정되며, 물체와 평판 사이의 마찰은 무시한다.

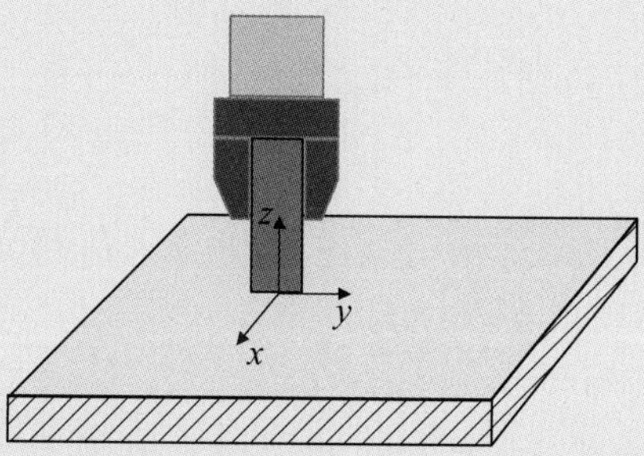

(a) 인공 구속 조건과 자연 구속 조건을 표 11.1과 같은 형식으로 나타내시오. 구속 조건 선정에 대해서 간략히 설명하시오.
(b) 속도 구속 행렬과 힘 구속 행렬을 구하시오.

10 다음과 같이 로봇 그리퍼가 크랭크를 회전시키는 작업을 수행한다. 구속 좌표계는 x축이 크랭크 축의 회전 중심을 향하도록 설정하며, 물체 사이에 발생하는 마찰력은 무시한다.

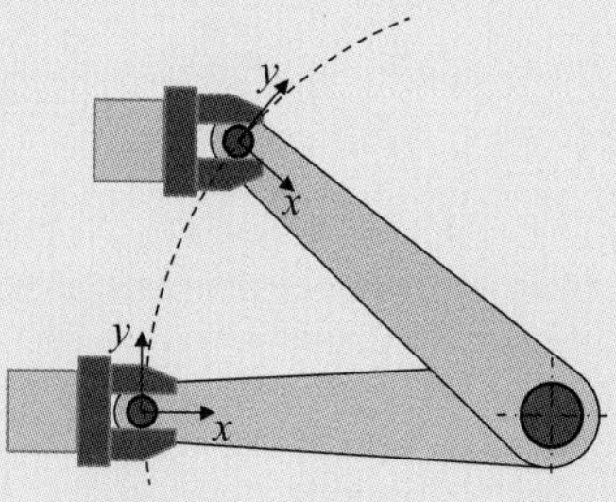

(a) 인공 구속 조건과 자연 구속 조건을 표 11.1과 같은 형식으로 나타내시오. 구속 조건 선정에 대해서 간략히 설명하시오.
(b) 속도 구속 행렬과 힘 구속 행렬을 구하시오.

11 다음과 같이 로봇 그리퍼가 드라이버를 통해서 나사를 체결하고 있다. 구속 좌표계는 그림과 같이 설정하며, 물체 사이에 발생하는 마찰력은 무시한다.

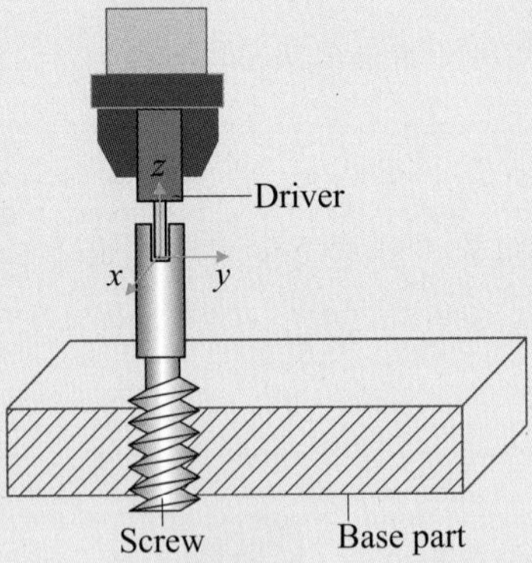

(a) 인공 구속 조건과 자연 구속 조건을 표 11.1과 같은 형식으로 나타내시오. 구속 조건 선정에 대해서 간략히 설명하시오.

(b) 속도 구속 행렬과 힘 구속 행렬을 구하시오.

12 위치 제어 로봇과 토크 제어 로봇의 차이점을 설명하시오. 왜 대부분의 상용 로봇은 위치 제어 로봇 방식을 취하는가?

13 그림 11.16은 위치 제어 로봇을 구현하는 2가지 방법에 대한 블록 선도이다. 이 두 방법의 차이를 설명하시오.

CHAPTER 12 임피던스 제어

CHAPTER 12

임피던스 제어

전기적 임피던스는 전기 시스템에서 저항, 커패시턴스, 인덕턴스를 총칭하는 명칭이며, 기계적 임피던스는 질량, 강성, 감쇠를 총칭하는 명칭이다. 기계적 임피던스는 물체의 속도와 힘의 비로 정의된다.

임피던스 제어(Hogan, 1985)에서는 로봇의 말단부와 가상의 구속 좌표계의 원점 사이에 가상의 임피던스가 설치되어 있다고 가정한다. 임피던스라는 개념이 어렵다면, 임피던스의 한 성분인 강성, 즉 스프링이 설치되어 있다고 생각하면 이해가 쉽다. 이러한 가상의 임피던스와 구속 좌표계를 잘 활용한다면, 임피던스 기반으로 위치 제어를 수행할 수도 있고, 순응 운동을 구현할 수도 있다. 순응 운동을 통해서 로봇의 말단부가 마치 스프링-감쇠기에 의한 것처럼 감쇠 진동 운동을 하도록 할 수 있다. 또한 이러한 임피던스 제어의 특수한 경우인 강성 제어를 통해서 간접적으로 힘 제어를 수행할 수도 있다.

흔히 임피던스 제어가 힘 제어를 위해서 사용되므로, 임피던스 제어는 힘 제어의 한 종류라고 생각하기 쉬운데, 앞서 언급한 바와 같이 임피던스 제어는 힘 제어와는 직접적인 연관은 없다. 즉, 임피던스 제어의 목적은 로봇 말단부의 운동이나 로봇 말단부에 작용하는 접촉력 자체를 제어하는 것보다는 이들 사이의 관계가 원하는 임피던스에 의해서 구현되는 것을 목적으로 하는 제어 기법이다.

앞 장에서 사용자가 로봇에게 토크 명령을 입력할 수 있는 토크 제어 로봇과 위치 명령만을 입력할 수 있는 위치 제어 로봇에 대해서 학습하였다. 토크 제어 로봇에 대해서는 임피던스 제어를 수행할 수 있지만, 위치 제어 로봇에 해당하는 대부분의 상용 로봇에 대해서 어드미턴스 제어를 수행하게 된다. 어드미턴스 제어도 희망 임피던스를 구현한다는 점에서 임피던스 제어와 동일하지만, 이를 토크 명령 대신에 위치 명령을 통해서 구현한다는 점에서 임피던스 제어와 차이가 있다.

12.1 임피던스의 개념

임피던스(impedance)의 개념을 살펴보기 위해서, **그림 12.1**과 같은 전기 시스템과 기계 시스템을 고려해 보자. 두 시스템 모두에서 임피던스는 파워 변수(power variable)의 항으로 정의된다. 전기 시스템에서는 전압(E)과 전류(i)의 곱이 파워에 해당하고, 기계 시스템에서는 힘(F)과 속도(v)의 곱이 파워에 해당한다.

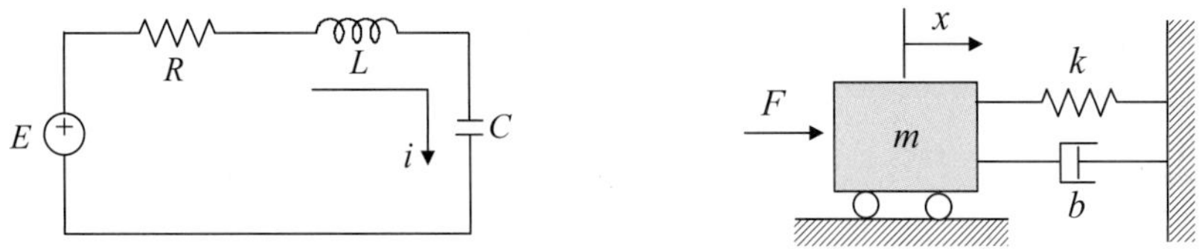

그림 12.1 **임피던스: (a) 전기 시스템, (b) 기계 시스템**

표 12.1 **전기 시스템과 기계 시스템에서의 임피던스**

Electrical system		Mechanical system	
Capacitor	$E=\frac{1}{C}\int i\,dt$	Spring	$F=k\int v\,dt$
Resistor	$E=Ri$	Damper	$F=bv$
Inductor	$E=L\frac{di}{dt}$	Mass	$F=m\frac{dv}{dt}$

그러므로 전기 시스템의 임피던스는

$$Z(s)=\frac{E(s)}{i(s)} \tag{12.1}$$

로 정의되며, 기계 시스템의 임피던스는

$$Z(s)=\frac{F(s)}{v(s)} \tag{12.2}$$

로 정의된다.

표 12.2는 그림 12.1의 기계 시스템의 각 구성 요소에 대한 임피던스를 정리한 표이다. 이 표에서 롤러로 지지되는 질량의 경우에는 마찰이 없다고 가정하지만, 해칭선으로 표시되는 경우(예: 그리스로 도포된 표면)에는 마찰이 존재한다고 가정한다.

표 12.2 **기계적 임피던스의 종류**

	기계 시스템	운동 방정식	임피던스 $Z(s)$	초기 조건 (s = 0)	기호
관성 임피던스 (Inertial impedance)	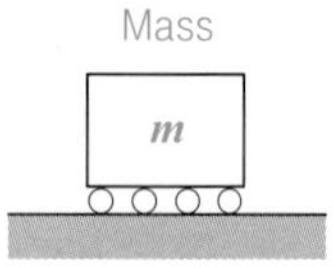	$F = m\ddot{x}$	ms	$\lvert Z(0) \rvert = 0$	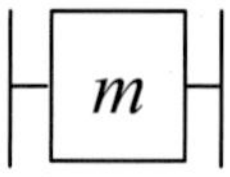
저항성 임피던스 (Resistive impedance)	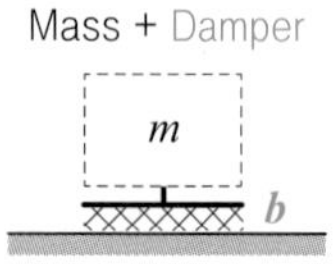	$F = b\dot{x}$	b	$\lvert Z(0) \rvert = b$ where $0 < b < \infty$	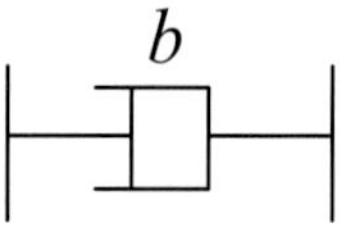
용량성 임피던스 (Capacitive impedance)	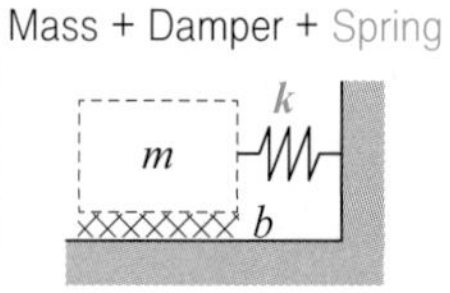	$F = kx$	k/s	$\lvert Z(0) \rvert = \infty$	

그림 12.2의 몇 가지 예를 보자. 그림 (a)의 매우 얇은 벽은 낮은 강성을 갖는 용량성 임피던스로, 그림 (b)의 단단한 벽은 높은 강성을 갖는 용량성 임피던스로 각각 모델링할 수 있다. 그림 (c)의 그리스 표면 위에서 이동하는 질량은 관성 임피던스와 저항성 임피던스의 조합으로 모델링할 수 있는 반면에, 그림 (d)의 와이어에 의해서 매달려 있는 질량은 순수한 관성 임피던스로 모델링할 수 있다.

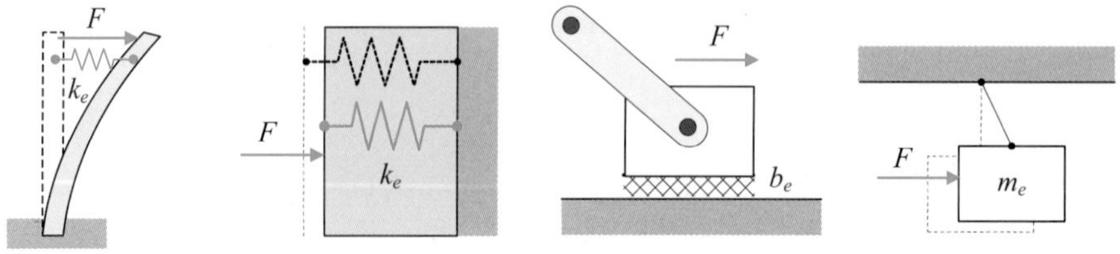

(a) Thin wall (b) Hard wall (c) Mass on greased surface (d) Floating mass

그림 12.2 **다양한 종류의 임피던스**

이번에는 그림 12.3과 같이 로봇과 환경이 접촉하고 있는 결합 시스템을 고려하여 보자. 그림에서 F는 로봇이 환경에 가하는 힘, x는 말단부의 실제 위치, x_e는 환경의 위치, x_d는 말단부의 희망 위치, v는 말단부의 속도이다. 첨자 r는 로봇, e는 환경을 나타낸다.

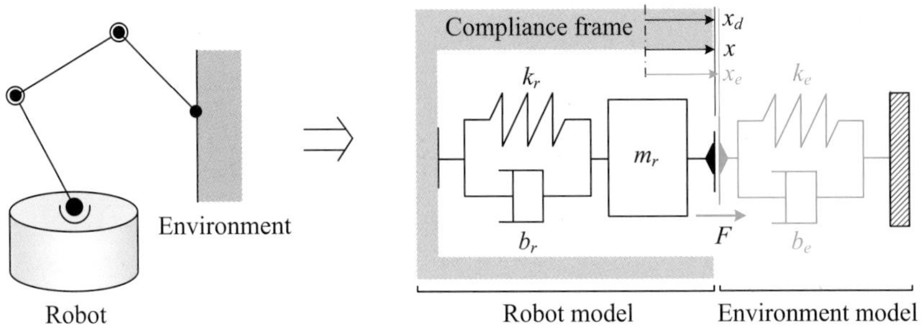

그림 12.3 **결합 시스템의 동적 모델**

로봇 모델은 말단부에서의 희망 임피던스로 나타낼 수 있는데, 이 희망 임피던스는 사용자에 의해서 조절 가능한 가변 임피던스이다. 로봇의 임피던스 $Z_r(s)$는

$$F(s) = Z_r(s)v(s) \tag{12.3}$$

로 나타낼 수 있다. 환경 모델은 환경의 특성을 반영하는데, 이는 고정된 임피던스이다. 환경 임피던스 $Z_e(s)$는

$$F(s) = Z_e(s)[v(s) - v_e(s)] = Z_e(s)v(s) \tag{12.4}$$

로 나타낼 수 있다.

그림 12.1의 기계 시스템의 운동 방정식은 속도의 관점에서는

$$m\frac{dv}{dt} + bv + k\int v\,dt = F \tag{12.5}$$

와 같이 나타낼 수 있으므로, 임피던스는 다음과 같이 정의된다.

$$Z(s) = \frac{F(s)}{v(s)} = \frac{F(s)}{sx(s)} = ms + b + \frac{k}{s} \tag{12.6}$$

그러나 로봇 말단부와 환경 간에 접촉이 있는 경우에 접촉점의 속도는 사실상 0이므로 속도를 이용하여 임피던스를 정의하는 것은 직관적이지 못하다. 따라서 다음과 같이 힘과 변위 간의 관계를 이용하여 임피던스를 정의하기도 한다.

$$Z(s) = \frac{F(s)}{x(s) - x_e(s)} = \frac{F(s)}{\Delta x_e(s)} = ms^2 + bs + k \tag{12.7}$$

이러한 정의는 접촉 운동을 기술하는 데 보다 직관적이다.

12.2 임피던스 제어의 개념

임피던스 구현의 기본적인 개념은 다음과 같다. 임피던스 제어는 로봇 말단부에 작용하는 접촉력이나 로봇 말단부의 운동 자체를 제어하는 것보다는, 이들 사이의 관계가 희망 임피던스에 의해서 구현되는 것을 목적으로 하는 제어 기법이다. 이 개념을 이해하기 위해서 **그림 12.4**의 로봇을 고려해 보자.

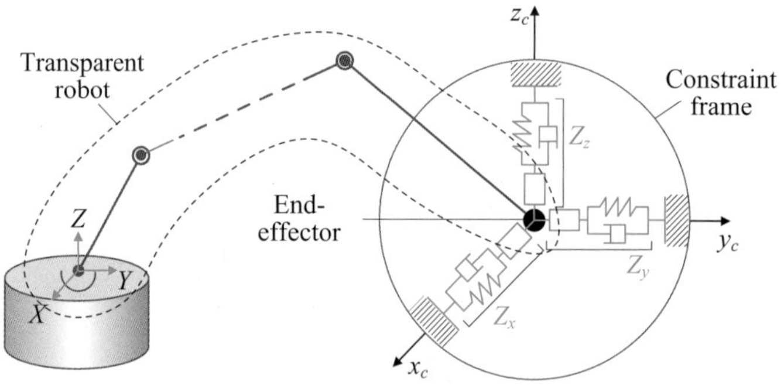

그림 12.4 **가상 임피던스가 설정된 로봇**

그림 12.4에서는 로봇의 말단부[정확하게는, 로봇 말단부의 tool center point(TCP) 등과 같은 기준점]와 구속 좌표계의 원점 사이에 가상의 임피던스(즉, Z_x, Z_y, Z_z)가 설정되어 있다고 가정한다. 일치하는 두 점 사이에 임피던스가 설정된다는 개념을 이해하기 위해서는 **그림 12.5**의 물리적 스프링과 가상 스프링의 차이를 이해하여야 한다. 물리적 스프링은 외력이 작용하지 않으면 x_0라는 길이를 갖게 되며, 외력이 작용하여 스프링 양단의 위치가 x_1 및 x_2인 경우 변형량은 $\Delta x = (x_2 - x_1) - x_0$가 된다. 그러나 가

상 스프링은 길이가 0이므로 외력이 작용하지 않으면 $x_0=0$이 되며, 외력이 작용하면 변형량이 $\Delta x = x_2 - x_1$이 된다.

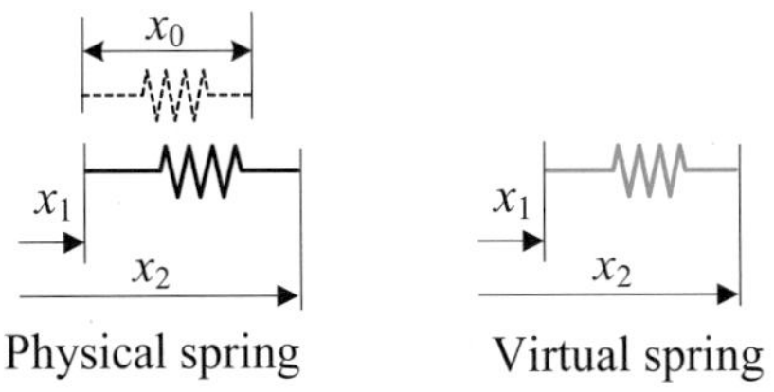

그림 12.5 **물리적 스프링과 가상 스프링의 비교**

그러므로 **그림** 12.4에서 외력이 작용하지 않는 경우에 로봇 말단부와 구속 좌표계의 원점이 일치하지만, 두 점 사이에는 가상의 임피던스(즉, 가상의 질량, 감쇠기, 스프링)가 존재하게 된다. 다만 이 경우 두 점 사이의 거리가 계속 0이므로, 이들 임피던스에 의한 힘 또한 0이 된다.

이러한 가상 임피던스에 기반하여 위치 제어를 수행하는 경우인 **그림** 12.6을 살펴보자(Lee, 2001). 이해를 돕기 위해서, 임피던스 중에서 강성만 존재한다고 가정한다. 상태 1에서는 희망 위치 y_d와 실제 위치 y가 일치하고 있다. 상태 2에서는 새로운 희망 위치가 주어진다고 가정한다. 이때 단순하게 위치 제어를 통하여 희망 위치를 추종할 수도 있지만, 임피던스 기반의 위치 제어에서는 구속 좌표계의 원점을 새로운 희망 위치 y'_d로 이동시키게 된다. 그러면 로봇 말단과 원점 사이에 있는 가상 스프링(강성 k_y)에 의해서 로봇 말단에는 $F_y=k_y(y'_d-y)$의 힘이 작용하게 되며, 이 힘에 의해서 로봇 말단이 구속 좌표계 원점 방향으로 이동하게 된다. 이동이 진행되면 거리 (y'_d-y)가 작아지므로 F_y의 크기도 점점 감소하다가 말단이 원점과 일치하면서 y'_d

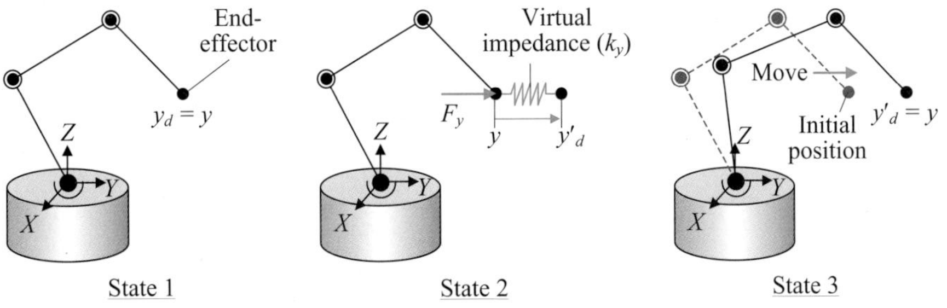

그림 12.6 **임피던스 기반의 위치 제어**

$= y$가 되어 상태 3과 같이 위치 제어가 완료된다.

이번에는 가상 임피던스에 기반하여 순응 운동(compliant motion)을 발생시키는 경우인 **그림 12.7**을 살펴보자. 이해를 돕기 위해서, 임피던스 중에서 강성만 존재한다고 가정한다. 상태 1에서는 희망 위치 y_d와 실제 위치 y가 일치하고 있다. 이때 로봇 말단에 외력 F_y를 가하여 움직이면, 구속 좌표계의 원점은 그대로 있으므로 말단과 원점 사이의 거리가 멀어지면서 거리에 비례하는 힘이 발생하게 된다. 가상 스프링에 의해서 발생하는 힘 $k_y|y_d - y|$와 로봇 말단에 가해지는 힘 F_y가 평형을 이룰 때까지 로봇 말단이 움직이다 멈추게 된다. 이 상태에서 말단에 가해지는 외력을 제거하면 로봇 말단은 가상 스프링에 의한 복원력에 의해서 구속 좌표계의 원점인 원래의 위치로 복원하게 된다. 이때 감쇠가 없으므로 로봇 말단이 마치 스프링과 같이 진동하게 된다.

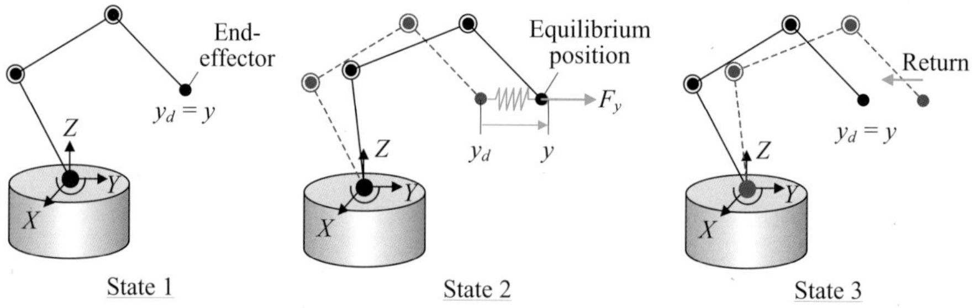

그림 12.7 **임피던스에 기반한 순응 운동**

12.3 임피던스 제어

로봇 팔의 위치 제어는 로봇 말단부의 운동을 제어하는 데 사용되며, 힘 제어는 말단부와 환경 간에 발생하는 접촉력을 제어하는 데 사용된다. 이에 비하여, 임피던스 제어는 로봇 말단부의 운동이나 로봇 말단부에 작용하는 접촉력 자체를 제어하는 것보다는 이들 사이의 관계가 원하는 임피던스에 의해서 구현되는 것을 목적으로 하는 제어 기법이다. 다시 말해서, 제어 대상인 위치나 힘이 목표치와 다르더라도, 이들 위치나 힘이 희망 임피던스에 의해서 구현되었으면 임피던스 제어는 성공적으로 구현되었다고 볼 수 있다.

이러한 임피던스 제어는 2가지 형태로 구현될 수 있다. **그림 11.15**의 토크 제어 로봇에 대해서는 임피던스 제어가, 그림 11.16의 위치 제어 로봇에 대해서는 어드미턴스 제어가 구현된다. 이 두 방식은 원하는 임피던스를 구현한다는 점에서는 동일하지만, 로봇 자체의 제어 방식에 따라서 구현 방법이 달라진다고 이해하면 된다.

12.3.1 임피던스 제어(토크 제어 로봇)

본 절에서는 토크 제어 로봇에 적용되는 임피던스 제어에 대해서 살펴본다. 1자유도 운동을 하는 질량-스프링-감쇠기 시스템을 고려하여 보자. 1자유도 임피던스 동작은 다음과 같이 2차 미분 방정식의 형태로 나타낼 수 있다.

$$m\Delta\ddot{x} + b\Delta\dot{x} + k\Delta x = F \tag{12.8}$$

여기서 m, b, k는 각각 질량, 감쇠계수, 강성이다. 여기서 Δx는 질량의 이동량 또는 스프링의 변형량을 나타낸다. 설정할 수 있는 임피던스는 질량, 감쇠계수, 강성의 3가지이며, 직교 공간에서 직교 좌표계의 세 축에 대한 병진 방향과 회전 방향에 대하여 독립적으로 설정할 수 있으므로, 총 6자유도로 다음과 같이 확장할 수 있다.

$$\boldsymbol{M}_d \Delta\ddot{\boldsymbol{x}} + \boldsymbol{B}_d \Delta\dot{\boldsymbol{x}} + \boldsymbol{K}_d \Delta\boldsymbol{x} = \boldsymbol{F}_e \tag{12.9}$$

여기서 $\boldsymbol{M}_d$, $\boldsymbol{B}_d$, $\boldsymbol{K}_d$는 희망 관성 행렬, 희망 감쇠 행렬, 희망 강성 행렬로 각 좌표축에 대한 6개의 계수를 대각 성분으로 갖는 대각 행렬이며, $\boldsymbol{F}_e$는 말단부와 환경 간의 접촉력 벡터로 3축 힘과 모멘트 성분으로 구성된다. 즉, 로봇 말단부에 인가된 힘 $\boldsymbol{F}_e$에 대한 로봇 말단부의 거동이 설정한 임피던스 행렬인 $\boldsymbol{M}_d$, $\boldsymbol{B}_d$, $\boldsymbol{K}_d$를 통해 2차 미분 방정식의 형태로 나타나는데, 이를 **희망 동역학**(desired dynamics)이라 한다. 식 (12.9)로부터 **희망 임피던스**(desired impedance) 또는 목표 임피던스(target impedance)를 다음과 같이 정의할 수 있다.

$$\boldsymbol{Z}_d(s) = \boldsymbol{M}_d s^2 + \boldsymbol{B}_d s + \boldsymbol{K}_d \tag{12.10}$$

다음과 같이 로봇이 환경과 접촉하고 있는 경우의 운동 방정식을 고려해 보자.

$$\boldsymbol{M}_e(\boldsymbol{q})\,\ddot{\boldsymbol{q}} + \boldsymbol{n}(\boldsymbol{q},\dot{\boldsymbol{q}}) + \boldsymbol{J}^T(\boldsymbol{q})\boldsymbol{F}_e = \boldsymbol{\tau} \tag{12.11}$$

이때 $\boldsymbol{F}_e$를 구하는 방법은 11.4.3절을 참고하기 바란다. 계산 토크 제어에서와 같이 로봇의 비선형 항과 접촉력에 의한 영향을 제거하고, 희망 동역학을 구현하기 위해 다음과 같이 제어 토크를 구성한다.

$$\boldsymbol{\tau} = \boldsymbol{\tau}_t + \boldsymbol{n}(\boldsymbol{q},\dot{\boldsymbol{q}}) + \boldsymbol{J}(\boldsymbol{q})^T \boldsymbol{F}_e, \text{ where } \boldsymbol{\tau}_t = \boldsymbol{M}_e(\boldsymbol{q})\boldsymbol{a}_q \tag{12.12}$$

식 (12.12)를 (12.11)에 대입하면, 로봇의 거동은 다음과 같이 새로운 제어 입력 $\boldsymbol{a}_q$에 대한 이중 적분 시스템으로 나타난다.

$$\ddot{\boldsymbol{q}} = \boldsymbol{a}_q \tag{12.13}$$

한편, 로봇의 관절 속도와 말단 속도 사이에는

$$\dot{\boldsymbol{x}} = \boldsymbol{J}(\boldsymbol{q})\dot{\boldsymbol{q}} \tag{12.14}$$

와 같은 자코비안 관계가 성립되는데, 여기서 $\boldsymbol{J}(\boldsymbol{q})$는 자코비안 행렬이며, $\dot{\boldsymbol{x}}$은 말단 속도, $\dot{\boldsymbol{q}}$은 관절 속도를 나타낸다. 식 (12.14)의 양변을 미분하면

$$\ddot{\boldsymbol{x}} = \boldsymbol{J}(\boldsymbol{q})\ddot{\boldsymbol{q}} + \dot{\boldsymbol{J}}(\boldsymbol{q},\dot{\boldsymbol{q}})\dot{\boldsymbol{q}} \tag{12.15}$$

와 같다. 이 식으로부터, 관절 공간상의 관절 가속도와 직교 공간상에서의 말단 가속도는

$$\ddot{\boldsymbol{q}} = \boldsymbol{J}(\boldsymbol{q})^{-1}(\ddot{\boldsymbol{x}} - \dot{\boldsymbol{J}}(\boldsymbol{q},\dot{\boldsymbol{q}})\dot{\boldsymbol{q}}) \tag{12.16}$$

의 관계를 가진다. 관절 공간에서 식 (12.13)과 마찬가지로, 직교 공간에서 새로운 제어 입력 $\boldsymbol{a}_x$에 대한 이중 적분 시스템을 고려할 수 있다.

$$\ddot{\boldsymbol{x}} = \boldsymbol{a}_x \tag{12.17}$$

식 (12.13)과 (12.17)을 (12.16)에 대입하면 다음 식을 얻을 수 있다.

$$\boldsymbol{a}_q = \boldsymbol{J}^{-1}(\boldsymbol{a}_x - \dot{\boldsymbol{J}}\dot{\boldsymbol{q}}) \tag{12.18}$$

한편, 식 (12.9)는 로봇 말단부에서의 접촉력과 말단부의 위치 사이에 희망 임피던스를 구현한 경우의 동역학에 해당된다. 이 식은 $\Delta\boldsymbol{x} = \boldsymbol{x}_d - \boldsymbol{x}$의 관계를 이용하여 다음과 같이 나타낼 수 있다.

$$M_d(\ddot{x}_d - \ddot{x}) + B_d\Delta\dot{x} + K_d\Delta x = F_e \quad (12.19)$$

식 (12.17)을 (12.19)에 대입하면, 희망 동역학 (12.11)을 구현하기 위한 a_x를

$$a_x = \ddot{x}_d + M_d^{-1}B_d\Delta\dot{x} + M_d^{-1}K_d\Delta x - M_d^{-1}F_e \quad (12.20)$$

와 같이 구할 수 있다. 식 (12.20)을 (12.18)에 대입하면 다음과 같다.

$$a_q = J(q)^{-1}M_d^{-1}[M_d\ddot{x}_d + B_d\Delta\dot{x} + K_d\Delta x - M_d\dot{J}(q,\dot{q})\dot{q} - F_e] \quad (12.21)$$

식 (12.21)을 (12.12)에 대입하면, **임피던스 제어**를 위한 토크 제어 입력인

$$\begin{aligned}\tau = {} & M_e(q)J^{-1}(q)M_d^{-1}[M_d\ddot{x}_d + B_d\Delta\dot{x} + K_d\Delta x - M_d\dot{J}(q,\dot{q})\dot{q} - F_e)] \\ & + n(q,\dot{q}) + J^T(q)F_e\end{aligned} \quad (12.22)$$

를 구할 수 있다. 이 식을 정리하면 다음과 같다.

$$\tau = \underbrace{M_e(q)J^{-1}(q)[\ddot{x}_d + M_d^{-1}\{B_d\Delta\dot{x} + K_d\Delta x - F_e\} - \dot{J}(q,\dot{q})\dot{q}]}_{=\tau_t} + n(q,\dot{q}) + J^T(q)F_e \quad (12.23)$$

이를 블록 선도로 나타내면 그림 12.8과 같다. 그림에서 보듯이, 임피던스 제어는 직교 공간에서의 계산 토크 제어를 나타내는 그림 12.9와 매우 유사하다. 즉, 식 (12.20)에서 위치 제어를 가정하면 $F_e = 0$이 되므로

$$a_x = \ddot{x}_d + M_d^{-1}B_d\Delta\dot{x} + M_d^{-1}K_d\Delta x \quad (12.24)$$

이 된다. 직교 공간에서의 계산 토크 제어에서는 그림 12.9에서 보듯이

$$a_x = \ddot{x}_d + K_D\Delta\dot{x} + K_P\Delta x \quad (12.25)$$

이 된다. 식 (12.24)와 (12.25)를 비교하면 다음 식이 성립된다.

$$K_P = M_d^{-1}K_d \;\;\&\;\; K_D = M_d^{-1}B_d \quad (12.26)$$

즉, 계산 토크 제어의 이득 K_P 및 K_D는 임피던스 제어의 원하는 강성 행렬과 감쇠 행렬에 해당하게 된다는 점에 주목하여야 한다.

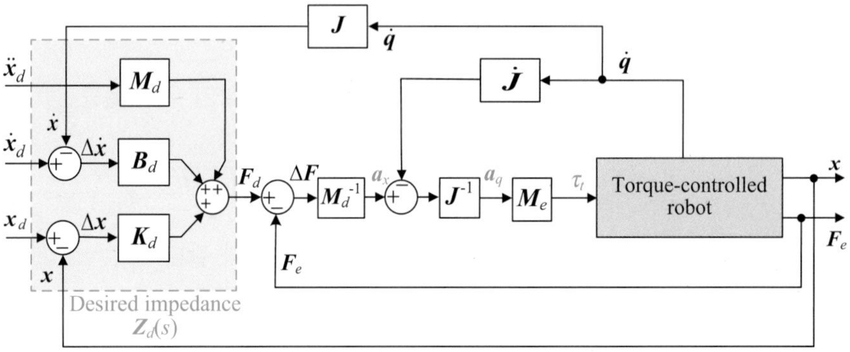

그림 12.8 **임피던스 제어 시스템의 블록 선도**

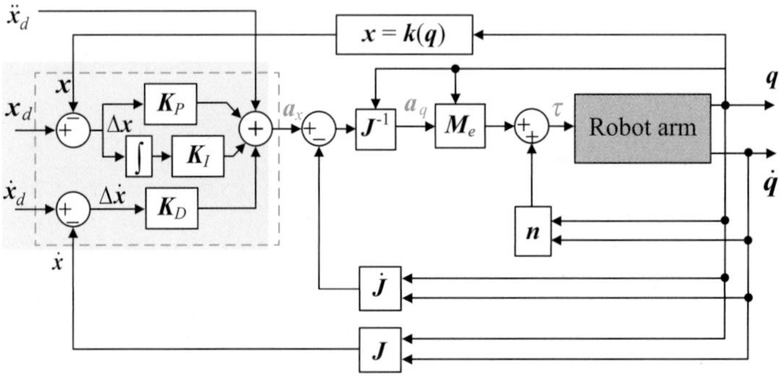

그림 12.9 **직교 공간에서의 계산 토크 제어 시스템의 블록 선도**

12.3.2 강성 제어

임피던스 제어의 특수한 경우로 **강성 제어**(stiffness control)를 생각할 수 있다. 우선 식 (12.9)의 희망 동역학을 고려하자. 이때 질량 및 감쇠 항은 과도 응답(transient response)과 관련되며, 강성 항은 정상상태 응답(steady-state response)과 관련된다는 점에 유의한다. 따라서 희망 동역학에서 정상상태 응답만을 고려하면

$$\boldsymbol{K}_d \Delta x = \boldsymbol{K}_d(\boldsymbol{x}_d - \boldsymbol{x}) = \boldsymbol{F}_e \tag{12.27}$$

을 얻게 되는데, 여기서 $\boldsymbol{F}_e$는 로봇과 환경 사이의 접촉력이다. 이때 강성 제어를 위해서 희망 동역학에서의 $\boldsymbol{M}_d$와 $\boldsymbol{B}_d$가 0이 될 필요는 없으며, 단지 시간 미분 항이 0이 되는 정상상태 응답만을 고려하였다는 점에 유의한다. 한편, 이러한 접촉력은 환경의 관점에서는

$$\boldsymbol{F}_e = \boldsymbol{K}_e(\boldsymbol{x} - \boldsymbol{x}_e) \tag{12.28}$$

로 나타낼 수 있다. 식 (12.27)과 (12.28)로부터

$$\boldsymbol{K}_d(\boldsymbol{x}_d - \boldsymbol{x}) = \boldsymbol{K}_e(\boldsymbol{x} - \boldsymbol{x}_e) \;\rightarrow\; \boldsymbol{x} = (\boldsymbol{K}_d + \boldsymbol{K}_e)^{-1}(\boldsymbol{K}_d\boldsymbol{x}_d + \boldsymbol{K}_e\boldsymbol{x}_e) \tag{12.29}$$

의 관계를 얻을 수 있으며, 식 (12.29)를 (12.28)에 대입하면

$$\begin{aligned}\boldsymbol{F}_e &= \boldsymbol{K}_e[(\boldsymbol{K}_d + \boldsymbol{K}_e)^{-1}(\boldsymbol{K}_d\boldsymbol{x}_d + \boldsymbol{K}_e\boldsymbol{x}_e) - \boldsymbol{x}_e] \\ &= \boldsymbol{K}_e(\boldsymbol{K}_d + \boldsymbol{K}_e)^{-1}[(\boldsymbol{K}_d\boldsymbol{x}_d + \boldsymbol{K}_e\boldsymbol{x}_e) - (\boldsymbol{K}_d + \boldsymbol{K}_e)\boldsymbol{x}_e] \\ &= \boldsymbol{K}_e(\boldsymbol{K}_d + \boldsymbol{K}_e)^{-1}\boldsymbol{K}_d(\boldsymbol{x}_d - \boldsymbol{x}_e)\end{aligned} \tag{12.30}$$

의 관계를 얻는다. 일반적으로 환경의 강성이 희망하는 강성보다 매우 크므로(즉, $K_{ei} \gg K_{di}$, $i=1, \ldots, n$), 식 (12.30)은 다음과 같이 근사화된다.

$$\boldsymbol{F}_e \approx \boldsymbol{K}_d(\boldsymbol{x}_d - \boldsymbol{x}_e) \text{ or } F_{ei} \approx K_{di}(x_{di} - x_{ei}) \quad (i=1,\cdots,n) \tag{12.31}$$

그러므로 환경과 로봇 말단부 사이에 원하는 접촉력 F_e를 얻기 위해서는, 로봇 말단부의 희망 위치 x_d를 환경 위치 x_e보다 조금 더 환경 안에 설정하면 된다. 이 경우에 로봇의 위치 제어기는 희망 위치를 추종하기 위해서 환경 안으로 밀고 들어가려고 하는데, 이 과정에서 원하는 접촉력을 얻게 된다. 그러나 환경의 강성이 일반적으로 매우 크므로 실제로 환경에서의 변형은 거의 없게 되어, 로봇 말단의 위치는 환경의 위치와 거의 동일하게 된다(즉, $x \approx x_e$).

이와 같이 강성 제어에서는 원하는 접촉력을 측정하고 피드백 받아서 직접 제어하는 것이 아니라, 위치 제어를 통하여 희망 강성을 구현하는 과정에서 간접적으로 힘 제어를 수행하게 되므로, 이를 **간접 힘 제어**(indirect force control) 또는 **위치 기반 힘 제어**(position-based force control)라고 한다.

이해를 돕기 위해서 예를 들어 보자. 로봇 말단부가 벽에 $F_e = 20$ N의 접촉력을 가하기 위해서 강성 제어를 수행한다고 가정해 보자. 이때 로봇의 희망 강성은 $k_d = 10$ N/mm, 벽의 강성은 $k_e = 190$ N/mm로 설정하고, 기준 위치에서 벽까지의 거리는 $x_e = 100$ mm라 하자. 식 (12.31)에 의해서 목표 위치 x_d는 다음과 같이 결정된다.

$$F_e = k_d(x_d - x_e) \rightarrow x_d = x_e + \frac{F_e}{k_d} = 100 + \frac{20}{10} = 102\,(\text{mm})$$

만약 말단부가 $x=99$ mm, 즉 벽에 접촉하기 직전이라고 하면

$$F_e = 0 \text{ N} \rightarrow F_d = k_d(x_d - x) = 10 \times (102 - 99) = 30 \text{ N} \rightarrow \Delta F = F_d - F_e = 30 \text{ N}$$

이 성립된다. 이번에는 토크 제어의 결과로 $x=100.15$ mm가 되었다고 하면

$$F_e = k_e(x - x_e) = 190 \times (100.15 - 100) = 28.5 \text{ N} \;\&$$
$$F_d = k_d(x_d - x) = 10 \times (102 - 100.15) = 18.5 \text{ N}$$
$$\rightarrow \Delta F = F_d - F_e = 18.5 - 28.5 = -10 \text{ N}$$

이 된다. 즉, 실제 접촉력이 너무 크므로, 제어의 결과로 말단부가 조금 뒤로 이동하여 $x=100.08$ mm가 되었다면

$$F_e = k_e(x - x_e) = 190 \times (100.08 - 100) = 15.2 \text{ N} \;\&$$
$$F_d = k_d(x_d - x) = 10 \times (102 - 100.08) = 19.2 \text{ N}$$
$$\rightarrow \Delta F = F_d - F_e = 19.2 - 15.2 = 4 \text{ N}$$

이 된다. 이번에는 실제 접촉력이 조금 작으므로, 제어의 결과로 말단부가 조금 앞으로 이동하여 $x=100.1$ mm가 되었다면

$$F_e = k_e(x - x_e) = 190 \times (100.1 - 100) = 19 \text{ N} \;\&$$
$$F_d = k_d(x_d - x) = 10(102 - 100.1) = 19 \text{ N}$$
$$\rightarrow \Delta F = F_d - F_e = 19 - 19 = 0 \text{ N} \;\text{(steady-state)}$$

이 되어, 힘 오차가 0이 되므로 정상상태에 도달하게 되며, 더 이상의 토크 제어는 수행되지 않는다. 이때의 실제 접촉력은 19 N으로, 목표하였던 20 N과는 1 N의 오차가 발생하게 되지만, 희망 강성 $k_d=10$ N/mm는 구현하였으므로 강성 제어 측면에서는 성공적인 제어를 수행한 것이다. 즉, 강성 제어의 목표는 희망 강성을 구현하는 것이므로, 희망 강성이 구현되었다면 비록 힘 오차가 발생하였더라도 더 이상 힘 오차를 줄이기 위한 제어는 수행되지 않는다는 점에 유의하여야 한다.

이와 같이 임피던스 제어는 직접 힘을 측정하여 피드백하는 것이 아니므로, 직접 힘을 측정하여 피드백하는 직접 힘 제어에 비해서 힘 제어 성능이 낮을 수밖에 없다. 그러므로 정확한 힘 제어가 필요한 경우에는, 11장에서 다루었던 직접 힘 제어 기법을 사용하여야 한다.

12.3.3 어드미턴스 제어(위치 제어 로봇)

앞 절의 임피던스 제어에서는 희망 동역학을 구현하기 위한 제어 토크인 식 (12.23)을 구한 후에, 이를 '토크 제어 로봇'의 입력으로 사용하여 희망 임피던스를 구현하였다. 그러나 앞서 언급한 바와 같이, 상용 로봇은 '위치 제어 로봇'이므로 제어 토크를 로봇의 입력으로 줄 수는 없으며, 오직 위치 명령만을 제공할 수 있다. 그러므로 위치 제어 로봇에 대해서는 희망 임피던스를 구현하기 위해서 토크 명령이 아닌 위치 명령을 구하여야 한다.

이를 위해서, 식 (12.10)의 희망 임피던스의 역수인 희망 어드미턴스(desired admittance)

$$\boldsymbol{Y}_d(s) = \boldsymbol{Z}_d^{-1}(s) = (\boldsymbol{M}_d s^2 + \boldsymbol{B}_d s + \boldsymbol{K}_d)^{-1} \qquad (12.32)$$

를 정의한다. 여기서 $\boldsymbol{M}_d$, $\boldsymbol{B}_d$, $\boldsymbol{K}_d$는 각각 희망 관성 행렬, 희망 감쇠 행렬, 희망 강성 행렬로 각 좌표축에 대한 6개의 계수를 대각 성분으로 갖는 대각 행렬이다. **어드미턴스 제어**를 위한 블록 선도는 **그림 12.10**과 같다.

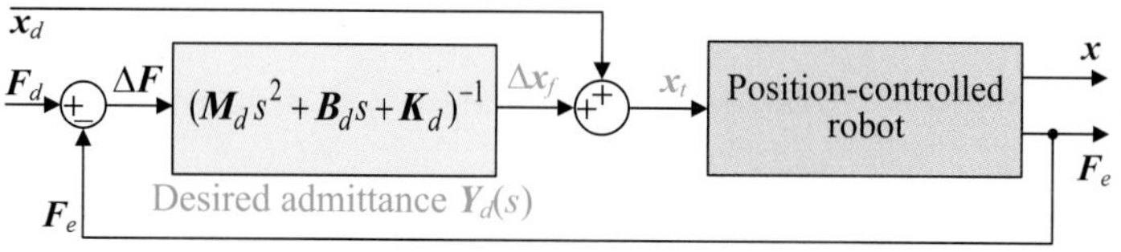

그림 12.10 **어드미턴스 제어 시스템의 블록 선도**

그림에서 접촉력 $\boldsymbol{F}_e$와 위치 보상 $\Delta \boldsymbol{x}_f$ 사이에는

$$\Delta \boldsymbol{x}_f = (\boldsymbol{M}_d s^2 + \boldsymbol{B}_d s + \boldsymbol{K}_d)^{-1}(\boldsymbol{F}_d - \boldsymbol{F}_e) = \boldsymbol{Y}_d \, \Delta \boldsymbol{F} \qquad (12.33)$$

의 관계가 성립되는데, 이는

$$\Delta \boldsymbol{F} = (\boldsymbol{M}_d s^2 + \boldsymbol{B}_d s + \boldsymbol{K}_d)\Delta \boldsymbol{x}_f \tag{12.34}$$

에 해당한다. 이를 시간 영역으로 표현하면

$$\boldsymbol{M}_d \Delta \ddot{\boldsymbol{x}}_f + \boldsymbol{B}_d \Delta \dot{\boldsymbol{x}}_f + \boldsymbol{K}_d \Delta \boldsymbol{x}_f = \Delta \boldsymbol{F} \tag{12.35}$$

와 같은 희망 동역학에 해당한다. 식 (12.9)의 임피던스 제어에서의 희망 동역학에 사용되는 위치 오차 $\Delta \boldsymbol{x}$ 대신에 위치 보상 $\Delta \boldsymbol{x}_f$가 사용된다는 점에 주의하여야 한다. 그림 12.10에서

$$\boldsymbol{x}_t = \boldsymbol{x}_d + \Delta \boldsymbol{x}_f \tag{12.36}$$

로 정의되는데, 여기서 $\boldsymbol{x}_t$는 위치 제어 로봇에 입력으로 사용되는 목표 위치, $\boldsymbol{x}_d$는 원하는 접촉력을 발생시키기 위하여 환경 내부에 설정되는 희망 위치이다. 즉, 위치 제어 로봇에는 희망 위치 $\boldsymbol{x}_d$ 대신에 $\Delta \boldsymbol{x}_f$만큼 위치가 보상된 목표 위치 $\boldsymbol{x}_t$가 기준 입력으로 주어지게 된다. 위치 보상의 의미를 쉽게 이해하기 위해서, 식 (12.36)의 희망 동역학에서 강성만 존재하는 경우를 예로 들어 보자. 이 경우 식 (12.35)는

$$\Delta x_f = \Delta F / k_d \tag{12.37}$$

로 단순화된다. 그림 12.11(a)는 $k_d = \infty$, 즉 로봇 말단부가 무한대의 강성을 갖는 경우를 나타낸다. 이 경우에는 식 (12.37)에 의해서 어떠한 접촉력에 대해서도 $\Delta x_f = 0$이 되므로, $x_t = x_d$가 된다. 로봇 말단부의 목표 위치는 x_t로 주어지는데, x_t는 벽 내부에 설정된 희망 위치 x_d와 같으므로, 말단부는 위치 제어에 의해서 이 희망 위치에 도달하려고 계속 시도하며, 그 과정에서 접촉력이 발생하게 된다. 한편, 그림 12.11(b)는 k_d가 0이 아닌 유한한 값을 가지는 경우인데, 이때 말단부는 순응 운동을 하게 된다.

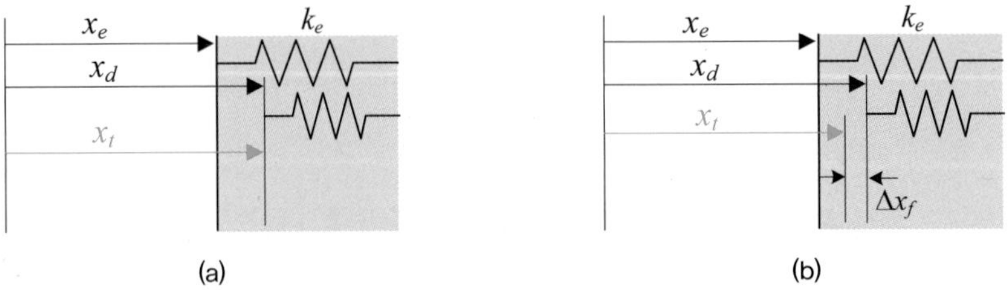

그림 12.11 $\Delta \boldsymbol{x}_f$의 이해: (a) k_d = 무한대, (b) k_d = 0이 아닌 유한한 값

식 (12.37)에 의해서 Δx_f는 0이 아닌 값을 가진다. 만약 접촉력이 원하는 값보다 작을(클) 경우에는 위치 제어에 의해서 말단부가 도달하려는 목표 위치 x_t는, 벽 내부에 원래 설정된 희망 위치 x_d보다 $|\Delta x_f|$만큼 크게(작게) 되어 말단부가 벽을 좀 더 세게(약하게) 밀게 되므로 접촉력 F_e가 커져서(작아져서) 원하는 접촉력에 접근하게 된다.

그림 12.10에서 '위치 제어 로봇'에 입력되는 목표 위치는

$$\boldsymbol{x}_t = \boldsymbol{x}_d + \Delta\boldsymbol{x}_f = \boldsymbol{x}_d + (\boldsymbol{M}_d s^2 + \boldsymbol{B}_d s + \boldsymbol{K}_d)^{-1}\Delta\boldsymbol{F} \tag{12.38}$$

로 주어지는데, 이를 정리하면 다음과 같다.

$$(\boldsymbol{M}_d s^2 + \boldsymbol{B}_d s + \boldsymbol{K}_d)\boldsymbol{x}_t(s) = (\boldsymbol{M}_d s^2 + \boldsymbol{B}_d s + \boldsymbol{K}_d)\boldsymbol{x}_d(s) + \Delta\boldsymbol{F} \tag{12.39}$$

위 식을 시간 영역에 대해서 나타내면, 다음과 같은 2차 미분 방정식을 얻는다.

$$\boldsymbol{M}_d\ddot{\boldsymbol{x}}_t + \boldsymbol{B}_d\dot{\boldsymbol{x}}_t + \boldsymbol{K}_d\boldsymbol{x}_t = \boldsymbol{M}_d\ddot{\boldsymbol{x}}_d + \boldsymbol{B}_d\dot{\boldsymbol{x}}_d + \boldsymbol{K}_d\boldsymbol{x}_d + \Delta\boldsymbol{F} \tag{12.40}$$

여기서 $\boldsymbol{x}_d, \dot{\boldsymbol{x}}_d, \ddot{\boldsymbol{x}}_d$는 궤적 생성기로부터 주어지는 값이며, $\boldsymbol{F}_e$는 센서를 통해 측정 또는 추정된 힘이므로, $\boldsymbol{x}_t$에 대한 미분 방정식을 풀면 설정한 임피던스에 따라 위치 궤적 명령을 구할 수 있다. 이때 초기 조건은 다음과 같다.

$$\boldsymbol{x}_t(0) = \boldsymbol{x}_d(0),\ \dot{\boldsymbol{x}}_t(0) = \dot{\boldsymbol{x}}_d(0) \tag{12.41}$$

종합적으로 말하자면, 어드미턴스 제어에서는 말단부의 위치 궤적 $\boldsymbol{x}$는 희망 위치 궤적 $\boldsymbol{x}_d$ 대신에 보정된 희망 위치 궤적, 즉 목표 위치 궤적 $\boldsymbol{x}_t$를 추종한다.

어드미턴스 제어의 이해를 돕기 위해서 다음 예를 들어 보자. 로봇 말단부가 벽에 $F_e = 20$ N의 접촉력을 가하기 위해서 순응 제어(compliance control)를 수행한다고 가정해 보자. 이때 로봇의 희망 강성은 $k_d = 10$ N/mm이며, 이는 벽의 강성에 비해서 매우 작다고 가정한다. 그리고 기준 위치에서 벽까지의 거리는 $x_e = 100$ mm라 하자. 식 (12.31)에 의해서 희망 위치 x_d는 다음과 같이 결정된다.

$$F_e = k_d(x_d - x_e) \ \rightarrow\ x_d = x_e + \frac{F_e}{k_d} = 100 + \frac{20}{10} = 102(\text{mm})$$

만약 $F_e = 30$ N으로 접촉력이 원하는 값보다 크다면

$$\Delta x_f = \frac{F_d - F_e}{k_d} = \frac{20-30}{10} = -1 \rightarrow x_t = x_d + \Delta x_f = 101 \text{ mm}$$

이 되어, 목표 위치 x_t를 감소시켜서 접촉력을 줄인다. 만약 $F_e=20$ N으로 접촉력이 원하는 값보다 작다면

$$\Delta x_f = \frac{F_d - F_e}{k_d} = \frac{20-10}{10} = 1 \rightarrow x_t = x_d + \Delta x_f = 103 \text{ mm}$$

이 되어, 목표 위치 x_t를 증가시켜서 접촉력을 크게 한다. 만약 $F_e=20$ N으로 접촉력이 원하는 값과 같다면

$$\Delta x_f = \frac{F_d - F_e}{k_d} = \frac{20-20}{10} = 0 \rightarrow x_t = x_d + \Delta x_f = 102 \text{ mm}$$

이 되어, 목표 위치 x_t는 희망 위치와 동일하게 유지된다.

그림 12.10의 어드미턴스 제어 시스템은 위치 제어 로봇에서 힘 제어를 수행하는 목적으로 사용할 수 있다. 즉, 접촉 환경에서 $\boldsymbol{F}_d$를 적절히 설정함으로써 원하는 접촉력을 얻을 수 있다. 그러나 많은 작업 환경에서는 접촉 여부를 잘 모르며, 접촉을 예상하더라도 특정한 접촉력을 얻기보다는 접촉으로 인한 충격을 줄이는 것이 더 중요한 경우가 많다. 이러한 경우에는 그림 12.12에서와 같이 $\boldsymbol{F}_d=0$으로 설정하게 된다. 이 경우에는 식 (12.38)에서 $\Delta\boldsymbol{F}$가 음의 부호를 가지게 되므로 목표 위치는 다음과 같이 표현된다.

$$\boldsymbol{x}_t = \boldsymbol{x}_d - \Delta\boldsymbol{x}_f \tag{12.42}$$

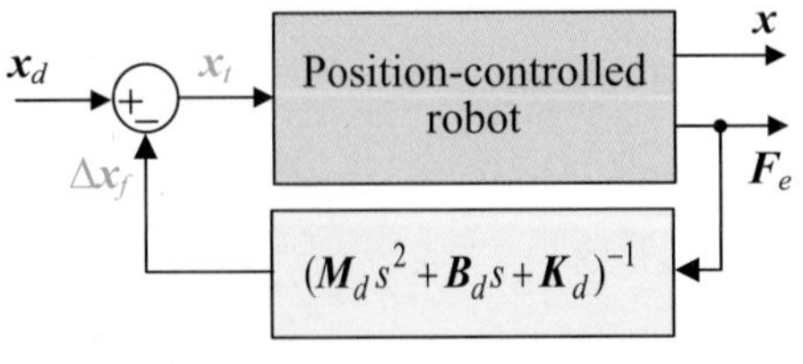

그림 12.12 어드미턴스 제어 시스템의 블록 선도

이해를 돕기 위해서, 그림 12.12(b)의 1자유도 예를 들어 보자. 접촉 상황에서는 $F_e>0$이므로 $\Delta x_f>0$이 되어 항상 $x_t<x_d$가 된다. 즉, 자유 공간에서의 운동의 경우에는 $F_e=0$이므로 $x_t=x_d$가 되어 위치 제어가 수행되지만, 운동 도중에 벽이 존재한다면 희망 위치 x_d는 벽 안에 설정되지만, 어드미턴스 제어를 수행하는 로봇이 실제 추종하는 목표 위치 x_t는 희망 위치보다 벽 표면에 위치함으로써 로봇 말단부에 걸리는 접촉력이 감소하게 된다. 로봇의 희망 강성 k_d가 작을수록 Δx_f가 커지게 되어, 목표 위치가 좀 더 벽의 표면에 위치하게 되므로 접촉에 의한 충격을 줄일 수 있게 된다.

12.3.4 임피던스 제어와 어드미턴스 제어의 비교

임피던스 제어와 어드미턴스 제어는 기본적으로 원하는 임피던스를 구현한다는 점에서 동일하다. 다만 이러한 임피던스의 구현을 토크 제어 로봇에서 하는지 아니면 위치 제어 로봇에서 하는지의 차이만 있을 뿐이다. 그림 12.13에 나타낸 대표적인 조립 작업인 펙인홀(peg-in-hole) 작업을 예로 들어 보자. 홀의 위치를 알고 있다고 가정한다. 먼저 펙을 홀의 위치에 정렬한 후에, 펙을 홀을 향해 아래로 밀어서 조립을 하게 된다. z축 방향으로는 고강성을 설정하여야 삽입 도중 벽과의 마찰을 이겨 내고 정확한 삽입 깊이를 얻을 수 있다. 그러나 x축 및 y축 방향으로는 저강성을 설정하여 횡력(lateral force)에 대해서는 순응 동작이 잘 발생하도록 한다. 이를 위하여 표 12.3과 같이 강성을 설정한다.

어드미턴스 제어는 토크 제어 로봇을 위한 임피던스 제어 알고리즘보다 간단하게 구현할 수 있으며, 일반적으로 위치 제어만 가능한 산업용 로봇에도 쉽게 적용할 수 있다는 장점이 있다. 그러나 대역폭이 상대적으로 작은 위치 제어를 기반으로 하

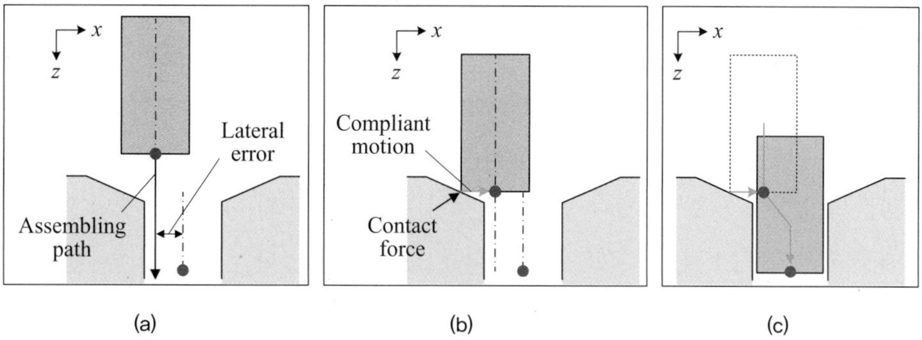

그림 12.13 펙인홀 조립 작업

표 12.3 **펙인홀 조립 작업을 위한 파라미터 설정**

Axis	m	b	k	ζ	ω_n
x	10.0 kg	100.0 kg/s	250.0 N/m	1.0	5 rad/s
y	10.0 kg	100.0 kg/s	250.0 N/m	1.0	5 rad/s
z	10.0 kg	200.0 kg/s	1000.0 N/m	1.0	10 rad/s

므로 강성이 높은 환경과 접촉할 경우 접촉 불안정성이 나타날 수 있다는 단점이 있다. 이러한 단점을 실제 환경에서 확인하기 위해서 그림 12.14와 같이 말단부에 F/T 센서를 부착한 협동 로봇을 사용하여 접촉 실험을 수행하였다.

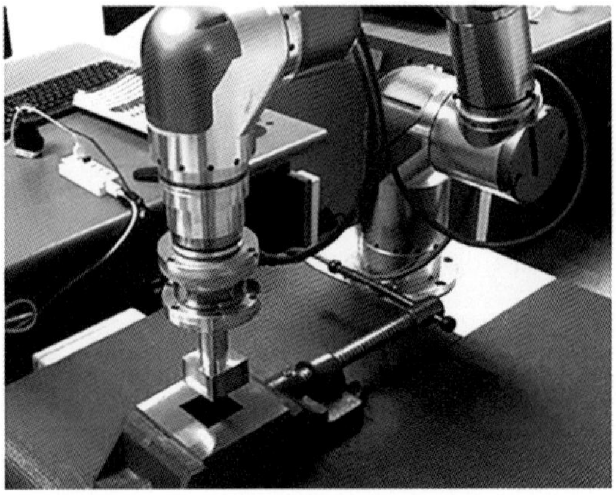

그림 12.14 **실제 환경에서의 접촉 실험**

그림 12.15와 12.16은 로봇을 어드미턴스 제어 모드로 설정한 상태에서 로봇 말단을 강성이 비교적 큰 환경(스틸)과 작은 환경(아크릴)에 각각 접촉시켰을 때 측정한 말단 힘과 위치를 나타낸 그래프이다. 이때 설정한 임피던스는 $m_d = 10$ kg, $k_d = 1{,}000$ N/m 였으며($\omega_n = 10$ rad/s), ζ를 1.0, 2.5, 5.0으로 증가시키면서 실험을 수행하였다. 그래프를 통해 알 수 있듯이, 감쇠비가 1.0일 경우에는 안정적으로 접촉을 하지 못하였으며, 시뮬레이션 결과와 마찬가지로 큰 감쇠비를 적용했을 때만 로봇 말단이 환경과 안정적으로 접촉을 유지하였다. 또한 두 그림의 비교를 통해 비교적 강성이 낮은 환경에 대해서 더 안정적으로 접촉을 유지하는 것을 알 수 있다.

그림 12.17은 로봇을 어드미턴스 제어 모드로 설정한 상태에서 로봇 말단을 스틸에 접촉시켰을 때 측정한 말단 힘과 위치를 나타낸 그래프이다. 실험은 $m = 10$ kg, ζ

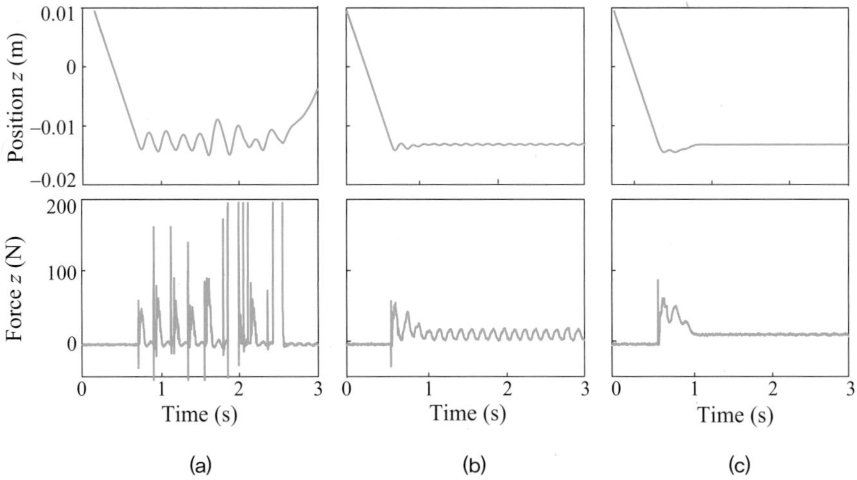

그림 12.15 **강성이 비교적 큰 환경(스틸)에 대한 어드미턴스 제어 기반 접촉 실험 결과:**
(a) $\zeta = 1.0$, (b) $\zeta = 2.5$, (c) $\zeta = 5.0$

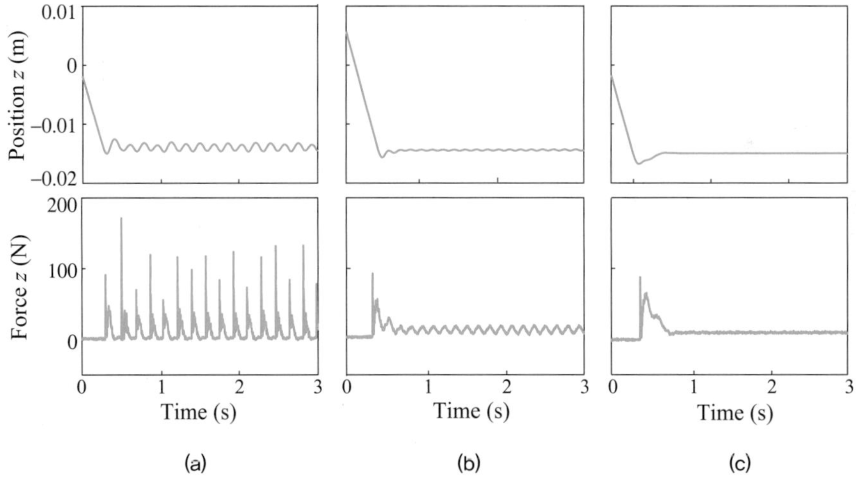

그림 12.16 **강성이 비교적 작은 환경(아크릴)에 대한 어드미턴스 제어 기반 접촉 실험 결과:**
(a) $\zeta = 1.0$, (b) $\zeta = 2.5$, (c) $\zeta = 5.0$

$=3.0$으로 설정한 상태에서 k_d를 100 N/m, 500 N/m, 1,000 N/m로 증가시키면서 수행하였다. 그래프를 통해 같은 감쇠비를 유지하더라도 시뮬레이션 결과와 같이 설정한 임피던스 강성이 크면 더 안정적으로 접촉을 유지하는 것을 알 수 있다.

다음으로 12.3.1절의 토크 제어 로봇에 적용되는 임피던스 제어를 사용한 결과를 살펴보자. 그림 12.18은 임피던스를 $m=10$ kg, $b=50$ Ns/m, $k=1{,}000$ N/m로 설정하여 $\zeta=0.25$의 낮은 감쇠비를 갖는 상태에서 앞에서와 같은 접촉 실험을 수행한 결

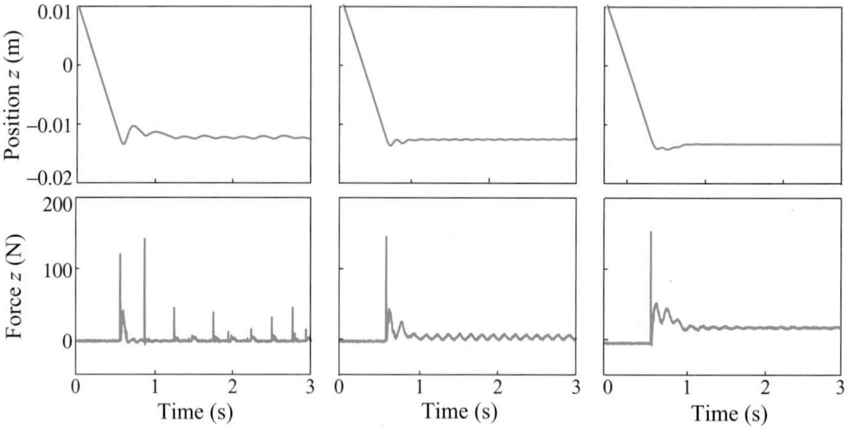

그림 12.17 ζ = 3.0일 때 임피던스 강성 변화에 따른 어드미턴스 제어 기반 접촉 실험 결과: (a) k_d = 100 N/m, (b) k_d = 500 N/m, (c) k_d = 1,000 N/m

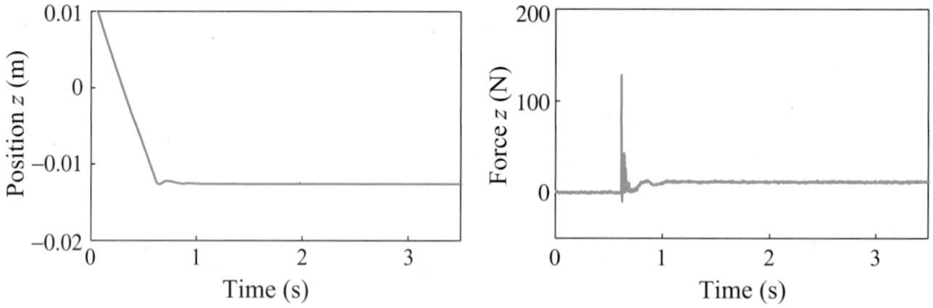

그림 12.18 임피던스 제어를 통한 접촉 실험 결과(ζ = 0.25)

과이다. 그래프에서 보듯이 접촉 초기에 튀는 힘을 제외하면 안정적으로 접촉을 유지하였다. 이러한 결과를 통해 임피던스 제어의 접촉 안정성이 어드미턴스 제어보다 더 우수하다는 결론을 얻을 수 있다.

12.4 복합 임피던스 제어

앞의 11.6절에서 복합 위치/힘 제어에 대해서 살펴보았다. 즉, 일반적으로 몇몇 축 방향으로는 위치 제어를 수행하고, 나머지 축 방향으로는 힘 제어를 수행하게 된다. 앞서 언급한 바와 같이 임피던스 개념을 이용하여 힘 제어뿐 아니라 위치 제어의 구현도 가능하다. 또한 로봇의 힘 제어를 구현하는 데 토크 제어 로봇(Anderson,

1988)이나 위치 제어 로봇에 따라서 다른 방식을 사용하였다. 이상을 종합하면, 위치 제어와 힘 제어를 복합적으로 수행하는 데 토크 제어 로봇과 위치 제어 로봇에 따라서 구현 방식이 달라지게 된다.

12.4.1 토크 제어 로봇에 기반한 복합 임피던스 제어

앞서 임피던스 제어 법칙을 유도할 때, 식 (12.17)로부터 다음과 같은 관계를 얻었다.

$$\ddot{\boldsymbol{x}} = \boldsymbol{a} \tag{12.43}$$

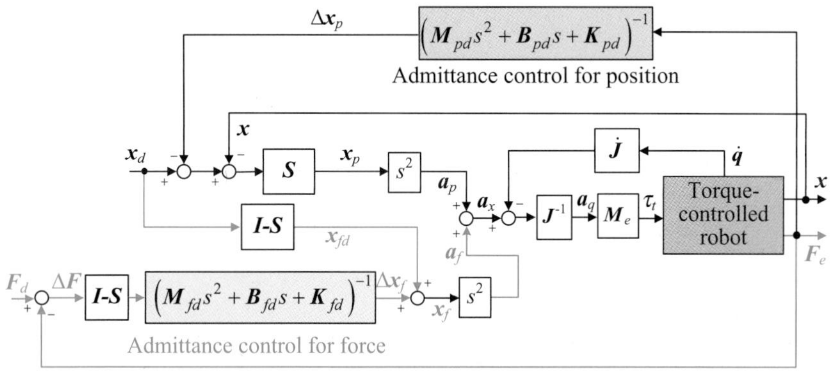

그림 12.19 **토크 제어 로봇에 기반한 복합 임피던스 제어**

위치 제어 부분을 먼저 고려하여 보자. 식 (12.43)으로부터

$$\ddot{\boldsymbol{x}}_p = \boldsymbol{a}_p \tag{12.44}$$

를 얻게 되는데, 여기서 p는 위치 제어를 의미한다. 위치 제어를 위한 희망 어드미턴스는

$$\boldsymbol{Y}_{pd} = \boldsymbol{Z}_{pd}^{-1} = (\boldsymbol{M}_{pd}s^2 + \boldsymbol{B}_{pd}s + \boldsymbol{K}_{pd})^{-1} \tag{12.45}$$

으로 주어진다. 그림에서 위치 보상 $\Delta\boldsymbol{x}_p$는 접촉력 $\boldsymbol{F}_e$와 희망 어드미턴스에 의해서

$$\Delta\boldsymbol{x}_p = (\boldsymbol{M}_{pd}s^2 + \boldsymbol{B}_{pd}s + \boldsymbol{K}_{pd})^{-1}\boldsymbol{F}_e \tag{12.46}$$

로 주어진다. 식 (12.44)로부터

$$\boldsymbol{a}_p = s^2\boldsymbol{x}_p = s^2\boldsymbol{S}(\boldsymbol{x}_d - \Delta\boldsymbol{x}_p - \boldsymbol{x}) \tag{12.47}$$

가 된다. 위 식에서 위치 오차가 단순히 $(\boldsymbol{x}_d - \boldsymbol{x})$가 아니라, 보상된 목표 위치 $\Delta\boldsymbol{x}_p$를 사용하여 $\{(\boldsymbol{x}_d - \Delta\boldsymbol{x}_p) - \boldsymbol{x}\}$가 되는데, 이는 앞서의 어드미턴스 제어와 동일하다. 식 (12.46)을 (12.47)에 대입하면, 위치 제어를 위한 제어 입력인

$$\boldsymbol{a}_p = s^2 \boldsymbol{S}\{\boldsymbol{x}_d - \boldsymbol{x} - (\boldsymbol{M}_{pd}s^2 + \boldsymbol{B}_{pd}s + \boldsymbol{K}_{pd})^{-1}\boldsymbol{F}_e\} \tag{12.48}$$

를 얻게 된다.

이번에는 힘 제어 부분을 고려하여 보자. 식 (12.43)으로부터

$$\ddot{\boldsymbol{x}}_f = \boldsymbol{a}_f \tag{12.49}$$

을 얻을 수 있는데, 여기서 f는 힘 제어를 의미한다. 힘 제어를 위한 희망 어드미턴스는

$$\boldsymbol{Y}_{fd} = \boldsymbol{Z}_{fd}^{-1} = (\boldsymbol{M}_{fd}s^2 + \boldsymbol{B}_{fd}s + \boldsymbol{K}_{fd})^{-1} \tag{12.50}$$

로 주어진다. 그림에서 위치 보상 $\Delta\boldsymbol{x}_f$는

$$\Delta\boldsymbol{x}_f = (\boldsymbol{M}_{fd}s^2 + \boldsymbol{B}_{fd}s + \boldsymbol{K}_{fd})^{-1}(\boldsymbol{I} - \boldsymbol{S})(\boldsymbol{F}_d - \boldsymbol{F}_e) \tag{12.51}$$

로 주어진다. 식 (12.49)로부터

$$\boldsymbol{a}_f = s^2\boldsymbol{x}_f = s^2(\boldsymbol{x}_{fd} + \Delta\boldsymbol{x}_f) \tag{12.52}$$

이 된다. 식 (12.48)을 (12.52)에 대입하면, 힘 제어를 위한 제어 입력인

$$\boldsymbol{a}_f = s^2(\boldsymbol{I} - \boldsymbol{S})\{\boldsymbol{x}_d + (\boldsymbol{M}_{fd}s^2 + \boldsymbol{B}_{fd}s + \boldsymbol{K}_{fd})^{-1}(\boldsymbol{F}_d - \boldsymbol{F}_e)\} \tag{12.53}$$

를 얻게 된다. 그러므로 로봇에 입력되는 제어 입력은 식 (12.48)과 (12.53)의 합인

$$\boldsymbol{a}_x = \boldsymbol{a}_p + \boldsymbol{a}_f \tag{12.54}$$

로 주어진다.

위의 토크 제어 기반 복합 임피던스 제어는 힘 또는 위치 스텝 입력에 대해서 제로 정상상태 오차를 보여 준다. 그리고 Z_{pd}는 비관성(noninertial) 임피던스로, Z_{fd}는 비용량성(noncapacitive) 임피던스로 선정된다. 토크 제어 기반 복합 임피던스 제어는 작

은 임피던스를 구현하는 데 적합하며, 정확한 로봇 모델을 필요로 한다.

12.4.2 위치 제어 기반 복합 임피던스 제어

위치 제어에 기반한 복합 임피던스 제어 시스템의 블록 선도를 그림 12.20에 나타내었다. 이 제어 알고리즘은 그림 12.19의 토크 제어에 기반한 복합 임피던스 제어 시스템과 사실상 동일하지만, 그림 12.19의 목표 토크 $\boldsymbol{\tau}_t$ 대신에 목표 위치 $\boldsymbol{x}_t$가 입력된다는 점에서 차이가 있다.

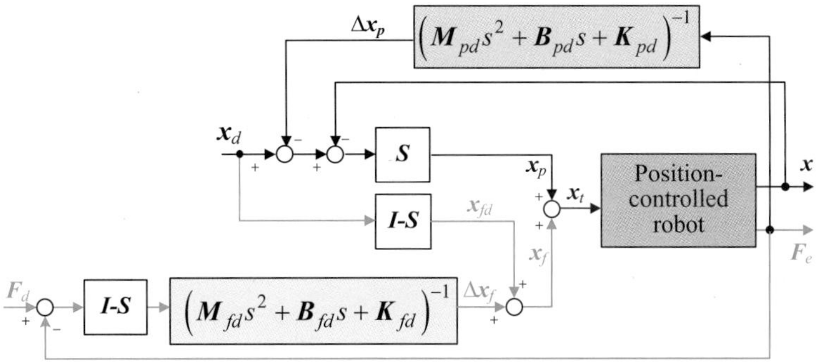

그림 12.20 **위치 제어 로봇에 기반한 복합 임피던스 제어**

위치 제어 부분을 먼저 고려하여 보자. 위치 제어를 위한 희망 어드미턴스는 식 (12.45)와 같이 주어지며, 위치 제어를 위한 목표 위치 $\boldsymbol{x}_p$는

$$\boldsymbol{x}_p = \boldsymbol{S}(\boldsymbol{x}_d - \Delta\boldsymbol{x}_P - \boldsymbol{x}) = \boldsymbol{S}\{\boldsymbol{x}_d - \boldsymbol{x} - (\boldsymbol{M}_{pd}s^2 + \boldsymbol{B}_{pd}s + \boldsymbol{K}_{pd})^{-1}\boldsymbol{F}_e\} \quad (12.55)$$

과 같다. 힘 제어를 위한 희망 어드미턴스는 식 (12.50)과 같이 주어지며, 힘 제어를 위한 목표 위치 $\boldsymbol{x}_f$는

$$\boldsymbol{x}_f = \boldsymbol{x}_{fd} + \Delta\boldsymbol{x}_f = (\boldsymbol{I} - \boldsymbol{S})x_d + (\boldsymbol{M}_{fd}s^2 + \boldsymbol{B}_{fd}s + \boldsymbol{K}_{fd})^{-1}(\boldsymbol{I} - \boldsymbol{S})(\boldsymbol{F}_d - \boldsymbol{F}_e) \quad (12.56)$$

과 같다. 그러므로 위치 제어 로봇에 입력되는 목표 위치는

$$\boldsymbol{x}_t = \boldsymbol{x}_p + \boldsymbol{x}_f \quad (12.57)$$

로 계산된다.

연습문제

1 다음 그림과 같이 마찰이 없는 표면 위에 볼링공이 놓여 있다. 어떤 임피던스로 모델링할 수 있는가?

2 속도 제어 시스템에 대한 다음의 블록 선도를 고려하자. 그림에서 $Z_r(s)$는 로봇의 임피던스, $Z_e(s)$는 환경의 임피던스이며, $\dot{x}_d$와 $\dot{x}_d$는 로봇 말단점의 희망 속도와 실제 속도이다. 표 12.2를 참고한다.

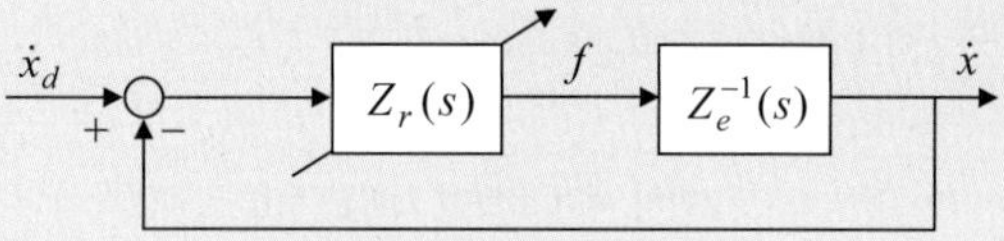

(a) 폐루프 전달 함수가 다음과 같음을 보이시오.

$$\frac{\dot{x}(s)}{\dot{x}_d(s)} = \frac{Z_r}{Z_r + Z_e}$$

(b) 희망 속도가 스텝 입력으로 주어지는 경우에 정상상태 오차가 다음과 같음을 보이시오. (힌트: 최종값의 정리를 사용한다.)

$$e_{ss} = \frac{Z_e(0)}{Z_r(0) + Z_e(0)}$$

(c) 환경이 저항성 임피던스로 표현될 때, 속도 제어 시스템의 정상상태 오차가 0이 되기 위해서는 로봇이 어떤 종류의 임피던스 특성을 가져야 하는가?

(d) 환경이 용량성 임피던스로 표현될 때, 속도 제어 시스템의 정상상태 오차가 0이 될 수 있는가?

(e) 환경이 관성 임피던스로 표현될 때, 속도 제어 시스템의 정상상태 오차가 0이 되기 위해서는 로봇이 어떤 종류의 임피던스 특성을 가져야 하는가?

3 힘 제어 시스템에 대한 다음의 블록 선도를 고려하자. 그림에서 $Z_r(s)$는 로봇의 임피던스, $Z_e(s)$는 환경의 임피던스이며, f_d와 f는 로봇 말단점에서의 희망 접촉력과 실제 접촉력이다. 표 12.2를 참고한다.

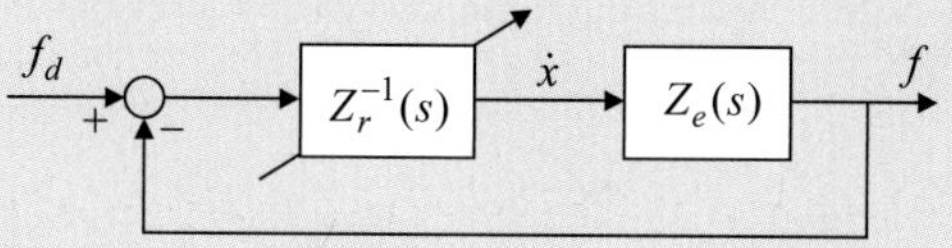

(a) 폐루프 전달 함수가 다음과 같음을 보이시오.

$$\frac{f(s)}{f_d(s)} = \frac{Z_e}{Z_r + Z_e}$$

(b) 희망 접촉력이 스텝 입력으로 주어지는 경우에 정상상태 오차가 다음과 같음을 보이시오. (힌트: 최종값의 정리를 사용한다.)

$$e_{ss} = \frac{Z_r(0)}{Z_r(0) + Z_e(0)}$$

(c) 환경이 저항성 임피던스로 표현될 때, 힘 제어 시스템의 정상상태 오차가 0이 되기 위해서는 로봇이 어떤 종류의 임피던스 특성을 가져야 하는가?

(d) 환경이 용량성 임피던스로 표현될 때, 힘 제어 시스템의 정상상태 오차가 0이 되기 위해서는 로봇이 어떤 종류의 임피던스 특성을 가져야 하는가?

(e) 환경이 관성 임피던스로 표현될 때, 힘 제어 시스템의 정상상태 오차가 0이 될 수 있는가?

4 강성에 기반하여 위치 제어와 힘 제어를 수행하는 방법에 대해서 간략히 기술하시오.

5 뒤의 좌측 그림에서 로봇의 말단부와 환경 간의 접촉을 우측 그림과 같이 질량-스프링 시스템으로 모델링할 수 있다. 이들 그림에서 x는 말단부의 실제 위치, x_d는 말단부의 희망 위치, x_e는 벽의 위치, k_e는 벽의 강성을 나타낸다. 모든 위치는 동일한 기준선으로부터 측정된다.

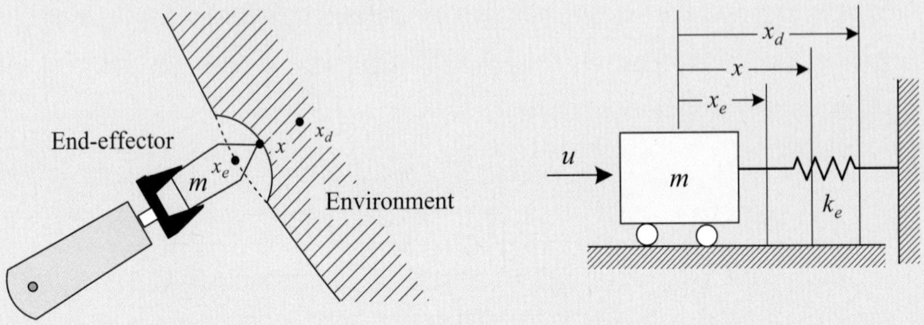

(a) 개루프 시스템인 질량-스프링 시스템의 운동 방정식과 $u = k_P(x_d - x) - k_D\dot{x}$ 의 PD 제어 법칙을 결합하면, 폐루프 시스템을 얻을 수 있다. 폐루프 시스템의 방정식을 구하시오.

(b) 파트 (a)에서 환경에 인가되는 정상상태 힘을 구하시오.

(c) 로봇의 희망 강성이 $k_d = 10$ N/mm이며, 이는 벽의 강성 k_e보다 매우 작다고 가정한다. 또한 벽의 위치가 $x_e = 100$ mm라고 가정한다. 벽에 $F_e = 30$ N의 접촉력을 인가하기를 원한다면, 로봇 말단점의 희망 위치는 어떻게 설정되어야 하는가?

(d) 벽의 실제 위치가 $x_e = 98$ mm라고 할 때, 실제 접촉력을 구하시오. 이 실제 접촉력이 희망 접촉력과 다르다면, 강성 제어기는 이 오차를 수정하기 위해서 어떤 행동을 취하게 되는가?

6 어드미턴스 제어에서 희망 어드미턴스에 강성만이 존재하는 순응 제어 시스템을 고려하자. 로봇 말단부의 희망 강성이 $k_d = 10$ N/mm이며, 이는 벽의 강성 k_e보다 매우 작다고 가정한다. 벽의 위치는 $x_e = 100$ mm라고 가정하며, 로봇 말단이 벽에 $F_e = 30$ N의 접촉력을 가하기를 원한다. 다음 물음에 답하시오.

(a) 벽에 $F_e = 30$ N의 접촉력을 가하기를 원할 때, 희망 위치 x_d를 구하시오.

(b) 벽에 접촉하지 않아서 실제 접촉력이 0일 때, 순응 제어의 목표 위치 x_t를 구하시오.

(c) 실제 접촉력이 20 N일 때, 순응 제어의 목표 위치 x_t를 구하시오.

(d) 실제 접촉력이 40 N일 때, 순응 제어의 목표 위치 x_t를 구하시오.

(e) 로봇 말단부의 희망 강성이 $k_d = 40$ N/mm로 4배 증가하였을 때, $F_e = 30$ N의 접촉력을 위한 희망 위치를 구하시오. 그리고 실제 접촉력이 40 N일 때, 순응 제어의 목표 위치 x_t를 구하시오.

(f) 파트 (d)와 (e)의 결과로부터, 희망 강성이 증가할수록 목표 위치는 어떻게 변하는가?

7 다음과 같은 질량-스프링-감쇠기 시스템을 고려하자. 그림에서 f는 질량에 인가되는 외력이며, u는 제어의 목적으로 인가되는 제어 입력이다.

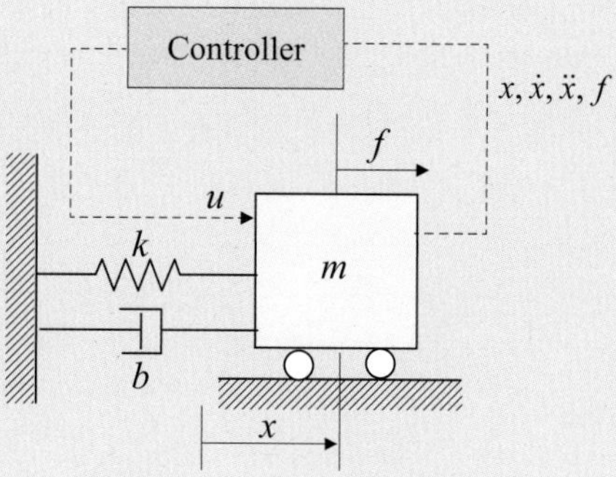

(a) 개루프 시스템(즉, 질량-스프링-감쇠기 시스템)의 운동 방정식을 구하시오.

(b) 개루프 시스템의 원래 임피던스인 m, b, k를 상쇄하고, 희망 임피던스인 m_d, b_d, k_d로 대체하는 제어 법칙 u를 구하시오. 이때 폐루프 제어 시스템에 해당하는 희망 동역학을 구하시오.

(c) 위의 시스템이 스프링만으로 구성되어 있다고 가정하자. 이때 스프링 상수는 $k=10$, $k_d = 50$이라 한다. 만약 개루프 시스템에서 $f=100$이 인가된다면 변형은 얼마인가?

(d) 파트 (c)와 관련하여, 폐루프 제어 시스템에서 $f=100$이 인가된다면 변형은 얼마인가? 이때의 제어 입력 u는 얼마인가?

(e) 파트 (c)와 (d)에서 동일한 외력에 대해서 변형이 다르다면, 그 이유는 무엇인가? 제어 입력을 통해서, 실제 스프링 상수 대신에 희망 스프링 상수를 구현하는 방식에 대해서 논하시오.

(f) 이번에는 시스템이 $k=10$ 및 $b=5$를 갖는 스프링-감쇠기 시스템으로 구성된다고 가정하자. 실제 임피던스를 변화시키지 않고도, 사용자가 $k_d=30$ 및 $b_d=10$의 피상(apparent) 임피던스를 느끼도록 하려면, 제어 입력을 어떻게 설정하여야 하는가?

CHAPTER 13 협동 로봇

CHAPTER 12

협동 로봇

1961년에 처음 개발되었던 재래식 산업용 로봇은, 인간의 팔을 모사하여 설계되었으므로 현재 사용되는 로봇도 예전과 유사한 형태를 취하고 있다. 이러한 재래식 산업용 로봇은 높은 가반 하중, 고속 동작, 높은 반복 정밀도를 특징으로 하며, 작업자와 로봇 간의 충돌 등에 대한 대비가 없어서 충돌 시에 매우 위험하므로, 로봇이 안전 펜스를 통하여 작업자와 철저히 분리된 상태로만 운영이 가능하다. 따라서 로봇을 설치하기 위해서는 매우 큰 공간이 필요하다. 그러나 중소기업 현장에서는 로봇 설치를 위해서 큰 공간을 제공하기가 어려우며, 협소한 공간의 제약으로 인해서 로봇과 작업자가 서로 다른 작업을 하더라도 동일한 작업 공간 내에서 작업을 수행하는 경우가 많다.

그러므로 인간과 로봇 간의 충돌이 발생하더라도 충돌을 감지하여 작업자를 보호할 수 있어야 한다. 그리고 재래식 로봇은 복잡한 프로그래밍을 통하여 로봇의 작업을 설정한 이후에 장기간에 걸쳐서 대량 생산에 주로 활용하였다. 이를 위해서 로봇의 프로그래밍을 위한 로봇 엔지니어가 필요하였다. 그러나 중소기업 현장에서는 로봇 작업의 내용이 수시로 변경되므로, 재래식 로봇과 같은 프로그래밍보다는 비전문가도 쉽게 로봇의 작업을 교시하여야 할 필요성이 발생하였다.

이와 같이 재래식 산업용 로봇의 원래 기능에 더하여, 충돌 안전성과 더불어 쉬운 교시 기능을 갖춘 로봇의 필요성을 만족시키도록 개발된 로봇이 바로 협동 로봇(collaborative robot or cobot)이다. 이러한 형태의 로봇은 2010년경에 처음 출시된 이후에 점차 시장이 확대되고 있으며, 기존의 로봇 업체 외에도 많은 신생 벤처 기업들이 협동 로봇을 생산하고 있다.

이 장에서는 협동 로봇의 충돌 감지, 쉬운 교시를 위한 직접 교시 등에 대해서 소개한다.

13.1 충돌 감지

13.1.1 외란 관측기

기계 시스템의 제어에서 **외란 관측기**(disturbance observer)는 크게 2가지 용도로 활용된다. 첫 번째는 관측된 외란을 시스템의 입력에 반영하여 외란이 존재하는 상황에서도 시스템의 제어 성능을 확보하는 것이다. 이러한 활용의 예로 강인 제어(robust control) 및 적응 제어(adaptive control) 등이 있다. 두 번째는 정상적으로 동작하는 시스템에는 외란이 발생하지 않는다는 가정을 바탕으로, 외란 관측기를 이용하여 시스템의 고장 검출(fault detection and isolation, FDI)을 수행하는 것이다. 본 책에서는 이러한 FDI에 활용되는 외란 관측기에 대하여 설명한 후, 외란 관측기를 이용한 인간-로봇의 충돌 감지에 대하여 설명한다.

그림 13.1은 외란이 입력에 포함되는 시스템의 블록 선도이다. 이 그림에서 $G(s)$는 시스템의 전달 함수이며, $U(s)$는 시스템의 입력, $D(s)$는 입력에 포함되는 외란, $Y(s)$는 출력이다.

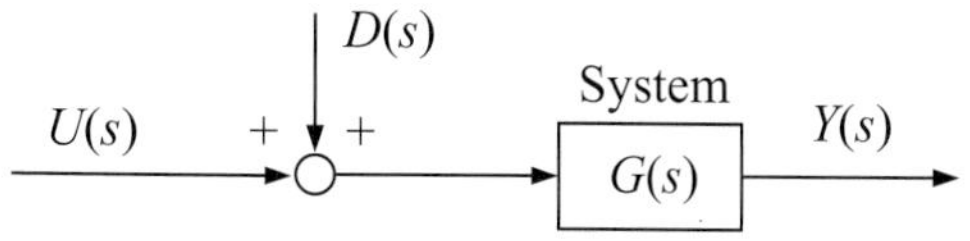

그림 13.1 **외란을 포함한 단순한 시스템**

이 그림과 같이 외란이 존재하는 시스템의 입출력 관계를 수식으로 나타내면 아래와 같다.

$$Y(s) = G(s)[U(s) + D(s)] \tag{13.1}$$

그림 13.2의 블록 선도는 기본적인 형태의 외란 관측기를 나타낸 것으로, $G_n(s)$는 시스템의 공칭 모델(nominal model)이며, $Q(s)$는 시스템의 causality를 만족시키기 위한 필터(일반적으로 Q 필터라 함), $N(s)$는 센서 잡음(sensor noise)이다. 위의 블록 선도를 바탕으로 외란의 관측치 $\hat{D}(s)$를 다음과 같이 계산할 수 있다.

$$\hat{D}(s) = Q(s)\left[\left(\frac{G(s)}{G_n(s)} - 1\right)U(s) + \frac{1}{G_n(s)}N(s) + \frac{G(s)}{G_n(s)}D(s)\right] \tag{13.2}$$

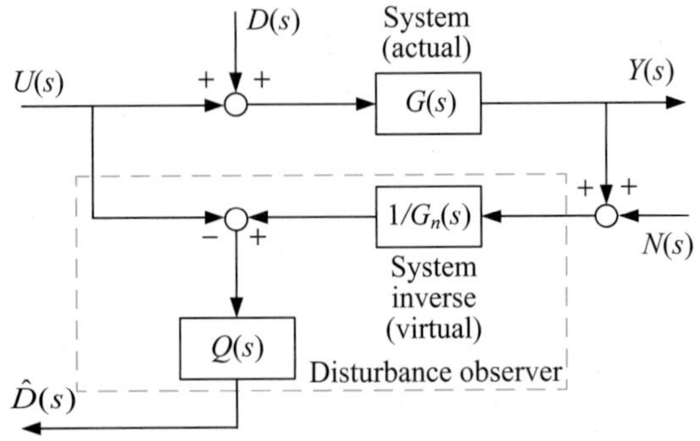

그림 13.2 기본적인 외란 관측기

시스템의 공칭 모델이 비교적 정확하다면 $G(s)/G_n(s)=1$이라 가정할 수 있으며, 식 (13.2)를 다음과 같이 정리할 수 있다.

$$\hat{D}(s) \approx Q(s)\left[\frac{1}{G_n(s)}N(s)+D(s)\right] \tag{13.3}$$

만약 센서 잡음이 작다면 식 (13.3)은 다음과 같이 나타낼 수 있다.

$$\hat{D}(s) \approx Q(s)D(s) \tag{13.4}$$

즉, 외란의 관측치 $\hat{D}(s)$는 실제 외란 $D(s)$가 Q 필터를 통과한 형태이며, Q 필터의 설계에 따라 외란 관측기를 다양하게 활용할 수 있다.

13.1.2 외부 토크 기반의 충돌 감지

인간-로봇 충돌이 발생하면 로봇에 외력이 인가되고, 로봇에 외력이 인가되면 로봇의 관절에서는 외부 토크가 발생한다. 따라서 로봇에 외부 토크가 발생하였는지의 여부로 인간-로봇 충돌을 감지할 수 있다.

그림 13.3과 같이 로봇과 인간 또는 로봇과 환경 사이에는 주로 외력 $\boldsymbol{F}_{ext}$의 형태로 상호작용이 발생한다. 편의상 외력으로 표현하였지만, 이 외력 벡터는 힘 성분 외에 모멘트 성분도 포함할 수 있음에 유의한다. 이러한 외력은 직교 공간에서의 힘과 관절 공간에서의 토크 간의 관계를 나타내는 다음의 자코비안 관계식에 의해서 관절 공간에서의 외부 토크 벡터 $\boldsymbol{\tau}_{ext}$로 표현할 수 있다.

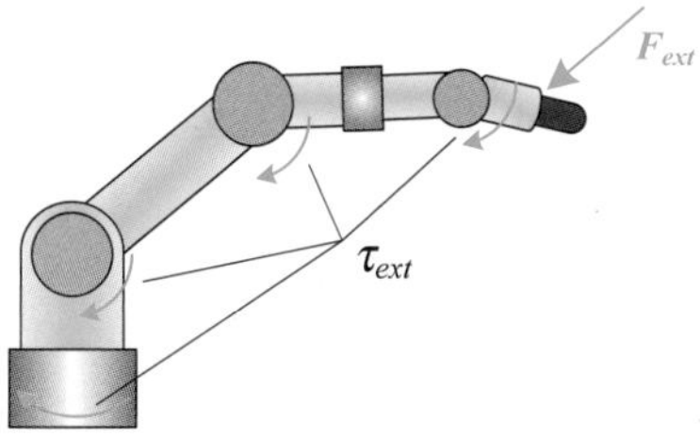

그림 13.3 **외력 및 외부 토크**

$$\boldsymbol{\tau}_{ext} = \boldsymbol{J}^T \boldsymbol{F}_{ext} \tag{13.5}$$

여기서 $\boldsymbol{J}$는 로봇 팔의 자코비안 행렬이다. 즉, 로봇의 말단부나 몸체에 외력이 작용하면, 이 외력은 식 (13.5)에 의해서 각 관절에 작용하는 외부 토크로 변환할 수 있다. 로봇과 환경 간의 상호작용 없이 로봇이 자유 공간상에서 운동할 때 로봇의 운동 방정식은

$$\boldsymbol{M}_e(\boldsymbol{q})\ddot{\boldsymbol{q}} + \boldsymbol{C}(\boldsymbol{q},\dot{\boldsymbol{q}})\dot{\boldsymbol{q}} + \boldsymbol{g}(\boldsymbol{q}) + \boldsymbol{\tau}_f = \boldsymbol{\tau}$$

와 같지만, 만약 로봇에 충돌 등에 의한 외력이 작용한다면 운동 방정식은

$$\boldsymbol{M}_e(\boldsymbol{q})\ddot{\boldsymbol{q}} + \boldsymbol{C}(\boldsymbol{q},\dot{\boldsymbol{q}})\dot{\boldsymbol{q}} + \boldsymbol{g}(\boldsymbol{q}) + \boldsymbol{\tau}_f + \boldsymbol{\tau}_{ext} = \boldsymbol{\tau} \tag{13.6}$$

또는

$$\boldsymbol{M}(\boldsymbol{q})\ddot{\boldsymbol{q}} + \boldsymbol{C}(\boldsymbol{q},\dot{\boldsymbol{q}})\dot{\boldsymbol{q}} + \boldsymbol{g}(\boldsymbol{q}) + \boldsymbol{\tau}_{ext} = \boldsymbol{\tau} - \boldsymbol{\tau}_f - \boldsymbol{J}_m\ddot{\boldsymbol{q}} \tag{13.7}$$

이때 식 (10.8)의 $\boldsymbol{M}_e(\boldsymbol{q}) = \boldsymbol{M}(\boldsymbol{q}) + \boldsymbol{J}_m$의 관계를 이용하였다.

로봇 링크에 전달되는 관절 토크 $\boldsymbol{\tau}_j$는 다음과 같다.

$$\boldsymbol{\tau}_j = \boldsymbol{M}(\boldsymbol{q})\ddot{\boldsymbol{q}} + \boldsymbol{C}(\boldsymbol{q},\dot{\boldsymbol{q}})\dot{\boldsymbol{q}} + \boldsymbol{g}(\boldsymbol{q}) + \boldsymbol{\tau}_{ext} = \boldsymbol{\tau} - \boldsymbol{J}_m\ddot{\boldsymbol{q}} - \boldsymbol{\tau}_f \tag{13.8}$$

즉, 링크로 전달되는 실제 관절 토크 $\boldsymbol{\tau}_j$는 모터에서 발생하여 감속기에서 증폭된 액추에이션 토크 $\boldsymbol{\tau}$에서 모터 회전부의 가속에 사용되는 관성 토크를 제외한 순수 출력 토크 $(\boldsymbol{\tau} - \boldsymbol{J}_m\ddot{\boldsymbol{q}})$에서 감속기에서의 마찰 토크 $\boldsymbol{\tau}_f$를 제외한 토크에 해당된다. 그리고 이렇게 전달된 관절 토크는 로봇의 운동을 생성하게 되고, 외부 토크 $\boldsymbol{\tau}_{ext}$를 이겨 내는 데 사용된다.

만약 로봇의 각 관절의 감속기 출력단과 링크 사이에 관절 토크 센서(joint torque sensor, JTS)가 장착되어 있다면, 관절 토크는 다음과 같이 JTS의 측정치로부터 바로 구할 수 있다.

$$\boldsymbol{\tau}_j = \boldsymbol{\tau}_{JTS} \tag{13.9}$$

만약 JTS가 사용되지 않는다면, 다음과 같이 관절 토크를 추정하여야 한다.

$$\boldsymbol{\tau}_j = \boldsymbol{\tau} - \boldsymbol{J}_m \ddot{\boldsymbol{q}} - \boldsymbol{\tau}_f \tag{13.10}$$

물론 JTS를 사용하는 경우에 훨씬 더 정확하게 관절 토크를 구할 수 있다.

식 (13.8)로부터 외부 토크는 다음과 같이 나타낼 수 있다.

$$\boldsymbol{\tau}_{ext} = \boldsymbol{\tau}_j - [\boldsymbol{M}(\boldsymbol{q})\ddot{\boldsymbol{q}} + \boldsymbol{C}(\boldsymbol{q},\dot{\boldsymbol{q}})\dot{\boldsymbol{q}} + \boldsymbol{g}(\boldsymbol{q})] \tag{13.11}$$

위 식에서 보듯이, $\boldsymbol{\tau}_{ext}$를 계산하기 위해서는 $\ddot{\boldsymbol{q}}$의 정보가 주어져야 한다. 그러나 일반적인 로봇에는 가속도 센서가 내장되어 있지 않으며, 엔코더 신호를 바탕으로 두 번의 수치 미분으로 계산된 $\ddot{\boldsymbol{q}}$은 잡음이 너무 많아서 현실적으로 사용할 수 없다. 따라서 관절의 각가속도 정보를 사용하지 않고 외부 토크를 추정하는 방법이 필요한데, 이러한 문제를 앞 절에서 언급한 외란 관측기를 이용하여 해결할 수 있다.

13.1.3 외란 관측기에 기반한 외부 토크 관측

로봇의 각 관절에서 모터/감속기에 의해서 발생된 관절 토크가 각 관절에 연결된 링크를 움직임으로써 로봇의 운동이 발생하게 된다. 따라서 로봇 시스템의 경우에 τ_j를 시스템의 입력, q 또는 $\dot{q}$을 출력으로 모델링할 수 있다. 한편, 로봇이 외부 환경과 접촉하지 않고 자유 공간상에서 동작하는 경우에는 로봇에 외력이 인가되지 않는다. 따라서 이 경우에 인간-로봇 충돌로 인하여 발생한 τ_{ext}를 외란으로 해석할 수 있으며, 이러한 외란 관측기를 이용하여 외부 토크를 관측할 수 있다.

그림 13.4의 블록 선도는 τ_j가 입력이고, $\dot{q}$이 출력인 시스템의 외란 관측기를 나타낸 것이며, τ_j 및 τ_{ext}는 각각 관절 토크 및 외부 토크를 나타낸다. 편의상 1자유도 로봇을 대상으로 하였으므로, 모든 변수는 스칼라로 나타내었다. 이 블록 선도를 바탕으로 식 (13.4)에서 설명한 원리를 적용하면, 외부 토크의 관측치인 $\hat{\tau}_{ext}(s)$를 다음과

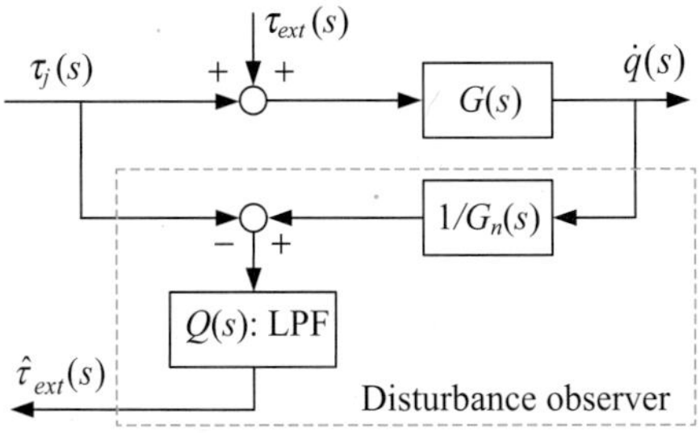

그림 13.4 **충돌 감지를 위한 외란 관측기**

같이 계산할 수 있다.

$$\hat{\tau}_{ext}(s) = Q(s)\tau_{ext}(s) \tag{13.12}$$

일반적으로 외란 관측기의 Q 필터는 저역통과 필터(low-pass filter, LPF)를 많이 사용하므로, $Q(s)$에 1차 LPF를 적용하면 식 (13.12)는

$$\hat{\tau}_{ext}(s) = \frac{K}{s+K}\tau_{ext}(s) \tag{13.13}$$

와 같이 나타낼 수 있는데, 여기서 K는 필터 이득이다. 즉, $\hat{\tau}_{ext}$는 τ_{ext}가 LPF를 통과한 값이므로, K를 적절히 설정하면 $\hat{\tau}_{ext}$를 바탕으로 τ_{ext}를 관측할 수 있다. 식 (13.13)을 시간 영역으로 나타내면 다음의 미분 방정식을 얻을 수 있다.

$$\frac{d}{dt}\hat{\tau}_{ext} = K(\tau_{ext} - \hat{\tau}_{ext}) \tag{13.14}$$

제어 주기가 충분히 빠르다고 가정하면, 위 식을 이산화하여

$$\frac{\hat{\tau}_{ext}(i+1) - \hat{\tau}_{ext}(i)}{T} = K[\tau_{ext}(i) - \hat{\tau}_{ext}(i)] \tag{13.15}$$

와 같이 나타낼 수 있으며, 여기서 i는 이산화된 시간(discrete-time index)을 나타내며, T는 제어 주기이다. 식 (13.15)의 양변을 k번째 값까지 합하면

$$\sum_{i=0}^{k}[\hat{\tau}_{ext}(i+1) - \tau_{ext}(i)] = KT\sum_{i=0}^{k}[\tau_{est}(i) - \tau_{ext}(i)] \tag{13.16}$$

이 된다. 위 식의 좌변을 전개하면

$$\hat{\tau}_{ext}(k+1) = \hat{\tau}_{ext}(0) + KT\sum_{i=0}^{k}[\tau_{ext}(i) - \hat{\tau}_{ext}(i)] \tag{13.17}$$

와 같이 정리할 수 있다. 여기서 $\hat{\tau}_{ext}(0)$는 초깃값이다. 이제 위 식을 n자유도 로봇으로 확장하면 다음과 같다.

$$\hat{\boldsymbol{\tau}}_{ext}(k+1) = \boldsymbol{KT}\sum_{i=0}^{k}[\boldsymbol{\tau}_{ext}(i) - \hat{\boldsymbol{\tau}}_{ext}(i)] + \hat{\boldsymbol{\tau}}_{ext}(0) \tag{13.18}$$

와 같으며, 여기서 $\boldsymbol{\tau}_{ext}$ 및 $\hat{\boldsymbol{\tau}}_{ext}$은 n개의 관절에 각각 작용하는 외부 토크를 나타내는 $n\times1$ 벡터이고, $\boldsymbol{K}$ 행렬은 n개의 필터 이득을 대각 성분으로 가지는 $n\times n$ 대각 행렬이다. 식 (13.18)에 (13.11)을 대입하면 다음과 같다.

$$\hat{\boldsymbol{\tau}}_{ext}(k+1) = \boldsymbol{KT}\sum_{i=0}^{k}[\boldsymbol{\tau}_j(i) - \{\boldsymbol{M}(i)\ddot{\boldsymbol{q}}(i) + \boldsymbol{C}(i)\dot{\boldsymbol{q}}(i) + \boldsymbol{g}(i)\} - \hat{\boldsymbol{\tau}}_{ext}(i)] + \hat{\boldsymbol{\tau}}_{ext}(0) \tag{13.19}$$

위 식은 여전히 각가속도 $\ddot{q}$의 정보를 사용하여야 하는 문제를 포함하고 있다. 로봇의 동역학 수식을 다음과 같이 정의되는 일반화 모멘텀(generalized momentum) $\boldsymbol{p}$를 이용하여 표현하여 보자.

$$\boldsymbol{p} = \boldsymbol{M}(\boldsymbol{q})\dot{\boldsymbol{q}} \tag{13.20}$$

위 식의 의미는 동역학에서 선형 모멘텀(linear momentum)이 질량과 속도의 곱으로 표현됨을 상기하면 된다. 위 식의 양변을 미분하면

$$\dot{\boldsymbol{p}} = \boldsymbol{M}(\boldsymbol{q})\ddot{\boldsymbol{q}} + \dot{\boldsymbol{M}}(\boldsymbol{q})\dot{\boldsymbol{q}} \tag{13.21}$$

한편, 관성 행렬 $\boldsymbol{M}(\boldsymbol{q})$는 항상 대칭 행렬이므로, $\boldsymbol{N}(\boldsymbol{q},\dot{\boldsymbol{q}}) = \dot{\boldsymbol{M}}(\boldsymbol{q}) - 2\boldsymbol{C}(\boldsymbol{q},\dot{\boldsymbol{q}})$를 만족시키는 교대 행렬(skew-symmetric matrix) $\boldsymbol{N}(\boldsymbol{q},\dot{\boldsymbol{q}})$를 정의할 수 있으며, 이 성질을 이용하여 식 (6.120)과 같은 관계를 유도할 수 있다.

$$\dot{\boldsymbol{M}}(\boldsymbol{q}) = \boldsymbol{C}^T(\boldsymbol{q},\dot{\boldsymbol{q}}) + \boldsymbol{C}(\boldsymbol{q},\dot{\boldsymbol{q}}) \tag{13.22}$$

이 식의 $\dot{\boldsymbol{M}}(\boldsymbol{q})$를 식 (13.21)에 대입하면

$$\dot{\boldsymbol{p}} = \boldsymbol{M}(\boldsymbol{q})\ddot{\boldsymbol{q}} + \{\boldsymbol{C}^T(\boldsymbol{q},\dot{\boldsymbol{q}}) + \boldsymbol{C}(\boldsymbol{q},\dot{\boldsymbol{q}})\}\dot{\boldsymbol{q}} \tag{13.23}$$

과 같다. 위 식을 $\boldsymbol{M}(\boldsymbol{q})\ddot{\boldsymbol{q}}$에 대해서 다시 정리하면

$$\boldsymbol{M}(\boldsymbol{q})\ddot{\boldsymbol{q}} = \dot{\boldsymbol{p}} - \{\boldsymbol{C}^T(\boldsymbol{q},\dot{\boldsymbol{q}}) + \boldsymbol{C}(\boldsymbol{q},\dot{\boldsymbol{q}})\}\dot{\boldsymbol{q}} \tag{13.24}$$

와 같으며, 식 (13.24)를 (13.19)에 대입하면

$$\hat{\boldsymbol{\tau}}_{ext}(k+1) = \boldsymbol{K}\,T\sum_{i=0}^{k}[\boldsymbol{\tau}_j(i) + \boldsymbol{C}^T(i)\,\dot{\boldsymbol{q}}(i) - \boldsymbol{g}(i) - \hat{\boldsymbol{\tau}}_{ext}(i) - \dot{\boldsymbol{p}}(i)] + \hat{\boldsymbol{\tau}}_{ext}(0) \tag{13.25}$$

을 얻을 수 있다. 위 식의 $\dot{\boldsymbol{p}}$에 대해서 후방 차분(backward difference)을 수행하면

$$\dot{\boldsymbol{p}}(i) = \frac{\boldsymbol{p}(i) - \boldsymbol{p}(i-1)}{T} \tag{13.26}$$

와 같으며, $\dot{\boldsymbol{p}}$의 초기 조건을 $\dot{\boldsymbol{p}}(0) = 0$이라 가정하면 다음 식이 성립된다.

$$\begin{aligned}\sum_{i=0}^{k}\dot{\boldsymbol{p}}(i) &= \frac{1}{T}[\{\boldsymbol{p}(0) - \boldsymbol{p}(-1)\} + \{\boldsymbol{p}(1) - \boldsymbol{p}(0)\} + \{\boldsymbol{p}(2) - \boldsymbol{p}(1)\} + \cdots + \{\boldsymbol{p}(k) - \boldsymbol{p}(k-1)\} \\ &= \frac{\boldsymbol{p}(k)}{T}\end{aligned} \tag{13.27}$$

그러므로 식 (13.27)을 식 (13.25)에 대입하면 다음과 같이 나타낼 수 있다.

$$\hat{\boldsymbol{\tau}}_{ext}(k+1) = \boldsymbol{K}\left[\sum_{i=0}^{k}[\boldsymbol{\tau}_j(i) + \boldsymbol{C}^T(i)\,\dot{\boldsymbol{q}}(i) - \boldsymbol{g}(i) - \hat{\boldsymbol{\tau}}_{ext}(i)]T - \boldsymbol{p}(k)\right] + \hat{\boldsymbol{\tau}}_{ext}(0) \tag{13.28}$$

위 식은 JTS의 장착 유무에 따라서 2가지 경우로 나누어 볼 수 있다. JTS가 장착된 경우에는 JTS의 측정치로부터 다음과 같이 바로 관절 토크를 구할 수 있다.

$$\boldsymbol{\tau}_j(i) = \boldsymbol{\tau}_{\mathrm{JTS}}(i) \tag{13.29}$$

식 (13.29)를 (13.28)에 대입하면 다음과 같다.

$$\hat{\boldsymbol{\tau}}_{ext}(k+1) = \boldsymbol{K}\left[\sum_{i=0}^{k}\{\boldsymbol{\tau}_{\mathrm{JTS}}(i) + \boldsymbol{C}^T(i)\,\dot{\boldsymbol{q}}(i) - \boldsymbol{g}(i) - \hat{\boldsymbol{\tau}}_{ext}(i)\}T - \boldsymbol{p}(k)\right] + \hat{\boldsymbol{\tau}}_{ext}(0) \quad (13.30)$$

만약 JTS가 사용되지 않는 경우(sensorless case)라면 관절 토크는 다음과 같이 추정하여야 한다.

$$\boldsymbol{\tau}_j(i) = \boldsymbol{\tau}(i) - \boldsymbol{J}_m\,\ddot{\boldsymbol{q}}(i) - \boldsymbol{\tau}_f(i) \quad (13.31)$$

여기서 $\tau(i)$는 모터 전류와 감속비로부터 구할 수 있으며, $\tau_f(i)$는 마찰 토크의 추정치에 해당한다. 식 (13.31)을 식 (13.28)에 대입하면

$$\hat{\boldsymbol{\tau}}_{ext}(k+1) = \boldsymbol{K}\left[\sum_{i=0}^{k}\{\boldsymbol{\tau}(i) - \boldsymbol{J}_m\,\ddot{\boldsymbol{q}}(i) - \boldsymbol{\tau}_f(i) + \boldsymbol{C}^T(i)\,\dot{\boldsymbol{q}}(i) - \boldsymbol{g}(i) - \hat{\boldsymbol{\tau}}_{ext}(i)\}T - \boldsymbol{p}(k)\right] + \hat{\boldsymbol{\tau}}_{ext}(0) \quad (13.32)$$

을 얻는다. 위 식의 $\ddot{\boldsymbol{q}}$에 대해서 후방 차분을 수행하면 각각 다음과 같다.

$$\ddot{\boldsymbol{q}}(i) = \frac{\dot{\boldsymbol{q}}(i) - \dot{\boldsymbol{q}}(i-1)}{T} \quad (13.33)$$

$\ddot{\boldsymbol{q}}$의 초기 조건을 $\ddot{\boldsymbol{q}}(0) = 0$이라 가정하면

$$\begin{aligned}\sum_{i=0}^{k}\ddot{\boldsymbol{q}}(i) &= \frac{1}{T}[\{\dot{\boldsymbol{q}}(0) - \dot{\boldsymbol{q}}(-1)\} + \{\dot{\boldsymbol{q}}(1) - \dot{\boldsymbol{q}}(0)\} + \{\dot{\boldsymbol{q}}(2) - \dot{\boldsymbol{q}}(1)\} + \cdots + \{\dot{\boldsymbol{q}}(k) - \dot{\boldsymbol{q}}(k-1)\}\\ &= \frac{\dot{\boldsymbol{q}}(k)}{T} \end{aligned} \quad (13.34)$$

이 성립되며, 이 식을 (13.32)에 대입하면 다음과 같다.

$$\hat{\boldsymbol{\tau}}_{ext}(k+1) = \boldsymbol{K}\left[\sum_{i=0}^{k}\{\boldsymbol{\tau}(i) - \boldsymbol{\tau}_f(i) + \boldsymbol{C}^T(i)\,\dot{\boldsymbol{q}}(i) - \boldsymbol{g}(i) - \hat{\boldsymbol{\tau}}_{ext}(i)\}T - \boldsymbol{J}_m\dot{\boldsymbol{q}}(k) - \boldsymbol{p}(k)\right] + \hat{\boldsymbol{\tau}}_{ext}(0) \quad (13.35)$$

따라서 그림 13.4에 나타낸 외란 관측기와 일반화 모멘텀 $\boldsymbol{p}$를 이용하여 로봇 관절의 가속도 정보 없이 외부 토크를 관측할 수 있으며, 관측된 외부 토크를 바탕으로 인간-로봇 충돌을 감지할 수 있다.

충돌 감지(collision detection) 알고리즘은 기본적으로 매 주기 T마다 각 관절에서의 외력에 의한 외부 토크 $\hat{\boldsymbol{\tau}}_{ext}(k)$를 추정하고, 외부 토크가 설정된 임계치(threshold)를 초과하면 충돌로 인식하여 로봇의 작동을 정지하는 방식으로 동작한다. 추정한 외부 토크에는 동역학 모델과 실제 로봇 간의 오차가 포함되어 있으므로, 각 관절별로 적절한 임계치를 설정한다. **그림** 13.5(a)에서 보듯이, 임계치를 초과하는 외부 토크가 추정되면 이는 충돌에 의한 것이라고 인지하여 로봇의 동작을 멈추는 명령을 내린다. **그림** 13.5(b)는 전형적인 경우의 충돌 감지 사례를 보여 준다. 실제 충돌이 없는 경우에도 외부 토크 추정치는 0을 유지하지 못하고 값이 출렁거림을 알 수 있다. 이 경우 임계치를 낮게 설정하면 실제로 충돌이 발생하지 않아도 충돌로 오인식하는 경우가 발생하게 된다. 따라서 동역학 모델의 오차가 최소화될수록 각 관절의 임계치를 낮출 수 있으므로 충돌 감지의 민감도를 높일 수 있다.

만약 **그림** 13.6과 같이 관절 토크 센서를 사용하지 않고, 모터 전류와 마찰 토크의 추정을 통해서 외부 토크를 계산하게 되면, 외부 토크 추정에 마찰 토크 오차가 추가

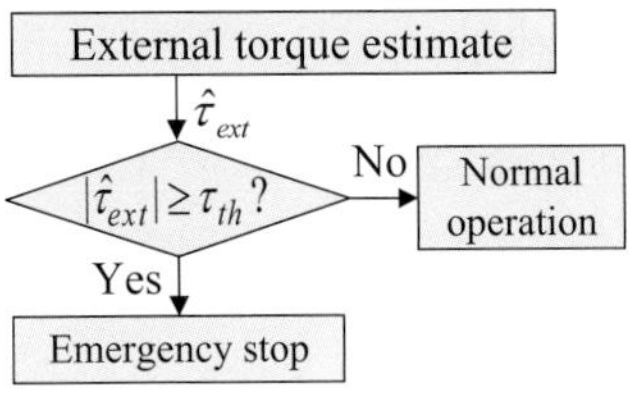

(a)

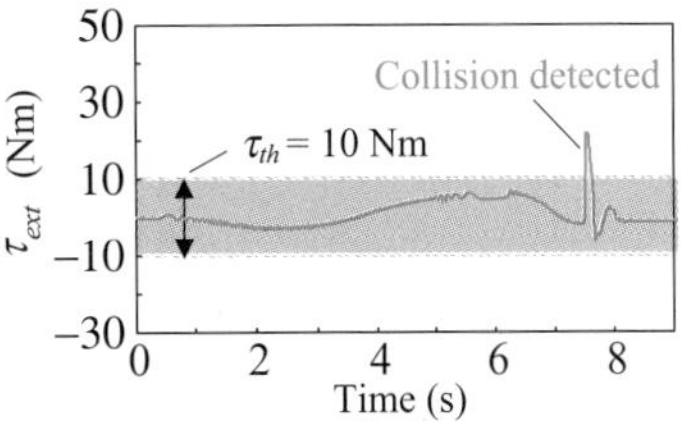

(b)

그림 13.5 **충돌 감지 알고리즘 및 충돌 감지의 예**

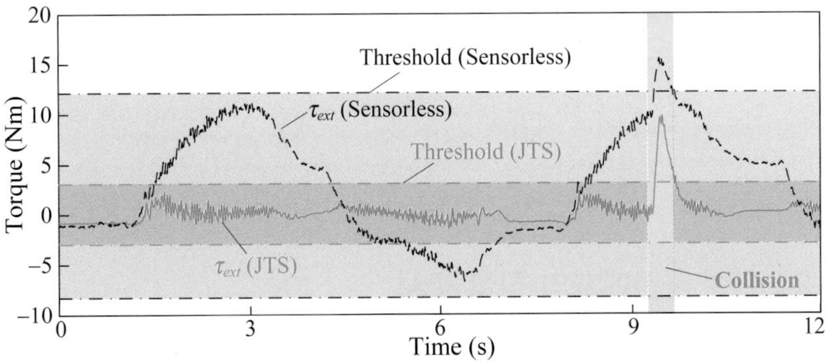

그림 13.6 **JTS 충돌 감지와 센서리스 충돌 감지 시의 임계치 설정**

로 반영되므로 관절 토크 센서를 사용한 경우보다 큰 오차가 나타나며, 이로 인해 각 관절별 임계치가 증가하여 충돌 감지 민감도가 상대적으로 저하된다.

13.2 직접 교시

로봇의 **직접 교시**(direct teaching)는 사용자가 로봇의 말단부 또는 몸체에 힘이나 토크를 인가하여 로봇 말단부의 원하는 궤적을 교시하는 작업을 의미한다. 이러한 직접 교시는 속도 제어 기반 또는 토크 제어 기반의 2가지 방식으로 수행될 수 있다. 속도 제어 기반 직접 교시에서는, 말단부에 장착한 6축 힘/토크 센서를 이용하여 사용자가 로봇 말단에 인가하는 힘을 측정한 다음에, 이 힘의 방향으로 힘의 크기에 비례하는 속도로 움직이도록 하는 방식을 많이 사용하였다. 독립 관절 제어에 기반한 산업용 로봇의 경우에는 이러한 방식의 직접 교시가 효율적으로 수행될 수 있다. 한편, 토크 제어 기반의 직접 교시에서는 토크 제어에 의해서 로봇 동역학의 비선형 항을 제거한 상태에서, 사용자가 로봇 말단에 인가하는 힘에 의해서 원하는 로봇 운동이 생성되도록 한다. 로봇의 위치 제어가 계산 토크 제어 기반으로 수행되거나 모델 정보를 활용하는 독립 관절 제어가 수행된다면, 이미 계산해 놓은 동역학 모델을 최대한 활용하여 비선형 항 제거 등을 쉽게 수행할 수 있으므로, 이 방식으로 직접 교시를 수행하는 것이 효과적이다.

토크 제어 기반의 직접 교시는 관절 공간 또는 직교 공간에서 수행될 수 있다. 일반적으로 말단부의 위치/방위 또는 로봇 몸체의 위치 등을 교시할 때는 관절 공간에서의 직접 교시를 수행한다. 반면에, 직교 공간 직접 교시는 말단부의 방위를 고정한 채로 위치만 교시하거나 말단부가 특정 평면상에서만 움직이도록 구속한 상태로 교시하는 등의 상황에서 주로 사용한다. 본 절에서는 토크 제어 기반의 로봇 제어 시스템에 적용 가능한 토크 제어 기반의 관절 공간 및 직교 공간 직접 교시 방법을 소개한다.

13.2.1 관절 공간에서의 직접 교시

로봇과 환경 간의 상호작용이 없이 로봇이 자유 공간상에서 운동을 할 때 로봇의 동역학은 다음과 같다.

$$\boldsymbol{M}_e(\boldsymbol{q})\,\ddot{\boldsymbol{q}} + \boldsymbol{C}(\boldsymbol{q},\dot{\boldsymbol{q}})\dot{\boldsymbol{q}} + \boldsymbol{g}(\boldsymbol{q}) + \boldsymbol{\tau}_f = \boldsymbol{\tau} \tag{13.36}$$

만약 사용자가 직접 교시를 위해서 로봇 말단부에 외력 $\boldsymbol{F}_h$를 작용한다면, 이 외력은 다음의 자코비안 관계식에 따라서 각 관절에 작용하는 외부 토크 $\boldsymbol{\tau}_h$로 나타나게 된다.

$$\boldsymbol{\tau}_h = \boldsymbol{J}^T \boldsymbol{F}_h \tag{13.37}$$

위 식을 반영하면 로봇의 동역학 모델 식 (13.36)은 다음과 같이 주어진다.

$$\boldsymbol{M}_e(\boldsymbol{q})\,\ddot{\boldsymbol{q}} + \boldsymbol{C}(\boldsymbol{q},\dot{\boldsymbol{q}})\dot{\boldsymbol{q}} + \boldsymbol{g}(\boldsymbol{q}) + \boldsymbol{\tau}_f = \boldsymbol{M}_e(\boldsymbol{q})\,\ddot{\boldsymbol{q}} + \boldsymbol{n}(\boldsymbol{q},\dot{\boldsymbol{q}}) = \boldsymbol{\tau} + \boldsymbol{\tau}_h \tag{13.38}$$

토크 제어 기반의 로봇 제어 시스템에서 로봇의 직접 교시 또는 핸드 가이딩(hand guiding) 기능은 기본적으로 관절 공간 임피던스 제어를 통해서 가능하다. 이때 다음과 같은 제어 방정식을 고려한다.

$$\boldsymbol{\tau} = \boldsymbol{M}_e(\boldsymbol{q})\,\ddot{\boldsymbol{q}}_d + \boldsymbol{K}_D(\dot{\boldsymbol{q}}_d - \dot{\boldsymbol{q}}) + \boldsymbol{K}_P(\boldsymbol{q}_d - \boldsymbol{q}) + \boldsymbol{n}(\boldsymbol{q},\dot{\boldsymbol{q}}) \tag{13.39}$$

여기서 $\boldsymbol{K}_P$와 $\boldsymbol{K}_D$는 각각 위치 및 속도에 대한 비례 이득이다. 이는 위치에 대한 PD 제어를 수행하는 것과 동일하다는 점에 유의하여야 한다. 식 (13.39)는 계산 토크 제어에서 사용하는 제어 방정식 (10.41)과 동일하다는 점에 유의한다. 여기서 식 (13.39)와 같은 제어 식을 사용하는 이유는 다음에 나오는 임피던스 제어를 설명하기에 용이하기 때문이다. 제어 식 (13.39)를 로봇의 운동 방정식 (13.38)에 대입하면 다음과 같다.

$$\boldsymbol{M}_e(\boldsymbol{q})(\ddot{\boldsymbol{q}}_d - \ddot{\boldsymbol{q}}) + \boldsymbol{K}_D(\dot{\boldsymbol{q}}_d - \dot{\boldsymbol{q}}) + \boldsymbol{K}_P(\boldsymbol{q}_d - \boldsymbol{q}) + \boldsymbol{\tau}_h = 0 \tag{13.40}$$

식 (13.40)으로 표현되는 로봇의 거동은 주어진 외력에 대해서 위치 및 속도 오차에 대한 비례 이득이 각각 강성 및 감쇠 계수에 해당하는 임피던스 효과가 나타난다. 직접 교시에서는 $\boldsymbol{K}_P \neq 0$이면 스프링 효과에 의해서 복원력이 발생하므로 $\boldsymbol{K}_P = 0$으로 설정한다. 만약 이러한 움직임이 허용된다면 말단부가 원래 위치로 복귀하려는 경향이 발생하여, 사용자의 의도와는 반대로 움직이게 된다. 또한 $\boldsymbol{K}_D$가 크면 감쇠력이 발생하여 움직임이 둔해지므로 $\boldsymbol{K}_D$를 작은 값으로 설정한다. 식 (13.39)의 제어 입력에서 가속도 $\ddot{\boldsymbol{q}}$은 수치 미분 등의 방법으로 구하면 잡음에 의해서 매우 부정확한 값이 나오므로 관성 항 $\boldsymbol{M}_e(\boldsymbol{q})\ddot{\boldsymbol{q}}$은 제거하기가 어렵다. 그러므로 관성 항을 제거하는 대신에 로봇 자체의 관성 $\boldsymbol{M}_e(\boldsymbol{q})$를 그대로 이용한다. 그리고 희망 속도와 가속도는 사용자의 의도에 의해서 결정되어 미리 알 수는 없으므로, $\dot{\boldsymbol{q}}_d = 0, \ddot{\boldsymbol{q}}_d = 0$으로 설정된다. 이러한 모든 상황을 고려하면 식 (13.39)에서 실제 모터/감속기가 발생시키는 액추에이션 토크는 다음과 같다.

$$\boldsymbol{\tau} = -\boldsymbol{K}_D\dot{\boldsymbol{q}} + \boldsymbol{C}(\boldsymbol{q},\dot{\boldsymbol{q}})\dot{\boldsymbol{q}} + \boldsymbol{g}(\boldsymbol{q}) + \boldsymbol{\tau}_f = -\boldsymbol{K}_D\dot{\boldsymbol{q}} + \boldsymbol{n}(\boldsymbol{q},\dot{\boldsymbol{q}}) \tag{13.41}$$

그림 13.7은 식 (13.41)의 토크 제어 기반 직접 교시를 위한 제어 식을 나타낸다. 그림에서 $\boldsymbol{n}(\boldsymbol{q},\dot{\boldsymbol{q}})$은 코리올리 및 원심력, 중력 및 마찰력 등의 비선형 항을 나타낸다. 이러한 직접 교시 알고리즘은 로봇의 관절 공간에서 수행되므로 사용자는 각 관절을 독립적으로 교시해야 한다.

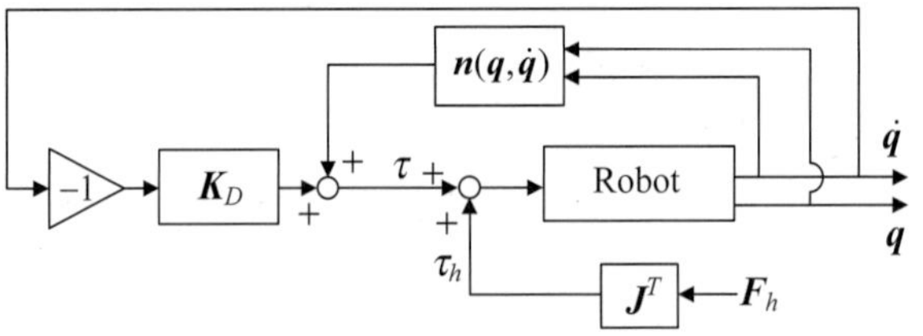

그림 13.7 **토크 제어 기반의 직접 교시**

식 (13.41)을 동역학 모델인 (13.38)에 대입하면, 직접 교시를 위해서 사용자가 인가하는 힘과 로봇의 속도 및 가속도 $\dot{\boldsymbol{q}}, \ddot{\boldsymbol{q}}$은 다음과 같은 관계를 가진다.

$$\boldsymbol{\tau}_h = \boldsymbol{M}_e(\boldsymbol{q})\ddot{\boldsymbol{q}} + \boldsymbol{K}_D\dot{\boldsymbol{q}} \tag{13.42}$$

위 식을 해석하면, 사용자가 인가한 힘인 $\boldsymbol{\tau}_h$는 감쇠력을 극복하면서 로봇의 각 관절에 가속도를 발생시키는 힘으로 작용하는 것으로 나타난다. 로봇의 속도가 낮을 때는 감쇠력의 크기가 작아서 사용자가 인가한 힘이 대부분 가속도를 발생시키는 데 작용하는 반면에, 로봇의 속도가 높을 때는 감쇠력의 크기가 커서 사용자가 인가한 힘이 주로 로봇의 감쇠력을 극복하는 데 사용된다. 따라서 저속 구간에서는 로봇의 자체 관성에 의해 교시 민감도가 결정되고, 고속 구간에서는 설정한 $\boldsymbol{K}_D$에 따라 교시 민감도가 결정된다. 만약 감쇠력에 의한 저항력을 고려하여 $K_D=0$으로 설정한다면, 직접 교시 중에 사용자가 힘을 인가하지 않아도 말단부가 아무런 저항 없이 흐르게 되므로 최소한의 감쇠력은 반드시 필요하다.

13.2.2 직교 공간에서의 직접 교시

앞 절에서 다룬 **직접 교시** 알고리즘은 로봇의 관절 공간에서 구현되므로 로봇의 말단부는 사용자가 교시한 관절의 운동에 따라 움직인다. 임피던스 제어를 활용하면 로봇 말단부의 방위가 고정된 채로 로봇을 교시할 수 있으므로 직접 교시의 활용도를 높일 수 있다. 이러한 직교 공간에서의 직접 교시는 임피던스 파라미터를 조절하여 구현할 수 있다. 즉, 방위에 대한 강성은 높게 유지한 채로, 위치에 대한 강성을 0으로 설정하면 로봇은 말단 자세를 유지한 채로 사용자가 힘을 가한 방향으로 움직이게 된다. 한편, 직교 공간에서의 직접 교시를 위해서는 반드시 사용자가 로봇에 인가한 외력을 알아야 하므로, 힘/토크 센서로 직접 측정하거나 관절 토크 센서를 사용하여 추정하여야 한다. 이는 사용자가 인가한 외력을 알지 못해도 가능한 관절 공간에서의 직접 교시와는 다르다는 점에 유의하여야 한다.

직접 교시 시에는 로봇의 희망 궤적, 속도 및 가속도가 사용자의 의도에 의해서 즉흥적으로 결정되어 미리 알 수 없으므로 $\ddot{\boldsymbol{x}}_d = \dot{\boldsymbol{x}}_d = \boldsymbol{x}_d = 0$ 이다. 이를 임피던스 제어 입력을 나타내는 식 (11.23)인

$$\boldsymbol{\tau} = \boldsymbol{M}_e(\boldsymbol{q})\boldsymbol{J}^{-1}(\boldsymbol{q})[\ddot{\boldsymbol{x}}_d + \boldsymbol{M}_d^{-1}\{\boldsymbol{B}_d\Delta\dot{\boldsymbol{x}} + \boldsymbol{K}_d\Delta\boldsymbol{x} - \boldsymbol{f}_e\} - \dot{\boldsymbol{J}}(\boldsymbol{q},\dot{\boldsymbol{q}})\dot{\boldsymbol{q}}] + \boldsymbol{n}(\boldsymbol{q},\dot{\boldsymbol{q}}) + \boldsymbol{J}^T(\boldsymbol{q})\boldsymbol{f}_e$$

에 적용하고, $\boldsymbol{f}_h = -\boldsymbol{f}_e$로 정의하면, 제어 입력은 다음과 같다.

$$\boldsymbol{\tau} = \boldsymbol{M}_e(\boldsymbol{q})\boldsymbol{J}^{-1}(\boldsymbol{q})[\boldsymbol{M}_d^{-1}\{-\boldsymbol{B}_d\dot{\boldsymbol{x}} - \boldsymbol{K}_d\boldsymbol{x} + \boldsymbol{f}_h\} - \dot{\boldsymbol{J}}(\boldsymbol{q},\dot{\boldsymbol{q}})\dot{\boldsymbol{q}}] + \boldsymbol{n}(\boldsymbol{q},\dot{\boldsymbol{q}}) - \boldsymbol{J}^T(\boldsymbol{q})\boldsymbol{f}_h \quad (13.43)$$

위 식에서 보듯이 제어 입력의 계산에 사용자가 로봇에 인가한 외력인 $\boldsymbol{f}_h$가 포함되어 있다. 그러므로 힘/토크 센서로 직접 측정하거나 관절 토크 센서를 사용하여 이 외력을 추정하여야 한다. 식 (13.43)과 (13.37)을 식 (13.38)에 대입하면 다음과 같다.

$$\boldsymbol{M}_e\ddot{\boldsymbol{q}} + \boldsymbol{n} = \boldsymbol{M}_e\boldsymbol{J}^{-1}[\boldsymbol{M}_d^{-1}\{-\boldsymbol{B}_d\dot{\boldsymbol{x}} - \boldsymbol{K}_d\boldsymbol{x} + \boldsymbol{f}_h\} - \dot{\boldsymbol{J}}\dot{\boldsymbol{q}}] + \boldsymbol{n} - \boldsymbol{J}^T\boldsymbol{f}_h + \boldsymbol{J}^T\boldsymbol{f}_h \quad (13.44)$$

위 식을 정리하면

$$\ddot{\boldsymbol{q}} = \boldsymbol{J}^{-1}(\boldsymbol{q})[\boldsymbol{M}_d^{-1}\{-\boldsymbol{B}_d\dot{\boldsymbol{x}} - \boldsymbol{K}_d\boldsymbol{x} + \boldsymbol{f}_h\} - \dot{\boldsymbol{J}}(\boldsymbol{q},\dot{\boldsymbol{q}})\dot{\boldsymbol{q}}] \tag{13.45}$$

이며, 재정리하면

$$\boldsymbol{J}(\boldsymbol{q})\ddot{\boldsymbol{q}} + \dot{\boldsymbol{J}}(\boldsymbol{q},\dot{\boldsymbol{q}})\dot{\boldsymbol{q}} = \boldsymbol{M}_d^{-1}[-\boldsymbol{B}_d\dot{\boldsymbol{x}} - \boldsymbol{K}_d\boldsymbol{x} + \boldsymbol{f}_h] \tag{13.46}$$

이 된다. 자코비안 관계식 $\dot{\boldsymbol{x}} = \boldsymbol{J}(\boldsymbol{q})\dot{\boldsymbol{q}}$의 미분 식인 $\ddot{\boldsymbol{x}} = \boldsymbol{J}(\boldsymbol{q})\ddot{\boldsymbol{q}} + \dot{\boldsymbol{J}}(\boldsymbol{q},\dot{\boldsymbol{q}})\dot{\boldsymbol{q}}$을 위 식에 대입하면

$$\boldsymbol{M}_d\ddot{\boldsymbol{x}} = -\boldsymbol{B}_d\dot{\boldsymbol{x}} - \boldsymbol{K}_d\boldsymbol{x} + \boldsymbol{f}_h \tag{13.47}$$

이 된다. 위 식을 정리하면, 사용자가 인가하는 힘 $\boldsymbol{f}_h$는

$$\boldsymbol{f}_h = \boldsymbol{M}_d\ddot{\boldsymbol{x}} + \boldsymbol{B}_d\dot{\boldsymbol{x}} + \boldsymbol{K}_d\boldsymbol{x} \tag{13.48}$$

이다. 이때 관절 공간에서의 직접 교시와 마찬가지로, 다음과 같이 강성을 0으로 설정하는 것이 바람직하다.

$$\boldsymbol{f}_h = \boldsymbol{M}_d\ddot{\boldsymbol{x}} + \boldsymbol{B}_d\dot{\boldsymbol{x}} \tag{13.49}$$

이는 강성이 0이 아니면 복원력이 생성되어 사용자가 인가한 힘이 사라지면 말단부가 원래로 복귀하려는 경향이 발생하기 때문이다. 위 식에 따라서, 사용자가 인가한 힘이 관성력과 감쇠력으로 적절히 분배되면서 말단부의 운동이 결정된다. 위 식에서 희망 관성 행렬과 감쇠 행렬은 직접 교시 시의 안정성을 위해 적절한 값으로 설정해야 한다. 만약 관성이 너무 작게 설정되면, 작은 힘에도 큰 가속도가 생성되어 로봇의 거동이 불안정해진다. 감쇠계수가 너무 크게 설정되면, 교시 시에 큰 저항력이 발생하게 되어 움직임이 둔해지게 된다.

많은 경우에 말단부의 방위는 고정한 채로 위치 궤적만 교시하는 것이 바람직하다. 이를 위해서, 방위에 해당하는 강성을 크게 설정하여 교시 중에 말단부의 방위가 고정될 수 있도록 한다. 또한 감쇠비를 1로 설정하여 로봇이 안정적으로 움직일 수 있도록 한다. 표 13.1은 이렇게 설정된 임피던스 파라미터의 설정 예시이다.

위치에 대한 강성을 모두 0으로 설정하지 않고, 특정 방향의 강성을 크게 하면 설정한 방향으로는 로봇 말단부의 위치가 고정되는 효과를 갖는다. 예를 들어, y축 방

표 13.1 *xyz* 공간에서 직선운동만을 위한 직교 공간 직접 교시를 위한 임피던스 파라미터

Axis	m	b	K	ζ	ω_n
x	10.0 kg	20.0 kg/s	0.0 N/m	–	–
y	10.0 kg	20.0 kg/s	0.0 N/m	–	–
z	10.0 kg	20.0 kg/s	0.0 N/m	–	–
R_x	0.1 Nm · s²/°	2.0 Nm · s/°	10.0 Nm/°	1.0	10 rad/s
R_y	0.1 Nm · s²/°	2.0 Nm · s/°	10.0 Nm/°	1.0	10 rad/s
R_z	0.1 Nm · s²/°	2.0 Nm · s/°	10.0 Nm/°	1.0	10 rad/s

표 13.2 *xz* 평면상에서의 직교 공간 직접 교시를 위한 임피던스 파라미터

Axis	m	b	K	ζ	ω_n
x	10.0 kg	20.0 kg/s	0.0 N/m	–	–
y	10.0 kg	200.0 kg/s	1,000.0 N/m	1.0	10 rad/s
z	10.0 kg	20.0 kg/s	0.0 N/m	–	–
R_x	0.1 Nm · s²/°	2.0 Nm · s/°	10.0 Nm/°	1.0	10 rad/s
R_y	0.1 Nm · s²/°	2.0 Nm · s/°	10.0 Nm/°	1.0	10 rad/s
R_z	0.1 Nm · s²/°	2.0 Nm · s/°	10.0 Nm/°	1.0	10 rad/s

향의 강성을 크게, x축과 z축 방향의 강성을 0으로 설정하면, 로봇의 말단은 y축 방향으로 고정되므로 로봇 말단을 xz 평면상에서만 움직이도록 교시하는 것이 가능하다. 같은 원리로, x축과 y축 방향의 강성을 크게, z축 방향의 강성을 0으로 설정하면 로봇의 말단을 z축 방향으로만 움직이도록 교시할 수 있다. 표 13.2는 xz 평면상에서 직교 공간 직접 교시를 구현할 때 사용하는 임피던스 파라미터의 설정 예시이다.

13.3 마찰 토크의 추정

모델 기반 계산 토크 제어, 모델 기반의 독립 관절 제어, 센서리스 충돌 감지 및 직접 교시의 민감도를 향상하기 위해서는, 로봇의 각 관절에서 발생하는 마찰 토크를 정확히 추정하여 제어 입력에 반영하여야 한다. **마찰 토크**를 추정하는 방법은 외란 관측기(disturbance observer) 기반의 마찰 관측기 방법(Tien, 2008)과 마찰 모델(friction model) 기반의 방법으로 구분할 수 있다. 기본적으로는 관절 토크 센서(JTS)를 사용하는 경우에는 마찰 관측기를 사용하고, JTS가 없는 센서리스 방식에서는 마

찰 모델을 사용하는 것이 일반적이다. 본 절에서는 이 2가지 방법에 대해서 자세히 알아보고, 각 방법의 장단점에 대해서 논하기로 한다.

13.3.1 마찰 관측기 기반의 마찰 토크 추정

외란 관측기를 이용하여 마찰 토크를 추정하는 방법의 원리는 마찰 토크를 시스템에 입력된 외란으로 가정하여 이를 관측하는 것이다. 그러나 핸드 가이딩이나 접촉 작업과 같이 로봇에 외력이 인가되는 경우, 외력으로 인한 외부 토크 $\boldsymbol{\tau}_{ext}$ 또한 시스템에 외란으로 같이 작용한다. 따라서 외란 관측기에서 추정한 외란에는 마찰 토크 외에도 접촉력에 의한 외부 토크가 포함되며, 이를 제어 입력에 반영하여 모든 외란 성분을 제거하면 외부 토크에 따라 로봇이 의도한 대로 동작하지 않는다. 따라서 외란 관측기를 사용하여 마찰 토크를 추정하는 방법은, 로봇에 외력이 인가되지 않는 비접촉 작업을 하는 특별한 경우를 제외하면, 마찰 토크와 외부 토크를 분리하여 측정 및 추정할 수 있는 관절 토크 센서(joint torque sensor, JTS)나 말단 힘/토크 센서(force/torque sensor, FTS)가 탑재된 로봇에 대해서 사용하는 것이 바람직하다.

마찰 토크를 추정하기 위해 필요한 마찰 토크와 외부 토크를 고려한 로봇의 운동 방정식은

$$\boldsymbol{M}_e(\boldsymbol{q})\ddot{\boldsymbol{q}} + \boldsymbol{C}(\boldsymbol{q},\dot{\boldsymbol{q}})\dot{\boldsymbol{q}} + \boldsymbol{g}(\boldsymbol{q}) + \boldsymbol{\tau}_f + \boldsymbol{\tau}_{ext} = \boldsymbol{\tau} \tag{13.50}$$

와 같으며, 이를 마찰 토크에 대해 나타내면 다음과 같다.

$$\boldsymbol{\tau}_f = \boldsymbol{\tau} - [\boldsymbol{M}(\boldsymbol{q})\ddot{\boldsymbol{q}} + \boldsymbol{J}_m\ddot{\boldsymbol{q}} + \boldsymbol{C}(\boldsymbol{q},\dot{\boldsymbol{q}})\dot{\boldsymbol{q}} + \boldsymbol{g}(\boldsymbol{q}) + \boldsymbol{\tau}_{ext}] \tag{13.51}$$

① 센서가 없는 경우

센서가 없는 로봇의 경우에는, 앞서 언급한 바와 같이 시스템에 외란으로 작용하는 마찰 토크와 외부 토크를 분리하여 추정할 수 없다. 즉, 외란 관측기를 구성하기 위해 식 (13.51)에서 외부 토크를 좌변으로 옮겨서 $\boldsymbol{\tau}_f$와 $\boldsymbol{\tau}_{ext}$의 합에 대한 식으로 다시 나타내야 한다.

$$(\boldsymbol{\tau}_f + \boldsymbol{\tau}_{ext}) = \boldsymbol{\tau} - [\boldsymbol{M}(\boldsymbol{q})\ddot{\boldsymbol{q}} + \boldsymbol{J}_m\ddot{\boldsymbol{q}} + \boldsymbol{C}(\boldsymbol{q},\dot{\boldsymbol{q}})\dot{\boldsymbol{q}} + \boldsymbol{g}(\boldsymbol{q})] \tag{13.52}$$

여기서 로봇에 외력이 인가되지 않는다고 가정하면, $\boldsymbol{\tau}_{ext}=0$이므로 외란 관측기로부터 관측된 외란에는 마찰 토크만 포함되어 있다. 이를 식으로 나타내면 다음과 같다.

$$\boldsymbol{\tau}_f = \boldsymbol{\tau} - [\boldsymbol{M}(\boldsymbol{q})\ddot{\boldsymbol{q}} + \boldsymbol{J}_m\ddot{\boldsymbol{q}} + \boldsymbol{C}(\boldsymbol{q},\dot{\boldsymbol{q}})\dot{\boldsymbol{q}} + \boldsymbol{g}(\boldsymbol{q})] \tag{13.53}$$

이때 식 (13.53)을 통해 바로 마찰 토크를 계산하기 위해서는 시스템의 모델 정보와 가속도 측정치가 필요하다. 그러나 일반적으로 시스템의 가속도를 측정하기 어려우므로 13.1절의 외력 측정을 위한 외란 관측기를 적용하여 **그림 13.8**과 같이 마찰 토크를 추정한다. 이 블록 선도는 모터/감속기에서 발생하는 액추에이션 토크인 τ가 입력이고, 관절 속도인 $\dot{q}$이 출력인 시스템의 외란 관측기를 나타낸 것이며, τ_f는 관측하고자 하는 마찰 토크를 나타낸다. 편의상 1자유도 로봇을 대상으로 하였으므로, 모든 변수는 스칼라로 나타내었다.

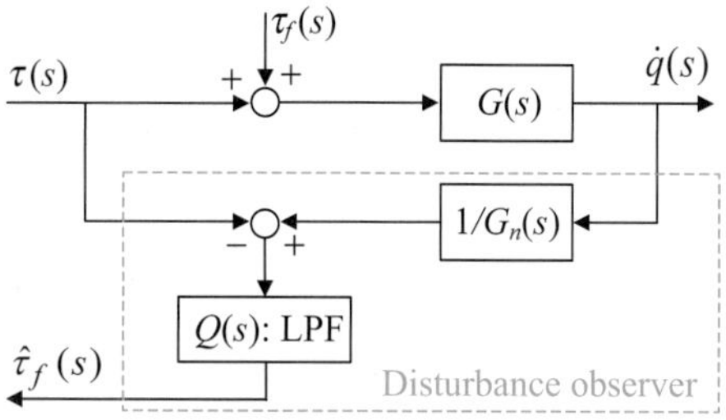

그림 13.8 **마찰 토크 추정을 위한 외란 관측기**

다자유도 로봇에 적용하기 용이하도록 위의 외란 관측기를 일반화 모멘텀 기반의 관측기로 변경하여 적용하면, 다음과 같이 나타낼 수 있다.

$$\hat{\boldsymbol{\tau}}_f(k+1) = \boldsymbol{K}\left[\sum_{i=0}^{k}\{\boldsymbol{\tau}(i) + \boldsymbol{C}^T(i)\,\dot{\boldsymbol{q}}(i) - \boldsymbol{g}(i) - \hat{\boldsymbol{\tau}}_f(i)\}T - \boldsymbol{J}_m\dot{\boldsymbol{q}}(k) - \boldsymbol{p}(k)\right] + \hat{\boldsymbol{\tau}}_f(0) \tag{13.54}$$

따라서 마찰 측정을 위한 관측기는 **그림 13.8**과 같은 Q 필터를 통한 외란 관측기나 식 (13.54)와 같은 일반화 모멘텀 기반의 관측기를 적용할 수 있다. 이 중 로봇의 동역학 모델에 적용이 용이한 일반화 모멘텀 기반의 관측기를 주로 사용하여 마찰 토크를 추정하는 데 사용하고 있으며, 실제 적용할 때는 적용한 로봇 시스템의 잡음 정도에 맞추어 안정적으로 구동하는 관측기 이득을 선정하는 과정이 필요하다. 그리고 관측기를 통해 마찰 토크를 추정하는 과정에서는 기본적으로 저역 통과 필터(low-pass filter)를 이용하므로 모터 회전 방향의 변경에 따라 쿨롱 마찰이 급격하게 변하는 상황에서는 상당한 추정 오차가 발생하게 된다. 이를 보완하기 위해서는 마찰 모델을 사용할 필요가 있다. 또한 위에서 가정한 바와 같이 충돌이나 핸드 가이딩과 같은 외력이 없는 상황에서만 마찰 토크를 제대로 추정할 수 있다.

② JTS가 장착된 경우

로봇의 각 관절에 JTS가 장착된 경우, JTS로부터 로봇 링크의 거동으로 인한 토크와 외력으로 인한 외부 토크를 직접 측정할 수 있다. 따라서 식 (13.51)을 다음과 같이 나타낼 수 있다.

$$\boldsymbol{\tau}_f = \boldsymbol{\tau} - [\boldsymbol{M}(\boldsymbol{q})\ddot{\boldsymbol{q}} + \boldsymbol{J}_m\ddot{\boldsymbol{q}} + \boldsymbol{C}(\boldsymbol{q},\dot{\boldsymbol{q}})\dot{\boldsymbol{q}} + \boldsymbol{g}(\boldsymbol{q}) + \boldsymbol{\tau}_{ext}] = \boldsymbol{\tau} - \boldsymbol{\tau}_{JTS} - \boldsymbol{J}_m\ddot{\boldsymbol{q}} \quad (13.55)$$

여기서 $\boldsymbol{\tau}_{JTS}$는 관절 토크 센서의 측정치를 나타낸다. 즉, JTS 측정 토크가 외부 토크를 포함하게 되므로, 자연스럽게 마찰 토크와 외부 토크를 분리할 수 있게 된다.

앞 절과 같은 방법으로 관측기를 구성하여 식 (13.55)로 나타나는 마찰 토크를 추정할 수 있는데, 이를 이산화하여 나타내면 다음과 같다.

$$\hat{\boldsymbol{\tau}}_f(k+1) = \boldsymbol{K}\left[\sum_{i=0}^{k}\{\boldsymbol{\tau}(i) - \boldsymbol{\tau}_{JTS}(i) - \hat{\boldsymbol{\tau}}_f(i)\}T - \boldsymbol{J}_m\dot{\boldsymbol{q}}(k)\right] + \hat{\boldsymbol{\tau}}_f(0) \quad (13.56)$$

이와 같이 JTS가 장착된 로봇의 경우, JTS 측정치가 외부 토크를 포함하여 마찰 토크로 인한 외란 성분만 추정할 수 있도록 관측기를 구성할 수 있다. 따라서 힘 제어나 직접 교시로 인한 외력이 인가되는 상황에서도 관측기를 통하여 마찰 토크를 잘 추정하여 제어에 활용할 수 있다.

③ FTS가 장착된 경우

로봇 말단에 FTS가 장착된 경우, 센서로부터 로봇 말단에 인가되는 외력을 직접적으로 측정할 수 있다. 이를 통해 말단 외력으로 인해 작용하는 각 관절의 외부 토크를 자코비안 행렬을 통해 다음과 같이 나타낼 수 있다.

$$\boldsymbol{\tau}_{ext} = \boldsymbol{J}^T \boldsymbol{F}_e \tag{13.57}$$

여기서 $\boldsymbol{F}_e$는 로봇 말단부에 작용하는 외력을 나타낸다. 식 (13.57)을 식 (13.51)에 대입하면 다음과 같이 나타낼 수 있다.

$$\boldsymbol{\tau}_f = \boldsymbol{\tau} - [\boldsymbol{M}(\boldsymbol{q})\ddot{\boldsymbol{q}} + \boldsymbol{J}_m\ddot{\boldsymbol{q}} + \boldsymbol{C}(\boldsymbol{q},\dot{\boldsymbol{q}})\dot{\boldsymbol{q}} + \boldsymbol{g}(\boldsymbol{q}) + \boldsymbol{J}^T\boldsymbol{F}_e] \tag{13.58}$$

앞의 ①과 같은 방법으로 식 (13.58)로 나타나는 마찰 토크를 추정할 수 있는데, 이를 이산화하여 나타내면 다음과 같다.

$$\hat{\boldsymbol{\tau}}_f(k+1) = \boldsymbol{K}\left[\sum_{i=0}^{k}\{\boldsymbol{\tau}(i) + \boldsymbol{C}^T(i)\,\dot{\boldsymbol{q}}(i) - \boldsymbol{g}(i) - \boldsymbol{J}^T\boldsymbol{F}_e - \hat{\boldsymbol{\tau}}_f(i)\}T - \boldsymbol{J}_m\dot{\boldsymbol{q}}(k) - \boldsymbol{p}(k)\right] + \hat{\boldsymbol{\tau}}_f(0) \tag{13.59}$$

이와 같이 말단에 FTS가 장착된 로봇의 경우, 말단부에 작용하는 외력에 의한 토크를 FTS로 직접 측정할 수 있으므로 외력이 인가되는 상황에서도 마찰 토크를 잘 추정할 수 있다. 그러나 센서가 말단부에 장착되어 말단부에 인가되는 외력만 측정할 수 있으므로 JTS를 사용할 때와는 달리 로봇 몸체에 인가되는 외력이 존재하는 경우에는 이 방법을 적용할 수 없다.

13.3.2 마찰 모델 기반의 마찰 토크 추정

마찰 모델 기반의 마찰 토크 추정 방법은 마찰 토크를 사전 실험을 통해 모델링하고, 매 제어 주기마다 마찰 모델을 통해 마찰 토크를 계산하는 방법이다. 마찰 토크를 미리 모델링하므로 외부 토크의 존재 여부와 관계없이 사용할 수 있지만, 마찰 토크는 온도, 윤활 조건, 감속기와 모터의 연결 상태 등 여러 요인에 의해 변하므로 마찰 토크를 정확하게 모델링하는 것은 매우 어렵다. 그리고 마찰 토크를 모델링하는 과정에서 마찰 토크를 측정하는 과정이 필요하며, 이를 위해 외부 토크가 없는 상황에서 식 (13.51)로부터 직접 계산하거나 관측기를 통해서 추정한 값을 사용한다.

일반적인 기계 시스템의 마찰 모델을 구성하는 기본적인 요소는 정지 마찰 토크 τ_s, 쿨롱 마찰 토크 τ_c, 점성 마찰 토크 τ_v이며, 이를 수식으로 표현하면 다음과 같다.

$$\tau_{fm} = \begin{cases} \tau_h, & \text{if } \dot{q}=0 \text{ and } |\tau_h| < \tau_s \\ \tau_s \operatorname{sgn}(\tau_h), & \text{if } \dot{q}=0 \text{ and } |\tau_h| \geq \tau_s \\ \tau_c \operatorname{sgn}(\dot{q}) + \tau_v(\dot{q}), & \text{if } \dot{q} \neq 0 \end{cases} \tag{13.60}$$

여기서 τ_{fm}은 마찰 모델에서의 마찰 토크를 의미하며, τ_h는 마찰하는 두 물체의 접촉면 사이에 작용하는 마찰 토크이다. 두 물체 사이의 마찰 토크 τ_h가 최대 정지 마찰 토크 τ_s보다 작으면 물체의 움직임이 없다가, τ_h가 τ_s보다 커지는 순간부터 물체의 이동이 시작되어 쿨롱 마찰 토크와 점성 마찰 토크가 동시에 작용하게 된다. 점성 마찰 토크는 고차 다항식으로 모델링할 수도 있지만 다음과 같은 1차 다항식 모델로도 충분히 정확한 거동을 나타낸다.

$$\tau_v(\dot{q}) = b_1 \dot{q} \tag{13.61}$$

그림 13.9(a)는 식 (13.60)의 거동을 그래프로 표현한 것이다. 그림에서 A 부분은 최대 정지 마찰이 운동 마찰보다 더 크다는 점을 보여 준다. 일단 물체가 움직이기 시작하여 정지 마찰이 운동 마찰로 전환되면, 순간적으로 마찰이 급격히 감소하게 된다. 그러나 로봇 관절에서의 마찰은 하모닉 드라이브에서의 마찰이 대부분을 차지하는데, 하모닉 드라이브의 부품은 충분히 윤활되어 있으므로 정지 마찰이 쿨롱 마찰의 크기와 동일하거나 오히려 작게 나타난다. 그러므로 실제 거동은 **그림 13.9(b)**의 **쿨롱-점성 마찰 모델**과 유사하게 된다.

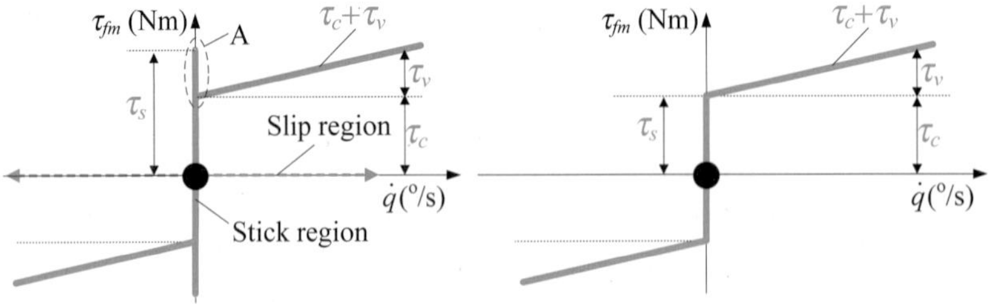

그림 13.9 **쿨롱-점성 마찰 모델**

그림 13.10은 속도 제어를 수행하는 6자유도 산업용 로봇의 마찰 토크를 식 (13.53)의 마찰 관측기를 이용하여 관측한 결과이다. 로봇의 관절을 **그림 13.10(a)**와 같

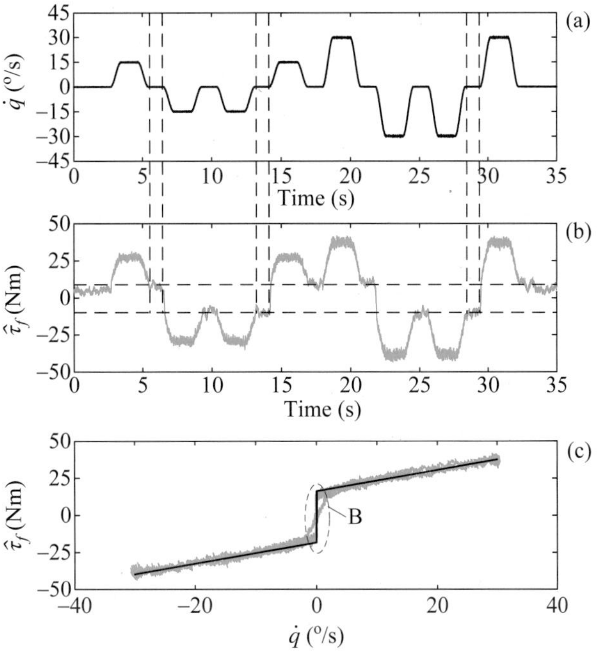

그림 13.10 **마찰 관측기로 추정한 마찰 토크: (a) 관절 속도, (b) 시간에 대한 마찰 토크 추정치, (c) 관절 속도에 대한 마찰 토크 추정치**

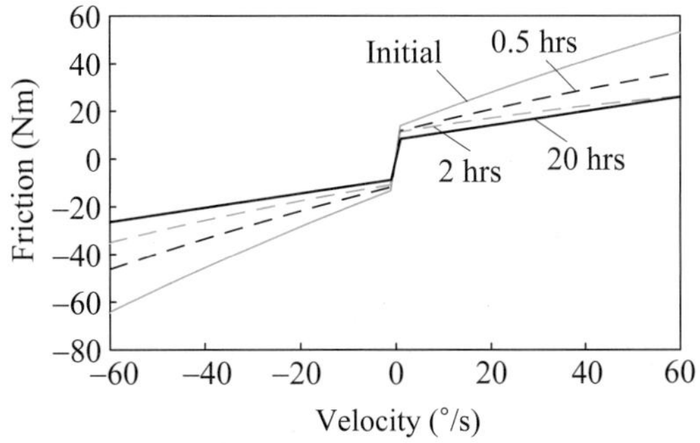

그림 13.11 **구동 시간에 따른 관절 모듈의 마찰 토크**

은 속도 패턴으로 동작시켰을 때, 속도와 시간에 대하여 관측된 $\hat{\tau}_f$를 (b)와 (c)에 나타내었다. 그림 (b)에서와 같이, 로봇 관절의 마찰 토크를 결정하는 주요 요소는 쿨롱 마찰 토크 τ_c와 점성 마찰 토크 τ_v이다. 한편, 그림 (c)의 B 부분에 보듯이, 속도 0 근처에서 마찰 모델에 기반한 마찰 토크는 급격히 변하지만, 마찰 관측기에서 계산한 마찰 토크는 사선으로 느리게 변화함을 알 수 있다. 이는 마찰 관측기는 LPF 효과를 포함하기 때문이다.

앞서 언급한 바와 같이, 속도 0 근처에서 작은 속도에 의해서도 마찰력의 큰 변화가 발생하며, 이를 마찰 모델에서 정확하게 나타내는 것은 매우 어렵다. 이러한 단점을 보완하기 위해서 LuGre 모델(Canudas de Wit, 1995) 또는 Maxwell slip 모델(Rizos, 2004) 등이 사용된다. 이들 모델은 마찰에서 나타나는 히스테리시스 현상을 모델에 포함시킴으로써 마찰 모델의 정확성을 높였지만, 모델에 포함된 다수의 파라미터를 구하는 것이 매우 어려운 단점이 있다.

관절 모듈에서 발생하는 마찰의 거동은 관절 모듈의 조립 상태 또는 온도 등에 의해서 서로 다른 거동을 나타낸다. 특히 관절 모듈이 처음 조립되었을 때와 오랜 시간 구동되었을 때에도 마찰 거동이 다르게 나타난다. 그림 13.11은 관절 모듈을 장시간 구동했을 때 나타나는 마찰의 변화를 마찰 모델을 이용해 나타낸 것이다. 구동 시간의 증가에 따라 점성 마찰이 점차 감소하며, 일반적으로 20시간 이상 구동을 시키면 마찰 모델이 수렴하게 된다. 그러므로 충분한 시간 동안 구동한 후에 마찰 토크 모델링을 진행하여야 한다. 관절 모듈의 마찰 토크는 온도의 변화에도 영향을 받는다. 충분한 시간 동안 구동된 관절 모듈이더라도 오랜 시간 정지되었다가 다시 구동하면 윤활이 제대로 되지 않아서 마찰 모델과는 다른 마찰 거동을 보인다. 따라서 15분 이상의 예열을 통해 관절 모듈의 마찰을 수렴시키는 과정이 필요하다.

13.3.3 복합 FM/FO 기반의 마찰 토크 추정

앞서 논의하였듯이, 마찰 토크를 추정하는 2가지 방법인 마찰 관측기 기반의 방법과 마찰 모델 기반의 방법은 각각 장단점을 가지고 있다. 이를 정리하여 표 13.3에 나타내었다.

표 13.3 **마찰 모델과 마찰 관측기의 장단점 비교**

방식	장점	단점
마찰 관측기 (FO)	• 모델이 필요 없다. • 점성 마찰이 잘 추정된다.	• 급격히 변하는 쿨롱 마찰은 추정하기 어렵다. • 외력이 존재하는 경우 JTS가 필요하다.
마찰 모델 (FM)	• 급격히 변하는 쿨롱 마찰도 추정이 가능하다. • JTS가 필요 없다.	• 정확한 마찰 모델의 수립이 어렵다. • 장기간 사용으로 인한 마찰 모델의 파라미터 변화를 반영하기 어렵다.

두 방법의 장점을 모두 활용할 수 있다면 보다 정확한 마찰 토크를 추정할 수 있다. 즉, 기본적으로 마찰 모델 기반의 방법을 사용하여 마찰 토크를 추정하면서 마찰 모델이 추정하지 못한 마찰 토크를 마찰 관측기를 통해 추가적으로 추정한다. 이러한 방법을 사용하면, 관절의 회전 방향이 변경되는 구간에서 급변하는 쿨롱 마찰력은 마찰 모델에 의해 잘 추정되며, 정확하게 모델링되지 않은 점성 마찰력은 마찰 관측기를 통해 추정 정확도를 높일 수 있다. 관측기를 사용하므로 13.3.1절에서 언급한 바와 같이 외력이 존재하는 외부 토크를 마찰 토크로부터 분리할 수 있는 센서가 필요하다.

마찰 모델과 마찰 관측기를 동시에 사용하는 경우, 마찰 모델은 13.3.2절에서 설명한 내용과 동일하게 구성하며, 마찰 관측기는 다음과 같이 식 (13.51)을 다시 나타낸 식을 바탕으로 구성한다.

$$\boldsymbol{\tau}_{fo} = \boldsymbol{\tau} - [\boldsymbol{M}(\boldsymbol{q})\ddot{\boldsymbol{q}} + \boldsymbol{J}_m\ddot{\boldsymbol{q}} + \boldsymbol{C}(\boldsymbol{q},\dot{\boldsymbol{q}})\dot{\boldsymbol{q}} + \boldsymbol{g}(\boldsymbol{q}) + \boldsymbol{\tau}_{fm} + \boldsymbol{\tau}_{ext}] \quad (13.62)$$

여기서 $\boldsymbol{\tau}_{fm}$은 마찰 모델로부터 추정된 마찰 토크를, $\boldsymbol{\tau}_{fo}$는 마찰 모델로부터 완전히 추정되지 않은 마찰 토크(관측기를 통해 추정하려는 토크)를 나타낸다. 마찰 토크와 외부 토크를 분리할 수 있는 센서가 없는 경우, $\boldsymbol{\tau}_{ext}=0$이라는 가정이 필요하므로 다음과 같이 나타낼 수 있다.

$$\boldsymbol{\tau}_{fo} = \boldsymbol{\tau} - [\boldsymbol{M}(\boldsymbol{q})\ddot{\boldsymbol{q}} + \boldsymbol{J}_m\ddot{\boldsymbol{q}} + \boldsymbol{C}(\boldsymbol{q},\dot{\boldsymbol{q}})\dot{\boldsymbol{q}} + \boldsymbol{g}(\boldsymbol{q}) + \boldsymbol{\tau}_{fm}] \quad (13.63)$$

위 수식으로부터 관측기를 구성하면 다음과 같은 이산화된 식을 얻을 수 있다.

$$\hat{\boldsymbol{\tau}}_{fo}(k+1) = \boldsymbol{K}\left[\sum_{i=0}^{k}\{\boldsymbol{\tau}(i) + \boldsymbol{C}^T(i)\dot{\boldsymbol{q}}(i) - \boldsymbol{g}(i) - \boldsymbol{\tau}_{fm}(i) - \hat{\boldsymbol{\tau}}_{fo}(i)\}T - \boldsymbol{J}_m\dot{\boldsymbol{q}}(k) - \boldsymbol{p}(k)\right] + \hat{\boldsymbol{\tau}}_{fo}(0) \quad (13.64)$$

로봇의 각 관절에 관절 토크 센서가 부착되어 있는 경우에는 식 (13.55)를 다음과 같이 나타낼 수 있다.

$$\boldsymbol{\tau}_{fo} = \boldsymbol{\tau} - [\boldsymbol{J}_m\ddot{\boldsymbol{q}} + \boldsymbol{\tau}_{JTS} + \boldsymbol{\tau}_{fm}] \quad (13.65)$$

위 수식으로부터 관측기를 구성하면 다음과 같은 이산화된 식을 얻을 수 있다.

$$\hat{\boldsymbol{\tau}}_{fo}(k+1) = \boldsymbol{K}\left[\sum_{i=0}^{k}\{\boldsymbol{\tau}(i) - \boldsymbol{\tau}_{JTS}(i) - \boldsymbol{\tau}_{fm}(i) - \hat{\boldsymbol{\tau}}_{fo}(i)\}T - \boldsymbol{J}_m\dot{\boldsymbol{q}}(k)\right] + \hat{\boldsymbol{\tau}}_{fo}(0) \quad (13.66)$$

로봇의 말단에 힘/토크 센서가 부착되어 있는 경우에는 식 (13.58)을 다음과 같이 나타낼 수 있다.

$$\boldsymbol{\tau}_{fo} = \boldsymbol{\tau} - [\boldsymbol{M}(\boldsymbol{q})\ddot{\boldsymbol{q}} + \boldsymbol{J}_m\ddot{\boldsymbol{q}} + \boldsymbol{C}(\boldsymbol{q},\dot{\boldsymbol{q}})\dot{\boldsymbol{q}} + \boldsymbol{g}(\boldsymbol{q}) + \boldsymbol{\tau}_{fm} + \boldsymbol{J}^T\boldsymbol{F}_e] \quad (13.67)$$

위 수식으로부터 관측기를 구성하면 다음과 같은 이산화된 식을 얻을 수 있다.

$$\begin{aligned}&\hat{\boldsymbol{\tau}}_{fo}(k+1)\\ &= \boldsymbol{K}\left[\sum_{i=0}^{k}\{\boldsymbol{\tau}(i) + \boldsymbol{C}^T(i)\dot{\boldsymbol{q}}(i) - \boldsymbol{g}(i) - \boldsymbol{\tau}_{fm}(i) - \boldsymbol{J}(i)^T\boldsymbol{F}_e(i) - \hat{\boldsymbol{\tau}}_{fo}(i)\}T - \boldsymbol{J}_m\dot{\boldsymbol{q}}(k) - \boldsymbol{p}(k)\right]\\ &\quad + \hat{\boldsymbol{\tau}}_{fo}(0) \qquad (13.68)\end{aligned}$$

앞서 설명한 바와 같이 로봇의 각 관절에 관절 토크 센서가 부착되어 있는 경우에는 외력이 로봇 몸체에 작용하여도 마찰 관측기로부터 마찰 모델이 완전히 추정하지 못한 마찰 토크를 추정할 수 있다. 로봇 말단에 힘/토크 센서가 부착되어 있는 경우에는 외력이 말단에 작용하는 경우에만 추정 가능하다.

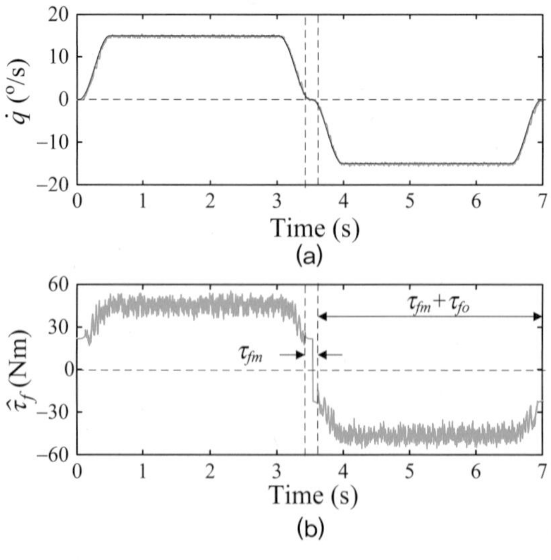

그림 13.12 **복합 마찰 모델/마찰 관측기를 이용한 마찰 보상: (a) 관절 속도, (b) 마찰 토크**

그림 13.12는 6축 로봇에 마찰 모델과 외란 관측기를 적용하여 구동하였을 때 마지막 관절의 속도와 토크를 나타낸다. 이때 관절 6에는 링크나 가반 하중이 부착되어 있지 않으므로 회전에 사용되는 토크는 모두 마찰 토크라고 생각할 수 있다. 토크 그래프에서 보듯이, 관측기는 마찰 모델로 완전히 추정하지 못한 마찰 토크를 추정한다.

이론적으로는 위의 복합 방식이 우수하기는 하지만, 실제로는 JTS가 있으면 마찰 관측기로, JTS가 없는 센서리스 방식에서는 마찰 모델을 사용한다.

부 록

부록 A 협동 로봇의 기구학 및 자코비안

3장에서 가장 대표적인 수직 다관절 로봇인 PUMA 로봇의 정기구학 및 역기구학 문제에 대해서 상세히 살펴보았다. 특히 역기구학 해법은 상당히 복잡하였지만, 몸체부와 손목부의 기구학적 분리를 통하여 개념적으로는 비교적 쉽게 역기구학 해를 구할 수 있었다. 최근 수직 다관절 로봇의 일종으로 작업자와 동일한 공간에서 안전하게 작업이 가능한 협동 로봇(collaborative robot)이 개발되어 널리 사용되고 있다. 다양한 구조를 갖는 협동 로봇이 개발되었지만, **그림** 3.11(b)와 같이 PUMA 로봇과 거의 유사한 구조를 갖는 협동 로봇의 경우에는 손목점에서 연속되는 세 축이 교차하므로 역기구학 해법이 3장에서 다룬 PUMA 로봇과 유사하다. 그러나 **그림** 3.11(c)와 같이 연속되는 세 축이 평행한 경우에는 닫힌 해가 존재하기는 하지만, 역기구학 해법은 훨씬 더 복잡하다. Universal Robots 등 많은 협동 로봇이 이러한 구조를 채택하고 있으므로, 이 부록에서는 이러한 방식의 로봇에 대한 정기구학 및 역기구학 해법을 다루기로 한다. 이를 위해서 고려대에서 개발한 KCR0307(Korea university Collaborative Robot-3 kg payload & 700 mm reach)을 대상으로 기구학 문제를 다룬다.

A.1 KCR0307의 정기구학

KCR0307 로봇은 롤-피치-피치-피치-롤-피치의 구조를 가진다. 정기구학의 경우에는 앞에서 설명한 내용과 같이 링크 좌표계와 DH 파라미터를 설정한 다음 동차 변환 행렬의 계산을 통해 각 관절의 관절각을 말단부 자세로 변환하는 기구학 방정식을 계산한다. 이 로봇의 링크 좌표계는 **그림** A.1과 같이 설정한다.

로봇의 링크 좌표계는 유일하게 결정되지 않고, 무수히 많은 조합이 존재한다. 그러나 이러한 서로 다른 조합에서의 차이는 DH 파라미터에 적절히 반영되므로, 어떠한 링크 좌표계의 조합을 사용하더라도 로봇의 해석은 동일한 결과를 보여 주게 된다.

그림 A.1과 같이 설정된 좌표계를 기준으로 DH 파라미터를 구하면 **표** A.1과 같다. **그림** A.1(a)는 $\theta_1=0°$, $\theta_2=90°$, $\theta_3=0°$, $\theta_4=90°$, $\theta_5=0°$, $\theta_6=0°$의 자세이다. **그림** A.1(b)는 모든 관절각이 0°인 자세를 나타내며, 이때 각 링크 좌표계의 x축은 모두 같은 방향을 향한다.

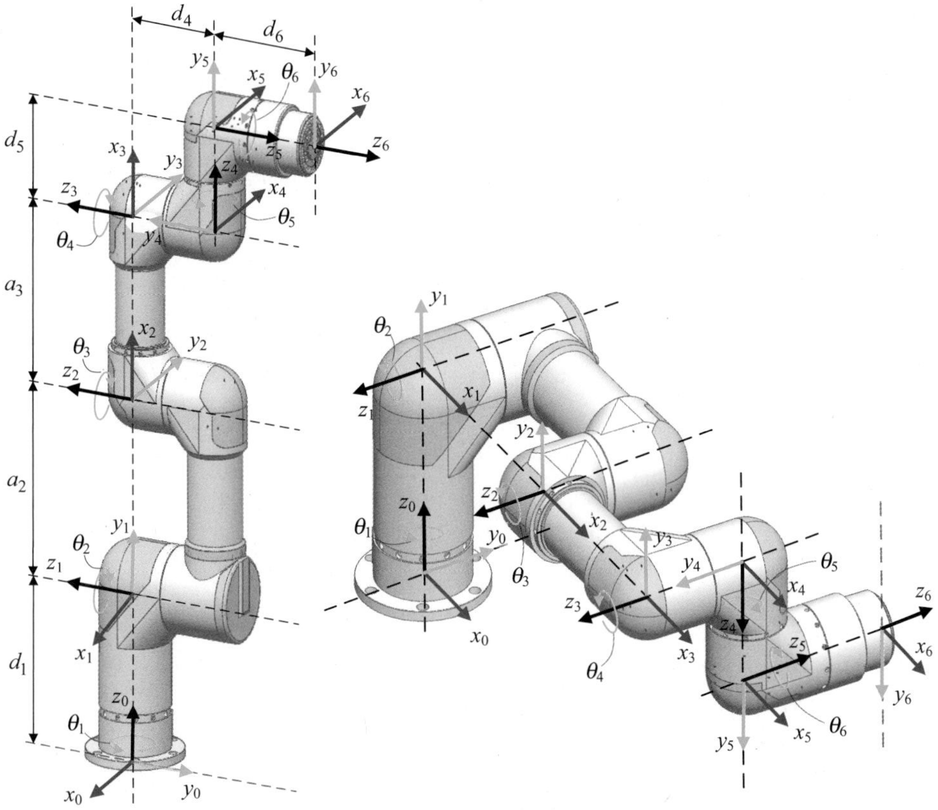

(a) (b)

그림 A.1 링크 좌표계의 정의: (a) KCR0307 로봇, (b) 관절각이 모두 0°일 때의 자세

표 A.1 KCR0307 로봇의 DH 파라미터

Link i	Link length a_i (mm)	Link twist α_i (°)	Joint offset d_i (mm)	Joint angle θ_i (°)
1	0	90	d_1	θ_1
2	a_2	0	0	θ_2
3	a_3	0	0	θ_3
4	0	90	d_4	θ_4
5	0	90	d_5	θ_5
6	0	0	d_6	θ_6

표 A.1의 DH 파라미터를 동차 변환 행렬의 공식 (3.8)

$$
{}^{i-1}\boldsymbol{T}_i = \begin{bmatrix} \cos\theta_i & -\sin\theta_i\cos\alpha_i & \sin\theta_i\sin\alpha_i & a_i\cos\theta_i \\ \sin\theta_i & \cos\theta_i\cos\alpha_i & -\cos\theta_i\sin\alpha_i & a_i\sin\theta_i \\ 0 & \sin\alpha_i & \cos\alpha_i & d_i \\ 0 & 0 & 0 & 1 \end{bmatrix}
$$

에 대입하여 KCR0307의 각 링크 좌표계 사이의 동차 변환 행렬을 계산하면 다음과 같다.

$$
{}^{0}\boldsymbol{T}_1 = \begin{bmatrix} c_1 & 0 & s_1 & 0 \\ s_1 & 0 & -c_1 & 0 \\ 0 & 1 & 0 & d_1 \\ 0 & 0 & 0 & 1 \end{bmatrix}, \quad
{}^{1}\boldsymbol{T}_2 = \begin{bmatrix} c_2 & -s_2 & 0 & a_2c_2 \\ s_2 & c_2 & 0 & a_2s_2 \\ 0 & 0 & 1 & 0 \\ 0 & 0 & 0 & 1 \end{bmatrix}, \quad
{}^{2}\boldsymbol{T}_3 = \begin{bmatrix} c_3 & -s_3 & 0 & a_3c_3 \\ s_3 & c_3 & 0 & a_3s_3 \\ 0 & 0 & 1 & 0 \\ 0 & 0 & 0 & 1 \end{bmatrix}
$$

$$
{}^{3}\boldsymbol{T}_4 = \begin{bmatrix} c_4 & 0 & s_4 & 0 \\ s_4 & 0 & -c_4 & 0 \\ 0 & 1 & 0 & d_4 \\ 0 & 0 & 0 & 1 \end{bmatrix}, \quad
{}^{4}\boldsymbol{T}_5 = \begin{bmatrix} c_5 & 0 & s_5 & 0 \\ s_5 & 0 & -c_5 & 0 \\ 0 & 1 & 0 & d_5 \\ 0 & 0 & 0 & 1 \end{bmatrix}, \quad
{}^{5}\boldsymbol{T}_6 = \begin{bmatrix} c_6 & -s_6 & 0 & 0 \\ s_6 & c_6 & 0 & 0 \\ 0 & 0 & 1 & d_6 \\ 0 & 0 & 0 & 1 \end{bmatrix} \tag{A.1}
$$

여기서 $c_i = \cos\,\theta_i$, $s_i = \sin\,\theta_i$이다.

앞에서 계산된 동차 변환을 바탕으로 각 관절의 관절각과 말단부 자세(위치/방위) 간의 관계를 나타내는 기구학 방정식을 계산할 수 있다. 기저부부터 각 관절의 순서에 따라 동차 변환 행렬을 순서대로 곱하면 다음과 같다.

$$
{}^{0}\boldsymbol{T}_1(\theta_1)\cdot{}^{1}\boldsymbol{T}_2(\theta_2)\cdot{}^{2}\boldsymbol{T}_3(\theta_3)\cdot{}^{3}\boldsymbol{T}_4(\theta_4)\cdot{}^{4}\boldsymbol{T}_5(\theta_5)\cdot{}^{5}\boldsymbol{T}_6(\theta_6) = {}^{0}\boldsymbol{T}_6 \tag{A.2}
$$

위의 기구학 방정식은 로봇의 기저 좌표계와 말단 좌표계 사이의 동차 변환에 해당하며, 다음과 같이 나타낼 수 있다.

$$
{}^{0}\boldsymbol{T}_6 = \left[\begin{array}{ccc|c} {}^{0}\hat{\boldsymbol{x}}_6 & {}^{0}\hat{\boldsymbol{y}}_6 & {}^{0}\hat{\boldsymbol{z}}_6 & {}^{0}\boldsymbol{p}_6 \\ \hline 0 & 0 & 0 & 1 \end{array}\right] = \left[\begin{array}{ccc|c} {}^{0}x_{6x} & {}^{0}x_{6y} & {}^{0}x_{6z} & {}^{0}p_{6x} \\ {}^{0}y_{6x} & {}^{0}y_{6y} & {}^{0}y_{6z} & {}^{0}p_{6y} \\ {}^{0}z_{6x} & {}^{0}z_{6y} & {}^{0}z_{6z} & {}^{0}p_{6z} \\ \hline 0 & 0 & 0 & 1 \end{array}\right] \tag{A.3}
$$

식 (A.2)와 (A.3)으로부터 다음과 같이 위치 기구학

$$ {}^{0}\boldsymbol{p}_6 = \begin{bmatrix} {}^{0}p_x \\ {}^{0}p_y \\ {}^{0}p_z \end{bmatrix} = \begin{bmatrix} a_2c_1c_2 + a_3c_1c_{23} + d_4s_1 + d_5c_1s_{234} - d_6(s_1c_5 - c_1c_{234}s_5) \\ a_2s_1c_2 + a_3s_1c_{23} - d_4c_1 + d_5s_1s_{234} + d_6(c_1c_5 + s_1c_{234}s_5) \\ d_1 + a_2s_2 + a_3s_{23} - d_5c_{234} + d_6s_{234}s_5 \end{bmatrix} \quad \text{(A.4)} $$

와 방위 기구학을 구할 수 있다.

$$ {}^{0}\hat{\boldsymbol{x}}_6 = \begin{bmatrix} {}^{0}x_{6x} \\ {}^{0}y_{6x} \\ {}^{0}z_{6x} \end{bmatrix} = \begin{bmatrix} s_6c_1s_{234} + c_6(s_1s_5 + c_1c_{234}c_5) \\ c_6c_1s_{234} - s_6(s_1s_5 + c_1c_{234}c_5) \\ -s_1c_5 + c_1c_{234}s_5 \end{bmatrix} \quad \text{(A.5a)} $$

$$ {}^{0}\hat{\boldsymbol{y}}_6 = \begin{bmatrix} {}^{0}x_{6y} \\ {}^{0}y_{6y} \\ {}^{0}z_{6y} \end{bmatrix} = \begin{bmatrix} s_6s_1s_{234} - c_6(c_1s_5 - s_1c_{234}c_5) \\ c_6s_1s_{234} + s_6(c_1s_5 - s_1c_{234}c_5) \\ c_1c_5 + s_1c_{234}s_5 \end{bmatrix} \quad \text{(A.5b)} $$

$$ {}^{0}\hat{\boldsymbol{z}}_6 = \begin{bmatrix} {}^{0}x_{6z} \\ {}^{0}y_{6z} \\ {}^{0}z_{6z} \end{bmatrix} = \begin{bmatrix} c_1c_{234}s_5 - s_1c_5 \\ s_1c_{234}s_5 + c_1c_5 \\ s_{234}s_5 \end{bmatrix} \quad \text{(A.5c)} $$

여기서 $c_i = \cos\,\theta_i$, $s_i = \sin\,\theta_i$, $s_{ij} = \sin(\theta_i + \theta_j)$, $c_{ij} = \cos(\theta_i + \theta_j)$이다.

A.2 KCR0307의 역기구학

KCR0307 로봇의 역기구학 문제는 직교 공간에서 말단부 자세가 주어졌을 때 이를 만족시키기 위한 관절 공간에서의 관절각(θ_1, θ_2, θ_3, θ_4, θ_5, θ_6)을 구하는 것이다. 이 로봇의 경우 PUMA 로봇과는 다르게 연속하는 세 축이 한 점에서 교차하는 손목점이 존재하지 않으므로, 로봇을 기구학적으로 몸체부와 손목부로 분리할 수 없다. 그러므로 역기구학 해법은 PUMA 로봇과는 매우 다르며, 훨씬 더 복잡한 과정을 거치게 된다(Andersen, 2018).

① θ_1 구하기

그림 A.2는 기저 좌표계를 기준으로 하여 말단 좌표계와 링크 좌표계 {5}와의 관

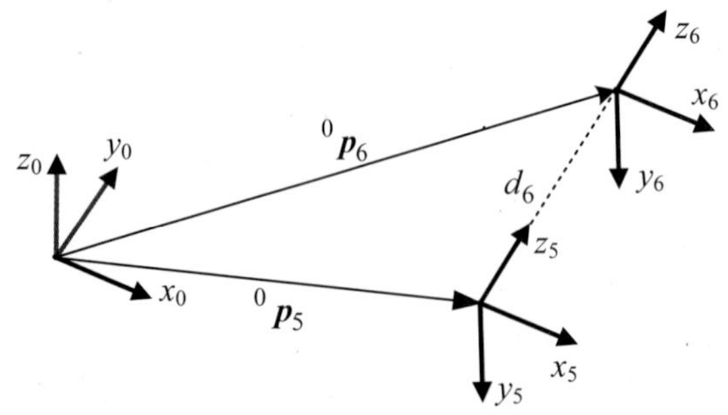

그림 A.2 **기저 좌표계 {0}, 말단 좌표계 {6}, 링크 좌표계 {5}의 관계**

계를 나타낸다.

관절각 θ_1을 구하기 위해서는 기저 좌표계에 대한 좌표계 {5}의 원점의 위치 벡터 ${}^0\boldsymbol{p}_5$를 구해야 한다. ${}^0\boldsymbol{p}_5$는 말단점(즉, TCP)을 z_6축의 음의 방향으로 d_6만큼 이동함으로써 구할 수 있다.

$$
{}^0\boldsymbol{p}_5 = {}^0\boldsymbol{p}_6 - d_6\,{}^0\hat{\boldsymbol{z}}_6 \;\rightarrow\; \begin{bmatrix} {}^0p_{5x} \\ {}^0p_{5y} \\ {}^0p_{5z} \end{bmatrix} = \begin{bmatrix} {}^0p_{6x} \\ {}^0p_{6y} \\ {}^0p_{6z} \end{bmatrix} - d_6 \begin{bmatrix} {}^0\hat{z}_{6x} \\ {}^0\hat{z}_{6y} \\ {}^0\hat{z}_{6z} \end{bmatrix} = \begin{bmatrix} {}^0p_{6x} - d_6\,{}^0\hat{z}_{6x} \\ {}^0p_{6y} - d_6\,{}^0\hat{z}_{6y} \\ {}^0p_{6z} - d_6\,{}^0\hat{z}_{6z} \end{bmatrix} \tag{A.6}
$$

식 (A.6)에 식 (A.4)와 (A.5c)를 대입하여 계산하면 다음과 같다.

$$
\begin{bmatrix} {}^0p_{5x} \\ {}^0p_{5y} \\ {}^0p_{5z} \end{bmatrix} = \begin{bmatrix} a_2c_1c_2 + a_3c_1c_{23} + d_4s_1 + d_5c_1s_{234} \\ a_2s_1c_2 + a_3s_1c_{23} - d_4c_1 + d_5s_1s_{234} \\ d_1 + a_2s_2 + a_3s_{23} - d_5c_{234} \end{bmatrix} \tag{A.7}
$$

위 식은 θ_1, θ_2, θ_3, θ_4의 4개의 변수가 있지만, 방정식은 3개뿐이므로 방정식을 풀 수 없다. 그러므로 다음과 같은 방법으로 θ_1을 구한다.

그림 A.3은 그림 A.1(b)의 KCR0307을 z_0축의 방향으로 내려다본 모습을 나타낸다. ${}^0p_{5xy}$는 ${}^0p_{5x}$, ${}^0p_{5y}$를 두 변으로 가지는 직각 삼각형의 대변의 길이이다. 그림에서 보듯이, θ_1은 다음과 같이 나타낼 수 있다.

$$
\theta_1 = \phi_1 - \left(\frac{\pi}{2} - \phi_2\right) \tag{A.8}
$$

θ_2, θ_3, θ_4는 피치 방향의 회전이므로, ϕ_1과 ϕ_2는 θ_1에만 영향을 받는다. ϕ_1은 ${}^0p_{5x}$와

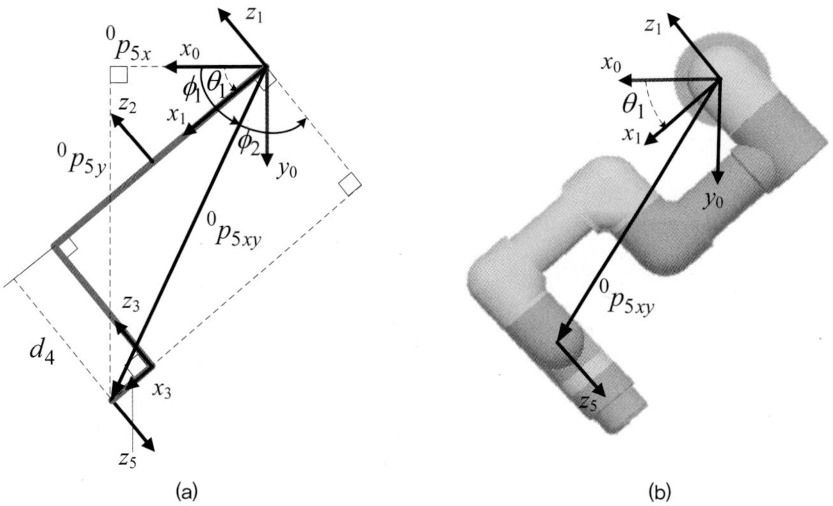

그림 A.3 KCR0307을 위에서 바라본 자세

$^0p_{5y}$를 두 변으로 가지는 직각 삼각형, ϕ_2는 $^0p_{5xy}$를 대각으로 가지고 d_4를 한 변으로 가지는 직각 삼각형을 통해 구할 수 있다.

$$\phi_1 = \text{atan2}(^0p_{5y}, ^0p_{5x}) \tag{A.9}$$

$$\phi_2 = \pm\text{acos}\left(\frac{d_4}{^0p_{5xy}}\right) = \pm\text{acos}\left(\frac{d_4}{\sqrt{^0p_{5x}{}^2 + {}^0p_{5y}{}^2}}\right) \tag{A.10}$$

따라서 θ_1은 다음과 같이 정리된다.

$$\theta_1 = \phi_1 + \phi_2 - \frac{\pi}{2} = \text{atan2}(^0p_{5y}, ^0p_{5x}) \pm \text{acos}\left(\frac{d_4}{\sqrt{^0p_{5x}^2 + {}^0p_{5y}^2}}\right) - \frac{\pi}{2} \tag{A.11}$$

그러므로 θ_1은 다음과 같이 2개의 해를 갖는다.

$$\begin{cases} \theta_{1a} = \text{atan2}(^0p_{5y}, ^0p_{5x}) + \text{acos}\left(\dfrac{d_4}{\sqrt{^0p_{5x}^2 + {}^0p_{5y}^2}}\right) - \dfrac{\pi}{2} \\ \theta_{1b} = \text{atan2}(^0p_{5y}, ^0p_{5x}) - \text{acos}\left(\dfrac{d_4}{\sqrt{^0p_{5x}^2 + {}^0p_{5y}^2}}\right) - \dfrac{\pi}{2} \end{cases} \tag{A.12}$$

이 2개의 해에 대한 KCR0307의 자세를 시각화한 모습은 그림 A.4와 같다.

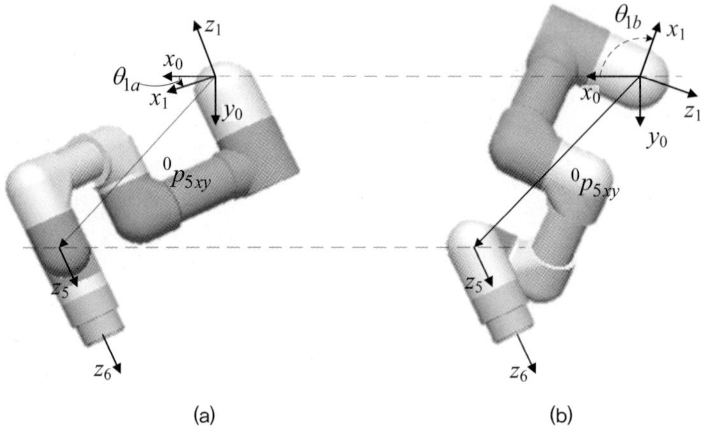

그림 A.4 KCR0307의 θ_1: (a) θ_{1a}의 자세, (b) θ_{1b}의 자세

② θ_5 구하기

그림 A.5는 대상 로봇을 z_0축 방향으로 내려다본 모습을 나타낸다.

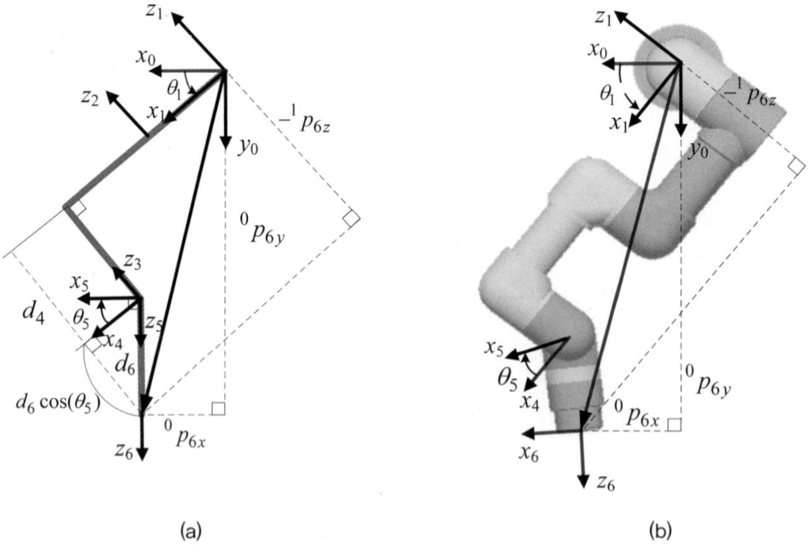

그림 A.5 KCR0307을 위에서 바라본 자세

그림 A.5(a)에서 보듯이, ${}^1p_{6z}$는 오직 θ_5에 의해서만 변하므로 다음과 같이 나타낼 수 있다.

$$-{}^{1}p_{6z} = d_4 + d_6 \cos\theta_5 \tag{A.13}$$

한편, 링크 좌표계 {1}에 대한 말단의 위치를 나타내는 위치 벡터 ${}^{1}\boldsymbol{p}_6$는 다음과 같이 ${}^{1}\boldsymbol{T}_6$를 통하여 구할 수 있다.

$$
{}^{1}\boldsymbol{T}_6 = \left({}^{0}\boldsymbol{T}_1\right)^{-1} \cdot {}^{0}\boldsymbol{T}_6 = \begin{bmatrix} \cos\theta_1 & \sin\theta_1 & 0 & 0 \\ 0 & 0 & 1 & -d_1 \\ -\sin\theta_1 & \cos\theta_1 & 0 & 0 \\ 0 & 0 & 0 & 1 \end{bmatrix} \cdot \left[\begin{array}{ccc|c} {}^{0}x_{6x} & {}^{0}x_{6y} & {}^{0}x_{6z} & {}^{0}p_{6x} \\ {}^{0}y_{6x} & {}^{0}y_{6y} & {}^{0}y_{6z} & {}^{0}p_{6y} \\ {}^{0}z_{6x} & {}^{0}z_{6y} & {}^{0}z_{6z} & {}^{0}p_{6z} \\ \hline 0 & 0 & 0 & 1 \end{array}\right]
$$

$$
= \left[\begin{array}{ccc|c} {}^{0}x_{6x}c_1 + {}^{0}y_{6x}s_1 & {}^{0}x_{6y}c_1 + {}^{0}y_{6y}s_1 & {}^{0}x_{6z}c_1 + {}^{0}y_{6z}s_1 & {}^{0}p_{6x}c_1 + {}^{0}p_{6y}s_1 \\ {}^{0}z_{6x} & {}^{0}z_{6y} & {}^{0}z_{6z} & -d_1 + {}^{0}p_{6z} \\ -{}^{0}x_{6x}s_1 + {}^{0}y_{6x}c_1 & -{}^{0}x_{6y}s_1 + {}^{0}y_{6y}c_1 & -{}^{0}x_{6z}s_1 + {}^{0}y_{6z}c_1 & -{}^{0}p_{6x}s_1 + {}^{0}p_{6y}c_1 \\ \hline 0 & 0 & 0 & 1 \end{array}\right] \tag{A.14}
$$

그러므로

$$
{}^{1}\boldsymbol{p}_6 = \begin{bmatrix} {}^{1}p_{6x} \\ {}^{1}p_{6y} \\ {}^{1}p_{6z} \end{bmatrix} = \begin{bmatrix} {}^{0}p_{6x}\cos\theta_1 + {}^{0}p_{6y}\sin\theta_1 \\ -d_1 + {}^{0}p_{6z} \\ -{}^{0}p_{6x}\sin\theta_1 + {}^{0}p_{6y}\cos\theta_1 \end{bmatrix} \tag{A.15}
$$

식 (A.13)과 (A.15)를 연립해 풀면 다음과 같이 θ_5를 구할 수 있다.

$$-d_4 - d_6\cos\theta_5 = -{}^{0}p_{6x}\cdot\sin\theta_1 + {}^{0}p_{6y}\cdot\cos\theta_1$$

$$\rightarrow \cos\theta_5 = \frac{{}^{0}p_{6x}\cdot\sin\theta_1 - {}^{0}p_{6y}\cdot\cos\theta_1 - d_4}{d_6}$$

$$\rightarrow \theta_5 = \pm\text{acos}\left(\frac{{}^{0}p_{6x}\cdot\sin\theta_1 - {}^{0}p_{6y}\cdot\cos\theta_1 - d_4}{d_6}\right)$$

그러므로 θ_5는 다음과 같이 2개의 해를 갖는다.

$$
\begin{cases}
\theta_{5a} = \text{acos}\left(\dfrac{{}^0p_{6x} \cdot \sin\theta_1 - {}^0p_{6y} \cdot \cos\theta_1 - d_4}{d_6}\right) \\
\theta_{5b} = -\text{acos}\left(\dfrac{{}^0p_{6x} \cdot \sin\theta_1 - {}^0p_{6y} \cdot \cos\theta_1 - d_4}{d_6}\right)
\end{cases} \tag{A.16}
$$

이 2개의 해에 대해 KCR0307의 자세를 시각화한 모습은 **그림 A.6**과 같다. 이 그림에서 보듯이, 각 자세에서 관절각 θ_2, θ_3, θ_4의 합이 180° 차이가 발생하여 z_4축의 방향이 서로 반대이다. 따라서 θ_5의 회전 방향이 서로 반대이므로 θ_{5a}만큼 회전한 **그림 A.6(a)**의 z_5축이 θ_{5b}만큼 회전한 **그림 A.6(b)**의 z_5축과 같은 방향을 향한다. 또한 말단의 방위가 일치하기 위해서는 피치 방향 회전인 (θ_2, θ_3, θ_4, θ_6)의 합이 같아야 한다. 따라서 관절각 θ_2, θ_3, θ_4의 합에 따라 관절각 θ_6가 서로 180° 차이로 회전하여 말단의 방위를 맞춘다. 또한 식 (A.16)에서 acos의 내부 항이 1보다 클 수 없으므로, $|{}^1p_{6z} - d_4| \le |d_6|$이어야 한다.

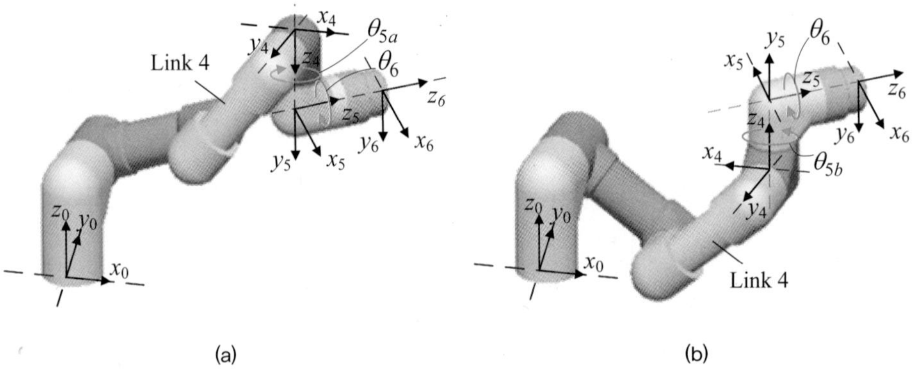

그림 A.6 KCR0307의 자세: (a) θ_{5a}의 자세, (b) θ_{5b}의 자세

③ θ_6 구하기

그림 A.7(a)는 링크 좌표계 {1}, {4}, {5}, {6}의 원점을 한 점으로 모으고, 각 축의 단위 벡터를 고려하여 단위 구(unit sphere)에 나타낸 그림이다. 관절각 θ_6를 구하기 위해서, 링크 좌표계 {6}를 기준으로 z_1축의 단위 벡터인 ${}^6\hat{z}_1$을 구하여야 한다. 그림 (b)에서 보듯이, 관절각 θ_2, θ_3, θ_4는 피치 운동만을 생성하므로 z_1축과 y_4축이 항상 평행 상태를 유지하게 된다. 따라서 좌표계 {6}와 z_1축의 관계는 관절각 θ_5와 θ_6에 의

해서만 영향을 받는다. 즉, 그림 (a)에서 $-{}^6\hat{z}_1$은 z_4축을 기준으로 z_6축으로부터 θ_5만큼 회전하고, z_5축을 기준으로 x_6축에서 $(\pi-\theta_6)$만큼 회전한 위치에 존재한다. $-{}^6\hat{z}_1$을 구하기 위해서는 OA로 표시되는 단위 벡터 $-\hat{z}_1$을 x_6, y_6, z_6축으로 각각 투영하여, 이들 축에 대한 성분을 구하여야 한다. 먼저 $-\hat{z}_1$을 z_6축과 더불어 x_6축과 y_6축이 형성하는 평면에 투영하면, 선분 OB와 OC를 각각 얻게 되는데, 그 길이는 $\cos\theta_5$와 $\sin\theta_5$이다. 선분 OC의 x_6축과 y_6축 성분은 각각 $\sin\theta_5(-\cos\theta_5)$ 및 $\sin\theta_5\ \sin\theta_5$가 된다. 이를 정리하면 다음과 같다.

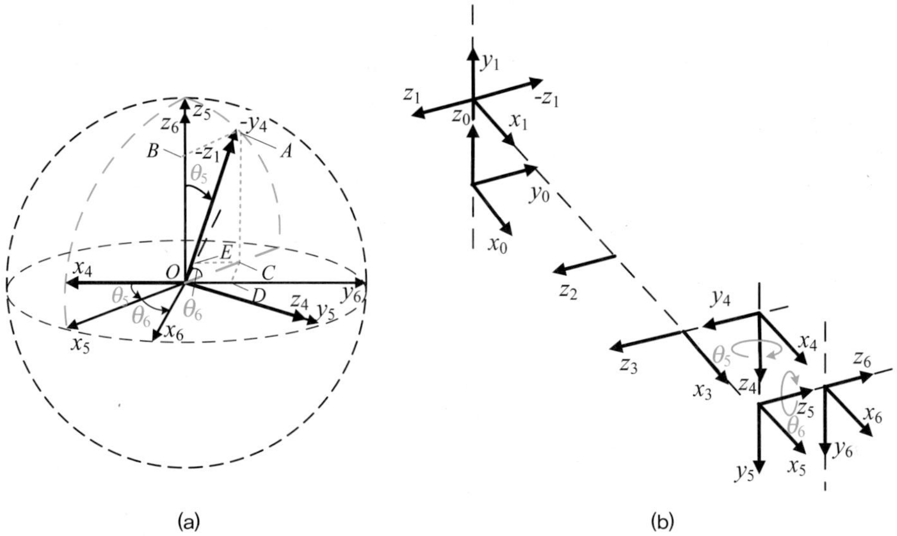

그림 A.7 (a) 구면 좌표계에서 본 $-y_4$축 $-z_1$축, (b) 링크 좌표계와 y_4, z_1축 사이의 관계

$$-{}^6\hat{z}_1=\begin{bmatrix}\sin\theta_5\cdot(-\cos\theta_6)\\ \sin\theta_5\sin\theta_6\\ \cos\theta_5\end{bmatrix}\quad\rightarrow\quad {}^6\hat{z}_1=\begin{bmatrix}\sin\theta_5\cos\theta_6\\ -\sin\theta_5\sin\theta_6\\ -\cos\theta_5\end{bmatrix}\tag{A.17}$$

한편, ${}^6\hat{z}_1$은 동차 변환 행렬 ${}^6\boldsymbol{T}_1$의 성분이다. ${}^6\boldsymbol{T}_1$은 ${}^1\boldsymbol{T}_6$의 역행렬이므로, 우선 ${}^1\boldsymbol{T}_6$를 구하여야 하는데, 이미 식 (A.14)에 구하였으므로 ${}^6\boldsymbol{T}_1$은

$$^6\boldsymbol{T}_1=\left({}^1\boldsymbol{T}_6\right)^{-1}=\left[\begin{array}{ccc|c}{}^0x_{6x}c_1+{}^0y_{6x}s_1 & {}^0z_{6x} & -{}^0x_{6x}s_1+{}^0y_{6x}c_1 & *\\ {}^0x_{6y}c_1+{}^0y_{6y}s_1 & {}^0z_{6y} & -{}^0x_{6y}s_1+{}^0y_{6y}c_1 & *\\ {}^0x_{6z}c_1+{}^0y_{6z}s_1 & {}^0z_{6z} & -{}^0x_{6z}s_1+{}^0y_{6z}c_1 & *\\ \hline 0 & 0 & 0 & 1\end{array}\right]$$

와 같다. 이로부터 ${}^{6}\hat{z}_1$은 위 행렬의 세 번째 벡터에 해당하므로

$$ {}^{6}\hat{z}_1 = \begin{bmatrix} -{}^{0}x_{6x}s_1 + {}^{0}y_{6x}c_1 \\ -{}^{0}x_{6y}s_1 + {}^{0}y_{6y}c_1 \\ -{}^{0}x_{6z}s_1 + {}^{0}y_{6z}c_1 \end{bmatrix} \tag{A.18} $$

와 같다. 식 (A.17)과 (A.18)을 연립하여 풀면 θ_6를 구할 수 있다.

$$ \begin{cases} \sin\theta_5 \cos\theta_6 = -{}^{0}x_{6x}\sin\theta_1 + {}^{0}y_{6x}\cos\theta_1 \\ -\sin\theta_5 \sin\theta_6 = -{}^{0}x_{6y}\sin\theta_1 + {}^{0}y_{6y}\cos\theta_1 \end{cases} \rightarrow \begin{cases} \cos\theta_6 = \dfrac{-{}^{0}x_{6x}\sin\theta_1 + {}^{0}y_{6x}\cos\theta_1}{\sin\theta_5} \\ \sin\theta_6 = \dfrac{{}^{0}x_{6y}\sin\theta_1 - {}^{0}y_{6y}\cos\theta_1}{\sin\theta_5} \end{cases} \tag{A.19} $$

$$ \theta_6 = \operatorname{atan2}\left(\frac{{}^{0}x_{6y}\sin\theta_1 - {}^{0}y_{6y}\cos\theta_1}{\sin\theta_5}, \frac{-{}^{0}x_{6x}\sin\theta_1 + {}^{0}y_{6x}\cos\theta_1}{\sin\theta_5} \right) \tag{A.20} $$

만약 분모인 $\sin\theta_5 = 0$이라면 해가 결정될 수 없게 된다. 이 경우 링크 2, 3, 4, 6의 축이 그림 A.7(b)와 같이 평행하게 정렬되어 무수히 많은 자유도를 가지게 되며, 링크 2, 3, 4는 말단의 위치를 움직이지 않고 관절 6에 대해서 회전할 수 있게 되어 여자유도를 갖게 된다.

④ θ_3 구하기

그림 A.8은 KCR0307을 z_1, z_2, z_3축의 방향으로 바라본 모습이다. 이들 세 축은 평행하므로 평면에서의 운동을 고려하면 된다.

좌표계 {1}의 원점에서 좌표계 {3}의 원점까지의 거리를 ${}^{1}p_{3xy}$라 하자. 그림 A.8(a)에서 ϕ_3는 ${}^{1}p_{3xy}$, a_2, a_3를 세 변으로 가지는 삼각형을 통해 구할 수 있다.

$$ \cos\phi_3 = \frac{a_2^2 + a_3^2 - {}^{1}p_{3xy}^2}{2a_2a_3} \tag{A.21} $$

그러므로

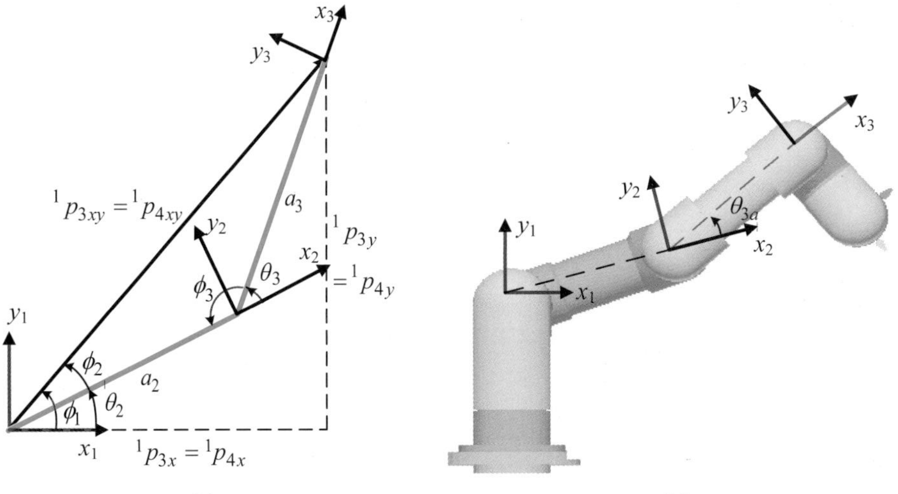

그림 A.8 **링크 2, 3, 4를 옆에서 본 자세**

$$\cos\theta_3 = \cos(\pi - \phi_3) = -\cos\phi_3 = -\frac{a_2^2 + a_3^2 - {}^1p_{3xy}^2}{2a_2a_3} \tag{A.22}$$

여기서 길이 ${}^1p_{3xy}$를 알아야 위 식의 계산이 가능하다. 이 길이는 ${}^1\boldsymbol{T}_3$를 구할 수 있다면

$${}^1p_{3xy}^2 = {}^1p_{3x}^2 + {}^1p_{3y}^2 \tag{A.23}$$

와 같이 구할 수 있지만, 현재 θ_1, θ_5, θ_6만을 구한 상태이므로 ${}^1\boldsymbol{T}_3$를 구할 수는 없다. 그러나 그림 A.1에서 보면, 좌표계 {3}과 {4}의 원점은 좌표계 {1}을 기준으로 x_1 및 y_1축의 좌표가 동일하므로, ${}^1p_{3x} = {}^1p_{4x}$ & ${}^1p_{3y} = {}^1p_{4y}$가 성립되어 ${}^1p_{3xy} = {}^1p_{4xy}$가 된다. 그림 A.8에서 보듯이, 다음 관계가 성립된다.

$${}^1p_{4xy}^2 = {}^1p_{4x}^2 + {}^1p_{4y}^2 \tag{A.24}$$

그러므로 ${}^1\boldsymbol{T}_4$를 구하여 ${}^1p_{4x}$와 ${}^1p_{4y}$를 구하면 ${}^1p_{4xy}$의 계산이 가능하다.

$${}^1\boldsymbol{T}_4 = \left[\begin{array}{ccc|c} {}^1x_{4x} & {}^1x_{4y} & {}^1x_{4z} & {}^1p_{4x} \\ {}^1y_{4x} & {}^1y_{4y} & {}^1y_{4z} & {}^1p_{4y} \\ {}^1z_{4x} & {}^1z_{4y} & {}^1z_{4z} & {}^1p_{4z} \\ \hline 0 & 0 & 0 & 1 \end{array}\right] = \left({}^0\boldsymbol{T}_1\right)^{-1} \cdot {}^0\boldsymbol{T}_6 \cdot \left({}^5\boldsymbol{T}_6\right)^{-1} \cdot \left({}^4\boldsymbol{T}_5\right)^{-1} \tag{A.25}$$

그러므로

$$\theta_3 = \pm \text{acos}\left(\frac{{}^1p_{4xy}^2 - a_2^{\,2} - a_3^{\,2}}{2a_2a_3}\right) \rightarrow \begin{cases} \theta_{3a} = +\text{acos}\left(\frac{{}^1p_{4xy}^2 - a_2^{\,2} - a_3^{\,2}}{2a_2a_3}\right) \\ \theta_{3b} = -\text{acos}\left(\frac{{}^1p_{4xy}^2 - a_2^{\,2} - a_3^{\,2}}{2a_2a_3}\right) \end{cases} \tag{A.26}$$

그림 A.9는 θ_3의 방향에 따른 KCR0307의 자세를 시각화한 것이다. 여기서 두 자세는 θ_1, θ_5의 방향이 같으므로(θ_{1a}, θ_{5a}) 관절각 θ_2, θ_3, θ_4의 합이 같다. 따라서 링크 4부터 두 자세는 같은 자세를 가진다. 또한 acos 내부의 항은 -1과 $+1$ 사이의 값을 가져야 하므로 ${}^1p_{4xy}$의 값은 $|a_2 - a_3|$와 $|a_2 + a_3|$ 사이의 값을 가져야 한다.

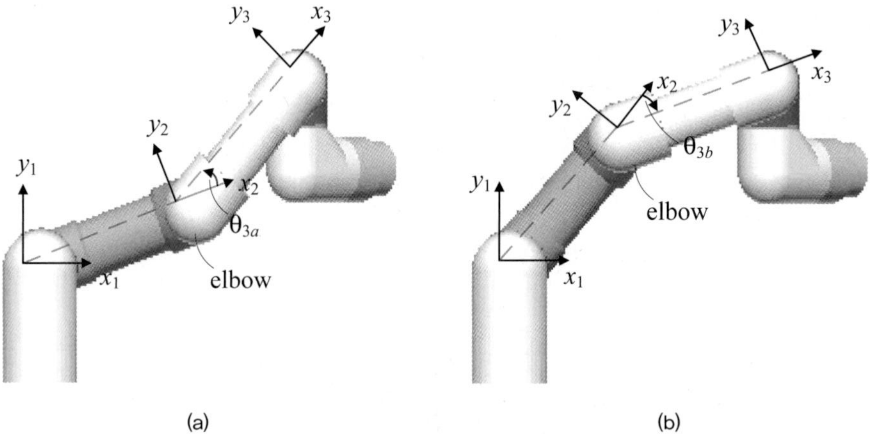

그림 A.9 KCR0307의 자세: (a) θ_{3a}의 자세, (b) θ_{3b}의 자세

⑤ θ_2 **구하기**

그림 A.8(a)에서 보았듯이 θ_2는 ϕ_1과 ϕ_2를 통해 구할 수 있다. 위 그림을 바탕으로 ϕ_1과 ϕ_2를 식으로 나타내면 다음과 같다.

$$\phi_1 = \text{atan2}({}^1p_{4y}, {}^1p_{4x}) \tag{A.27}$$

${}^1p_{4xy}$, a_2, a_3로 구성된 삼각형에서 sine 법칙을 적용하면 다음과 같다.

$$\frac{\sin\phi_2}{a_3}=\frac{\sin\phi_3}{{}^1p_{4xy}} \quad \rightarrow \quad \phi_2=\operatorname{asin}\left(\frac{a_3\sin\phi_3}{{}^1p_{4xy}}\right) \tag{A.28}$$

위 식들을 바탕으로 θ_2를 구할 수 있다.

$$\theta_2=\phi_1-\phi_2=\operatorname{atan2}({}^1p_{4y},{}^1p_{4x})-\operatorname{asin}\left(\frac{a_3\sin\phi_3}{{}^1p_{4xy}}\right) \tag{A.29}$$

⑥ θ_4 구하기

그림 A.10은 z_3축을 기준으로 x_3축으로부터 x_4축으로의 회전각 θ_4를 나타낸 그림이다.

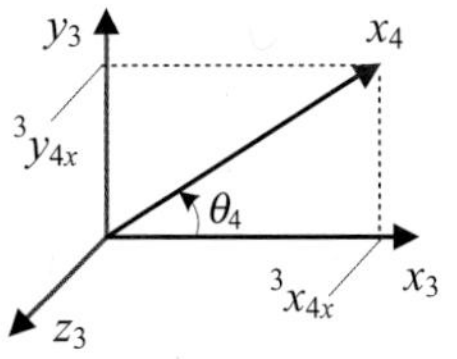

그림 A.10

θ_4는 ${}^3\boldsymbol{T}_4$로부터 구할 수 있다. θ_4를 제외한 다른 모든 관절각을 알고 있으므로 다음 식으로부터 ${}^3\boldsymbol{T}_4$를 구할 수 있다.

$${}^3\boldsymbol{T}_4=\left[\begin{array}{ccc|c} {}^3x_{4x} & {}^3x_{4y} & {}^3x_{4z} & {}^3p_{4x} \\ {}^3y_{4x} & {}^3y_{4y} & {}^3y_{4z} & {}^3p_{4y} \\ {}^3z_{4x} & {}^3z_{4y} & {}^3z_{4z} & {}^3p_{4z} \\ \hline 0 & 0 & 0 & 1 \end{array}\right]=\left({}^2\boldsymbol{T}_3\right)^{-1}\cdot\left({}^1\boldsymbol{T}_2\right)^{-1}\cdot\left({}^0\boldsymbol{T}_1\right)^{-1}\cdot{}^0\boldsymbol{T}_6\cdot\left({}^5\boldsymbol{T}_6\right)^{-1}\cdot\left({}^4\boldsymbol{T}_5\right)^{-1} \tag{A.30}$$

따라서 θ_4는 다음과 같다.

$$\theta_4=\operatorname{atan2}({}^3y_{4x},{}^3x_{4x}) \tag{A.31}$$

이와 같이 주어진 말단의 위치 및 방위에 대해서 KCR0307의 역기구학을 풀면 8개의 해가 존재하게 된다. 즉, θ_1, θ_5, θ_3는 각각 2개씩의 해가 존재하므로 조합을 하면

8개의 해가 존재한다. 물론 실제 로봇을 구동할 때에는 이들 8개의 해 중에서 하나만 선택하여야 하는데, 현재 위치에서 가장 가까이 존재하는 해를 선택하면 된다.

⑦ 8개 역기구학 해

8개 역기구학 해의 이해를 돕기 위해 예시를 통해 설명한다. 표 A.2는 말단의 위치(m) 및 방위(°)를 나타내는 $\boldsymbol{x}=\{0.5463,\ 0.2834,\ 0.3919,\ -90,\ 0,\ -45\}$에 대해서 위에서 설명한 방법으로 구한 8개의 역기구학 해를 보여 준다.

표 A.2 **KCR0307 로봇의 8개 역기구학 해**

	θ_1	θ_5	θ_6	θ_3	θ_2	θ_4
Solution 1	0 (θ_{1a})	45 (θ_{5a})	0	30 (θ_{3a})	20	−50
Solution 2				−30 (θ_{3b})	48.8191	−18.8191
Solution 3		−45 (θ_{5b})	180	74.3119 (θ_{3a})	−33.7094	139.398
Solution 4				−74.3119 (θ_{3b})	37.2633	−142.951
Solution 5	−139.84 (θ_{1b})	94.8375 (θ_{5a})	180	74.3119 (θ_{3a})	142.737	−37.0485
Solution 6				−74.3119 (θ_{3b})	213.709	40.6024
Solution 7		−94.8375 (θ_{5b})	0	30 (θ_{3a})	131.181	−161.181
Solution 8				−30 (θ_{3b})	160	−130

그림 A.11은 역기구학의 8가지 해를 가지는 KCR0307의 자세를 나타낸 것이다.

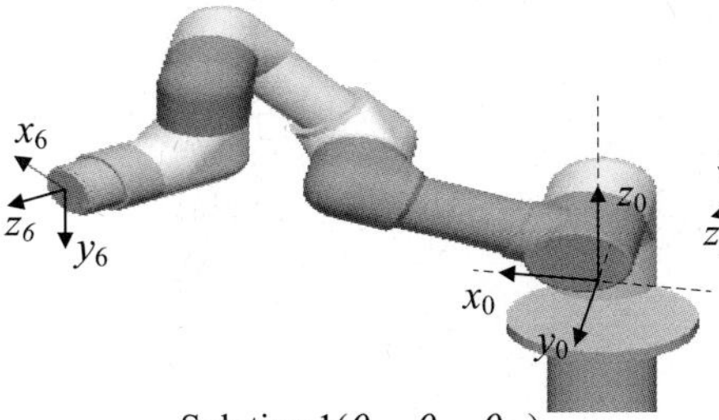

Solution 1(θ_{1a}, θ_{5a}, θ_{3a})
$\boldsymbol{q}$ = {0, 20, 30, –50, 45, 0}

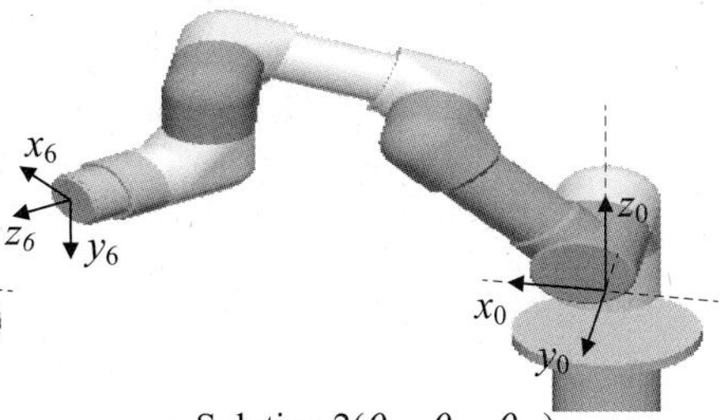

Solution 2(θ_{1a}, θ_{5a}, θ_{3b})
$\boldsymbol{q}$ = {0, 48.82, –30, –18.82, 45, 0}

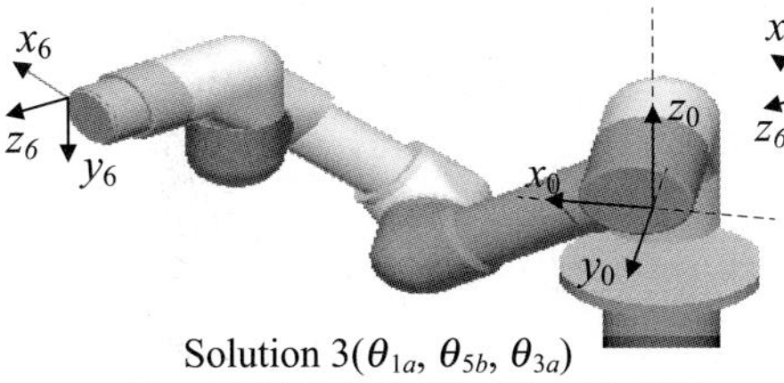

Solution 3(θ_{1a}, θ_{5b}, θ_{3a})
$\boldsymbol{q}$ = {0, –33.71, 74.31, 139.40, –45, 180}

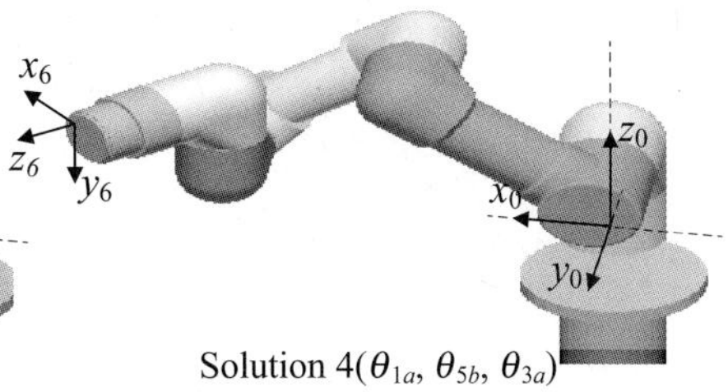

Solution 4(θ_{1a}, θ_{5b}, θ_{3a})
$\boldsymbol{q}$ = {0, 37.26, –74.31, –142.95, –45, 180}

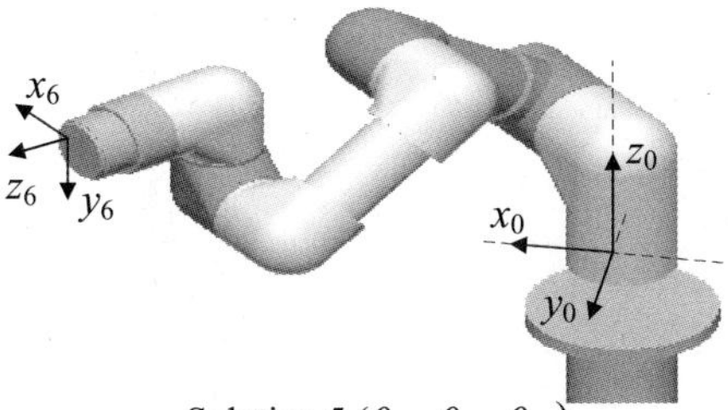

Solution 5 (θ_{1b}, θ_{5a}, θ_{3a})
$\boldsymbol{q}$ = {–139.84, 142.74, 74.31, –37.05, 94.84, 0}

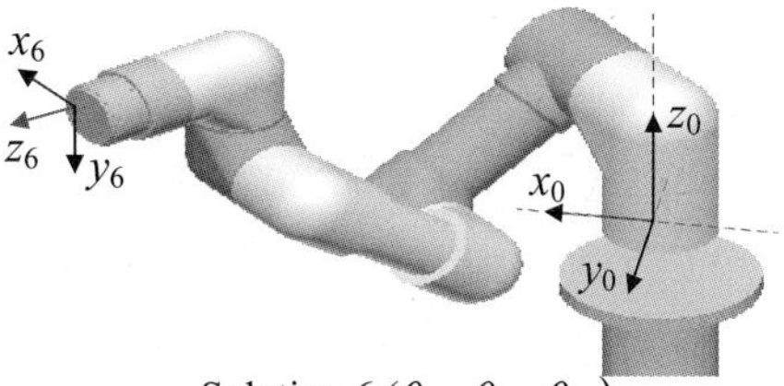

Solution 6 (θ_{1b}, θ_{5a}, θ_{3b})
$\boldsymbol{q}$ = {–139.84, 213.71, –74.31, 40.60, 94.84, 0}

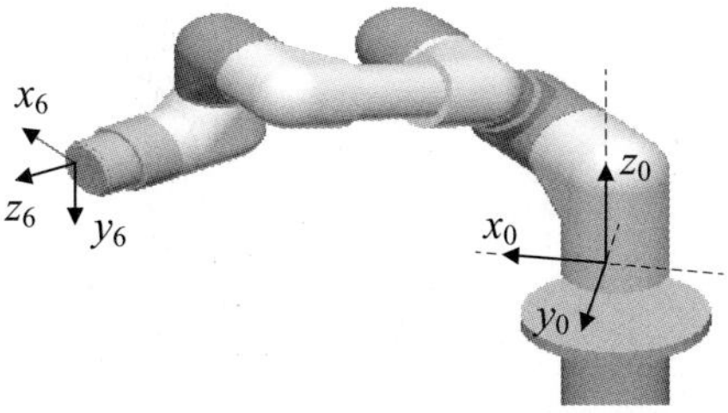

Solution 7 (θ_{1b}, θ_{5b}, θ_{3a})
$\boldsymbol{q}$ = {–139.84, 131.18, 30, –161.18, –94.84, 0}

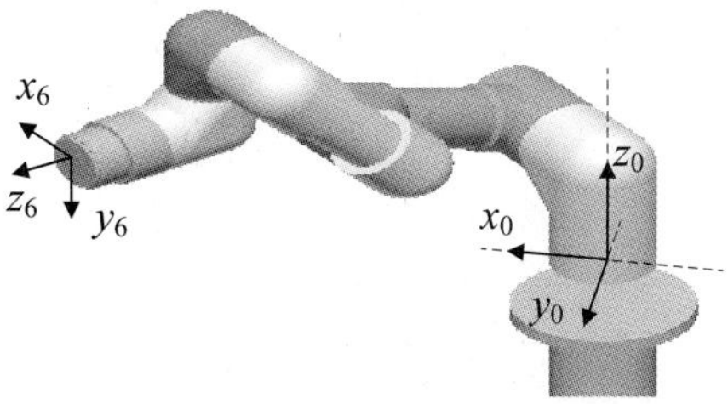

Solution 8 (θ_{1b}, θ_{5b}, θ_{3b})
$\boldsymbol{q}$ = {–139.84, 160, –30, –130, –94.84, 0}

그림 A.11 KCR0307의 8개 역기구학 해

A.3 KCR0307의 기하학적 자코비안

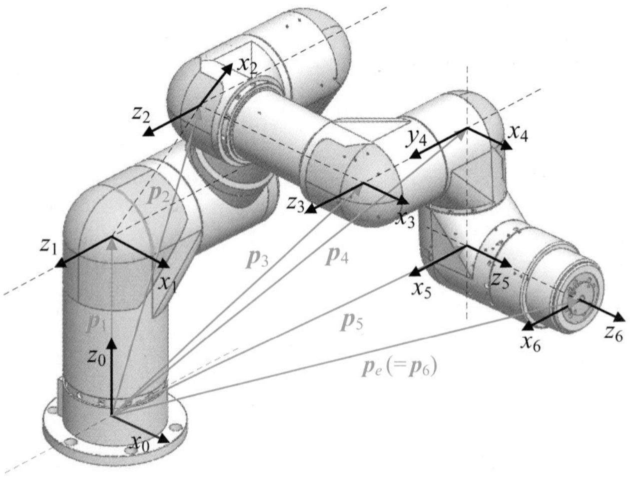

그림 A.12 **기하학적 자코비안을 구하기 위한 위치 벡터의 설정: KCR0307**

KCR0307의 기하학적 자코비안도 PUMA 로봇과 동일한 방법으로 구할 수 있다. 우선 동차 변환 ${}^{i}\boldsymbol{T}_{i-1}$은 정기구학의 식 (A.1)에서 이미 구하였다. 이들 동차 변환을 이용하여 ${}^{0}\boldsymbol{T}_{i-1}$을 다음과 같이 구할 수 있다.

$$
{}^{0}\boldsymbol{T}_0 = \begin{bmatrix} 1 & 0 & 0 & 0 \\ 0 & 1 & 0 & 0 \\ 0 & 0 & 1 & 0 \\ 0 & 0 & 0 & 1 \end{bmatrix}, \quad {}^{0}\boldsymbol{T}_1 = \begin{bmatrix} c_1 & 0 & s_1 & 0 \\ s_1 & 0 & -c_1 & 0 \\ 0 & 1 & 0 & d_1 \\ 0 & 0 & 0 & 1 \end{bmatrix}, \quad {}^{0}\boldsymbol{T}_2 = \begin{bmatrix} c_1c_2 & -c_1s_2 & s_1 & a_2c_1c_2 \\ s_1c_2 & -s_1s_2 & -c_1 & a_2s_1c_2 \\ s_2 & c_2 & 0 & d_1 + a_2s_2 \\ 0 & 0 & 0 & 1 \end{bmatrix},
$$

$$
{}^{0}\boldsymbol{T}_3 = \begin{bmatrix} c_1c_{23} & -c_1s_{23} & s_1 & a_2c_1c_2 + a_3c_1c_{23} \\ s_1c_{23} & -s_1s_{23} & -c_1 & a_2s_1c_2 + a_3s_1c_{23} \\ s_{23} & c_{23} & 0 & d_1 + a_2s_2 + a_3s_{23} \\ 0 & 0 & 0 & 1 \end{bmatrix},
$$

$$
{}^{0}\boldsymbol{T}_4 = \begin{bmatrix} c_1c_{234} & s_1 & c_1s_{234} & a_2c_1c_2 + a_3c_1c_{23} + d_4s_1 \\ s_1c_{234} & -c_1 & s_1s_{234} & a_2s_1c_2 + a_3s_1c_{23} - d_4c_1 \\ s_{234} & 0 & -c_{234} & d_1 + a_2s_2 + a_3s_{23} \\ 0 & 0 & 0 & 1 \end{bmatrix},
$$

$$ {}^0\boldsymbol{T}_5 = {}^0\boldsymbol{T}_4 \cdot {}^4\boldsymbol{T}_5 = \begin{bmatrix} * & * & c_1c_{234}s_5 - s_1c_5 & a_2c_1c_2 + a_3c_1c_{23} + d_4s_1 + d_5c_1s_{234} \\ * & * & s_1c_{234}s_5 + c_1c_5 & a_2s_1c_2 + a_3s_1c_{23} - d_4c_1 + d_5s_1s_{234} \\ * & * & s_{234}s_5 & d_1 + a_2s_2 + a_3s_{23} - d_5c_{234} \\ 0 & 0 & 0 & 1 \end{bmatrix}, $$

$$ {}^0\boldsymbol{T}_6 = \begin{bmatrix} * & * & * & a_2c_1c_2 + a_3c_1c_{23} + d_4s_1 + d_5c_1s_{234} - d_6(s_1c_5 - c_1c_{234}s_5) \\ * & * & * & a_2s_1c_2 + a_3s_1c_{23} - d_4c_1 + d_5s_1s_{234} + d_6(c_1c_5 + s_1c_{234}s_5) \\ * & * & * & d_1 + a_2s_2 + a_3s_{23} - d_5c_{234} + d_6s_{234}s_5 \\ 0 & 0 & 0 & 1 \end{bmatrix} \quad \text{(A.32)} $$

로봇의 기저 좌표계 $\{0\}$에서 좌표계 $\{i-1\}$로의 동차 변환 ${}^0\boldsymbol{T}_{i-1}$은

$$ {}^0\boldsymbol{T}_{i-1} = \left[\begin{array}{c|c} {}^0\boldsymbol{R}_{i-1} & {}^0\boldsymbol{p}_{i-1} \\ \hline 0 & 1 \end{array}\right] = \left[\begin{array}{ccc|c} \hat{\boldsymbol{x}}_{i-1} & \boldsymbol{y}_{i-1} & \hat{\boldsymbol{z}}_{i-1} & \boldsymbol{p}_{i-1} \\ \hline 0 & 0 & 0 & 1 \end{array}\right] \quad \text{(A.33)} $$

와 같으며, 이 식으로부터 위치 벡터 $\boldsymbol{p}_{i-1}$과 단위 벡터 $\hat{\boldsymbol{z}}_{i-1}$을 다음과 같이 구할 수 있다.

$$ \boldsymbol{p}_0 = \begin{bmatrix} 0 \\ 0 \\ 0 \end{bmatrix}, \boldsymbol{p}_1 = \begin{bmatrix} 0 \\ 0 \\ d_1 \end{bmatrix}, \boldsymbol{p}_2 = \begin{bmatrix} a_2c_1c_2 \\ a_2s_1c_2 \\ d_1 + a_2s_2 \end{bmatrix}, \boldsymbol{p}_3 = \begin{bmatrix} a_2c_1c_2 + a_3c_1c_{23} \\ a_2s_1c_2 + a_3s_1c_{23} \\ d_1 + a_2s_2 + a_3s_{23} \end{bmatrix}, $$

$$ \boldsymbol{p}_4 = \begin{bmatrix} a_2c_1c_2 + a_3c_1c_{23} + d_4s_1 \\ a_2s_1c_2 + a_3s_1c_{23} - d_4c_1 \\ d_1 + a_2s_2 + a_3s_{23} \end{bmatrix}, \boldsymbol{p}_5 = \begin{bmatrix} a_2c_1c_2 + a_3c_1c_{23} + d_4s_1 + d_5c_1s_{234} \\ a_2s_1c_2 + a_3s_1c_{23} - d_4c_1 + d_5s_1s_{234} \\ d_1 + a_2s_2 + a_3s_{23} - d_5c_{234} \end{bmatrix}, \quad \text{(A.34)} $$

$$ \boldsymbol{p}_6 = \begin{bmatrix} a_2c_1c_2 + a_3c_1c_{23} + d_4s_1 + d_5c_1s_{234} - d_6(s_1c_5 - c_1c_{234}s_5) \\ a_2s_1c_2 + a_3s_1c_{23} - d_4c_1 + d_5s_1s_{234} + d_6(c_1c_5 + s_1c_{234}s_5) \\ d_1 + a_2s_2 + a_3s_{23} - d_5c_{234} + d_6s_{234}s_5 \end{bmatrix} $$

$$ \hat{\boldsymbol{z}}_0 = \begin{bmatrix} 0 \\ 0 \\ 1 \end{bmatrix}, \hat{\boldsymbol{z}}_1 = \hat{\boldsymbol{z}}_2 = \hat{\boldsymbol{z}}_3 = \begin{bmatrix} s_1 \\ -c_1 \\ 0 \end{bmatrix}, \hat{\boldsymbol{z}}_4 = \begin{bmatrix} c_1s_{234} \\ s_1s_{234} \\ -c_{234} \end{bmatrix}, \hat{\boldsymbol{z}}_5 = \begin{bmatrix} c_1c_{234}s_5 - s_1c_5 \\ s_1c_{234}s_5 + c_1c_5 \\ s_{234}s_5 \end{bmatrix} \quad \text{(A.35)} $$

6자유도 로봇의 기하학적 자코비안은 식 (4.47)에서와 같다.

$$
\boldsymbol{J}(\boldsymbol{q}) = \begin{bmatrix} \hat{\boldsymbol{z}}_0 \times (\boldsymbol{p}_6 - \boldsymbol{p}_0) & \hat{\boldsymbol{z}}_1 \times (\boldsymbol{p}_6 - \boldsymbol{p}_1) & \hat{\boldsymbol{z}}_1 \times (\boldsymbol{p}_6 - \boldsymbol{p}_2) \\ \hat{\boldsymbol{z}}_0 & \hat{\boldsymbol{z}}_1 & \hat{\boldsymbol{z}}_2 \end{bmatrix.
$$

$$
\left. \begin{matrix} \hat{\boldsymbol{z}}_3 \times (\boldsymbol{p}_6 - \boldsymbol{p}_3) & \hat{\boldsymbol{z}}_4 \times (\boldsymbol{p}_6 - \boldsymbol{p}_4) & \hat{\boldsymbol{z}}_5 \times (\boldsymbol{p}_6 - \boldsymbol{p}_5) \\ \hat{\boldsymbol{z}}_3 & \hat{\boldsymbol{z}}_4 & \hat{\boldsymbol{z}}_5 \end{matrix} \right] \tag{A.36}
$$

식 (A.34)와 (A.35)를 식 (A.36)에 대입하여 계산하면

$$
\boldsymbol{J}(\boldsymbol{q}) = \begin{bmatrix} J_{11} & J_{12} & \cdots & J_{16} \\ J_{21} & J_{22} & & \\ \vdots & & \ddots & \\ J_{61} & & & J_{66} \end{bmatrix} \tag{A.37}
$$

와 같은 기하학적 자코비안을 구할 수 있다.

$$J_{11} = -a_2 s_1 c_2 - a_3 s_1 c_{23} + d_4 c_1 - d_5 s_1 s_{234} - d_6 (c_1 c_5 + s_5 s_1 c_{234})$$

$$J_{21} = a_2 c_1 c_2 + a_3 c_1 c_{23} + d_4 s_1 + d_5 c_1 s_{234} - d_6 (c_5 s_1 - s_5 c_1 c_{234})$$

$$J_{31} = 0,\ J_{41} = 0,\ J_{51} = 0,\ J_{61} = 1$$

$$J_{12} = -c_1 (a_2 s_2 + a_3 s_{23} - d_5 c_{234} + d_6 s_{234} s_5)$$

$$J_{22} = -s_1 (a_2 s_2 + a_3 s_{23} - d_5 c_{234} + d_6 s_{234} s_5)$$

$$J_{32} = c_1 (a_2 c_1 c_2 + a_3 c_1 c_{23} + d_4 s_1 + d_5 c_1 s_{234} - d_6 (s_1 c_5 - s_5 c_1 c_{234}))$$
$$\quad + s_1 (a_2 s_1 c_2 + a_3 s_1 c_{23} - d_4 c_1 + d_5 s_1 s_{234} + d_6 (c_1 c_5 + s_5 s_1 c_{234}))$$

$$J_{42} = s_1,\ J_{52} = -c_1,\ J_{62} = 0$$

$$J_{13} = -c_1 (a_3 s_{23} - d_5 c_{234} + d_6 s_5 s_{234})$$

$$J_{23} = -s_1 (a_3 s_{23} - d_5 c_{234} + d_6 s_5 s_{234})$$

$$J_{33} = s_1 (a_3 s_1 c_{23} + d_5 s_1 s_{234} - d_4 c_1 + d_6 (c_1 c_5 + s_5 s_1 c_{234}))$$
$$\quad + c_1 (a_3 c_1 c_{23} + d_5 c_1 s_{234} + d_4 s_1 - d_6 (c_5 s_1 - s_5 c_1 c_{234}))$$

$$J_{43} = s_1,\ J_{53} = -c_1,\ J_{63} = 0$$

$$J_{14} = c_1 (d_5 c_{234} - d_6 s_5 s_{234})$$

$$J_{24} = s_1 (d_5 c_{234} - d_6 s_5 s_{234})$$

$$J_{34} = c_1 (d_5 c_1 s_{234} + d_4 s_1 - d_6 (s_1 c_5 - s_5 c_1 c_{234}))$$
$$\quad + s_1 (d_5 s_1 s_{234} - d_4 c_1 + d_6 (c_1 c_5 + s_5 s_1 c_{234}))$$

$$J_{44} = s_1,\ J_{54} = -c_1,\ J_{64} = 0$$

$$J_{15} = c_{234}(d_5 s_1 s_{234} + d_6(c_1 c_5 + s_1 c_{234s_5})) - s_1 s_{234}(d_5 c_{234} - d_6 s_{234} s_5)$$

$$J_{25} = c_1 s_{234}(d_5 c_{234} - d_6 s_5 s_{234}) - c_{234}(d_5 c_1 s_{234} - d_6(s_1 c_5 - c_1 c_{234} s_5))$$

$$J_{35} = c_1 s_{234}(d_5 s_1 s_{234} + d_6(c_1 c_5 + s_1 c_{234} s_5)) - s_1 s_{234}(d_5 c_1 s_{234} - d_6(s_1 c_5 - c_1 c_{234} s_5))$$

$$J_{45} = c_1 s_{234},\ J_{55} = s_1 s_{234},\ J_{65} = -c_{234}$$

$$J_{16} = 0,\ J_{26} = 0,\ J_{36} = 0$$

$$J_{46} = c_1 c_{234} s_5 - s_1 c_5,\ J_{56} = c_1 c_5 + s_1 c_{234} s_5,\ J_{66} = s_{234} s_5$$

부록 B 기하학적 자코비안 계산용 MATLAB 코드

4장의 속도 기구학에서 기하학적 자코비안의 정의와 이를 구하는 방법에 대해서 자세히 설명하였다. 다자유도 로봇에 대한 기하학적 자코비안 행렬의 계산은 매우 복잡하므로, 수작업으로 하는 경우에는 오류가 발생하기 쉽다. 또한 로봇의 계산 토크 제어를 위해서는 앞서 구한 기하학적 자코비안 행렬의 시간 도함수를 구하여야 한다. 이 또한 매우 복잡한 과정을 거쳐야 하므로, 수작업으로 하기 어렵다. 따라서 이러한 기하학적 자코비안과 관련된 계산을 MATLAB의 심볼릭 계산 기능을 이용하여 구하면 편리하다. MATLAB을 사용하는 경우에는 직접 C코드 형태로 자코비안 행렬 및 이의 미분 행렬의 성분을 제공하여 줄 수 있으므로, 이를 바로 제어 프로그램에서 사용할 수도 있다. 이 절에서는 기하학적 자코비안 행렬과 이 자코비안 행렬의 시간 도함수를 구하는 MATLAB 코드에 대해서 자세히 설명한다.

우선 기하학적 자코비안 행렬의 시간 도함수에 대해서 살펴보자. n자유도 로봇 팔의 자코비안 행렬의 각 성분은 각 관절의 관절 변수 q_1, q_2, …, q_n으로 나타난다. 따라서 자코비안 행렬의 시간 미분은 연쇄 법칙(chain rule)에 의해서 다음과 같이 자코비안 행렬의 각 성분을 관절 변수에 대해서 각각 편미분한 값에 관절 변수의 시간 미분을 곱한 값을 모두 더함으로써 얻을 수 있다.

$$\dot{\boldsymbol{J}} = \frac{d}{dt}\begin{bmatrix} J_{11} & J_{12} & \cdots & J_{1n} \\ J_{21} & J_{22} & \cdots & \\ \vdots & \vdots & \ddots & \\ J_{61} & & & J_{6n} \end{bmatrix} = \begin{bmatrix} \dot{J}_{11} & \dot{J}_{12} & \cdots & \dot{J}_{1n} \\ \dot{J}_{21} & \dot{J}_{22} & \cdots & \\ \vdots & \vdots & \ddots & \\ \dot{J}_{61} & & & \dot{J}_{6n} \end{bmatrix} \tag{B.1}$$

여기서

$$\dot{J}_{ij} = \frac{\partial J_{ij}}{\partial q_1}\frac{dq_1}{dt} + \ldots + \frac{\partial J_{ij}}{\partial q_n}\frac{dq_n}{dt} = \sum_{k=1}^{n} \frac{\partial J_{ij}}{\partial q_k}\dot{q}_k, \quad \begin{cases} 1 \le i \le 6 \\ 1 \le j \le n \end{cases} \tag{B.2}$$

위 식의 편미분 합을 자코비안의 $6n$개의 성분에 대해서 각각 수행하면 자코비안의 시간 미분 행렬을 얻을 수 있다.

제어 프로그램에서 자코비안 행렬 및 자코비안 행렬의 시간 미분 행렬을 계산하는 방법은, 위에서 설명한 계산 과정을 제어 프로그램상에 직접 구현하는 방법과 계산 결과만 제어 프로그램에 옮긴 후 변수에 해당 값을 대입하여 계산하는 방법이 있다. 전자의 경우에는 일련의 계산 과정을 매 주기마다 실행해야 하므로 계산량이 늘어나지만, 제어 대상인 로봇의 구조가 변경되어도 DH 파라미터만 적절히 설정하면 로봇 구조에 관계없이 계산 결과를 얻을 수 있다는 장점이 있다. 후자의 경우에는 사전에 풀어놓은 최종 수식만 계산하면 되므로 계산량은 비교적 줄어들지만, 대상 로봇의 구조가 변경되면 다시 수식을 구해서 제어 프로그램에 반영하여야 한다.

행렬의 계산 결과만 제어 프로그램에 반영하기 위해서는 MATLAB의 심볼릭 기능을 활용한다. 자코비안 및 자코비안의 미분을 연산하는 MATLAB 코드 전문은 다음과 같다. 먼저 DH 파라미터를 심볼릭 변수로 선언한 후에 동차 변환 행렬을 연산하고, 식 (4.47)에 기반하여 자코비안 행렬을 구한다. 다음으로 식 (B.2)에 기반한 연쇄 법칙을 3중 for문과 switch문, case문을 이용하여 구현함으로써 자코비안 행렬의 편미분 결과를 얻을 수 있다. 이렇게 구한 자코비안 행렬과 자코비안 행렬의 편미분 결과를 텍스트 파일로 저장하면 된다.

```
% MATLAB code for the geometric Jacobian and its time derivative of a PUMA
robot

% Declare symbolic variables
syms a1 a2 a3 a4 a5 a6 d1 d2 d3 d4 d5 d6 q1 q2 q3 q4 q5 q6;

% Homogeneous transforms
T01 = [cos(q1) 0 sin(q1) 0; sin(q1) 0 -cos(q1) 0; 0 1 0 d1; 0 0 0 1];
T12 = [cos(q2) -sin(q2) 0 a2*cos(q2); sin(q2) cos(q2) 0 a2*sin(q2); 0 0 1 0; 0
0 0 1];
T23 = [cos(q3) 0 sin(q3) 0; sin(q3) 0 -cos(q3) 0; 0 1 0 0; 0 0 0 1];
T34 = [cos(q4) 0 -sin(q4) 0; sin(q4) 0 cos(q4) 0; 0 -1 0 d4; 0 0 0 1];
T45 = [cos(q5) 0 sin(q5) 0; sin(q5) 0 -cos(q5) 0; 0 1 0 0; 0 0 0 1];
T56 = [cos(q6) -sin(q6) 0 0; sin(q6) cos(q6) 0 0; 0 0 1 d6; 0 0 0 1];

T02 = T01*T12; T03 = T02*T23; T04 = T03*T34; T05 = T04*T45; T06 = T05*T56;

% z-axis unit vectors
```

```
z0 = [0 0 1]'; z1 = T01(1:3,3); z2 = T02(1:3,3); z3 = T03(1:3,3); z4 =
T04(1:3,3); z5 = T05(1:3,3);

% Position vectors
p0 = [0 0 0]'; p1 = T01(1:3,4); p2 = T02(1:3,4); p3 = T03(1:3,4);
p4 = T04(1:3,4); p5 = T05(1:3,4); p6 = T06(1:3,4);

r0 = p6 - p0; r1 = p6 - p1; r2 = p6 - p2; r3 = p6 - p3; r4 = p6 - p4; r5 = p6
- p5;

v0 = cross(z0,r0); v1 = cross(z1,r1); v2 = cross(z2,r2);
v3 = cross(z3,r3); v4 = cross(z4,r4); v5 = cross(z5,r5);

% Geometric Jacobian
Jgeo = [v0 v1 v2 v3 v4 v5; z0 z1 z2 z3 z4 z5];
fid = fopen('Jacobian.txt','wt');
for i=1:6
   for j=1:6
         fprintf(fid, 'Jgeo[%d][%d] = %s; \n',i-1,j-1,
         char(simplify(Jgeo(i,j))));
   end
end
fclose(fid);

% Calculation of time derivative of geometric Jacobian
syms temp;
fid = fopen('Jacobian_derivative.txt','wt');

for i=1:6
   for j=1:6
      for k=1:6
         switch k
            case 1
               temp = simplify(diff(Jgeo(i,j),q1));
            case 2
               temp = simplify(diff(Jgeo(i,j),q2));
            case 3
```

```
            temp = simplify(diff(Jgeo(i,j),q3));
         case 4
            temp = simplify(diff(Jgeo(i,j),q4));
         case 5
            temp = simplify(diff(Jgeo(i,j),q5));
         case 6
            temp = simplify(diff(Jgeo(i,j),q6));
      end
      eval(['J',num2str(i),num2str(j),'dq',num2str(k),'= temp;']);
      fprintf(fid, 'Jdq[%d][%d][%d] = %s; \n',i-1,j-1,k-1, char(temp));
    end
    fprintf(fid, '\n');
  end
end
  fclose(fid);
```

우선 위의 MATLAB 코드를 사용하여 기하학적 자코비안 Jgeo를 계산할 수 있다. 예를 들어, Jgeo(1,1)을 출력하면

```
Jgeo(1,1)=d6*(sin(q5)*(cos(q1)*sin(q4)+cos(q4)*(sin(q1)*sin(q2)*
sin(q3)-cos(q2)*cos(q3)*sin(q1)))-cos(q5)*(cos(q2)*sin(q1)*
sin(q3)+cos(q3)*sin(q1)*sin(q2)))-d4*(cos(q2)*sin(q1)*sin(q3)+
cos(q3)*sin(q1)*sin(q2))-a2*cos(q2)*sin(q1)
```
(B.3)

와 같이 정리되지 않은 매우 긴 식이 나오는데, simplify(Jgeo)를 수행한 후에 Jgeo(1,1)을 출력하면, 다음과 같이 다소 단순화된 식을 얻을 수 있다.

```
Jgeo(1,1)=d6*cos(q1)*sin(q4)*sin(q5)-a2*cos(q2)*sin(q1)
- d6*sin(q2+q3)*cos(q5)*sin(q1)-d4*sin(q2+q3)*sin(q1)
- d6*cos(q2)*cos(q3)*cos(q4)*sin(q1)*sin(q5)+d6*cos(q4)*
sin(q1)*sin(q2)*sin(q3)*sin(q5)
```
(B.4)

Simplify 명령에 의해서 sin(q2+q3) 항이 생겨나는 등 다소 단순화되기는 하였지만, cos(q2+q3)는 생겨나지 않는 등 완벽하지는 않다. 다음은 수작업을 통해서 얻

을 수 있는 가장 단순화된 수식이다.

```
Jgeo(1,1)=-a2*cos(q1)*sin(q2)-d4*sin(q1)*sin(q2+q3)
+ d6*(cos(q1)*sin(q4)*sin(q5)-sin(q1)*
(cos(q2+q3)*cos(q4)*sin(q5)+sin(q2+q3)*cos(q5)))
```
(B.5)

식 (4.53)은 sin(q1)을 s_1으로, sin(q2 + q3)를 s_{23}으로 나타내는 등 수식을 간략하게 표기했지만, 실제 코드에서 사용하기 위해서는 식 (B.5)와 같이 풀어서 써야 한다. 이와 같이 MATLAB 코드를 사용하여 자코비안을 계산하면 어느 로봇에 대해서도 손쉽게 자코비안 행렬을 계산할 수 있다. 이렇게 계산된 식을 수작업으로 단순화하여 식 (B.5)와 같이 최적화한 후에 이 식을 C코드화하여 사용할 수도 있지만, MATLAB 계산 결과인 (B.3)이나 (B.4)의 단순화되지 않은 형태로 그대로 사용하여도 제어기의 계산 능력이 워낙 우수하므로, 거의 문제없이 사용할 수 있다.

자코비안의 시간 미분에 대해서 출력된 텍스트 파일은 다음과 같이 자코비안의 시간 미분 행렬인 Jdq[$i-1$][$j-1$][$k-1$]의 C코드 배열 형태로 작성되며, 여기서 변수 i, j, k는 $1 \le i \le 6$, $1 \le j \le n$, $1 \le k \le n$ 범위를 가진다. 이때 MATLAB 코드의 인덱스 i, j, k와 C코드의 인덱스 i, j, k는 동일하지만, MATLAB에서는 모든 벡터의 성분이 1부터 시작하는 데 비해서, C코드에서는 0부터 시작하는 차이점이 있다는 점에 유의하여야 한다.

```
% Partial derivative of each element of geometric Jacobian
Jdq[0][0][0] = a3*cos(q1)*sin(q2)*sin(q3)-d4*sin(q2+q3)*cos(q1)-a2*cos(q1)*
         cos(q2)-d6*sin(q2+q3)*cos(q1)*cos(q5)-a3*cos(q1)*cos(q2)*cos(q3)-
         a1*cos(q1)-d6*sin(q1)*sin(q4)*sin(q5)+d6*cos(q1)*cos(q4)*sin(q2)*
         sin(q3)*sin(q5)-d6*cos(q1)*cos(q2)*cos(q3)*cos(q4)*sin(q5);
Jdq[0][0][1] = sin(q1)*(a2*sin(q2)-d4*cos(q2)*cos(q3)+a3*cos(q2)*sin(q3)+
         a3*cos(q3)*sin(q2)+d4*sin(q2)*sin(q3)-d6*cos(q2)*cos(q3)*cos(q5)+
         d6*cos(q5)*sin(q2)*sin(q3)+d6*cos(q2)*cos(q4)*sin(q3)*sin(q5)+
         d6*cos(q3)*cos(q4)*sin(q2)*sin(q5));
Jdq[0][0][2] = d4*(sin(q1)*sin(q2)*sin(q3)-cos(q2)*cos(q3)*sin(q1))+
         d6*(cos(q5)*(sin(q1)*sin(q2)*sin(q3)-cos(q2)*cos(q3)*sin(q1))+
         cos(q4)*sin(q5)*(cos(q2)*sin(q1)*sin(q3)+cos(q3)*sin(q1)*sin(q2)))+
         a3*cos(q2)*sin(q1)*sin(q3)+a3*cos(q3)*sin(q1)*sin(q2);
```

```
Jdq[0][0][3] = d6*sin(q5)*(cos(q1)*cos(q4)-sin(q4)*(sin(q1)*sin(q2)*sin(q3)-
        cos(q2)*cos(q3)*sin(q1)));
Jdq[0][0][4] = d6*(cos(q5)*(cos(q1)*sin(q4)+cos(q4)*(sin(q1)*sin(q2)*sin(q3)-
        cos(q2)*cos(q3)*sin(q1)))+sin(q5)*(cos(q2)*sin(q1)*sin(q3)+cos(q3)*
        sin(q1)*sin(q2)));
Jdq[0][0][5] = 0;

Jdq[0][1][0] = -sin(q1)*(d4*cos(q2+q3)-a3*sin(q2+q3)-a2*sin(q2)-(d6*sin(q2+q3)
        *sin(q4+q5))/2+d6*cos(q2+q3)*cos(q5)+(d6*sin(q4-q5)*sin(q2+q3))/2);
Jdq[0][1][1] = -cos(q1)*(a3*cos(q2+q3)+d4*sin(q2+q3)+a2*cos(q2)+(d6*cos(q2+q3)
        *sin(q4+q5))/2+d6*sin(q2+q3)*cos(q5)-(d6*sin(q4-q5)*cos(q2+q3))/2);
Jdq[0][1][2] = -cos(q1)*(a3*cos(q2+q3)+d4*sin(q2+q3)+d6*sin(q2+q3)*cos(q5)+d6*
        cos(q2+q3)*cos(q4)*sin(q5));
Jdq[0][1][3] = d6*sin(q2+q3)*cos(q1)*sin(q4)*sin(q5);
Jdq[0][1][4] = -d6*cos(q1)*(cos(q2+q3)*sin(q5)+sin(q2+q3)*cos(q4)*cos(q5));
Jdq[0][1][5] = 0;

...

Jdq[5][4][0] = 0;
Jdq[5][4][1] = -cos(q2+q3)*sin(q4);
Jdq[5][4][2] = -cos(q2+q3)*sin(q4);
Jdq[5][4][3] = -sin(q2+q3)*cos(q4);
Jdq[5][4][4] = 0;
Jdq[5][4][5] = 0;

Jdq[5][5][0] = 0;
Jdq[5][5][1] = sin(q2+q3)*cos(q5)+cos(q2+q3)*cos(q4)*sin(q5);
Jdq[5][5][2] = sin(q2+q3)*cos(q5)+cos(q2+q3)*cos(q4)*sin(q5);
Jdq[5][5][3] = -sin(q2+q3)*sin(q4)*sin(q5);
Jdq[5][5][4] = cos(q2+q3)*sin(q5)+sin(q2+q3)*cos(q4)*cos(q5);
Jdq[5][5][5] = 0;
```

이 결과를 로봇의 제어 프로그램으로 복사하여 사용한다. 그러나 출력된 결과 $\mathrm{Jdq}[i-1][j-1][k-1]$은 자코비안 행렬의 i행 j열 성분을 관절 k의 관절 각도 q_k에 대해 편미분한 결과이므로, 최종적인 자코비안의 시간 미분 행렬의 인자를 구하기 위해서는 제어 프로그램 내부에서 식 (B.2)와 같이 각 편미분 결과에 관절의 각속도를 곱한 뒤에 이를 합하는 과정을 수행해야 한다. 즉, 다음 식과 같은 계산을 수행해야 한다.

$$\dot{J}_{ij} = \sum_{k=1}^{n} \frac{\partial J_{ij}}{\partial q_k} \dot{q}_k \tag{B.6}$$

부록 C 순환 뉴턴-오일러 방식 구현용 MATLAB 코드

MATLAB 코드 기반의 순환 뉴턴-오일러 방식을 통해 로봇의 동역학 모델을 계산하는 과정은 크게 3단계로 구분된다. 1단계는 뉴턴-오일러 공식을 연산하는 단계로 연산의 결과는 로봇의 각 관절에 가해지는 관절 토크이며, 연산된 관절 토크는 로봇의 기구학 및 동역학 파라미터로 기술된다. 2단계는 1단계에서 계산된 관절 토크를 운동 방정식의 일반적인 형태로 기술하는 단계로, 운동 방정식의 관성 행렬, 코리올리 행렬, 중력 벡터를 계산하는 단계이다. 3단계는 2단계에서 MATLAB 코드로 계산된 관성 행렬, 코리올리 행렬, 중력 벡터를 실제 로봇 제어를 위하여 C코드로 변경하는 단계이며, 계산된 C코드는 텍스트 파일(.txt)로 저장된다.

MATLAB에서 Compute_Dynamics.m을 실행하면, 앞서 설명한 세 단계 과정을 수행하는 파일이 순서대로 실행된다. 각 파일에서 실제로 수행되는 연산의 내용은 다음 절에서 보다 자세히 다룬다.

```
%% MATLAB code: Compute_Dynamics.m
% STEP 1: Computation of joint torques
run step1_compute_torques;

% STEP 2: Computation of M, C, and g
run step2_compute_M_C_g;

% STEP 3: MATLAB code to C code
run step3_convert_to_C_code;
```

본 부록에서는 그림 C.1과 표 C.1에 나타낸 6자유도 PUMA 로봇의 동역학 모델 계산을 예시로 들어서 설명한다.

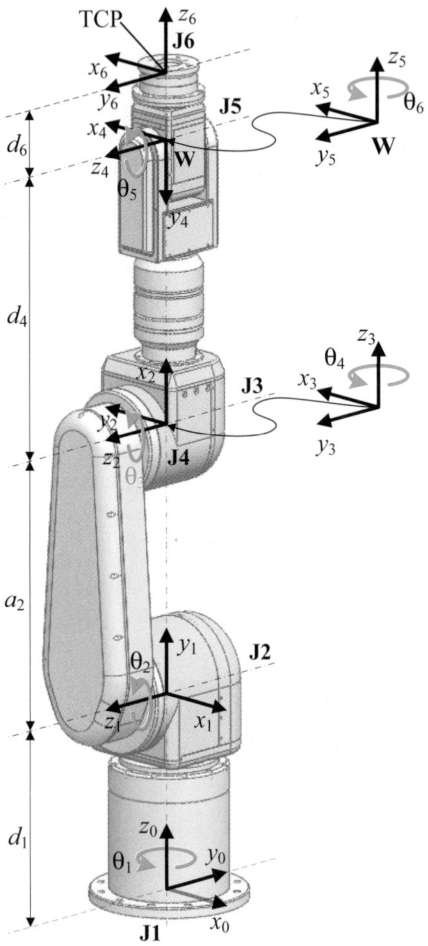

(a)

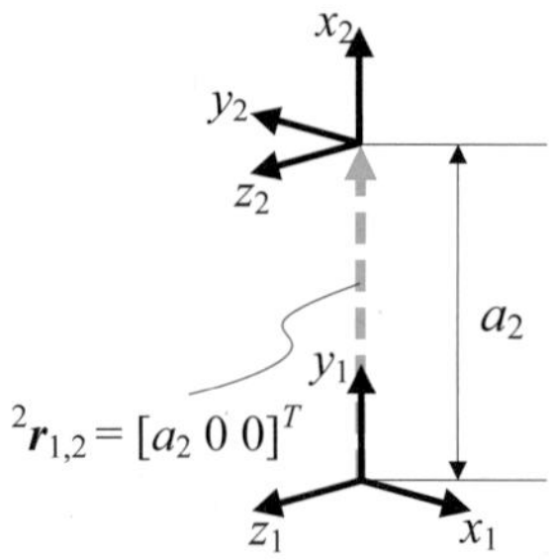

(b)

그림 C.1 PUMA 로봇의 DH 파라미터와 두 좌표계 간의 위치 벡터

표 C.1 PUMA 로봇의 DH 파라미터

Link i	a_i (mm)	α_i (°)	d_i (mm)	θ_i (°)
1	0	90	d_1 (322)	θ_1
2	a_2 (370)	0	0	θ_2
3	0	90	0	θ_3
4	0	−90	d_4 (415)	θ_4
5	0	90	0	θ_5
6	0	0	d_6 (95.7)	θ_6

C.1 1단계: 순환 뉴턴-오일러 방식 기반의 관절 토크 연산

step1_compute_torques.m은 순환 뉴턴-오일러 방식을 기반으로 로봇의 각 관절에 가해지는 관절 토크를 산출하는 것이 주요 기능이며, 이를 위해서는 로봇의 기구학 모델에 대한 정보가 필요하다. 따라서 step1_compute_torques.m에는 로봇의 DH 파라미터로부터 계산된 로봇의 기구학 정보를 입력하는 부분이 포함되어 있으며, 로봇이 변경되는 경우에 이 부분을 반드시 수정해 주어야 한다. 로봇 기구학 정보와 관련하여 수정해 주어야 하는 내용은 다음과 같다.

- 좌표계 간의 회전 행렬
- 좌표계 $\{i\}$를 기준으로 한 $\{i-1\}$의 원점에서 $\{i\}$의 원점으로 향하는 위치 벡터 ${}^{i}\boldsymbol{r}_{i-1,i}$
- 기저 좌표계를 기준으로 기술된 중력 가속도 벡터

아래에 1단계인 관절 토크를 계산하는 MATLAB 코드의 소개와 함께 이 코드에 대해서 자세히 설명한다.

```
%% MATLAB code: step1_compute_torques.m (for PUMA robot)
clear; clc

% Declaration of symbolic variables
syms m1 m2 m3 m4 m5 m6;  % Link mass
syms a1 a2 a3 a4 a5 a6;  % Link length
syms d1 d2 d3 d4 d5 d6;  % Joint offset
syms g;  % Acceleration of gravity
syms c1 c2 c3 c4 c5 c6;  % Cosine function
syms s1 s2 s3 s4 s5 s6;  % Sine function
syms q1 q2 q3 q4 q5 q6;  % Joint angle
syms dq1 dq2 dq3 dq4 dq5 dq6;  % Joint velocity
syms ddq1 ddq2 ddq3 ddq4 ddq5 ddq6;  % Joint acceleration

% Position vectors to the center of mass of link
syms r1cx r1cy r1cz r2cx r2cy r2cz r3cx r3cy r3cz;
```

```
syms r4cx r4cy r4cz r5cx r5cy r5cz r6cx r6cy r6cz;
r1c = [r1cx; r1cy; r1cz]; r2c = [r2cx; r2cy; r2cz]; r3c = [r3cx; r3cy; r3cz];
r4c = [r4cx; r4cy; r4cz]; r5c = [r5cx; r5cy; r5cz]; r6c = [r6cx; r6cy; r6cz];

% Inertia matrices
syms J1xx J1xy J1xz J1yx J1yy J1yz J1zx J1zy J1zz;
syms J2xx J2xy J2xz J2yx J2yy J2yz J2zx J2zy J2zz;
syms J3xx J3xy J3xz J3yx J3yy J3yz J3zx J3zy J3zz;
syms J4xx J4xy J4xz J4yx J4yy J4yz J4zx J4zy J4zz;
syms J5xx J5xy J5xz J5yx J5yy J5yz J5zx J5zy J5zz;
syms J6xx J6xy J6xz J6yx J6yy J6yz J6zx J6zy J6zz;
J1 = [J1xx J1xy J1xz; J1xy J1yy J1yz; J1xz J1yz J1zz];
J2 = [J2xx J2xy J2xz; J2xy J2yy J2yz; J2xz J2yz J2zz];
J3 = [J3xx J3xy J3xz; J3xy J3yy J3yz; J3xz J3yz J3zz];
J4 = [J4xx J4xy J4xz; J4xy J4yy J4yz; J4xz J4yz J4zz];
J5 = [J5xx J5xy J5xz; J5xy J5yy J5yz; J5xz J5yz J5zz];
J6 = [J6xx J6xy J6xz; J6xy J6yy J6yz; J6xz J6yz J6zz];

% Rotation matrices of PUMA robot
R01 = [c1 0 s1; s1 0 -c1; 0 1 0];
R12 = [c2 -s2 0; s2 c2 0; 0 0 1];
R23 = [c3 0 s3; s3 0 -c3; 0 1 0];
R34 = [c4 0 -s4; s4 0 c4; 0 -1 0];
R45 = [c5 0 s5; s5 0 -c5; 0 1 0];
R56 = [c6 -s6 0; s6 c6 0; 0 0 1];
R67 = eye(3);
R02 = R01*R12;  R03 = R02*R23;
R04 = R03*R34;  R05 = R04*R45;  R06 = R05*R56;

% Position vector from frame {i-1} to frame {i} w.r.t. frame {i}
r01 = [0; d1; 0]; r12 = [a2; 0; 0]; r23 = [0; 0; 0];
r34 = [0; -d4; 0]; r45 = [0; 0; 0]; r56 = [0; 0; d6];

% Gravity and z0 vectors
G = [0; 0; -g];  % Gravity vector
z0 = [0; 0; 1];  % z0 vector
```

```
% Initial conditions
w00 = [0; 0; 0];  % Angular velocity
dw00 = [0; 0; 0];  % Angular acceleration
dv00 = [0; 0; 0];  % Linear acceleration

% Terminal conditions
f77 = [0;0;0]; % Force applied to the environment
n77 = [0;0;0]; % Moment applied to the environment

%% Forward recursion
% Link 1
w11 = w(R01,w00,dq1,z0);
dw11 = dw(R01,w00,dw00,dq1,ddq1,z0);
dv11 = dv(R01,w11,dw11,dv00,r01);
dv1c1 = dvc(dv11,w11,dw11,r1c);
'Forward recursion for link 1 completed'

% Link 2
w22 = w(R12,w11,dq2,z0);
dw22 = dw(R12,w11,dw11,dq2,ddq2,z0);
dv22 = dv(R12,w22,dw22,dv11,r12);
dv2c2 = dvc(dv22,w22,dw22,r2c);
'Forward recursion for link 2 completed'

% Link 3
w33 = w(R23,w22,dq3,z0);
dw33 = dw(R23,w22,dw22,dq3,ddq3,z0);
dv33 = dv(R23,w33,dw33,dv22,r23);
dv3c3 = dvc(dv33,w33,dw33,r3c);
'Forward recursion for link 3 completed'

% Link 4
w44 = w(R34,w33,dq3,z0);
dw44 = dw(R34,w33,dw33,dq4,ddq4,z0);
dv44 = dv(R34,w44,dw44,dv33,r34);
dv4c4 = dvc(dv44,w44,dw44,r4c);
'Forward recursion for link 4 completed'
```

```
% Link 5
w55 = w(R45,w44,dq4,z0);
dw55 = dw(R45,w44,dw44,dq5,ddq5,z0);
dv55 = dv(R45,w55,dw55,dv44,r45);
dv5c5 = dvc(dv55,w55,dw55,r5c);
'Forward recursion for link 5 completed'

% Link 6
w66 = w(R56,w55,dq5,z0);
dw66 = dw(R56,w55,dw55,dq6,ddq6,z0);
dv66 = dv(R56,w66,dw66,dv55,r56);
dv6c6 = dvc(dv66,w66,dw66,r6c);
'Forward recursion for link 6 completed'

%% Backward recursion
% Link 6
f66 = f(R67,f77,m6,R06,G,dv6c6);
n66 = n(R67,J6,f66,f77,r56,r6c,w66,dw66,n77);
tau6 = tau(R56,n66,z0);
'Backward recursion for link 6 completed'

% Link 5
f55 = f(R56,f66,m5,R05,G,dv5c5);
n55 = n(R56,J5,f55,f66,r45,r5c,w55,dw55,n66);
tau5 = tau(R45,n55,z0);
'Backward recursion for link 5 completed'

% Link 4
f44 = f(R45,f55,m4,R04,G,dv4c4);
n44 = n(R45,J4,f44,f55,r34,r4c,w44,dw44,n55);
tau4 = tau(R34,n44,z0);
'Backward recursion for link 4 completed'

% Link 3
f33 = f(R34,f44,m3,R03,G,dv3c3);
n33 = n(R34,J3,f33,f44,r23,r3c,w33,dw33,n44);
```

```
tau3 = tau(R23,n33,z0);
'Backward recursion for link 3 completed'

% Link 2
f22 = f(R23,f33,m2,R02,G,dv2c2);
n22 = n(R23,J2,f22,f33,r12,r2c,w22,dw22,n33);
tau2 = tau(R12,n22,z0);
'Backward recursion for link 2 completed'

% Link 1
f11 = f(R12,f22,m1,R01,G,dv1c1);
n11 = n(R12,J1,f11,f22,r01,r1c,w11,dw11,n22);
tau1 = tau(R01,n11,z0);
'Backward recursion for link 1 completed'

'Step 1 completed'
```

위의 MATLAB 코드에 대해서 설명하도록 한다. 먼저 심볼릭 변수들을 선언한다. 이러한 심볼릭 변수에는 DH 파라미터, 링크 질량 및 질량 중심의 위치, 관절의 각도, 각속도, 각가속도, 관성 행렬의 성분 등이 포함된다.

변수의 선언 다음에는, 회전 행렬 R01($={}^0\boldsymbol{R}_1$)~R56을 정의하는데, 이들 행렬은 식 (3.28)에 나타낸 PUMA 로봇의 동차 변환 행렬로부터 구할 수 있다. 여기서 c1, s1 등은 각각 cos(q1), sin(q1)을 나타낸다. 또한 회전 행렬 R67($={}^6\boldsymbol{R}_7$)은 로봇의 말단 링크에 해당하는 링크 6과 환경에 해당하는 링크 7 간의 회전 행렬이다. 링크 7의 좌표계는 링크 6의 좌표계와 평행하게 설정하므로, R67은 단위 행렬에 해당하게 되며, MATLAB의 'eye' 함수를 이용하여 쉽게 나타낼 수 있다.

회전 행렬 다음에 나오는 위치 벡터 r01~r56은, 동역학 모델의 계산에 필요한 좌표계 간의 벡터이다. 이는 동차 변환 행렬의 4열에 해당하는 위치 벡터가 아니라, ${}^i\boldsymbol{r}_{i-1,i}$의 정의에 따라 그림 C.1(a)에 표기한 각 좌표계 간의 관계로부터 위치 벡터를 구하여 입력하여야 한다. 예를 들어, 그림 C.1(b)에 나타낸 바와 같이, 좌표계 {1}의 원점에서 시작하여 좌표계 {2}의 원점으로 향하는 벡터를 좌표계 {2}를 기준으로 기술하면 ${}^2\boldsymbol{r}_{1,2}=[a_2\ 0\ 0]^T$이고, 이에 해당하는 MATLAB 코드는 r12 = [a2; 0; 0]이다.

이와 같은 방법으로 r01~r56을 구할 수 있다.

그리고 중력 벡터와 초기 조건, 최종 조건 등을 설정한다. 그림 C.1(a)에 나타낸 바와 같이, 중력 가속도 벡터는 로봇의 기저 좌표계인 좌표계 {0}의 z축과 평행하고, 부호는 반대이다. 따라서 중력 가속도 벡터는 좌표계 {0}을 기준으로 $[0\ 0\ -g]^T$이며, 이에 해당하는 MATLAB 코드는 G=[0; 0; -g]이다. 초기 조건으로 로봇 기저부(링크 0)의 각속도, 각가속도, 선가속도를 모두 0으로 입력하며, 최종 조건으로 마지막 링크가 환경(링크 7)에 가하는 힘과 모멘트를 0으로 입력한다.

순환 뉴턴-오일러 방식은 로봇의 각 링크에 작용하는 여러 힘이 평형을 이룬다는 사실에 기반하여, 순환적 방식으로 로봇의 동역학 모델을 계산하는데, 이 방식은 정순환(forward recursion)과 역순환(backward recursion)으로 구분된다. 정순환은 각 링크의 속도와 가속도를 계산하는 과정이고, 역순환은 정순환을 통하여 계산된 속도, 가속도를 바탕으로 로봇의 각 관절에 가해지는 힘 및 토크를 연산하는 과정이다. 순환 뉴턴-오일러 방식으로 로봇의 동역학 모델을 계산하는 과정은 6.2절에 자세히 설명하였다. PUMA 로봇은 모두 회전 관절로만 구성되므로, 본문의 식 (6.40)~(6.48) 중에서 회전 관절에 해당하는 수식들과 함께 이를 구현하기 위한 MATLAB 코드를 나타내었다. 이들 식에 나오는 변수는 표 C.2를 참고하면 된다.

- **정순환**

각속도: $^{i}\boldsymbol{\omega}_i = {}^{i-1}\boldsymbol{R}_i^T\,({}^{i-1}\boldsymbol{\omega}_{i-1} + \dot{\theta}_i\,\hat{\boldsymbol{z}}_0)$ (6.40b)

```
function y=w(R, w, dq, z)
y=transpose(R)*(w+dq*z);
```

각가속도: $^{i}\dot{\boldsymbol{\omega}}_i = {}^{i-1}\boldsymbol{R}_i^T\,({}^{i-1}\dot{\boldsymbol{\omega}}_{i-1} + \ddot{\theta}_i\,\hat{\boldsymbol{z}}_0 + \dot{\theta}_i\,{}^{i-1}\boldsymbol{\omega}_{i-1} \times \hat{\boldsymbol{z}}_0)$ (6.41b)

```
function y=dw(R, w, dw, dq, ddq, z)
y=transpose(R)*(dw+ddq*z+cross(dq*w, z));
```

선가속도: $^{i}\dot{\boldsymbol{v}}_i = {}^{i-1}\boldsymbol{R}_i^T\,{}^{i-1}\dot{\boldsymbol{v}}_{i-1} + {}^{i}\dot{\boldsymbol{\omega}}_i \times {}^{i}\boldsymbol{r}_{i-1,i} + {}^{i}\boldsymbol{\omega}_i \times ({}^{i}\boldsymbol{\omega}_i \times {}^{i}\boldsymbol{r}_{i-1,i})$ (6.43b)

```
function y=dv(R, w, dw, dv, r)
y=transpose(R)*dv+cross(dw,r)+cross(w, cross(w, r));
```

중심 선가속도: ${}^{i}\dot{\boldsymbol{v}}_{ci} = {}^{i}\dot{\boldsymbol{v}}_{i} + {}^{i}\dot{\boldsymbol{\omega}}_{i} \times {}^{i}\boldsymbol{r}_{i,ci} + {}^{i}\boldsymbol{\omega}_{i} \times ({}^{i}\boldsymbol{\omega}_{i} \times {}^{i}\boldsymbol{r}_{i,ci})$ (6.45)

```
function y=dvc(dv, w, dw, rc)
y=dv+cross(dw, rc)+cross(w, cross(w, rc));
```

- **역순환**

힘 평형:

$$\begin{aligned} {}^{i}\boldsymbol{f}_{i-1,i} &= {}^{i}\boldsymbol{R}_{i+1}\,{}^{i+1}\boldsymbol{f}_{i,i+1} - m_i\,{}^{i}\boldsymbol{g} + m_i\,{}^{i}\dot{\boldsymbol{v}}_{ci} \\ &= {}^{i}\boldsymbol{R}_{i+1}\,{}^{i+1}\boldsymbol{f}_{i,i+1} - m_i\left({}^{0}\boldsymbol{R}_i^T\,{}^{0}\boldsymbol{g}\right) + m_i\,{}^{i}\dot{\boldsymbol{v}}_{ci} \end{aligned} \quad (6.46)$$

```
function y=f(R1, f, m, R2, G, dvc)
y=R1*f - m*transpose(R2)*G+m*dvc;
```

모멘트 평형:

$$\begin{aligned} {}^{i}\boldsymbol{n}_{i-1,i} = {}^{i}\boldsymbol{R}_{i+1}\,{}^{i+1}\boldsymbol{n}_{i,i+1} + {}^{i}\boldsymbol{r}_{i-1,ci} \times {}^{i}\boldsymbol{f}_{i-1,i} - {}^{i}\boldsymbol{r}_{i,ci} \times {}^{i}\boldsymbol{R}_{i+1}\,{}^{i+1}\boldsymbol{f}_{i,i+1} \\ + {}^{i}\boldsymbol{I}_i\,{}^{i}\dot{\boldsymbol{\omega}}_i + {}^{i}\boldsymbol{\omega}_i \times ({}^{i}\boldsymbol{I}_i\,{}^{i}\boldsymbol{\omega}_i) \end{aligned} \quad (6.47)$$

```
function y=n(R, J, fa, fb, r, rc, w, dw, n)
y=R*n+cross(r+rc, fa)-cross(rc, R*fb)+J*dw+cross(w, J*w);
```

관절 i에서의 일반화 힘: $\boldsymbol{\tau}_i = {}^{i}\boldsymbol{n}_{i-1,i}^T\,({}^{i-1}\boldsymbol{R}_i^T\,\hat{z}_0)$ (6.48b)

```
function y=tau(R,n,z)
y=transpose(n)*transpose(R)*z;
```

위에서 서술한 바와 같이, 로봇의 관절 구성이 변경되어 동역학 모델을 새로 계산할 경우, DH 파라미터로부터 회전 행렬과 좌표축 간의 위치 벡터 등을 수정하여 실행하면 된다. 로봇의 자유도가 변경되는 경우에는 로봇의 자유도에 맞게 변수를 선언해야 하며, 정순환과 역순환 과정도 자유도에 맞게 추가 혹은 제거하여야 한다.

C.2 2단계: 동역학 모델 연산

step2_compute_M_C_g.m은 step1_compute_torques.m을 통해 계산된 관절 토크를 바탕으로 로봇의 동역학 모델을 구성하는 관성 행렬 $\boldsymbol{M}$, 코리올리 행렬 $\boldsymbol{C}$, 중력 벡터 $\boldsymbol{g}$를 계산하는 역할을 수행한다. 식 (6.48b)의 계산 결과는 로봇의 기구학 및 동역학 파라미터들이 혼재되어 있어 로봇의 제어 및 해석에 사용하기 어렵다. 따라서 이 식을 통해 계산된 관절 토크를 일반적인 로봇 동역학 모델의 형태인 식 (6.19)로 정리할 필요가 있으며, 식 (6.48b)를 이용하여 계산된 τ_i를 바탕으로 다음 수식들을 이용하여 $\boldsymbol{M}$, $\boldsymbol{C}$, $\boldsymbol{g}$를 계산한다.

$$m_{ij} = \frac{\partial \tau_i}{\partial \ddot{q}_j} \tag{C.1}$$

$$c_{ij} = \frac{1}{2}\sum_{k=1}^{n}\left(\frac{\partial m_{ij}}{\partial q_k} + \frac{\partial m_{ik}}{\partial q_j} - \frac{\partial m_{jk}}{\partial q_i}\right)\dot{q}_k \tag{C.2}$$

$$g_i = \frac{\partial \tau_i}{\partial g} g \tag{C.3}$$

여기서 m_{ij}, c_{ij}, g_i는 각각 $\boldsymbol{M}$, $\boldsymbol{C}$, $\boldsymbol{g}$의 i행 j열 성분이고, n은 로봇의 자유도이다.

식 (C.1), (C.2), (C.3)을 계산하기 위한 MATLAB 코드는 다음과 같다. 다음 코드를 통해 알 수 있듯이, $\boldsymbol{M}$, $\boldsymbol{C}$, $\boldsymbol{g}$를 연산하는 과정은 여러 개의 for문으로 구성되어 편미분을 수행한다. 따라서 step2_compute_M_C_g.m을 실행하기 위하여 소요되는 시간이 Compute_Dynamics.m을 실행하는 데 소요되는 시간의 대부분을 차지한다. 특히 $\boldsymbol{C}$의 계산에 많은 시간이 소요된다. 컴퓨터의 계산 능력에 따라서 다르기는 하지만, 2단계 코드의 실행에 6자유도 로봇의 경우에 대략 몇 시간 정도, 7자유도 로봇의 경우에는 대략 수십 시간 정도가 소요된다. 따라서 로봇의 동역학 모델을 사용하는 목적에 따라 $\boldsymbol{C}$를 무시할 수 있는 경우에는 식 (C.2)에 해당하는 코드를 주석 처리하여 $\boldsymbol{M}$과 $\boldsymbol{g}$만 연산하는 것을 권장한다.

step2_compute_M_C_g.m의 코드는 다음과 같으며, 로봇의 자유도가 변경될 경우에만 해당하는 자유도에 맞게 벡터의 요소 개수와 각 관절 변수별 함수, for문의 반복 횟수를 수정하여 사용한다.

```
%% MATLAB code: step2_compute_M_C_g.m


% Vectors
tau = [tau1; tau2; tau3; tau4; tau5; tau6];
q = [q1; q2; q3; q4; q5; q6];
dq = [dq1; dq2; dq3; dq4; dq5; dq6];
ddq = [ddq1; ddq2; ddq3; ddq4; ddq5; ddq6];
```

```
% Inertia matrix for Eq. (C.1)
mass = sym(zeros(6,6));
for i=1:6
   for j=1:6
      mass(i,j) = diff(tau(i),ddq(j));
   end
end
'Inertia matrix computed'

% Symbolic substitution: Replace ci and si by cos(qi) and sin(qi)
amass = sym(zeros(6,6));
for i = 1:6
   for j = 1:6
      amass(i,j) = subs(mass(i,j), s1, sin(q1));
      amass(i,j) = subs(amass(i,j), s2, sin(q2));
      amass(i,j) = subs(amass(i,j), s3, sin(q3));
      amass(i,j) = subs(amass(i,j), s4, sin(q4));
      amass(i,j) = subs(amass(i,j), s5, sin(q5));
      amass(i,j) = subs(amass(i,j), s6, sin(q6));

      amass(i,j) = subs(amass(i,j), c1, cos(q1));
      amass(i,j) = subs(amass(i,j), c2, cos(q2));
      amass(i,j) = subs(amass(i,j), c3, cos(q3));
      amass(i,j) = subs(amass(i,j), c4, cos(q4));
      amass(i,j) = subs(amass(i,j), c5, cos(q5));
      amass(i,j) = subs(amass(i,j), c6, cos(q6));
   end
end

% Coriolis matrix for Eq. (C.2)
coriolis = sym(zeros(6,6));
for i=1:6
   for j=1:6
      for k=1:6
         coriolis(i,j) = coriolis(i,j)+1/2*(diff(amass(i,j),q(k))
+diff(amass(i,k),q(j))-diff(amass(j,k),q(i)))*dq(k);
      end
```

```
    end
end

% Symbolic substitution: Replace cos(qi) and sin(qi) by ci and si
for i = 1:6
    for j = 1:6
        coriolis(i,j) = subs(coriolis(i,j), sin(q1),s1);
        coriolis(i,j) = subs(coriolis(i,j), sin(q2),s2);
        coriolis(i,j) = subs(coriolis(i,j), sin(q3),s3);
        coriolis(i,j) = subs(coriolis(i,j), sin(q4),s4);
        coriolis(i,j) = subs(coriolis(i,j), sin(q5),s5);
        coriolis(i,j) = subs(coriolis(i,j), sin(q6),s6);

        coriolis(i,j) = subs(coriolis(i,j), cos(q1),c1);
        coriolis(i,j) = subs(coriolis(i,j), cos(q2),c2);
        coriolis(i,j) = subs(coriolis(i,j), cos(q3),c3);
        coriolis(i,j) = subs(coriolis(i,j), cos(q4),c4);
        coriolis(i,j) = subs(coriolis(i,j), cos(q5),c5);
        coriolis(i,j) = subs(coriolis(i,j), cos(q6),c6);
   end
end
'Coriolis matrix computed'

 % Gravity vector for Eq. (C.3)
for i=1:6
    gravity(i,1) = diff(tau(i), g)*g;
end
'Gravity vector computed'

simplify(mass);
simplify(coriolis);
simplify(gravity);

'Step 2 completed'
```

C.3 3단계: C코드로 변환

앞서 설명한 일련의 과정을 통하여 계산된 로봇의 동역학 모델은 MATLAB 환경에서 연산하였다. 그러나 실제 로봇을 제어하기 위한 코드는 C코드에 기반하여 구성되어야 한다. 따라서 C.2절에서 계산된 ***M***, ***C***, ***g***를 C코드의 문법에 맞게 변환할 필요가 있다. step3_convert_to_C_code.m 파일의 기능은 계산된 ***M***, ***C***, ***g***를 C코드의 문법으로 생성하는 것이다. 이를 위하여 MATLAB에서 제공되는 ccode 함수를 이용하며, ccode 함수에 의해서 C코드로 생성된 ***M***, ***C***, ***g***는 step3_convert_to_C_code.m 파일이 위치한 폴더와 같은 폴더에 InertiaMatrix.txt, ColiolisMatrix.txt, GravityVector.txt 등의 텍스트 파일로 저장된다. C코드 변환에 대한 MATLAB 코드는 다음과 같으며, 로봇의 자유도가 변경될 경우에는 각 행렬과 벡터의 요소를 자유도에 맞게 수정하여 사용한다.

```
%% MATLAB code: step3_convert_to_C_code.m

% C code generation of inertia matrix
M = [mass(1,1) mass(1,2) mass(1,3) mass(1,4) mass(1,5) mass(1,6);
     mass(2,1) mass(2,2) mass(2,3) mass(2,4) mass(2,5) mass(2,6);
     mass(3,1) mass(3,2) mass(3,3) mass(3,4) mass(3,5) mass(3,6);
     mass(4,1) mass(4,2) mass(4,3) mass(4,4) mass(4,5) mass(4,6);
     mass(5,1) mass(5,2) mass(5,3) mass(5,4) mass(5,5) mass(5,6);
     mass(6,1) mass(6,2) mass(6,3) mass(6,4) mass(6,5) mass(6,6)];
ccode(M, 'file', 'InertiaMatrix');
'Inertia matrix written'

% C code generation of Coriolis matrix
C = [coriolis(1,1) coriolis(1,2) coriolis(1,3) coriolis(1,4) coriolis(1,5)
    coriolis(1,6);
    coriolis(2,1) coriolis(2,2) coriolis(2,3) coriolis(2,4) coriolis(2,5)
    coriolis(2,6);
    coriolis(3,1) coriolis(3,2) coriolis(3,3) coriolis(3,4) coriolis(3,5)
    coriolis(3,6);
    coriolis(4,1) coriolis(4,2) coriolis(4,3) coriolis(4,4) coriolis(4,5)
    coriolis(4,6);
```

```
    coriolis(5,1) coriolis(5,2) coriolis(5,3) coriolis(5,4) coriolis(5,5)
    coriolis(5,6);
    coriolis(6,1) coriolis(6,2) coriolis(6,3) coriolis(6,4) coriolis(6,5)
    coriolis(6,6)];
ccode(C, 'file', 'CoriolisMatrix');
'Coriolis matrix written'

% C code generation of gravity vector
G = [gravity(1,1) gravity(2,1) gravity(3,1) gravity(4,1) gravity(5,1)
gravity(6,1)];
ccode(G, 'file', 'GravityVector');
'Gravity vector written'

'Step 3 completed'
```

출력된 텍스트 파일은 다음과 같이 txx에 대한 변수가 나열되어 있으며, 맨 아랫줄에 계산된 $\boldsymbol{M}$, $\boldsymbol{C}$, $\boldsymbol{g}$의 각 행렬 및 벡터 요소가 각각 정의한 심볼릭 변수와 txx 변수로 나타난다. 이 결과를 로봇의 제어 프로그램으로 복사하여 sine, cosine, DH parameter 등에 대한 변수를 선언하고 값을 대입하면, $\boldsymbol{M}$, $\boldsymbol{C}$, $\boldsymbol{g}$가 계산되어 배열로 저장된다. 생성되는 텍스트 파일에는 계산 결과에 대한 배열이 'A0' 등으로 생성되므로 배열의 이름을 알맞게 변경하여 사용한다.

```
Text file for inertia matrix

t2 = I4xz*c4;
t3 = I5xy*c4;
t4 = I5xz*c5;
……..
t81 = c6*t31;
t82 = s4*t23;
…….
t942 = s2*t940;
t965 = t177+t207+t215+t241+t243+t836+t853+t881+t901+t914+t917+t927+t928+t949
+t952;
```

```
A0[0][0] = I1yy+s2*(I2xy*c2+I2xx*s2+c3*t966-r2cy*t921+……..
A0[0][1] = -c2*(-I2yz+c3*t955-r2cz*t869+r2cz*t870+….
……….
A0[5][4] = -t13-t25+t201+t225;
A0[5][5] = I6zz+t137+t138;
```

부록 D MATLAB에서의 3자유도 공간 팔 시스템

Simulink을 이용한 시뮬레이션에 기반하여 다양한 로봇 제어 시스템의 특성을 살펴보는 것은 제어 시스템의 이해와 구현에 큰 도움이 된다. MATLAB Robotics Toolbox 등에서 몇몇 잘 알려진 로봇에 대한 블랙박스 형태의 로봇 함수를 제공하여 주기는 하지만, 이해와 사용이 매우 어렵다. 또한 향후 자신만의 로봇을 설계하여 검증 차원에서 MATLAB이나 Simulink 시뮬레이션을 수행하고자 하는 경우에는 개발자 스스로 대상 로봇에 대한 로봇 함수를 구성할 수 있어야 한다. 본 부록은 이러한 동역학 방정식을 구성하고, 이를 기반으로 토크를 입력으로 하고, 관절 각도나 각속도를 출력으로 하는 로봇 함수를 생성하는 방법에 대해서 자세히 설명한다.

본 부록에서는 그림 D.1의 3자유도 공간 팔을 대상으로 Simulink 수행에 필요한 로봇 함수를 작성하는 과정에 대해서 설명하고자 한다. 표 D.1은 3자유도 공간 팔의 DH 파라미터를 보여 준다.

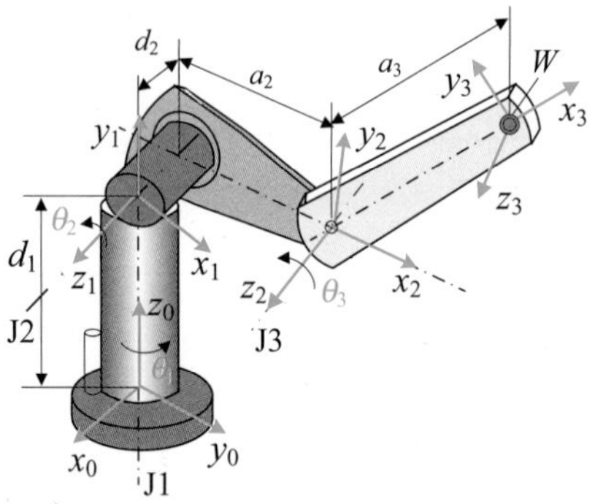

그림 D.1 **3자유도 공간 팔**

표 D.1 **3자유도 공간 팔의 DH 파라미터**

Link i	a_i (mm)	α_i (°)	d_i (mm)	θ_i (°)
1	0	90	d_1 (320)	θ_1
2	a_2 (370)	0	0	θ_2
3	a_3 (420)	0	0	θ_3

운동 방정식을 구하는 MATLAB 코드는 부록 C의 6자유도 PUMA 로봇에 대한

코드와 완전히 동일하지만, 6자유도 대신에 3자유도에 적절하게 코드를 변경하면 된다. 다만 하나의 차이점은 식 (3.35)에서 보듯이, R23에 대한 표현이 다르게 된다. 즉, 6자유도에서는 'R23=[c3 0 s3; s3 0 -c3; 0 1 0];'인 반면에, 3자유도 공간 팔에서는 'R23=[c3 -s3 0; s3 c3 0; 0 0 1];'가 된다.

또 하나의 차이점은 부록 C에서는 C코드로 변환한 결과를

```
ccode(M, 'file', 'InertiaMatrix.txt');
ccode(C, 'file', 'CoriolisMatrix.txt');
ccode(G, 'file', 'GravityVector.txt');
```

와 같이 ccode 명령을 사용하여 .txt 파일로 저장한 반면에, 여기서는

```
matlabFunction(M,'File','InertiaMatrix');
matlabFunction(C,'File','CoriolisMatrix');
matlabFunction(G,'File','GravityVector');
```

와 같이 matlabFunction 명령을 사용하여 function 파일로 작성한다는 점이 다르다. 이렇게 작성된 function 파일 중에서 GravityVector.m을 아래에서 보여 준다. 이 GravityVector 함수는 심볼릭 변수의 값을 함수의 입력(즉, a2, …, s3)으로 받아서 3×1 중력 벡터 G를 출력하는 함수이다. MATLAB이 생성한 해당 코드를 살펴보면, t2~t24에 대한 변수가 나열되어 있으며, 이들 변수를 적절히 사용하여 중력 벡터를 산출하게 된다. 관성 행렬을 구하는 InertiaMatrix 함수나 코리올리 행렬을 구하는 CoriolisMatrix 함수도 아래 함수와 거의 유사한 형태를 가지므로 여기서는 생략한다.

```
%% MATLAB function: GravityVector.m
function G = GravityVector(a2,a3,c2,c3,g,m2,m3,r2cx,r2cy,r3cx,r2cz,r3cy,r3cz,s
2,s3)
%GRAVITYVECTOR
%    G = GRAVITYVECTOR(A2,A3,C2,C3,G,M2,M3,R2CX,R2CY,
     R3CX,R2CZ,R3CY,R3CZ,S2,S3)
```

```
%    This function was generated by the Symbolic Math Toolbox version 8.7.
%    19-Apr-2022 10:54:01

t2 = c2.*c3;
t3 = c2.*m2;
t4 = a3+r3cx;…
 …
 …
t23 = t3+t21;
t24 = t7+t14+t18;
G = [-g.*(c2.*(-r2cz.*(t14+t18)+r3cz.*t14+r3cz.*t18+r2cz.*t24)-
s2.*(r3cz.*t13+r3cz.*t16-r2cz.*t21+r2cz.*t23)),g.*(t12+t20-t23.*(a2+r2cx)-
r2cy.*(t14+t18)+r2cx.*t21+r2cy.*t24),g.*(t12+t20)];
```

Simulink에 기반한 시뮬레이션을 구성할 때, 위와 같이 출력된 MATLAB 함수를 그대로 사용하면 행렬 및 벡터 연산에 필요한 변수의 값을 function G=GravityVector(…)의 입력으로 실시간으로 제공해 주어야 하므로 매우 비효율적이다. 즉, 제어 주기가 1 ms라면 `GravityVector` 함수를 매 1 ms마다 불러서 연산을 하여야 하는데, 이때마다 수십 개의 입력을 제공하는 것은 매우 비효율적이다. 따라서 MATLAB의 작업 공간에 값이 변하지 않는 동역학 파라미터를 전역 변수(global variable)로 선언하고, `GravityVector` 함수에서는 필요시에 전역 변수의 값을 읽어 계산하도록 한다. 그리고 함수의 입력으로는 실시간으로 값이 변하는 로봇의 관절 각도 q 및 각속도 dq 등의 정보만 제공하여 준다.

아래에 `GravityVector` 함수, `InertiaMatrix` 함수, `CoriolisMatrix` 함수에 대해서 위의 전역 변수를 적절하게 사용하여 함수의 입력을 단순화한 함수들을 소개한다. 실제 Simulink에서 로봇 시스템을 구성할 때는 이들 함수가 사용된다.

```
%% MATLAB function: GravityVector.m
function G = GravityVector(q)
global a1 a2 a3 m1 m2 m3;
global r1cx r1cy r1cz r2cx r2cy r2cz r3cx r3cy r3cz;
```

```
global J1xx J1xy J1xz J1yx J1yy J1yz J1zx J1zy J1zz;
global J2xx J2xy J2xz J2yx J2yy J2yz J2zx J2zy J2zz;
global J3xx J3xy J3xz J3yx J3yy J3yz J3zx J3zy J3zz;

c1 = cos(q(1)); c2 = cos(q(2)); c3 = cos(q(3));
s1 = sin(q(1)); s2 = sin(q(2)); s3 = sin(q(3));

g = 9.81;

t2 = c2.*c3;
t3 = c2.*m2;
t4 = a3+r3cx;…
 …
 …
t23 = t3+t21;
t24 = t7+t14+t18;
G = [-g.*(c2.*(-r2cz.*(t14+t18)+r3cz.*t14+r3cz.*t18+r2cz.*t24)-
s2.*(r3cz.*t13+r3cz.*t16-r2cz.*t21+r2cz.*t23)),g.*(t12+t20-t23.*(a2+r2cx)-
r2cy.*(t14+t18)+r2cx.*t21+r2cy.*t24),g.*(t12+t20)];
```

```
%% MATLAB function: InertiaMatrix.m
function M = InertiaMatrix(q)
global a1 a2 a3 m1 m2 m3;
global r1cx r1cy r1cz r2cx r2cy r2cz r3cx r3cy r3cz;
global J1xx J1xy J1xz J1yx J1yy J1yz J1zx J1zy J1zz;
global J2xx J2xy J2xz J2yx J2yy J2yz J2zx J2zy J2zz;
global J3xx J3xy J3xz J3yx J3yy J3yz J3zx J3zy J3zz;

c1 = cos(q(1)); c2 = cos(q(2)); c3 = cos(q(3));
s1 = sin(q(1)); s2 = sin(q(2)); s3 = sin(q(3));

t2 = a2.*c2;
t3 = a2.*c3;
t4 = c2.*c3;
 …
```

```
 …
t93 = t37+t52+t70+t89;
t92 = t36+t51+t62+t90;
mt1 = …
mt2 = …
M = reshape([mt1,mt2],3,3);


%% MATLAB function: CoriolisMatrix.m
function C = CoriolisMatrix(q,dq)
global a1 a2 a3 m1 m2 m3;
global r1cx r1cy r1cz r2cx r2cy r2cz r3cx r3cy r3cz;
global J1xx J1xy J1xz J1yx J1yy J1yz J1zx J1zy J1zz;
global J2xx J2xy J2xz J2yx J2yy J2yz J2zx J2zy J2zz;
global J3xx J3xy J3xz J3yx J3yy J3yz J3zx J3zy J3zz;

c1 = cos(q(1)); c2 = cos(q(2)); c3 = cos(q(3));
s1 = sin(q(1)); s2 = sin(q(2)); s3 = sin(q(3));
dq1 = dq(1); dq2 = dq(2); dq3 = dq(3);

t2 = J2xx.*c2;
t3 = J2xy.*c2;
t4 = J2yy.*c2;
 …
 …
t214 = t202+t204+t208+t209;
t215 = dq1.*t214;
mt1 = …
mt2 = …
C = reshape([mt1,mt2],3,3);
```

로봇의 운동 방정식은

$$\boldsymbol{M}(\boldsymbol{q})\ddot{\boldsymbol{q}} + \boldsymbol{C}(\boldsymbol{q},\dot{\boldsymbol{q}})\dot{\boldsymbol{q}} + \boldsymbol{g}(\boldsymbol{q}) = \boldsymbol{\tau} \tag{D.1}$$

와 같으며, 이 식은 다음과 같이 변형할 수 있다.

$$\ddot{q} = M(q)^{-1}\left(\tau - C(q,\dot{q})\dot{q} - g(q)\right) \tag{D.2}$$

위 식은 토크 τ를 입력, 관절의 각도 q 및 각속도 $\dot{q}$을 출력으로 하는 정동역학(forward dynamics)을 나타낸다. 그림 D.2는 이러한 정동역학을 Simulink 블록 선도로 나타낸 것이다. 위에서 관성 행렬 M, 코리올리 행렬 C, 중력 벡터 g는 이미 MATLAB function으로 구하였다.

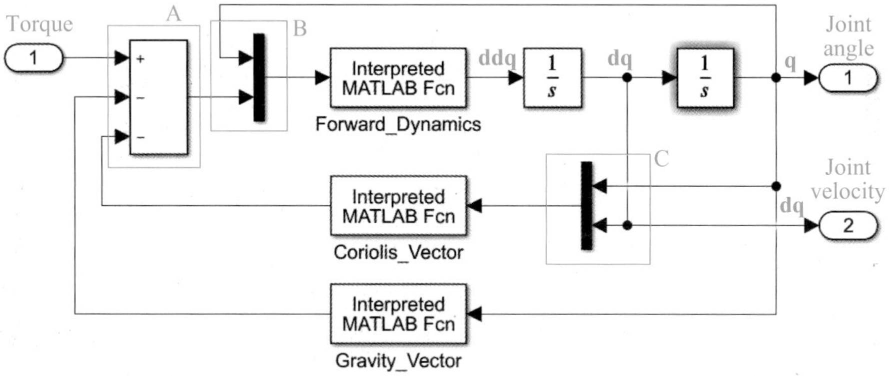

그림 D.2 Robot system Block

코리올리 벡터 $C(q,\dot{q})\dot{q}$을 구하기 위해서 다음과 같은 함수를 사용한다.

```
%% MATLAB function: CoriolisVector.m
function CoriolisVector = CoriolisVector(u)
    q = u(1:3);  % Joint angle
    dq = u(4:6); % Joint velocity

    C = CoriolisMatrix(q,dq); % Coriolis matrix
    CoriolisVector = C * dq;
end
```

이때 CoriolisVector 함수의 입력으로 주어지는 벡터 u는, 그림 D.2의 박스 C에서 보듯이, 처음 3개의 성분은 q, 다음 3개 성분은 dq를 갖도록 구성되어 있으므로, 먼저 이를 분리하여 q와 dq를 구한다. 코리올리 행렬에 각속도를 곱한 코리올리 벡터를 출력한다.

정동역학은 다음과 같은 MATLAB 함수로 나타낼 수 있다.

```
%% MATLAB function: ForwardDynamics.m
function ddq = ForwardDynamics(u)
    q = u(1:3);
    t = u(4:6);

    M = InertiaMatrix(q);
    ddq = M \ tau;  % inv(M) * tau
end
```

이때 ForwardDynamics 함수의 입력으로 주어지는 벡터 u는, 그림 D.2의 박스 B에서 보듯이, 처음 3개의 성분은 q, 다음 3개 성분은 식 (D.2)의 우변의 괄호 안의 결과(즉, 그림 D.2의 박스 A)에 해당하는 토크 tau이므로, 먼저 이를 분리하여 q와 tau를 구한다. 여기서 tau는 지역 변수이므로 앞서 동역학 계산에서의 관절 토크 tau와는 다르다는 점에 유의한다. 식 (D.2)의 우변의 역행렬을 계산하는 데, inv(M)*tau 대신에 백슬래시 연산자를 사용하여 M \ tau와 같이 연산하면 계산 정확도가 높아지고 시간이 단축된다는 점에 유의한다.

다음 MATLAB 코드는 3자유도 공간 팔에 대한 Simulink를 수행하기 위해서 궤적과 DH 파라미터를 설정하는 파일이다.

```
%% Set Parameters of a 3 DOF Spatial Arm
addpath('function');
clear; clc;

% Trajectory
ini_q = [0, 0, 0]; fin_q = [90, 60, 45];  % unit: deg
end_time = [1; 1; 1]; % final time of the trajectory of each joint (unit: sec)
waypoint = [ini_q'*pi/180, fin_q'*pi/180]; % initial & final angles for
trapezoidal profile
ini_q1 = ini_q(1)*pi/180; ini_q2 = ini_q(2)*pi/180; ini_q3 = ini_q(3)*pi/180;
fin_q1 = fin_q(1)*pi/180; fin_q2 = fin_q(2)*pi/180; fin_q3 = fin_q(3)*pi/180;
```

```
% Link parameters
Mass   = [9.4, 9.9, 8.2];  % Link mass (unit: kg)
Length = [0.320, 0.370, 0.420]; % Link length (unit: m)

% DH parameters
global a1 a2 a3 d1 d2 d3 m1 m2 m3;
a1 = 0; a2 = Length(2); a3 = Length(3); % Link length
d1 = Length(1); d2 = 0; d3 = 0; % Joint offset
m1 = Mass(1); m2 = Mass(2); m3 = Mass(3); % Link mass

% Vector from origin of frame {i} to COM of frame {i} w.r.t frame {i}
global r1cx  r1cy  r1cz  r2cx  r2cy  r2cz  r3cx  r3cy  r3cz;
r1cx = 0;  r1cy = -Length(1)/2;  r1cz = 0;
r2cx = -Length(2)/2;  r2cy = 0;  r2cz = 0;
r3cx = -Length(3)/2;  r3cy = 0;  r3cz = 0;

% Inertia tensor of link 1
global J1xx  J1xy  J1xz  J1yx  J1yy  J1yz  J1zx  J1zy  J1zz;
J1xx = m1*Length(1)^2/3;  J1xy = 0;  J1xz = 0;
J1yx = 0;  J1yy = 0;  J1yz = 0;
J1zx = 0;  J1zy = 0;  J1zz = m1*Length(1)^2/3;

% Inertia tensor of link 2
global J2xx  J2xy  J2xz  J2yx  J2yy  J2yz  J2zx  J2zy  J2zz;
J2xx = 0;  J2xy = 0;  J2xz = 0;
J2yx = 0;  J2yy = m2*Length(2)^2/3;  J2yz = 0;
J2zx = 0;  J2zy = 0;  J2zz = m2*Length(2)^2/3;

% Inertia tensor of link 3
global J3xx  J3xy  J3xz  J3yx  J3yy  J3yz  J3zx  J3zy  J3zz;
J3xx = 0;  J3xy = 0;  J3xz = 0;
J3yx = 0;  J3yy = m3*Length(3)^2/3;  J3yz = 0;
J3zx = 0;  J3zy = 0;  J3zz = m3*Length(3)^2/3;
```

궤적은 사다리꼴 속도 프로파일 궤적을 가정하였으며, 초기 및 최종 각도와 최종 시간을 설정하여 주면 Simulink Library에서 제공하는 'Trapezoidal Velocity Profile

Trajectory' 블록에서 사다리꼴 프로파일에 해당하는 궤적을 자동으로 작성하여 준다. 3자유도 로봇의 링크는 모두 가는 봉(slender rod)으로 가정하였다. 가는 봉의 관성 모멘트는 그림과 같이 질량 중심 G에 설정한 좌표계에 대해서는 $\frac{1}{12}ml^2$이지만, 봉의 말단 O에 설정한 좌표계에 대해서는 $\frac{1}{3}ml^2$이다. 위의 코드에서는 링크 좌표계의 원점, 즉 봉의 말단에 대한 관성 모멘트가 필요하므로 $\frac{1}{3}ml^2$을 적용하였다. 그리고 봉은 대칭적인 형상을 가지므로 producto of inertia는 모두 0이 되므로, 대각 행렬 방식의 관성 텐서(inertia tensor)를 구하게 된다.

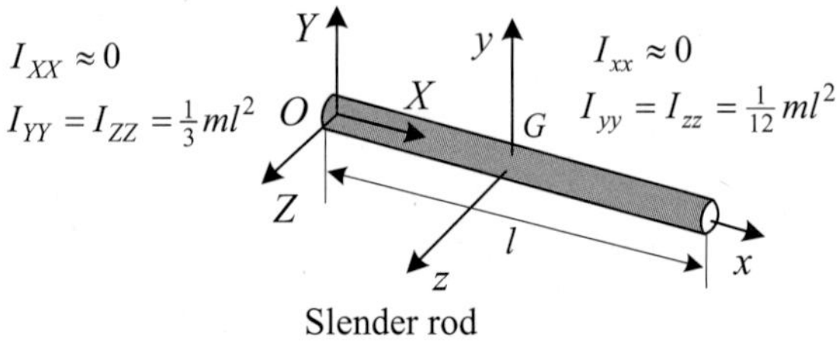

그림 D.3 **가는 봉의 관성 모멘트**

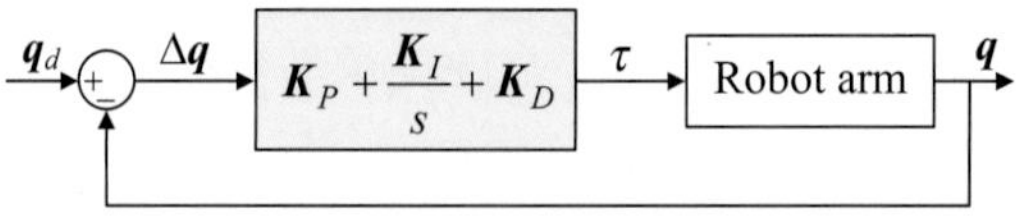

그림 D.4 **독립 관절 제어(IJC) 시스템의 블록 선도**

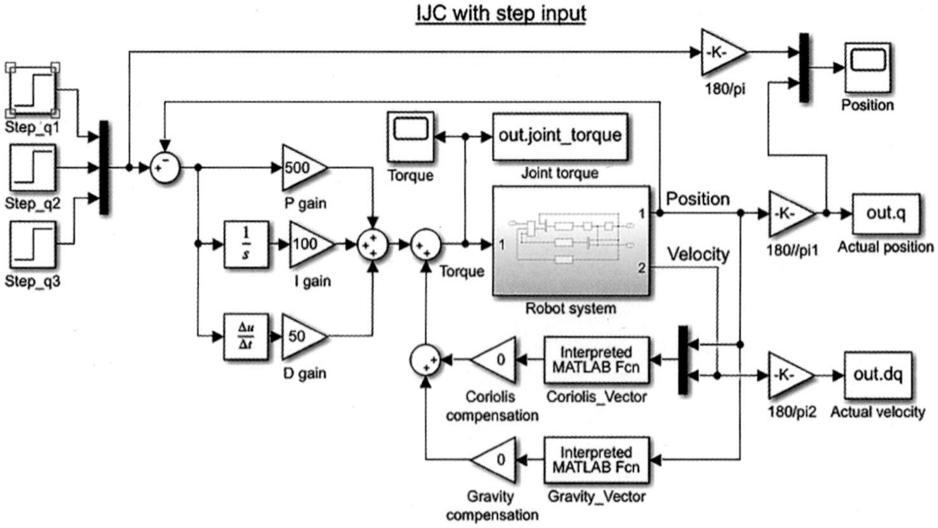

그림 D.5 **스텝 입력을 갖는 IJC 블록 선도**

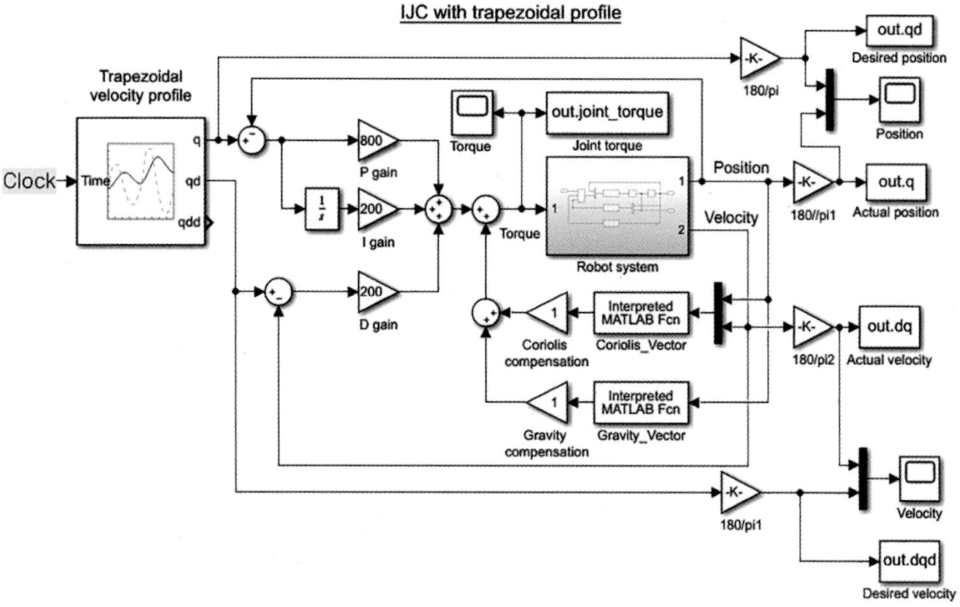

그림 D.6 사다리꼴 속도 프로파일을 갖는 IJC 블록 선도

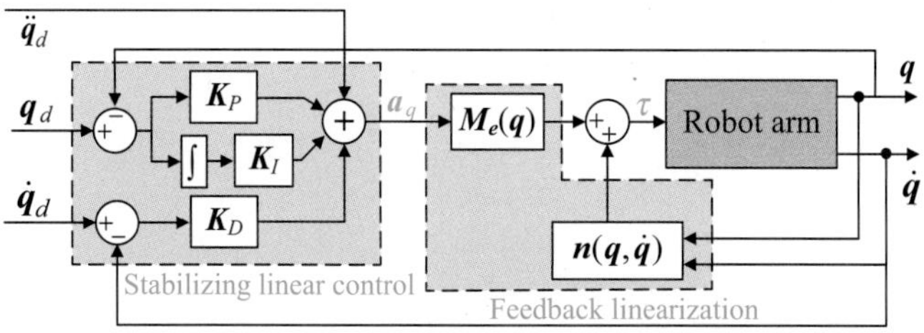

그림 D.7 관절 공간에서의 계산 토크 제어(CTC/JS) 시스템의 블록 선도

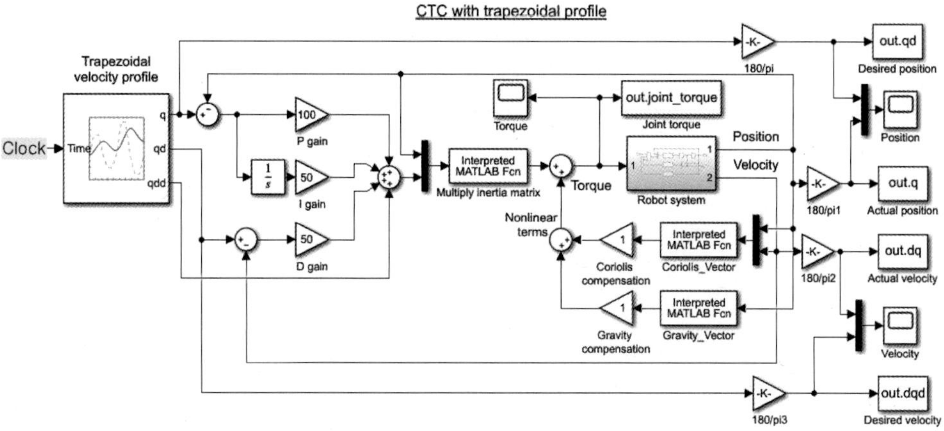

그림 D.8 사다리꼴 속도 프로파일을 갖는 CTC 블록 선도

그림 D.8에서는 그림 D.7에서의 $\boldsymbol{M}_e(\boldsymbol{q})$에 해당하는 다음과 같은 함수 블록이 필요하다.

```
%% Function for matrix muplication
function torque = MultiplyInertiaMatrix(u)
q = u(1:3);
    ddq_PID = u(4:6);

    M = InertiaMatrix(q);
    tau = M * ddq_PID;
end
```

여기서 벡터 u의 처음 3개의 성분은 q이며, 다음 3개 성분은 그림 D.7에서 보듯이 PID 제어 결과와 희망 각가속도 ddq를 합한 항에 해당한다.

Simulink를 수행한 후에 스코프를 클릭하면 위치 및 토크 그래프를 볼 수 있다. 스코프상에 나타난 그래프는 결과를 즉석에서 관찰하기에는 편리하지만, 보고서나 숙제 등에 수록하기 위해서는 MATLAB상에서 다시 도시하여야 한다. 이를 위해서 다음 MATLAB 코드를 실행하면 위치, 속도, 토크 그래프를 얻을 수 있다.

```
%% Plot the graphs in MATLAB.
addpath('function');
close all;

time = out.q.Time; % Time axis

q = out.q.Data; % Actual joint angles
q1 = q(1,:); q2 = q(2,:); q3 = q(3,:);

qd = out.qd.Data;  % Desired joint angles
qd1 = qd(1,:); qd2 = qd(2,:); qd3 = qd(3,:);

dq = out.dq.Data; % Actual joint velocity
dq1 = dq(1,:);  dq2 = dq(2,:);  dq3 = dq(3,:);
```

```
dqd = out.dqd.Data; % Desired joint velocity
dqd1 = dqd(1,:);  dqd2 = dqd(2,:);  dqd3 = dqd(3,:);

torque = out.joint_torque.Data; % Joint torque
torque1 = torque(1,:); torque2 = torque(2,:); torque3 = torque(3,:);

%% Plot the joint angles.
figure('Name', 'Joint angle','NumberTitle','off');
% Axis scaling
x_min = min(time); x_max = max(time);
yMax = max([max(q1), max(q2), max(q3)]);
yMin = min([min(q1), min(q2), min(q3)]);
y_min = yMin - (yMax - yMin)*0.1;
y_max = yMax + (yMax - yMin)*0.1;
axis([x_min x_max y_min y_max]);

plot(time, qd1, 'k--', time, q1, 'r', time, qd2, k--',time, q2, 'b', time,
qd3, 'k--', time, q3, 'g');
xlabel('Time (s)');  ylabel('Joint angle (deg)');
legend('Joint 1', 'Joint 1', 'Joint 2', 'Joint 2', 'Joint 3', 'Joint 3');
grid on;

%% Plot the joint velocities.
figure('Name', 'Joint velocity','NumberTitle','off');
% Axis scaling
yMax = max([max(dq1), max(dq2), max(dq3)]);
yMin = min([min(dq1), min(dq2), min(dq3)]);
y_min = yMin - (yMax - yMin)*0.1;
y_max = yMax + (yMax - yMin)*0.1;
axis([x_min x_max y_min y_max]);

plot(time, dqd1, 'k--', time, dq1, 'r', time, dqd2, 'k--',time, dq2, 'b', time,
dqd3, 'k--', time, dq3, 'g');
xlabel('Time (s)');  ylabel('Joint Velocity (deg/s)');
legend('Joint 1', 'Joint 1', 'Joint 2', 'Joint 2', 'Joint 3', 'Joint 3');
grid on;
```

```
%% Plot the joint torques.
figure('Name', 'Joint torque','NumberTitle','off');
% Axis scaling
yMax = max([max(torque1), max(torque2), max(torque3)]);
yMin = min([min(torque1), min(torque2), min(torque3)]);
y_min = yMin - (yMax-yMin)*0.1; y_max = yMax + (yMax-yMin)*0.1;
axis([x_min x_max y_min y_max]);

plot(time, torque1, 'r', time, torque2, 'b', time, torque3, 'g');
xlabel('Time (s)');  ylabel('Joint torque (Nm)');
legend('Joint 1', 'Joint 2', 'Joint 3');  grid on;
```

참고문헌

R. S. Andersen, Kinematics of a UR5, Aalborg University, 2018.

R. J. Anderson, M.W. Spong, "Hybrid impedance control of robotic manipulators," *IEEE Journal of Robotics and Automation*, vol. 4, no. 5, 1988.

H. Asada, J.-J. E. Slotine, *Robot Analysis and Control*, Wiley-Interscience, 1986.

L. Biagiotti, C. Melchiorri, *Trajectory Planning for Automatic Machines and Robots*, Springer, 2008.

C. Canudas de Wit, H. Olsson, K. J. Astrom, P. Lischinsky, "A new model for control of systems with friction," *IEE Trans. on Automatic Control*, vol. 40, no. 3, pp. 419-425, 1995.

J. J. Craig, *Introduction to Robotics: Mechanics and Control*, 2nd Edition, Addison-Wesley, 1989.

C. W. de Silva, *Sensors and Actuators: Control System Instrumentation*, CRC Press, 2007.

R. C. Dorf, R.H. Bishop, *Modern Control Systems*, 13th Edition, Pearson, 2017.

H. P. Gavin, *Mathematical Properties of Stiffness Matrices*, Lecture note, 2012.

N. Hogan, "Impedance control: an approach to manipulation: Part I – Theory," *ASME Journal of Dynamic Systems, Measurement, and Control*, vol. 107, pp. 1-7, 1985.

B. S. Kim, J. B. Song, "Object grasping using a 1 DOF variable stiffness gripper actuated by a hybrid variable stiffness actuator," *IEEE International Conference on Robotics and Automation*, pp. 4620-4625, 2011.

S. H. Lee, J. B. Song, "Development of two-axis arm motion generator using active impedance," Mechatronics, vol. 11, no. 1, pp. 79-94, 2001.

F. L. Lewis, C. T. Abdallah, D. M. Dawson, *Control of Robot Manipulators*, Macmillan, 1993.

J. Y. S. Luh, M. W. Walker, R. P. C. Paul, "On-line computational scheme for mechanical manipulators," *ASME Journal of Dynamic Systems, Measurement, and Control*, vol. 102, pp. 69-76, 1980.

M. T. Mason, "Compliance and force control for computer controlled manipulators," *IEEE Transactions on Systems, Man, and Cybernetics*, vol. 6, pp. 418-432, 1981.

R. M. Murray, Z. Li, S. S. Sastry, *A Mathematical Introduction to Robotic Manipulation*, CRC Press, 1994.

P. J. McKerrow, *Introduction to Robotics*, Addison-Wesley, 1991.

S. B. Niku, *Introduction to Robotics: Analysis, Systems, Applications*, Prentice Hall, 2001.

K. Ogata, *Modern Control Engineering*, 2nd Edition, Prentice Hall, 1990.

D. D. Rizos, S. D. Fassois, "Presliding friction identification upon the Maxwell slip model structure," *Chaos: An Interdisciplinary Journal of Nonlinear Science*, vol. 14, no. 2, pp. 431-445, 2004.

B. Siciliano, O. Khatib, *Springer Handbook of Robotics*, 2nd Edtion, Springer, 2016.

B. Siciliano, L. Sciavicco, L. Villani, G. Oriolo, *Robotics: Modelling, Planning and Control*, Springer, 2009.

J.-J. E. Slotine, W. Li, *Applied Nonlinear Control*, Prentice Hall, 1991.

M. W. Spong, S. Hutchinson, M. Vidyasagar, *Robot Modeling and Control*, John Wiley & Sons, 2006.

L. M. Sweet, M. C. Good, "Redefinition of the robot motion-control problem," *IEEE Control Systems Magazine*, pp. 18-25, 1985.

L. L. Tien, A. Albu-Schäffer, A. De Luca, G. Hizinger, "Friction observer and compensation for control of robots with joint torque Mmeasurement," *IEEE/RSJ Int. Conf. on Intelligent Robot and Systems*, pp. 3789-3795, 2008.

L. W. Tsai, *Robot Analysis: The Mechanics of Serial and Parallel Manipulotors*, Wiley-Interscience, 1999.

R. Vukobratovic, *Dynamics and Robust Control of Robot-Environment Ineraction*, vol. 2, World Scientific Publishing Co., 2009.

P. C. Watson, "Remote center complaince system," US Patent 4,098,001, 1976.

D. E. Whitney, "Resolved motion rate control of manipulators and human prostheses," *IEEE Transactions on Man-Machine Systems*, vol. 10, pp. 47-53, 1969.

T. Yoshikawa, "Manipulability of robotic mechansims," *Int. Journal of Robotics Research*, vol. 4, no. 2, pp. 3-9, 1985.

정슬, 로봇 시스템 제어: SIMULINK 기반 시뮬레이션과 실험, 교문사, 2021.

찾아보기

ㅇ

ㅈ

ㅊ

ㅋ

ㅌ

ㅍ

ㅎ

기타